국가기술자격시험/철도운영기관 입사시험 대비

철도신호 문제해설

한봉석 저 / 조용관 감수

머리말 PREFACE

교통수송에 있어 사고로 인한 인명·재산상의 손실은 인간에게 정신적·물질적으로 엄청난 충격과 피해를 주는 까닭에 안전운행은 인류의 염원이라 할 수 있으며, 인구의 증가와 경제의 고도성장에 따라 친환경 교통수단인 철도가 중요한 수송수단으로 대두되고 있습니다.

특히, 철도수송은 일반 육로교통 수단과는 달리 고정된 레일 위를 열차가 운행하는 비교적 단순한 방식을 취하면서도, 대량수송과 광대한 지역을 빠르게 이동하면서 여러 가지 동력을 사용하는 등 그 다양성에도 불구하고, 수송력의 증강과 속도향상은 물론이고, 안전을 최대 사명으로 하고 있어 고도의 기술력을 필요로 하고 있으며, 이러한 철도의 경영개선과 안전의 확보를 위하여 철도신호의 사명은 중대하다 하겠습니다.

그동안 철도신호분야가 국가기술자격 종목으로 운용된 지 40년이 지났고 여러 대학에서 정규 교과목으로 공부하고 있으며 신호관련 종사자가 5천여명이나 되는 데도 아직까지 철도신호에 대한 문제집이 없어 철도신호공학을 공부하고자 각종 시험에 응시하는 후학들에게 어려움이 있어 왔습니다.

이에 따라 평생을 신호분야에 근무한 신호인으로서의 책무감을 가지고 그 동안의 기출문제와 새로운 문제유형을 개발하여 본서를 출간하게 되었습니다.

특히, 본서는 다음과 같은 점에 유념하였습니다.

- 각 장의 요점정리는 본인의 저서인 『철도신호 2014.(동일출판사 발행)』를 토대로 중요한 내용을 요약하여 수험생들이 짧은 기간 동안 능률적으로 학습 할 수 있도록 하였습니다.
- 암기문제는 가급적 피하고 철도신호에 대한 기본이론과 실무에 필요한 문제를 수록하는 데 중점을 두었습니다.
- 각 문제마다 상세한 해설을 하여 철도신호에 처음으로 입문하는 수험생도 쉽게 이해되도록 노력 하였습니다.
- 각 1,000여개의 문제를 난이도를 따라 기본문제(기능사, 철도공사 입사시험 수준)와 심화학습문제(산업기사, 기사, 기술사, 현업사업소장 승진시험 수준)로 구분하여 단계별로 학습하도록 하였습니다.

머리말 PREFACE

본 책자를 지침으로 실력 배양에 증진하여 각종 시험에 합격하는 기회가 되도록 고대하는 바입니다.

끝으로 이 책을 편찬하도록 교재 내용과 기술제공을 적극적으로 하여 주신 관계자분들께 감사드리며, 앞으로 계속하여 더욱 정진할 것을 다짐하면서 선후배 여러분들의 격려와 지도 편달을 바랍니다.

2017년 11월
(사)한국철도신호기술협회
회장 한 봉 석

목차 Contents

국가기술자격 수험안내 ··· 8

chapter 01. 신호기 장치 ··· 11
   1.1 신호 ·· 12
   1.2 표지 ·· 20
   서술형 출제예상문제 ·· 23
   출제예상문제 ·· 34

chapter 02. 선로전환기 장치 ··· 53
   2.1 분기기 ·· 54
   2.2 크로싱 ·· 55
   2.3 안전측선과 탈선 선로전환기 ·· 56
   2.4 선로전환기 정위 결정법 및 표시 ·· 57
   2.5 선로전환기의 종별 ·· 58
   2.6 전기선로전환기 ·· 60
   서술형 출제예상문제 ·· 72
   출제예상문제 ·· 75

chapter 03. 궤도회로장치 ··· 101
   3.1 궤도회로의 개요 ·· 102
   3.2 궤도회로의 원리 및 역할 ·· 102
   3.3 궤도회로의 구성기기 ·· 103
   3.4 궤도회로의 종별 ·· 103
   3.5 궤도회로의 특성 ·· 109
   3.6 궤도회로의 사구간 ·· 112
   3.7 궤도회로의 극성 ·· 114
   서술형 출제예상문제 ·· 116
   출제예상문제 ·· 127

chapter 04. 폐색장치 ··· 147
   4.1 폐색장치의 개요 ·· 148

  4.2 폐색방식의 종류 ··· 151
  4.3 운전일반 ·· 152
  서술형 출제예상문제 ··· 162
  출제예상문제 ·· 173

chapter 05. 연동장치 ··· 191

  5.1 개요 ··· 192
  5.2 기본구성 ·· 192
  5.3 연동장치의 종류 ··· 193
  5.4 쇄정과 연쇄 ·· 195
  5.5 계전기 ·· 198
  5.6 전기(계전)연동장치 ·· 201
  5.7 전자연동장치 ·· 203
  서술형 출제예상문제 ··· 207
  출제예상문제 ·· 213

chapter 06. 건널목 보안장치 ·· 261

  6.1 건널목 보안장치의 개요 ··· 262
  6.2 건널목 보안설비 ··· 262
  6.3 건널목 보안장치의 제어 ··· 268
  6.4 건널목 경보시간과 제어거리 ··· 269
  서술형 출제예상문제 ··· 273
  출제예상문제 ·· 280

chapter 07. 종합열차운행관리시스템 ·· 305

  7.1 열차운행관리시스템의 개요 ··· 306
  7.2 열차집중제어장치(CTC) ·· 307
  7.3 자동진로제어장치(PRC) ··· 309
  7.4 열차운행 종합제어장치(TTC) ·· 310
  서술형 출제예상문제 ··· 314
  출제예상문제 ·· 320

chapter 08. 열차자동정지장치 ·· 333

- 8.1 열차자동정지장치의 개요 ································ 334
- 8.2 점제어식 ATS ·· 335
- 8.3 차상 속도조사식 ATS ····································· 338
- 8.4 절연구간 예고장치 ·· 343
- 서술형 출제예상문제 ··· 344
- 출제예상문제 ··· 350

chapter 09. 차상신호 ··· 371

- 9.1 ATC 장치 ··· 372
- 9.2 열차자동방호장치 ·· 375
- 9.3 ATO 장치 ··· 380
- 9.4 Distance To Go 시스템 ································ 383
- 9.5 통신기반 열차제어(CBTC) ······························ 385
- 서술형 출제예상문제 ··· 388
- 출제예상문제 ··· 395

chapter 10. 전원장치 및 기타 ······································ 407

- 10.1 전원장치 ··· 408
- 서술형 출제예상문제 ··· 420
- 출제예상문제 ··· 439

chapter 11. 고속철도신호 ··· 465

- 11.1 고속철도 ATC 장치 ······································· 466
- 11.2 고속철도 궤도회로 ·· 469
- 11.3 고속철도 연동장치 ·· 473
- 11.4 고속철도 분기기 ·· 475
- 11.5 고속철도 안전설비 ·· 477
- 서술형 출제예상문제 ··· 482
- 출제예상문제 ··· 491

Appendix 01. 철도신호기사 실기 문제 ·········· 513

Appendix 02. 철도신호기술사 문제 ·········· 525

Appendix 03. 신호제어설비 유지보수 세칙 ·········· 543
    1장 총칙 ·········· 544
    2장 설비별 유지보수 기준 ·········· 559

참고문헌 ·········· 610
저자약력 ·········· 610

국가기술자격 수험안내

철도신호산업기사

• 응시자격
1. 기능사의 자격을 취득한 후 동일 직무분야 1년 이상 실무 종사자
2. 다른 종목의 산업기사의 자격 취득자
3. 전문대졸업자 또는 그 졸업예정자
4. 산업기사의 수준에 해당하는 교육훈련을 실시하는 기관으로서 노동부령이 정하는 교육훈련기관의 기술훈련과정 이수자
5. 국제 기능 올림픽 대회나 노동부 장관이 인정하는 국내기능경기대회에서 입상한 자와 기능장려법에 의하여 명장으로 선정된 자
6. 응시하고자 하는 직무분야에서 2년 이상 실무에 종사자
7. 외국에 동일한 등급 및 종목에 해당하는 자격 취득자
8. 학점인정 등에 관한 법률 제8조의 규정에 의하여 전문대학졸업자와 동등이상의 학력인정자 또는 동법 제7조의 규정에 의하여 41학점 이상을 인정받은 자

• 시험과목

[필기] • 시험방법 : 객관식 4지택일형 / 과목당 40점 이상 전과목 평균 60점 이상
       • 시험과목 : 전자공학, 신호기기, 신호공학, 회로이론

[실기] • 시험방법 : 작업형(100%)
       • 시험기간 : 작업형 2시간 30분
       • 합격기준 : 100점 만점에 60점 이상

철도신호기사

- **응시자격**

  1. 산업기사의 자격을 취득한 후 응시하고자 하는 동일 직무분야에서 1년 이상 실무 종사자
  2. 기능사자격을 취득한 후 응시하고자 하는 동일 직무분야에서 3년 이상 실무 종사자
  3. 다른 종목의 기사의 자격 취득자
  4. 4년제 대학 졸업자 또는 이와 동등이상의 학력 인정자 또는 그 졸업예정자
  5. 전문대 졸업자 또는 이와 동등이상의 학력이 있다고 인정되는자 등으로서 졸업 후 응시하고자 하는 동일 직문분야에서 2년 이상 실무 종사자
  6. 산업기사의 수준에 해당하는 교육훈련을 실시하는 기관으로서 이수 후 동일 직무 분야에서 2년 이상 실무 종사자
  7. 기사의 수준에 해당하는 교육훈련을 실시하는 기관으로서 노동부령이 정하는 교육훈련기관의 기술훈련과정 이수자 또는 그 이수 예정자
  8. 응시하고자 하는 동일 직무분야에서 4년 이상 실무에 종사자
  9. 외국에 동일한 등급 및 종목에 해당하는 자격 취득자
  10. 학점인정 등에 관한 법률 제8조의 규정에 의하여 대학졸업자와 동등이상의 학력 인정자 또는 동법 제7조의 규정에 의하여 106학점 이상을 인정받은자
  11. 학점인정 등에 관한 법률 제8조의 규정에 의하여 전문졸업자와 동등이상의 학력자로서 응시하고자 하는 동일 직무분야에서 2년 이상 실무종사자

- **시험과목**

  [필기] ・시험방법 : 객관식 4지택일형 / 과목당 40점 이상 전과목 평균 60점 이상
  　　　・시험과목 : 전자공학, 신호기기, 신호공학, 회로이론 및 제어공학

  [실기] ・시험방법 : 작업형(100%)
  　　　・시험기간 : 작업형 3시간
  　　　・합격기준 : 100점 만점에 60점 이상

국가기술자격 수험안내

철도신호기술사

- **응시자격**
    1. 기사의 자격을 취득한 후 응시하고자 하는 직무분야에서 4년 이상 실무 종사자
    2. 산업기사의 자격을 취득한 후 응시하고자 하는 동일 직무분야에서 6년 이상 실무 종사자
    3. 기능사의 자격을 취득한 후 응시하고자 하는 동일 직무분야에서 8년 이상 실무 종사자
    4. 4년제 대학 졸업자 또는 이와 동등이상의 학력이 있다고 인정되는 자로서 졸업 후 응시하고자 하는 동일직무 분야에서 7년 이상 실무 종사자
    5. 기사의 수준에 해당하는 교육훈련을 실시하는 기관으로서 노동부령이 정하는 교육훈련기관의 기술훈련과정을 이수한 자로서 이수 후 동일 직무 분야에서 7년 이상 실무 종사자
    6. 전문대 졸업자 또는 이와 동등이상의 학력이 있다고 인정되는 자로서 졸업 후 응시하고자 하는 동일 직무분야에서 9년 이상 실무 종사자
    7. 기술자격종목별로 산업기사의 수준에 해당하는 교육훈련을 실시하는 기관으로서 노동부령이 정하는 교육훈련기관의 기술훈련과정 이수 후 동일 직부문야에서 9년 이상 실무종사자
    8. 응시하고자 하는 동일 직무분야에서 11년 이상 실무 종사자
    9. 외국에 동일한 등급 및 종목에 해당하는 자격 취득자

- **시험과목**

    철도신호설비의 계획과 설계, 시공, 감리 및 기타 철도신호설비에 관한 사항

    [검정방법] • 필기 : 단답형 및 주관식 논술형(매교시당 100분, 총 400분)
    　　　　　• 면접 : 구술형 면접 (30분 정도)
    　　　　　• 합격기준 : 100점 만점에 60점 이상

철/도/신/호/문/제/해/설

Chapter  01

신호기 장치

1장 신호기 장치

 신호기장치는 기관사에게 열차의 진행, 정지 및 속도나 진로 등의 운전조건을 제시하여 주는 장치로서 열차의 진행 여부를 색이나 형으로 표시하여 열차의 안전운행을 확보하는데 그 목적이 있다.

 철도신호에는 기관사에게 운행조건을 지시하는 신호, 종사원의 의사를 전달하는 전호, 장소의 상태를 표시하는 표지로 분류한다.

1.1 신호

1.1.1 신호기의 분류

1 구조상 분류

1) **완목식(기계식, arm식) 신호기**
 주간에는 완목의 위치, 형태, 색깔에 따라 신호를 현시하고, 야간에는 완목에 달려 있는 신호기등의 색깔에 따라 정지 또는 진행신호를 현시하며 주신호기와 종속신호기에 사용하고 있다.

2) **색등식 신호기**
 색등식 신호기(color light signal)는 색에 따라 신호를 현시하는 방법을 말하며, 주·야간 모두 신호등의 색상 및 배치위치에 따라 신호를 현시하는 것으로 단등형 신호기와 다등형 신호기가 있다.

3) **등열식 신호기**
 등열식 신호기(position light signal)는 2개 이상의 등을 한 조로하여 신호를 현시하는 방식을 말하며 유도신호기와 중계신호기 등에 사용되고 있다.

② 조작상 분류

1) 수동신호기
수동신호기(manual signal)는 신호취급자에 의하여 신호리버(lever)를 조작하여 신호를 현시하는 신호기로서 비자동구간의 신호기가 이에 해당된다.

2) 자동신호기
자동신호기(automatic signal)는 궤도회로(track circuit)를 이용하여 열차 또는 차량의 궤도 점유 유무에 따라 자동적으로 신호를 현시하는 것으로서 신호취급자가 조작할 수 없는 신호기이다. 자동 폐색구간의 폐색신호기가 이에 해당한다.

3) 반자동신호기
반자동신호기(semi-automatic signal)는 자동신호기와 마찬가지로 궤도회로에 의해 자동적으로 신호를 현시할 수도 있으나 신호취급자도 조작할 수 있는 신호기이다. 자동 폐색구간의 장내신호기와 출발신호기가 이에 해당한다.

③ 기능별 분류

1) 상치신호기
상치신호기(fixed signal)는 신호 확인이 쉽도록 지상 또는 지하의 고정된 장소에 설치되어있는 신호기로 사용목적에 따라 주신호기, 종속신호기, 신호부속기로 분류한다.

(1) 주신호기
주신호기(main signal)는 일정한 방호구역을 가지고 있는 신호기로서 다음과 같은 종류가 있으며 방호구역이라 함은 신호기에 의해 열차 또는 차량이 운전할 수 있는 구역을 말한다.

① 장내신호기(home signal)
  정거장에 진입할 열차에 대하여 정거장 안쪽으로 진입 가부를 지시하는 신호기이다.
② 출발신호기(starting signal)
  정거장에서 출발하는 열차에 대하여 정거장 바깥쪽으로 진출 가부를 지시하는 신호기이다.

③ 폐색신호기(block signal)

폐색구간에 진입할 열차에 대하여 폐색구간의 진입 가부를 지시하는 신호기이다.

④ 엄호신호기(protecting signal)

방호를 요하는 지점을 통과할 열차에 대하여 신호기 안쪽으로의 진입가부를 지시하는 신호기이다.

⑤ 유도신호기(caller signal)

같은 진로상의 장내신호기가 정지신호를 현시하여도 유도를 받을 열차에 대하여 신호기 안쪽으로 진입할 것을 지시하는 신호기이다.

⑥ 입환신호기(shunting signal)

입환차량에 대하여 신호기 안쪽으로의 진입 가부를 지시하는 신호기이다.

(2) 종속신호기

종속신호기(subsidiary signal)는 주신호기가 현시하는 신호의 확인거리를 보충하기 위해 그 바깥쪽(외방)에 설치하는 신호기이다.

① 중계신호기(repeating signal)

중계신호기는 그림 1.1과 같이 자동구간의 장내, 출발, 폐색 또는 엄호신호기에 종속되며 확인거리 부족에 따른 주신호기의 신호를 중계하기 위하여 설치한 것이다.

그림 1.1 중계신호기의 설치

② 원방신호기(distance signal)

원방신호기는 비자동구간의 장내신호기에 종속되며 주신호기를 향하여 진행하는 열차에 대하여 주신호기가 진행일 때에는 진행신호를 현시하고, 주신호기가 정지일 때에는 주의신호를 현시하는 신호기이다.

③ 통과신호기(passing signal)

통과신호기는 출발신호기에 종속되어 있으며 주로 장내신호기의 하위에 설치하는 신호기로서 주신호기인 출발신호기의 신호현시에 따라 정거장의 통과 여부를 예고하는 신호기로 기계신호구간의 완목식 신호기에만 사용되고 있다.

④ 입환중계신호기(shunt repeating signal)

입환중계신호기는 입환신호기에 종속하여 그 바깥쪽(외방)에서 주체신호기의 신호현시를 확인하기 곤란한 경우 설치하는 신호기이다.

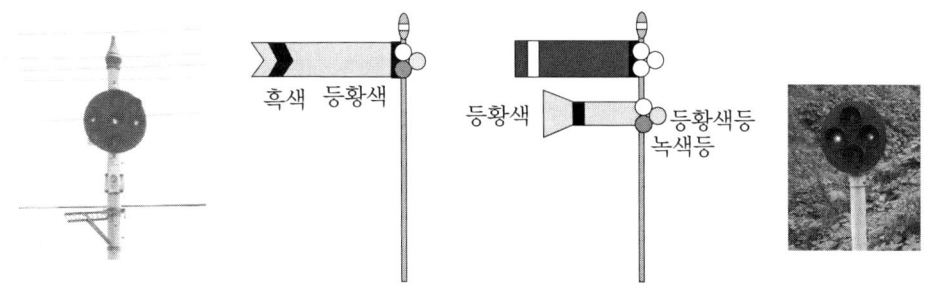

(a) 중계신호기 (b) 원방신호기(화살깃형) (c) 통과신호기(나팔형) (d) 입환중계신호기

그림 1.2 종속신호기

(3) 신호부속기

신호부속기(signal appendant)는 주신호기에 부속하여 그 신호기의 지시조건을 보완하는 장치를 말하며 진로표시기 또는 진로선별 등이 있다.

2) 임시 신호기

임시 신호기(temporary signal)는 선로의 작업이나 고장 등으로 인하여 열차가 정상적인 속도로 운전할 수 없을 경우에 임시로 설치하는 신호기로 다음과 같은 종류가 있다.

① 서행예고신호기(slow speed approach signal)

서행신호기 바깥쪽(외방) 400[m] 이상의 지점에 설치하여 전방에 서행신호기가 있음을 예고하는 신호기이다. 다만, 선로최고속도 130[km/h] 이상 선구에서는 700[m], 지하구간에서는 200[m] 이상의 지점에 설치한다.

② 서행신호기(Slow speed signal)

서행을 요하는 구역을 통과하려는 열차에 대하여 그 구역을 제한속도로서 행할 것을 지시하는 신호기이다.

③ 서행해제신호기(slow speed release Signal)

서행 구역을 벗어나는 열차에 대하여 서행이 해제되었음을 지시하는 신호기이다.

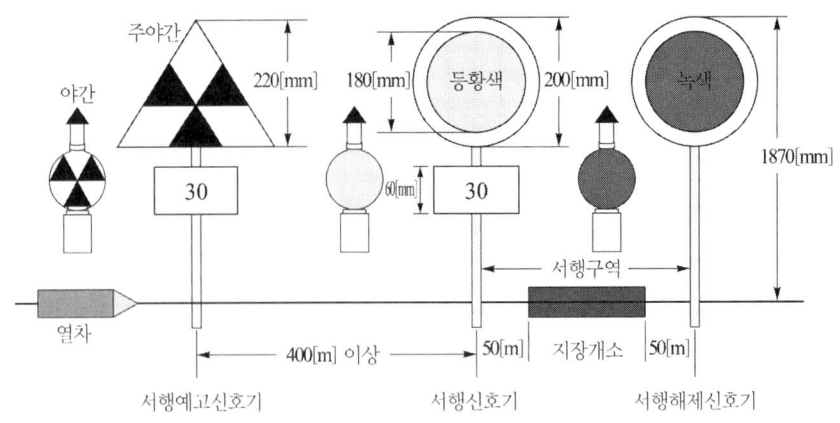

그림 1.3 임시신호기

3) 수신호

수신호는 고장 또는 기타의 사유로 인하여 장내 신호기, 출발 신호기 또는 엄호신호기에 진행을 지시하는 신호를 현시할 수 없는 경우에 관계 선로전환기의 개통 방향과 쇄정상태를 확인하고 진행 수신호를 현시하는 것을 말하며 대용 수신호, 통과 수신호, 임시 수신호 등이 있다.

4) 특수신호

특수신호(special signal)는 낙석, 낙뢰, 강풍 또는 긴급히 열차를 방호하기 위하여 경계를 필요로 할 때 빛 또는 음향에 의해서 신호를 발생하는 장치가 있다.

4 운영상 분류

1) 절대신호기(absolute signal)

열차는 신호기가 진행 또는 주의 신호를 현시하거나, 수신호에 의하지 아니하고는 절대로 진행할 수가 없다. 이와 같이 신호기가 정지 신호를 현시하였을 경우에 반드시 정지해야 하는 신호기를 절대신호기라 하며, 장내, 출발, 엄호, 유도 및 입환 신호기가 있다.

2) 허용신호기(Permissive signal)

자동폐색신호기와 같이 정지 신호가 현시되었다 하더라도 열차가 일단 정지한 다음 제한속도로 신호기 안쪽(내방)에 진입할 수 있는 신호기를 허용신호기라 한다.
허용신호인 자동폐색 신호기에는 식별 표지가 부착되어 있다.

5 신호현시별 분류

1) **2위식 신호기**

    2위식(two-position System) 신호기는 신호기의 현시를 정지, 진행 또는 주의, 진행으로 점등하여 주는 것으로 2현시 방법이 있다.

2) **3위식 신호기**

    3위식(three-position System) 신호기는 신호기 현시를 정지(Red), 주의(Yellow), 진행(Green) 3색으로 점등시키는 현시방법이며 3현시, 4현시, 5현시가 있다.

    ① 3현시 : 정지(R), 주의(Y), 진행(G)
    ② 4현시 : 정지(R), 경계(YY), 주의(Y), 진행(G) (지하철)
    　　　　　정지(R), 주의(Y), 감속(YG), 진행(G) (국철)
    ③ 5현시 : 정지(R), 경계(YY), 주의(Y) 감속(YG), 진행(G)

1.1.2 신호현시방식

1 신호현시방식

신호현시방식은 열차의 안전운행을 확보하기 위하여 각 운전상황별로 신호현시체계 그리고 분기기 제한속도 등을 감안하여 일정한 방식을 정하여 운용하고 있다.

2 신호기의 정의

1) **신호기의 정의**

    ① 장내, 출발, 엄호, 입환신호기 : 정지신호 현시
    ② 유도신호기 : 소등(무현시)
    ③ 원방신호기 : 주의신호현시
    ④ 폐색 신호기
       - 복선구간 : 진행신호 현시
       - 단선구간 : 정지신호 현시
    ⑤ 복선 자동폐색 구간의 장내, 출발신호기
       - 주본선에 소속된 것 : 진행신호 현시, 다만, 특별히 지정하거나 폐색방식을 변경하

여 대용폐색방식 또는 전령법을 시행하는 경우에는 정지신호 현시
- 부본선에 대하는 것 : 정지신호현시

③ 신호기의 내방·외방

기관사가 신호기를 보고 있는 쪽을 외방 또는 바깥쪽이라 하고 신호기가 방호하고 있는 쪽을 내방 또는 안쪽이라 한다.

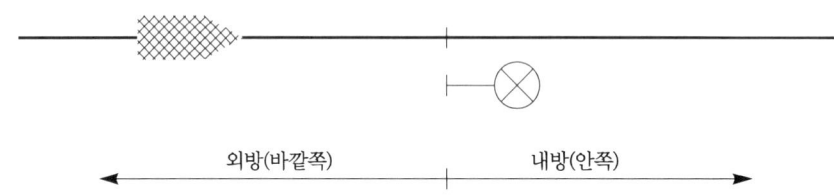

그림 1.4 신호기의 내방과 외방

④ 신호기의 기호

연동도표 등에 사용하는 신호기의 기호는 아래와 같다.

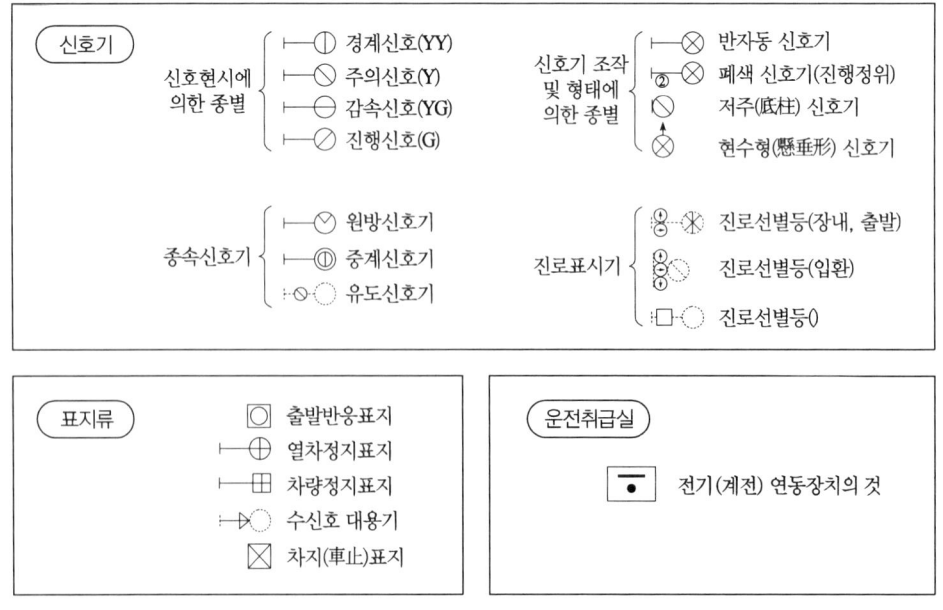

그림 1.5 신호기의 기호

1.1.3 상치신호기의 설치

상치 신호기는 정거장 또 역간에 설치할 경우에 기관사가 해당 운행선로에 대한 신호 식별을 쉽게 하기 위하여 다음과 같이 설치한다.

1) 상치 신호기는 그 소속하는 선로의 상부 또는 좌측에 설치하는 것을 원칙으로 한다. 다만, 다음과 같은 경우에는 예외로 한다.
   - 선로 간격의 부족으로 건축한계를 지장하는 경우
   - 전차선로와의 이격거리 확보가 어려울 경우
   - 신호기의 확인 거리를 확보하기 어려울 경우
2) 신호현시가 표 1.1의 확인 거리를 확보할 수 있도록 하고 선로의 곡선부, 터널 내, 교량, 노반의 절취부 등은 가급적 피한다.

표 1-1 신호기별 확인거리

신호기 종류	투시거리[m]	비 고
장내, 출발, 폐색, 엄호신호기	600 이상	해당 폐색구간이 600[m] 이하인 경우 그 길이 이상
원방, 중계, 입환신호기	200 이상	
주신호용 진로 표시기(진로 선별등)	200 이상	
유도신호기 및 입환신호용 진로표시기	100 이상	
수신호등	400 이상	

3) 자동 구간에 있어서는 소정의 운전시격으로 운전할 수 있는 위치로 한다.
4) 신호기의 확인 거리에도 불구하고 지형 기타 특수한 경우에는 다음과 같이 설치할 수 있다. 이 경우 선로가 곡선으로 필요한 확인 거리에서 확인할 수 없을 경우에는 보완 조치를 한다.
   - 열차가 시발하는 선로에 대한 출발 신호기는 100[m] 이상으로 한다.
   - 전호 이외의 신호기는 200[m] 이상으로 한다. 다만, 유도신호기는 제외한다.
5) 신호기를 설치하는 경우에는 전차선 절연구분장치와 신호기와의 관계를 감안하여 운전상 지장이 없는 곳에 설치한다.
6) 상치신호기는 동일방향으로 병행하여 운전하는 선로가 2 이상 인접한 경우 동일 지점에 설치할 때에는 선로를 식별할 수 있도록 하며 동일 지점에 설치할 때에는 선로의 배열순으로 한다.

7) 정거장에서 열차의 과주에 의해 다른 열차 또는 차량에 지장을 줄 우려가 있을 경우 과주 여유거리내의 선로 전환기와 신호기, 입환 신호기 상호간에는 쇄정을 한다.

8) 구내 운전을 하는 차량의 과주에 의해 다른 열차 또는 차량에 지장을 줄 우려가 있을 때에는 입환 신호기 또는 차량정지표지의 안쪽(내방)에 다음과 같은 설비를 한다.
   - 안전측선
   - 50[m] 이상의 과주 여유거리
   - 구내 운전 속도 이하로 운행할 때는 안전 측선을 생략한다.

9) 신호기의 확인 거리는 신호기에 접근하는 열차 또는 차량에 승차한 기관사가 어느 일정 지점에서 전방신호기의 신호현시 상태를 정확히 확인할 수 있는 거리를 말하며, 신호기별 확인 거리는 다음과 같다.

1.2 표지

표지(indicator, market)는 장소의 상태를 나타내는 설비이며, 다음과 같은 것이 있다.

1 자동폐색식별표지

자동식별표지(automatic discrimination indicator)는 자동폐색 구간의 폐색신호기 신호등 아래에 설치하여 폐색 신호기가 정지 신호를 현시하더라도 일단 정차한 다음 15[km/h] 이하의 속도로 폐색 구간을 운행하여도 좋다는 것을 표시한 것으로서 고휘도 반사재를 사용한 백색 원판의 중앙에 폐색 신호기의 번호를 표시한 것이다.

자동식별 표지에 번호를 부여하는 것은 역과 역 사이에 많은 폐색 신호기가 있기 때문에 이를 식별하기 위하여 도착역의 장내 신호기 다음 폐색 신호기부터 순차적으로 번호를 부여하고 있다.

그림 1.6 자동식별표지

② 서행허용표지

서행허용 표지(slow speed permissive indicator)는 1,000분의 10 이상의 급한 상구배, 그 밖에 특히 필요하다고 인정되는 지점에 위치한 자동폐색 신호기주에 설치한 것으로서 백색 테두리를 한 짙은 남색의 고휘도 반사재 원판중앙에 백색으로 폐색 신호기의 번호를 표시한 것이다.

또 폐색 신호기의 정지현시에 따라 열차가 정지하였을 때, 열차의 출발이 어렵다고 인정되는 장소의 폐색 신호기에 열차가 일단 정지하지 않아도 좋다는 것을 표시한 것이다.

그림 1.7 서행허용표지

③ 출발신호기 반응표지

출발신호기 반응표지(starting signal react indicator)는 승강장에서 역장, 차장 또는 기관사가 출발 신호를 확인할 수 없는 정거장에 설치하는 것으로서 3개의 백색 등을 45° 사선으로 점등하여 출발 신호를 표시하기도 하고 유백색 단등형을 설치하여 사용하기도 한다.

출발 신호기가 정지 신호를 현시하고 있을 때는 소등되어 있고 진행 신호를 현시하였을 때는 점등되어 출발 신호기의 현시를 알려준다.

④ 상치신호기 식별표지

상치신호기 식별표지(fixed signal identification indicator)는 동종의 상치신호기가 2개 이상 설치되어 있는 장소에서 신호오인 우려개소의 상치신호기에 사용하는 표지로서 자호식등 또는 자호식 야광도료관으로 상치 신호기 등 하단1[m]지점을 기준으로 설치하여 열차에서 확인이 용이하도록 한다.

⑤ 입환표지

입환표지(Shunting indicator)는 차량의 입환을 하는 선로의 개통 상태를 표시할 필요가 있는 경우에 사용하는 것으로 입환표지에 진행 신호가 현시되어도 반드시 수송원의 진행 유도가 있어야만 입환표지 안쪽으로 운행이 가능하다.

⑥ 선로전환기표지

선로전환기표지(switch stand)는 기계식 선로전환기에 설치하여 정위·반위의 개통 방향을 먼 거리에서 확인하기 용이하도록 설치하는 표지로서 본선에는 대형을 측선에는 중형 또는 소형을 설치한다.

⑦ 차량정지표지

차량정지표지(Car stop lndicator)는 정거장에서 입환전호를 생략하고 입환차량을 운전하는 경우 운전구간의 끝 지점을 표시할 필요가 있는 지점 또는 상시 입환차량의 정지 위치를 표시할 필요가 있는 지점에 설치하는 표지이다.

⑧ 열차정지표지

열차정지표지(train stop indicator)는 정거장에서 항상 열차의 정차할 한계를 표시할 필요가 있는 지점에 설치하며 그 선로에 도착하는 열차는 열차정지표지 설치지점을 지나서 정차할 수 없다.

⑨ 차막이(차지)표지

차막이표지(car protection market)는 본선 또는 주요한 측선의 끝 지점에 있는 차막이에 설치하는 표지이다.

⑩ 차량접촉한계표지

차량접촉한계표지(car limit post)는 선로가 분기 또는 교차하는 지점에 선로상의 차량이 인접 선로를 운전하는 차량을 지장하지 않는 한계를 표시하기 위하여 설치하는 표지이다.

⑪ 속도제한표지

속도제한표지(speed limit post)는 선로의 속도제한을 할 필요가 있는 구역에 설치하는 표지이다.

서술형 출제예상문제

문제 1. 상치 신호기에 대해 설명하라.

답) 일정한 위치에 고정적으로 설치된 신호기를 말하며 다음과 같이 분류할 수 있다.

1. 주신호기
   이 신호기는 일정한 방호구역을 가지는 신호기로서 다음과 같은 종류가 있다.
   가. 장내신호기
      정거장에 인입할 열차에 대하여 그 신호기 안쪽으로 진입가부를 지시하는 신호기 이다.
   나. 출발신호기
      정거장에서 출발하는 열차에 대하여 그 신호기 안쪽으로의 진출가부를 지시하는 신호기이다.
   다. 폐색신호기
      폐색구간에 진입할 열차에 대하여 폐색구간 진입가부를 지시하는 신호기 이다.
   라. 유도신호기
      주체의 장내신호기가 정지신호를 현시함에도 불구하고, 유도를 받을 열차에 대하여 신호기 안쪽으로 진입할 것을 지시하는 신호기이다.
   마. 엄호신호기
      도중분기등 특히 방호를 요하는 지점을 통과할 열차에 대하여 신호기 안쪽으로의 진입가부를 지시하는 신호기이다.
   바. 입환신호기
      입환차량에 대하여 신호기 안쪽으로의 진입가부를 지시하는 신호기이다.

2. 종속신호기
   주 신호기의 인식거리를 보충하기 위하여 설치한 것이다.
   가. 원방신호기
      이신호기는 장내신호기, 엄호신호기에 종속하며, 주체신호기를 향하여 진행하는 열차에 대하여 주체신호기가 현시하는 신호를 예고하는 것이다.
　나. 통과신호기
　　출발신호기에 종속되어 있으며, 출발신호기 바깥쪽에 설치(주로 장내신호기의 하위) 하는 신호기로서, 주체신호기의 현시에 따라 정거장의 통과여부를 예고하는 것이다. 색등식 신호기가 많이 설치됨에 따라 통과신호기는 점차 감소하는 경향이 있는데, 이것은 기계신호구간의 완목식 신호기에만 사용되고 있다.
　다. 중계신호기
　　중계신호기는 장내신호기, 출발신호기, 폐색신호기, 엄호신호기에 종속되어 있으며, 주체신호기의 신호현시 상태를 중계하기 위하여 설치한 것이다.

3. 신호부속기
　신호부속기는 주신호기의 진로 개통방향을 표시하기 위하여 설치한 것으로서 주신호기를 2 이상의 선로에 사용할 때에는 주신호기의 하단에 설치하여 그 신호기의 진로개통방향을 나타낸다. 신호부속기는 장내신호기, 출발신호기 또는 입환신호기등에 사용하며, 이것을 진로표시기라고도 한다.

문제 2 임시신호기에 대하여 설명하시오.

답) 임시신호기는 선로의 보수작업이라든지 그 외의 이유로 열차의 평상 운전을 허용하지 않을 경우에 임시로 설치하는 신호기로서, 다음과 같은 종류가 있다.

1. 서행예고신호기
　이 신호기는 진행하려는 열차의 전방에 서행신호기가 설치되어 있음을 예고하는 신호기이다.
2. 서행신호기
　이 신호기는 서행을 해야 하는 구역을 통과하려는 열차에 대하여 그 구역을 서행할 것을 지시하는 신호기이다.
3. 서행해제신호기
　이 신호기는 서행구역을 벗어나는 열차에 대하여 서행이 해제되었음을 지시하는 신호기이다.

문제 3. 주신호기와 종속신호기의 의의와 그 종류에 대하여 간단히 설명하라.

답) (1) 주신호기란 일정한 방호 구역을 가지고 있는 신호기로서 다음과 같은 종류가 있다.
① **장내신호기** : 정거장 안쪽으로의 진입 가부지시
② **출발신호기** : 정차장 외부로 진출 가부지시
③ **폐색신호기** : 폐색구간의 진입 가부지시
④ **유도신호기** : 장내신호기 정지 시 열차 유도 진입 가부지시
⑤ **엄호신호기** : 방호개소의 통과 여부지시
⑥ **입환신호기** : 입환구간의 진입 가부지시

(2) 종속 신호기란 주 신호기의 인식거리를 보충하기 위하여 설치하는 신호기로 다음과 같은 종류가 있다.
① **원방신호기** : 기계신호구간의 장내신호기에 종속되어 장내신호기의 신호 현시 예고
② **통과신호기** : 기계신호구간의 출발신호기에 종속되어 정차장 통과 여부 예고
③ **중계신호기** : 전기신호구간의 장내, 출발, 폐색신호기에 종속되어 주체 신호기의 운행조건 중계

문제 4. 철도에 사용하는 신호기를 구조에 따라 분류하고 설명하시오.

답) 1. 분류

구조 ─┬─ 기계식 신호기
　　　├─ 색등식 신호기
　　　└─ 등열식 신호기

2. 구조상의 분류
　(1) 기계식 신호기
　　기계신호구간에 사용하는 신호기로 직사각형의 완목을 신호기주에 설치하여 주간에는 완목의 위치, 형태, 색깔에 따라 신호를 현시하고, 야간에는 완목에 달려있는 신호기 등 유리의 색깔에 따라 정지 또는 진행 신호를 나타내는 것으로서 주신

호기와 종속신호기에 사용하고 있다.

(2) 색등식 신호기

기계식 신호기는 주간과 야간에 따라 신호현시 방법이 다르나, 색등식 신호기에 있어서는 주야간을 통하여 동일한 등의 색깔 및 배치 위치로서 신호를 현시하고 있다.

색등식 신호기에는 등이 1개만 있고 색유리를 적색, 등황색, 녹색의 세가지 상태를 나타내는 단등형 신호기와 3개 이상의 등이 위아래로 배열되어 적, 등황색, 녹색, 또는 등황색과 녹색, 등황색과 등황색을 현시하는 다등형 신호기가 있으나 투시거리가 양호한 다등형 신호기로 점차 바뀌는 추세에 있다.

(3) 등열식 신호기

등열식 신호기는 2개 이상의 백색등을 사용하여 각등의 점등위치가 수평, 경사 및 수직이 되도록 점등하여 신호를 현시하는 신호기로 입환신호기, 유도신호기, 중계신호기 등에 사용하고 있다.

문제 5
철도에 사용하는 신호기를 조작 방법에 따라 분류하고 설명하시오.

답) 1. 분류

```
        ┌─ 수동 신호기
   분류 ├─ 자동 신호기
        └─ 반자동 신호기
```

2. 조작에 의한 분류

(1) 수동 신호기

사람이 정자를 조작함으로서 현시하는 신호기로 신호도선(WIRE)등을 연결하여 기계적으로 조작하는 것이다.

(2) 자동 신호기

궤도회로를 이용하여 열차 또는 차량의 유무에 따라 자동적으로 신호를 현시하는 것으로서, 신호 취급자가 조작할 수 없는 신호기이다.

자동폐색구간의 폐색신호기가 이에 해당 된다.

(3) 반자동 신호기

자동신호기와 마찬가지로 궤도회로에 의해 자동적으로 신호를 현시할 수 있으나, 신호 취급자도 조작할 수 있는 신호기이다. 자동신호구간의 장내신호기, 출발신호기가 이에 해당된다.

문제 6 신호현시 방식을 나열하고 설명하시오.

답
1. 2위식 2현시 – 진행, 정지 또는 진행, 주의

2. 3위식
   가. 3현시 – 진행, 주의, 정지
   나. 4현시 – 진행, 감속, 주의, 정지 또는 진행, 주의, 경계, 정지
   다. 5현시 – 진행, 감속, 주의, 경계, 정지

2위식 완목식에 있어서는 수평과 하향 45도, 색등식에 있어서는 녹색과 적색, 또는 녹색과 등황색을 사용하는데, 2위식 신호기는 그 신호기의 안쪽 방호구간에 한해서만 진로의 상태를 표시한다.

3위식은 녹색, 등황색, 적색의 세 가지 색을 사용하는데, 이것은 신호기의 안쪽방호구간의 상태를 표시한다.

3위식 색등식 신호기에는 녹색, 등황색, 적색을 단독으로 현시하는 것이 보통이지만, 특수한 경우에는 등황색의 두 등을 사용하여 경계 신호로 사용하며, 또는 녹색과 등황색의 두 등을 사용하여 감속 신호에 사용하기도 한다. 이와 같은 신호기를 3위식 4현시 또는 3위식 5현시라 한다.

문제 7 자동신호기와 반자동신호기의 조작 및 신호현시에 대하여 설명하라.

자동신호기란 신호기의 방호구역 내에 궤도회로가 설치되고 그 신호현시가 열차 또는 차량에 의해 자동적으로 제어 되는 것으로 취급자가 조작할 수 없는 신호기이며, 반자동신

호기란 신호기의 진행을 지시하는 신호현시가 그 신호기의 진로일부에 설비된 궤도회로에 열차 또는 차량이 진입함에 따라 자동적으로 정지신호 현시로 되는 것으로 취급자도 조작 가능한 신호기이다.

문제 8 절대 신호와 허용 신호에 대하여 설명하라.

답) 정차장 구내의 신호기는 그 진로에 지장물이 있을 때 또는 선로전환기가 다른 방향으로 개통되어 있을 때에는 정지신호를 현시케 되며 열차는 절대 정지를 하여야 하고 신호기가 진행 또는 주의 신호를 현시하거나 수신호가 아니고서는 열차는 절대적으로 진행할 수가 없게 된다. 이러한 신호기를 절대 신호라 하며, 자동폐색 신호기와 같이 정지신호를 현시하여도 열차는 일단 정지 후 제한속도로 진행할 수 있도록 되어 있는 신호기를 허용신호기라 한다. 절대신호와 허용신호를 구별하기 위해 허용신호기에는 식별표지가 첨장되어 있다.

문제 9 신호기의 투시거리는 맑은날 신호전구의 전압이 정격의 80[%] 이상일 경우 몇 [m] 이상의 성능을 가져야 하는가?

답)
① 장내, 출발 및 폐색신호기   600m 이상
② 입환신호기   200m 이상
③ 유도신호기   100m 이상
④ 중계신호기   200m 이상
⑤ 특수신호 발광기   800m 이상
⑥ 임시신호기   400m 이상

문제 10. 자동 신호기의 구비조건을 말하라.

답
① 폐색 구간에 열차가 있을 때는 정지신호를 현시할 것.
② 폐색 구간에 있는 관계 선로전환기가 정당 방향으로 개통되어 있지 않을 경우에는 정지신호를 현시할 것.
③ 다른 선로에 있는 열차 또는 차량이 분기개소나 교차개소의 차량접촉 한계를 침범하여 폐색구간을 지장하고 있을 대는 정지신호를 현시할 것.
④ 신호 장치에 고장이 발생할 때에는 정지 신호를 현시할 것.

문제 11. 장내신호기와 전차선 구분장치와의 관계에 대해서 설명하라.

답 신호기를 설치하는 경우는 전차선 구분장치와 신호기와의 관계위치를 고려하고 운전상 지장이 없는 위치에 설치해야 한다.
　장내신호기 부근에 구분장치가 있는 경우에는 장내신호기와 구분장치를 일치시키든가 그 외방으로 하여 신호기의 정지 현시에 따리 열차가 정지하는 위치에 구분장치가 없도록 하여야 한다. 왜냐하면 전차선 구분장치를 넘은 위치에 열차가 정지한 후 기동할 경우에는 기동 시 필요한 대전류 등으로 신호보안장치에 나쁜 영향을 끼치게 된다.

> **보충**
> 전차선 구분장치는 전차선에 Section을 두어 전차선의 보수작업이나 사고 시에 전 구간을 단전하지 않고 개폐기에 의해 일부분만 단전시키는 장치로 큰 역 입구 등에 설치한다.

문제 12. 열차의 과주에 의해 다른 열차 또는 차량에 지장을 줄 우려가 있을 경우에 장내신호기 또는 출발신호기에 대해서 안전측선이 부설되어 있지 않다면 어떠한 설비를 하여야 하는가?

답) ① 외방의 신호기에 경계신호를 현시하는 설비.
② 외방의 신호기와 장내신호기, 출발신호기 또는 열차정지표지 내방의 과주여유 거리(150m 이상) 내의 선로전환기 사이에 연쇄하는 설비.
③ 외방의 신호기와 장내신호기, 출발신호기 또는 열차 정지표지 내방의 과주 여유 거리를 지장하는 다른 신호기 및 입환표지와의 사이에 연쇄를 하는 설비.

문제 13 신호기에 고장이 발생하였을 때 그 신호기의 현시하는 신호는 어떠한 설비를 해야 하는가?

답) ① 신호기가 고장 난 경우 그 신호기의 현시는 신호기내로 운전하는 열차 또는 차량이 최대의 제한을 받는 신호로 현시하든가 소등하는 설비로 한다.
② 등열식 신호기의 경우 각등의 배열을 직렬로 하여 1등이 소등된 때에는 다른 등도 소등하는 설비로 한다.

> **보충**
> 주 신호기의 경계신호 또는 감속신호를 현시하는 등과 유도신호기 및 진로표시기의 등 등은 1등이 소등하면 다른 등도 소등하도록 되어 있다.

문제 14 단등형신호기의 구성기기에 대하여 설명하라.

답) 단등형신호기는 한 개의 등함으로 적색, 등황색, 녹색의 신호현시를 하는 것으로 적구, 반사경, 색초자, 제어계전기, 렌즈 등이 한 개의 신호기구에 수용되고 전면에 챙 및 배판이 취부되어 있다. 제어계전기는 10V 20mA의 직류 유극계전기를 사용하면 반가경의 초점에 신호전구를 두어 광속이 집중하는 공통초점에 색초자를 설치하면, 광력은 약 27배로 되어 저전압에서도 투시거리가 좋다. 렌즈는 213mm의 무색 단부렌즈를 사용하며, 확산각도는 약 25°이고, 신호기 바로 앞에서도 투시가 좋게 하기 위하여 하방 40도의 굴곡렌즈를 단부렌즈의 중앙에 취부한다.

문제 15. 신호전구에 쌍심형을 사용하는 이유에 대하여 설명하라.

답) 신호전구의 필라멘트가 끊어지게 되면 신호기는 소등하게 되며 이로 인하여 열차운전에 지장을 초래케 되므로 신호기의 소등방지를 위하여 쌍심형 신호전구가 사용된다. 쌍심형 신호전구를 사용하는 신호기에는 주 필라멘트가 끊어졌을 경우에 이를 접지하여 보조 필라멘트를 점등시키고 보수자가 신속시 전구갱환을 할 수 있도록 통보하는 검지장치가 필요하다.

문제 16. 신호현시에 경계신호와 감속신호를 사용하는 이유는 무엇인가?

답) 신호현시는 3위식 3현시(정지, 주의, 진행)를 표준으로 하고 있으나 정지현시 신호기의 전방에 과주 여유거리가 짧을 경우 열차의 과주를 방지하기 위하여 경계신호(YY)를 사용하며 주의신호를 현시하는 신호기의 외방신호기에 감속신호(YG)를 사용하고 있으며 이들을 3위식 4현시 또는 5현시신호라 한다. 경계신호와 감속신호는 2등을 점등하므로 1등 소등에 의한 착오신호 방지를 위하여 직렬로 점등되도록 한다.

문제 17. 신호방식 중 지상신호방식과 차상신호방식을 비교 설명하라.

답)
1. **지상신호**
   선로변에 상치신호기를 설치하고 선행열차의 개통조건과 전방진로의 구성조건에 의해 형 또는 색으로 신호를 현시하면 기관사가 확인 한 후 열차를 운행하는 시스템
   ① 장점 : 설비비 저렴, 지선분기가 많은 구간과 저속운행 구간에 적합
   ② 단점 : 기후 악조건 시 운행지장 초래, 표정속도 및 운전속도 단축곤란, 시설물이 현장에 산재되어 있어 시설물 유지보수 애로

2. 차상신호

레일을 정보전송 매체로 하거나 양선로 내측에 루프코일을 설치하고 선행열차 운행에 따른 궤도회로 조건과 선로 데이터, 진로개통조건 및 신호현시에 필요한 제반조건 등 후속열차 운행에 필요한 정보를 코드화 하여 차상에 전송하면 차상신호장치에 의해 수신되어 차상에 주행속도를 표시하고 열차의 운행속도와 허용속도를 비교 분석하여 제동 또는 가속장치로 연결하여 운행하는 시스템

① 장점 : 기후 조건에 영향이 적음, 운전시격 단축이 용이, 기기집중식으로 유지보수 용이, 열차운행제어의 자동화
② 단점 : 설비비 고가, 운행빈도가 낮은 구간에서는 투자비에 비해 실효성이 적음

문제 18 상치신호기 설치 기준에 대하여 설명하시오.

(답) 정거장 구내 외에 많은 신호기를 설치할 경우에 승무원이 해당 운행선로에 대한 신호식별을 쉽게 하기 위하여는 다음과 같은 일반적인 규칙이 정해져 있다.

1. 신호기는 소속선의 바로 위 또는 왼쪽에 세운다. 다만, 지형 또는 그 밖의 특별한 사유가 있을 때에는 예외로 할 수가 있다.
2. 2 이상의 진입선에 대해서는 같은 종류의 신호기를 같은 지점에 세우는 경우, 각 신호기의 배열 방법은 진입선로의 배열과 같게 하고 본선, 부본선, 측선에 따라 높이를 차등으로 하여 설치한다.
3. 신호기는 1진로마다 1진로를 설치하는 것을 원칙으로 하며, 특별한 경우는 예외로 한다.
4. 같은 선에서 분기되는 2 이상의 진로에 대하여 같은 종류의 신호기는 같은 지점 또는 같은 신호기주에 설치해야 한다.
5. 주신호기 및 유도 신호기는 같은 신호기주에 각 3개를 설치할 수 있다.
6. 주신호기 또는 원방 신호기(중계 신호기 포함)가 현시하는 신호를 열차에서 인식할 수 있는 거리는 500[m] 이상이 보통인데, 1급선에 준하는 구간에서는 특별히 600[m]이상으로 하고, 200[m] 이하가 되어서는 안 된다.

문제 19 자동폐색 신호기는 폐색구간의 시발점에 설치하여야 한다. 어떠한 경우에 폐색신호기가 정지신호를 현시하여야 하는지 5가지를 열거하시오.

답) 1. 폐색구간에 열차 또는 차량이 있을 때
2. 장치가 고장 났을 때
3. 폐색구간의 전철기가 정당한 방향에 있지 아니할 때
4. 단선 운행구간에서 반대 방향의 신호기
5. 선로가 두절 되었을 때

출제예상문제

문1 3위식 신호기의 5현시 방법으로 옳은 것은?

① R, RY, Y, YG, G
② R, YY, Y, YG, G
③ R, YY, Y, RG, G
④ R, WY, Y, WG, G

해설 5현시 : 진행(G), 감속(YG), 주의(Y), 경계(YY), 정지(R)

문2 상치 신호기의 신호현시 계열로 옳지 않은 것은?

① 4현시(지하철) : R, YY, YG, G
② 5현시 : R, YY, Y, YG, G
③ 4현시(국철) : R, Y, YG, G
④ 3현시 : R, Y, G

해설 4현시 지하철은 R, YY, Y, G

문3 3위식 신호기에 대한 신호현시로 틀린 것은?

① 신호기 현시를 정지, 주의, 진행 2색으로 점등시키는 현시방법이다.
② 4현시를 할 수 있다.
③ 5현시를 할 수 있다.
④ 신호기 내방 한 구간의 진로를 표시한다.

해설 신호기 현시를 적색, 황색, 청색으로 3색 점등

문4 신호기에 대한 설명으로 틀린 것은?

① 중계신호기는 장내, 출발, 폐색신호기에 사용할 수 있다.
② 중계신호기는 비자동구간에 사용한다.
③ 중계신호기는 3현시이다.
④ 원방신호기는 2현시이다.

해설 중계신호기는 자동구간의 장내, 출발, 폐색 또는 엄호신호기에 종속된다

정답 1. ② 2. ① 3. ① 4. ②

문5 10/1,000 이상의 상구배에 설치된 폐색 신호기가 정지 신호를 현시할 경우 열차가 정지하지 않고 일정속도로 진입할 수 있도록 지시하는 것은?

① 유도 신호기 ② 자동폐색 신호기
③ 서행 허용 표지 ④ 원방 신호기

해설 서행허용 표지라 함은 10/1,000 이상의 급격한 상구배, 그밖에 특히 필요하다고 인정되는 지점에 위치한 자동폐색 신호기주에 설치한 것으로서 백색 테두리에 짙은 남색의 고휘도 반사재 원판 중앙에 백색으로 폐색 신호기의 번호를 표시한 것이다. 또 폐색신호기의 정지현시에 따라 열차가 정지하였을 때, 열차의 출발이 어렵다고 인정되는 장소의 폐색신호기에 열차가 일단 정지하지 않아도 좋다는 것을 표시한 것이다.

문6 폐색 신호기의 확인거리는 몇 [m] 이상인가?

① 400 ② 500
③ 600 ④ 700

해설 〈신호기별 확인거리〉
장내, 출발, 폐색, 엄호 신호기 : 600m 이상
입환, 중계신호기, 주신호용 진로표시기 : 200m 이상
유도신호기 및 입환신호용 진로표시기 : 100m 이상

문7 폐색 신호기의 설명 중 잘못된 것은?

① 하위에 무유도 표시등을 설치하여 폐색신호기로 사용
② 폐색 구간의 시점에 설치
③ 신호기 하위에 식별표지 설치
④ 신호기 번호는 도착역 장내신호기 외방부터 순차적으로 식별표지에 표기

해설 ①은 하위에 무유도 표시등을 설치하는 것은 입환신호기에 관한 설명이다.

문8 유도신호기의 현시조건 중 맞는 것은?

① 진로가 개통 되었을 경우
② 진로가 확보 되고 도착선에 열차 또는 차량이 있을 때
③ 장내신호기가 고장이 생길 경우
④ 장내신호기가 현시된 후

해설 유도신호기는 도착선에 열차 또는 차량이 있어 같은 진로상의 장내신호기가 정지신호를 현시하여도 유도를 받을 열차에 대하여 신호기 안쪽으로 진입할 것을 지시하는 신호기이다.

정답 5. ③ 6. ③ 7. ① 8. ②

문9 유도신호기에 대한 설명으로 틀린 것은?

① 열차가 그 내방에 진입하였을 때 자동으로 소등 되어야 한다.
② 유도신호기는 신호기를 분류할 때 주신호기에 해당한다.
③ 설치위치는 진로표시기를 설치하는 경우 그 하부에 설치한다.
④ 장내신호기에 진행을 현시할 수 없을 경우 열차를 진입시킬 때 사용한다.

문10 유도신호기의 현시시의 취급과 관계없는 것은?

① 정지 수신호 현시지점에 출발신호기가 정지신호현시 하고 있을 때 정지 수신호는 생략할 수 있다.
② 지정개소에 정지 수신호를 현시한다.
③ 장내신호기 외방에 일단 정지를 할 필요가 없는 장점이 있다.
④ 25[km/h] 이하로 운전속도를 제한한다.

(해설) 유도신호기의 현시 시 반드시 장내신호기 앞에서 정지한 후 25(km/h) 이하로 운전속도를 제한한다.

문11 해당 신호기를 취급하기 전의 신호기 현시 상태가 소등인 것은?

① 유도 신호기
② 엄호 신호기
③ 원방 신호기
④ 입환 신호기

(해설) 〈신호기의 정위〉
1. 장내, 출발, 엄호, 입환신호기 : 정지
2. 유도 신호기 : 소등 (무현시)
3. 폐색 신호기 (복선구간) : 진행
4. 폐색 신호기 (단선구간) : 정지
5. 원방 신호기 : 주의

문12 신호기 현시를 확인할 수 있는 거리로 맞는 것은?

① 주신호용 진로 표시기 100[m] 이상
② 입환신호용 진로 표시기 200[m] 이상
③ 입환신호기 200[m] 이상
④ 엄호신호기 400[m] 이상

(해설) 본문 1.1.4 상치신호기의 설치 중 〈신호기별 확인거리〉 참조
- 장내, 출발, 폐색, 엄호 신호기 : 600[m] 이상
- 입환, 중계신호기, 주신호용 진로표시기 : 200[m] 이상
- 유도신호기 및 입환신호용 진로표시기 : 100[m] 이상

정답 9. ③ 10. ③ 11. ① 12. ③

13 동일 선로에서 2 이상의 선로로 분기하는 장소에 입환표지를 설치하는 경우, 분기기 첨단 끝에서 입환표지까지의 거리는 특수한 경우를 제외하고 몇 [m] 이상 되도록 설치하여야 하는가?

① 6 ② 12
③ 24 ④ 60

해설 〈입환표지 설치 위치〉
1. 입환 표지의 설치 위치는 동일 선로에서 2 이상의 선로로 분기하는 경우는 분기기 첨단끝에서 입환 표지까지 12[m] 이상이 되도록 설치한다. 다만, 지형 또는 기타의 사정이 있을 경우에는 예외로 한다.
2. 2 이상의 선로에서 동일 선로에 진출하는 경우는 차량 접촉 한계 내방에 설치한다.
3. 선로 표시식 입환표지는 관계되는 인상선군과 입환선군에서 확인 할 수 있는 위치에 설치한다.

14 정거장 구내에서 열차의 과주에 의해 다른 열차 또는 차량에 영향을 끼칠 우려가 있는 경우에 출발신호기와 차량접촉 한계표 간에 과주 여유거리를 설정하고자 한다. 전동차는 몇 [m] 이상 유지하여야 하는가?

① 100 ② 150
③ 200 ④ 250

해설 일반열차는 200[m] 이상을 유지하여야 한다

15 선로 최고 속도가 150[km/h]인 선구에 서행신호기를 설치하였다. 서행 예고 신호기는 서행신호기에서 얼마 이상인 지점에 설치하여야 하는가?

① 400[m] ② 500[m]
③ 600[m] ④ 700[m]

해설 서행예고 신호기는 서행신호기의 바깥쪽 400[m] 이상의 위치에 설치하여야 한다. 다만, 선로의 최고속도 130[km/h] 이상의 선구에서는 700[m], 지하구간에서는 200[m] 이상의 위치에 설치하여야 한다. 이 경우 터널 내에 설치함으로 인하여 서행예고 신호기의 인식을 할 수 없는 경우에는 그 거리를 연장하여 터널 입구에 설치할 수 있다.

16 다음 신호기의 종류 중 그 성격이 다른 신호기는?

① 폐색 신호기 ② 엄호 신호기
③ 원방 신호기 ④ 유도 신호기

해설 주 신호기 : 장내, 출발, 폐색, 엄호, 유도, 입환 신호기
종속 신호기 : 중계, 원방, 통과, 입환중계 신호기

정답 13. ② 14. ② 15. ④ 16. ③

문17 철도신호 중 수신호등의 현시 상태를 확인할 수 있도록 확보하여야 하는 거리는?
① 200[m] 이상
② 300[m] 이상
③ 400[m] 이상
④ 600[m] 이상

해설 〈신호기별 확인 거리〉
장내, 출발, 폐색, 엄호신호기 : 600m 이상
원방, 중계, 입환신호기 : 200m 이상
주신호용 진로 표시기 : 200m 이상
유도신호기 미 입환신호용 진로표시기 : 100m 이상
수신호등 : 400m 이상

문18 지상에 설치된 상치신호기 확인거리 확보를 600[m] 이상하여야 하는 신호기는?
① 원방신호기
② 중계신호기
③ 엄호신호기
④ 유도신호기

문19 다음 중 신호기의 정위가 다른 것은?
① 유도신호기
② 입환신호기
③ 엄호신호기
④ 출발신호기

해설 〈신호기의 정위〉
1. 장내, 출발, 엄호, 입환신호기 : 정지
2. 유도신호기 : 소등 (무현시)
3. 폐색신호기 (복선구간) : 진행
4. 폐색신호기 (단선구간) : 정지
5. 원방신호기 : 주의

문20 유도신호기의 정위는?
① 주의신호
② 정지신호
③ 진행신호
④ 소등

문21 무유도 표시등이 있는 신호기는?
① 엄호신호기
② 폐색신호기
③ 유도신호기
④ 입환신호기

정답 17. ③ 18. ③ 19. ① 20. ④ 21. ④

문22 다음 중 서행허용표지를 설치하는 신호기는?
① 중계신호기 ② 자동폐색신호기
③ 서행신호기 ④ 유도신호기

문23 신호기 중 비자동구간 장내신호기 외방 400[m] 이상의 지점에 설치하며, 장내 신호기의 확인거리를 보충해 주는 신호기는?
① 유도신호기 ② 원방신호기
③ 통과신호기 ④ 중계신호기

해설) 〈원방 신호기〉
비자동구간의 장내신호기에 종속되며 주신호기가 진행일 때는 진행신호를 주신호기가 정지일 때는 주의 신호를 현시한다. 그러므로 원방신호기의 정위는 '주의'이다.

문24 다음 중 비자동구간 장내신호기에 종속하며, 주체신호기의 운행조건을 예지할 수 있는 신호기로 필요 없는 제동을 방지하여 열차의 원활한 운전에 기여하는 신호기는?
① 유도신호기 ② 원방신호기
③ 통과신호기 ④ 중계신호기

문25 철도신호 보안 장치의 사고를 방지하기 위해 안전측 동작(fail-safe)의 원칙을 적용하고 있는데, 이에 해당하지 않는 것은?
① 폐전로 방식으로 회로를 구성
② 회로의 조건을 한선에 넣어 제어회로 구성
③ 제어 접점이 낙하하면 전원을 차단함과 동시에 계전기의 양단을 단락하도록 구성
④ 교류 궤도 계전기는 정해진 위상 이외의 미류에 대해 오동작 되지 않도록 위상 제어 방식으로 구성

해설) 〈fail-safe〉
1. 궤도회로는 폐전로식
2. 전원과 계전기의 위치를 양단으로 하는 방식
3. 양선으로 계전기를 제어하는 방식
4. 단락을 이용하는 방식
5. 위상 제어 방식

문 26 자동폐색신호기가 YG를 현시중 주, 보조필라멘트가 동시에 단선되었다면?
① 정지현시
② 주의현시
③ 소등
④ 경계현시

문 27 5현시 자동구간에서 정거장 주본선에 정지하는 경우 장내 신호기의 현시 상태는?
① YG
② Y
③ YY
④ 제한

문 28 철도신호 정위 선정중 무현시(소등) 정위식 신호기는?
① 중계신호기
② 유도신호기
③ 엄호신호기
④ 입환신호기

문 29 항상 일정한 방호구역을 가지고 있으면서 신호기가 정지신호를 현시하여도 일단 정지 후 제한된 속도 이하로 신호기 내방에 진입을 허용하는 신호기는?
① 장내신호기
② 출발신호기
③ 입환신호기
④ 자동폐색신호기

문 30 상치신호기를 사용 목적에 따라 기능별로 분류할 때 다음 중 주신호기에 해당되는 것은?
① 중계신호기
② 통과신호기
③ 원방신호기
④ 엄호신호기

해설 〈신호기 기능별 분류〉
1. 주신호기 : 장내, 출발, 폐색, 엄호, 유도, 입환
2. 종속신호기 : 중계, 원방, 통과, 입환 중계 신호기
3. 신호부속기 : 진로표시기 (진로선별 등)

문 31 엄호신호기의 설치 위치로 적당한 것은?
① 엄호지점 내방 100[m] 이상
② 엄호지점 내방 200[m] 이상
③ 엄호지점 외방 100[m] 이상
④ 엄호지점 외방 200[m] 이상

정답 26. ① 27. ③ 28. ② 29. ④ 30. ④ 31. ③

문32 유도신호기의 신호기주 상위로부터 설치 위치로 적당한 것은?
① 출발, 유도, 진로표시기
② 출발, 진로표시기, 유도
③ 장내, 유도, 진로표시기
④ 장내, 진로표시기, 유도

(해설) 유도신호기는 장내신호기의 하위에 설치, 다만 진로표시기를 설치하고 있는 경우는 그 상위로 한다.

문33 폐색신호기의 번호를 부여할 때 1호의 위치로 맞는 것은?
① 선로 시점 쪽으로 가까운 첫 번째 신호기
② 선로 종점 쪽으로 가까운 첫 번째 신호기
③ 도착역 장내신호기 외방 첫 번째 신호기
④ 출발역 출발신호기 외방 첫 번째 신호기

(해설) 도착역 장내신호기를 기준으로 외방 첫 번째 폐색신호기를 1호로 하고 순차적으로 식별 표지에 표기한다. 단, 구내폐색신호기는 출발신호기 외방도 가능

문34 임시신호기 중 서행예고신호기의 설치 위치로 맞는 것은?
① 130[km] 이상 선구에서는 지장개소 700[m] 전방에 설치
② 서행신호기 400[m] 전방에 설치
③ 지장개소 400[m] 전방에 설치
④ 지하구간에서 지장개소 200[m] 전방에 설치

(해설) 서행예고 신호기는 서행신호기의 바깥쪽 400[m] 이상의 위치에 설치하여야 한다. 다만, 선로의 최고속도 130[km/h] 이상의 선구에서는 700[m], 지하구간에서는 200[m] 이상의 위치에 설치하여야 한다. 이 경우 터널 내에 설치함으로 인하여 서행예고 신호기의 인식을 할 수 없는 경우에는 그 거리를 연장하여 터널 입구에 설치할 수 있다.

문35 장내신호기는 최외방 선로전환기가 열차에 대하여 대향이 되는 경우 첨단 레일 끝에서 몇[m] 이상의 거리를 확보해야 하는가?
① 50
② 100
③ 150
④ 200

(해설) 다만 장내신호기 내방에 안전측선이 설비된 경우는 100[m] 이내로 할 수 있다.

정답 32. ③ 33. ③ 34. ② 35. ②

문 36 철도 신호 현시방식 중 등렬식 신호기가 아닌 것은?

① 유도신호기 ② 색등신호기
③ 입환신호기 ④ 중계신호기

해설 〈등렬식 신호기〉
두 개 이상의 백색 등을 사용하여 가로, 경사, 세로로 점등하여 신호를 현시하는 것으로 입환신호기, 유도신호기, 중계신호기에 사용된다.
(현재 입환 신호기는 색등식, 과거에는 등렬식 사용)

문 37 입환신호기 설치 기준으로 거리가 먼 것은?

① 동일 선로에서 2 이상의 선로로 분기하는 경우는 분기기 첨단 끝에서 입환신호기까지 5[m] 이상 되도록 설치한다.
② 구내 운전을 하는 구간의 시점에 설치한다.
③ 입환 표지 하위에 무유도 표시 등을 설치하여 입환신호기로 사용
④ 차량기지, 지하구간에서 출발신호기와 겸용으로 설치할 수 있다.

해설 〈입환신호기 설치 기준〉
1. 구내 운전을 하는 구간의 시점에 설치한다.
2. 동일 선로에서 구내 운전을 하는 차량의 진로가 2 이상으로 분기하는 경우에는 1기로 공용할 수 있으며 이 경우에는 진로 표시기를 설치한다. 분기기 첨단 끝에서 입환신호기까지 12[m] 이상 되도록 한다
3. 입환 표지 하위에 무유도 표시등을 설치하여 입환신호기로 사용한다.

문 38 입환신호기에 대한 설명으로 틀린 것은?

① 구내 운전을 하는 차량의 진로가 2 이상으로 분기하는 경우는 1기로 공용할 수 있다.
② 구내 운전을 하는 구간의 시점에 설치한다.
③ 입환 표지 하위에 무유도 표시등을 설치하여 운용한다.
④ 정거장 또는 폐색구간 도중에 평면 교차 분기 등 열차방호를 요하는 경우에 설치한다.

해설 ④는 엄호신호기에 관한 설명이다.

정답 36. ② 37. ① 38. ④

39 장내신호기 설치 위치에 대한 설명으로 거리가 먼 것은?

① 가장 바깥쪽 선로전환기가 열차에 대하여 대향이 되는 경우, 그 첨단 레일의 선단에서 100[m] 이상 거리를 확보한다.
② 장내신호기 안쪽에 안전측선이 설비된 경우 200[m] 이내로 할 수 있다.
③ 가장 바깥쪽 선로전환기가 열차에 대하여 배향이 되는 경우 또는 선로의 교차가 있을 때 이에 부대하는 차량접촉한계표지에서 60[m] 이상의 간격을 두어야 한다.
④ 시속 180[km/h] 이상의 고속화 구간에서 장내신호기 설치 위치는 차량성능, 속도 및 선구에 따라 가장 바깥쪽 선로전환기로부터 시스템이 요구하는 적정거리 이상 확보하여야 한다.

해설 다만 장내신호기 내방에 안전측선이 설비된 경우는 100[m] 이내로 할 수 있다.

40 신호기가 정지신호를 현시하여도 일단 정지 후 제한된 속도 이하로 신호기 내방에 진입을 허용함으로서 운전 효율을 높이기 위하여 설치하는 표지는?

① 서행허용표지 ② 자동폐색식별표지
③ 전철표지   ④ 입환표지

41 정지현시 신호기의 전방과주 여유거리가 짧은 경우 열차의 과주 방지를 위하여 사용되는 신호는?

① 경계신호 ② 주의신호
③ 감속신호 ④ 진행신호

42 정거장에 진입할 열차에 대하여 정거장 안쪽으로 진입 가부를 지시하는 신호기는?

① 유도신호기 ② 출발신호기
③ 폐색신호기 ④ 장내신호기

43 본선 신호기의 높이는 일반적인 경우 몇 [mm] 이상으로 하는가?

① 3,000 ② 3,200
③ 3,800 ④ 4,200

정답 39. ② 40. ② 41. ① 42. ④ 43. ④

문 44 다음 중 승강장 홈 곡선 등으로 인하여 역장이나 차장 또는 기관사가 출발신호기의 신호현시를 확인할 수 있도록 설치하는 것은?
① 출발반응표지   ② 입환표지
③ 상치신호기식별표지   ④ 자동식별표지

문 45 상치 신호기의 설치에 대한 설명으로 틀린 것은?
① 신호기는 소속선의 바로 위 또는 좌측에 세우는 것이 원칙이다.
② 2 이상의 진입선에 대해 같은 종류의 신호기가 동일 위치에 설치될 경우에는 각 신호기의 배열방법은 진입 선로의 배열과 동일하게 한다.
③ 신호기는 예외 없이 1진로마다 2기의 신호기를 설치함을 원칙으로 한다.
④ 주신호기 및 유도신호기는 같은 신호기주에 설치할 수 있다.

(해설) 신호기는 1진로마다 1기의 신호기를 설치함을 원칙으로 한다.

문 46 신호기의 설치에 대한 설명 중 타당하지 않은 것은?
① 신호기는 소속선의 바로 위 또는 좌측에 세우는 것이 원칙이다.
② 절연위치로부터 외방으로 정거장 내 6[m], 정거장외 12[m]까지 허용된다
③ 신호기는 예외없이 1진로마다 1기의 신호기를 설치함을 원칙으로 한다.
④ 역구내 폐색신호기는 보호구간의 쇄정 조건을 삽입한다.

(해설) 신호기설치 위치는 절연위치로부터 외방 2[m] 이내, 내방 정거장구내 6[m], 정거장외 12[m] 이내로 한다.

문 47 상치신호기는 소속선의 바로 위 또는 좌측에 세우는 것이 원칙이다. 다음 설명중 예외 사항이 아닌 것은?
① 전차선로와의 이격거리 확보가 어려울 경우
② 신호기의 확인거리를 확보하기 어려울 경우
③ 선로 간격의 부족으로 건축한계를 지장하는 경우 .
④ 신호기의 접지저항이 확보되기 어려울 경우

(해설) 〈예외조항〉
1. 전차선로와의 이격거리 확보가 어려울 경우
2. 신호기의 확인거리를 확보하기 어려울 경우
3. 선로 간격의 부족으로 건축한계를 지장하는 경우 .

정답 44. ① 45. ③ 46. ② 47. ④

문48 철도신호의 정지, 주의, 감속 및 진행신호를 현시하는 다등형 신호기의 도식 기호는?

해설 ① 3현시, ② 5현시, ③ 정지, 경계, 진행 현시, ④ 국철 4현시

문49 정지, 경계, 주의, 감속 및 진행신호를 현시하는 다등형신호기의 도식기호는?

문50 철도신호기로서 정지, 주의, 진행신호를 나타내는 다등형신호기의 도식기호는?

문51 폐색구간의 시점에 폐색신호기를 설치하지 않는 경우는 그 시점에 어떤 신호기를 설치하는 경우인가?
① 장내신호기 또는 출발신호기
② 장내신호기 또는 유도신호기
③ 유도신호기 또는 원방신호기
④ 출발신호기 또는 원방신호기

문52 신호장치의 안전 측 동작원리로 틀린 것은?
① 궤도회로는 폐전로식
② 계전기 회로는 무여자 시 계전기를 해정하는 방식
③ 전원과 계전기의 위치를 양단으로 하는 방식
④ 양선으로 계전기를 제어하는 방식

문53 다음 중 철도신호 보안장치에 해당되지 않는 것은?
① 동력단로기
② 전기선로전환기
③ 통표폐색기
④ 열차집중제어장치

정답 48. ④ 49. ② 50. ① 51. ① 52. ② 53. ①

문 54 자동폐색구간에서 서행허용표지를 설치하는 기준은?

① 선로상태가 10/1,000 이하의 하구배에 설치된 자동폐색신호기 상위에 설치
② 선로상태가 10/1,000 이상의 상구배에 설치된 자동폐색신호기 하위에 설치
③ 선로상태가 5/1,000 이하의 하구배에 설치된 자동폐색신호기 하위에 설치
④ 선로상태가 5/1,000 이하의 상구배에 설치된 자동폐색신호기 상위에 설치

문 55 신호현시가 열차 또는 차량에 의해 자동적으로 제어되는 것으로 취급자도 조작할 수 있는 신호기는?

① 자동신호기 ② 수동신호기
③ 원격신호기 ④ 반자동신호기

해설 〈신호기 조작상 분류〉
1) **수동신호기**
   수동신호기(manual signal)는 신호취급자에 의하여 신호리버(lever)를 조작하여 신호를 현시하는 신호기로서 비자동구간의 신호기가 이에 해당된다.
2) **자동신호기**
   자동신호기(automatic signal)는 궤도회로(track circuit)를 이용하여 열차 또는 차량의 궤도 점유 유무에 따라 자동적으로 신호를 현시하는 것으로서 신호취급자가 조작할 수 없는 신호기이다. 자동 폐색구간의 폐색신호기가 이에 해당한다.
3) **반자동신호기**
   반자동신호기(semi-automatic signal)는 자동신호기와 마찬가지로 궤도회로에 의해 자동적으로 신호를 현시할 수도 있으나 신호취급자도 조작할 수 있는 신호기이다. 자동 폐색구간의 장내신호기와 출발신호기가 이에 해당한다.

문 56 궤도회로(track circuit)를 이용하여 열차 또는 차량의 궤도 점유 유무에 따라 자동적으로 신호를 현시하는 것으로서 신호취급자가 조작할 수 없는 신호기는?

① 자동신호기 ② 수동신호기
③ 원격신호기 ④ 반자동신호기

문 57 신호취급자에 의하여 신호리버(lever)를 조작하여 신호를 현시하는 신호기는?

① 자동신호기 ② 수동신호기
③ 원격신호기 ④ 반자동신호기

정답 54. ② 55. ④ 56. ① 57. ②

58 다음 도식기호의 명칭은?

① 원방신호기
② 입환신호기
③ 폐색신호기
④ 중계신호기

59 [그림]과 같은 도식기로에 대한 설명으로 옳은 것은?

① 진로표시기가 없는 입환신호기
② 4번 선로의 입환표지
③ 4번으로 상시 개통되는 입환신호기
④ 4진로가 있는 진로표시기가 붙은 입환표지

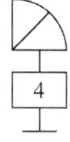

해설) 위 그림은 다진로용 입환표지의 도식기호로서, 직사각형 안에 진로수를 기입한다.

60 장내신호기의 확인거리는 몇 [m] 이상인가?

① 400[m]
② 500[m]
③ 600[m]
④ 700[m]

61 다음 중 주간과 야간의 신호현시 방식이 다른 신호기는?

① 단등형신호기
② 등렬식신호기
③ 완목식신호기
④ 색등식신호기

해설) 〈완목식신호기〉
주간 : 수평일 때 정지, 45°일 때 진행신호 현시
야간 : 신호기등의 색깔에 따라 정지 또는 진행신호 현시

62 신호기주에 적용되는 안전율은?

① 3.5 이상
② 2.5 이상
③ 3 이상
④ 2 이상

해설) 신호기주의 안전율은 2 이상으로 하고 풍압하중의 계산에 풍압하중 계산에 사용하는 최대 풍속은 40[m/s] 이상으로 한다.

정답 58. ④ 59. ④ 60. ③ 61. ③ 62. ④

63 비자동구간에 장내신호기에 종속하여 그 외방에서 장내신호기의 신호 현시를 예고하는 신호기는?

① 중계신호기 ② 원방신호기
③ 엄호신호기 ④ 유도신호기

해설) 〈원방신호기〉
비자동구간의 장내신호기에 종속되며 주신호기가 진행일 때에는 진행신호를 주신호기가 정지일 때는 주의신호를 현시한다.

64 철도신호의 정지, 경계 및 진행신호를 현시하는 다등형 신호기의 도식기호는?

① ② ③ ④

해설) ① 정지, 주의, 진행신호를 현시하는 것
② 정지, 경계, 주의, 감속 진행신호를 현시하는 것
③ 정지, 경계 및 진행신호를 현시하는 것
④ 정지, 주의, 감속, 진행신호를 현시하는 것

65 신호기를 현시별로 분류할 때 신호기의 현시를 정지, 진행 또는 주의, 진행으로 점등하여 주는 것은?

① 1위식 신호기 ② 2위식 신호기
③ 3위식 신호기 ④ 4위식 신호기

66 자동폐색구간에서 폐색신호기의 진행신호현시 중 주, 보조 필라멘트가 모두 단선 되었다면 신호현시는?

① G 현시 ② YG 현시
③ Y 현시 ④ R 현시

해설) 신호전구의 주, 부심이 모두 단선될 경우 진행보다 아래 단계인 주의 신호를 현시 해야 한다.

67 5현시 자동구간에서 정거장 부본선으로 열차를 통과시키는 경우 장내신호기 및 출발신호기의 현시상태는?

① 장내 : 경계, 출발 : 진행 ② 장내 : 감속, 출발 : 주의
③ 장내 : 주의, 출발 : 주의 ④ 장내 : 주의, 출발 : 경계

정답 63. ② 64. ③ 65. ② 66. ③ 67. ①

문 68 4현시 자동구간에서 정거장 본선으로 열차를 통과시키는 경우 장내신호기 및 출발신호기의 현시상태는?

① 장내 : 주의, 출발 : 진행
② 장내 : 진행, 출발 : 주의
③ 장내 : 주의, 출발 : 주의
④ 장내 : 진행, 출발 : 진행

문 69 신호기의 지시할 조건을 보충하기 위하여 신호기와 같이 설치되는 것은?

① 진로표시기
② 서행예고신호기
③ 입환표지
④ 입환신호기

문 70 상치 신호기를 사용목적에 따라 주신호기, 종속신호기, 신호 부속기로 분류할 때 다음 중 주신호기에 해당되는 것은?

① 중계신호기
② 통과신호기
③ 원방신호기
④ 입환신호기

문 71 다음은 서울 메트로 신호기 설치에 관한 설명이다. 옳지 않은 것은?

① 신호기는 특히 지정하지 않는 한 선로 우측에 설치한다.
② 신호기는 절연설치 위치와 일치하는 것을 원칙으로 한다.
③ 절연위치로부터 신호기 외방으로 구내 6[m], 구외 12[m]까지 허용된다.
④ 신호기는 1진로마다 1기를 설치하는 것을 원칙으로 한다.

문 72 동일 선로에서 2 이상의 선로로 분기하는 장소에 입환표지를 설치하는 경우, 분기기첨단 끝에서 입환표지까지의 거리는 특수한 경우를 제외하고 몇 [m] 이상 되도록 설치하여야 하는가?

① 6[m] 이상
② 12[m] 이상
③ 24[m] 이상
④ 60[m] 이상

해설 〈입환표지 설치 위치〉
1. 입환 표지의 설치 위치는 동일 선로에서 2 이상의 선로로 분기하는 경우는 분기기 첨단 끝에서 입환 표지까지 12[m] 이상 되도록 설치한다. 다만, 지형 또는 기타의 사정이 있을 경우에는 예외로 한다.
2. 2 이상의 선로에서 동일 선로에 진출하는 경우는 차량 접촉 한계 내방에 설치한다.
3. 선로 표시식 입환표지는 관계되는 인상선군과 입환선군에서 확인 할 수 있는 위치에 설치한다.

정답 68. ④ 69. ① 70. ④ 71. ③ 72. ②

문73 5현시 자동폐색구간에서 경계신호 현시때 Y1 전구가 주부심이 단심되었을 때는 Y 전구 하나만 되므로 착오신호가 현시될 수 있다. 이를 방지하기 위하여 어떻게 회로를 구성 하는가?
① Y 현시 시 반드시 Y1 전구 주부심을 확인하고 Y 전구 점등
② Y 현시 시 반드시 Y1 전구 점등된 것을 확인하고 점등
③ YY 현시 시 반드시 Y1 전구 점등된 것을 확인하고 Y 전구 점등
④ YY 현시 시 반드시 Y 전구 주부심을 확인하고 점등

문74 다음 신호기의 종류 중 그 성격이 다른 신호기는?
① 폐색신호기　　　　　② 엄호신호기
③ 유도신호기　　　　　④ 원방신호기

(해설) • 주신호기 : 장내, 출발, 폐색, 엄호, 유도, 입환 신호기
• 종속신호기 : 중계, 원방, 통과, 입환중계 신호기

문75 다음 신호 현시의 필요조건이 아닌 것은?
① 고장일 때는 안전 측이 아니라도 좋다.
② 현시가 간단하고, 충분한 확인 거리를 가져야 한다.
③ 같은 뜻의 신호기는 가능한 같은 현시 하여야 한다.
④ 관계 기기와 연동이 되어 있어야 한다.

문76 지상에 설치된 상치신호기 확인거리 확보를 600[(m)] 이상 하여야 하는 신호기는?
① 원방신호기　　　　　② 중계신호기
③ 엄호신호기　　　　　④ 유도신호기

문77 철도신호는 기관사에게 열차의 운전조건을 제시하는 설비로서 열차의 진행가부를 색이나 형 또는 음으로 표시하는 것이다 다음 중 "형과 색"의 2가지를 제시하는 철도신호장치는?
① 진로표시기　　　　　② 차막이 표지
③ 선로전환기 표지　　　④ 발뢰 신호

정답 73. ③　74. ④　75. ①　76. ③　77. ③

78 복선 자동폐색구간에서 부본선에 설치된 장내신호기의 정위로 맞는 것은?
   ① 진행신호 현시   ② 주의신호 현시
   ③ 정지신호 현시   ④ 소등신호 현시

79 정거장에서 입환전호를 생략하고 입환 차량을 운전하는 경우 운전구간의 끝 지점을 표시할 필요가 있는 지점 또는 상시 입환차량의 정지 위치를 표시할 필요가 있는 지점에 설치하는 표지는?
   ① 가선종단 표지   ② 차막이 표지
   ③ 차량정지 표지   ④ 출발선 식별표지

80 다음 중 기관사에게 운전조건을 지시하는 것은?
   ① 전호   ② 전철
   ③ 신호   ④ 표지

정답 78. ③ 79. ③ 80. ③

철 / 도 / 신 / 호 / 문 / 제 / 해 / 설

Chapter 02

선로전환기 장치

2장 선로전환기 장치

선로란 열차를 운행시키기 위한 전용통로를 말하며 정거장 구내에서는 열차의 운행에 사용되는 본선으로부터 측선으로 진로를 바꾸는 등 하나의 선로에서 다른 선로로 분기하기 위하여 분기되는 곳에 설치한 궤도 위의 설비를 분기기라 한다. 또 이것을 전환해서 분기기의 방향을 변화시키는 것을 선로 전환기 또는 전철기라 한다.

2.1 분기기

1 분기기의 구성

분기기(turnout)란 선로가 두 방향으로 분리되거나 합쳐지는 부분에 설치하는데 열차를 유도하고 싶은 방향으로 전환시켜 주는 포인트(point or switch)부, 두개의 선로가 동일 평면에서 교차하는 크로싱(crossing)부, 포인트와 크로싱 중간의 리드(lead)부 등으로 구성되어 있다.

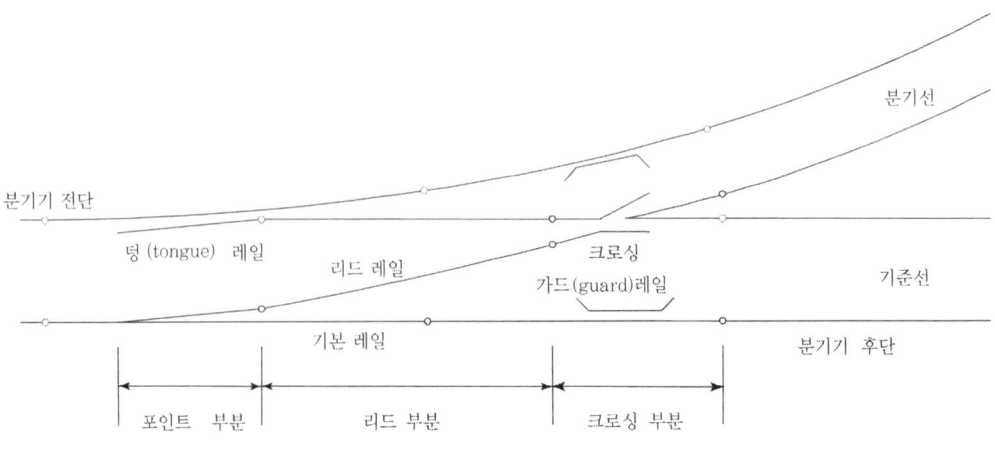

그림 2.1 분기기

정거장 구내에는 많은 분기기가 복잡한 구조로 설치되어 있는데 가동 부분의 작용도 까다로워 열차를 운행하는데 있어 가장 취약개소로서 사고 발생률도 매우 높은 편이다.

2 대향과 배향

분기기는 열차의 통과 방향에 따라 **그림 2.2**와 같이 대향 선로전환기와 배향 선로전환기로 나뉘는데 대향 선로전환기의 경우에는 첨단의 밀착이 불량하면 열차가 탈선할 우려가 있다.

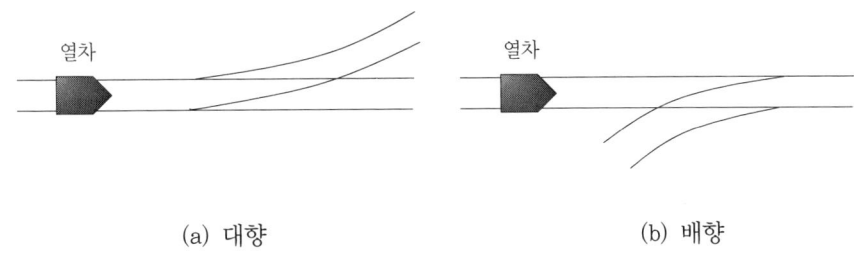

(a) 대향 (b) 배향

그림 2.2 대향 및 배향 선로 전환기

1) 대향

열차가 분기를 통과할 때 **그림 2.2** (a)와 같이 분기기 전단(前端)으로부터 후단(後端)으로 운행할 경우를 대향(facing)이라 한다.

2) 배향

진행하는 열차가 분기기 후단으로부터 전단으로 운행할 때를 배향(trailing)이라 하며 열차 안전 면에서 배향 분기는 대향 분기보다 안전하고 위험도가 적다.

2.2 크로싱

궤간선이 서로 교차하는 부분을 크로싱(crossing)부라 하며 크로싱은 **그림 2.3**과 같이 각도를 가지는데 각도의 크기에 따라 크로싱 번호(crossing number)도 달라진다.

예를 들면 ab가 1[m]이 되는 지점에서 cd 간의 거리가 8[m]이면 8번 크로싱, 12[m]이면 12번 크로싱이라 한다.

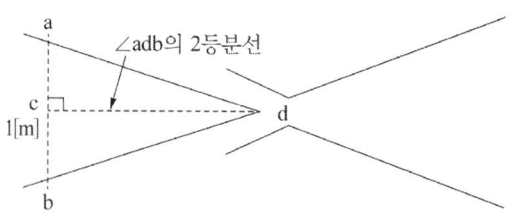

그림 2.3 크로싱 번호

2.3 안전측선과 탈선 선로전환기

열차가 교행하는 장소에서 그림 2.4 (a)와 같이 열차가 정차(과주) 여유거리를 지날 경우, 반대 방향에서 진입하는 열차와 충돌할 우려가 있으므로 그림 (b)와 같이 안전측선을 설치하여 열차의 충돌을 방지하여야 하며, 안전측선의 끝에는 차막이표지를 설치하여 쉽게 정차할 수 있도록 하고 있다.

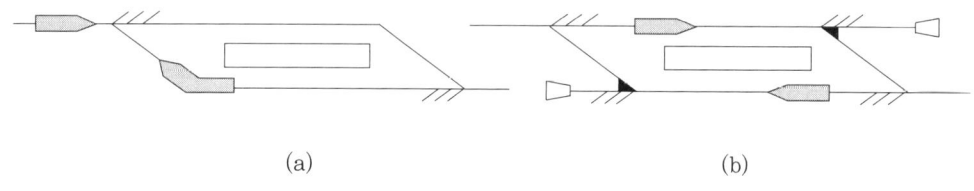

그림 2.4 안전측선

탈선 선로전환기는 공간 확보 등의 이유로 안전측선을 설치하지 못할 경우 텅레일만 설치하고 리드부 및 크로싱부를 설치하지 않는 분기기를 말한다.
유사시 탈선은 되더라도 대형 열차 충돌을 방지하는데 목적이 있고 완전한 분기기 구성은 되지 못하고 첨단의 전환 기능만 가지고 있다.

2.4 선로전환기 정위 결정법 및 표시

1 정위결정법

선로전환기(전철기)가 항상 개통되는 방향을 정위(normal position)라 하고, 그 반대 방향을 반위(reverse position)라 하는데 정위(定位) 결정법은 표 2.1과 같다.

표 2.1 선로전환기 정위 결정법

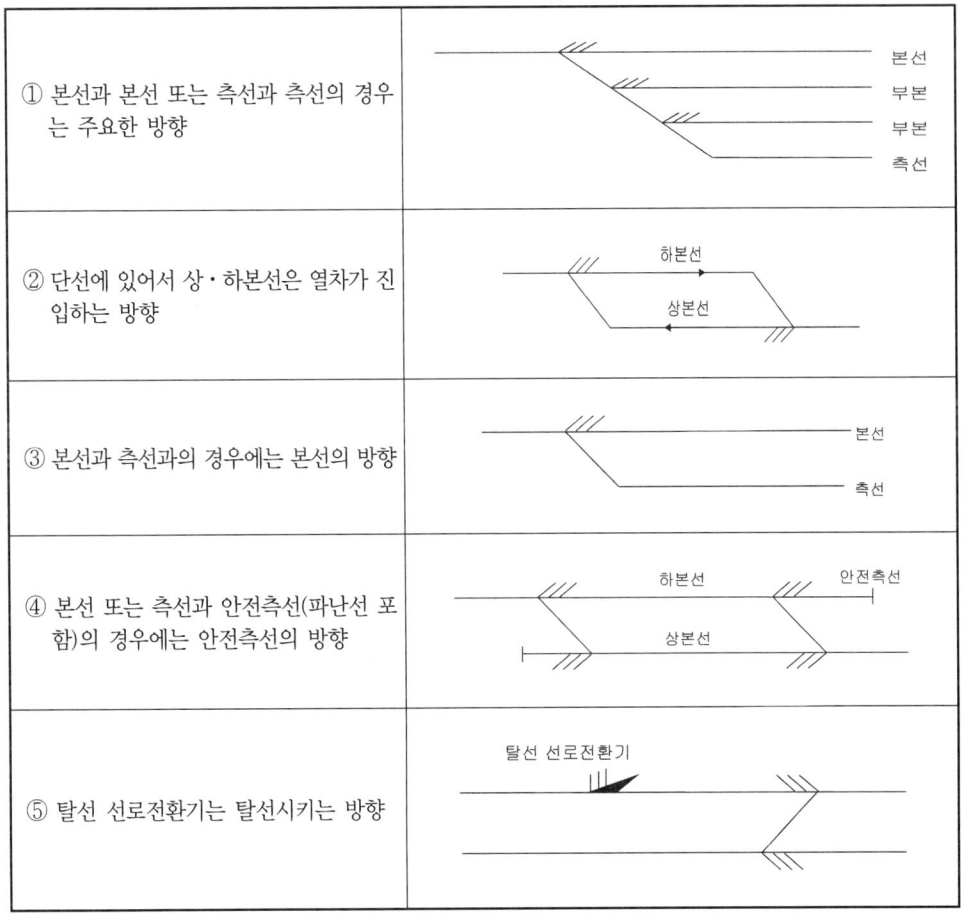

① 본선과 본선 또는 측선과 측선의 경우는 주요한 방향	본선 / 부본 / 부본 / 측선
② 단선에 있어서 상·하본선은 열차가 진입하는 방향	하본선 / 상본선
③ 본선과 측선과의 경우에는 본선의 방향	본선 / 측선
④ 본선 또는 측선과 안전측선(파난선 포함)의 경우에는 안전측선의 방향	하본선 / 안전측선 / 상본선
⑤ 탈선 선로전환기는 탈선시키는 방향	탈선 선로전환기

2.5 선로전환기의 종별

하나의 선로에서 다른 선로로 분기하기 위한 설비가 분기기이며, 분기기의 방향을 변환시키는 것을 선로전환기(전철기)라 한다. 선로전환기는 다음과 같이 분류한다.

2.5.1 구조별 분류

① 보통 선로전환기

보통 선로전환기(point switch)는 텅레일이 2본 있고 좌, 우 2개의 분기에 사용하는 선로전환기이다.

② 탈선 선로전환기

탈선 선로전환기(derailing point)는 열차 또는 차량의 과주 시 중대한 사고 발생이 우려되는 장소에서 열차 또는 차량을 탈선시킬 목적으로 설치하는 선로전환기이다.

③ 가동 크로싱부 선로전환기

가동 크로싱부 선로전환기(movable frog point)는 크로싱부의 노스 레일이 첨단부의 텅레일과 동일한 시간 내에 좌, 우로 움직일 수 있도록 사용하는 선로전환기로 주로 고속선에서 사용하는 분기기(#18 이상)에 사용하는 선로전환기이다.

④ 삼지 선로전환기

삼지 선로전환기(three throw point)는 텅레일이 4개 있고 좌, 중, 우 3개의 분기기에 사용하는 선로전환기이다.

2.5.2 전환수에 의한 분류

1 단동 선로전환기

단동 선로전환기는 1개의 취급버튼에 의해 1대의 선로전환기를 전환하는 것을 말한다.

2 쌍동 선로 전환기

쌍동 선로전환기는 1개의 취급버튼에 의해 2대의 선로전환기를 전환하는 것을 말하며, 쌍동 선로전환기의 구성조건은 다음과 같다.

① 평행하는 두 선로 간에 건널 수 있도록 된 분기기
② Y선인 경우 본선에서 진행 방향으로 유치선에 진입하도록 한 2개의 분기기
③ 안전측선과 탈선 선로전환기는 다른 선과 평행하게 한 2개의 분기기

3 삼동 선로전환기

삼동 선로전환기는 1개의 취급버튼에 의해 3대의 선로전환기를 전환하는 것을 말한다.

2.5.3 사용력에 의한 분류

1 수동 선로전환기

수동 선로전환기(manual switch)는 사람의 힘에 의해 전환되는 선로전환기이다.

2 스프링 선로전환기

스프링 선로 전환기(Spring switch)는 대향열차에 대해서는 스프링(Spring)의 압력으로 밀착을 확보하고, 배향으로 통과하는 경우에는 스프링을 눌러 텅 레일을 할출하고, 통과 후에는 스프링의 힘에 의해 자동으로 복귀되는 선로 전환기이다.

3 동력 선로전환기

동력선로 전환기(Switch machine)는 전기 및 압축공기의 힘에 의해 전환되는 선로 전환기이다.

2.6 전기선로전환기

원거리에 설치한 선로전환기와 사용 횟수가 많은 선로전환기를 하나하나 인력으로 전환한다는 것은 매우 어려울 뿐만 아니라 동작의 확인도 불확실 하므로 이와 같은 불편과 결점을 보완하기 위하여 전기선로전환기를 사용하고 있다. 전기선로전환기는 전환장치와 쇄정장치로 구성되며 이와 같이 선로전환기의 전환 및 쇄정 과정을 전기적인 힘인 전동기(motor)에 의한 것이 전기선로전환기(전철기)이다.

2.6.1 NS형 전기선로전환기

NS형 전기선로전환기는 AC 110/220[V] 단상[Hz]를 정격으로 사용하고 있는 전기선로전환기로서 과부하 또는 전동기 공회전 시 전동기를 보호하기 위하여 마찰클러치를 사용하고 있다.

1 NS형 전기선로전환기의 구성

전기선로전환기는 제어장치, 전동기, 전환부, 쇄정부, 표시장치, 외함 등으로 구성되어있다.

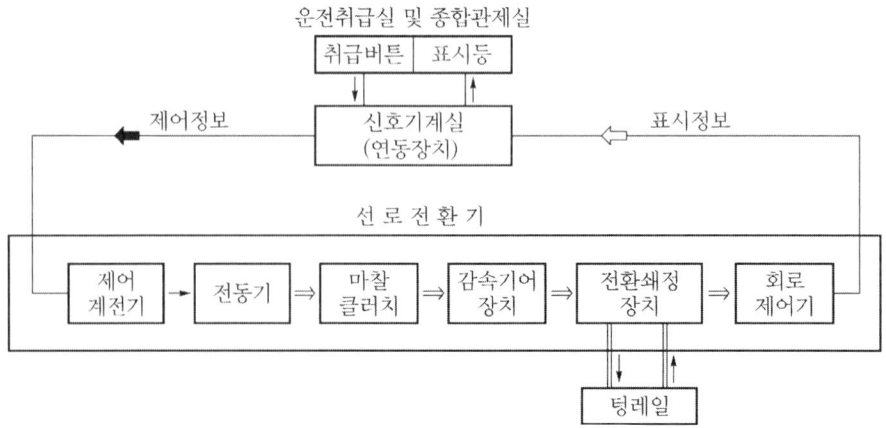

그림 2.5 NS형 전기선로전환기 동작 계통도

1) 취급버튼

취급버튼은 전기선로전환기의 전동기로 유입하는 전원을 개, 폐하는 스위치로서 전기연동장치의 종류에 따라 개별제어버튼과 일괄제어버튼으로 분류할 수 있다.

2) 제어계전기

제어계전기(Switch box or switch circuit controller)는 삽입형으로서 유극 2위식 자기유지형계전기이며 정격 동작진압은 DC 24[V], 전류는 120[mA]이고 코일저항은 200[Ω]이다.

3) 전동기

전동기(motor)는 콘덴서 기동형 단상 유도전동기로서 2상 4극으로 기동력이 크고 정격전압의 80[%]에서도 동작이 확실하게 이루어져야 하고 베어링은 밀봉형 볼 베어링(ball bearing)을 사용하므로 급유가 필요 없는 구조이다.

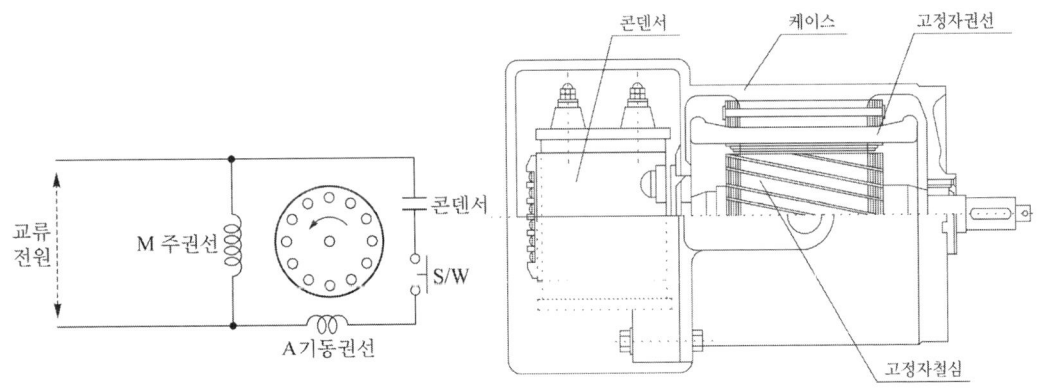

그림 2.6 전동기(콘덴서 기동형)

4) 마찰클러치(마찰연축기)

클러치는 전동기의 회전력을 전달하고 전동기가 회전 또는 정지할 때 기어(gear)에 충격을 주지 않도록 관성을 흡수하는 역할을 한다. 과부하 또는 전환도중에 방해를 받았을 때 전동기를 보호하기 위하여 설치하는 것으로서 NS형 전기 선로 환기는 **그림 2.7**과 같은 마찰 클러치(1ction clutch)가 사용되고 있다.

마찰 클러치는 특수 그리스가 봉입된 다중 합판식 클러치로 회전 마찰판과 고정 마찰판을 서로 겹쳐 스프링으로 눌러 마찰 회전력을 전달하는 방식으로서 쉽게 회전력을 가감할 수 있다.

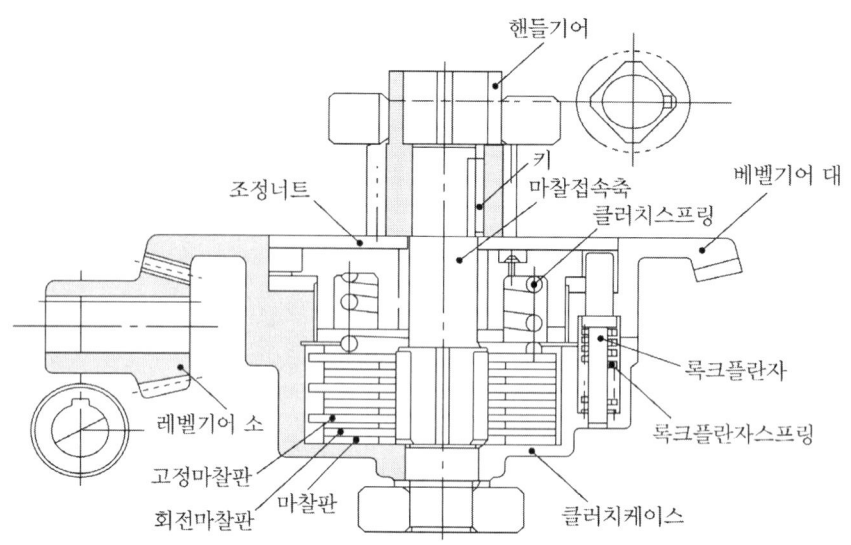

그림 2.7 마찰 클러치

5) 감속기어 장치

전동기는 회전수가 많으므로 **그림 2.8**과 같이 3개의 기어(gear)를 사용하여 강한 회전력을 감속하거나 전달하기 위하여 설치한 것이다.

　1단은 베벨기어이며 2, 3단은 평기어이다. 3단은 전환기어라고 하며, 베어링은 밀봉형 볼 베어링을 사용하고 있으므로 급유가 필요가 없다.

6) 전환쇄정장치

NS형 전기선로전환기의 해정, 전환, 쇄정의 세 가지 작용을 하는 동작부로서 전환기어(gear)가 1회전하는 동안 하부 롤러(roller)에 의하여 삽입된 쇄정간의 쇄정자를 해정하고 동작 간을 움직여 첨단레일(tongue rail)을 전환시킨 다음 삽입된 쇄정 간으로 동작 간 및 쇄정 간을 쇄정한다.

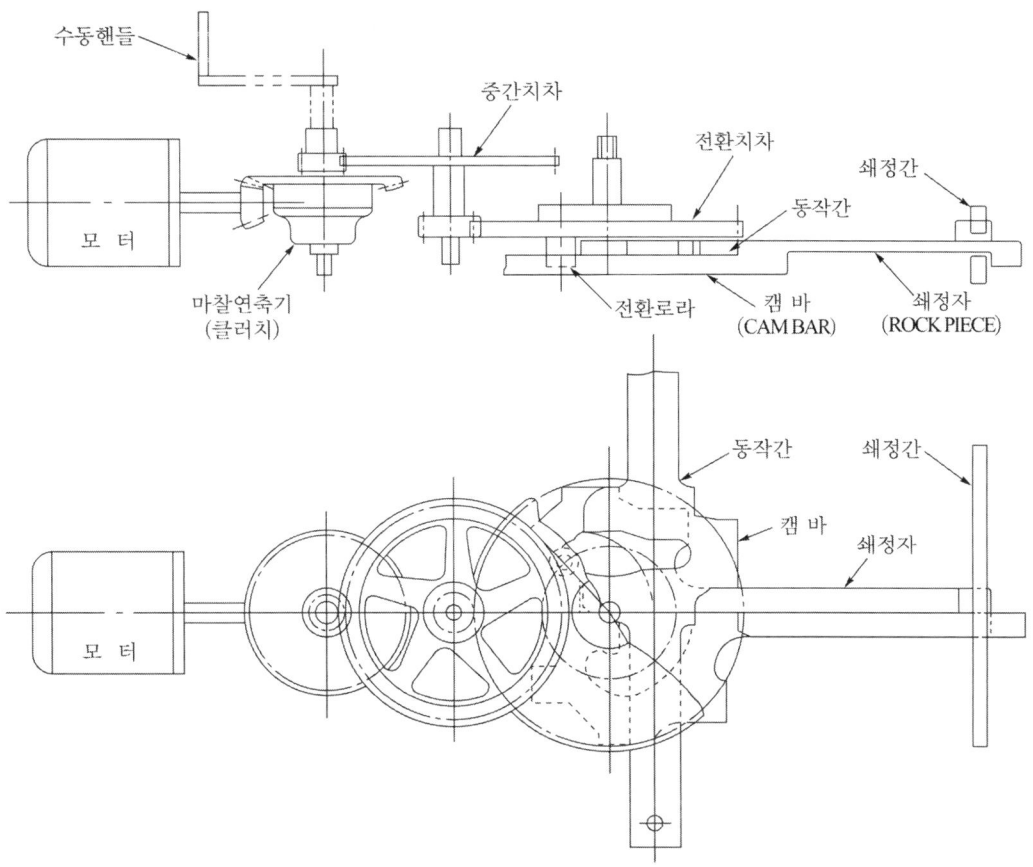

그림 2.8 감속기어장치 및 전환쇄정장치

7) 회로제어기

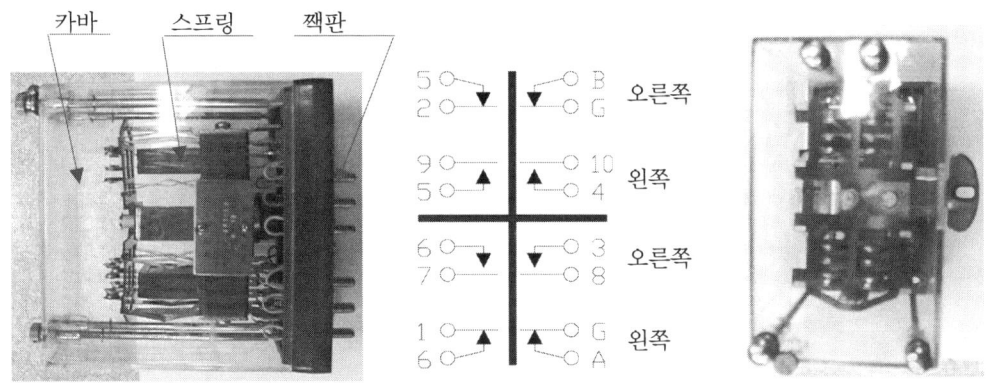

그림 2.9 회로제어기의 구조

8) 표시회로

회로제어기는 삽입 형으로서 2조의 Cam Bar의 상호 운동으로 3위식으로 동작하며 선로전환기가 완전히 전환하여 쇄정동작을 완료하면 크랭크가 레버를 움직여 전동기 회로를 off하고 표시 접점을 구성한다.

2 NS형 전기선로전환기의 주요제원

NS형 전기선로전환기의 주요제원은 표 2.2와 같으며, 정부하 특성에 있어 전동기의 슬립전류를 마찰클러치가 미끄러지기 시작하여 1분 이상 경과한 뒤 측정하였을 때 8.5[A] 이하로 한다. 다만, 동작전류는 1.2배 이하로 되지 않도록 한다.

표 2.2 NS형 전기선로전환기의 주요제원

구 분	동작범위[mm]		정격전압		정격(운전) 전 류	전환 시간	최 대 전환력	중 량
	동작간	쇄정간	전환	제어				
성 능	185	130~185	AC 105/220[V] 단상 60[Hz]	DC 24[V] (유니트 방식 DC 12[V])	7.5[A] 이하	6[sec] 이하	300[kg]	330[kg]

※ 전환 시간이란 표시 계전기 접점이 개방되면서부터 선로전환기가 전환하고 표시 계전기의 접점이 구성되기까지의 시간을 말하며 6[sec] 이하이다.

3 NS형 전기선로전환기의 설치

1) 설치

① 전기 선로 전환기는 소속하는 분기부가 정위로 개통해 있는 측에 설치함을 원칙으로 하고 보수 점검 및 구내 작업상 안전한 위치에 설비해야 한다.
② 대향좌측에 설치할 때는 주쇄정간이 아래쪽에 오도록 하고 대향 우측에 설치할 때는 주쇄정간이 위쪽에 오도록 설치한다. (우상좌하)
③ 건축한계와의 관계는 설치측 레일 내측에서 선로 전환기 중심까지 1200[mm] 이상을 표준으로 하고 편개분기는 직선레일에 평행(양개분기는 분기각도의 2등분선에 평행)하고 밀착조절간이 직선측 레일(분기각도의 2등분선)에 직각이 되도록 설치한다.
④ 레일간격간은 시설 측의 궤간 정정 후 텅레일의 선단에서 약 300[mm]의 위치, 절연이 있는 것은 너트가 위에 오도록 설치한다.
⑤ 선로전환기는 깔판에 볼트로 체결하고 스크류 스파이크로 고정시킨다.
   • 신설하는 분기부는 조립 시에 설치한다.

- 가설 분기부는 시설 측에서 침목을 교환한 후에 설치한다.
⑥ 밀착조절간의 설치는 다음에 의한다.
- 밀착조절간의 옵셋은 롯트의 중심선과 죠부분이 평행하고 꼬이거나 구부러지는 일이 없도록 한다.
- 롯트를 설치하여 정반위 모두 균등한 밀착력이 되도록 조정한다. (선로 전환기 표준 밀착력은 기본레일이 움직이지 않은 상태에서 첨단 1[mm] 개구에서 100[kg]로 하고 모자형과 60KN(탄성)형은 첨단 0.5[mm] 개구에 100[kg]로 한다.)
- 밀착 조절간은 부랏켓트와 통나사 6각 너트부와의 사이에 3[mm] 이상의 조정 범위를 갖도록 한다.
⑦ 첨단 간 설치
- 롯트의 절연위치는 전기 선로 전환기에서 먼쪽 레일측이 되도록 하고 텅레일 첨단의 동정에 맞춰 설치한다.
- 조정용구는 조정여유나사부의 중앙이 되도록 고정한다.
⑧ 접속 간을 설치한다.
⑨ 접속 간, 밀착조절 간과 레일 저면과의 여유거리는 15[mm]이상으로 한다.
⑩ 밀착조절간과 동작 간을 접속하여 밀착을 조정하는데 선로전환기에 무리한 힘이 가해지는가를 알기 위하여 수동핸들로서 전환하여 확인하여야 한다.
⑪ 취부당시는 각부에 틀림이 생길 우려가 있으므로 쇄정간의 쇄정홈 부분에 주의하여야 한다.
⑫ 선로전환기는 기본레일과 평행으로 놓고 선로 전환기함의 움직임을 방지하기 위하여 4개소의 취부위치에 주의하여야 하며 본체구멍과 보판 및 핌목의 구멍이 일치하지 않으면 선로 전환기가 흔들릴 요소가 되므로 주의하여 뚫어야 한다.
⑬ 전기선로전환기의 경우 침목밑, 자갈의 유출방지를 위해 필요에 따라 방호재를 사용하여 자갈막이를 설치한다.
⑭ 전기선로전환기는 필요에 따라 전환쇄정기(OS형)에 눈덮개를 회로제어기 및 첨단 궤도에는 융설기를 설비할 수 있다.
⑮ 선로전환기 활출 등의 사고우려 개소와 본선의 분기에는 밀착검지기를 설치한다.
⑯ 전기선로전환기, 쇄정간의 쇄정홈 간격을 첨단 간 조정용구의 동정에 맞춰 조정하고, 쇄정자와 쇄정홈의 간격은 좌우 균등하게 유지시키며, 그 간격의 합은 4[mm] 이하로 한다.

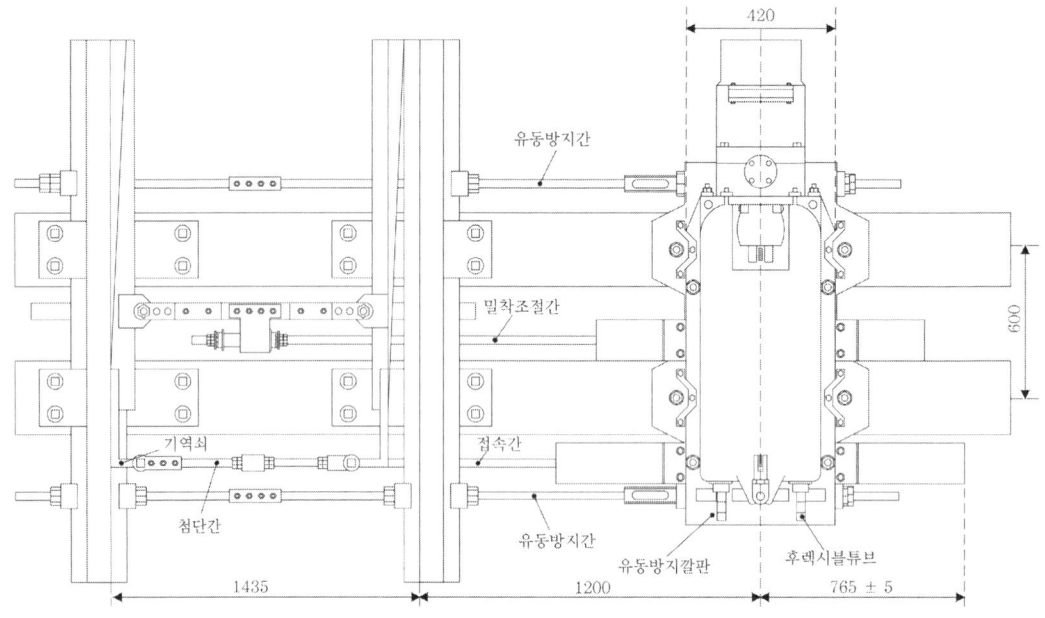

그림 2.10 전기선로전환기 설치도 NS-AM형

④ NS형 전기선로전환기의 보수

신호설비 중 선로전환기는 열차 안전운행에 가장 취약한 장치이다. 따라서 NS형 전기선로전환기는 정, 반위 밀착상태와 주, 부 쇄정의 확인 및 각종 할핀, 죠핀, 볼트류의 탈락, 마모, 균열 등이 있는지 육안으로 주기적으로 확인하여야한다. 또 설치상태는 기본 레일과 선로전환기가 직각상태를 유지하여야하고, 전환시험을 하였을 경우 동작 시 각각의 간류가 일체의 유동 없이 전환되어야 한다.

1) 밀착

선로전환기(전철기)의 밀착이란 텅레일(tongue rail)이 압력에 의해 기본 레일과 접하고 있는 상태를 말한다. 텅레일과 기본 레일의 밀착의 압력은 밀착조절 간(switch adjuster)의 6각 너트(nut)를 적당히 조정하여 압력을 가하고 있으며, 이러한 밀착의 세기를 밀착도라고 한다.

선로 전환기의 밀착도는 기본 레일이 움직이지 않는 상태에서 1[mm]를 벌리는 데 정위, 반위 균등하게 100[kg]을 기준으로 하고 있다.

2) 공회전

선로전환기 첨단에 다른 물질이 끼었을 때 또는 선로전환기와 첨단간의 취부위치가 틀리거나 쇄정 간 홈과 쇄정자가 불일치하면 전환로라는 쇄정 개시 상태로 정지하여 동작하지 않으므로 회로제어기도 원상태가 되어 전동기는 회전을 계속한다.

이것을 공회전이라고 하며, 마찰클러치에서 발생하는 열에 의해 기내 온도가 상승할 뿐 아니라 전동기도 최대전류로 회전하게 되어 장기간 공회전할 때는 전동기가 소손될 위험성이 생기므로 선로전환기의 불일치에는 각별히 유의하여야 한다.

2.6.2 NS-AM형 전기선로전환기

NS-AM형 전기선로전환기는 기존의 NS형 전기선로전환기의 문제점인 온도변화에 민감한 마찰클러치를 전자(마그네틱) 클러치화 한 것으로 그리스 충전의 필요가 없으며, 과부하 또는 전환 도중 방해를 받을 시 모터를 보호할 수 있는 구조로 되어 있다.

또한 전환 종료 시 충격을 흡수하고 기구의 반전을 억제하며 전달토크가 안정되어 있으므로 조정이 필요 없게 되어 주변환경에 의한 장애요인 예방과 무보수화로 장치의 안전성과 신뢰성을 향상시킨 무보수형 전기선로전환기로 최근에 많이 사용되고 있다.

1 NS-AM형 전기선로전환기의 주요 제원

NS-AM형 전기선로전환기의 주요 제원은 표 2.3과 같다.

표 2.3 NS-AM형 전기선로전환기의 성능

구분	부하[kg]		전환시간[sec]		운전전류 [A]	슬립전류 [A]	최대전환력 [kg]	전 압 [V]
	시작	종료	105[V]	84[V]				
성능	100	500	7이하	8이하	8.5이하	16이하	400	정격전압 220

2.6.3 노스 가동형 선로전환기(MJ81형)

노스 가동형 선로전환기(MJ81형)는 프랑스의 Alstom 사에서 개발한 전기 선로 환기로서 현재 프랑스 고속철도 TGV와 경부고속선 및 기존선/고속선 연결선에서 사용하고 있는 전기 선로 환기로서 AC 220/380[V], 3상을 사용하여 동작전류가 적게 소요되면서도 전환력이 큰 장점이 있는 전기 선로 환기이다.

경부고속철도와 기존선의 연결선에 접속되는 분기기(F26번 이상)는 건 넘선의 길이가 길어 많은 전환력을 필요로 하고, 고속열차가 통과하여야 하므로 기온 변화나 첨단반발에 의한 영향을 받지 않는 노스 가동형선로 전환기(MJ81형)를 사용하고 있다.

그림 2.11 노스 가동형 선로전환기(MJ81형)

1 MJ81형 전기선로전환기의 주요 제원

MJ81형 전기선로전환기의 주요 제원은 표 2.4, 2.5와 같다.

표 2.4 MJ81 선로전환기의 성능

구 분	주위온도	사용전원	동 정	비 고
성 능	-30[℃] ~ +70[℃]	3상 60[Hz] 220/380[V] ± 10[%]	110~260[mm] (조절가능)	

표 2.5 MJ81 선로전환기의 제원

치 수	하 중 (리버 포함)	부하(동정 110~260[mm])			정격전류 (부하 200[kgf]시)	내전압
		구분	정격	최대		
길이 : 700[mm] 폭 : 476[mm] 높이 : 215[mm]	91[kgf] ±5[%]	3상용	200[kgf] 이상	400[kgf] 이상	220[V]시 3.0[A] 이하	2,000[V] 60[Hz] 1[분]
					380[V]시 2.0[A] 이하	
전 환 시 간	5[sec] 이하					
최대 소비전류	4.8[A] 이하					

2.6.4 차상선로전환장치

차상선로전환장치는 조차장 구내 및 입환전용선이 있는 역 구내에서 선로전환기를 신호취급소의 조작반에서 전환하는 복잡성을 피하기 위하여 배향운전의 경우에는 차량의 차륜에 의해 레일스위치를 밟으면 자동전환되고, 대향으로 운전할 때는 진행 중인 열차 위에서 수송원 또는 열차승무원이 조작리버를 취급하여 분기기를 전환하는 전기선로전환기이다.

그림 2.12 차상선로전환장치

1 차상선로전환장치의 제원

차상선로전환장치의 제원은 표 2.6과 같다.

표 2.6 차상선로전환장치의 제원

동작범위 [mm]	정격전압[V]		운전전류[A]	전환시간 [A]	전환력 [kg]	전동기
	전환	제어				
185~210	AC 110/220 단상 60[Hz]	DC 24	105[V] : 13.5 이하 220[V] : 6.5 이하	2 이하	650	CONDENSER 단상유도전동기 (출력 750[W])

2 차상선로전환장치의 구조

1) 차상선로전환기

차상선로전환기는 대향으로 쇄정을 하고 있으며 배향 시에는 할출이 가능한 구조로 되어 있다. 제어방식으로는 차상전환장치용, 계전연동용으로 사용할 수 있으며 차상전환장치용에는 전동기 상부에 차상선로전환기의 전환 방향을 표시하는 개통 방향 표시 등을 붙일 수 있고 계전연동용에는 개통 방향 표시등 없이 사용할 수 있는 구조로 되어 있다.

2) 개통방향표시등

차상선로전환기의 전동기 상부에 붙어 있는 삼위 전환방향을 나타내는 표시등으로 색은 다음과 같이 정해져 있다.

표 2.7 개통방향표시등의 표시

포인트 조건	리버표시등	개통방향표시등	
		대향에서 봄	배향에서 봄
정 위		청 색	등황색
전환동작 중 (포인트불밀착)		적색점멸	적색점멸
반 위		등황색	등황색
차량궤도구간 진 입		등황색	등황색
궤도구간 진출		등황색	등황색

① 차상선로전환기가 대향 측으로 개통되어 있을 때 : 청색
② 차상선로전환기가 배향으로 개통되어 있을 때 : 등황색
③ 차상선로전환기가 전환도중일 때 : 적색점멸(좌우의 첨단레일이 불 밀착일 때)

3) 조작리버(리버표시등부)

차상에서 조작리버를 좌, 우로 당김으로서 전기회로가 구성되며, 진행방향으로 분기기를 전환시키는 장치이다. 조작리버는 조작 후 직립으로 자동 복귀되는 구조이다.

4) 레일스위치

배향 운전의 경우 열차의 차륜이 배향측 레일에 설치된 레일 스위치를 밟으면 전기 회로가 구성되어 원하는 진행 방향으로 분기기를 전환하는 장치이다.

5) 제어유니트

차상전환장치제어에 필요한 계전기, 전원장치, 기타 부품 등을 신호기구함에 수용한 것으로 분기기 1조분을 제어하는 단동용과 분기기 2조분을 제어하는 쌍동용 2종류가 있다.

서술형 출제예상문제

문제 1. 선로전환기의 밀착도에 대하여 설명하라.

답〉 선로전환기의 밀착도는 다음 값을 기준으로 한다.
① 보통 선로전환기 － 첨단 1mm 벌리는 데 100kg
② 모자형 선로전환기 － 첨단 0.5mm 벌리는 데 100kg
③ 노스가동 선로전환기 － 첨단 0.5mm 벌리는 데 100kg

문제 2. 전기 선로전환기의 공회전에 대하여 설명하라.

답〉 선로전환기 첨단에 다른 물질이 끼었을 때 또는 선로전환기와 첨단간의 취부위치가 틀리거나 쇄정간홈과 쇄정자가 불일치로 되면 전환로라는 쇄정개시의 상태로 정지하여 동작하지 않으므로 회로 제어기도 원상태가 되어 전동기는 회전을 계속한다. 이것을 공회전이라고 하며, 마찰 연축기에서 발생하는 열에 의해 기내 온도가 상승할 뿐 아니라 전동기도 최대 전류로 회전케 되므로 장시간 공회전할 때는 전동기가 손상될 위험성이 생기므로 선로전환기의 불일치 시에는 각별히 유의하여야 한다.

문제 3. 전기 선로전환기의 마찰 연축기의 사용 목적에 대하여 기술하라.

답〉 마찰 연축기는 전동기의 회전 또는 정지의 경우, 관성을 흡수하고 치차에 충격을 방지하며 텅레일과 기본 레일과의 사이에 이 물질이 끼었을 때 또는 기타의 원인으로 선로전환기가 쇄정되지 않을 때 전동기에 무리가 가지 않도록 하기 위하여 설치된다.

> **보충**
>
> 마찰 연축기는 그 내부에 경강제 원판과 후와이바제 원판을 스프링으로 강하게 압착시켜 그 사이의 마찰을 이용하고 있으므로 스프링을 강하게 조정하였을 때는 전동기 정지로 치차가 받는 충격은 크며 쇄정간이 걸려 공회 할 때는 전동기의 슬립전류가 크게 된다. 이와 반대로 약하게 조정하면 충격은 적고 쇄정간이 걸렸을 때의 슬립 전류는 적게 되나 지나치게 약하면 동작 부분의 근소한 마찰의 증가 등으로 쉽게 전동기가 공회전하게 되며 전동기의 회전력을 치차장치에 전할 수 없게 되므로 선로전환기의 전환 불능 상태가 된다.

문제 4. 동력 선로전환기의 설치 기준은?

답
① 제 1종 계전 연동 장치의 선로전환기, 단 본선 또는 측선에서 분기하는 선로전환기로 취급 횟수가 적은 것은 동력 선로전환기로 하지 않을 수 있다.
② 제 1종 계전 연동 장치 이외의 연동 장치로 운전 횟수가 빈번한 선로전환기 및 원거리에 위치한 선로전환기 또는 취급이 곤란한 선로전환기
③ 입환 전용선 등의 전환 회수가 빈번한 선로전환기

문제 5. NS형 전기 선로전환기에 사용하는 콘덴서의 수명과 전환 중 콘덴서가 단락되었을 때의 상태에 대하여 설명하라.

답 콘덴서는 4~5년을 사용할 수 있으나 액이 새거나 케이스 파손 시, 전압 및 전류에 이상이 있을 때에는 교환하여야 한다. 전환 중 콘덴서가 단락하였을 때에는 전동기는 정지하고 일단 정지 후 기동이 불가능하게 된다. 콘덴서 단락 상태에서는 35[A] 전후의 전류가 흐르므로 퓨즈가 용단되어 전동기 소손은 방지된다. 또 전환 중 콘덴서 회로가 단선되었을 시에는 전동기는 계속 회전하게 되며 일단 정지 후에는 기동이 불가능하게 된다.

문제 6. 탄성분기기에 대하여 기술하시오.

답

(1) 서론

현재 사용 중인 분기기는 관절형으로서 포인트부와 리드부를 힐 상판에서 볼트로 연결하도록 되어 있어 열차 통과 시 충격이 발생하고 이에 따른 열차진동, 소음발생, 궤도 및 열차의 파손을 가속화 시키는 문제점이 있다.

(2) 구조

탄성분기기는 기존 관전의 이음부를 없애고 텅레일과 리드레일을 통으로 열처리 특수 가공하여 고강도, 고탄력성으로 제작되어 전환성이 용이하도록 개발된 분기기이다.

(3) 개선내용

텅레일 잠금장치, 힐상판의

(4) 결론

열차운전의 고속, 고밀도화에 따라 힐부에서 발생되는 충격, 진동감소로 승차감을 향상, 체결력 확보하여 보안도를 증가시켜 열차안전운행에 기여하므로 확대설치가 필요함.

출제예상문제

문1 선로전환기의 정·반위 결정에 관한 내용 중 정위방향 결정방법으로 틀린 것은?

① 본선과 본선 또는 측선과 측선의 경우 주요한 방향
② 탈선 선로전환기는 탈선시키는 방향
③ 본선 또는 측선과 안전측선의 경우에는 안전측선의 방향
④ 본선과 측선의 경우에는 측선의 방향

> **해설** 〈선로전환기의 정위 결정법〉
> 1. 본선과 본선 또는 측선과 측선의 경우는 주요한 방향
> 2. 단선에 있어서 상·하본선은 열차가 진입하는 방향
> 3. 본선과 측선과의 경우에는 본선의 방향
> 4. 본선 또는 측선과 안전측선(피난선 포함)의 경우에는 안전측선의 방향
> 5. 탈선 선로전환기는 탈선시키는 방향

문2 선로전환기의 개통되는 방향에 따른 정·반위 결정법으로 틀린 것은?

① 본선과 본선 또는 측선과 측선의 경우 주요한 방향
② 단선에 있어서 상·하본선은 열차가 진출하는 방향
③ 본선 또는 측선과 안전측선의 경우에는 안전측선의 방향
④ 본선과 측선의 경우에는 본선의 방향

문3 선로전환기 정위 결정법으로 거리가 먼 것은?

① 본선과 본선 또는 측선과 측선의 경우 주요한 방향
② 단선에 있어서 상·하본선은 열차가 진입하는 방향
③ 본선과 안전측선의 경우에는 본선의 방향
④ 본선과 측선의 경우에는 본선의 방향

문4 분기기에 대한 설명으로 틀린것은?

① 상시 개통되어 있는 방향을 정위라 한다.
② 크로싱 번호는 각도의 대소에 따라 다르다.
③ 대향의 경우 첨단 밀착이 불량할 때 할출 사고 우려가 있다.
④ 대향 및 배향은 열차의 통과방향에 따라 정한다.

정답 1. ④ 2. ② 3. ③ 4. ③

> **해설)** 첨단 밀착이 불량하면 대향의 경우 탈선 사고 위험, 배향의 경우 할출 우려

문5 다음중 현재 국내에서 사용 중인 교류 NS형 전기선로전환기의 특징에 관한 설명으로 옳지 않은 것은?

① 교류용의 전동기는 보수 노력을 덜기 위하여 특수한 콘덴서 기동 전동기를 사용한다.
② 수동 핸들에 의하여 수동 전환을 할 때 취급자가 기계적인 쇄정을 쉽게 확인할 수 있도록 쇄정창이 있다
③ 쇄정간과 쇄정면은 상하 중첩식으로 하고 보수 점검이 쉽다
④ 고속회전측에는 개방형의 볼베어링을 사용하고 있다

> **해설)** 밀봉형의 볼 베어링을 사용, 급유가 필요 없다.

문6 NS형 전기선로전환기 내부에 설치된 회로제어기의 역할은?
① 전동기에 유입하는 전원을 개·폐하기 위하여
② 전동기의 회전력을 감속하거나 전달하기 위하여
③ 전동기의 전원을 차단하여 표시회로를 구성하기 위하여
④ 전동기가 회전 또는 정지할 때 충격을 주지 않도록 관성을 흡수하기 위하여

> **해설)** 〈회로제어기〉
> 전환쇄정장치가 동작을 완료하면 전동기를 정지시키고 선로전환기가 소정의 위치로 전환한 것을 확인하기 위하여 바(bar)의 중앙에 있는 4개의 조정볼트가 회로제어기의 정자를 교대로 작용시켜 회로제어기를 동작시키며, 동작이 끝난 다음에는 전동기 전원을 차단하여 표시회로를 구성한다.

문7 전기선로전환기 내부 회로제어기의 역할로 옳은 것은?
① 전철제어계전기 동작
② 전철제어계전기의 극성을 바꾸어 준다.
③ 전동기의 전원을 차단하여 표시회로를 구성한다.
④ 연동조건에 따라 90° 또는 45°로 여자하여 정위 또는 반위로 전환한다.

문8 전기선로전환기의 회로제어기 표시 구성 접점은 몇(mm) 간격인가?
① 1~2   ② 2~3
③ 3~4   ④ 4~5

정답 5. ④ 6. ③ 7. ③ 8. ②

해설 회로제어기 접점은 열차의 진동으로 오접점의 구성이 없도록 접촉 압력은 70[g]을 표준으로 하고 접점 간격은 2~3[mm]를 유지해야 한다

문9 NS형 전기선로전환기에 사용되는 삽입형 제어 계전기로서 유극 2위식 자기유지형 계전기의 정격으로 알맞은 것은?

① 직류 12[V], 20[mA], 200[Ω]
② 직류 12[V], 20[mA], 100[Ω]
③ 직류 24[V], 120[mA], 200[Ω]
④ 직류 24[V], 120[mA], 100[Ω]

문10 NS형 전기선로전환기에 사용되는 전동기의 종류로 옳은 것은?

① 2상 2극 콘덴서 기동형 단상 유도전동기
② 2상 4극 콘덴서 기동형 단상 유도전동기
③ 3상 4극 농형 유도전동기
④ 3상 8극 농형 유도전동기

해설 전동기는 콘덴서 기동형 단상 유도전동기로서 2상 4극으로 기동력이 크고 정격전압의 80%에서도 동작이 확실하게 이루어져야 하며, 베어링은 밀봉형 볼 베어링을 사용하므로 급유가 필요없는 구조이다

문11 교류 NS형 전기선로전환기에 사용되는 전동기는?

① 직류분권 전동기
② 교류3상 유도전동기
③ 가동복권 전동기
④ 콘덴서 기동형 유도전동기

문12 전기선로전환기의 마찰 클러치는 년 2회 정도 조정이 필요하다 시기와 방법 중 옳은것은?

① 계절에 관계없이 조정한다.
② 동절기 초기에는 풀어 준다.
③ 동절기 초기에는 감아 준다.
④ 하절기 초기에는 풀어 준다.

정답 9. ③ 10. ② 11. ④ 12. ②

문13 전기선로전환기를 직접 전환 시키는 것은?
① 전환쇄정장치 ② 제어계전기의 동작접점
③ 감속기어장치 ④ 회로제어기의 접점

해설) 제어계전기는 전환명령을, 회로제어기는 전환후 전환방향에 대한 표시접점을 구성한다.

문14 NS형 전기선로전환기 기계적 동작부에서 일정주기로 조정해야 하는 부분은?
① 마찰클러치 ② 감속기어장치
③ 전환장치 ④ 쇄정장치

해설) 마찰 클러치 안에 있는 구리스는 온도에 의해 농도가 변하므로 관성 흡수력에 변하게 된다. 따라서 온도 변화의 차가 큰 여름과 겨울에 대비하여 늦은 봄과 가을에 조정하며 여름에는 전환력이 약해져 클러치를 조였다가, 겨울에는 풀어 주어야 한다.

문15 전기선로전환기에 사용되는 클러치 중 마그네틱 클러치의 설명으로 맞는 것은?
① 영구자석을 이용하여 비접촉 구조로 회전력을 전달한다.
② 클러치 Coil을 여자시켜 발생한 전자 에너지로 회전력을 전달한다.
③ 전자석을 이용하여 회전력을 전달한다.
④ 철판제의 마찰판을 수겹으로 겹쳐 쌓은 구조이다.

문16 교류 NS형 전기선로전환기에서 설명이 잘못된 것은?
① 전환 종료시 역회전이 발생하여야 한다.
② 동작 시분은 6초 이하이어야 한다.
③ 수동 핸들부의 기능은 투입하였을 때에는 완전하게 접속되고 개방하였을 때는 진동 등으로 접속되지 않아야 한다.
④ 마찰 클러치는 봄, 가을 년 2회 조정한다.

해설) 신호제어설비 유지보수 세칙 40조

문17 전기선로전환기에 대한 설명으로 잘못된 것은?
① 마찰 클러치는 여름에 감아주고, 겨울에 풀어준다.
② 콘덴서 회로가 단선 되더라도 퓨즈는 끊어지지 않는다.
③ 전동기의 슬립전류는 정격전류의 1.2배 이하로 되지 않도록 한다.
④ 제어계전기의 접점 접속 압력은 100(g)을 기준으로 한다.

정답 13. ② 14. ① 15. ① 16. ① 17. ④

해설 선로전환기내 제어계전기의 접점 접속 압력은 열차의 진동에도 오접점 구성이 없도록 70(g)을 표준으로 한다.

문18 교류 NS형 전기선로전환기가 전환 도중 해당 궤도계전기가 무여자로 되었다 이때 다음 중 옳은 것은?
① 계속 전환 동작한다.
② 즉시 불일치 상태로 된다.
③ 전환전의 상태로 복귀한다.
④ 선로전환기 동작이 정지된다.

해설 제어계전기는 자기유지계전기로 일단 동작하면 그 상태로 계속 전환동작 한다. (한국철도공사규정, 지하철은 AC차단)

문19 전기선로전환기 운전 중에 콘덴서 회로가 단선될 경우 전동기의 동작 상태는?
① 계속 회전한다.
② 회전 방향이 달라진다.
③ 정지 후 다시 동작한다.
④ 선로전환기 동작이 정지된다.

해설 1. 운전중 콘덴서 단선시 : 전동기는 계속 회전하여 7~9(A)의 전류가 흐르고 일단 정지 후에는 기동할 수 없으며 이때는 약 11(A)의 전류가 흐른다.
2. 운전중 콘덴서 단락시 : 전동기는 정지하고 35(A)의 전류가 흘러 전동기의 손상을 방지하기 위하여 퓨즈는 용단되며 일단 정지 후에는 기동할 수 없다.

문20 분기기의 크로싱(Crossing)번호와 운전상의 안전관계에 관한 설명으로 맞는 것은?
① 분기기의 크로싱(Crossing)번호가 클수록 고속운전용이다.
② 분기기의 크로싱(Crossing)번호가 클수록 곡선이 심하다.
③ 분기기의 크로싱(Crossing)번호가 적을수록 기계적으로 강하다.
④ 분기기의 크로싱(Crossing)번호가 적을수록 직선에 가깝다.

해설 크로싱 번호가 클수록 직선에 가깝고 곡선반경이 크며 고속에 적합하다.

문21 전기선로전환기의 제어 계전기에 대한 설명중 옳은 것은?
① 직류 24[V], 2위식 무유도 부하를 연속 개폐할 수 있는 선조계전기
② 직류 24[V], 2위식 계전기로 전류의 유무만으로 동작하는 계전기
③ 직류 24[V]로서 고립한 무극계전기 2개로 되고 2개의 접극자 구조를 연동 구조에 의해 제약 되도록 한 계전기
④ 직류 24[V]로서 2위식 자기유지형으로 직류전원의 전극에 의해 제어되는 계전기

정답 18. ① 19. ① 20. ① 21. ④

(해설) 전기선로전환기의 제어계전기는 DC24[V] 삽입형 유극 2위식 자기유지계전기이다.

문22 전기선로전환기 내부 회로제어기의 역할이 아닌것은?

① 전동기 정지 ② 전동기 전원 차단
③ 소정의 위치로 전환 확인 ④ 제어 계전기 동작

(해설) 선로전환기가 동작을 완료하면 전동기를 정지시키고 소정의 위치로 전환 확인하며, 전동기 전원을 차단하고 표시회로를 구성한다

문23 전기선로전환기 전동기에 취부된 콘덴서의 기능은?

① 제동 ② 균압
③ 기동 ④ 유도 방지

(해설) 전동기는 콘덴서 기동형 단상 유도 전동기이다

문24 전기선로전환기에 사용되는 콘덴서의 무부하시 단자전류(A)는?

① 13~15 ② 11~13
③ 9~11 ④ 7~9

(해설) 무부하시 콘덴서의 단자전압은 180~190(V), 전류는 7~9(A)이므로 전압 또는 전류에 이상이 있을 경우에는 교환하여야 한다

문25 전기선로전환기 내부에 설치된 회로제어기의 역할은?

① 전동기 회전시 충격 방지 ② 전동기 전원 차단
③ 전동기 회전력을 감소, 전달 ④ 전동기 유입되는 전원을 개폐

(해설) 선로전환기가 동작을 완료하면 전동기를 정지시키고 소정의 위치로 전환 확인하며, 전동기 전원을 차단하고 표시회로를 구성한다

문26 전기선로전환기의 전동기가 침수 되었을 경우 건조방법은?

① 일광 건조 ② 전기 건조
③ 증기 건조 ④ 화기 건조

(해설) 권선에 물방울이나 기름이 묻었을 경우 전류를 흘러 말린다.

정답 22. ④ 23. ③ 24. ④ 25. ② 26. ②

문 27 전기선로전환기의 제어 계전기에 사용되는 계전기는?
① 완동 계전기　　　　　　　② 완방 계전기
③ 무극선조 계전기　　　　　④ 자기유지 계전기

해설 전기선로전환기의 제어계전기는 DC24[V] 삽입형 유극 2위식 자기유지계전기이다.

문 28 전기선로전환기의 제어 계전기 전원이 차단될 경우 옳은 것은?
① 0도 접점을 유지한다.　　　② 반대방향으로 동작한다.
③ 동작된 방향으로 지속한다.　④ WR 계전기가 낙하한다.

해설 전기선로전환기의 제어계전기는 자기유지계전기로 일단 동작하면 그 상태를 계속 유지 한다.

문 29 전기선로전환기의 전동기의 철심을 성층하는 이유로 가장 적절한 것은?
① 와류손을 적게 하기 위하여　　② 표류부하손을 적게 하기 위하여
③ 기계손을 적게 하기 위하여　　④ 히스테리시스손을 적게 하기 위하여

문 30 MJ81형 선로전환기의 표시회로가 구성되어야 하는 경우는?
① 표시회로의 전원을 차단한 경우
② 수동키 스위치함을 열어 수동키를 인출한 경우
③ 기본레일과 텅레일 사이의 밀착 간격이 1[mm] 이하로 선로전환기를 전환시킨 경우
④ 간격 간에 밀착검지기 설치지점에서 기본레일과 텅레일 사이의 밀착간격이 8[mm] 이격된 방향으로 선로전환기를 전환시킨 경우

해설 밀착조건: 기본레일과 텅레일의 밀착간격은 1[mm] 이하로 유지하여야 한다.

문 31 전기선로전환기 설치시 주,부쇄정간의 위치중 맞는것은?
① 대향에서 우측에 설치시 주쇄정간을 아래에 설치한다.
② 대향에서 우측에 설치시 부쇄정간을 아래에 설치한다.
③ 배향에서 우측에 설치시 부쇄정간을 아래에 설치한다.
④ 배향에서 좌측에 설치시 주쇄정간을 아래에 설치한다.

해설 대향에서 주쇄정간 기준으로 우상좌하로 설치한다.

정답 27. ④　28. ③　29. ①　30. ③　31. ②

문 32 전기선로전환기의 전동기 특성곡선으로 옳은 것은?

①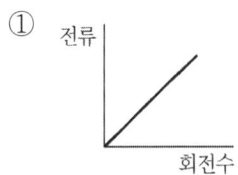
②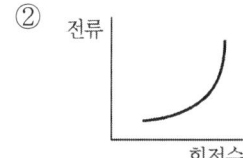
③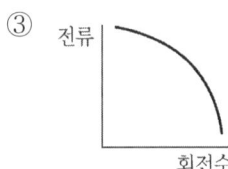
④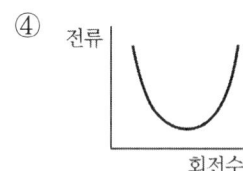

문 33 크로싱부에 노스 가동 분기기를 설치해야 하는 분기기 번호는?
① F7
② F12
③ F18.5
④ F8

해설) 노스 가동 분기기(MJ81형)는 일반적으로 F18.5 이상에 사용한다.

문 34 분기각이 적고 리드 곡선반경이 커서 열차속도 제한을 없애고 승차감을 높일 수 있으므로 주로 고속열차 운행구간 및 기존선과 고속열차의 연결선 구간에 주로 많이 사용되고 있는 분기기는?
① 8번 분기기
② 10번 분기기
③ 일반분기기
④ 노스 가동 분기기

문 35 전환쇄정기에 관한 사항이다 쇄정자는 리버를 슬며시 취급하였을 때에도 쇄정간의 홈에 정위, 반위 균등하게 몇 [mm] 이상 삽입하여야 하는가?
① 4
② 10
③ 15
④ 22

문 36 선로전환기의 첨단과 기본레일과 사이에 몇 [mm]의 철편을 삽입했을 때 정·반위 표시가 구성 되어서는 아니 되는가?
① 1
② 3
③ 5
④ 7

정답 32. ③ 33. ③ 34. ④ 35. ③ 36. ③

해설) 신호유지보수세칙 제38조 (선로전환기 전환과 쇄정장치) 참고
텅레일의 동작간 삼각쇠 붙은 부분의 위치에서 두께 5[mm]의 철편을 삽입하여 전환하였을 때 정위 또는 반위를 표시하는 표시접점이 구성 되지 않아야 한다.

문37 전기선로전환기의 회로제어기 표시접점 구성조건은?
① 선로전환기 해정
② 제어계전기 여자
③ 전동기 회전
④ 첨단레일 밀착 및 쇄정 완료

문38 MJ81형 선로전환기에서 기본레일과 텅레일의 밀착간격은 몇 [mm] 이하로 유지해야 하는가?
① 1
② 2
③ 3
④ 4

해설) 신호유지보수세칙 제37조(선로전환기 유지관리) 2항 참고
기본레일과 텅레일의 밀착 간격은 1[mm] 이하로 유지해야 한다. 다만 최초 설치시에는 0.5[mm] 이하로 한다.

문39 전기선로전환기에서 쇄정자와 쇄정간 홈과의 간격은 좌·우 균등하게 하고 합한 치수가 몇 [mm] 이하이어야 하는가?
① 1
② 3
③ 2
④ 4

해설) 신호설비 유지보수 세칙 제40조
쇄정자와 쇄정간 홈과의 간격은 3[mm] 이하로 하고 여기에 1[mm]의 여유를 두어 4[mm] 이하를 가지고 쇄정을 조정한다.

문40 MJ81형 선로전환기의 전환시간으로 옳은 것은?
① 3초 이하
② 5초 이하
③ 7초 이하
④ 9초 이하

해설) 〈신호설비 유지보수 세칙 40조 : 선로전환기의 전환시간〉
1. NS형   : 6초 이하
2. NS-AM형   : 7초 이하
3. MJ81형   : 5초 이하
4. 차상선로전환기 : 2초 이하

정답 37. ④ 38. ① 39. ④ 40. ②

문 41 MJ81형 선로전환기의 방향을 확인하기 위하여 사용하는 현장 표시전원의 전압(V)은?

① ±12
② ±24
③ ±48
④ ±96

해설 MJ81형 선로전환기의 표시 확인은 ±24(V)이다. 현장의 수동키 스위치함(PSK)과 선로전환기 내부의 회로제어기, 쇄정장치(Vcc 또는 Vpm), 밀착검지기(paulve)의 접점을 확인하여 왼쪽이나 오른쪽 방향 계전기를 동작 시킨다.

문 42 고속철도에서 사용하는 MJ81형 선로전환기에 관한 설명으로 틀린 것은?

① 공급 전원은 3상 380[V]/220[V]이다.
② 선로전환기 전환 시간은 8초 이하이다.
③ 선로전환기 동정은 110~260[mm]이다.
④ 최대부하 400[kg] 정격부하 200[kg]이다.

해설 고속철도에서 사용하는 선로전환기는 MJ81형이다.
〈MJ81형 선로전환기 정격 및 제원〉
1. 사용 전원 : 3상 60[Hz] AC 220/380[V]±10[%]
2. 동작 전류 : 220[V](4.0[A]), 380[V](1.5[A])
3. 정격 전류 : 220[V](3.0[A]), 380[V](2.0[A])
4. 전환력 : 200~400[kg], 전환시간 : 5[sec]
5. 구동 방식 : 모터 직접 제어, 마찰 클러치
6. 동정 : 110~260[mm](조절 가능)
7. 분기기 : F18.5~F65

문 43 전기선로전환기에서 3개의 치차를 사용하여 전동기의 회전속도를 감속하고 강한 회전력을 전달하기 위하여 설치되는 것은?

① 마찰연축기
② 감속기어장치
③ 전환쇄정장치
④ 회로제어기

해설 〈감속기어장치〉
3개의 기어를 사용하여 전동기의 강한 회전력을 감속하거나 전달하기 위하여 설치한 것

문 44 선로전환기 밀착은 기본레일이 움직이지 않는 상태에서 1[mm]를 넓히는데, 정위, 반위를 균등하게 몇 [kg]을 기준으로 하는가?

① 50[kg]
② 100[kg]
③ 120[kg]
④ 150[kg]

정답 41. ② 42. ② 43. ② 44. ②

해설) 선로전환기의 밀착도는 기본레일이 움직이지 않은 상태에서 1[mm]를 벌리는데 정위,반위 균등하게 100[kg]을 기준으로 하고 있다. 그리고 밀착조절간에 의하여 밀착을 조정할 경우 밀착조절은 브라켓과 통나사 6각 너트부와의 사이에 3[mm] 이상의 조정범위를 갖도록 해야 한다.

문45 NS형 선로전환기의 전철제어계전기는 어느 계전기를 사용 하는가?
① 삽입형 유극 자기유지계전기
② 삽입형 유극 선조계전기
③ 삽입형 무극 자기유지계전기
④ 삽입형 무극 선조계전기

해설) (전철)제어계전기는 삽입형 유극 2위식 자기유지계전기이다.

문46 NS형 전기선로전환기의 마찰클러치의 조정 주기로 옳은 것은?
① 년 1회
② 년 2회
③ 년 4회
④ 년 8회

해설) 신호제어설비 유지보수 세칙 40조 4항

문47 전기선로전환기의 마찰연축기의 역할이 아닌 것은?
① 전동기의 무리 방지
② 이상 전압 유입 방지
③ 치차 충격 방지
④ 회전, 정지시 관성 흡수

해설) 마찰 연축기는 전동기의 회전과 정지시 기어에 충격을 주지 않도록 관성을 흡수하고 과부하시 전동기 보호하기 위하여 설치한다.

문48 전기선로전환기의 전동기 특성곡선에서 전동기가 기동한 후 전류가 감소함에 따라 전동기의 회전수는 어떻게 변화 되는가?
① 회전수는 일정하다.
② 회전수는 감소한다.
③ 회전수는 증가한다.
④ 즉시 정지한다.

해설) 〈전기선로전환기의 전동기 특성곡선〉

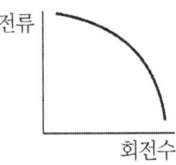

전류가 감소하면 회전수는 증가한다.

정답 45. ① 46. ② 47. ② 48. ③

문 49 다음중 첨단 밀착관계로 열차가 탈선될 우려가 있는 선로전환기는?
① 탈선 선로전환기   ② 대향 선로전환기
③ 배향 선로전환기   ④ 대향 및 배향 선로전환기

(해설) • 대향 : 밀착 불량 시 탈선의 우려가 있다.
       • 배향 : 밀착 불량 시 할출의 우려가 있다.

문 50 다음중 첨단 밀착이 불량할 경우 할출 우려가 있는 선로전환기는?
① 탈선 선로전환기   ② 대향 선로전환기
③ 배향 선로전환기   ④ 대향 및 배향 선로전환기

문 51 MJ81형 선로전환기의 제어 및 표시에서 전환제어시 몇 초 이상 표시가 확인되지 않으면 제어전원이 차단되어야 하는가?
① 3초   ② 5초
③ 9초   ④ 12초

(해설) 전환제어시 9초 이상 표시가 확인되지 않으면 제어전원이 차단되어야 한다.

문 52 전기선로전환기(MJ81형)를 사용하여 선로를 전환할 경우 보통 선로전환기의 전환력 범위는?
① 100~200[kg]   ② 200~400[kg]
③ 400~600[kg]   ④ 600~800[kg]

(해설) 고속철도에서 사용하는 선로전환기는 MJ81형이다.
〈MJ81형 선로전환기 정격 및 제원〉
1. 사용 전원 : 3상 60[Hz] AC 220/380[V]±10[%]
2. 동작 전류 : 220[V](4.0[A]), 380[V](1.5[A])
3. 정격 전류 : 220[V](3.0[A]), 380[V](2.0[A])
4. 전환력 : 200~400[kg], 전환시간 : 5[sec]
5. 구동 방식 : 모터 직접 제어, 마찰 클러치
6. 동정 : 110~260[mm](조절 가능)
7. 분기기 : F18.5~F65

문 53 고속철도에서 사용하는 MJ81형 선로전환기의 사용 전원은?
① 3상 110/220[V]±5(%)   ② 3상 220/380[V]±10[%]
③ 단상 220[V]±5(%)   ④ 단상 380[V]±10[%]

정답 49. ② 50. ③ 51. ③ 52. ② 53. ②

54 전기선로전환기의 슬립(slip)전류가 약할 때 발생되는 장애 종류 중 옳은 것은?

① 전동기 소손 ② 선로전환기 불일치
③ 퓨즈단선 ④ 기어 소손

해설 전기 선로전환기의 슬립 전류가 약하면 전환력이 약하게 되어 불일치하게 된다.

55 전기선로전환기의 쇄정장치에 해당되지 않는 것은?

① 동작간 ② 쇄정간
③ 쇄정자 ④ 마찰클러치

해설 〈전환쇄정장치〉
해정, 전환, 쇄정의 세 가지 작용을 하는 동작부로서 전환기어(gear)가 1회전하는 동안 하부 롤러(roller)에 의하여 삽입된 쇄정간의 쇄정자를 해정하고 동작간을 움직여 첨단레일(tongue rail)을 전환시킨 다음 삽입된 쇄정간으로 동작간 및 쇄정간을 쇄정한다.

56 전기선로전환기의 해정, 전환, 쇄정의 세 가지 작용을 하는 것은?

① 감속치차장치 ② 후렉션클러치
③ 전환감속장치 ④ 전환쇄정장치

57 전기선로전환기의 수동핸들 회전수는?

① 12~21회 ② 22~28회
③ 29~37회 ④ 38~48회

해설 전기 선로전환기를 수동으로 전환시 22~28회까지 회전시켜 쇄정자가 쇄정간 홈에 완전히 삽입되어야 한다.

58 교류 NS형 전기선로전환기의 슬립(slip) 전류가 기준치보다 작을 경우 어느 곳을 보수하여야 하는가?

① 회로제어기 ② 퓨즈
③ 제어계전기 ④ 연축마찰 클러치

정답 54. ② 55. ④ 56. ④ 57. ② 58. ④

59 전기선로전환기의 마찰클러치의 역할은?

① 회전속도조절
② 과전류방지
③ 전동기보호
④ 습기침입방지

해설 〈마찰클러치(마찰연축기)〉
클러치는 전동기의 회전력을 전달하고 전동기가 회전 또는 정지할 때 기어에 충격을 주지 않도록 관성을 흡수하는 역할을 한다. 과부하 또는 전환 도중에 방해를 받았을 때 전동기를 보호하기 위하여 설치한다.

60 전기선로전환기의 마찰클러치의 역할은?

① 회전속도조절
② 마찰연축기와 맞물린 기어 마모 방지
③ 습기침입방지
④ 전동기보호

61 전기선로전환기의 전철제어계전기를 제어하는 계전기로 선로전환기를 전환하여도 좋을 때만 여자하고 평상시에는 무여자 상태가 되어 선로전환기를 쇄정하는 계전기는?

① WR
② WLR
③ NR
④ RR

해설 WLR(전철쇄정계전기)에 대한 내용이다.

62 밀착검지기의 설치위치는 첨단 끝에서 몇[mm] 이내에 설치하는가?

① 150
② 250
③ 350
④ 450

해설 밀착검지기의 설치위치는 텅레일 첨단 끝에서 350[mm](밀착조정간과 일치)로 하고 지장물이 있을 경우 350[mm]이내에 설치

63 차상선로전환기가 배향으로 개통되어 있을 때 표시등의 상태를 바르게 나타낸 것은?

① 소등
② 청색등 점등
③ 적색등 점멸
④ 등황색등 점등

해설
1. 차상선로전환기가 대향측으로 개통되어 있을 때 : 청색
2. 차상선로전환기가 배향측으로 개통되어 있을 때 : 등황색
3. 차상선로전환기가 전환도중일 때 : 적색점멸(좌우의 첨단레일이 불밀착일 때)

정답 59. ③ 60. ④ 61. ② 62. ③ 63. ④

64 차상선로전환기가 대향으로 개통되어 있을 때 표시등의 상태는?

① 적색등 점등   ② 청색등 점등
③ 적색등 점멸   ④ 등황색등 점등

65 차상선로전환기에 대한 설명으로 거리가 먼 것은?

① 동작 시분은 2초 이내이다.
② 첨단의 텅레일이 5[mm] 이내로 벌어지면 적색등이 점멸한다.
③ 수동리버로 전환 시험을 한다.
④ 외함과 내부배선과의 절연저항은 10[MΩ] 이상이다.

(해설) 신호유지 보수 세칙 28조 (절연저항) : 5[MΩ] 이상

66 차상선로전환장치에서 조작 리버는 일반적인 경우에 선로전환기로 부터 몇 [m] 지점에 설치하는가?

① 대향방향 50[m] 지점   ② 대향방향 40[m] 지점
③ 배향방향 50[m] 지점   ④ 배향방향 40[m] 지점

(해설) 조작리버는 선로전환기로부터 대향으로 전방 40[m] 전방지점, 레일스위치는 배향으로 40[m] 지점에 설치한다.

67 차상선로전환장치에서 레일 스위치는 일반적인 경우에 선로전환기로 부터 몇 [m] 지점에 설치하는가?

① 대향방향 50[m] 지점   ② 대향방향 40[m] 지점
③ 배향방향 50[m] 지점   ④ 배향방향 40[m] 지점

68 차상선로전환기에 대한 설명 중 틀린 것은?

① 전환 시분은 2초 이내로 하여야 한다.
② 개통방향 표시등은 전환장치 고장시 적색등이 점멸하도록 한다.
③ 조작리버는 선로전환기로부터 대향방향 50[m] 지점에 설치한다.
④ AC220[V]용 슬립전류는 6.5[A] 이하이어야 한다.

정답 64. ② 65. ④ 66. ② 67. ④ 68. ③

🔖 **69** 차상선로전환장치에 대한 설명중 옳지 않은 것은?
① 해당궤도회로 구간내에 차량이 있을 때에는 작동하지 않도록 설비하고 전환 시 분은 8초 이내로 하여야 한다.
② 개통방향 표시등은 전환장치 고장시 적색등이 점멸하도록 한다
③ 조작리버는 선로전환기로부터 대향방향 40[m] 지점, 레일스위치는 배향방향 40[m] 지점에 설치한다.
④ 마찰연축기가 미끄러지기 시작하여 1분 이상 경과후 측정하였을 때 전동기의 슬립전류는 AC220[V]용 6.5[A] 이하, AC105[V]용은 13.5[A] 이하이어야 한다.

(해설) 해당궤도회로 구간 내에 차량이 있을 때에는 작동하지 않도록 설비하고 전환시분은 2초 이내로 하여야 한다.

🔖 **70** 밀착검지기에 대한 설명중 옳지 않은 것은?
① 전기선로전환기의 기본레일과 텅레일의 밀착상태를 확인하기 위해 설치한다.
② 전기선로전환기의 밀착불량 및 할출시 운전취급자에게 현재상태를 알려 주고, 열차 진·출입 신호를 정지신호로 바꾸어 주는 안전장치이다.
③ 밀착검지기는 모든 본선의 전기선로전환기와 측선의 전기선로전환기중 중요한 개소에 설치한다.
④ 기계적인 마이크로스위치가 유도성 근접센서를 이용한 무접점 첨단 밀착검지기보다 장점이 많아 설치가 일반화되고 있다

(해설) 고주파 발진형 유도성 근접센서를 이용한 무접점 첨단 밀착검지기는 종래의 마이크로스위치의 기계적인 접촉부를 없앤 대신에 무접촉으로 검출 대상 물체를 검지하는 방식이다.
기계적인 마이크로스위치와 비교하여 수명이 길고 고신뢰성, 방유, 방폭 등의 장점이 있다

🔖 **71** 전기선로전환기를 반위로 수동 취급한 다음 스위치를 넣으면 선로전환기가 정위로 전환되는 이유는?
① 전동기 회로에 콘덴서가 있으므로
② 수동 취급한 다음 스위치를 넣으면 선로전환기 방향과 제어계전기(WR) [자기 유지] 방향이 다르므로
③ TR이 여자되어 있으므로
④ KR이 자기 유지하고 있으므로

정답 69. ① 70. ④ 71. ②

해설) 반위로 수동취급했다는 것은 원래 상태는 정위였음을 의미하며, 전철제어계전기(WR)는 자기 유지계전기이므로 강제로 수동취급을 하였기 때문에 다시 원래대로(정위방향) 돌아간다.

문72 전기선로전환기의 동작순서 중 옳은 것은?

① 쇄정 → 해정 → 표시 → 전환
② 표시 → 전환 → 쇄정 → 해정
③ 전환 → 해정 → 쇄정 → 표시
④ 해정 → 전환 → 쇄정 → 표시

해설) 전동기가 동작하기 위해서는 먼저 쇄정이 걸려있는 것을 풀어(해정)야 하며, 해정이 되고 난 후 전동기는 전환을 하며, 전환이 완료된 후에는 다시 쇄정되고, 그다음 어떤 방향으로 전환되었는지 표시를 해 주어야 한다.

문73 교류 NS형 전기선로전환기 내부기기의 작동 과정으로 옳은 것은?

① 취급버튼 → 전철제어계전기 → 감속기어장치 → 표시회로
② 전철제어계전기 → 취급버튼 → 감속기어장치 → 표시회로
③ 취급버튼 → 감속기어장치 → 전철제어계전기 → 표시회로
④ 전철제어계전기 → 감속기어장치 → 취급버튼 → 표시회로

문74 전기선로전환기의 동작 계통도가 옳은 것은?

① 제어계전기 → 전동기 → 감속기어장치 → 마찰연축기 → 전환쇄정기 → 회로제어기
② 제어계전기 → 전동기 → 마찰연축기 → 감속기어장치 → 전환쇄정기 → 회로제어기
③ 제어계전기 → 전동기 → 마찰연축기 → 감속기어장치 → 회로제어기 → 전환쇄정기
④ 제어계전기 → 마찰연축기 → 전동기 → 감속기어장치 → 회로제어기 → 전환쇄정기

문75 교류 NS형 전기선로전환기의 동작 과정으로 옳은 것은?

① 마찰연축기 → 전환치차 → 중간치차 → 전동기 → 동작간
② 전동기 → 마찰연축기 → 중간치차 → 전환치차 → 동작간
③ 중간치차 → 전환치차 → 마찰연축기 → 전동기 → 동작간
④ 전환치차 → 마찰연축기 → 중간치차 → 전동기 → 동작간

정답 72. ④ 73. ① 74. ② 75. ②

문76 선로전환기의 정위 또는 반위의 상태를 표시하는 목적으로 사용되는 계전기는?

① 유극선조계전기
② 무극선조계전기
③ 자기유지계전기
④ 완방계전기

해설 전철표시계전기(KR)를 물어보는 것으로, KR은 유극선조계전기(유극3위식)이다.

문77 전기선로전환기의 감속기어장치에 속하지 않는 것은?

① 쇄정기어
② 베벨기어
③ 전환기어
④ 평기어

해설 감속기어장치는 3개의 기어를 사용하여 강한 회전력을 감소시키고 전달하기 위한 것이다.
1단은 베벨기어, 2,3단은 평기어, 3단은 전환기어라고 한다

문78 교류 전기선로전환의 전동기 회전방향을 제어하는 기기는?

① 전철정자
② 제어계전기
③ 회로제어기
④ 계자권선접속기

해설 (전철)제어계전기는 선로전환기의 회전방향을 제어한다.

문79 NS형 전기선로전환기의 전환시간으로 옳은 것은?

① 2초 이하
③ 4초 이하
③ 6초 이하
④ 10초 이하

해설 〈선로전환기 전환시간〉
- NS형 : 6초 이하
- NS-AM형 : 7초 이하
- MJ81형 : 5초 이하
- 차상선로전환기 : 2초 이하

문80 철도신호보안 설비 중 열차의 안전운행을 방해하는 가장 큰 원인을 가지고 있는 장치로 제어계전기와 회로제어기를 포함하고 있는 설비는?

① 신호기 장치
② 선로전환기 장치
③ 궤도회로 장치
④ 연동장치

정답 76. ① 77. ① 78. ② 79. ③ 80. ②

(해설) 〈선로전환기의 구성(NS형)〉
취급버튼, 제어계전기, 전동기, 마찰클러치, 감속기어장치, 전환쇄정장치, 회로제어기, 표시회로, 밀착검지기

81 다음 중 분기기의 크로싱각과 분기기 번호 및 열차 제한속도와의 관계에 대한 설명으로 맞는 것은?

① 분기기 번호가 작을수록 크로싱각이 크게 되어 열차의제한속도가 높아짐
② 분기기 번호가 클수록 크로싱각이 작게 되어 열차의 제한속도가 높아짐
③ 분기기 번호가 작을수록 크로싱각이 작게 되어 열차의 제한속도가 높아짐
④ 분기기 번호가 클수록 크로싱각이 크게 되어 열차의 제한속도가 낮아짐

(해설)

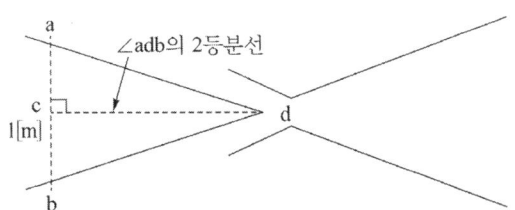

크로싱 번호는 ab가 1m 되는 지점에서의 cd간 거리로 정해진다. cd가 클수록 ∠adc는 작아지고 크로싱 번호는 커지게 된다. 크로싱 번호가 클수록 곡선반경이 커지기 때문에(직선화↑) 제한속도가 높아지고 고속에 적합하다.

82 전기선로전환기에 대한 설명 중 맞지 않는 것은?

① 회로제어기 표시 접점은 2~3[mm] 간격을 유지한다.
② 클러치의 조정은 계절별로 년 4회 조정한다.
③ 전환중 콘덴서 회로가 단선될 경우 전동기는 계속 회전한다.
④ 쇄정자와 쇄정간 홈과의 간격은 좌·우 합한 치수가 4[mm] 이하로 한다.

83 NS형 전기선로전환기의 마찰클러치에 대한 설명으로 틀린 것은?

① 전동기가 회전 또는 정지할 때 기어(gear)에 충격을 주지 않도록 흡수한다.
② 첨단에 이물질이 끼거나 쇄정간이 걸릴 때 전동기를 보호한다.
③ 강하게 조정하면 전동기가 정지할 때 충격이 크고 공전할 때는 슬립 전류가 크게 된다.
④ 마찰클러치의 조정은 여름에는 약하게, 겨울에는 강하게 한다.

정답 81. ② 82. ② 83. ④

해설 마찰 클러치 안에 있는 구리스는 온도에 의해 농도가 변하므로 관성 흡수력에 변하게 된다. 따라서 온도 변화의 차가 큰 여름과 겨울에 대비하여 늦은 봄과 가을에 조정하며 여름에는 전환력이 약해져 클러치를 조였다가, 겨울에는 풀어주어야 한다.

문84 교류 NS형 전기선로전환기 장치 내부에 없는 것은?
① 제어 계전기 ② 회로 제어기
③ 유도 전동기 ④ 전철제어 계전기

해설 〈선로전환기의 구성(NS형)〉
취급버튼, 제어계전기, 전동기, 마찰클러치, 감속기어장치, 전환쇄정장치, 회로제어기, 표시회로, 밀착검지기

문85 전기선로전환기 설치에 대한 설명 중 맞지 않는 것은?
① 밀착검지기와 전철표시회로는 병렬로 배선한다.
② 할출 등의 우려가 있는 본선 또는 주요 측선 분기기에 밀착검지기를 설치한다.
③ 전기선로전환기는 특별한 경우 외에는 대향으로 보아 좌측에 설치한다.
④ 전동기는 콘덴서 기동형 유도전동기 단상 4극이다.

해설 직렬로 배선 해야 안전측으로 동작

문86 전기선로전환기가 불일치 장애시 가장 먼저 점검 해야 할 사항은?
① 진로구분쇄정회로 ② 전철제어회로
③ 진로선별회로 ④ 현장 선로전환기

문87 전기선로전환기의 불일치에 대한 설명으로 옳은 것은?
① 진로구분쇄정이 걸려 있을 경우
② 철사쇄정이 걸리지 않았을 경우
③ WR과 KR의 동작위치가 서로 다를 경우
④ KR이 무여자 할 경우

해설 전기선로전환기의 불일치 장애는 전철제어계전기(WR)와 표시계전기(KR)의 동작위치가 반대일 경우 발생한다

정답 84. ④ 85. ① 86. ④ 87. ③

88 콘덴서 기동형 단상유도전동기가 사용되는 기기는?

① 전동차단기　　　　　　② NS형 전기선로전환기
③ MJ81형 선로전환기　　④ 침목형 선로전환기

> **해설** NS형 선로전환기의 전동기는 콘덴서 기동형 단상유도 전동기로서 2상 4극으로 기동력이 크고 정격전압의 80[%]에서도 동작이 확실하게 이루어져야 하며, 베어링은 밀봉형 볼베어링을 사용하므로 급유가 필요없는 구조이다.

89 NS형 선로전환기에 사용되는 삽입형 제어계전기로서 유극 2위식 자기유지형 계전기의 정격으로 알맞은 것은?

① 직류 12[V], 20[mA], 200[Ω]
② 직류 24[V], 120[mA], 200[Ω]
③ 직류 12[V], 20[mA], 100[Ω]
④ 직류 24[V], 120[mA], 100[Ω]

> **해설** 〈NS형 선로전환기의 (전철)제어계전기〉
> 제어계전기는 삽입형으로서 유극 2위식 자기유지형계전기이며 정격 동작전압은 DC 24[V], 전류는 120[mA]이고 코일저항은 200[Ω]
> ($I = \dfrac{V}{R}$ 이므로 수치를 대입해서 맞는 것을 찾으면 된다.)

90 다음 중 전기선로전환기의 공회전 조건이 아닌 것은?

① 첨단에 이물질이 끼었을 때
② 콘덴서가 단락되었을 때
③ 첨단간의 취부위치가 틀렸을 때
④ 쇄정간 홈과 쇄정자가 불일치 할 때

> **해설** 〈전기선로전환기의 공회전 조건〉
> 1. 선로전환기 첨단에 다른 물질이 끼었을 때
> 2. 선로전환기와 첨단간의 취부위치가 틀렸을 때
> 3. 쇄정간 홈과 쇄정자가 불일치 할 때

91 다음 중 전기선로전환기의 공회전 조건이 아닌 것은?

① 첨단부 이물질 삽입　　② 퓨즈 단선
③ 첨단 불밀착　　　　　　④ 쇄정 불량

> **해설** 퓨즈 단선의 경우는 전원이 OFF되어 동작이 정지된다.

정답 88. ②　89. ②　90. ②　91. ②

문92 전기연동장치에서 밀착검지기가 설치된 선로전환기가 쇄정 장애시 상태는?

① 불규칙하게 공회전 한다.
② 즉시 공회전이 멈춘다
③ 계속 공회전 한다.
④ 밀착검지기 AC회로 동작시간만 공회전

해설 밀착검지기 AC회로 때문에 AC시소시간 동안만 선로전환기의 모터가 동작

문93 전기선로전환기에 사용하는 전동기의 슬립전류는 동작전류의 몇 배 이하가 되지 않도록 하여야 하는가?

① 0.9배　　　　　　② 1.1배
③ 1.2배　　　　　　④ 1.3배

해설 전동기의 슬립전류는 마찰클러치가 미끄러지기 시작하여 1분 이상 경과한 뒤 측정하였을 때 8.5[A] 이하로 한다. 다만, 동작전류는 1.2배 이하로 되지 않도록 한다.

문94 NS형 전기선로전환기의 슬립 전류의 조정범위로 옳은 것은?

① 7.5[A] 이하　　　② 8.5[A] 이하
③ 9.5[A] 이하　　　④ 15[A] 이하

해설 전동기의 슬립전류는 마찰클러치가 미끄러지기 시작하여 1분 이상 경과한 뒤 측정하였을 때 NS형은 8.5[A] 이하, NS-AM형은 15[A] 이하로 한다. 다만, 동작전류는 1.2배 이하로 되지 않도록 한다.

문95 전기선로전환기에 사용되는 전동기에 관한 내용으로 옳지 않은 것은?

① 정속도 동기전동기를 사용한다.
② 단상 4극을 사용한다.
③ 베어링은 급유할 필요가 없다.
④ 기동력이 크다.

해설 전동기는 콘덴서 기동형 단상유도전동기로서 2상 4극으로 기동력이 크고 정격전압의 80[%]에서도 동작이 확실하게 이루어져야 하며, 베어링은 밀봉형 볼 베어링을 사용하므로 급유가 필요없는 구조이다.

정답 92. ④　93. ③　94. ②　95. ①

문96 열차가 교행을 하는 장소 등에서 열차의 과주로 인해 충돌, 접촉을 방지하기 위해 설치하는 선로는?
① 부본선 ② 안전측선.
③ 피난선 ④ 인상선

문97 전기전철기와 같이 단시간으로 빈번하게 사용하는 직류전동기로 적당한 전동기는?
① 타여전동기 ② 분권전동기
③ 분권전동기 ④ 직권전동기

문98 궤도의 곡선부를 달리고 있을 때 원심력에 의해서 열차를 곡선의 외측으로 비상시켜 벗어나게 하는 힘이 작용한다 이것을 수직방향 힘으로 풀어주기 위해 곡선의 내측 레일보다 외측 레일을 조금 높게 한다 이 고저차를 무엇이라고 하는가?
① 슬랙 ② 캔트
③ 궤간 차 ④ 곡선반경

문99 전기선로전환기에서 레일 간격간은 텅레일의 선단에서 약 몇 [mm] 지점에 설치하는가?
① 100 ② 200
③ 300 ④ 400

문100 전기선로전환기(NS형)에 사용되는 전동기의 기동 방식은?
① 단상 반발기동 ② 저항식 분상기동
③ 기동 보상기동 ④ 콘덴서 기동

해설) NS형 선로전환기의 전동기는 콘덴서 기동형 단상유도 전동기로서 2상 4극으로 기동력이 크고 정격전압의 80[%]에서도 동작이 확실하게 이루어져야 하며, 베어링은 밀봉형 볼베어링을 사용하므로 급유가 필요없는 구조이다.

정답 96. ② 97. ④ 98. ② 99. ③ 100. ④

문 101 전기선로전환기 설치 위치 중 적당한 것은?
① 기본 레일과 선로전환기 중심거리는 1.4[m]이다
② 쇄정용 밀착 조정관과 레일 밑면과의 여유거리는 20[m] 이상이다.
③ 레일 내측에서 선로전환기 중심까지 1000[mm] 이상이다.
④ 레일 내측에서 선로전환기 중심까지 1200[mm] 이상이다.

문 102 크로싱부에 노스 가동 분기기를 설치해야 하는 분기기 번호가 아닌 것은?
① F45　　　　　　　　　　② F12
③ F18.5　　　　　　　　　④ F65

(해설) 노스 가동 분기기(MJ81형)는 일반적으로 F18 이상에 사용한다.

문 103 다음은 선로전환기 기본기능을 설명한 것이다. 틀린 것은?
① 전환 - 수동이나 동력으로 텅레일을 전환하는 기능
② 제어 - 취급자의 의사를 선로전환기 동력장치에 전달하는 기능
③ 연쇄 - 외부의 힘에 의해 동작되지 않도록 전기적, 기계적 잠금장치
④ 표시 - 전환 및 쇄정상태를 조작자나 관련기기에 전달

문 104 열차가 21호 선로전환기 정위상태에서 21T를 점유할 때 반위상태로 되어 있는 21WR를 교체하면?
① 열차가 21T를 벗어나는 즉시 WR 계전기가 정위로 동작한다.
② WR 계전기가 정위로 동작한다.
③ 열차점유에 관계없이 반위로 선로전환기가 전환된다.
④ 열차가 21T를 벗어나는 즉시 선로전환기가 반위로 전환된다.

(해설) 전기연동장치에서 WR을 교체할 때 계전기 동작상태와 선로전환기의 위치가 다르면 열차유무와 관계없이 선로전환기가 전환된다. 따라서 열차가 있을 때에는 WR를 교체하여서는 안 된다.

정답 101. ④ 102. ② 103. ③ 104. ③

문 105 다음은 선로전환기 첨단간 및 밀착조절간(switch adjuster)을 설명한 것이다. 틀린 것은?

① 선로전환기 전환동력을 텅레일에 전달한다.
② 기본레일과 텅레일 밀착력을 조절하는 기능을 가지고 있다.
③ 첨단간은 ㄱ쇠로 텅레일에 연결되어 있으며 주·부쇄정을 조정한다.
④ 밀착조절간은 브라켓트와 통나사 6각너트부와의 간격을 적어도 3[mm] 이상의 조정 범위는 갖도록 유지

문 106 다음 전기선로전환기 전동기에 대한 설명으로 올바르지 않는 것은?

① 콘덴서 기동방식의 단상 4극 유도전동기이다.
② 정격전압 80[%]에서도 충분히 동작하고 전기자가 없는 농성형 아마추어이다.
③ 모터가 침수된 경우는 과열되지 않는 범위에서 전류를 흘려 전기 건조 한다.
④ 주권선과 기동권선으로 되어있고 권선수와 선 굵기의 차이가 있다.

문 107 다음은 NS형 선로전환기 M.P 콘덴서에 대한 설명으로 옳지 않는 것은?

① 무부하시 콘덴서 단자 전압은 220~230[V]이므로 이상 시 교환한다.
② 단락시 모터는 즉시 정지 후 기동 불능이 되고 35[A] 정도의 전류가 흘러 퓨즈는 단선된다.
③ 단선시 모터는 계속 회전하고 정지 후 기동 불능, 퓨즈는 끊어지지 않는다.
④ 전동기의 기동 토크를 발생시켜 전동기를 회전시키는 역할을 한다.

문 108 다음 중 입력측과 출력측의 회전 차에 의해 발생하는 소용돌이 모양의 전류에 의해 전달 토크가 발생하는 기능을 가진 선로전환기 부품은?

① 회로제어기　　　　　　　　② 전자클러치
③ 마찰클러치　　　　　　　　④ 전환쇄정장치

문 109 다음 중 전기선로전환기 내부 제어계전기 종류는?

① 선조바이어스계전기　　　　② 무극선조계전기
③ 자기유지계전기　　　　　　④ 완동계전기

정답 105. ③　106. ④　107. ①　108. ②　109. ③

110 전기선로전환기의 콘덴서와 관련된 설명 중 옳지 않은 것은?
① 콘덴서 회로가 단선되면 일단정지 후에는 기동이 불가능하다.
② 콘덴서 회로가 단선된 경우 전동기를 회전시키면 전환 불능이다.
③ 콘덴서가 단락되면 많은 전류가 흘러 퓨즈가 용단된다.
④ 전환 중 콘덴서가 단락되어도 전동기는 회전한다.

(해설) 전환 중 콘덴서가 단락될 경우 전동기는 정지하고 일단 정지 후 기동이 불가능하다.

111 분기기 번호 부여에서 51호~가 뜻하는 것은?
① 본선 시점쪽
② 도중분기 종점쪽
③ 본선 종점쪽
④ 신호와 무관한 종점쪽

(해설)
• 분기기 번호 부여
  - 시점쪽 : 21~50호
  - 종점쪽 : 51~100호
  (쌍동 이상은 역사에서 먼거리부터 전기식은 A, B, C로, 수동식은 가, 나, 다로 부여)
• 신호와 관계없는 선로전환기
  - 시점쪽 : 101호~
  - 종점쪽 : 201호~
• 청원선 전용분기기
  - 시점쪽 : 구내 가까운 곳부터 301호~400호
  - 종점쪽: 401호~500호
• 도중분기기(관계역에서)
  - 시점쪽 : 501호~
  - 종점쪽 : 601호~

정답 110. ④ 111. ③

철/도/신/호/문/제/해/설

Chapter 03

궤도회로장치

3장   궤도회로장치

3.1 궤도회로의 개요

궤도회로(track Circuit)란 레일을 전기 회로의 일부로 사용하여 회로를 구성하고 그 회로를 차량의 차축에 의해 레일 간을 단락함에 따라 신호 장치, 선로 전환 장치, 기타의 보안 장치를 직접 또는 간접으로 제어할 목적으로 설치되어 열차의 유무를 검지하기 위한 전기 회로 이다.

3.2 궤도회로의 원리 및 역할

3.2.1 궤도회로의 원리

그림 3.1은 궤도회로의 원리를 나타낸 것으로 궤조를 적당한 구간으로 구분하여 인접궤도회로와 전기적으로 절연하기 위하여 궤조절연을 설치하고 궤도회로 내의 궤조이음매 부분의 접속 저항을 적게 하기 위하여 본드(band)로 접속한 다음 한쪽에는 전원을 부하 쪽에는 궤도계전기를 연결하여 전기 회로를 구성한 것이다. 궤도회로 내에 열차가 없을 때에는 전원으로부터 흐르는 전류에 의하여 계전기가 여자되고, 궤도회로 내에 열차가 진입하면 자축에 의하여 전기 회로가 단락되어 계전기는 무여자가 되며, 궤도회로 자체가 고장 났을 때에도 계전기는 무여자가 된다. 또 신호기는 계전기의 여자 접점을 통할 때에는 녹색 등이 현시되고 무여자 접점을 통할 때에는 적색등이 현시되는데 이것은 열차에 의하여 자동적으로 제어된다.

  궤도회로의 구성 방법은 종류에 따라 차이가 있으나 주요 구성 부분으로는 전원 장치, 한류장치, 궤조절연 및 궤도계전기로 구분된다.

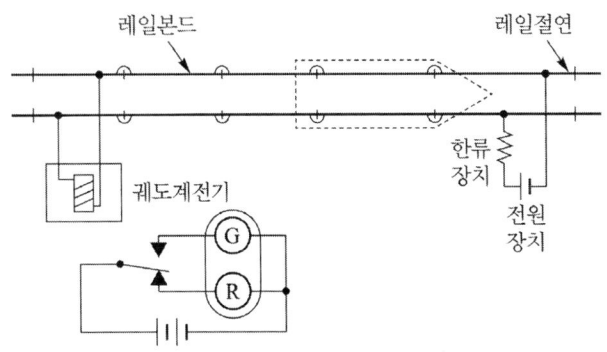

그림 3.1 궤도회로의 원리

3.2.2 궤도회로의 역할

신호기에 정지신호 이외의 신호를 현시시키는 경우나 선로전환기를 전환하려고 하는 경우 운행 중인 열차의 안전을 확보하기 위하여 일정한 범위 내에 열차가 존재하지 않는다는 것을 확인할 필요가 있다. 이러한 확인행위를 열차검지라고 하는데 이처럼 궤도회로는 원거리 구간이나 열차에 정보를 전송하는 기능을 가지고 있다. 궤도회로가 가지고 있는 다른 특성은 레일 절손 검지 및 전철화구간에서 귀선전류의 귀환로가 되는 특징이다.

3.3 궤도회로의 구성기기

궤도회로의 구성기기는 종류에 따라 차이가 있으나 전원장치, 한류장치, 궤조절연, 레일본드, 점퍼선 및 궤도 계전기로 구성되어 있다.

3.4 궤도회로의 종별

궤도회로는 사용전원과 회로구성 방법 및 궤조절연 방법 등에 따라 다음과 같이 분류한다.

표 3.1 궤도회로의 종별

분류방법	궤도회로 종별	비고
회로구성방법에 의한 분류	① 개전로식 ② 폐전로식	
궤조절연 설치방법에 의한 분류	① 유절연 궤도회로 　- 단궤조식 　- 복궤조식 ② 무절연 궤도회로	
궤도회로의 제어계전기 조사에 의한 분류	① 2위식 궤도회로 ② 3위식 궤도회로	
사용전원에 의한 분류	① 직류궤도회로 ② 교류궤도회로 　- 상용주파수 궤도회로 　- 분배주 궤도회로 　- 분주궤도회로 ③ 정류궤도회로 ④ 코드궤도회로 ⑤ 고전압 임펄스궤도회로 ⑥ AF 궤도회로	

3.4.1 회로 구성방법에 의한 분류

1 개전로식 궤도회로

그림 3.2와 같이 전기회로가 개방되어 계전기에 전류가 흐르지 않다가 열차가 궤도에 진입함으로써 차축을 통하여 전류가 흘러 궤도계전기가 여자하도록 되어 있는 방식을 개전로식(normal open system) 궤도회로라 한다.

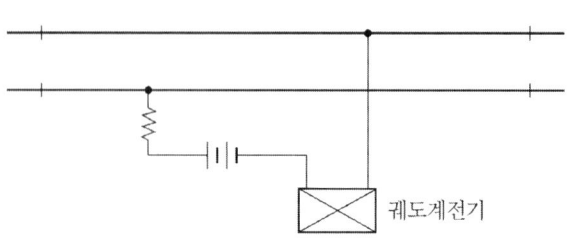

그림 3.2 개전로식 궤도회로

이 방식은 전력이 적게 드는 장점이 있으나 전원의 고장, 회선의 단선, 레일의 절손 등 기기가 고장 났을 때에는 열차를 검지할 수 없는 위험성이 있기 때문에 안전도가 떨어져서 특별한 경우 이외에는 사용하지 않고 있다.

2 폐전로식 궤도회로

그림 3.3와 같이 폐전로식(normal close system)은 폐회로로 구성되어 평상시에도 계전기에 전류가 흐른다. 열차가 궤도에 진입하면 차축에 의하여 단락되므로 계전기의 양 끝에는 전류가 흐르지 않게 되며 계전기는 무여자로 된다.

폐전로식은 회로에 항상 전류가 흐르고 있기 때문에 전력이 많이 소비되는 단점이 있으나 전원의 고장, 회선 및 레일의 단선 그밖에 기기가 고장 났을 때에도 계전기는 무여자 상태가 되어 안전한 방향으로 동작하므로 신호보안장치에서는 폐전로식이 많이 이용되고 있다.

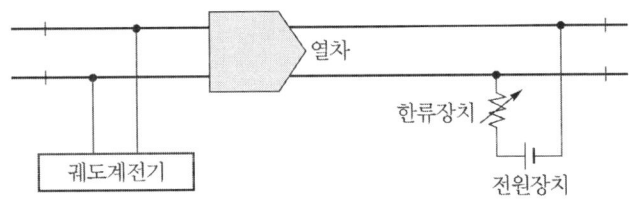

그림 3.3 폐전로식 궤도회로

3.4.2 사용전원에 의한 분류

1 직류 궤도회로

직류 궤도회로(DC track circuit)는 직류전원을 이용한 궤도회로로서 궤도계전기는 직류 궤도계전기를 사용한다.

직류 궤도회로의 전원은 정전에 대비하여 부동식(浮動式) 충전(floating charge) 방식이 사용되고 있는데 이것은 평상시에 축전지에 충전된 전원을 정전이 되었을 때 사용하기 위한 것이다.

또, 궤도회로 이 외에도 건널목 경보장치 등의 확실한 교류전원의 확보가 어려운 지역에서 신호보안 장치의 안정을 도모하기 위하여 사용하고 있다.

② 교류 궤도회로

교류 궤도회로 (AC track circuit)는 교류전원의 무정전 확보가 가능한 지역인 비전철 구간이나 직류 전철 구간에서 많이 사용한다.

그림 3.4와 같이 사용 주파수에 따라 50[Hz] 또는 60[Hz]를 사용하는 상용 주파수 방식과 25[Hz] 또는 30[Hz]를 사용하는 분주 궤도회로 방식 및 100[Hz] 또는 120[Hz]를 사용하는 배주 궤도회로 방식 등이 있다.

교류 궤도회로의 특징은 가동부분이나 트랜지스터 등이 없으므로 수명이 길고 신뢰성이 높으며 제어 구간이 길고 보수하기가 쉽다.

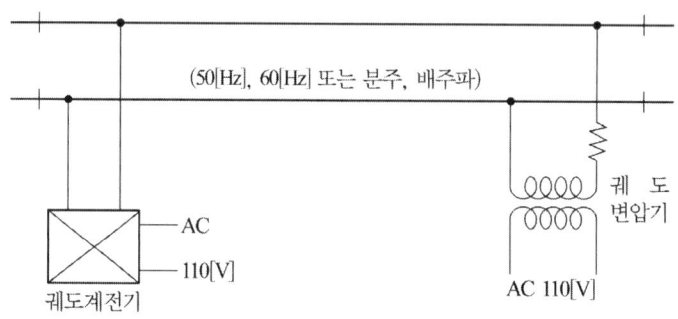

그림 3.4 교류 궤도회로도

③ 정류 궤도회로

정류 궤도회로(Commutation track circuit)는 교류를 정류한 맥류를 전원으로 사용하는 것으로서 궤도계전기는 직류계전기를 사용하는데 여기에는 전파 정류식과 반파 정류식이 있다. 정류궤도회로는 특별한 목적으로만 사용하는 궤도회로 방식이다.

④ 코드 궤도회로

코드 궤도회로(Code track circuit)는 궤도에 흐르는 신호 전류를 소정 횟수의 코드(부호)수로 단속하고 이 코드(Code) 전류가 코드 계전기를 동작시킨 다음 복조기를 통하여 정규의 코드수일 때에만 코드 반응계전기를 동작시키는 궤도회로이다.

이것은 궤도회로 제어거리의 증대, 궤도 단락감도의 향상 및 미소한 전류에 의한 오동작을 방지해 주는 특징이 있다.

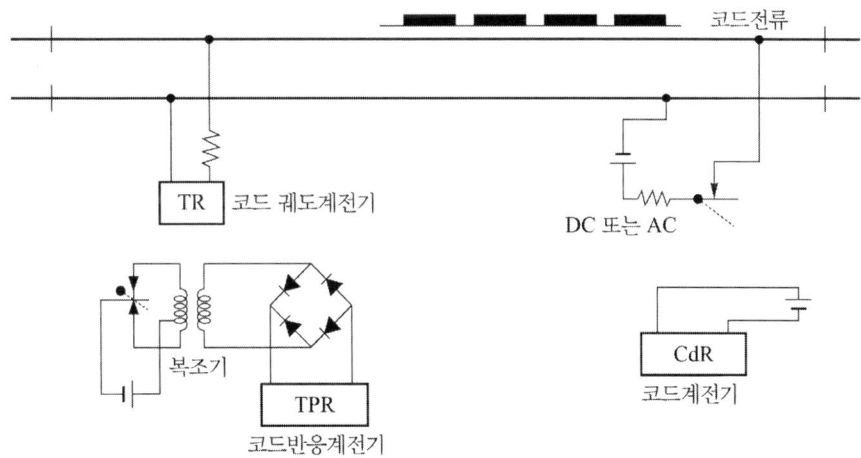

그림 3.5 코드 궤도회로

제어방식으로는 무극코드를 사용하는 방식과 유극 코드를 사용하는 두 가지 방식이 있다.

5 고전압 임펄스 궤도회로

고전압 임펄스 궤도회로 장치(high voltage impulse track circuit)는 프랑스 국철(SNCF)에서 개발, 사용하기 시작한 설비로 교류 25,000[V] 전철 구간에 주로 사용되며 복궤조 궤도회로에서 전차선의 귀선전류(전기차 전류)는 레일을 통하여 변전소로 흘려보내고 신호 전류는 임피던스 본드에서 차단하여 궤도회로의 기능을 하는 것으로 비전철 구간에서도 사용이 가능하다.

전차선과 팬터그래프와의 이선, 낙뢰 등의 발생으로 궤도회로에 이상전압의 유기 시에도 절연내력이 크므로 신호설비 보호효과가 높으며 초퍼, VVVF 차량 운행 시에도 내방해 특성이 크므로 오동작이 발생하지 않는 장점이 있다.

이 설비는 DC 임펄스를 사용하므로 송, 수신거리에 따른 전압강하가 거의 발생하지 않으며 1개 궤도회로의 소비전력이 50~60[VA] 정도로 비교적 작아 에너지 절감효과가 크며 우천 시에도 자갈 누설저항의 변화가 적어 안정성이 우수하고 장애발생 시 고장지점 발견이나 부품의 교환이 용이하다.

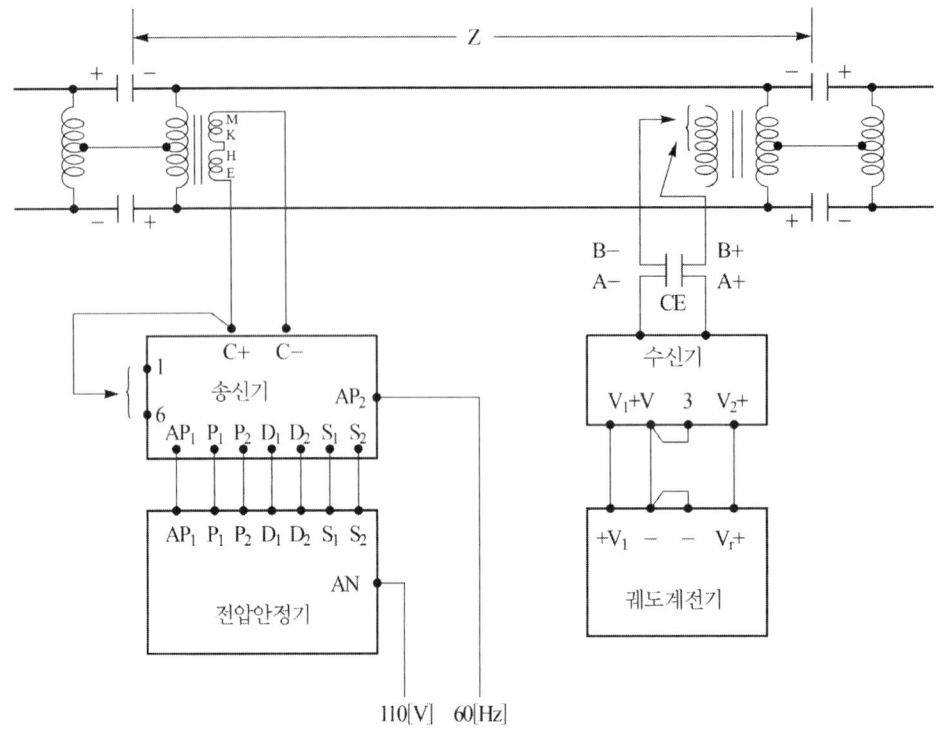

그림 3.6 고전압 임펄스 궤도회로도

⑥ A.F 궤도회로

A.F(audio frequency) 궤도회로장치는 사람의 귀로 들을 수 있는 16~20,000[Hz]대의 가청 주파수를 사용하는 것으로 열차가 고속으로 운행하여 속도가 200[km/h]를 넘어서 게 되면 기관사의 투시거리에는 한계가 있어 지상신호는 사용할 수 없게 되며 전방 열차 와의 운행간격, 제동거리 등을 차상으로 직접 전달할 수 있는 차상설비를 갖추어야 한다.

A.F 궤도회로장치는 차상신호용으로 가장 적합한 형태의 궤도회로 설비로 시스템의 설계 방식에 따라 여러 가지 형태로 나눌 수 있다. 최근에는 디지털 신호기술의 발달로 열차 운행 및 제어정보를 코드화하여 차량과 현장설비 간에 유도무선을 사용하여 정보를 전송 하는 방식으로 기술변화의 추이를 보이고 있다.

A.F 궤도회로는 단순한 열차 검지기능뿐만 아니라 전방열차와의 운행간격, 해당열차의 지시속도, 차량 운행정보를 차상장치에 전달하고 제동장치에 직접 연결하여 신호를 무시 하고 진입하는 열차를 자동으로 감속하거나 정지하게 하므로 열차 안전운행을 확보할 수 있다.

3.5 궤도회로의 특성

3.5.1 단락

1 단락감도

단락감도는 궤도회로 기능의 양부를 판단할 목적으로 궤도회로 내의 임의의 레일사이를 저항으로 단락하여 궤도계전기의 여자상태를 시험하는 것이다

폐전로식에 있어서는 궤도계전기의 무여자 접점이, 개전로식에 있어서는 여자접점이 접촉하려할 때의 최대 단락저항 값으로 표시한다.

1) 단락감도의 계산

단락감도는 이론적으로 높을수록 좋으나 너무 높으면 근소한 전압강하에도 궤도계전기가 낙하하게 되어 동작이 불안하게 됨으로 자갈 누설저항의 변동에 주의하여야 한다.

궤도회로 내의 임의의 점X에 있어 단락감도 R_m 은 다음 식으로 표시한다.

$$R_m = \frac{1}{(F-1)G} = \frac{1}{(\frac{V_{UP}}{V_{DN}}-1)G} \tag{3-1}$$

여기서 F : 동작전압/낙하전압[V]
   G : X점에서 본 회로 전체의 어드미턴스 [Ω]
   V_{UP} : 계전기 동작전압[V]
   V_{DN} : 계전기 낙하전압[V]

2) 단락감도의 기준

궤도회로의 단락감도는 그 궤도회로를 통과하는 열차에 대하여 다음과 같은 기준 이상을 확보하여야 한다.

- 임피던스 본드, AF 궤도회로(TI21형 제외)구간 : 맑은 날 0.06[Ω] 이상
- 기타 구간 : 맑은 날 0.1[Ω] 이상

3) 단락감도의 측정
   - 직류 궤도회로의 경우 : 송전단 레일 위
   - 교류 궤도회로의 경우 : 착전단 레일 위
   - 병렬 궤도회로의 경우 : 위 두 경우 이외의 병렬부분의 끝 레일 위

4) 단락감도의 향상법

어떤 조정상태에서 궤도계전기를 낙하시킬 수 있는 레일 간 단락저항의 최댓값이 단락감도이다. 통상 사용하는 단위는 [Ω]이며, 단락감도를 높이기 위해서는 다음과 같은 조정방법이 효과적이다.

- 필요이상의 전압을 궤도계전기에 공급하지 않는다.
- 송전단과 수전단의 임피던스를 될 수 있는 한 높인다.
- 단락 시 위상 변화를 이용한다.

① 직류 궤도회로의 경우
   - 레일을 용접, 장대 레일화하여 전압강하를 없앤다.
   - 송전전압을 증가하고 궤도저항자의 저항치를 많게 한다.
   - 궤도계전기에 직렬로 저항을 삽입하고 반위접점으로 단락한다.

② 교류 궤도회로의 경우
   - 레일을 용접, 장대 레일화하여 전압강하를 없앤다.
   - 송전전압을 증가하고 한류장치의 저항 또는 리액터를 증가한다.
   - 궤도계전기에 직렬로 저항 또는 리액터를 삽입한다.
   - 위상을 적당히 하여 열차 단락 시의 회전역률을 최대 회전역률에서 이동시킨다.

3.5.2 궤도회로의 불평형

1 불평형

복궤조 궤도회로는 좌우 2개의 레일이 전기적으로 평형을 이루는 것이 필요하다. 평형한 궤도회로에서는 그림 3.7과 같이 신호전류는 좌우 역방향으로 동일한 크기로 흐르며, 전동차 전류는 좌우 같은 방향으로 동일한 크기로 흐른다. 그런데 불평형한 궤도회로에서는 좌우 레일에 흐르는 전류의 크기가 다르기 때문에 신호전류는 구간 밖으로 유출되고 전동

차 전류는 임피던스 본드의 임피던스를 저하시키거나 레일 사이에 노이즈를 발생시키며 임피던스 본드 자체에 불평형이 있으면 그것도 포함된다.

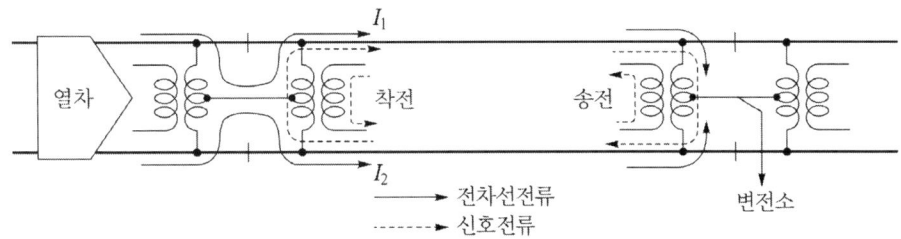

그림 3.7 궤도회로의 레일전류의 흐름 방향

불평형 정도를 정량적으로 표현하고자 하는 경우에는 다음 식에서 정의되는 불평형률을 사용한다.

$$U_B = \frac{|I_1 - I_2|}{I_1 + I_2} \times 100 \tag{3-2}$$

여기서, U_B : 불평형률[%]
I_1, I_2 : 각 레일의 전류

예를 들면 그림 3.8 (a)는 완전한 평형 상태이나 (b)는 525[A]와 475[A]이기 때문에 불평형 상태이다. 불평형률 U_B를 위식으로 계산하면 5[%]가 된다. 이 불평형 상태는 (c)와 같이 475[A]의 평형전류와 50[A]의 편측 전류의 중첩이라 생각할 수 있다.

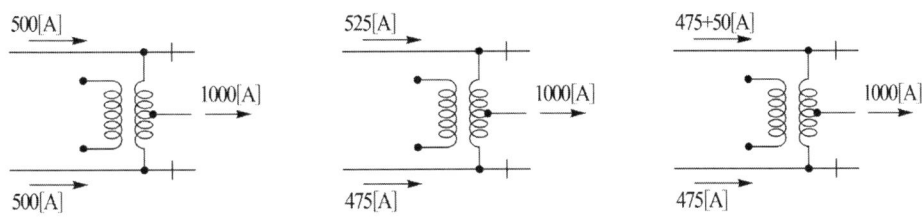

(a) 500[A]와 500[A]에서 평형 (b) 525[A]와 475[A]에서 불평형 (c) 한쪽에 불평형 성분 50[A]

그림 3.8 레일전류의 평형상태와 불평형상태

② 불평형 전류의 영향

1) 궤도계전기 전압의 저하
2) 기기 측으로의 노이즈 발생

③ 불평형의 실태

1) 레일 절손
2) 편측 레일의 지락
3) 기타

긴 편측 가드레일에 의한 불평형이나 임피던스 본드의 구조적인 불평형이 전동차의 Notch on, Notch off 시에 노이즈를 발생시켜 분배주 궤도회로에 영향을 주는 경우도 있다.

3.6 궤도회로의 사구간

3.6.1 사구간

궤도회로의 사구간(dead section)이라 함은 궤도회로를 구성하는 궤도의 일부분에 열차가 점유하여도 궤도계전기가 낙하하지 않는 구간을 말하며 선로의 분기 교차지점, 크로싱 부분, 교량 등에 있어서는 좌우의 레일 극성이 같게 되어 열차에 의한 궤도회로의 단락이 불가능한 곳이 생기게 되는 구간을 사구간이라 한다.

사구간의 길이는 7[m]를 넘지 않도록 해야 하며 7[m]가 넘는 곳에서는 사구간 보완회로를 구성해야 하며, 사구간이 1,210[mm] 이상인 경우 사구간 상호 또는 다른 궤도회로와는 15[m] 이상 이격하여야 한다.

역구내 분기부는 모터카 등 짧은 차량 운행으로 궤도계전기가 순간적으로 여자할 경우 부정동작이 될 수 있어 이 경우 사구간의 길이를 3[m] 미만으로 한다.
부정동작 우려가 있을 경우 시소계전기로 완방시간 2초 정도를 삽입하여 궤도계전기를 늦게 낙하시킬 필요가 있다.

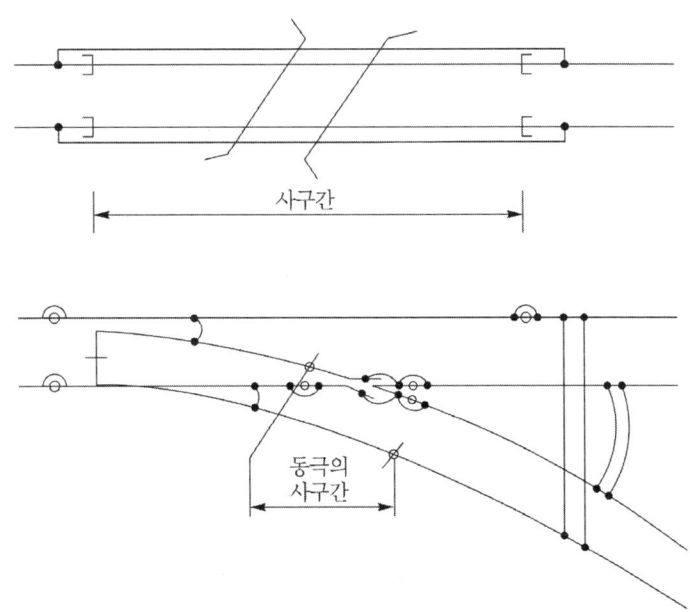

그림 3.9 궤도회로의 사구간

3.6.2 사구간 보완회로

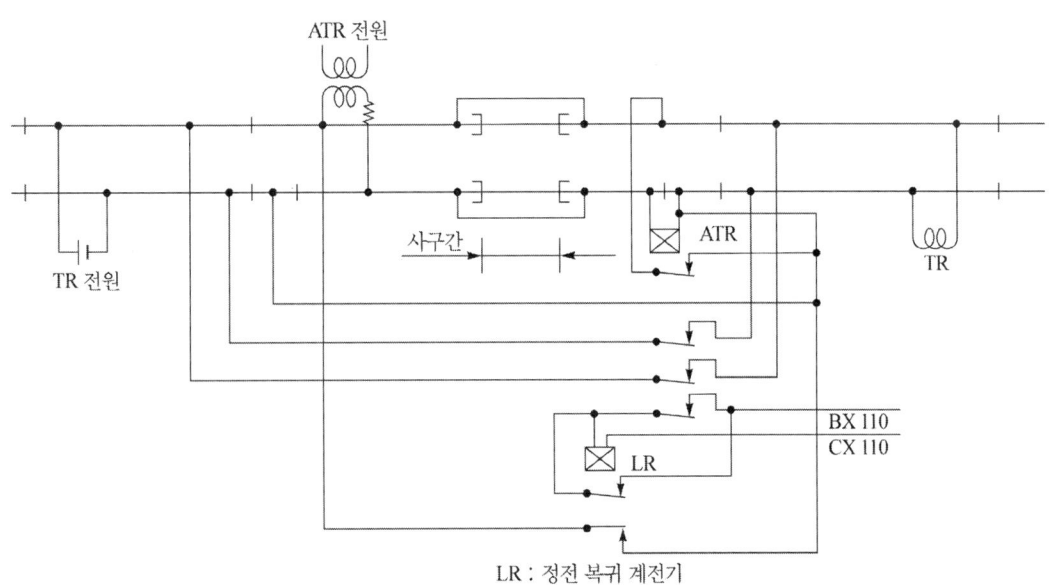

그림 3.10 사구간 보완 회로

사구간 보완 회로는 1량 이상의 차량이 완전히 들어갈 수 있는 사구간이 발생하는 구간에 설치하는 특별한 궤도회로 구성 방법이다.

사구간을 포함하는 궤도회로의 양단에 짧은 복귀회로와 자기 유지회로를 설치하고 있는 것이 특징으로 차량이 진입하면 궤도 계전기는 낙하하고 차량이 사구간에 빠져도 자기 유지회로가 차단하고 있기 때문에 궤도 계전기는 복귀되지 않는다.

또한 차량의 최후부 차 측이 복귀회로를 통과할 때 이 차축을 통하여 전류를 보내 궤도 계전기를 동작시켜 자기 유지되도록 구성한다. 만약, 정전 시에는 궤도 계전기가 낙하되어 자기 유지회로가 차단되지만 정전 회복 후 자동으로 복귀시키는 회로로 구성되어 있다.

3.7 궤도회로의 극성

궤도회로의 극성은 레일절연이 파손된 경우 또는 인접 궤도회로와의 사이에 궤조절연을 단락하였을 때에는 궤도계전기가 낙하되어 안전 측으로 동작하도록 인접궤도회로와의 극성을 서로 다른 극성으로 구성하여야 한다.

또한 임펄스 궤도회로의 송신기 및 송전 임피던스 본드의 연결은 극성을 정확하게 맞추어야 하며 A. F 궤도회로는 인접하는 궤도회로 또는 병행하는 궤도회로 상호간에 사용하는 주파수가 다르게 설비하여야 한다.

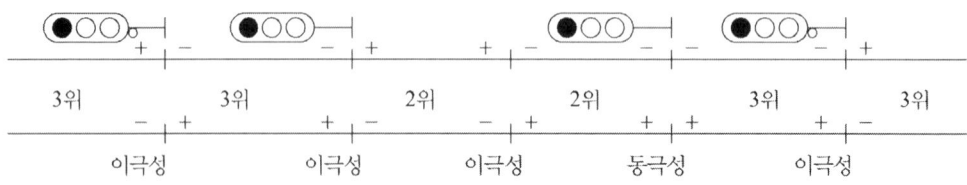

그림 3.11 궤도회로의 극성

1 절연파괴에 의한 극성 시험법

궤조절연을 단락하고 인접 궤도회로의 송전전류로 궤도계전기를 동작시켜 극성을 시험하는 방법이다.

그림 3.12의 (a)와 같이 양쪽 절연을 단락했을 때 궤도계전기는 45° 또는 무여자 접점으로 되는 것이 좋다.

② 전압계에 의한 극성 시험법

그림 3.12의 (b)와 같이 한쪽 궤도절연을 단락하고 다른 쪽 궤조절연간의 전압 E_2와 송전전압 E_1을 측정하여 극성을 알 수 있다. $E_2 < E_1$이면 동극성이고, $E_2 > E_1$이면 이극성이다.

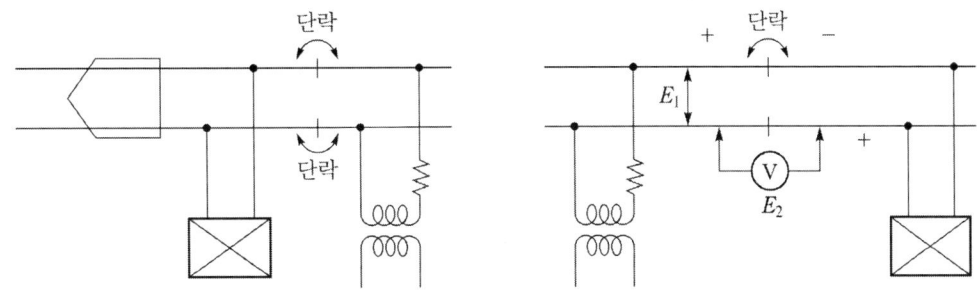

(a) 절연파괴에 의한 극성 시험   (b) 전압계에 의한 극성 시험

그림 3.12 궤도회로의 극성 시험

서술형 출제예상문제

문제 1. 전원에 의한 궤도회로의 종류를 들어라.

답
① 직류궤도회로 ② 교류궤도회로 ③ 정류궤도회로
④ 코드궤도회로 ⑤ AF궤도회로 ⑥ 고압임펄스궤도회로

문제 2. 25(30)[Hz] 분주 궤도회로가 교류전화 구간에 사용되는 이유와 이 궤도회로의 이점을 설명하라.

답 50(60)[Hz]의 전차전류에는 25(30)[Hz]의 주파수는 거의 포함되어 있지 않다. 또 직렬콘덴서 사용구간에서는 1/3주파가 발생하는 수가 있으나 이는 160ms 정도의 짧은 시간이므로 문제는 없다. 따라서 방해전압으로서는 50(60)[Hz]의 기본파와 그 고조파이므로 25(30)[Hz]라면 방해전압을 충분히 방어할 수가 있고 교류전화 구간에 사용하여도 하등의 지장이 없다. 또 이점으로서는 다른 전자기기와 달라 뇌충격파나 기타의 이상 전압에 대하여 강하고 고장율도 적다.

> **보충**
> 25(30)[Hz] 궤도회로(분배용)는 교류전화구간 또는 교류전화구간에 접근하는 구간에 있어서, 교류의 유도 방해의 영향을 방어하기 위해 개발된 것이다. 송전방식은 송전단에 분주기를 설비하여 입력전원의 50(60)[Hz]를 25(30)[Hz]로 분주하여 궤도회로에 송전하고 수전단에는 배주기를 설비하여 여파기를 통과한 25(30)[Hz] 신호전류를 배주부에 의해 50(60)[Hz]로 변환하여 50(60)[Hz]용 교류 2원형 궤도 계전기를 동작시키는 방식이다.

문제 3 코드 궤도회로에 대하여 설명하라.

답) 단락감도를 향상하고 제어 구간을 연장하는 방법으로 코드 궤도회로가 사용된다. 코드 궤도회로는 교류 또는 직류의 전원을 매분 일정한 회수(이것을 코드 수라 한다)로 단속 하도록 한 방식으로 코드의 종류에 의해 임의의 신호현시 방식으로 할 수 있다. 코드수의 선별에는 L.C 공진회로를 사용하고 있다. 코드 궤도회로는 단락감도가 대단히 좋고 전압의 위상각에 대한 문제도 없어지므로 제어구간은 길게 되나 소비전력은 적다. 코드 궤도회로는 아직까지 우리나라에서 사용되고 있지 않으나 구미에서는 널리 사용되고 있다. 이방식의 단점으로는 전원을 단속하여 사용하므로 계전기 접점의 수명이 짧고, 코드 선별에 큰 L.C를 필요로 하며, 잡음이 발생하는 것 등이다.

문제 4 2위식 및 3위식 궤도회로에 대하여 설명하라.

답) 2위식 궤도회로는 그 궤도회로 구간내의 열차의 유무를 조사하는 기능을 갖고 있으며, 3위식 궤도회로는 그 구간내의 열차 유무뿐만 아니라 그 전방 궤도회로의 조건에 의해 송전 전류의 극성을 변경시켜 송전하므로 전방 2구간의 열차유무를 조사하는 기능을 갖고 있다.

문제 5 다음 (   ) 속에 적당한 말을 넣어라.

(1) 쇼파선이란 궤도회로의 한곳으로부터 떨어진 같은 (①)의 다른 (②)을 접속하는 전선을 말한다.
(2) 임피던스 본드는 좌우 1차 코일에 전차선 전류가 균형되게 흐를 때에는 좌우의 자속은 완전히 (①)되나, 전선 레일본드의 접속불량, 탈락 등으로 귀선전류에 불평형이 생기면 이에 따른 전류의 차는 철심을 (②)하여 (③)를 저하시키므로 레일 간의 신호전압이 상대적으로 낮아지게 되어 심한 경우 궤도계전기가 낙하하게 된다.

답 (1) ① 극성, ② 레일 상호간
(2) ① 상쇄, ② 자화, ③ 리액턴스

문제 6
궤도회로는 복궤조식으로 하는 것을 원칙으로 하고 있지만 단궤조식으로 하는 것이 가능한 경우를 열거하라.

답 전철구간의 정차장으로 불평형 전류에 의해 오동작의 위험이 없는 경우에는 단궤조식 궤도회로를 사용하고 있으나, 단궤조식의 경우 전철구간에서는 임피던스본드 및 레일절연의 설비절감이 가능하지만 귀선전류에 의해 궤도계전기의 오동작과 레일절연 불량에 의해 고장이 일어나기 쉬운 결점이 있다.

문제 7
궤도회로 구성상의 사구간의 의의 및 그 제한에 대해서 설명하라.

답 사구간은 궤도회로를 구성하는 궤도의 일부가 열차자체에 의해서 궤도계전기가 제어되지 않는 구간이다. 궤도회로에는 사구간을 두지 않는 것이 원칙이지만 부득이 사구간을 두는 경우는 그 구간을 통과하는 열차에 지장을 주지 않도록 설치한다.

> **보충**
>
> 궤도회로는 열차가 그 구간 내에 존재할 때는 어떤 장소에 있어서도 궤도계전기가 낙하하도록 해야 하지만 분기기 등은 그 구조상 궤도절연의 위치가 좌우 일치하지 않는 곳이 많고 그 불일치의 부분은 극성이 같아서 사구간이 된다. N형분기에서는 12#철차 이하의 것은 사구간이 거의 없는 구조로 되어있다. 사구간 내에 차량이 완전히 들어가고 차량이 궤도회로 또는 사구간에 걸쳐 있는 경우는 궤도계전기가 여자해서 철사쇄정 진로쇄정의 해정에 의해 착오전환 등의 원인이 되어 위험하다. 그러므로 사구간의 크기를 제한하고 있는 것이라 사구간의 길이를 7m로 한 것은 차량의 최소의 륜축 간격이 1개의 사구간에 떨어져 들어가지 않도록 한 것이다.

문제 8
궤도 단락감도의 의의를 설명하라.

답) 궤도단락 감도는 궤도회로내의 임의의 Rail 간을 저항으로 단락하고 폐전로식 궤도회로에서는 궤도회로의 무여자 접점이, 개전로식 궤도회로에서는 궤도계전기의 여자접점이 접촉하도록 할 때의 최대단락 저항치를 말한다.

> **보충**
>
> 열차에 의한 단락저항은 차륜과 궤조와의 접촉저항 및 차축의 저항의 합이다. 경종의 차량과 열차운전 횟수가 적은 선로는 녹에 의해 차륜과 궤조의 접촉이 불완전 하여 궤도계전기 궤도 측 전압이 "영"으로 되지 않아 궤도계전기가 낙하하지 않는 것이 있다. 이와 같은 전압을 전류전압이라고 한다. 따라서 궤도계전기를 낙하시키기에 필요한 단락저항의 수치가 큰 편이 궤도회로의 안전도는 높게 된다. 궤도단락감도는 임의의 Rail간을 단락할 때 폐전로식에서는 궤도계전기의 무여자 접점이 개전로식에서는 여자접점이 접촉될 대의 최대치이다.

문제 9
합성제륜자가 궤도회로에 미치는 영향에 대해서 기술하시오.

답) 제동 취급 시 사용하는 제륜자(브레이크슈)의 하나인 합성제륜자는 합성수지(레진)와 철가루를 주재료로 사용한다. 주철제륜자와 비교해서 가벼우며 제동 성능이 좋고, 수명이 길며, 연선이 탈 염려도 없으나 궤도회로의 단락을 나쁘게 하는 원인이 된다. 합성제륜자가 단락을 나쁘게 하는 원인은

1. 그 안에 포함되어 있는 흑연 및 Brake열로 탄화된 레진이 Rail의 답면에 부착하여 녹을 발생시킨다.
2. 레진이 섬세한 입자에 의해 차륜면이 눈에 띄게 부드러워지기 때문에 Rail 답면의 반도체성 피막을 파괴할 수 없기 때문이다.

문제 10

AF 궤도회로 방식으로 설계 시 단계별 속도코드값 $V_1 \sim V_4$를 구하시오
단, 최고속도 100[km/h], 감속도 β : 0.97[m/s^2], 공주시분 $t = 3$초

답 V_1은 선구의 최고속도 100[km/h] 적용

$$\beta = 0.97 \times 3.6 \fallingdotseq 3.5$$

$$V_2 = \sqrt{\frac{V_1^2}{2} + (V_1 - \sqrt{\frac{V_1^2}{2}})\beta t}$$

$$= \sqrt{\frac{100^2}{2} + (100 - \sqrt{\frac{100^2}{2}})0.97 \times 3.6 \times 3}$$

$$\fallingdotseq 72.8[km/h]$$

$$V_3 = \sqrt{\frac{V_2^2}{2} + (V_2 - \sqrt{\frac{V_2^2}{2}})\beta t}$$

$$= \sqrt{\frac{72.8^2}{2} + (72.8 - \sqrt{\frac{72.8^2}{2}})0.97 \times 3.6 \times 3}$$

$$\fallingdotseq 53.6[km/h]$$

$$V_4 = \sqrt{\frac{V_3^2}{2} + (V_3 - \sqrt{\frac{V_3^2}{2}})\beta t}$$

$$= \sqrt{\frac{53.6^2}{2} + (53.6 - \sqrt{\frac{53.6^2}{2}})0.97 \times 3.6 \times 3}$$

$$= 40[km/h]$$

∴ $V_1 = 100[km/h]$, $V_2 = 72.8[km/h]$, $V_3 = 53.6[km/h]$, $V_4 = 40[km/h]$

상기 식의 $V_1 \sim V_4$를 적정 코드 값으로 선택하면

$V_1 = 100[km/h]$, $V_2 = 75[km/h]$, $V_3 = 55[km/h]$, $V_4 = 40[km/h]$

의 4단계 속도코드로 결정할 수 있다.

문제 11. 전철구간에서 궤도회로 불평형에 대하여 기술하라.

답

1. 정의
   불평형이란 전철구간에서 전차선의 귀선으로 레일을 사용하므로 양쪽레일을 흐르는 전류의 량이 균형을 이루지 못할 때 발생하며 불평형률이 10% 이상이 될 경우에는 궤도회로의 낙하 등으로 장애 발생

2. 관계식

$$U_b = \frac{|I_1 - I_2|}{I_1 + I_2} \times 100$$

   여기서, U_b : 불평형률(%), I_1, I_2 : 각 레일에 흐르는 전류

3. 불평형 전류의 발생원인
   - 레일 절손 : 궤도회로를 구성하는 레일의 어느 한 쪽의 균열이 발생 시
   - 본드선 또는 점퍼선의 접속불량
   - 임피던스 본드 내부의 불평형
   - 레일 한 쪽 지락 발생 시

문제 12. 직류 및 교류궤도회로의 단락감도 향상법에 대하여 설명하시오.

답

1. 직류궤도회로 단락감도 향상법
   ① 레일을 용접, 장대 레일화하여 전압강하를 없앤다.
   ② 송전 전압을 증가하고 궤도저항자의 저항치를 많게 한다.
   ③ 궤도계전기에 직렬로 저항을 삽입하고 반위 접점으로 단락한다.

2. 교류궤도회로의 경우
   ① 레일을 용접, 장대 레일화하여 전압강하를 없앤다.
   ② 송전 전압을 증가하고 한류장치의 저항 또는 리액터를 증가한다.
   ③ 궤도계전기에 직렬로 저항 또는 리액터를 삽입한다.
   ④ 위상을 적당히 하여 열차단락 시의 회전력을 최대회전역률에서 이동시킨다.

문제 13. 궤도회로를 사용전원에 따라 분류하고 설명하시오.

답)

1. **직류궤도회로**

   직류궤도회로(DC TRACK CIRCUIT)는 직류 전원을 이용한 궤도회로로서 직류계전기는 직류궤도계전기를 사용한다. 직류궤도회로의 전원은 정전에 대비하여 부동식 충전방식(FLOATING SYSTEM)이 사용되고 있는데, 이것은 평상시 축전지에 충전된 전원을 정전이 되었을 때 사용하기 위한 것이다. 또 궤도회로 이외에도 건널목 경보장치 등의 확실한 교류전원의 확보가 어려운 지역에서 신호보안장치의 안전을 도모하기 위하여 사용하고 있다.

2. **교류궤도회로**

   교류궤도회로(AC TACK CIRCUIT)는 교류 전원의 무정전 확보가 가능한 지역인 비전철 구간이나 직류 전철 구간에서 많이 사용한다. 사용주파수에 따라 50[Hz]또는 60[Hz]를 사용하는 상용 주파수방식, 25[Hz] 또는 30[Hz]를 사용하는 분주 궤도회로 방식, 100[Hz]또는 120[Hz]를 사용하는 배주 궤도회로 방식등이 있다. 교류궤도회로의 특징은 가동부분이나 트랜지스터등이 없으므로 수명이 길고 신뢰성이 높으며, 제어구간이 길고 보수하기가 쉽다. 고전압 임펄스 궤도회로도 교류궤도회로의 일종으로 특수한 주파수(3HZ)를 갖는 전류를 발생기켜 동일 레일에 흐르는 전차선 전류와 쉽게 분류할 수 있으므로 복궤조 전철구간에서의 효율성이 크다.

3. **코드궤도회로**

   궤도에 흐르는 신호전류를 소정의 회수의 코드(부호)수로 단속하고 이 코드(CODE)전류가 코우드 계전기를 동작시킨 다음, 복조기를 통하여 정규의 코드 수 일대에만 코드반응계전기를 동작시키게 되어 있다. 이것이 궤도회로의 증대, 궤도단락감도 향상, 미소한 전류에 의한 잘못된 동작을 방지해주는 특징이 있다. 제어방식으로는 무극 코드를 사용하는 방식과 유극 코드를 사용하는 두 가지 방식이 있다.

4. **AF궤도회로**

   AF궤도회로(AUDIO FREQUENCY TRAFFIC CIRCUIT)는 신호전류에 1[kHz] 부근의 가청주파수(AUDIO FREQUENCY)를 변조기로 변조하여 송신하고, 수신쪽에서 변조된 주파수 중 선택 증폭기로 해당 주파수를 증폭, 정류하여 궤도 계전기를 동작 시키는 방식이다. 또, AF궤도회로는 주파수대역을 1[kHz] 대신 수십[kHz]의 주파수를 사용하는 방식 AF궤도회로는 주파수 대역을 광범위하게 사용할 수 있으며, 주로 장대레일

(LONG RAIL)화한 구간에 무절연 궤도회로방식으로 많이 사용하며, 특히 자동열차제어장치인 ATC 구간에서 많이 사용하고 있다.

5. 무절연궤도회로

무절연궤도회로(JOINTLESS TRACK CIRCUIT)방식은 궤조절연을 사용하지 않고 직접 레일에 주파수를 흘려 궤도임계점에서 상호주파수에 대한 종진회로를 이용한 궤도회로이다. 지금까지는 장대레일로 연결되는 선로에서 궤도회로를 구성하기 위해서 궤도회로 경계선마다 궤조절연을 설치하기 위하여 궤도를 절단해야 하는 불합리한 점이 있었으나 오늘날에는 궤도를 절단하지 않는 무절연 궤도회로가 새로 개발되어 편리하게 사용되고 있다. 현재 서울의 지하철 3,4호선, 부산의 지하철 1호선은 무절연 궤도회로를 이용한 것이다.

문제 14. 전기철도에서 Rail의 전기적 역할과 부작용, 대책을 기술하시오.

답 1. 철도의 Rail은 차륜 답면에 전달되는 열차하중을 부담함과 동시에 차륜 후렌지에 의한 열차의 진로를 유지, 유도하는 역할을 가지고 있으나 전기적으로도 다음과 같은 중요한 역할이 있다.

2. 역할
   ① 전차선 전류의 귀선로를 구성한다.
   ② 열차제어를 위한 신호전류를 흐르게 된다.
      - 열차의 유무를 검지하거나 열차제어 신호의 송신 안테나의 역할
      - 레일의 파손 검지

3. 부작용
   레일에 대용량의 전차전류가 대지로 누설되는 경우 그 흐름에 따라서 다음과 같은 부작용이 있다.
   - 직류 전철 구간에서는 전식이 발생한다.
   - 교류 전철 구간에서는 통신장애가 발생한다.

4. 대책
   레일과 침목 사이의 절연 시공을 철저히 하고 직류구간에서는 배류기를 설치한다.

문제 15. Impedance Bond에 있어서 자기포화와 자체대책을 기술하시오.

답

1. 복궤조 궤도회로 구간에서 전차 귀선전류용으로 사용하는 임피던스본드에 흐르는 양 Rail의 전차전류가 불평형을 이루면 임피던스본드의 철심이 자기포화를 발생, 궤도계전기가 낙하한다.

2. 자기포화 현상의 설명

   임피던스본드 1차 측 권선은 두 개의 동일 회수 규격의 Coil이 역방향으로 감겨져 양 레일에서 흐르는 교류 또는 직류의 전차전류에 의하여 발생하는 자속밀도 자속 Φ_1과 자속 Φ_2는 동일하여 서로 상쇄된다. 2차권선(신호용)에 대해서는 1:1의 정상적인 변압기이나 전차전류의 불평형이 발생하는 경우 자속 Φ_1과 자속 Φ_2의 자속의 차이 ΦD는 신호전류에 의해 발생하는 자속 에 중첩되어 변압기 철심에 자기포화가 발생하며 여자 임피던스가 저하하여 변압기의 기능을 상실

3. 임피던스본드의 철심에 Air gap을 설치하여 투자율이 낮은 구조로 하여 불평형 전류에 의한 리액턴스가 변화하지 않도록 한다.

출제예상문제

문1 궤도회로의 단락감도는 그 궤도회로를 통과하는 열차에 대하여 임피던스 본드 및 AF 궤도회로 구간은 맑은 날 몇 [Ω] 이상을 확보하여야 하는가?

① 0.06[Ω]　　② 0.16[Ω]
③ 0.01[Ω]　　④ 0.1[Ω]

해설 〈단락감도의 기준〉
궤도회로 단락감도는 그 궤도회로를 통과하는 열차에 대하여 다음과 같은 기준 이상을 확보하여야 한다.
- 임피던스 본드, AF궤도회로(TI21형 제외)구간 : 맑은 날 0.06[Ω] 이상
- 기타구간 : 맑은 날 0.1[Ω] 이상

문2 맑은 날 궤도 계전기의 착전 전압 조정 범위는 정격 값의 몇 배인가?

① 0.8~0.9　　② 0.9~1.2
③ 1.1~1.3　　④ 1.3~1.5

해설 단자전압은 맑은 날 정격 값의 1.1~1.3배로 조정

문3 다음 중 차상신호용에 적합하고, 열차 검지뿐만 아니라 열차 운전 정보를 차상에 전달할 수 있는 궤도회로는?

① 교류궤도회로　　② 직류궤도회로
③ AF궤도회로　　④ 고전압 임펄스궤도회로

해설
- AF(Audio Frequency, 가청주파수) 궤도회로장치는 차상 신호용으로 가장 적합한 형태의 궤도회로 설비이다.
- AF 궤도회로는 단순한 열차 검지기능뿐만 아니라 전방 열차와의 운행간격, 해당열차의 지시속도, 차량 운행정보를 차상장치에 전달하고 제동장치에 직접 연결하여 신호를 무시하고 진입하는 열차를 자동으로 감속하거나 정지하게 하므로 열차 안전운행을 확보할 수 있다.

정답 1. ①　2. ③　3. ③

문4 고전압 임펄스궤도회로에 대한 설명으로 틀린 것은?

① 전차선의 귀선 전류는 레일을 통하여 변전소로 흘려보낸다.
② 전차선과 팬터그래프와의 이선, 낙뢰 등의 발생으로 이상전압 유기 시 절연 내력이 극히 작다.
③ 신호전류는 임피던스본드에서 차단한다.
④ 비전철 구간에서도 사용이 가능하다.

해설 궤도회로의 이상전압 유기 시에도 절연 내력이 크므로 신호설비 보호 효과가 높으며 쵸퍼, VVVF 차량 운행 시에도 내방해 특성이 크므로 오동작이 발생하지 않는 장점이 있다.

문5 무절연 궤도회로 방식은 궤조절연을 사용하지 않고 직접레일에 주파수를 흘려 궤도 임계점에서 상호 주파수에 대한 어떤 회로를 이용한 궤도회로인가?

① 정합회로　　　　　　　　② 공진회로
③ 정류회로　　　　　　　　④ 발진회로

문6 다음 중 궤도계전기에 대한 설명으로 틀린 것은?

① 궤도계전기는 여자전류가 다소 변동하더라도 확실히 여자 되어야 한다.
② 궤도계전기의 동작전류가 커야 동작이 확실하며, 손실이 없게 된다.
③ 궤도계전기 제어구간의 길이는 가급적 긴 것이 바람직하다.
④ 소비전력이 적은 궤도계전기가 바람직하다.

해설 〈궤도계전기의 요건〉
가. 동작이 확실할 것. 여자 전류가 다소 변동하여도 확실히 여자 되어야 하고 궤도가 단락되었을 때도 정확하고 신속하게 무여자 되어야 한다.
나. 다른 전기 회로에 영향을 미치지 않을 것.
다. 제어 구간의 길이가 길고 소비 전력이 적을 것.

문7 정거장 구내에서 궤도 절연 설치 위치는?

① 신호기 외방 6[m] 이내　　② 신호기 외방 12[m] 이내
③ 신호기 내방 6[m] 이내　　④ 신호기 내방 12[m] 이내

정답 4. ② 5. ② 6. ② 7. ③

문8 그림과 같이 궤도회로의 극성을 전압계로 측정하였더니 E_1보다 E_2가 전압이 높았다. 인접 궤도회로의 극성은 무엇인가?
① 동극성
② 이극성
③ 무극성
④ 정극성

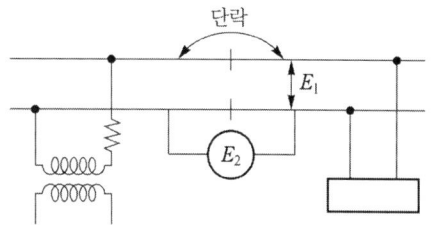

해설) 〈전압계에 의한 극성 시험법〉
한 궤조절연을 단락하고 다른 쪽 궤조절연간의 전압 E_2와 송전전압 E_1을 측정하여 극성을 알 수 있다. $E_1 > E_2$이면 동극성이고, $E_1 < E_2$이면 이극성이다.

문9 궤도계전기가 갖추어야 할 사항이 아닌 것은?
① 여자전류가 클 것
② 동작이 확실할 것
③ 제어구간이 길 것
④ 소비전력이 작을 것

문10 신호원격제어장치에서 궤도회로경계표지 사이의 거리 [m]는?
① 500~900[m]
② 1,000~1,500[m]
③ 1,600~2,100[m]
④ 2,200~2,700[m]

해설) 〈신호원격제어장치〉
한 역에서 다른 역의 신호 설비를 제어하는 장치이다.
1. 제어역과 피제어역 양 역간 궤도회로는 조작판에 동일하게 표시한다.
2. 궤도회로 경계표지번호는 도착역에서 출발역 쪽으로 향하여 장내신호기의 다음 표지를 1로 하고 이하 순차적으로 표시한다.
3. 궤도회로 경계표지는 현장 궤도회로를 1개 이상 묶어 사용할 수 있으며, 궤도회로 경계표지 사이의 거리는 1,000~1,500[m] 이내로 한다.
4. 주 기기의 고장 발생 시 대기 중인 예비기기로 즉시 전환되어 사용에 지장이 없도록 유지한다.
5. 신호원격제어장치와 CTC 장치 전원전압 : ±5[%] 이내

문11 열차의 차축에 의하여 궤도회로가 단락되었을 때 전원 장치에 과다한 전류가 흐르는 것을 제한하기 위한 장치는?
① 궤조절연
② 한류장치
③ 임피던스 본드
④ 레일 본드

해설) 한류장치 → 단락 전류를 제한

정답 8. ② 9. ① 10. ② 11. ②

문12 복궤조 궤도회로에서 좌우 2본의 각 레일의 전류값이 각각 600[A], 500[A]가 흐른다면 불평형의 정도는?

① 6[%]
② 7[%]
③ 8[%]
④ 9[%]

해설 불평형률 $(U_B) = \dfrac{|I_1 - I_2|}{I_1 + I_2} \times 100 = \dfrac{|600 - 500|}{600 + 500} \times 100 = 9.09[\%]$

문13 궤도회로 사구간에 대한 설명으로 옳은 것은?

① 역구간 분기부의 사구간 길이는 10[m] 미만으로 한다.
② 사구간이 1,210[mm] 이상인 경우는 타 궤도회로와 10[m] 이상 이격시킨다.
③ 단독 사구간의 길이는 7[m]를 넘지 않도록 하여야 하며, 7[m]가 넘는 곳에서는 사구간 보완회로를 구성한다.
④ 사구간이 7[m] 이상인 경우는 타 궤도회로와 5[m] 이상 이격시킨다.

해설 〈궤도회로의 사구간〉
1. 사구간의 길이는 7[m]를 넘지 않도록 해야 하며, 7[m]가 넘는 곳에서는 사구간 보완회로를 구성해야 한다.
2. 사구간이 1,210[mm] 이상인 경우 사구간 상호 또는 다른 궤도회로와는 15[m] 이상 이격하여야 한다.
3. 역구간 분기부의 사구간 길이는 3[m] 미만으로 한다.

문14 분주궤도회로구간에서 임피던스 본드 설치구간이 아닌 기타구간에서 궤도회로의 단락 감도는?

① 0.01[Ω] 이상
② 0.1[Ω] 이상
③ 0.03[Ω] 이상
④ 0.3[Ω] 이상

해설 〈단락감도의 기준〉
궤도회로 단락감도는 그 궤도회로를 통과하는 열차에 대하여 다음과 같은 기준 이상을 확보하여야 한다.
- 임피던스 본드, AF궤도회로(TI21형 제외)구간 : 맑은 날 0.06[Ω] 이상
- 기타구간 : 맑은 날 0.1[Ω] 이상

문15 궤도회로의 단락감도 측정방법으로 틀린 것은?

① 교류궤도회로의 경우 착전단 레일 위에서 측정한다.
② 병렬궤도회로의 경우 병렬부분 끝 레일 위에서 측정한다.
③ 직류궤도회로의 경우 착전단 레일 위에서 측정한다.
④ 직류궤도회로의 경우 송전단 레일 위에서 측정한다.

해설 〈단락감도의 측정〉
- 직류궤도회로의 경우 : 송전단 레일 위
- 교류궤도회로의 경우 : 착전단 레일 위
- 병렬궤도회로의 경우 : 위 두 경우 이외의 병렬부분의 끝 레일 위

문16 궤도계전기의 성능과 관계없는 것은?

① 타 전기 회로의 영향을 받지 않을 것
② 동작이 확실할 것
③ 제어구간이 길고 소비전력이 작을 것
④ 가급적 접점 수가 많을 것

해설 궤도회로를 타 설비에 이용할 때에는 궤도 반응계전기를 설치하므로 접점은 2개 정도면 충분하다.

문17 교류궤도회로의 단락감도 향상을 위한 방법으로 거리가 먼 것은?

① 레일을 용접, 장대 레일화하여 전압강하를 없앤다.
② 송전전압을 증가하고, 한류장치의 저항 또는 리액터를 증가한다.
③ 궤도계전기에 병렬로 저항을 삽입하고, 반위접점으로 단락한다.
④ 위상을 적당히 하여 열차 단락시의 회전 역률을 최대 회전역률에서 이동시킨다.

해설 〈단락감도의 향상법〉
1. 공통
   - 필요 이상의 전압을 궤도계전기에 공급하지 않는다.
   - 송전단과 수전단의 임피던스를 될 수 있는 한 높인다.
   - 단락 시 위상 변화를 이용한다.
2. 직류궤도회로의 경우
   - 레일을 용접, 장대 레일화하여 전압강하를 없앤다.
   - 송전전압을 증가하고 궤도저항자의 저항치를 많게 한다.
   - 궤도계전기에 직렬로 저항을 삽입하고, 반위접점으로 단락한다.
3. 교류궤도회로의 경우
   - 레일을 용접, 장대 레일화하여 전압강하를 없앤다.
   - 송전전압을 증가하고 한류장치의 저항 또는 리액터를 증가한다.
   - 궤도계전기에 직렬로 저항 또는 리액터를 삽입한다.
   - 위상을 적당히 하여 열차 단락시의 회전역률을 최대 회전역률에서 이동시킨다.

정답 15. ③ 16. ④ 17. ③

문18 궤도회로에서 구간 내의 열차 유무만을 조사하는 기능을 가진 것을 무엇이라 하는가?

① 2위식 궤도회로 ② 3위식 궤도회로
③ 2위식 계전기 ④ 3위식 계전기

해설 〈궤도회로의 제어계전기 조사에 의한 분류〉
1. 2위식 궤도회로
 - 그 궤도회로 구간 내의 열차의 유무만을 조사하는 기능을 갖고 있는 방식
2. 3위식 궤도회로
 - 해당구간 내의 열차의 유무를 조사하는 기능을 가지고 있는 방식

문19 레일에 송전하는 신호전류를 소정 횟수의 부호로 단속하여 궤도회로를 구성하는 방식은?

① AF궤도회로 ② 분주궤도회로
③ 코드궤도회로 ④ 정류궤도회로

해설 코드궤도회로는 궤도에 흐르는 신호전류를 소정 횟수의 코드(부호)수로 단속하고 이 코드 전류가 코드계전기를 동작시킨 다음 복조기를 통하여 정규의 코드 수 일 때에만 코드 반응계 전기를 동작시키는 궤도회로이다.

문20 궤도회로 양 측 레일에 귀선전류가 각각 150[A], 200[A]가 흐르고 있다면 불평형률[%]은?

① 약 15.3[%] ② 약 14.3[%]
③ 약 13.2[%] ④ 약 16.2[%]

해설 $U_B = \dfrac{|150-200|}{150+200} \times 100 = 14.29[\%]$

문21 고전압 임펄스 궤도회로에서 한 쪽 궤조절연을 단락하고 다른 쪽 궤도절연 간의 전압 E_2와 송전전압 E_1을 측정하여 극성을 알아보려할 때 동극성은?

① $E_1 = E_2$ ② $E_1 \leq E_2$
③ $E_1 > E_2$ ④ $E_1 < E_2$

해설 〈전압계에 의한 극성 시험법〉
한 쪽 궤조절연을 단락하고 다른 쪽 궤조절연 간의 전압 E_2와 송전전압 E_1을 측정하여 극성을 알 수 있다. $E_1 > E_2$이면 동극성이고, $E_1 < E_2$이면 이극성이다.

정답 18. ① 19. ③ 20. ② 21. ③

22 복궤조 궤도회로에서 좌우 2본의 각 레일의 전류값이 각각 550[A], 450[A]가 흐른다면 불평형의 정도는?

① 6[%]   ② 7[%]   ③ 8[%]   ④ 10[%]

해설 불평형률 = $[I_1 - I_2]/[I_1 + I_2]$

23 교류 전철구간에서 직류 단궤조식 궤도회로에 관한 설명 중 옳은 것은?

① 직류궤도회로 방식이라도 복궤조식 궤도회로를 구성 할 수 있다.
② 유도경감계수의 절대치가 복궤조방식보다 약간 많은 정도이다.
③ 배주 궤도회로보다 비경제적이다.
④ 궤조식에서 유도경감계수의 절대치가 1보다 크다.

24 궤도회로의 정수(定數)를 측정할 때 틀린 것은?

① 레일절연, 본드 등 궤도회로가 정상이라야 한다.
② 전류값을 변경하여 여러 번 측정하여 평균값을 산출 한다.
③ 궤도회로 정수의 측정은 리액턴스의 측정이다.
④ 직류궤도회로는 타 전원의 영향을 없애고 측정한다.

25 국철 ATC 구간의 분기부를 포함한 궤도회로에 설치하는 방식은?

① AF   ② 직류바이어스
③ PF   ④ 배주

해설 ATC 구간에 설치하는 궤도회로는 AF궤도회로로 하며 분기부 개소에는 고전압임펄스 또는 PF궤도회로를 설치.

26 궤도회로를 구성할 때 개전로식을 사용하는 것은?

① 건널목 제어의 401 제어자   ② 건널목 제어의 201 제어자
③ 자동폐색장치 신호제어   ④ 연동폐색장치 신호제어

해설 201 제어자→폐전로식, 401 제어자→개전로식

정답 22. ④ 23. ② 24. ③ 25. ③ 26. ①

문27 한류 장치는 직류궤도회로에서는 가변저항기가 사용되고 있고 교류궤도회로에서는 무엇이 사용되고 있는가?
① 레일본드 ② 리액터
③ 축전지 ④ 계전기

문28 궤도회로의 어느 한 곳으로부터 떨어진 동극성의 다른 레일 상호간을 접속한 전선을 무엇이라 하는가?
① 신호선 ② 레일본드
③ 점퍼선 ④ 임피던스본드

문29 AF궤도회로에서 임피던스본드와 기계실 간에 설치된 케이블의 정전용량을 보상하는 역할을 하는 것은?
① 송신기 ② 수신기
③ 분류기 ④ 동조 유니트

문30 궤도계전기의 동작 전압이 0.9[V]이고, 낙하 전압이 0.3[V]인 궤도회로의 어느 한 지점에서 단락감도를 시험하였더니 0.1[Ω]이었다. 단락 지점에서 본 궤도회로의 임피던스는 몇 [Ω]인가?
① 0.2 ② 0.5
③ 2 ④ 5

문31 교류전철구간에 사용 되지 않는 궤도회로는?
① 임펄스 궤도회로 ② 분배주궤도회로
③ AF 궤도회로 ④ 직류궤도회로

문32 궤도회로에서 궤도저항자, 궤도 리액터 등의 한류기를 사용하는 목적이 아닌 것은?
① 궤도계전기의 전압 조정 ② 궤도회로의 단락감도 향상
③ 유도장해 경감 ④ 중계 거리의 연장

정답 27. ② 28. ③ 29. ④ 30. ① 31. ④ 32. ④

문33 궤도회로의 적용에서 교류 전철구간에 대표적으로 사용하는 것은?
① AF 궤도회로 ② PF 궤도회로
③ 임펄스 궤도회로 ④ 직류궤도회로

문34 궤도회로 연장 100[m] 구간에 레일 간 전압 5[V], 누설전류 0.1[A]인 궤도회로의 누설 컨덕턴스는 몇 [S/km]인가?
① 0.1 ② 0.2
③ 0.3 ④ 0.4

문35 궤도회로의 사구간 발생개소로 적합하지 않은 것은?
① 교량 ② 선로의 분기교차지점
③ 터널 ④ 크로싱 부분

문36 전철구간에서 임피던스본드의 설치를 필요로 하는 궤도회로는 다음 중 어느 것인가?
① 개전로식 ② 복궤조식
③ 단궤조식 ④ 직렬법

해설) 복궤조식 궤도회로에 전차선전류를 계속 흘리기 위하여 임피던스본드를 설치한다

문37 궤도회로장치에 대한 시공표준이다. 이 시공표준이 잘못된 것은?
① 경부고속철도 신선 구간의 유절연과 무절연 경계구간은 임피던스본드를 사용한다.
② 기기와 레일 간 송, 착전 잠파선은 $22[mm^2] \times 2C$ 이상의 케이블을 사용한다.
③ 본선 기구함에서 레일 단말까지의 케이블의 길이가 200[m] 이하인 경우, 레일 부근에 반드시 헷드를 사용한다.
④ 궤조절연은 신호기 외방 2[m], 내방 12[m] 이내에 설치한다.

정답 33. ③ 34. ② 35. ③ 36. ② 37. ③

문38 레일본드를 설치하는 이유로 가장 타당한 것은?
① 레일의 강도를 높이기 위하여 설치
② 열차 운행 시 레일의 충격을 완화하기 위하여 설치
③ 전기저항을 크게 하고 절연을 향상시키기 위하여 설치
④ 레일에 전류가 잘 흐르게 하기 위하여 설치

문39 다음 중 무절연궤도회로 방식에서 필요하지 않은 것은?
① 임피던스본드   ② 레일본드
③ 증폭회로   ④ 발진회로

(해설) 임피던스본드 설치 위치는 복궤조식궤도회로의 경계점에 설치한다. 전철구간의 복궤조 궤도회로에 사용되며, 궤조절연이 없는 구간에서는 필요치 않다.

문40 임피던스본드에 대한 설명으로 틀린 것은?
① 신호전류를 차단하고 전차선전류는 통과시키는 작용을 하여 복궤조 방식에 사용
② 임피던스본드 설치 위치는 복궤조식 궤도회로의 시점에 설치한다.
③ 전차선전류는 임피던스본드의 중성점을 통과하여 양 레일에 50[%]씩 분할하여 흐른다.
④ 임피던스본드의 전차선전류는 코일에 반분하여 반대방향으로 흐르므로 철심은 자화되지 않는다.

(해설) 임피던스본드 설치 위치는 복궤조식궤도회로의 경계점에 설치한다.

문41 궤도회로를 구성할 때 레일 간을 절연하는 데 레일 간을 절연 하는 방법 중 양쪽 레일을 모두 절연하는 방식은?
① 단궤조식   ② 개전로식
③ 복궤조식   ④ 폐전로식

문42 궤도계전기의 동작조건에 직접적인 관계없이 동작되는 장치는?
① 열차 집중제어장치   ② 열차 자동정지장치
③ 자동폐색장치   ④ 연동폐색장치

정답 38. ④ 39. ① 40. ② 41. ③ 42. ②

문 43 다음 중 임펄스궤도회로의 설비가 아닌 것은?

① 임피던스본드 ② 송신기
③ 궤도계전기 ④ 정류기

(해설) DC임펄스를 송신하므로 정류기는 필요 없다.

문 44 다음 중 궤도회로장치의 단락감도를 높이기 위한 방법이 아닌 것은?

① 송전 및 착전 전압을 최대한 높인다.
② 송전단과 수전단의 임피던스를 될 수 있는 한 높인다.
③ 동작전압과 낙하전압의 차가 적은 궤도계전기를 사용한다.
④ 궤도계전기에는 최소한의 필요전압만 공급되도록 조정한다.

문 45 직류궤도회로의 단락감도 측정 개소는?

① 송전단의 레일 간 ② 수전단의 레일 간
③ 궤도회로의 중간 위치 ④ 적당한 위치의 레일 간

문 46 궤도회로를 설치하기 위하여 사리누설저항을 측정하고자 한다. 다음 중 어떤 방법이 가장 좋은가?

① 휘트스톤브리지를 사용하여 측정하도록 한다.
② 전압전류계법으로 측정하도록 한다.
③ 메가로 측정하도록 한다.
④ 고저항 절연 저항계로 측정하도록 한다.

문 47 복궤조 궤도회로의 각 레일에 전류를 측정한 결과 525[A]와 475[A]로 불평형 상태이었다. 이 궤도회로의 불평형률은 몇 [%]인가?

① 3 ② 5
③ 7 ④ 10

(해설) 불평형률 = $[I_1 - I_2]/[I_1 + I_2]$

정답 43. ④ 44. ① 45. ① 46. ② 47. ②

문 48 정거장 구내에서 궤도회로의 명칭을 정하는 방법으로 옳은 것은?

① 도착선의 궤도회로를 2개소 이상으로 분할하는 경우는 번호 또는 기호 끝에 영문자 A, B, C를 붙인다.
② 도착선의 본선이나 측선인 궤도회로는 역사쪽으로부터 정해진 선로번호로 한다.
③ 궤도회로 내에 선로전환기가 설비되어 있을 경우에는 그 선로전환기와 다른 번호 또는 기호를 붙인다.
④ 궤도회로의 명칭이 정해지면 그 번호와 기기의 끝에 영문자 M을 붙인다.

(해설) 1. 도착선의 궤도회로를 2개소 이상으로 분할하는 경우는 번호 또는 기호 끝에 숫자 1, 2, 3을 붙인다.
2. 궤도회로 내에 선로전환기가 설비되어 있을 경우에는 그 선로전환기와 같은 번호 또는 기호를 붙인다.
3. 궤도회로의 명칭이 정해지면 그 번호와 기기의 끝에 영문자 T를 붙인다.

문 49 궤도회로 장애 발생 시 보수 방법으로 가장 먼저 해야 할 일은?

① 해머로 절연개소를 두들기면서 메타로 측정한다.
② 송전단 저항자의 저항치를 무저항으로 하여 둔다.
③ 인접 궤도와 동극으로 하여 궤도 계전기가 동작할 수 있게 한다.
④ 우선 착전 전압을 측정하고 송전 측으로 차츰 옮기면서 전압을 측정하여 장애 개소를 탐지한다.

(해설) 착전 전압을 측정하여 장애 개소가 어느 부분인지를 탐지한다.

문 50 무절연 궤도회로에 대한 설명으로 틀린 것은?

① 열차에 진동이 없어 승객에 안정감을 준다.
② 주파수 또는 코드 방식이므로 외부 간섭파로부터 방해를 받지 않아 더욱 안전성이 있다.
③ 유지보수비가 절감된다.
④ 역 구내 분기회로에도 절연이 필요 없어 보수가 간단하다.

(해설) 역 구내 분기기는 서로 연결된 구간이므로 회로구성상 절연이 필요하다.

정답 48. ② 49. ④ 50. ④

문 51 교류 전철구간의 직류 단궤조 궤도회로의 길이가 500[m], 레일임피던스가 0.6[Ω/km], 전차의 귀선전류가 150[A] 라고 하면 레일 간에 발생하는 방해전압은 몇 [V]가 되는가? (단, 레일 상호 간 유도계수는 1이다.)
① 45　　　　　　　　　　　② 50
③ 55　　　　　　　　　　　④ 60

문 52 궤도회로의 극성에 관한 설명으로 옳은 것은?
① 인접 궤도회로와의 사이에 콘덴서를 설치하면 궤도계전기가 여자하므로 극성은 임의로 하여도 된다.
② 인접 궤도회로와의 사이에 궤조절연을 단락했을 때 궤도계전기가 낙하한다.
③ 임펄스 궤도회로의 경우에는 궤도회로의 극성을 임의로 하여도 된다.
④ 착전단 이외의 개소에는 궤도회로의 극성을 고려하지 않아도 된다.

문 53 송전 측에서 상용주파수를 $\frac{1}{2}$ 주파수로 변환하여 신호전류로 송전하고 송전주파수로 착전 측의 궤도 계전기에 전압을 인가하는 궤도회로 방식은?
① 종류궤도회로　　　　　　② 분주궤도회로
③ 배주궤도회로　　　　　　④ 상용주파수궤도회로

문 54 궤도회로의 절연저항 중 옳은 것은?
① 1[Ω]　　　　　　　　　② 10[Ω]
③ 100[Ω]　　　　　　　　④ 1,000[Ω]

문 55 직류궤도회로에 사용되는 한류장치는 무엇으로 사용하는가?
① 리액터　　　　　　　　　② 콘덴서
③ 가변저항기　　　　　　　④ 코일

정답 51. ①　52. ②　53. ②　54. ③　55. ③

문 56 한 구간의 궤도회로에 2[V], 1[A]의 전원을 가했을 때 착전전압이 1.96[V]인 경우 사리누설저항은 몇 [Ω]인가?

① 0.4   ② 0.04   ③ 4   ④ 40

해설) $E_r - E_t = 2 - 1.96 = e = IR \Rightarrow R = \dfrac{V}{I} = \dfrac{0.04}{1} = 0.04[\Omega]$

문 57 어느 구간의 궤도회로에 4[V], 1[A]의 전원을 공급하였을 때 수전 전압의 측정치가 3.95[V]이면 이 궤도회로의 사리누설 저항은 몇 [Ω]인가?

① 0.01   ② 0.03   ③ 0.05   ④ 0.08

해설) $e = IR \Rightarrow R = \dfrac{V}{I} = \dfrac{0.05}{1} = 0.05[\Omega]$

문 58 직류 궤도계전기의 단자전압 조정 범위에 대한 설명으로 옳은 것은?
① 송전단 레일에서 측정하여 항상 정격 값 유지
② 착전단 레일에서 측정하여 항상 정격 값 유지
③ 계전기 단자에서 정격의 0.8~0.9배가 되도록 조정
④ 맑은 날 정격 값의 1.1~1.3배가 되도록 조정

문 59 궤도회로에 대한 설명으로 옳은 것은?
① 인접궤도회로와 이극으로 구성하고 레일절연이 파손된 경우 궤도계전기가 낙하되어 안전 측으로 동작하여야 한다.
② 인접 궤도회로와 동극으로 구성하고 궤조절연을 단락했을 때 궤도계전기가 낙하되어 안전 측으로 동작하여야 한다.
③ AF 궤도회로는 병행하는 궤도회로 상호 간에는 사용하는 주파수가 같게 설비한다.
④ AF 궤도회로는 인접하는 궤도회로 상호 간에는 사용하는 주파수가 같게 설비한다.

문 60 궤도회로를 직접 이용하지 않는 장치는?
① 연동장치   ② 폐색장치
③ ATS 장치   ④ CTC 장치

정답 56. ② 57. ③ 58. ④ 59. ① 60. ③

61 궤도회로에 한류장치를 설치하는 데 따른 설명으로 틀린 것은?
① 전원장치에 과대한 단락전류가 흐르는 것을 제한한다.
② 궤도계전기의 회전역률의 위상을 조정해 주는 역할을 한다.
③ 직류 궤도회로에 있어서는 저항만을 사용한다.
④ 교류 궤도회로에 있어서는 리액턴스만을 사용한다.

62 궤도회로에서 사구간 보완회로의 역할로 옳은 것은?
① 사구간 단축　　　　② 공급전압의 절약
③ 단락감도 향상　　　④ 궤도회로의 중계

63 어떤 조정상태에서 궤도계전기를 낙하시킬 수 있는 단락 감도를 높이기 위한 조정 방법으로 옳은 것은?
① 궤도계전기에는 필요한 전압보다 항상 10배 정도를 더 가할 수 있도록 한다.
② 단락 시의 위상변화를 이용한다.
③ 송전단의 임피던스를 될 수 있는 한 낮춘다.
④ 수전단의 임피던스를 될 수 있는 한 낮춘다.

[해설] 1. 궤도계전기에는 필요 이상의 전압을 공급하지 않는다.
2. 단락 시의 위상변화를 이용한다.
3. 송전단과 수전단의 임피던스를 될 수 있는 한 높인다.

64 열차의 유무를 검지하고 연속정보를 차상으로 전송하기 위해 레일을 이용하여 구성한 전기적인 회로를 말하는 것은?
① 궤도회로　　　　② 건널목 제어기
③ 궤도 접촉기　　　④ SR

65 복궤조궤도회로에서 좌우 2본의 각 레일의 전류값이 각각 550[A], 450[A]가 흐른다면 불평형의 정도는 약 몇 [%]인가?
① 6　　　　② 7
③ 8　　　　④ 10

[해설] 불평형률 $= [I_1 - I_2]/[I_1 + I_2]$

[정답] 61. ④　62. ④　63. ②　64. ①　65. ④

문66 궤도회로의 단락감도에 대한 설명 중 틀린 것은?

① 궤도회로를 통과하는 열차에 대하여 임피던스본드 및 AF 궤도회로 구간은 0.06[Ω] 이상으로 확보
② 교류 궤도회로의 단락감도는 착전단 레일 위에서 측정
③ 직류 궤도회로의 단락감도는 송전단 레일 위에서 측정
④ 병렬 궤도회로의 단락감도는 착전단 레일 위에서 측정

(해설) 병렬궤도의 경우 병렬 부분의 끝에서 측정

문67 교류궤도회로 단락감도 향상법으로 옳지 못한 것은?

① 레일 용접, 장대레일화하여 전압 강하를 없앤다.
② 착전전압을 증가하고 한류장치의 저항 또는 리액터를 증가한다.
③ 궤도계전기에 직렬로 저항 또는 리액터를 삽입한다.
④ 위상을 적당히 하여 열차 단락 시의 회전역률을 최대 회전역률에서 이동시킨다.

(해설) 송전전압을 증가하고 한류장치의 저항 또는 리액터를 증가한다.

문68 그림과 같이 궤도회로의 극성을 전압계로 측정하였더니 E_1보다 E_2가 전압이 낮았다. 인접 궤도회로의 극성은 무엇인가?

① 동극성
② 이극성
③ 무극성
④ 정극성

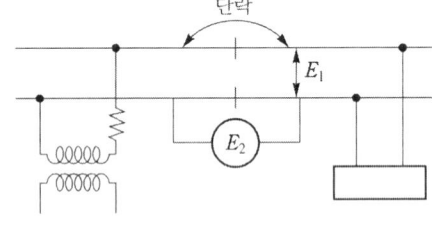

(해설) 〈전압계에 의한 극성 시험법〉
한 궤조절연을 단락하고 다른 쪽 궤조절연간의 전압 E_2와 송전전압 E_1을 측정하여 극성을 알 수 있다. $E_1 > E_2$이면 동극성이고, $E_1 < E_2$이면 이극성이다.

문69 다음 중 정거장 외에서 신호기와 궤도절연의 설치위치로 적절한 것은?

① 신호기 내방 2[m] 이내, 외방 6[m] 이내
② 신호기 내방 2[m] 이내, 외방 12[m] 이내
③ 신호기 내방 12[m] 이내, 외방 6[m] 이내
④ 신호기 내방 12[m] 이내, 외방 2[m] 이내

정답 66. ④ 67. ② 68. ① 69. ④

해설 궤조절연의 위치는 신호기, 열차정지표지 및 차량접촉한계표지 등의 위치와 일치하여야 하나 지형, 건축한계, 레일길이 등으로 궤조절연과 일치시키기가 어렵다.
따라서 신호기, 열차정지표지, 차량정지표지 등의 경우 신호기 내방(안쪽)은 정거장 구내에서는 그림과 같이 6[m], 정거장 외에는 12[m]이내, 외방(바깥쪽)은 2[m]이내에 절연을 설치한다.

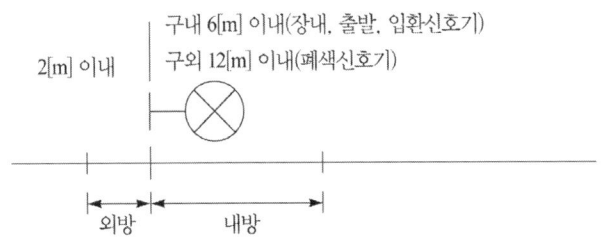

70 다음 AF 궤도회로 사용구간의 임피던스본드를 설명한 것 중 올바른 것은?

① 전철구간에서 전차전류와 신호전류 모두 통과시키는 역할
② 전철구간에서 전차전류는 통과시키고 신호전류는 차단하는 역할
③ 1차 권선은 신호전류를 2차 권선은 전차전류를 흘리는 역할
④ 전철구간에서 신호전류는 통과시키고 전차전류는 차단하는 역할

71 다음은 AF 궤도회로 현장설비인 커플링 유니트(Coupling Unit)를 설명한 것이다. 올바르지 않은 것은?

① 두개의 열차검지주파수와 하나의 차상신호 주파수만 통과
② 임피던스본드와 기계실간 송수신회로 연결
③ 유도코일과 콘덴서로 필터회로구성
④ 1차 권선과 2차 권선은 철심을 통하여 유도 결합되며 전기적으로는 절연

72 다음 서울교통공사 3, 4호선 ATC 구간의 AF 궤도회로 현장설비가 아닌 것은?

① 임피던스본드　　　　② 루프코일
③ 튜닝 판넬　　　　　　④ 커플링 유니트

정답 70. ② 71. ④ 72. ③

문73 다음 서울교통공사 3, 4호선 차상신호레벨을 조정하는 방법을 설명한 것 중 올바르지 않은 것은?
① 측정 궤도 수신측 미니본드외방에 6[m] 지점에 궤도 단락기를 설치하여 양 궤도가 낙하 되었는지 확인
② 0.1[Ω] 궤도 단락기와 미니본드 중간에 3[m] 지점에 ATC 시험 계측기를 설치
③ 지시속도 코드 5.0[Hz]를 발생시키고, 현장 ATC 시험 계측기에서 코드 발진을 확인
④ 현장 ATC 시험 계측기에서 250[mA] 이상이 되도록 송신 PCB의 차상신호

문74 다음 궤도회로 구성에서 보안도가 가장 높은 것 끼리 짝 지어진 것은?
① 개전로식, 단궤조식, 병렬법
② 개전로식, 복궤조식, 직렬법
③ 폐전로식, 단궤조식, 병렬법
④ 폐전로식, 복궤조식, 직렬법

문75 열차의 차축에 의하여 PF 궤도회로가 단락 되었을 때 전원장치에 과다한 전류가 흐르는 것을 제한하기 위한 장치는?
① 궤조절연   ② 한류장치
③ 임피던스본드   ④ 레일본드

문76 다음 단궤조식 PF 궤도회로에 대한 설명 중 옳지 않은?
① 절연이 적게 든다.
② 보완도가 낮다
③ 설치비가 저렴하다
④ 양 레일에 전차선 귀선전류를 흘린다

문77 PF 궤도회로에 열차가 점유하고 있을 때 과전류를 제한하며 착전전압을 조정하는 기기는?
① 저항자   ② 정류기
③ 축전지   ④ 계전기

정답 73. ② 74. ④ 75. ② 76. ④ 77. ①

문78 다음 레일본드의 설치 사유로 알맞은 것은?
① 레일에 전류가 잘 흐르게 하기 위하여 설치한다.
② 레일에 강도를 높이기 위해 설치한다.
③ 레일에 수량을 계산하기 위해 설치한다.
④ 레일에 충격을 방지하기 위해 설치한다.

문79 PF 궤도회로 한류장치의 주된 목적은?
① 축전지 충전전류 조정   ② 궤도회로 단락전류 제한
③ 궤도계전기 착전전압 조정 ④ 전차선 귀선전류 통로

문80 다음 임피던스 본드는 인접궤도에 대하여 어떤 목적으로 설치하는가?
① 귀선전류의 차단 및 신호전류의 통과
② 귀선전류의 통과 및 신호전류의 차단
③ 신호 및 귀선전류의 통과
④ 신호 및 귀선전류 차단

문81 궤도회로장치 중 차상신호용에 적합하고 열차검지뿐만 아니라 열차운전정보를 차상에 전달할 수 있는 궤도회로 방식은?
① 분주 궤도회로   ② 상용주파수(PF) 궤도회로
③ 고전압 임펄스 궤도회로   ④ 가청주파수(AF) 궤도회로

문82 다음 중 궤도반응계전기는?
① TR   ② ZR
③ TPR   ④ WLR

문83 임피던스 본드 내에서 전차선 귀선전류가 불평형일 때 일어나는 현상 중 옳은 것은?
① 방해전압 증가   ② 착오신호 현시
③ 궤도계전기 낙하   ④ 선로전환기 전환

정답 78. ① 79. ② 80. ② 81. ④ 82. ③ 83. ③

84 분기부 궤도회로의 절연개소에서 발생하는 장애를 예방하는 데 가장 효과적인 방법 중 아닌 것은?
   ① 육안검사를 철저히 한다.
   ② 절연 개소를 해체 점검한다.
   ③ 1년에 1회 이상 해체점검을 실시한다.
   ④ 해체 점검 시에는 반드시 철도토목과 합동으로 점검한다.

85 궤도회로의 사구간에 대한 설명으로 옳지 않은 것은?
   ① 사구간의 길이가 7[m]를 넘지 않도록 해야 하며, 7[m]가 넘는 곳에서는 사구간 보완회로를 구성한다.
   ② 사구간이 1,210[mm] 이상인 경우 사구간 상호 또는 다른 궤도회로와는 10[m] 이상 이격해야 한다.
   ③ 역 구내 분기부는 짧은 차량 운행에 의한 부정동작이 될 수 있어 사구간 길이를 3[m] 미만으로 한다.
   ④ 부정동작 우려가 있을 경우 시소계전기로 완방시간 2초 정도를 삽입하여 궤도계전기를 늦게 낙하시킬 필요가 있다.

   (해설) 사구간이 1,210[mm] 이상인 경우 사구간 상호 또는 다른 궤도회로와는 15[m] 이상 이격하여야 한다.

86 고전압 임펄스 궤도회로의 펄스 주기는 몇 [Hz]인가?
   ① 1   ② 3
   ③ 6   ④ 9

   (해설) 임펄스 파형은 RC충전 및 방전회로에 의해 일정한 간격, 즉 180(펄스/분) ±5[%]로 동작되는 펄스를 만들어 임피던스본드를 통하여 궤도로 송신한다.

87 고전압 임펄스궤도회로의 설명으로 옳지 않은 것은?
   ① 펄스 주기는 3[Hz]이다.
   ② 정, 부 펄스의 비율은 3:1이다.
   ③ 정, 부 펄스의 극성에 관계없이 궤도계전기는 동작한다.
   ④ 수신 본드 내 정합용 콘덴서를 제거할 경우 궤도계전기는 여자한다.

   (해설) 정·부 펄스의 극성에 따라 궤도계전기는 동작한다. 수신본드 내 정합용 콘덴서를 제거해도 영향은 없다.

정답 84. ① 85. ② 86. ② 87. ③

문88 고전압 임펄스 궤도회로에서 열차가 궤도회로 점유 시 계전기실 송전전압 상태 설명 중 맞는 것은?

① 정 펄스 전압이 0[V]에 가깝게 된다.
② 정·부 펄스 전압 변동이 없다.
③ 정·부 펄스 전압이 전부 0[V]에 가깝게 된다.
④ 부 펄스 전압이 0[V]에 가깝게 된다.

(해설) 부 펄스 전압이 0[V]에 가깝게 된다.

문89 바이어스식 궤도계전기의 최적 동작전압[V]은?

① 1.29
② 1.42
③ 1.45
④ 1.56

(해설) 평상시 착전단의 전압 조정은 궤도에서 누설되는 저항을 감안하여 정격치의 10[%]를 가산 1.42 × 1.1 = 1.56[V]로 조정한다.
• 최적 동작전압(V) : 1.56[V]
• 안전 동작전압(V) : 1.42[V]
• 최소 동작전압(V) : 1.29[V]

문90 궤도회로 구성기기를 설치하는 데 따른 설명으로 틀린 것은?

① 본드선은 극이 다른 선에 설치한다.
② 궤도계전기는 송전단에 설치한다.
③ 궤조절연은 전극이 같은 이음매 개소에 설치한다.
④ 궤도 저항자는 송전단에 설치한다.

문91 다음 궤도전압 조정에 따른 설명으로 올바른 것은?

① 계전기 단자에서 정격 전압의 0.8~0.9배
② 계전기 단자에서 정격 전압의 1.1~1.3배
③ 송전단 레일에서 정격 유지
④ 착전단 레일에서 정격 유지

정답 88. ④ 89. ④ 90. ② 91. ②

문92 교류 전철구간의 직류 단궤조궤도회로 연장 600[m], 레일 임피던스 0.7[Ω/km], 전차의 귀선전류 200[A], 레일 간 유도계수 1이었다. 레일 간에 발생하는 방해 전압[V]은 얼마인가?

① 74[V] ② 84[V]
③ 94[V] ④ 104[V]

(해설) e = KiZl[V]에서 e = 1 × 200 × 0.7/1000 × 600 = 84[V]

문93 계전기 정격전류가 150[mA], 선륜저항 10[Ω]인 직류궤도 계전기의 단자 전압은 맑은 날 몇 [V] 이상으로 조정하여야 하나?

① 5.55~6.55 ② 4.55~5.55
③ 1.65~1.95 ④ 0.51~0.65

(해설) 사용전압 E = 0.15 × 10 = 1.5[V]
단자전압은 맑은 날 정격 값의 1.1~1.3배로 조정

정답 92. ② 93. ③

철 / 도 / 신 / 호 / 문 / 제 / 해 / 설

Chapter

폐색장치

4장 폐색장치

4.1 폐색장치의 개요

열차를 안전하면서도 신속하게 운행하기 위해서는 항상 선행열차와 후속열차가 일정한 간격을 유지하면서 운행하여야 한다. 이를 위해서는 역과 역 사이에 일정한 거리의 폐색구간을 설정하고 1개 폐색구간에는 1대의 열차만이 운행될 수 있도록 하여야 한다. 그리고 폐색구간은 2 이상의 열차를 동시에 운전시키지 않기 위하여 정한 구간을 말하며 자동구간에서는 신호기 상호간, 비자동구간에서는 장내신호기와 인접 장내신호기간을 말한다. 그리고 선행열차와 후속열차가 일정한 간격을 두고 운행하는 방법으로는 시간 간격법(time interval system)과 공간 간격법(space interval system)이 있다.

시간 간격법은 선행열차가 출발한 후 일정시간이 경과하면 후속열차를 출발시키는 방법으로 선행열차가 운행 중 불의의 사고로 도중에 정차할 경우 열차 추돌사고 등 위험한 상황이 발생할 우려가 많아 폐색장치 고장 발생 시 통신이 두절되는 등 극히 이례적인 상황이 아니면 사용하지 않는 방식이다.

공간 간격법은 여러 가지 폐색방식을 사용하여 선행열차와 후속열차의 안전한 정지여유거리를 확보하며 운행될 수 있으며, 열차 운행간격을 조밀하게 하고 열차 운행횟수를 증가시켜 선로용량을 증대시키는데 폐색장치의 역할이 지대하다.

1 고정폐색장치

고정폐색방식(fixed block system)은 역간에 폐색구간을 분할하여 궤도회로를 설치하고, 신호현시별 속도단계를 설정하여 폐색구간의 열차점유 상태에 따라 지정된 신호현시 패턴으로 운전하는 단계별 속도코드 전송방식(STP : speed step command)이다. 이 방식이 ATS(automatic train stop)시스템과 연결되어 쓰일 때에는 자동폐색장치(automatic block system)라고 하지만 결국은 고정폐색방식의 일종이다.

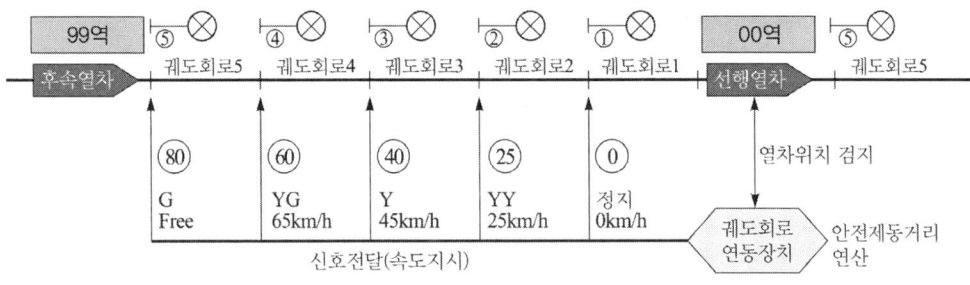

그림 4.1 고정폐색방식

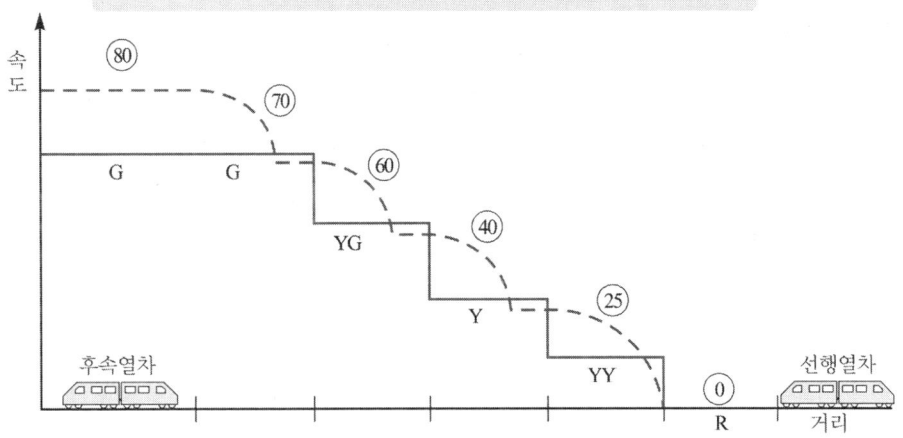

그림 4.2 단계별 속도코드 전송방식

2 차상제어거리 연산방식

차상거리연산제어(distance to go) 방식은 고정폐색방식과 이동폐색방식중간단계의 제어방식으로서 고정된 폐색구간은 존재하지만 열차운행 패턴은 차상에서 만들어 진다.

　지상자(비이콘, 발리스 등) 또는 궤도회로를 통해 선행열차의 운행위치와 진행하여야 할 선로의 조건, 궤도회로상태, 선로전환기의 상태 등을 지상설비로부터 수신하고, 차량의 가, 감속 성능을 바탕으로 목표속도와 제동소요거리를 연산하여 선행열차와의 안전한 제동여유거리를 유지하며 운행하는 방식이다.

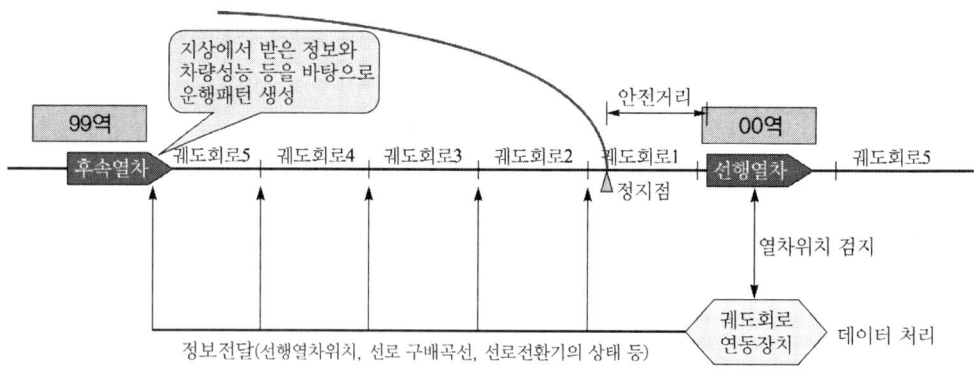

그림 4.3 차상제어거리연산 방식의 개요

또한 절대위치인 궤도회로 경계로부터 열차의 진행거리를 연산하여 열차의 위치정보에 대한 정밀도를 높인 방식이다.

③ 이동폐색방식

이동폐색(moving block system) 방식은 고정폐색방식과 대비되는 개념으로 궤도회로와 같은 폐색구간에 의존하지 않고 선행열차와 후속열차 상호간의 위치 및 속도를 파악, 차상에서 제동거리를 스스로 판단하고 직접 열차간격을 조정하는 방식이다. 즉, 움직이는 열차 자체가 폐색구간이 되는 개념이다. 이 방식은 고밀도 운전이 가능하고 운전시격을 최대한 줄일 수 있다.

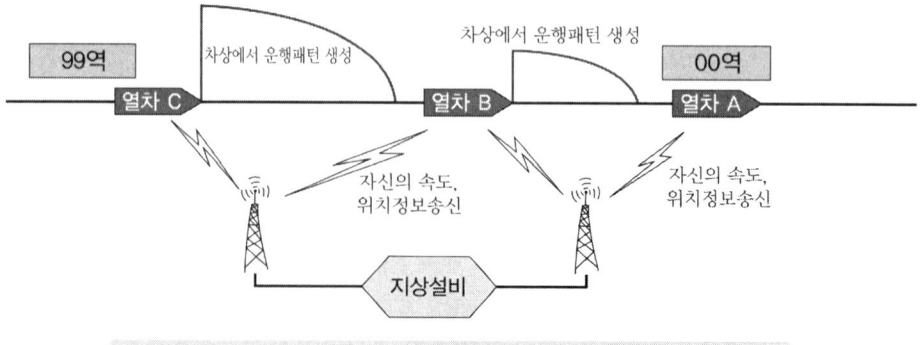

그림 4.4 이동폐색 방식의 개념

이동폐색방식(MBS)의 특징은 열차자신이 자신의 정확한 주행위치를 검지하여 속도제어에 적용할 뿐만이 아니라 이 정보를 후속열차로 송신한다는 것이다. (열차간 직접 통신하는 것이 아니고 지상의 매체를 중계로 하여 전달) 이때 열차자신의 정보를 지상으로(후속열차) 송신하거나, 선행열차의 정보를 수신하기 위해서 무선주파수를 사용한다.

4.2 폐색방식의 종류

열차의 안전을 제일 우선으로 고려하여 선로의 상태, 수송량의 많고 적음에 따라 폐색방식이 결정된다. 폐색방식에는 다음과 같은 종류가 있다.

4.2.1 상용폐색방식

1 복선구간

① 자동폐색식(automatic block system)
② 연동폐색식(controlled manal block system)
③ 차내신호폐색식(cab signalling block system)

2 단선구간

① 자동폐색식(automatic block system)
② 연동폐색식(controlled manal block system)
③ 통표폐색식(tablet instrument block system)

4.2.2 대용폐색방식

대용폐색방식(substitute block system)은 상용폐색방식을 사용할 수 없을 때에 상용폐색방식을 대신해서 사용하는 폐색방식이다.

① 복선운전할 때 : 통신식
② 단선운전할 때 : 지도 통신식, 지도식

4.2.3 폐색 준용법

폐색 준용법은 상용 또는 대응폐색방식을 시행할 수 없는 경우에 이에 준하여 열차를 운전시키기 위하여 시행되는 방법을 말한다.

① 복선운전할 때 : 격시법, 전령법
② 단선운전할 때 : 지도 격시법, 전령법

4.3 운전일반

4.3.1 열차저항

열차가 출발 또는 주행하고 있을 때는 항상 추진방향과 반대 방향으로 저항이 작용한다. 이와 같이 열차의 운행을 방해하려는 힘을 일반적으로 열차저항(train resistance)이라고 한다.

열차저항은 출발저항, 주행저항, 구배저항, 곡선저항 등이 있다. 열차저항의 단위는 차량 중량 1ton당 kg으로 나타내며 보통 중량에 비례한다.

4.3.2 운전시격

한 선로에서 선행열차와 후속열차사이의 상호 운행 간격 시간을 운전시격(head way)이라 하는데 그 최솟값을 최소운전시격이라 한다.

선로를 유용하게 사용하려면 그 선로에 가능한 한 많은 열차를 운행시켜야 하고 열차와 열차와의 출발간격을 최소로 해야 한다.

4.3.3 최소운전시격

선행열차와 후속열차 상호간의 최소운전시격은 운전시격도에 의하며, 실제 운전할 수 있는 최대 총 열차횟수는 신호기의 간격, 신호현시계통, 착발선수, 차량성능, 정차시분 등을 감안하여야 한다.

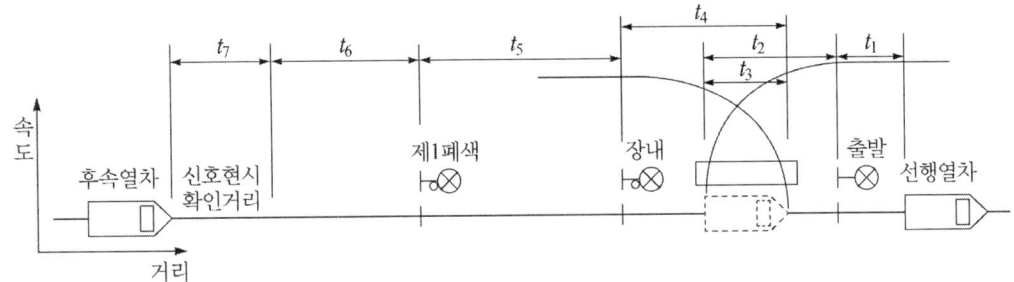

그림 4.5 최소운전시격

1 3현시 폐색구간의 최소운전시격

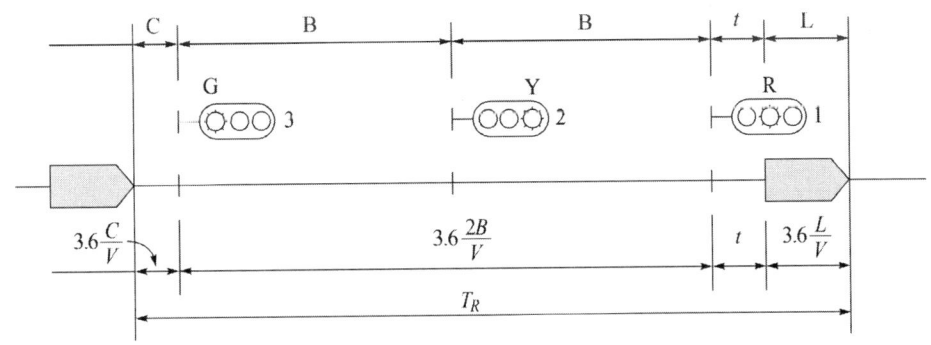

그림 4.6 자동신호 3현시 구간의 운전시격

그림 4.6과 같이 역 사이에 설치된 3위식 자동폐색구간에서 항상 진행신호로 운행하는 경우의 최소운전시격은 다음과 같다.

$$T_R = \frac{2B+L+C}{\frac{1,000 \times V}{3,600}} + t = 3.6 \times \frac{2B+L+C}{V} + t \tag{4-1}$$

여기서, T_R : 열차 사이의 최소운전시격[sec]
  B : 폐색구간의 길이 [m]
  L : 열차길이[m]
  C : 신호현시 확인에 요하는 최소거리[m]
  t : 선행열차가 1의 신호기를 통과할 때부터 3의 신호기가 진행신호를 현시할 때까지의 시간[sec]
  V : 열차속도[km/h]

또, 폐색구간의 길이와 그 구간을 운행하는 열차의 제동거리와의 관계는 $B = b + k$가 된다.

여기서 b는 제동거리[m], k는 안전제동여유거리[m]이다. 따라서 이것을 식 (4-1)에 대입하면 최소운전시격 T_R은 다음과 같이 된다.

$$T_R = \frac{3.6}{V} 2(b+k) + L + C + t \tag{4-2}$$

② 4현시 폐색구간의 최소운전시격

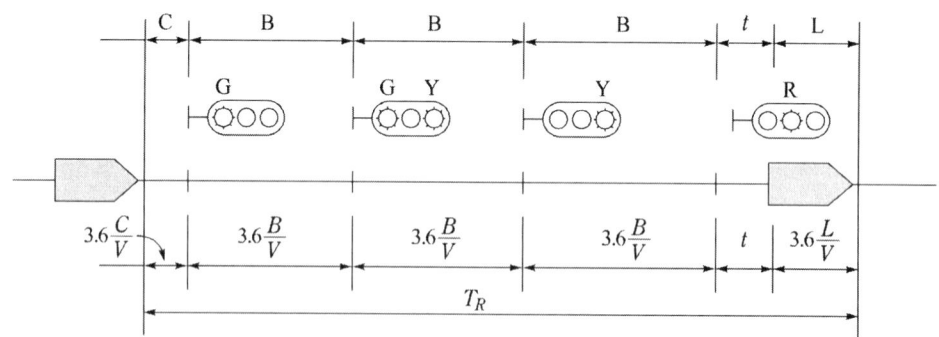

그림 4.7 4현시식의 운전시격

그림 4.7에 나타낸 바와 같이 4현시 자동폐색구간의 운전시격은 3현시 구간의 최소운전시격과 같은 방법으로 다음과 같다.

$$T_R = \frac{3.6}{V}(3B + L + C) + t \tag{4-3}$$

여기서, $2B = (b+k)$라 하면 다음과 같이 된다.

$$T_R = \frac{3.6}{V} \frac{3}{2}(b+k) + L + C + t \tag{4-4}$$

n 현시식 자동폐색구간의 운전시격은 다음과 같다.

$$T_R = \frac{3.6}{V} \frac{n-1}{n-2}(b+k) + L + C + t \tag{4-5}$$

단, $(n-2)B = b+k$이다. 따라서 $n \to \infty$ 라면 $\frac{n-1}{n-2} \fallingdotseq 1$이 되므로

$$T_R = \frac{3.6}{V}(b+k+L+C) + t \tag{4-6}$$

가 운전시격의 극한값이다.

그러나, 4현시식 이상의 자동폐색식으로서 신호기를 많이 설치하여 신호현시를 복잡하게 하더라도 운전시격은 비례하므로 최소가 되지 않는다.

③ 정거장에 진입할 때의 최소운전시격

그림 4.8에서와 같이 정거장에 진입할 경우의 운전시격을 구해 보면 다음과 같다.

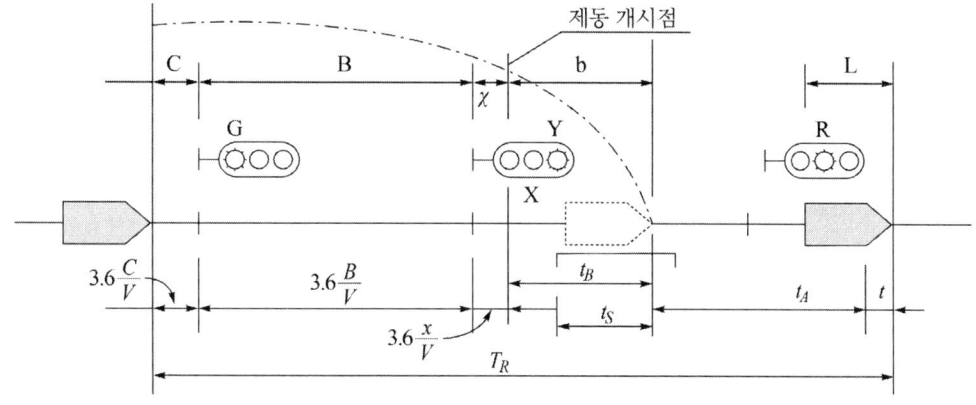

그림 4.8 정거장에 진입할 때의 운전시격

여기서, T_S : 정거장에 있어서의 운전시격[sec]
  C : 신호현시의 확인 최소거리[m]
  B : 폐색구간의 길이[m]
  χ : 제동개시지점과 장내신호기간의 거리[m]
     장내의 내방은 (+)부호, 외방은 (−)부호
  t_B : 제동시간[sec]
  t_S : 정차시간[sec]
  t_A : 열차가 출발하여 출발신호기를 넘을 때까지의 시간[sec]
  t : 신호현시가 변화하는 데 필요한 시간[sec]

$$T_{S1} = 3.6 \times \frac{C+B+\chi}{V} + t_B + t_S + t_A + t \tag{4-7}$$

4 정거장에서 진출할 때의 최소운전시격

정거장에 진입할 때의 최소 운전시격에서와 같은 방법으로 정거장으로부터 열차가 출발할 경우의 운전시격은 그림 4.9와 같다.

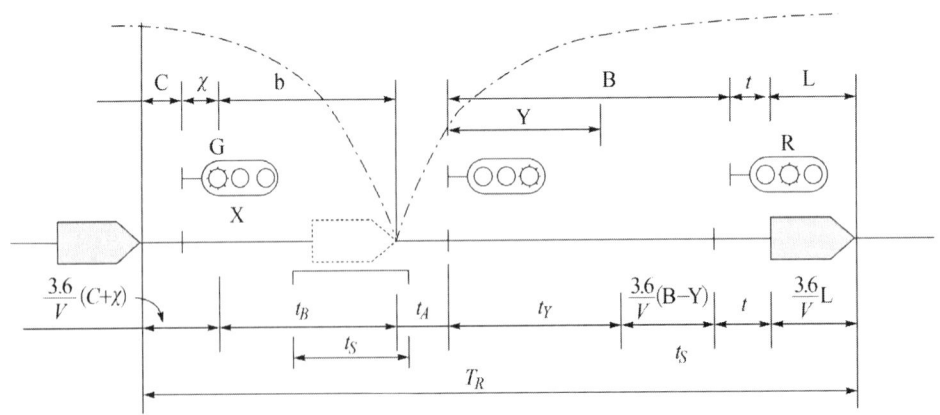

그림 4.9 정거장에 진출할 때의 운전시격

t_y를 출발신호기를 넘어서 속도 V가 될 때까지의 시간이라 하면 이 경우의 최소운전시격은 다음과 같다.

$$T_{S2} = \frac{3.6}{V}(C+\chi+L+B-Y)+t_B+t_S+t_A+t_y+t \qquad (4-8)$$

이들 식으로부터 명확히 역 사이의 최소운전시격에 의해서 정거장에 발착하는 경우의 운전시격 T_S가 약간 크게 되어 어떤 선로구간의 운전시격은 큰 정거장의 운전시격보다 크게 제한을 받는다.

4.3.4 운전시격의 단축방안

최소운전시격을 단축하여 선로 이용률을 최대한으로 높이기 위해서는 속도 가감이 쉬운 고성능 동력차를 사용하여 제동거리를 짧게 하거나 정차시간을 단축하는 방법이 필요하다.
신호설비로는 정거장의 도착선을 2개 이상 설치하여 도착선을 상호 사용하는 방법이 있다.
또한 열차가 장내신호기 전방에 정지하는 횟수를 줄이기 위하여 열차운행이 빈번한 역 구내에서는 유도신호기를 설치하여 사용하는 방법이 있으며 또한 역 구내에서도 구내 폐색신호기를 설치하든가 타임 시그널(time signal)을 사용함으로써 운전시격을 최소한으로 줄일 수 있다.

1 고성능 동력차 사용

가속도를 높여 일정 폐색구간 운전을 단축시키고 제동거리를 짧게 하여 정차시간을 단축할 수 있다.

2 도착선의 상호 사용

그림 4.10과 같이 정거장에 있어서 도착선을 2개로 하고 선행열차 A가 1번선에 도착하면 후속열차 B는 2번 선에 도착하도록 한다. 이와 같이 하면 정거장에 진입할 때의 최소운전시격의 산출식에서 t_S, t_A, t의 항에는 아무 관계가 없고, 대신 21호 선로전환기를 전환하여 신호를 현시할 때까지의 시간 t_P를 가산하고 이 경우의 최소운전시격 T_S는

$$T_S = 3.6\frac{C+B+\chi}{V}+t_B+t_P \qquad (4-9)$$

가 되어 운전시격의 단축에 효과적이다.

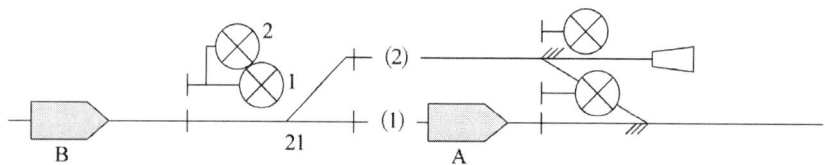

그림 4.10 도착선의 상호 사용에 의한 방법

③ 유도신호기의 사용

운전시간의 단축 면에서는 별 효과가 없으나 열차 운행이 복잡하고 열차를 장내 신호기 앞에 정차할 기회를 적게 함으로써 여객에게 편의를 줄 수 있다.

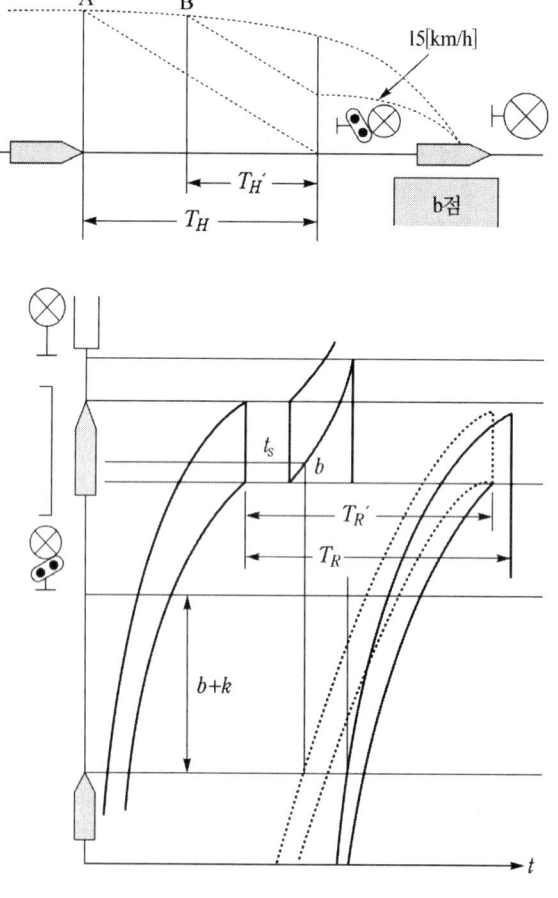

그림 4.11 유도신호기의 방법

그림 4.11은 선행열차가 b점을 지나면 장내신호기에 유도신호를 현시하고 시속 15[km/h]이하로 진입을 허용하는 방법이다.

T_H가 T_H'로 적어질 경우에 운전시격 T_R이 T_R'로 단축된다.

그러나 15[km]의 제한 속도의 주행시간 및 감속 운전시간이 많은 경우에는 여객에게는 편리하나 운전시격의 단축에는 별 효과가 없다.

④ 구내의 폐색신호기 설치

그림 4.12와 같이 정거장의 장내와 출발신호기 간에 폐색신호기를 설치하여 정거장 진입 시 최소운전시격 산출식에서 t_A를 t_A'로 줄여 운전시격을 단축하는 방법이다.

그림 4.12와 같이 폐색신호기를 설치하여 이 신호기와 신호기 4L과의 거리를 주의신호 45[km/h]의 속도에서 제동을 체결한 경우의 제동거리 이상으로 하여 선행열차의 후미가 구내의 폐색신호기를 넘어서면 신호기 4L는 주의신호를 현시하게 하여 운전시격을 단축하는 방법이다.

이상에서 설명한 방법 외에도 타임 시그널 방법이 있는데 이 방법은 선행열차와 후속열차와의 간격이 제동거리에 상당하도록 신호기를 많이 설치하는 것이다.

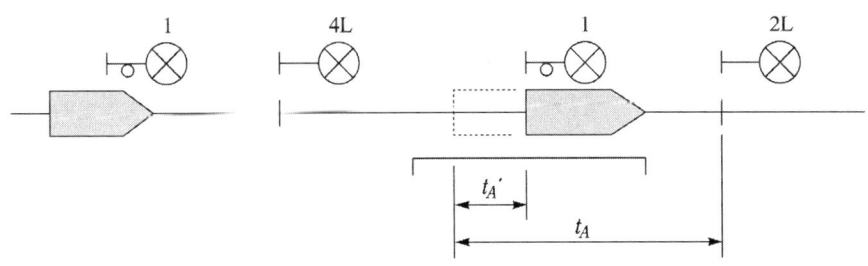

그림 4.12 구내 폐색신호기 방법

4.3.5 선로용량

선로용량이란 선로상에 운행할 수 있는 1일의 최대 열차횟수를 말하는데 역 사이의 운행시간, 폐색장치의 방식, 운행열차의 속도, 대피시설의 설치 가부 등 여러 가지 조건에 따라 좌우된다. 또 폐색방식과 정거장 사이의 운행시간의 관계에 따라 선로용량은 매우 다르다.

1 단선구간의 선로용량

$$N = \frac{1,440}{T+C} \times f \qquad (4-10)$$

여기서, N : 역 사이의 선로용량 [열차회수 1일]
   T : 역 사이의 평균 열차운행시간[분]
   C : 폐색취급시간[분]
   f : 선로 이용률(통상 0.6)

2 통근 전동차구간의 선로용량

통근 전동차 전용구간에는 고속열차와 저속열차의 구분이 없으므로 고속열차를 대피하기 위해 지연되는 시분을 고려할 필요가 없게 된다.

통근 전동차 구간의 열차운행은 러시아워라는 특정 시간대에 최대 수송력을 가지고 있는 것이 특징이다.

$$N = \frac{1,440}{h} \times f \qquad (4-11)$$

여기서, h : 최소운전시격[분]
   f : 선로 이용률 (0.6~0.75)

3 복선구간의 선로용량

$$N = \frac{1,440}{hv' + (r+u+1)v} \times f \qquad (4-12)$$

여기서, f : 선로 이용률(0.6이 원칙)
   h : 속행하는 고속열차 상호 운전시격(일반적으로 4~6분)
   r : 정거장에 선착한 저속열차와 후착한 고속열차 간에 필요한 최소운전시격 (일반적으로 3~4분)
   u : 정거장을 선발하는 고속열차와 후발하는 저속열차 간에 필요한 최소운전 시격(일반적으로 2.5분이 원칙)

v : 고속열차 회수비(고속열차 회수 / 편도열차 회수)

v' : 저속열차 회수비(저속열차 회수 / 편도열차 회수)

　복선구간의 선로용량은 고속열차와 고속열차간의 최소운전시격 그리고 고속열차에 대한 저속열차의 대피시간이 포함된 최소운전시격에 의하여 결정된다고 할 수 있다.

　최소운전시격의 단축은 자동폐색신호기의 증설, 정거장에서의 분기부 통과속도 향상, 차량성능(가·감속도)의 향상, 종단역에서의 입환을 위한 선로배선 등에 의하여 실현됨으로 선로용량을 향상시키기 위해서는 신호설비의 개량이 필수적이다.

서술형 출제예상문제

문제 1
통표 폐색식과 연동 폐색식을 비교하여 연동 폐색식의 장점을 말하라.

답) 연동폐색식의 장점
① 통표수수의 잘못, 분실, 낙상사고의 해소
② 통표수수료 인한 감속운전의 필요성 해소
③ 통표수수로 인한 승무원 및 정거장의 노동조건 개선
④ 폐색취급시분 단축
⑤ 운전시분의 단축
⑥ 통표관리에 따른 제반문제 해소

문제 2
자동 구간에 장내신호기, 출발신호기 및 폐색신호기를 설치하는 경우 운전시격은 어떻게 하는가?

답) 자동구간의 장내, 출발 및 폐색의 신호기는 열차가 소정의 운전시격으로 운전할 때, 진행신호의 현시에 의해 운전하도록 설비하는 것을 원칙으로 한다.

> **보충**
> 운전시격은 선행열차와 후속열차의 시간적 간격으로 열차운전 횟수를 증가하려면 운전시격은 적게 하여야 하나 이것에도 한계가 있다. 이것을 최소 운전시격이라고 하며 열차가 항상 진행신호를 보고 운행할 수 있게 되는 시격이다.

문제 3. 역간 열차 운전의 방법에 대해서 설명하라.

답 역간 열차 운전방법에는 시간간격법과 공간간격법이 있다. 시간간격법은 일정한 시간을 간격으로 계속 열차를 출발시키는 방법으로 선행열차가 도중 정차한 경우에도 후속 열차는 일정한 시간이 경과하면 출발하게 되므로 보안도가 적어 천재지변 등으로 통신이 두절되었을 때와 같은 특수정세에 한해서 실시하는 방법으로 운전도중 지장물에 유의하여 주의, 감속 운전하는 방법이다. 공간간격법은 현재 보편적으로 사용하고 있는 방법으로, 열차와 열차사이에 언제나 일정한 공간거리를 유지하고 운전하는 방법으로 이 거리 내에는 지장물이 없이 1개 열차만이 운행되므로 고속도로 운전할 수 있다. 이 일정 구간을 폐색구간(Block Section)이라 하며 이와 같은 운전을 폐색식 운전이라 한다.

문제 4. 고정폐색방식과 이동폐색방식의 운전패턴을 설명하시오.

1. 고정폐색방식(Fixed Block System)

열차의 운행방법에 있어 열차와 열차 사이에 일정한 공간거리를 두고 공간간격법에서 신호기, 궤도회로 등으로 고정된 폐색구간에 의하여 공간(열차)간격을 확보하는 방식이며, 이를 고정폐색방식이라 한다. 고정폐색 방식은 열차속도, 열차위치, 열차종별에 관계없이 고정된 폐색구간 길이에 의하여 선행열차와 후속열차의 간격이 확보되게 되며 운전시간은 거의 폐색구간 길이에 의하여 결정된다. 우리나라에서는 국철과 지하철 모두 이 방식을 사용하고 있으며 열차의 운행 빈도가 높은 통근구간 등에 있어서는 폐색구간을 짧게 하고 열차선별장치를 부가하는 등의 운전시격단축을 도모하고 있다. 이는 신호기의 위치가 고정화 되어 있고 차내신호방식의 경우도 정해진 폐색구간의 궤도회로에 선행열차의 통과 여부에 따라 선행열차와 후속열차와의 간격이 열차의 속도나 열차의 위치에 관계없이 신호기의 설치위치 또는 폐색구간의 궤도회로구간의 위치에 의하여 정해지는 일정한 거리를 유지하도록 하여 열차를 운행하는 방식이다.

2. 이동폐색방식(Moving Block System)

열차운전의 안전을 확보하기 위한 폐색구간의 고정되어 있지 않고 열차위치 및 속도에 따라 폐색구간이 이동하는 방식으로 선행열차가 자신의 위치와 운행속도정보를 후속열차에 전달하면 후속열차는 선행열차와의 안전제동거리를 확보하면서 운행하는 방식으로 운전시격을 상당히 단축시킬 수 있는 이점이 있다.

- 설비의 구성

  차량에는 송수신 장치와 ATC설비를 기반으로 하는 안전설비 및 선로 데이타를 포함하는 컴퓨터를 탑재하여야 하며 선로에는 궤도회로에 상당하는 교차 loop coil를 부설하고 선로변에는 교차 루프코일을 통해 차상컴퓨터와 운행정보를 송수신하는 선로변 컴퓨터를 설치하여야 한다. 이 선로변 컴퓨터는 CTC장치, 연동장치, 및 안전설비와 정보를 교환하여 열차의 안전운행을 확보할 수 있도록 한다.

- 설비의 원리

  먼저 선행열차가 자신의 위치정보 및 속도정보를 지상 또는 후속열차 차상설비로 전송하면 후속열차는 선행열차와의 안전거리를 계산하여 그에 적합한 속도로 운전하며 안전제동거리에 여유가 많을 때에는 구간 최고속도로 운전하고 여유가 없을 때에는 그에 상응하는 속도로 감속하거나 정지하여 안전을 확보한다. 따라서 이동폐색에서의 속도단계는 계단식 고정폐색과는 달리 차상컴퓨터가 연산하는 정도에 따라 수시로 달라질 수 있는 특징을 지니고 있다. 이것은 고정폐색에서의 열차검지구역에 따른 거리 손실을 최소화하여 보다 조밀한 운전시격으로 도시교통운전에 적합하도록 한 방식이다.

문제 5

자동폐색 신호기는 폐색구간의 시발점에 설치하여야 한다. 어떠한 경우에 폐색신호기가 정지신호를 현시하여야 하는지 5가지를 열거하시오.

답)
1. 폐색구간에 열차 또는 차량이 있을 때
2. 장치가 고장 났을 때
3. 폐색구간의 전철기가 정당한 방향에 있지 아니할 때
4. 단선 운행구간에서 반대 방향의 신호기
5. 선로가 두절 되었을 때

문제 6
한국철도공사 전철구간의 5현시 자동폐색신호기 건식위치에 대하여 기술하시오.

답

1. 한국철도공사 5현시는 G(최고속도), YG(105[km/h] 이하 운전), Y(65[km/h] 이하), YY(25[km/h] 이하), R(정지, 관제사 지시에 의거 운전)로써 수도권 전철(1호선)의 5현시와 다르다. 수도권 전철은 YG가 65[km/h], Y가 45[km/h]이다.

2. 한국철도공사 전철 구간에서의 5현시는 열차의 고속화 운전을 목적으로 하는 것으로서 G에서 최고속도가 160[km/h]를 계획하며, 고속철도와 병행운전 할 경우 200[km/h] 계획
   - 각 현시에 대응하는 속도로 감속할 수 있는 제동거리가 확보되어야 함으로 폐색거리인 궤도회로가 장대화 되어야 함.
   - 계산식

   $$\frac{V_2^2 - V_1^2}{7.2\beta} + V_2 \times \frac{t}{3.6} = 궤도회로 길이$$

3. 전철 구간은 전차선 지지물 전주와 가동 브라켓(Bracket)이 연속적으로(50[m] 간격) 설치됨으로 곡선구간에서는 신호기의 투시거리를 차단한다. 곡선구간의 투시거리는 다음 식으로 계산된다.

   $$k = 2\sqrt{r^2 - (r-D)^2}$$

   단, r : 곡선반경[m], k : 투시거리[m], D : 전차선 지장물의 폭[m]

문제 7
선로 용량이란 무엇이며, 어떤 때에 사용되는가?

답 선로용량이란 선로상에 운전할 수 있는 1일의 최대열차회수로서 역간의 운전시분, 폐색장치의 방식, 운행열차의 속도, 대피시설의 여부 등 여러 가지조건에 따라 좌우된다. 폐색방식과 정차장간의 운전시분의 관계에 따라 선로용량은 크게 다르며 다음과 같은 함수관계를 가진다.

$$N = \frac{1{,}440}{T+C} \times f$$

여기에서 N은 역간 선로용량 (열차회수/일), T는 역간 평균 열차운전시분(분), C는 폐색취급시분(분)으로서 통표폐색식일 경우 2분 30초를, 자동폐색식인 경우 1분 30초를 통상 사용하며, f는 선로이용률로서 보통 0.5~0.7 사이의 값을 갖는다. 선로용량의 계산은 수송력 증강에 따라 단선·자동으로 할 것인가, 선로를 증설하여 복선·자동으로 할 것이냐 등을 결정하는 데 중요한 역할을 하고 있다.

문제 8. 열차의 제동거리 개념과 그 계산식을 기술하시오.

답

1. 어떤 속도로 주행하고 있는 열차를 제동장치에 의해 임의의 속도까지 감속하거나 또는 정지시키기 위해 제동장치의 동작을 개시한 순간부터 목적한 속도까지 도달하는 사이로서 열차가 제동을 건 상태에서 주행한 거리. 제동기의 조작을 개시하여도 실제 제동 효과가 발생하기까지는 지연시분이 발생한다. 이를 공주시분 또는 Dead time이라고 하며, 이 공주 시분에 주행한 거리를 공주거리라고 하며 제동기가 작동을 개시하여 감속 개시한 시간 중 주행 거리가 실제동거리임. 열차의 제동거리는 이 두 요소가 포함된다.

2. 계산식

   주행하는 열차가 t초 간에 속도 V_1에서 V_2로 변환한다면 주행 거리

   $$V_1 - V_2 = A \times t \,[\text{km/h/s}]$$
   $$V_1 + \frac{V_2}{2} \times t \,[\text{km}] \times t$$

   제동개시속도 V_1에서 일정 감속도 β[km/h/s]가 작용, t초 후 정지한다면

   $$V_1 = \beta \times t$$
   $$S_1 = 1/2\, \beta t^2$$

   전 제동 거리

   $$\frac{V_1}{3.6} \times t + \frac{V_1^2}{7.2\beta}$$

문제 9

최고속도 125[km/h]의 제동거리를 산출하시오. (단, 감속도 β=1.25[m/s²], 공주시분 $t=4$[sec], 여유거리 50[m], 속도오차 [5km/h])

답) 최고속도 125[km/h]에서 속도오차 5[km]를 합하면 130[km/h]이다.
감속도 β가

$$\beta = 1.25[\text{m/s}^2] = 1.25 \times 3.6 = 4.5[\text{km/h/s}]$$

일 때, 제동거리 L은

$$L = \text{실 제동거리} + \text{공주거리} + \text{여유거리}$$
$$= \frac{V^2}{7.2\beta} + \frac{Vt}{3.6} + \text{여유거리}$$
$$= \frac{1,252}{7.2 \times 4.5} + 125 \times \frac{4}{3.6} + 50$$
$$= 482.25 + 138.89 + 50 = 671.14 ≒ 671$$

이다.
∴ 제동거리는 671[m]이다.

문제 10

선로 이용률을 최대한으로 높이기 위하여 최소 운전시격을 단축하는 방법에는 어떠한 것이 있는지 예를 들고 설명하시오.

답) 1. 최소운전시격을 단축하는 방법
 - 고성능 동력차의 사용
 - 도착선의 상호사용
 - 유도신호기의 설치
 - 역구내 폐색신호기 설치
 - 타임 시그널의 사용

2. 고성능 동력차 사용

속도가감이 쉬운 고성능 동력차를 사용하여 제동거리를 짧게 하거나 정차시간을 단축할 수 있다.

3. 도착선의 상호사용

정거장에 있어서 도착선을 2개로 하고, 선행열차가 1번 선에 도착하면 후속열차는 2번 선에 도착하도록 한다.

C : 신호현시의 확인에 필요한 최소거리[m]
B : 폐색 구간의 길이[m]
X : 제동 개시지점과 장내신호기 간의 거리[m], 장내의 내방은 (+), 외방은 (−) 부호
t_b : 제동 시간[sec]
t_s : 정차 시간[sec]
t_a : 열차가 출발하여 출발신호기를 넘을 때까지의 시간[sec]
t : 신호 현시가 변화하는데 필요한 시간[sec]이라 하면 정거장에 진입 할 때의 최소 운전시격 T[sec]는 $T = 3.6\dfrac{C+B+X}{V} + t_b + t_s + t_a + t$ 로 되나 도착선을 상호 사용할 경우 t_s, t_a, t의 항에는 아무 관계가 없고, 대신 21호 전철기를 전환하여 신호를 현시할 때까지의 시간 t_p를 가산하며, 이경우의 최소 운전 시격 T_S[sec]는 $T_S = 3.6\dfrac{C+B+X}{V} + t_b + t_p$ 가 되어 운전시격의 단축에 효과적이다.

4. 유도신호기의 설치

열차운행이 복잡하고 열차를 장내신호기 앞에 정차할 기회를 적게 함으로서 시간을 단축하고 여객에게 편의를 줄 수 있다. 선행열차가 일정지점을 지나면 장내신호기에 유도신호기를 현시하고, 시속15[km/h]이하로 진입을 허용하는 방법이다. 그러나 15[km/h]의 제한속도의 주행시간 및 감속운전 시간이 많은 경우 여객에게는 편리하나, 운전시격 단축에는 별 효과가 없다.

5. 구내의 폐색 신호기 설치

정거장의 장내와 출발신호기 간에 폐색신호기를 설치하여 운전시격을 단축하는 방법이다. 선행열차의 후미가 구내의 폐색 신호기를 넘어서면 후속 장내신호기는 주의 신호를 현시하게 하여 운전시격을 단축하게 된다.

6. 타임 시그널 방법은 선행열차와 후속열차와의 간격을 제동 거리에 상당하는 신호기를 많이 설치하는 것이다.

11 문제 역간 열차 운전의 방법에 대해서 설명하라.

답 역간 열차 운전방법에는 시간간격법과 공간간격법이 있다. 시간간격법은 일정한 시간을 간격으로 계속 열차를 출발시키는 방법으로 선행열차가 도중 정차한 경우에도 후속 열차는 일정한 시간이 경과하면 출발하게 되므로 보안도가 적어 천재지변 등으로 통신이 두절되었을 때와 같은 특수정세에 한해서 실시하는 방법으로 운전도중 지장물에 유의하여 주의, 감속 운전하는 방법이다. 공간간격법은 현재 보편적으로 사용하고 있는 방법으로 열차와 열차사이에 언제나 일정한 공간거리를 유지하고 운전하는 방법으로 이 거리 내에는 지장물이 없이 1개 열차만이 운행되므로 고속도로 운전할 수 있다. 이 일정 구간을 폐색구간(Block Section)이라 하며 이와 같은 운전을 폐색식 운전이라 한다.

12 문제 열차의 운전곡선 작성 시 고려요소로서 열차저항을 변수로 들 수 있다. 열차저항중 가속도 저항에 관한 것으로 회전부분의 회전속도를 가속하는 데 필요한 힘에 대하여 수식으로 유도하고 설명하시오.

답 1. 열차의 견인력(힘)에 대하여 설명하면 열차가 출발하여 주행을 시작하게 되면 속도는 관성에 의해 가속력을 갖게 된다. 열차의 가속력은 뉴턴의 제2법칙을 적용하면

$$F = ma$$

여기서, F : 힘(dyne), m : 질량[g], a : 가속도[cm/s/s]

가 된다.

M.K.S 단위계로 환산하여 열차의 견인력을 계산하면 열차의 중량 W[ton], 가속도 A[km/H/s]라 할 때,

$$F = 1,000 \frac{W}{3,600} \fallingdotseq 28.34\,WA\,[\text{kg/ton}]$$

따라서 열차중량 1[ton]당 필요한 견인력(힘)은

$$f = \frac{F}{W} = \frac{28.34\,WA}{W} = 28.34A\,[\text{kg/ton}]$$

2. 회전부분의 회전속도를 가속하는 데 필요한 힘은 위 식 [ton]당 가속력 f는 직진하는 부분에 필요한 견인력이지만 차량은 차륜, 차축전동기 등 회전부분이 있으므로 이 회전부분의 회전속도를 가속하기에 필요한 견인력은 이것보다 커진다. 다시 말하면 차축의 중량 W가 어느 정도 증가한 것과 같은 결과가 된다. 이 증가분의 중량을 등가중량 또는 관성 중량이라고 하고 이것을 W_g라면

$$Wg/W = x$$

이 x를 회전부분의 관성계수라 하고, $g + W = (1+x)W$를 차량의 실효중량이라고 한다.

따라서 열차의 실제 견인에 필요한 힘 F[kg]는

$$F = 28.34(1+x)A \,[\text{kg/ton}]$$

문제 13

열차의 최고속도가 100[km/h]일 경우 제동거리를 산출하라.
단, 열차의 감속도 β=1.25[m/s²](10량 편성), 공주시분 t=3[sec], 여유거리 : 30, 선구는 평탄선로이며, 속도조사 오차는 2[km/h]로 본다.

답 ① 최고속도가 100[km/]일 경우 속도조사 오차를 2[km/h]로 보고, 102[km/h]로 계산한다.

② 감속도 $1.25[\text{m/s}^2] = 1.25 \times 3.6 = 4.5[\text{km/h/s}]$이다.

제동거리 = 실 제동거리 + 공주거리 + 여유거리

$$= \frac{V^2}{7.2\beta} + \frac{V}{3.6}t + 여유거리$$

$$= \frac{102^2}{7.2 \times 4.5} + \frac{102}{3.6} \times 3 + 30$$

$$= 321.1 + 85 + 30 = 436.1\,[\text{m}]$$

∴ 제동거리는 436.1[m]이다.

문제 14. 복선구간에서의 선로용량 증대 방안에 대하여 논하라.

답

1. 서론
선로 용량은 주어진 선로에서 운전할 수 있는 일일 최대 열차 회수를 의미하며 선로 용량의 결정은 미래의 수송수요 예측에 대처하기 위한 필수의 조건이라 하겠다. 수송수요 예측에 의한 선로용량 증대방안에 있어서는 먼저 선로용량의 계산식을 알아보고 이에 대한 복선구간에서의 선로용량 증대방안에 대하여 논한다.

2. 복선구간에서의 선로용량 계산

$$N = \frac{1440}{hv' + (r+u+1)\sum v} \times f$$

여기서, N : 1일 상선 또는 하선 편도구간의 선로용량
f : 선로이용률(통상 0.5~0.75의 값을 취한다.)
h : 속행하는 고속열차간의 운전시격(분)
r : 정차장에 선착하는 저속열차와 후착하는 고속열차간의 필요한 최소 운전시격(분)
u : 정차장에서 선발하는 고속열차와 후발하는 저속열차간의 필요한 최소 운전시격(분)
v : 고속열차 회수비 $= \dfrac{\text{고속열차 회수}}{\text{편도열차 회수}}$
v' : 저속열차 회수비 $= \dfrac{\text{저속열차 회수}}{\text{편도열차 회수}}$

3. 역간선로용량과 선구의 선로용량 결정
전 항에서 계산된 선로용량에 의하여 역간선로 용량을 각각 N_1, N_2, N_3, $\cdots$, N_n으로 구하고, 주어진 선로용량은 통상 N_1, N_2, $\cdots$, N_n 값 중 가장 낮은 값을 취하고 이의 값의 30[%]까지의 평균값을 취하여 주어진 선로용량을 결정한다. 이의 선로용량은 선구의 선로용량이 되며 경험상 역간의 운전능률이 저하하는 곡선, 구배 등이 존재하는 병목구간 (BOTTLE NECK)이다.

4. 선로용량 증대방안
상기 2항에서 계산된 선로용량 계산식에 의하면 선로용량 N을 증가시킬 수 있는 FACTOR는 분모분인 운전시격과 분자에서 계산되는 선로이용률이나 운전시격 측면에

대하여 다음과 같이 선로용량을 증가 시킬 수 있다.

① 신호 측면에서 열차의 운전시격을 단축시키기 위해서는 기기의 자동화가 우선 시행할 수 있도록 CTC와 자동폐색설비를 하여야 하며, 최종 수송수요에 대처하기위해 선로용량을 증가시키기 위해서 요구되는 최소운전 시격에 따라 폐색구간의 신호기 설치위치를 설계 시 고려토록 한다.

② 기타 토목측면에서는 선구의 구배, 곡선을 완화시키고, 차량측면에서는 저속열차에 대한 속도 향상이 필요하다.

5. 결론

선로용량을 증가시키기 위하여는 물론 신호측면에서 CTC와 자동폐색 설비를 함으로써 운전시격 단축으로 선로용량이 증가한다. 무엇보다 중요한 것은 최종수송수요 예측과 일치하는 선로용량의 예측이며 이에 따라 폐색신호기 설치위치(최소운전시격)도 설계됨으로써 적절한 투자가 기대된다고 본다.

출제예상문제

문1 복선구간에만 사용하는 폐색 방식은?

① 통표폐색식　　　　　　② 차내신호폐색식
③ 자동폐색식　　　　　　④ 연동폐색식

해설) 폐색방식의 종류
1. 상용폐색방식
   - 복선 : 연동폐색, 자동폐색, 차내폐색
   - 단선 : 연동폐색, 자동폐색, 통표폐색
2. 대용폐색방식
   - 복선 : 통신식
   - 단선 : 지도통신식, 지도식
3. 폐색준용법
   - 복선 : 격시법, 전령법
   - 단선 : 지도격시법, 전령법

문2 단선구간과 관계없는 폐색 방식은?

① 지도통신식　　　　　　② 통신식
③ 자동폐색식　　　　　　④ 연동폐색식

문3 복선구간에서 사용하는 폐색 방식이 아닌 것은?

① 통표폐색식　　　　　　② 차내신호폐색식
③ 자동폐색식　　　　　　④ 연동폐색식

문4 다음 중 상용폐색장치 고장 등으로 사용 불가시 사용하는 방식은?

① 통표폐색식　　　　　　② 지도통신식
③ 연동폐색식　　　　　　④ 자동폐색식

문5 상대방 역의 전원에 의하여 폐색취급 및 신호와의 2중 취급을 단일화한 방식은?

① 통표폐색식　　　　　　② 지도통신식
③ 연동폐색식　　　　　　④ 자동폐색식

정답 1. ②　2. ②　3. ①　4. ②　5. ③

문6 도착역의 전원에 의하여 출발역 폐색승인이 이루어지는 방식은?
① 통표폐색식　　② 연동폐색식
③ 차내폐색식　　④ 자동폐색식

문7 다음 중 폐색 준용법에 해당하지 않는 것은?
① 격시법　　② 지도격시법
③ 전령법　　④ 지도식

문8 다음 중 시간 간격법에 의해 열차를 운행시키는 것은?
① 통신식　　② 지도격시법
③ 통표폐색식　　④ 지도통신식

문9 역 사이에 설치된 3위식 자동폐색구간에서 항상 진행 신호로 운행하는 경우의 최소운전시격(T_R)은? (단, B : 폐색구간 길이[m], L : 열차 길이[m], C : 신호현시 확인에 요하는 최소거리[m], t : 선행열차가 1의 신호기를 통과할 때부터 3의 신호기가 진행신호를 현시할 때까지의 시간[sec], V : 열차속도[km/h])

① $T_R = 3.6 \times \dfrac{B+L+C}{V} + t$
② $T_R = 3.6 \times \dfrac{2B+L+C}{V} + t$
③ $T_R = 3.6 \times \dfrac{3B+L+C}{V} + t$
④ $T_R = 3.6 \times \dfrac{4B+L+C}{V} + t$

문10 자동폐색구간에서 최소운전시격에 영향을 주는 요소가 아닌 것은?
① 열차의 제동거리　　② 폐색구간의 거리
③ 열차 길이　　④ 역간 거리

문11 4현시 자동폐색장치에서 G신호를 제어하는 계전기는?
① GPR　　② GHR
③ YPR　　④ YHR

정답 6. ② 7. ④ 8. ② 9. ② 10. ④ 11. ②

12 역간 열차 평균 운전시분이 7분이고 폐색 취급 시분이 5분일 경우 단선구간의 선로 용량은? (단, 선로이용률은 0.75임)

① 60회 　　　　　　　　　② 75회
③ 90회 　　　　　　　　　④ 120회

해설　선로용량(N) = $\dfrac{1,440}{T+C} \times f = \dfrac{1,440}{7+5} \times 0.75 = 90$

13 선로 이용률을 높이기 위하여 최소운전시격을 단축하는 방법으로 적합하지 않은 것은?

① 가·감속도 성능이 우수한 동력차 사용
② 도착선의 상호사용
③ 구내 폐색신호기의 설치
④ 폐색구간의 궤도회로의 분할

해설 〈운전시격 단축방안〉
1. 고성능 동력차 사용　　2. 도착선의 상호 사용
3. 유도신호기의 사용　　4. 구내 폐색신호기 설치

14 차상신호방식에서 폐색 분할시 고려 사항으로 거리가 가장 먼 것은?

① 공주거리 　　　　　　　② 열차저항
③ 종착역의 차량 회송방식　④ 제동방식

해설 〈폐색분할 시 고려 사항〉
1. 공주거리
2. 속도별 감속력 및 가속력
3. 열차저항 및 열차장
4. 각 역의 정차시간
5. 선형 및 종단면의 조건
6. 종착역의 차량 회송방식 및 역의 운전경로

15 연동폐색식에 대한 설명으로 틀린 것은?

① 복선과 단선구간에 모두 사용한다.
② 폐색장치에는 출발폐색, 진행 중, 장내폐색의 3가지 표시등이 있다.
③ 신호기와 연동시켜 신호현시와 폐색취급을 단일화한 방식이다.
④ 연동폐색 승인을 요구할 때 전원은 반드시 출발역의 전원에 의해 승인한다.

해설　출발역에서 폐색승인을 요구하면 도착역의 전원에 의해 승인이 이루어지도록 하는 방식이다.

정답 12. ③　13. ④　14. ④　15. ④

문16 연동폐색식에 대한 설명으로 옳지 않은 것은?
① 복선과 단선구간에 모두 사용한다.
② 폐색용 주파수 카드는 사용할 수 없다.
③ 폐색수속 후 관계궤도가 낙하하면 표시등은 진행 중 표시를 한다.
④ 연동폐색 승인을 요구할 때 전원은 반드시 도착역의 전원에 의해 승인한다.

(해설) 주파수 카드를 사용할 수 있다.

문17 자동폐색식에 대한 설명으로 틀린 것은?
① 복선과 단선구간에 모두 사용한다.
② 열차 자체에 의하여 폐색이 이루어지고 신호가 현시 된다.
③ 궤도회로를 이용한다.
④ 폐색구간의 분할과 단축이 용이하지 않다.

(해설) 폐색구간의 분할과 단축이 용이하다.

문18 자동폐색장치에 대한 설명이다 옳지 않은 것은?
① 복선과 단선구간에 따라 제어방식이 다르며 복선식은 후속열차에 대해서만 신호제어를 한다.
② 신호와 폐색은 일원화 되어 있고, 인위적인 조작이 가능하다.
③ 폐색구간에 설치된 궤도회로를 이용하여 열차의 진행에 따라 자동으로 폐색 및 신호가 동작하는 방식이다.
④ 역 상호간에 신호기를 설치하게 되므로 폐색구간을 쉽게 분할할 수 있다.

문19 자동폐색장치 구비조건으로 옳지 않은 것은?
① 전방 궤도회로 구간에 열차 또는 차량 점유 시 정지신호 현시
② 폐색장치에 고장이 생겼을 때 신호 소등
③ 폐색구간에 있는 해당 선로전환기가 정당한 방향에 있지 않을 때 정지신호 현시
④ 다른 선로에 있는 열차가 차량접촉한계 표지를 침범해 있을 경우 정지신호 현시

(해설) 자동폐색장치는 다음의 경우 자동으로 정지신호를 현시하여야 한다.
① 폐색구간에 있는 해당 선로전환기가 정당한 방향에 있지 않을 때
② 다른 선로에 있는 열차가 차량접촉한계 표지를 침범해 있을 경우
③ 폐색장치에 고장이 생겼을 때
④ 전방 궤도회로 구간에 열차 또는 차량 점유 시

정답 16. ② 17. ④ 18. ② 19. ②

문 20 자동폐색장치(ABS)의 기능 중 가장 적합한 설명은?

① 인력 절감   ② 열차 안전운행
③ 수송능력 증가   ④ 열차 속도향상

문 21 동일 선로에서 수송능력을 증가시키기 위해 설치한 폐색 방식은?

① 연동폐색식   ② 지도통신식
③ 자동폐색식   ④ 지도격시식

문 22 역간 열차평균 운전시분이 4.5분이고 폐색 취급시분이 1.5분일 경우 선로 이용률이 0.8인 단선구간의 선로용량은?

① 192회   ② 240회
③ 300회   ④ 384회

[해설] 선로용량 $= \dfrac{1,440}{T+C} \times f = \dfrac{1,440}{4.5+1.5} \times 0.8 = 192$

문 23 열차의 곡선저항 설명으로 옳은 것은?

① 차륜과 제륜의 궤조 간 마찰계수에 반비례한다.
② 열차의 속도에 비례하고 풍압에 반비례 한다.
③ 궤조곡선의 곡선 반지름에 반비례한다.
④ 열차의 자중과 화물량에 비례한다.

[해설] 곡선저항 $r_c = \dfrac{700}{R}$ [kg/톤]
곡선저항은 R(곡선반경, 곡선반지름)에 반비례한다.

문 24 열차가 상시 진행신호를 확인하면서 운전 할 수 있도록 운행하는 간격은?

① 운전간격   ② 최소운전간격
③ 운전시격   ④ 최소운전시격

[해설] 〈최소운전시격의 검토〉
한 선로에서 선행열차와 후속열차 사이의 상호 운행 간격 시간을 운전시격(head way)이라 하는데 그 최소값을 최소 운전시격이라 한다.
열차는 상시 진행신호를 확인하면서 운전해야 하기 때문에 후속열차가 폐색신호기의 확인지점에 도착한 시점에 선행열차는 출발신호기 내방에 진입하고 장내신호기, 폐색신호기의 신호 현시도 변화하지 않으면 안 된다. 따라서 선행열차에 이어서 후속열차의 시간곡선을 작성하여 최소운전시격을 정한다.

정답 20. ③   21. ③   22. ①   23. ③   24. ④

문25 다음 중 대용폐색방식에 해당하지 않는 것은?
   ① 통신식   ② 지도 통신식
   ③ 지도식   ④ 지도 격시법

문26 다음 중 안전도가 가장 낮은 폐색방식은?
   ① 연동 폐색식   ② 지도 통신식
   ③ 자동 폐색식   ④ 통표 폐색식

문27 5현시 자동폐색구간에서 Y 이상 현시 중 FP1이 낙하했을 경우 신호 현시는?
   ① G 현시   ② YG 현시
   ③ YY 현시   ④ R 현시

   (해설) FP1은 Y 신호제어계전기로 낙하 시 정지신호를 현시한다.

문28 5현시 자동폐색구간에서 YG 현시 시 Y등의 주, 부심 단선 시 신호 현시는?
   ① Y 현시   ② YG 현시
   ③ YY 현시   ④ R 현시

   (해설) Y등의 주, 부심 단선 시 Y이하를 현시해야 하므로 정지신호(R)를 현시한다.

문29 5현시 자동폐색구간에서 R 신호현시 시 R등의 주, 부심 단선 시 신호 현시는?
   ① Y 현시   ② 소등
   ③ YY 현시   ④ R 현시

   (해설) R등의 주, 부심 단선 시 정지신호(R) 이상은 없으므로 소등된다.

문30 5현시 자동폐색구간에서 G 신호현시 시 G등의 주, 부심 단선 시 어떤 송신카드가 동작하는가?
   ① 송신카드가 동작하지 않음   ② G 송신카드가 동작
   ③ YG 송신카드가 동작   ④ Y 송신카드가 동작

   (해설) Y현시를 하게 되어 geu가 여자된 조건으로 Y를 송신한다.

정답 25. ④ 26. ② 27. ④ 28. ④ 29. ② 30. ④

31 5현시 자동폐색장치에서 G신호를 제어하는 계전기는?
① FP1　　　　　② FP2
③ FP3　　　　　④ BL2

해설
- FP1 : Y신호 제어계전기
- FP2 : YG 신호 제어계전기
- FP3 : G신호 제어계전기

32 5현시 자동폐색구간에서 경계(YY) 이상 신호현시 궤도반응계전기는?
① BL1H　　　　② PJH
③ BL2　　　　　④ BL1

해설 BL2는 전방폐색구간에 열차가 없고 신호기가 YY 이상 현시한 것을 확인한 궤도반응계전기이다.

33 다음에서 열차의 과주방지를 위해 사용되는 신호는?
① 진행　　　　　② 감속
③ 주의　　　　　④ 경계

34 5현시 자동폐색장치에서 정지신호 반응계전기(Pr)의 사용목적은?
① 궤도회로 점유 여부　　② 신호 오인 방지
③ 부정신호 방지　　　　④ 신호 소등 방지

35 자동폐색신호기 건식위치 선정에 대한 설명 중 틀린 것은?
① 열차의 운전을 원활히 하기 위하여 상시 진행신호를 보면서 운전할 수 있어야 한다.
② 거리시간곡선을 그려서 각 신호기 간을 운전하는 시분이 같게 되도록 미리 작도한다.
③ 폐색신호기를 많이 건식하면 폐색구간을 단축할 수 있다.
④ 2개 폐색구간의 개통에 소요되는 운전시분이 그 구간의 최소운전시격보다 크게 되는 위치에 선정한다.

해설 1개 폐색구간 운전시분을 t, 최소운전시격을 TR이라 하면 자동폐색신호기 건식위치는 $TR > 2t$ 되는 곳 또는 $TR = 2t$ 되는 지점에 설치하여야 후속 열차의 운전을 원활히 할 수 있다.

정답　31. ③　32. ③　33. ④　34. ③　35. ④

문36 5현시 자동폐색장치에서 Eh1 계전기가 여자 했다는 것은?
① 전방의 신호기가 Y 신호를 현시한다.
② 후방의 신호기에 Y 주파수를 송전한다.
③ 전방의 신호기가 YG 신호 이상을 현시한다.
④ 전방궤도만 여자한다.

(해설) Eh1 계전기가 여자하여 G신호를 현시한다.

문37 자동폐색장치에서 「se」의 명칭은?
① 수신카드 내 계전기
② 신호전구 소등검지 반응 계전기
③ 송신카드 내 계전기
④ 진로선별 계전기

(해설)
- RC : 진로선별 계전기
- LDPR : 신호전구 소등검지 반응 계전기
- Eh : 수신카드 내 계전기

문38 어느 역 간 열차평균 운전시분이 5분이고 폐색취급 시분이 3분일 경우 선로 이용률이 80[%]인 단선구간의 선로용량은?
① 104회   ② 124회
③ 144회   ④ 164회

(해설) 선로용량 $N = \dfrac{1,440}{T+C} \times f = \dfrac{1,440}{5+3} \times 0.8 = 144$

문39 단선구간의 선로용량 산출 공식은? (단, N : 역 사이의 선로용량(편도 1일 열차횟수), T : 역 사이의 평균열차운행시간(분), C : 폐색취급시간(분), f : 선로이용률(통상 0.6))

① $N = \dfrac{1,440}{T+C} \times f$ ② $N = \dfrac{1,440}{T \times C} + f$

③ $N = \dfrac{1,440}{T-C} + f$ ④ $N = \dfrac{T+C}{1,440} \times f$

정답 36. ③ 37. ③ 38. ③ 39. ①

문 40 단선구간의 선로용량 산출 공식은?

① 1,440/(역 사이의 평균열차운행시분+폐색취급시분)×선로 이용률
② 선로 이용률/(상하운전시분+폐색취급시분)×1,440
③ (상하운전시분+폐색취급시분)/선로 이용률×1,440
④ (역 사이의 평균열차운행시분+폐색취급시분)/1,440×선로 이용률

해설) $N = \dfrac{1,440}{T+C} \times f$

문 41 운전 시격에 대한 설명으로 맞는 것은?

① 1일 최대의 열차 운용 횟수
② 선행 열차와 후속 열차 간의 상호 운행간격
③ 1시간 동안 운행 할 수 있는 최대 열차 수
④ 선행 열차와 후속 열차 간의 최소 운전간격

해설) 한 선로에서 선행열차와 후속열차 사이의 상호 운행 간격 시간을 운전시격(head way)이라 하고, 그 최소값을 최소운전시격이라 한다.

문 42 선로용량에 대한 설명으로 맞는 것은?

① 1일 편도 최대 열차 운용 횟수
② 선행 열차와 후속 열차 간의 상호 운행간격
③ 1시간 동안 운행 할 수 있는 최대 열차 수
④ 선행 열차와 후속 열차 간의 최소 운전간격

문 43 선로용량이란 1일 편도 최대 열차 운용 횟수를 말한다. 다음 중 그 영향이 가장 적은 것은?

① 역 간 열차 운전 시분   ② 기관사의 숙련도
③ 폐색 방식   ④ 열차의 속도

문 44 자동폐색신호기 번호 부여 방법 설명으로 맞는 것은?

① 도착역부터 높은 번호를 부여 한다.
② 출발역부터 낮은 번호를 부여 한다.
③ 도착역부터 낮은 번호를 부여 한다.
④ 중간을 나누어 차례로 부여 한다.

정답 40. ① 41. ② 42. ① 43. ② 44. ③

해설 자동폐색신호기 번호는 도착역 장내신호기 외방 폐색신호기를 1호로 하고 순차적으로 식별표지에 표기한다.

문45 열차운행의 안전을 위하여 정상적으로 사용하는 운전 방식은?
① 연동간격법 ② 차동간격법
③ 공간간격법 ④ 시간간격법

문46 연동폐색장치의 시험에 대한 설명으로 옳지 않은 것은?
① 폐색수속 후 관계회로가 단락되면 『폐색 중』 현시한다.
② 관계궤도회로가 단락 되었을 때는 폐색 수속이 되지 않는다.
③ 자기유지회로가 구성되면 폐색표시회로가 신속하게 구성 되어야 한다.
④ 쌍방이 동시에 폐색수속을 하기 전에 폐색계전기는 동작하지 않는다.

해설 〈연동폐색장치의 기능〉
관계궤도회로가 단락되면(TPS 낙하) 『진행 중』 현시한다.

문47 운전 시격의 단축 방법이 아닌 것은?
① 도착선 상호 사용 ② 폐색구간의 길이를 확대
③ 구내 폐색신호기 설치 ④ 유도신호기 사용

문48 단선구간의 어느 역간에서 상행운전 시분이 6분, 하행운전 시분이 4분, 폐색취급 시분이 2분이고 선로의 이용률이 70[%]일 때 선로 용량은 몇 회인가?
① 74 ② 84 ③ 94 ④ 104

해설 $N = \dfrac{1,440}{T+C} \times f$

문49 그림에서 C = 60[m], B = 1,000[m], L = 200[m], t = 1.64초이며, 열차 속도가 100 [km/h]이다. 최소 운전시격은 몇 초 인가?

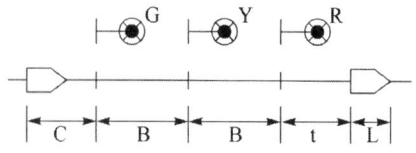

① 80 ② 81 ③ 82 ④ 83

정답 45. ③ 46. ① 47. ② 48. ② 49. ④

해설) 3현시 폐색 구간의 최소 운전 시격 $T_R = 3.6 \times \dfrac{2B+L+C}{V} + t$

또 폐색 구간의 길이(B)는 그 구간을 운행하는 열차의 제동거리와의 관계는 $B = b + R$ 이 된다. 여기서 B는 제동거리, R은 안전제동 여유거리

문 50 폐색구간에서 실제 운전할 수 있는 최대 총 열차회수를 정할 때 감안해야할 사항이 아닌 것은?
① 신호기 간격
② 신호현시 계통
③ 착·발선 수
④ 신호기 확인 거리

문 51 3현시 구간에서 열차사이의 최소 운전시격 T_R[sec]을 구하는 계산식으로 옳은 것은?
(단, B : 폐색구간의 길이[m], L : 열차의 길이[m], C : 신호현시 확인에 요하는 최소거리[m], t : 선행 열차가 1의 신호기를 통과할 때부터 3의 신호기가 진행신호를 현시할 때까지의 시간[sec], V : 열차속도[km/h]이다.)

① $T_R = \dfrac{V}{3.6(2B+L+C)} + t$
② $T_R = \dfrac{2B+L+C}{V} + t$
③ $T_R = \dfrac{V}{2B+L+C} + t$
④ $T_R = \dfrac{3.6(2B+L+C)}{V} + t$

문 52 3현시 구간의 최소 운전시격 $T_R = \dfrac{3.6(2B+L+C)}{V} + t$로 표시된다.
이 중 신호현시 확인에 요하는 최소거리[m])에 해당하는 것은?
① B
② L
③ C
④ V

해설) B : 폐색구간의 길이[m], L : 열차의 길이[m], C : 신호현시 확인에 요하는 최소거리[m], t : 선행 열차가 1의 신호기를 통과할 때부터 3의 신호기가 진행신호를 현시할 때까지의 시간[sec], V : 열차속도[km/h]이다.

문 53 3현시 자동폐색구간의 폐색구간 길이 1[km], 열차의 길이100[m], 신호현시 확인에 요하는 최소거리 50[m], 선행 열차가 1의 신호기를 통과할 때부터 3의 신호기가 진행 신호를 현시할 때까지의 시간 2.6[sec], 열차속도100[km/h]이다. 최소운전시격은?
① 20초
② 40초
③ 80초
④ 160초

해설) 최소 운전시격 $T_R = \dfrac{3.6(2B+L+C)}{V} + t$

정답 50. ③ 51. ④ 52. ③ 53. ③

54 연동폐색구간의 폐색 계전기 동작전원을 송전하는 곳은?
① 열차를 보내는 역　　② 역에서 가까운 건널목 전원
③ 열차를 받는 역　　　④ 중간폐색 기구함 단자

55 연동폐색장치에 대한 설명으로 옳은 것은?
① 폐색구간에 열차 또는 차량이 없을 경우 폐색취급을 하여도 수속이 되지 않아야 한다.
② 폐색취급 후가 아니면 장내신호를 취급할 수 없다.
③ 신호기와 연동시켜 신호현시와 폐색취급을 단일화 한 방식이다.
④ 연동폐색 승인을 요구 할 때 전원은 반드시 출발역의 전원에 의해 승인한다.

56 연동폐색장치에 대한 설명 중 옳지 않은 것은?
① 상대역장과 폐색취급을 한 후 출발신호기에 진행신호를 현시할 수 있다.
② 상대역장과 폐색취급을 한 후 장내신호기에 진행신호를 현시할 수 있다.
③ 역간 궤도회로는 구성되지 않아도 된다.
④ 전기연동장치와 기계연동장치에 사용 할 수 있다.

57 다음 중 정거장 진입 시 운전시격을 단축시키는 방법으로 사용되는 것은?
① 도착선의 상호 사용　　② 사구간 보완회로 구성
③ 송전단축의 전압 증대　　④ 신호현시 감소

58 역간 열차 평균 운전시분이 4.5분이고 폐색취급 시분이 1.5분일 경우 선로 이용률이 0.8인 단선구간의 선로용량은 얼마인가?
① 192회　　② 240회
③ 300회　　④ 384회

해설) $N = \dfrac{1,440}{T+C} \times f$

59 궤도회로에 의하여 자동적으로 폐색이 이루어지는 방식은?
① 통표폐색식　　② 자동폐색식
③ 대용폐색식　　④ 연동폐색식

정답　54. ③　55. ③　56. ②　57. ①　58. ①　59. ②

문 60 다음 폐색방식 중 복선구간에 사용하는 폐색방식이 아닌 것은?
  ① 지도통신식 ② 자동폐색식
  ③ 차내신호폐색식 ④ 연동폐색식

문 61 연동폐색식에 대한 설명으로 옳은 것은?
  ① 열차가 도착 후 개통압구를 누르고 상대역에서 출발압구를 누르면 개통 수속이 된다.
  ② 폐색구간에 열차 또는 차량이 없을 경우 폐색취급을 하여도 수속이 되지 않아야 한다.
  ③ 폐색취급 후가 아니면 장내신호를 취급 할 수 없다
  ④ 출발신호기는 내방의 짧은 구간의 궤도회로에 의하여 신호현시가 제어되고 비보류신호기로 한다.

문 62 최소 운전시격을 단축하여 선로 이용률을 높이기 위한 방법으로 틀린 것은?
  ① 속도 가감이 용이한 고성능 동력차를 사용하여 제동 거리를 짧게 한다.
  ② 열차의 정차시분을 단축한다.
  ③ 선행열차가 1번 선에 도착하면 후속열차는 2번 선에 도착 할 수 있도록 도착선을 2개 이상 설치한다.
  ④ 열차 운행이 빈번한 구내에서는 열차가 장내신호기 외방에 정지하도록 설비한다.

문 63 운전시격의 단축방안으로 볼 수 없는 것은?
  ① 도착선을 상호 사용할 수 있도록 신호설비 설치
  ② 선로전환기 상호 쇄정
  ③ 구내 폐색신호기 건식
  ④ 가속도와 감속도가 큰 고성능 동력차 사용

문 64 연동폐색구간의 도중분기 측선에서 관리역으로 들어오는 열차를 운전시킬 때 폐색방식은?
  ① 지도식 ② 지도통신식
  ③ 연동폐색식 ④ 자동폐색식

  해설 〈연동폐색장치의 기능〉
  열차를 출발시키는 정거장과 상대 정거장과의 폐색수속을 한 후에만 출발신호기를 현시할 수 있도록 전기적으로 쇄정하여야 한다.

정답 60. ① 61. ① 62. ④ 63. ② 64. ③

문 65 자동폐색구간에서 정거장 내 본선을 구내폐색신호기로 분할하는 이유는?
① 장내신호기의 정지신호가 절대 신호이기 때문
② 장내신호기가 5위식으로 현시되기 때문
③ 다른 폐색방식 보다 폐색구간의 길이가 짧기 때문
④ 항상 열차를 개통시킬 수 있도록 본선을 개통시켜야 하기 때문

문 66 연동폐색장치의 구비조건으로 옳지 않은 것은?
① 폐색취급 전이라도 출발신호를 현시 할 수 있다.
② 폐색장치와 출발신호기 간에는 상호 쇄정 되어야 한다.
③ 상대가 되는 폐색리버 상호간에는 쇄정 되어야 한다.
④ 폐색구간에 열차가 있을 경우 폐색취급은 불가능하다.

(해설) 연동폐색장치에서 출발신호기는 폐색취급 후가 아니면 출발신호를 현시할 수 없다

문 67 자동폐색방식에서 열차가 통과하면 계속적으로 전압안정기 또는 송신기가 소손된다. 점검해야 할 항목은?
① 레일 접지
② 레일 절손
③ 절연 레일
④ 입력 전원

(해설) 레일이 절손되면 불평형이 발생하여 귀선전류가 궤도회로에 유입된다.

문 68 자동폐색구간 경계에 설치하는 신호설비가 아닌 것은?
① 열차정지표지
② 출발신호기
③ 장내신호기
④ 출발신호기 반응 표지

문 69 자동폐색구간에서 다른 3가지와 주파수 송전방향이 다른 것은?
① 신호기 고장표시
② 궤도점유 표시
③ 궤도회로 송전
④ ABS 주전원

(해설) 궤도회로 송전과 신호제어 및 신호기 고장표시는 출발역 쪽으로 궤도점유 표시는 도착역 쪽으로 송전한다.

정답 65. ④ 66. ① 67. ② 68. ④ 69. ②

70 1 폐색구간의 최대 허용 열차 수는?

① 2개 열차 ② 4개 열차
③ 1개 열차 ④ 8개 열차

71 폐색구간에 의하여 열차를 운전하는 것은?

① 시간간격법 ② 공간간격법
③ 폐색간격법 ④ 통신간격법

72 반대방향의 열차에 대해서는 인접역간이 폐색구간이 되고 후속 열차에 대해서는 폐색신호기에 의해 폐색구간이 분할되는 폐색방식은?

① 복선연동폐색식 ② 단선연동폐색식
③ 복선자동폐색식 ④ 단선자동폐색식

해설 단선자동폐색식은 대향열차와의 안전을 유지하기 위하여 방향쇄정회로를 설치하여 이 회로를 취급하지 않으면 폐색신호기는 정지신호를 현시하게 된다.

73 다음 중 폐색방식의 설명으로 옳지 않은 것은?

① 1 폐색구간에 1개 열차만을 운행 하도록 하는 방식이다.
② 상용폐색, 대용폐색, 폐색준용법으로 구분한다.
③ 자동폐색방식은 복선 구간에서만 사용 한다.
④ 대용폐색방식은 선로개량 등 상용폐색을 시행이 곤란할 때 사용 한다.

74 다음 중 단선 자동폐색방식의 설명으로 옳지 않은 것은?

① 후속 열차에 대해서는 폐색신호기에 의해 폐색구간이 분할된다.
② 폐색 취급시 반대방향의 출발신호기는 진행을 현시한다.
③ 폐색정자가 있다.
④ 인접역간에 방향 정자가 있다.

해설 폐색취급 시 반대방향의 출발신호기는 방향계전기에 의해 정지 현시

정답 70. ③ 71. ② 72. ④ 73. ③ 74. ②

문75 단선구간에서 폐색신호기 설치에 관한 설명 중 옳은 것은?
① 역간 거리가 멀고 선로 용량이 문제가 되는 경우 필요 수만큼 설치한다.
② 곡선 등 투시거리 등을 고려하여 필요 수만큼 설치한다.
③ 역간 상, 하 각 1기를 원칙으로 한다.
④ 역간 상, 하 각 2기를 원칙으로 한다.

문76 자동폐색신호기의 기능 중 옳지 않은 것은?
① 폐색구간에 있는 해당 선로전환기가 정당한 방향에 있지 않을 때 정지 현시
② 다른 선로에 있는 열차가 차량접촉한계 표지를 침범해 있을 경우 주의 현시
③ 폐색장치에 고장이 생겼을 때 정지 현시
④ 전방 궤도회로 구간에 열차 또는 차량 점유 시 정지 현시

문77 자동폐색신호기에 정지신호가 현시 되었다. 잘못된 것은?
① 폐색구간에 있는 해당 선로전환기가 정당한 방향에 개통되어 있을 경우
② 다른 선로에 있는 열차가 차량접촉한계 표지를 침범해 있을 경우
③ 폐색장치에 고장이 생겼을 때
④ 전방 궤도회로 구간에 열차 또는 차량 점유 시

문78 복선자동폐색구간의 선로용량과 관계없는 것은?
① 선로 이용률
② 폐색취급 시분
③ 운전 시격
④ 저속, 고속 열차 횟수 비

(해설) 폐색취급 시분은 단선구간 적용

문79 단선자동폐색구간의 선로용량과 관계없는 것은?
① 선로 이용률
② 폐색취급 시분
③ 운전 시격
④ 저속, 고속 열차 횟수 비

(해설) 고속 열차 횟수 비는 복선구간 적용

정답 75. ③ 76. ② 77. ① 78. ② 79. ④

문 80 다음 폐색방식 중 단선, 복선구간에 공용하는 폐색방식은?
① 지도통신식
② 차내신호폐색식
③ 통표폐색식
④ 연동폐색식

문 81 다음 중 폐색방식에 의하여 열차를 운전할 수 없는 경우의 열차운전 방식은?
① 상용폐색방식
② 대용폐색방식
③ 폐색준용법
④ 관제사 승인 운전

문 82 열차가 정지하기위하여 제동을 시작하였을 때의 열차속도가 72[km/h], 공주시간이 5초일 때 공주거리는 몇 [m]인가?
① 100[m]
② 250[m]
③ 360[m]
④ 400[m]

(해설) $L = TV = 5[\sec] \times \dfrac{72 \times 10^3[m]}{3600[\sec]} = 100[m]$

문 83 복선용 자동폐색구간에서 사용되는 주파수 카드 중 폐색제어에 사용되는 주파수는 몇 개인가?
① 2개
② 3개
③ 4개
④ 5개

문 84 자동폐색장치의 개통표시설비에 대한 설명으로 옳지 않은 것은?
① 출발신호기가 방호하는 폐색구간은 정거장 내의 선로전환기를 설비한 궤도회로를 포함한다.
② 출발신호기가 방호하는 폐색구간의 궤도회로에 열차가 없을 때에 한해서 점등된다.
③ 출발신호기를 설치하지 않는 경우는 제외 할 수 있다.
④ 복선구간의 정거장에는 개통표시등을 설치한다.

(해설) 복선구간의 정거장에는 개통표시등을 설치한다. 다만 출발신호기를 설치하지 않는 경우는 제외 할 수 있다. 개통표시등은 출발신호기를 현시한 후 방호하는 폐색구간의 궤도회로에 열차가 없을 때에 한해서 점등된다.

정답 80. ④ 81. ③ 82. ① 83. ② 84. ①

85 방향취급버튼의 구비조건에 대한 설명으로 옳지 않은 것은?

① 폐색신호기의 신호현시는 방향취급버튼의 조건에 따라 제어된다.
② 상호 상대하는 방향취급버튼은 상호간에 연쇄되어야 한다.
③ 최외방의 출발신호기는 비보류쇄정 또는 접근쇄정을 설비한다.
④ 방향취급버튼과 출발신호기는 상호연쇄 되어야 한다.

해설 〈단선구간의 폐색장치 기능〉
· 방향쇄정 회로는 단선자동폐색식에서 대향열차와의 안전을 유지하기 위해 설치한다.
· 최외방의 출발신호기는 보류쇄정 또는 접근쇄정, 진로쇄정을 설비한다.

정답 85. ③

철 / 도 / 신 / 호 / 문 / 제 / 해 / 설

Chapter  05

연동장치

5장 연동장치

5.1 개요

신호설비에서 연동관계란 신호기와 신호기 상호간, 신호기와 선로전환기 상호간, 선로전환기와 선로전환기 상호간, 이들 장치와 궤도회로와의 상호관계를 말하고 이러한 연동관계를 기계나 전기적 혹은 전자기기로 행하는 장치를 연동장치(連動裝置)라 한다.

5.2 기본구성

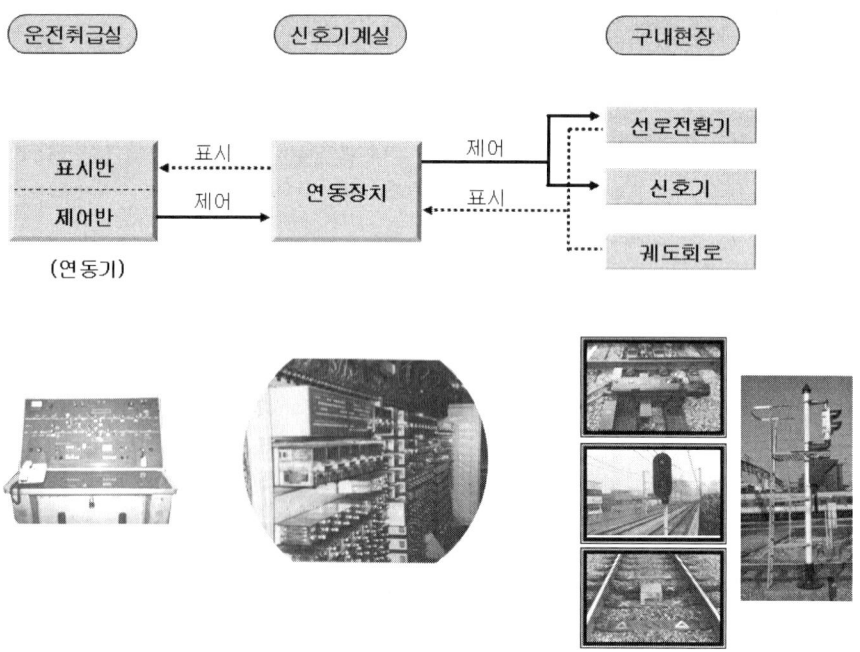

그림 5.1 연동장치의 기본구성

5.3 연동장치의 종류

5.3.1 운영방식에 의한 종류

연동장치는 신호기와 선로전환기 등을 제어하고 조작하는 방법에 따라 제 1종과 제 2종으로 나누어지고 동력의 종류에 따라 분류되기도 한다.

1 제 2종 연동장치

신호기 등은 집중한 조작반 정자에 의해 제어되고 선로전환기는 현지에서 인력으로 직접 전환하는 연동장치로 구성된 것을 말한다. 현재는 거의 사용하지 않고 있다.

2 제 1종 연동장치

현재와 같이 모든 신호기와 선로전환기 등이 한 곳에 집중한 정자에 의해 조작되는 연동장치이다.

5.3.2 기기 재원에 의한 종류

연동장치의 기기 재원은 기계방식에서 전기 방식, 계전방식, 전자방식 등 시대적 흐름에 따라 분류된다.

1 기계연동장치

신호기와 선로전환기 등이 철사나 철봉으로 연결되어 인력으로 조작되고 연동은 이에 상당하는 각 철막대(바)와 쇄정편 고마로서 서로 크로스 (Cross)방식으로 연쇄하는 연동장치이다.

2 전기연동장치

전기회로망의 스위칭(Switching)방식으로 연쇄하는 연동장치로서 전기와 인력을 병행한 동력을 사용한다.

③ 전공연동장치

연동을 위한 논리회로는 주로 계전기에 행해지고 선로전환기 전환동력은 압력공기를 이용한 것이다.

④ 계전연동장치

연동을 위한 소자는 완전히 계전기로서 논리회로를 구성하고 전기선로전환기를 사용한 연동장치를 말하며 최근까지 가장 많이 사용하는 장치이다.

⑤ 전자연동장치

전자소자나 컴퓨터에 의해 Soft-Ware화한 연동장치를 말한다.

5.3.3 연동기에 의한 종류

연동기란 신호조작기기를 말하며 진로를 설정하기 위해 신호기와 선로전환기정자를 개별로 각각 조작하는 방법과 신호정자 하나로 선로전환기와 신호기가 총괄 제어되는 방법 등이 있다.

① 단독정자식(單獨挺子式 : Independent Lever Type)

진로를 설정하기 위해 먼저 해당 진로의 선로전환기를 하나하나 단독정자로 개통하고 해당 신호정자를 취급하는 방식이다.

② 진로정자식(進路挺子式 : Route Lever Type)

진로정자식은 계정연동기의 신호정자에 의해 진로상의 각 선로전환기를 동시에 전환하여 진로를 구성하는 방식이다.
이 방식은 각 진로마다 정자가 하나씩 있기 때문에 큰 구내에서는 많은 정자로 인한 정자 구별이 난해하여 비교적 간단한 구내에 사용한다.

③ 진로선별식(進路選別式 : Selective Route Type)

진로수가 많은 대규모의 정거장 구내에서 진로정자식을 사용하면 신호정자의 수가 많아져 취급이 복잡해지므로 이것을 간소화하고 확실하게 진로를 구성할 수 있는 진로선별식이 사용되고 있다.

이 방식은 출발하는 지점과 도착하는 지점에 설치된 정자(압구)를 선로 배선도상에 위치하여 직접 선택 조작하기 때문에 오 취급 가능성이 거의 없어 복잡하고 큰 구내에 많이 사용된다.

5.4 쇄정과 연쇄

5.4.1 연쇄의 의의

연쇄(chain interlock)는 정거장 구내에서 열차의 도착, 출발 혹은 차량의 입환 등 복잡한 작업을 하는 경우 관계있는 신호기, 입환표지 및 선로전환기 등의 기기 상호간에 일정한 순서에 의해 직접 또는 간접으로 서로 쇄정 관계를 갖도록 하는 것이다. 이와 같이 신호기, 입환표지 및 선로전환기 등을 전기적, 기계적으로 동작하지 않도록 잠금장치를 하는 것을 쇄정(Lock)이라 말하며 기기 상호간 일정한 순서에 의해서만 동작하도록 한다. 여기에는 정위쇄정, 반위쇄정, 조건부쇄정, 정, 반위 쇄정이 있다.

5.4.2 연쇄의 기준

1 신호기 상호 간의 연쇄

신호기 상호 간에 연쇄를 하지 않고 열차를 운전하게 되면 중대사고가 일어나기 때문에 상호 연쇄를 하여야 한다. 신호기 상호간, 신호기와 입환표지 간 또는 입환표지 상호 간에 연쇄를 하여야 한다.

2 신호기와 선로전환기 간의 연쇄

신호기와 선로전환기 사이의 연쇄는 신호기의 진로에 대한 선로전환기를 정당한 방향으로 전환되고 쇄정할 뿐만 아니라 진로 외의 선로전환기에 있어서도 다른 열차 또는 차량이 진입할 우려가 있는 선로전환기는 위험이 없는 방향으로 신호기와 연쇄 관계를 구성하여야 한다.

③ 선로전환기 상호 간의 연쇄

선로전환기를 취급한다는 것은 전환된 방향으로 열차를 운전한다는 것이므로 이 선로전환기와 근접하고 있는 다른 선로전환기가 정위 또는 반위로 있지 않으면 안 되는 것이 있다.
　이와 같은 경우 취급버튼을 집중하여 선로전환기에 연쇄를 붙여서 오취급의 위험을 방지한다.

5.4.3 쇄정방법

1 전기쇄정법

열차 안전 운행상 신호기와 선로전환기 사이에 전기적인 방법에 의하여 쇄정이 이루어지는 것을 전기쇄정법(electric locking)이라 한다.
　전기적인 쇄정법의 활용에 따라 쇄정 범위도 증대되고 열차의 유·무와 신호기, 선로전환기 등이 관련된 궤도회로를 전기쇄정법에 적용함으로써 획기적인 보안도의 향상을 기대하게 되었다.
　계전기의 동작에 의하여 쇄정을 하는 전기연동방식은 여러 가지 종류의 전기쇄정법을 조합하여 응용한 것이다.

1) 철사쇄정

철사쇄정(detector locking)이라 함은 선로전환기가 있는 궤도회로를 열차가 점유하고 있을 때 그 선로전환기를 전환할 수 없도록 하는 것을 말하며 다음의 선로전환기에는 철사쇄정을 한다.

① 전기선로전환기
② 전기(전자)연동장치에서 본선과 측선의 중요한 선로전환기

2) 진로쇄정

진로쇄정(route locking)이라 함은 열차가 신호기 도는 입환신호기에 진행을 지시하는 현시에 의해 그 진로에 진입하는 경우 관계 선로전환기가 있는 모든 궤도회로를 통과할 때까지 그 진로를 쇄정하는 것을 말하며 다음 구간의 신호기와 입환신호기에는 진로쇄정을 한다.

① 자동구간
② 진로 내에 전기선로전환기를 설비한 비자동구간

3) 진로구분쇄정

진로구분쇄정(sectional route locking)이라 함은 열차가 신호기 또는 입환신호기에 진행을 지시하는 신호현시에 의해 그 진로에 진입하였을 경우 관계 선로전환기 등을 전환할 수 없도록 쇄정하고 열차가 선로전환기가 설치된 궤도회로구간을 통과하였을 경우에 그 궤도회로 내의 선로전환기를 해정하는 설비를 말한다.

4) 접근쇄정

접근쇄정(approach locking)이라 함은 다음과 같은 경우 해당 진로의 선로전환기 등을 전환할 수 없도록 하는 것을 말한다.

① 신호기에 진행을 지시하는 신호를 현시하고 신호기의 외방(바깥쪽) 일정구간에 열차가 진입하였을 경우
② 열차가 신호기의 외방 일정구간에 진입하고 나서 신호기에 진행을 지시하는 신호를 현시하였을 때
③ 접근쇄정의 해정시분은 다음과 같이 설정한다.
  - 장내신호기 90초 ± 10[%]
  - 출발신호기, 입환신호기(입환표지 포함) 30초±10[%]

5) 보류쇄정

보류쇄정(stick locking)이라 함은 신호기 또는 입환표지에 일단 진행을 지시하는 신호를 현시한 후 열차가 그 신호기 또는 입환신호기의 진로에 진입하든가 또는 신호기 외방(바깥쪽) 접근궤도에 열차의 점유 유·무에 관계없이 신호기나 입환신호기에 정지신호를 현시한 후 상당 시분이 경과할 때까지 진로 내의 선로전환기 등을 전환할 수 없도록 하는 것을 말하며 접근쇄정을 시행하지 않는 경우에는 보류쇄정을 설비한다. 그리고 보류쇄정의 해정시분은 접근쇄정의 해정시분에 준한다.

6) 시간쇄정

시간쇄정(time locking)이라 함은 갑과 을의 취급버튼 상호간에 쇄정하는 갑의 취급버튼을 정위로 복귀하여도 을의 취급버튼은 일정 시간이 경과할 때까지 해정되지 않는 것을 말하며 다음의 선로전환기 등에는 필요에 따라 시간쇄정을 설비한다.

① 진로 내의 선로전환기로 진로쇄정을 설비할 수 없는 선로전환기
② 진로 내의 선로전환기가 열차도착 전 해정될 수 있는 선로전환기
③ 과주여유거리내의 선로전환기

7) 폐로쇄정

폐로쇄정(closed circuit locking)이라 함은 출발신호기와 입환신호기를 소정의 위치에 설비할 수 없는 경우 열차 및 차량정지표지에서 출발신호기와 입환신호기까지의 궤도회로 내에 열차가 점유하고 있을 때 취급버튼을 정위로 쇄정하는 것을 말한다.

8) 표시쇄정(表示鎖錠 : Indication Locking)

표시쇄정은 정지정위인 신호기가 정지로 복귀되어 그 표시가 확인될 때까지 관계진로가 쇄정되는 것 또는 선로전환기 취급버튼을 정위에서 반위로 또는 반위에서 정위로 할 때 해당진로의 신호기 정지(정위) 표시계전기가 낙하 할 때에는 선로전환기를 정위 또는 반위로 전환할 수 없도록 하는 쇄정을 말한다.

9) 조사쇄정(照査鎖錠 : Check Locking)

신호취급소가 다른 개소에서 열차상호간 지장하지 않도록 정자들 간에 연쇄관계를 하는 쇄정이다.

5.5 계전기

5.5.1 계전기의 구조

계전기(relay)는 신호장치에서 뿐만 아니라 각 분야에서 여러 가지 목적으로 사용되는데 이것은 신호보안설비에 없어서는 안 될 매우 중요한 역할을 하는 것이다.

계전기란 전자석이나 트랜지스터를 이용하여 전기적인 중계 작용을 하는 전동식 스위치장치로써 일반적으로 작은 입력 전류 변화에 의하여 주회로의 차단이나 접속을 변화시키는 것을 말한다. 이와 같은 역할을 하기 위하여 1차 회로의 전류로 동작하는 부분과 1차 회로의 동작에 따라 2차 회로를 개폐하는 접점을 구비해야 한다.

제어할 기기에 대전류를 흘려야 할 경우에는 큰 전압강하가 발생하므로 비경제적이나 계전기를 사용하면 기기가 있는 현장에서 계전기를 동작시킬 수 있는 작은 전원만 있으면 되므로 전력손실이 매우 적어 경제적이다.

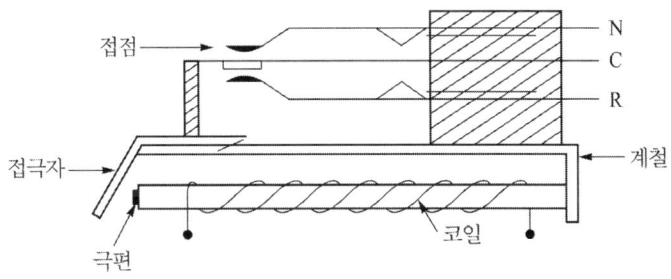

그림 5.2 계전기의 구조

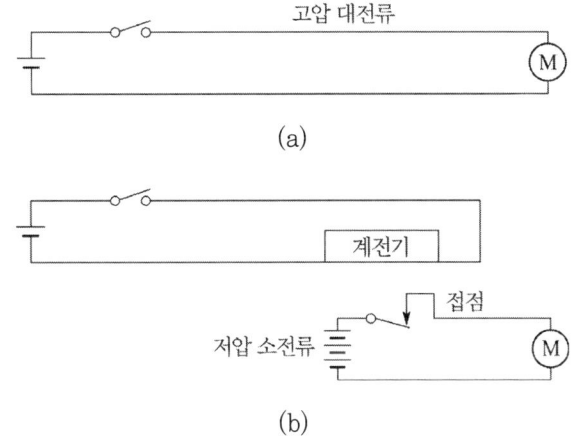

그림 5.3 계전기 이용법

5.5.2 신호용 계전기의 종류

신호용 계전기에는 직류전원으로 동작하는 직류계전기와 교류전원으로 동작하는 교류계전기가 있다.

직류계전기는 여자전류의 유·무로써 단순히 동작하는 무극계전기와 여자전류의 극성에 따라서 +, -, 무전류의 3위식으로 동작하는 유극계전기가 있다. 교류계전기는 가동 플레이트에 생기는 와전류를 이용하여 플레이트를 회전시켜서 접점을 움직이는 방식의 계전기로서 여자전류의 유·무에 의해 단순히 동작하는 1원형과 2조의 코일을 갖고 양 코일의 여자전류의 위상차로 3가지 위치에서 동작하는 2원형이 있다.

표 5.1 신호용 계전기의 종류

계 전 기	종 류
직류계전기	유극계전기 무극계전기
교류계전기	1원형계전기 2원형계전기

5.5.3 계전기의 기본회로

계전기는 논리회로를 구성하는 주요한 기기로서 계전기의 기능, 논리회로 및 기본 결선방법은 다음과 같으며, 계전기의 접점 표기법은 전기연동장치의 결선도에 사용하고 있는 표기법으로 일반 전기심벌과 같은 목적으로 사용되는 접점 표기 방법이다.

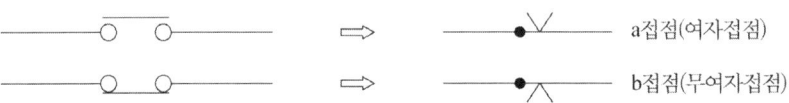

그림 5.4 계전기의 접점 표기법

1 계전기의 심볼

전기계전연동장치의 결선도를 그릴 때에는 계전기의 기능과 특성에 맞는 심볼로 표기하여야 한다. 이 계전기의 심볼은 전기계전연동장치의 제작사 또는 국가에 따라 표기방법이 다르다.

표 5.2 신호용 계전기의 심볼

계전기 심볼	계전기 이름	비고
	직류 무극선조계전기	삽입형
	직류 무극선조계전기(중 접점)	삽입형
(B-2)	직류 선조계전기(바이어스)	삽입형
	직류 완방계전기	삽입형

계전기 심볼	계전기 이름	비고
(10SEC)	직류 시소계전기(완방 10초)	삽입형
	직류 유극3위계전기	삽입형
	직류 자기유지계전기	삽입형
(2SEC)	직류 시소계전기(완동 2초)	삽입형
(30 OR 60SEC)	시소계전기(30 또는 60초)	삽입형
(LV)	교류 저전압검지계전기	삽입형
(2-2) Q	교류 궤도계전기(2원 2위)	삽입형
(0.5SEC)	직류 완동계전기(0.5초)	삽입형
(AC)	교류 소형계전기	삽입형

5.6 전기(계전)연동장치

5.6.1 진로정자식

① **설비 개요**

진로정자식은 매 진로마다 정자가 설치되어 복잡한 구내는 많은 정자수 관계로 해당진로의 정자설정에 혼돈 우려가 있는 것이 결점이나 보안상에는 아무 문제가 없다. 진로선별식에 비해 설비 규모가 작고 경제적이므로 작은 구내에 많이 사용되어 왔으나 최근에는 구내의 대소 규모와 관계없이 진로선별식을 채택하고 있는 실정이다.

② 신호제어 개요

진로정자식이나 진로선별식은 정자 취급과정 이외는 선로전환제어, 접근쇄정, 진로쇄정, 신호제어등의 회로가 모두 동일하다.
그러나 진로정자식에서는 신호기마다 고유의 진로정자를 보유하여 진로설정회로가 각각 독립되어 있다.

③ 전기회로 종류

1) 정자반응계전기회로

조작자가 직접 정자를 선택하고 조작하여 필요한 진로설정을 요구하는 입력회로로서 각 신호정자마다 개별 진로를 내포하고 있어 그에 상당하는 계전기를 정자반응계전기 혹은 진로설정계전기 회로라 한다. 해당 정자의 진로와 이 진로를 대향하거나 지장하는 정자계전기간 상호 연쇄하여, 선 취급한 진로가 다른 진로의 설정을 방지하도록 쇄정한다.
또한 해당진로의 선로전환기 개통방향을 기억하여 선로전환 제어계전기를 제어한다.

2) 전철제어계전기회로

정자반응계전기가 설정하는 방향에 따라 선로전환제어계전기가 동작하여 현장 선로전환기를 전환시키고 진로가 확보되어 있는 동안에는 선로전환기를 더 이상 전환하지 못 하도록 쇄정하는 회로이다.

3) 전철표시계전기회로

선로전환표시란 현장 선로전환기가 어느 방향(정위 혹은 반위)으로 되어있는가를 알려주는 단순한 회로이나, 실제 기능은 취급자가 제어한 방향과 현장 선로전환기가 전환된 방향이 일치하는가를 조사하는 회로이다.

4) 접근쇄정계전기회로

열차가 진입신호에 접근 중 신호를 취소하여도 일정한 시간동안 방호구역의 선로전환기를 쇄정하도록 한 회로이다.

5) 진로쇄정계전기회로

열차가 신호현시에 의하여 그 진로에 진입하여 목적지까지 완전히 통과할 때까지 그 진로를 쇄정하고 열차가 목적지에 완전히 도착하면 해당진로를 해정하는 회로이다.

6) 신호제어회로

이상의 모든 과정이 정당하게 동작을 수행하고 진입하고자 하는 진로에 열차가 없으면 해당신호기가 진행신호를 현시하도록 하는 회로이다.

7) 열차감시 및 기타회로

각 연동역에는 열차운행과 신호상태를 감시하는 표시반이 있고 정거장에 입·출장하는 열차와 차량의 진로를 제어하는 제어반이 있으며, 표시회로는 열차점유표시, 선로전환기 상태표시, 진로선별등 표시, 신호현시표시 및 기타 경보회로 등이 있다.

5.7 전자연동장치

5.7.1 전자연동장치의 기능

전자연동장치는 전기연동장치의 기능을 모두 갖추고 있으며 자동화 기능과 전기연동장치에 없는 기능이 부가되었다. 전기연동장치와 비교하여 기능이 다른 점은 다음과 같다.

① 열차의 진로를 자동설정할 수 있으며, 수동설정도 가능하다.
② 입환진로는 진로패턴번호로 자동설정되며 수동설정도 가능하다.
③ 자동진로제어에 필요한 배선도(diagram) 및 스케줄(schedule)을 내장하고 있기 때문에 배선도 작성 및 수정작업이 필요 없다.
④ 연동기능은 모두 소프트웨어(software)로 논리화되어 있다.
⑤ 선로변에서의 보수작업을 위해 안전을 확보하고 보수작업구역으로 자동 진로설정을 억제하기 위하여 선로 폐쇄 및 신호기기의 사용정지 등의 자료가 연동장치 내부에서 관리된다.
⑥ man-machine interface 기기로 판넬(panel)식이 아닌 표시제어반을 사용할 수 있다.
⑦ 열차의 진로 상황이나 열차운전계획 등의 운전정보를 역구내 어디서나 표시할 수 있다.
⑧ 연동장치 본체나 현장 신호기기의 동작을 감시하며 조작, 제어출력, 고장기록 등이 자동 분리되고 필요에 따라 이 기록들을 인쇄할 수 있다.

5.7.3 전기연동장치와 전자연동장치의 비교

표 5.3 전기연동장치와 전자연동장치의 비교

구분 \ 항목	전기연동장치	전자연동장치
하드웨어	• 대형, 중량 • 계전기랙 및 각 용도별 다량의 계전기를 설치하여 상호연동 또는 쇄정토록 결선	• 소형, 경량 • 연동장치반에 지역데이터가 내장된 해당 모듈들을 표준 콘넥터로 연결
운용체계	• 운용 중 기기 점검 불가능	• 시스템 동작 상태 및 신호 기능의 모듈 상태 변화를 자체 진단으로 감지하여 운용자 장치에 자동 기록하며 필요에 따라 데이터를 분석, 고장 진단 및 예방 점검이 가능
기 능	• 열차운전을 위한 최소한의 감시와 신호 설비의 제어	• 신호설비의 상태 감시와 제어 • 광범위한 시스템 자기 진단 기능 • 필요에 따라 스케줄에 의한 자동운행관리 • 승객에게 열차운행정보 제공
호환성	• 역구내 확장 또는 변경 시 자체 수급 및 설치에 많은 경비와 기간이 소요됨	• 역 조건의 변동에 따른 지역데이터 수정만으로 연동장치 계속 사용이 가능
제 어	• 현장의 모든 설비와의 연결은 다량의 케이블에 의거 매 회선별로 기계실과 연결하여 제어	• 현장의 모든 설비와는 데이터 전송을 집선화 함으로써 소량의 케이블로 제어
안전성 및 신뢰성	• fail-safe특성은 우수하나 특정계전기 한 개의 고장 시 전체 시스템의 고장으로 연결되며 고장 발견에 많은 시간이 소요됨	• 주요 부분이 다중화되어 있어 안전 운행에 필요한 신뢰성을 갖추고 있으며 이중 출력접속으로 모듈고장 시 시스템 운용에 영향 없이 모듈교체가 가능 • 고장메시지에 의한 장애발생 시간 및 위치 등을 정확히 알 수 있고 신속한 보수유지가 가능
시공 및 유지보수의 용이성	• 넓은 면적 소요 • 중량물 및 다량의 케이블 소요 • 절체시간 장시간 소요 • 부분개량 시 계전기랙 및 계전기 추가 설치하고 복잡한 결선으로 장시간 소요 • 회로구성 복잡으로 장애보수 지연	• 좁은 공간 설치 가능 • 절체시간 단시간 소요 • 부분개량 시 연동데이터 변경으로 단시간 소요 • 자체 진단기능 보유 • 예방점검 가능

5.7.4 전자연동장치의 구성

1 전자연동장치의 구성

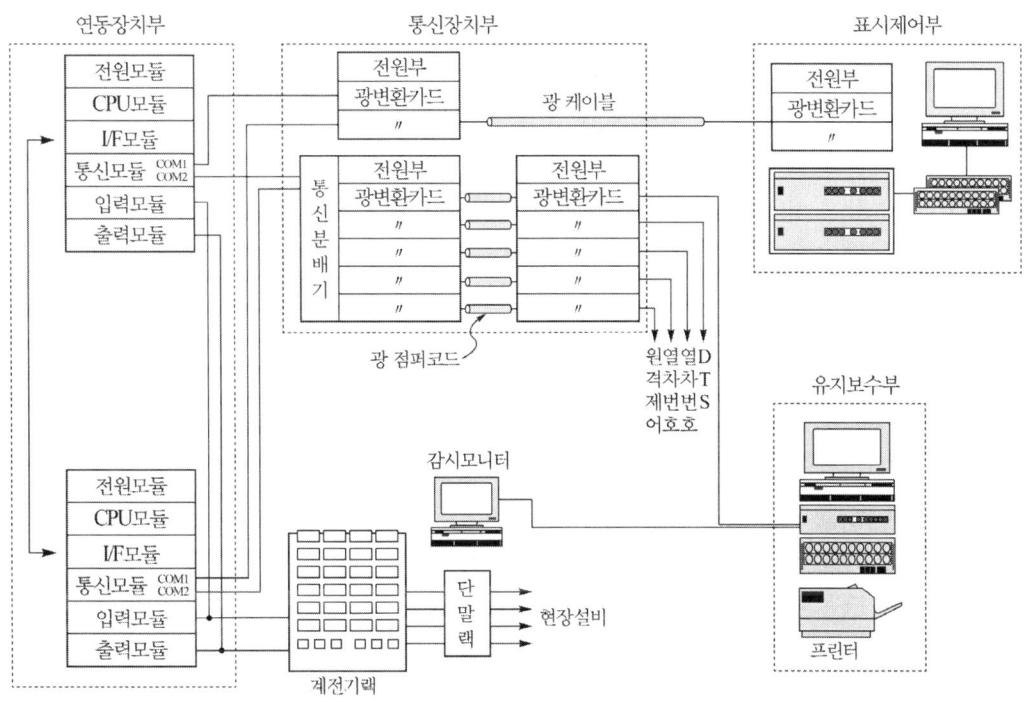

그림 5.5 전자연동장치 시스템 구성도

2 하드웨어

전자연동장치는 안전성과 신뢰성을 위해서 2중계로 설비하고 전차선 유도, 이상전압, 낙뢰 등 외부로부터 받을 수 있는 전기적 영향으로 인한 오동작 및 시스템 손상을 방지하기 위하여 연동장치부와 직접 통신을 하는 표시제어부는 광통신을 이용한다.

전자연동장치의 소프트웨어는 각 역에 공통으로 적용할 수 있도록 프로그램이 표준화되어 있고, 각 역의 고유기능은 데이터로 처리할 수 있다. 이와 같은 방법은 사용자에 관계없이 주어진 규칙에 따라 데이터를 입력함으로써 안전성과 신뢰성을 한층 더 높일 수 있게 된다.

1) 연동장치부
연동장치부는 하나의 서브랙에 전원모듈, CPU 모듈, 인터페이스 모듈, 입출력 제어모듈을 수용하여 기본 서브랙을 구성하고 기본 서브랙에 의하여 2중계로 구성한다.

2) 광통신부
표시제어부, CTC, 원격제어, 열차번호 송수신, 유지보수부 및 기타 외부장치와의 광통신을 하기 위한 장치이며, 주변장치와의 통신방식은 RS-422를 표준으로 한다.

3) 표시제어부
운전 취급자의 제어정보를 연동장치부에 전달하고 연동장치의 모든 상태를 표시하는 기능을 갖는다.

4) 유지보수부
유지보수부는 시스템 감시, 메시지 기록, 연동데이터의 변경 및 오류 검증, 상태재현, 각종자료 인쇄기능을 갖는다.

③ 소프트웨어

표 5-4 소프트웨어 구성

구성부	프로그램(S/W)	기 능	비 고
연동장치부	-	I/O입출력 제어, 연동처리	
	firmware+custom IC	메시지생성, 제어명령처리	
	-	계간 상태비교 및 절체처리	
유지보수부	표시용 S/W	역상태 및 메시지 표시	실시간 상태 표시
	데이터생성기 S/W	연동도표 및 역상태 화면편집	연동도표, 역상태 화면정보 및 기타시스템 정보 파일 생성
	메시지검색기 S/W	로깅데이터 검색 및 출력	프린터 설치
표시제어부	제어표시용 S/W	역상태 및 메시지 표시 역내 신호명령 제어	
	메시지검색기 S/W	로깅데이터 검색 및 출력	화면상태에서 검색확인

서술형 출제예상문제

문제 1. 연동 도표의 기재 사항을 열거하라.

답 연동도표는 원칙으로 1정차장을 1장으로 작성하고 다음 사항을 기재한다.
① 소속 선명 및 역명
② 배선 약도(기점 측을 좌측으로 한다)
③ 연동장치의 종류 및 구분(정자 취급소에 연동장치가 2종 이상 있을 경우, 그 종류 및 구분을 병기한다)
④ 연동도표
⑤ 작성 년, 월, 일 및 작성부 서명

문제 2. 단독 정자식 계전 연동장치에 대하여 간단히 설명하라.

답 단선 자동구간의 간이역에 있어서, 열차의 교행을 용이하게 하기 위하여 장내신호기로 안전측선의 선로전환기를 쇄정하지 않고 단독 취급으로 하여 쇄정하는 경우에 단독 정자식을 적용하면 유리하다. 단독 정자식 계전기 회로는 진로를 개통시키기 위하여 전철정자를 조작하여 선로전환기를 소정의 방향에 전환하므로, 진로 정자식과 같이 전환 방향을 지령하는 목적은 없고, 선로전환기가 진로의 방향에 개통되었음을 조사하는 회로이다.

열차가 운행할 진로를 설정하기 위하여 먼저 해당 진로의 선로전환기를 하나하나 단독 정자로 취급하여 개통진로를 확보한 후 해당하는 신호정자를 취급하는 방식이다.

문제 3
다음의 ( )속에 적당한 말을 기입하라.
계전 연동장치의 진로 선별 회로의 각 계전기의 설치 원칙은 다음 방법에 의한다.
(1) 진로 선별 계전기 CR은 (①)에 설치한다.
(2) 정위 전철 선별 계전기 (①)은 (②)에 설치한다.
(3) 반위 전철 선별 계전기 (①)은 전철기가 단동인 경우는 (②)의 회로에 설치한다. 쌍동의 경우 (③)도 좋으나, 좌행, 우행, 양 회로의 부하가 (④)되도록 하여야 한다. 그러나 일반적으로는 (⑤)에 있어서 (⑥)때는 우행회로에, (⑦)때는 좌행 회로에 설치하는 것이 바람직하다.

답
(1) ① 정위 배향 부분
(2) ① NR, ② CR과 동일 개소
(3) ① RR, ② NR과 반대 측, ③ 어느 쪽, ④ 균형, ⑤ 연동도표, ⑥ 선로우상, ⑦ 선로좌상

문제 4
다음 ( )속에 알맞은 말을 기입하라.
(1) 계전 연동 장치에 있어서 전철 제어 회로는 (①) 계전기 또는 (②) 계전기 등의 (③) 접점에 의해 전철기를 전환하는 목적과 (④) 계전기, (⑤) 계전기 등의 (⑥)에 의해 회로를 차단하여 전철기를 쇄정하는 목적을 갖고 있다. 또한 전철기의 전환은 전철 단독 정자의 조작에 의해서도 전환되는 형식으로 되어 있다.
(2) 전철 제어 회로에 있어서는 정자 계전기 또는 제어 계전기의 여자에 의해 (①)측이 끊겨 반드시 (②)에 전류가 흐르도록 되어있으므로 정자계전기의 Common 접점은 반드시 (③)에 두지 않으면 안 된다.

답
(1) ① 정자, ② 전철 선별, ③ 여자, ④ 진로 쇄정, ⑤ 궤도, ⑥ 낙하
(2) ① 낙하 접점, ② 부하 측, ③ 부하 측

문제 5. 진로선별회로에 대해서 설명하시오.

답) 진로선별회로는 전류방향에 따라 회로의 집합 부분은 선별이 성립되며 분기부분은 착점계전기가 동작된 후 순차적으로 선별이 삽입된다. CR(진로선별계전기)은 전원의 전류방향(B 전원→C 전원)에 대한 정위배향 부분에 설치한다. CR가 정위배향에 설치되므로 CR가 동작되면 집합되는 다른 선로(반위 측)의 전원유입을 차단시킨다. 선로전환기를 정위로 전환할 수 있는 정위전철선별계전기(NR)와 반위로 전환시키는 반위선별계전기(RR)가 있으며 이는 착점계전기가 동작되면 착점 측으로부터 순차적으로 출발점을 향하여 동작한다. NR은 CR과 동일개소에 설치하며, 2개의 선로전환기가 상호배향으로 인접하면 NR을 공용할 수 있다. 제어되는 방향의 CR은 동작조건이 필요하므로 각각 설치한다. RR은 단동의 경우 NR의 반대 측에, 쌍동은 좌, 우행부하를 감안하여 설치한다. 도착점 반응계전기는 진로 설정조작을 하였다는 것과 지장진로가 설정되지 않았다는 것을 말하며 여자접점을 사용하여 선로전환기의 전환 및 진로의 조사, 신호제어에 사용되고 있다.

문제 6. 전기 쇄정법에 대하여 설명하고, 전기 쇄정법에는 어떠한 것들이 있는지 종류를 열거하시오.

답) 1. 열차 운전의 안전상 신호기, 선로전환기 사이에 기계적 또는 전기적 방법에 의한 여러 가지 쇄정이 이루어진다. 이 중에서 전기를 사용하여 연쇄가 이루어지는 방법을 전기 쇄정법(ELECTRIC LOCKING)이라 한다.

과거에는 전철 정자 또는 신호 정자 상호간의 연쇄를 취급자에 의하여 기계적인 방법으로 하였으나, 전기적인 쇄정법의 활용에 따라 연쇄 범위도 증대되고, 열차의 유무와 신호기, 전철기 등이 관련된 궤도회로를 전기 쇄정법에 적용함으로서 획기적인 보안도의 향상을 기대하게 되었다.

계전기의 동작에 의하여 쇄정을 하는 계전 연동 방식은 여러 가지 종류의 전기 쇄정법을 조합하여 응용한 것이다.

2. 종류
① 조사쇄정　　　② 철사쇄정
③ 표시쇄정　　　④ 진로쇄정
⑤ 진로구분쇄정　⑥ 접근쇄정
⑦ 보류쇄정　　　⑧ 폐로쇄정
⑨ 시간쇄정

문제 7

철사쇄정이란 무엇이며, 철사쇄정의 효과를 설명하고 철사쇄정을 하는 전철기는 어떤 것이 있는지 열거 하시오.

답

1. 철사쇄정

   철사쇄정(DETECTOR LOCKING)이란, 선로전환기를 포함하는 궤도회로 내에 열차가 있을 때, 이 열차로 인하여 선로전환기가 전환하지 않도록 쇄정 하는 것을 말한다. 철사 쇄정은 궤도회로 조건으로 선로전환기의 전환을 통제하는 것으로서, 기계 신호의 철사 간에 해당하는 것이다.

2. 효과
   ① 선로전환기에 철사 간을 설치할 필요가 없으므로, 조작이 쉽고 신속하므로 노력이 적게 든다.
   ② 철사 간은 설비 거리는 일정 하지만, 궤도회로는 어떠한 범위에도 유용하게 설치할 수 있다.
   ③ 궤도회로에 열차가 진입하면 정자가 쇄정하므로 선로전환기의 도중 전환을 충분히 방지할 수 있다.
   ④ 장치에 고장이 생겼을 경우에는 안전 측으로 정자를 쇄정 한다.

3. 철사쇄정을 설치하는 선로전환기
   ① 동력 선로전환기
   ② 제 1종 연동장치의 본선 및 측선의 중요한 선로전환기
   ③ 제 2종 연동장치의 정자 집중 장치로 되어 있는 본선 선로전환기
   ④ 취급자로부터 투시가 곤란한 선로전환기

문제 8
진로쇄정이란 무엇이며 진로쇄정과 철사쇄정을 비교하고 진로구분쇄정에 대하여도 설명하시오.

답

1. 진로쇄정(ROUTE LOCKING)이란, 열차가 신호기 또는 입환 신호기의 진행 신호 현시에 따라 그 진로에 진입 하였을 때 관계 선로전환기를 포함하는 궤도회로를 통과할 때까지 열차에 의하여 선로전환기를 전환할 수 없도록 쇄정하는 것을 말한다. 여기에는 신호정자에 진로쇄정을 하고, 간접적으로 전철 정자를 쇄정하는 방법과 직접 전철 정자를 쇄정하는 방법 등이 있다.

2. 진로쇄정은 철사쇄정 만으로는 충분한 목적을 달성할 수가 없을 경우에 설치하는 것이다. 철사쇄정은 단순히 열차의 바로 밑에 있는 선로전환기만을 방호하는 것이지만, 진로쇄정은 열차 전후의 진로상의 전철기 혹은 그 열차를 지장하게 하는 다른 진로에 있어서의 신호기, 선로전환기 등을 쇄정하는 것이다.

3. 진로 구분 쇄정이란 열차가 신호기 또는 입환표지 등의 신호 현시에 의해 복귀 시켜도 열차에 의해서 관계 선로전환기가 전환되지 않도록 쇄정하고, 열차가 한 구간을 통과함에 따라 그 구간의 선로전환기를 해정하는 것을 진로구분 쇄정(SECTIONAL ROUTE LOCKING)이라 한다.

    열차 운전이 빈번한 구내에 진로쇄정을 설치할 경우, 관계 선로전환기가 해당 구간을 완전히 통과할 때 까지는 신호정자와 전철정자는 해정되지 않으므로 불편하다. 그러므로 열차가 통과한 구간의 선로전환기를 순차적으로 해정하여 전환할 수 있도록 한 것을 진로 구분 쇄정이라 한다.

문제 9
진로선별식 계전연동장치에서 진로 선별회로의 특징에 대하여 설명하시오.

답

1. 진로선별 회로의 특징
    ① 진로정자식의 정자 계전기회로와 같이, 대향 또는 같은 방향의 지장 진로를 쇄정하는 것 이외에도 다른 방향의 지장 진로도 쇄정 한다.
    ② 선별 회로는 연동 범위에 속하는 각 부분에 망상회로를 사용하므로, 회로에 삽입되

는 접점은 많은 진로에 같이 쓰이므로 접점의 절약을 도모할 수가 있으며, 장애발생 횟수를 감소시킬 수도 있다.
③ 진로선별에 있어서는 지장 진로의 선별 여부를 조사하며, 지장선로의 선별 회로를 차단함으로써 안전도를 향상 시킬 수 있다.
④ 선로전환기의 전환은 선별회로에 설치한 전철 선별계전기에 의하여 이루어지므로 전철제어 회로를 간소화 시킬 수 있다.

문제 10. 계전연동장치와 전자연동장치의 장·단점에 대하여 기술하라.

답

비교항목	계전 연동장치	전자 연동장치
연동회로	- 계전기 조합	- S/W 로직
운전취급	- 조작반 압구 사용	- 컴퓨터 키보드, 마우스 사용
안전성	- 장애 시 안전 측 동작 (Fail-Safe)	- 장애 시 안전 측 동작 (Fail-Safe)
경제성	- 역당 100~200백만원 - 넓은 면적 소요($100m^2$) - 전력소비가 많음	- 역당 150백만원 - 좁은 공간에 설치가능($40m^2$) - 소비전력 절감 - CTC 수용 시 LDTS 불필요
신뢰성	- 장애 시 장시간 사용중지 - 계전기 접점 장애발생	- 시스템 2중화에 의한 무정지 운용
확장성	- 없음(계전기 재사용)	- I/O카드 모듈증설로 확장
호환성	- 없음	- 데이터 변경만으로 타역 사용가능
진단/저장 기능	- 없음	- 시스템 자기진단·저장(30일 이상)·출력가능 (장애정보, 취급정보, 상태정보)
설치 및 유지보수의 용이성	- 다량의 케이블소요 - 설치 시 장시간 소요 - 회로구성 복잡으로 장애보수 곤란	- 단기간에 설치가능 - 자체 진단기능 보유, 예방점검 가능 (정보분석장치 기능)
부분개량	- 계전기 랙 및 계전기 추가 설치 - 결선 변경 - 사용중지시간 : 4시간 이상 소요	- I/O카드 삽입 - 연동데이터(S/W) 변경 - 사용중지시간 2시간 이하

절체작업
(현장설비별도)
	- 절체시간 24시간 소요
	  연동장치 결선 : 18시간
	  현장연결 및 시험 : 6시간
		- 절체시간 10시간 소요
		  연동데이터(S/W) 입력 : 4시간
		  현장연결, 제어·표시시험 : 6시간

출제예상문제

문1 다음 중 계전기의 기능이라고 할 수 없는 것은?
① 회로구성　　② 전기회로의 중계
③ 스위치　　　④ 전류증폭

문2 계전기 접점의 기호결선도이다. 유극 또는 3위 계전기 접점이 아닌 것은?

① 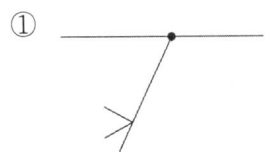　　②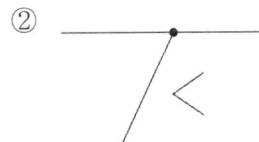

③ 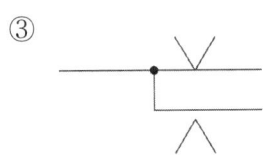　　④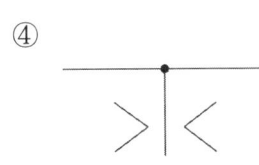

해설) ① : 유극 또는 3위식 계전기 정위접점
② : 유극 또는 3위식 계전기 반위접점
③ : 2위식 계전기 정반위 접점
④ : 유극 또는 3위식 정반위 접점

문3 다음 중 신호기의 진행 현시의 조건에 맞지 않는 것은?
① 진로상의 선로전환기가 정위로 개통되어 있을 것
② 진로가 완전히 구성 되어 있을 것
③ 진로상에 다른 열차가 없을 것
④ 진로를 지장하는 열차 운전이 없을 것

해설) 진로상의 선로전환기는 진로에 따라 반위로 구성될 수도 있다.

문4 다음 중 장내신호기 접근쇄정의 해정시분은?
① 30초 ± 10[%]　　② 60초 ± 10[%]
③ 90초 ± 10[%]　　④ 120초 ± 10[%]

정답　1. ④　2. ③　3. ①　4. ③

해설) 접근쇄정의 해정시분은 다음과 같이 설정한다.
- 장내신호기 90초 ±10[%]
- 출발신호기, 입환신호기(입환표지 포함) 30초 ±10[%]

문5 다음 중 출발 및 입환신호기 접근쇄정의 해정시분은?
① 30초 ± 10[%]　　② 60초 ± 10[%]
③ 90초 ± 10[%]　　④ 120초 ± 10[%]

문6 수도권 C.T.C 폐색구간에서 계전기 접점의 소손방지 회로는?
① 저항, 콘덴서, 바리스터를 이용한 소호회로
② 저항, 콘덴서, 다이오드를 이용한 소호회로
③ 저항, 콘덴서, 쵸크를 이용한 소호회로
④ 저항, 쵸크, 다이오드, 바리스터를 이용한 소호회로

문7 다음은 결선도용 계전기의 그림기호이다. 명칭은?

① 단속계전기　　② 완동계전기
③ 유극계전기　　④ 완방계전기

해설)

명칭		결선도용
삽입형	완방	
	완동	
	자기유지	
	유극(3위)	
거치형	완방	
	완동	
	유극(3위)	

정답 5. ① 6. ② 7. ②

8 신호용 계전기의 성능에 관한 설명 중 부동작 전류란 다음 중 어느 것인가?
   ① 계전기가 안전하게 동작할 수 있는 최소한의 전류
   ② 여자 접점은 구성되지 않고 낙하 접점은 개방되지 않도록 하는 최대한의 전류
   ③ 철심이 포화된 상태의 전류로 낙하전류를 측정하기 위하여 사용되는 기준전류
   ④ 포화 전류로 잠시 여자했다가 서서히 감소시킬 때 다시 강상 접점이 개방되려고 할 때의 전류

9 다음 그림(도식) 기호의 명칭은?

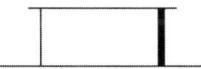

   ① 삽입형 완방계전기   ② 삽입형 자기유지계전기
   ③ 거치형 완동계전기   ④ 거치형 유극계전기

   해설)

명칭		결선도용
삽입형	완방	
	완동	
	자기유지	
	유극(3위)	
거치형	완방	
	완동	
	유극(3위)	

10 연동도표에 기재할 사항이 아닌 것은?
   ① 소속선명   ② 연동장치종별
   ③ 배선약도   ④ 운전취급자

   해설) 〈연동도표의 기재사항〉
   1. 소속선명 및 역명 또는 신호장, 신호소명
   2. 배선약도(기점을 좌로, 종점을 우로 한다.)
   3. 연동장치 종별
   4. 연동표

정답 8. ② 9. ② 10. ④

문11 전철쇄정계전기를 나타낸 기호는?
① WLR   ② WR
③ ZR   ④ KR

해설) • WLR : 전철쇄정계전기
     • WR : 전철제어계전기
     • ZR : 진로조사계전기
     • KR : 전철표시계전기

문12 진로선별회로상의 전철선별계전기의 직접적인 역할은?
① 선로전환기 전환방향 결정   ② 신호제어계전기 동작
③ 신호현시 결정   ④ 전철표시계전기 동작

해설) 진로선별회로에서 전철선별계전기(NR, RR)는 선로전환기의 전환방향을 결정해준다. 그 후 전철제어회로에서 전철제어계전기(WR)에 의해 선로전환기가 전환된다.

문13 전철선별계전기의 여자접점으로 직접 여자시키는 회로는?
① 진로쇄정   ② 전철쇄정
③ 접근쇄정   ④ 신호제어

해설) 전철선별계전기가 여자된 조건으로 전철쇄정계전기(WLR)이 여자된다.

문14 역조작판에 설치된 고장 표시 장치가 정상 상태일 때 점등 상태는?
① 소등   ② 적색
③ 녹색   ④ 백색

문15 다음 연동장치에서 전원의 극성에 따라 계전기의 여자방향이 다른 계전기를 사용하는 회로는?
① 진로선별회로   ② 진로조사회로
③ 전철제어회로   ④ 진로쇄정회로

해설) 전철제어회로에는 전원의 극성에 따라 계전기의 여자방향이 다른 직류 24[V] 유극 자기유지 계전기(WR, 전철제어계전기)가 사용된다.

정답 11. ① 12. ① 13. ② 14. ③ 15. ③

16 자기유지 회로 설명 중 옳은 것은?

① 여자접점을 직렬로 접속한다.
② 자기접점을 통하여 여자상태를 유지한다.
③ 낙하 접점을 이용한다.
④ 자기접점을 통하므로 무여자로 되지 않는다.

17 진로선별회로의 특징이라고 볼 수 없는 것은?

① 안전도를 향상시킨다.
② 전철제어회로를 간소화 시킬 수 있다.
③ 같은 방향의 지장진로는 쇄정하나 다른 방향의 지장진로는 쇄정하지 않는다.
④ 접점의 절약을 도모할 수 있으며 장애발생 횟수를 감소시킨다.

해설) 진로선별회로에서 대향 또는 같은 방향의 지장진로를 쇄정하고 다른 방향의 지장진로는 쇄정한다.

18 계전기 접점 NR4/N4R4를 옳게 설명한 것은?

① 정위접점 4조, 반위접점 4조, 무위접점 4조
② 정반위접점 4조, 정위접점 4조, 반위접점 4조
③ 반위접점 4조, 정위접점 4조, 무위접점 4조
④ 여자접점 4조, 무여자접점 4조, 반위접점 4조

해설)
- NR4 : 정반위접점 4set
- N4 : 정위접점 4set
- R4 : 반위접점 4set

19 삽입형 계전기에서 1AUR 이 의미하는 것은?

① 1[A] 신호기의 시소계전기
② 1[A] 신호기의 조사계전기
③ 1[A] 신호기의 신호제어계전기
④ 1[A] 신호기의 소등검지계전기

해설)
- 1[A] : 1[A] 신호기
- UR : 시소계전기

정답 16. ② 17. ③ 18. ② 19. ①

문 20 진로쇄정을 진로구분쇄정으로 설치하는 목적으로 맞는 것은?

① 보안도를 향상시킨다.
② 역구내 운전 정리 작업의 효율을 증대시킨다.
③ 시설비를 크게 절감하기 위함이다.
④ 열차의 안전운행을 도모시키기 위함이다.

문 21 철도신호제어회로 중 시소계전기가 사용되는 회로는?

① 신호제어회로
② 선별계전기회로
③ 조사계전기회로
④ 보류 및 접근회로

(해설) 접근쇄정 및 보류쇄정의 쇄정시분(장내신호기 : 90초±10[%], 출발신호기, 입환신호기(입환 표지 포함) : 30초±10[%])을 적용시키기 위해서는 시소계 전기가 필요하다.

문 22 다음 선로전환기 중에서 철사쇄정을 하지 않아도 좋은 것은?

① 전기선로전환기
② 제2종 전기연동장치의 선로전환기
③ 투시곤란 선로전환기
④ 제1종 기계연동장치의 선로전환기

(해설) 기계연동 철사쇄정 불가

문 23 신호용 계전기의 종류에서 직류계전기의 종류에 해당되는 것은?

① 유극계전기
② 1원형계전기
③ 2원형계전기
④ 3원형계전기

(해설) 〈신호용 계전기의 종류〉
- **직류계전기** : 유극계전기, 무극계전기
- **교류계전기** : 1원형계전기, 2원형계전기

문 24 여자전류가 흐르고서부터 N접점이 구성(접촉)될 때까지 다소간 시소를 갖는 계전기는?

① 궤도계전기
② 완동계전기
③ 시소계전기
④ 완방계전기

(해설) 〈시소계전기(Time Relay)〉
1. **완동계전기(On-delay timer)**
   계전기에 전원이 유입되더라도 접점이 일정 시분 후에 동작하는 계전기
2. **완방계전기(Off-delay timer)**
   계전기의 전원이 차단되더라도 일정 시분 후에 접점이 복귀하는 계전기

정답 20. ② 21. ④ 22. ④ 23. ① 24. ②

25. 여자전류가 끊어진 후 일정한 시간이 경과된 후 N 접점이 낙하하는 계전기는?
   ① 궤도계전기
   ② 완동계전기
   ③ 시소계전기
   ④ 완방계전기

26. 반위 전철선별계전기의 설치방법 중 옳은 것은?
   ① 우행 회로에만 설치
   ② 좌행 회로에만 설치
   ③ 좌행, 우행 회로에 부하의 평형을 유지하도록 설치
   ④ 특별한 설치 방법을 정하여 설치

   (해설) 선로전환기가 단동일 경우는 NR의 반대쪽에 설치한다. 쌍동일 경우는 어느 쪽이나 설치가 가능하며 부하가 균형 되도록 설치할 필요가 있다.

27. 삽입형 계전연동장치에서 신호기 외방 일정구간에 열차가 존재하고 조작자가 임의로 신호기를 반위에서 정위로 복귀시킨 후 일정시간이 지나기 전에 다른 진로를 취급하였을 때 선로전환기 전환이 일어나지 않도록 계전기의 낙하상태를 유지하는 회로는?
   ① 진로쇄정회로
   ② 진로선별회로
   ③ 진로조사회로
   ④ 신호현시회로

28. 철도신호에 사용하는 시소계전기의 보류쇄정 또는 접근쇄정 시소의 허용한도는 지정 시소의 몇 [%] 이내로 유지하여야 하는가?
   ① ±5
   ② ±10
   ③ ±15
   ④ ±20

   (해설) 접근쇄정 및 보류쇄정의 쇄정시분은 다음과 같이 설정한다.
   – 장내신호기 : 90초±10[%]
   – 출발신호기, 입환신호기(입환표지 포함) : 30초±10[%]

29. 다음 연동장치의 연쇄기준에 관한 설명중 기준이 잘못된 것은?
   ① 궤도회로 상호간 연쇄
   ② 신호기 상호간 연쇄
   ③ 신호기와 선로전환기의 연쇄
   ④ 선로전환기 상호간 연쇄

정답 25. ④ 26. ③ 27. ① 28. ② 29. ①

문30 다음 중 진로조사계전기 회로의 계전기 여자 조건과 관계없는 것은?
① CR
② RR
③ NR
④ KR

문31 입환표지 또는 신호기가 진행신호를 현시한 후 정지 신호로 바꿀 때 일정시간동안 열차점유 유·무와 관계없이 선로 전환기를 전환할 수 없도록 하는 쇄정법은?
① 보류쇄정
② 철사쇄정
③ 진로쇄정
④ 시간쇄정

> **해설)** 보류쇄정
> 신호기 또는 입환표지에 일단 진행을 지시하는 신호를 현시한 후 열차가 그 신호기 또는 입환신호기의 진로에 진입하든가 또는 신호기 외방 접근궤도에 열차의 점유 유·무에 관계없이 신호기나 입환신호기에 정지신호를 현시한 후 상당 시분(장내신호기 : 90초±10[%], 출발신호기, 입환신호기(입환표지 포함) : 30초±10[%]가 경과할 때까지 진로 내의 선로전환기 등을 전환할 수 없도록 하는 것

문32 연동장치의 보류쇄정 설치개소가 아닌 것은?
① 자동구간의 정거장에서 통과열차가 없는 선로의 입환신호기
② 진로내의 동력전철기가 설치된 비자동구간 정거장의 장내신호기
③ 자동구간의 정거장에서 통과열차가 있는 선로의 출발신호기
④ 자동구간과 비자동구간의 경계가 되는 정거장의 비자동구간으로부터 진입하는 열차에 대한 장내신호기

문33 삽입형 계전연동장치에서 전철선별계전기를 제어하여 선로전환기의 전환방향을 결정하는 회로는?
① 진로선별회로
② 진로조사회로
③ 전철제어회로
④ 접근쇄정회로

> **해설)** 진로선별회로에서 전철선별계전기(NR, RR)는 선로전환기의 전환방향을 결정해준다. 그 후 전철제어회로에서 전철제어계전기(WR)에 의해 선로전환기가 전환된다.

정답 30. ① 31. ① 32. ③ 33. ①

34 철도신호에서 사용하는 시소계전기에 대한 설명으로 맞는 것은?

① On-delay Timer이다.
② Off-delay Timer이다.
③ 순시 동작형 Timer이다.
④ 순시 복귀형 Timer이다.

해설 철도신호에서 사용하는 시소계전기는 완동계전기(On-delay timer) 이다.

35 삽입형 계전연동장치에서 열차가 도착점에 완전하게 도착하기 전까지 해당진로를 해정할 수 없도록 하는 쇄정을 해정하기 위하여 사용되는 계전기로 거리가 가장 먼것은?

① 접근쇄정계전기
② 궤도계전기
③ 신호제어계전기
④ 전철쇄정계전기

해설 전철쇄정계전기가 여자하면 쇄정된 선로전환기는 해정되고, 전철쇄정계전기가 무여자하면 해정된 선로전환기는 쇄정된다.

36 계전연동장치의 신호제어회로 결선도를 작성할 때 필요한 조건으로 틀린 것은?

① 도착점 계전기의 여자 접점
② 진로조사계전기의 여자 접점
③ 진로쇄정계전기의 낙하 접점
④ 전철쇄정계전기의 여자 접점

해설 〈신호제어회로의 조건〉
1. 진로 압구를 반위로 취급할 수 있는 조건(도착점 계전기의 여자조건) : DN1PR 여자접점
2. 진로상의 선로전환기가 정해진 방향으로 개통하고 있는 조건 : ZR 여자접점
3. 진로상에 열차 또는 차량이 없는 것을 조사하는 조건 : TR 여자접점
4. 접근쇄정 완료의 조건 : ASR, URPR 무여자접점
5. 진로쇄정 완료의 조건 : TLSR 또는 TRSR 무여자접점
6. 진로상의 선로전환기 쇄정 완료 조건 : WLR 무여자접점
7. 대향 진로의 정위를 조사하는 조건 : TLSR 또는 TRSR 여자접점(WLR : 전철쇄정계전기)

37 전기연동장치의 신호제어 회로의 구비조건 중 틀린 것은?

① 도착점 계전기의 여자
② ZR 여자
③ ASR 낙하
④ TLSR 또는 TRSR 여자

해설 〈신호제어회로의 조건〉
1. 진로쇄정 완료의 조건 : TLSR 또는 TRSR 무여자접점.

정답 34. ① 35. ④ 36. ④ 37. ④

문38 전기 연동장치의 진로조사 계전기회로에 삽입하지 않는 계전기는?

① 전철선별계전기
② 정자 및 압구반응계전기
③ 전철표시계전기
④ 전철제어계전기

[해설] 진로조사계전기 회로에는 전철제어계전기(WR) 접점조건이 들어가 있지 않다.

문39 정격전압 24[V], 저항 192[Ω] 계전기의 낙하전류는 몇 [mA] 이상인가?

① 37.5[mA]
② 87.5[mA]
③ 112.5[mA]
④ 125[mA]

[해설] 낙하전류 = 정격전류×0.3 = $\dfrac{24[V]}{192[\Omega]} \times 0.3 = 0.0375[A] = 37.5[mA]$

문40 신호용 무극선조계전기가 여자되었다가 15.6[V]에서 무여자되었다. 이 계전기의 저항은? (단, 이때 여자전류는 0.12[A]이고, 무여자 전압은 여자전압의 65[%]이다.)

① 500[Ω]
② 300[Ω]
③ 200[Ω]
④ 140[Ω]

[해설] 무여자 전압(15.6[V])이 여자 전압의 65[%]이므로
여자전압 × 0.65 = 15.6[V]
여자전압 = $\dfrac{15.6}{0.65}$ = 24[V]
∴ $R = \dfrac{V}{I} = \dfrac{24[V]}{0.12[A]} = 200[\Omega]$

문41 신호용 계전기의 접점에 대한 설명으로 잘못된 것은?

① R은 반위 또는 무여자, 낙하접점이다.
② N은 정위 또는 여자, 동작접점이다.
③ N은 가동접점, C는 고정접점이다.
④ C는 공통접점이다.

[해설] N, R은 고정 되어있는 접점이고, C는 움직이는 접점이다.

문42 계전기의 정격특성 중 코일전류를 서서히 감소시켜서 N접점이 개방된 순간의 코일전류는?

① 낙하전류
② 여자전류
③ 최소동작전류
④ 전환전류

정답 38. ④ 39. ① 40. ③ 41. ③ 42. ①

해설
- **여자전류**: 코일전류를 0에서 서서히 증가시켜 N접점이 접촉된 순간의 전류
- **전환전류**: 자기유지계전기에서 동작된 코일전류를 0으로 하고 극성을 반대로 하여 전류를 서서히 증가시켜 반대 측의 접점이 접촉된 순간의 전류
- **최소동작전류**: 코일전류를 여자전류 이상으로 하고 접점구동체가 정상정지 위치까지 이동된 순간의 전류

43 계전기 코일에 흐르는 전류의 유무와 관계없이 방향에 따라 3가지 동작을 하는 계전기로 나열된 것은?

① 직류 무극계전기, 교류 1원형 계전기
② 직류 유극계전기, 교류 1원형 계전기
③ 직류 무극계전기, 교류 2원형 계전기
④ 직류 유극계전기, 교류 2원형 계전기

해설
1. **직류계전기**
   여자전류의 유, 무로써 단순히 동작하는 무극계전기와 여자전류의 극성에 따라서 +, -, 무전류의 3위식으로 동작하는 유극계전기가 있다.
2. **교류계전기**
   가동 플레이트에 생기는 와전류를 이용하여 플레이트를 회전시켜서 접점을 움직이는 방식의 계전기로서, 여자전류의 유, 무에 의해 단순히 동작하는 1원형과 2조의 코일을 갖고 양 코일의 여자전류의 위상차로 3가지 위치에서 동작하는 2원형이 있다.

44 다음 그림과 같은 계전기의 결선도용 기호의 명칭은?

① 거치형 완동계전기
② 거치형 완방계전기
③ 삽입형 완동계전기
④ 삽입형 완방계전기

해설

명칭		결선도용
삽입형	완방	
	완동	
	자기유지	
	유극(3위)	

정답 43. ④ 44. ④

명칭		결선도용
거치형	완방	
	완동	
	유극(3위)	

문45 비자동구간에서 자동구간으로 바뀌는 역의 장내신호기나 입환신호기에 설치되어 일정 시간 진입 열차의 진로를 방호하는 쇄정은?

① 조사쇄정 ② 보류쇄정
③ 접근쇄정 ④ 정위쇄정

문46 직류계전기로서 여자전류의 극성에 따라서 +, − 무전류의 3위식으로 동작하는 계전기는?

① 무극계전기 ② 유극계전기
③ 1원형계전기 ④ 2원형계전기

해설 1. **직류계전기**
여자전류의 유, 무로써 단순히 동작하는 무극계전기와 여자전류의 극성에 따라서 +, −, 무전류의 3위식으로 동작하는 유극계전기가 있다.
2. **교류계전기**
가동 플레이트에 생기는 와전류를 이용하여 플레이트를 회전시켜서 접점을 움직이는 방식의 계전기로서, 여자전류의 유, 무에 의해 단순히 동작하는 1원형과 2조의 코일을 갖고 양 코일의 여자전류의 위상차로 3가지 위치에서 동작하는 2원형이 있다.

문47 진행 또는 주의 신호를 현시하기 위한 신호제어회로의 조건으로 거리가 먼 것은?

① 진로쇄정 완료의 조건
② 진로 취급버튼을 반위로 조작할 수 있는 조건
③ 진로상의 선로전환기 쇄정완료 조건
④ 사구간의 절연매립 전 설치 및 보안회로의 조건

해설 〈신호제어회로의 조건〉
1. 진로 압구를 반위로 취급할 수 있는 조건(도착점 계전기의 여자조건) : DN1PR 여자접점
2. 진로상의 선로전환기가 정해진 방향으로 개통하고 있는 조건 : ZR 여자접점
3. 진로상에 열차 또는 차량이 없는 것을 조사하는 조건 : TR 여자접점

정답 45. ② 46. ② 47. ④

4. 접근쇄정 완료의 조건 : ASR, URPR 무여자접점
5. 진로쇄정 완료의 조건 : TLSR 또는 TRSR 무여자접점
6. 진로상의 선로전환기 쇄정 완료 조건 : WLR 무여자접점
7. 대향 진로의 정위를 조사하는 조건 : TLSR 또는 TRSR 여자접점

문48 입환표지 또는 신호기가 진행신호를 현시한 후 정지 신호로 바꿀 때 일정시간동안 열차점유 유·무와 관계없이 선로전환기를 전환할 수 없도록 하는 쇄정법은?

① 보류쇄정 ② 철사쇄정
③ 진로쇄정 ④ 시간쇄정

해설 〈보류쇄정〉
신호기 또는 입환표지에 일단 진행을 지시하는 신호를 현시한 후 열차가 그 신호기 또는 입환신호기의 진로에 진입하든가 또는 신호기 외방 접근궤도에 열차의 점유 유·무에 관계없이 신호기나 입환신호기에 정지신호를 현시한 후 상당 시분(장내신호기 : 90초±10[%], 출발신호기, 입환신호기(입환표지 포함) : 30초±10[%])이 경과할 때까지 진로 내의 선로전환기 등을 전환할 수 없도록 하는 것

문49 전자연동장치 시스템은 여러 가지로 구성되어있다. 다음 중 전자연동장치 시스템의 구성 요소가 아닌 것은

① 광통신부 ② LDTS
③ 표시제어부 ④ 연동논리부

문50 다음 전자연동장치의 설명 중 틀린 것은?

① 이상전압(서지 및 낙뢰)에 강하다.
② 고장위치, 장애시간을 정확히 알 수 있다.
③ 소량의 케이블로 제어가 가능하다.
④ 자체진단이 가능하다.

문51 다음 전자연동장치의 필요성에 대하여 설명한 것 중 틀린 것은?

① 기계실면적이 계전연동장치보다 많이 필요하다.
② 열차제어의 상황을 통합적으로 관리한다.
③ 안전운행에 대한 신뢰성 확보가 된다.
④ 시스템 자체 진단기능이 있다.

정답 48. ① 49. ② 50. ① 51. ①

문52 다음 전자연동장치의 연동기준에 대하여 설명한 것 중 틀린 것은?
① 선로전환기는 신호취급 시 0.5초를 표준으로 0.25초까지 간격으로 순차적으로 전환.
② 쌍동인 21호의 어느 한쪽 선로전환기가 불일치 할 경우 21AT와 21BT의 궤도표시가 동일하게 불일치 표시를 하여야 한다.
③ 선로전환기가 쌍동의 경우 인접궤도회로가 단락될 경우에도 취급한 방향으로 전환.
④ 선로전환기는 신호취급 시 출발점부터 도착점 방향으로 순차적으로 전환되어야 한다.

(해설) 선로전환기는 신호취급 시 도착점부터 출발점 방향으로 순차적으로 전환되어야 한다.

문53 전자연동장치에서 신호 현시 후 관계 선로전환기가 불일치 할 경우를 설명한 것 중 틀린 것은?
① 불일치 장애가 복구 되었을 경우 정지신호를 현시하고 진로 구성 상태는 변함이 없어야 한다.
② 불일치 장애가 복구 되었을 경우 신호의 재취급을 선택할 수 없다.
③ 불일치 장애가 복구 되었을 경우 신호의 재취급을 선택할 수 있다.
④ 해당 신호는 즉시 정지를 현시하고 진로쇄정 상태는 변함이 없어야 한다.

(해설) 불일치 장애가 복구 되었을 경우 정지신호를 현시하고 진로 구성 상태는 변함이 없어야 한다.

문54 전자연동장치에서 1A 신호기가 신호 현시 후 궤도회로가 단락 되었을 경우를 설명한 것 중 틀린 것은?
① 단락된 궤도회로가 복구 되었을 경우 1[A] 신호기의 현시는 정지이다.
② 단락된 궤도회로가 복구 되었을 경우 1[A] 신호기의 현시는 단락되기 이전의 신호를 현시한다.
③ 단락된 궤도회로가 복구 되었을 경우 진로구성 상태는 변함이 없어야 하고 진로 구성 표시는 황색으로 표시한다.
④ 진로쇄정 상태는 변함이 없으나 1[A] 신호기는 즉시 정지 신호를 현시 하여야 한다.

(해설) 단락된 궤도회로가 복구 되어도 신호기의 현시는 정지이다.

정답 52. ④ 53. ② 54. ②

문55 전자연동장치에서 신호취급 시 관계 궤도회로가 단락 되었을 경우를 설명한 것 중 틀린 것은?

① 전환된 선로전환기는 쇄정되고 궤도회로가 복구되면 진로 구성 표시가 되어야 한다.
② 전환된 선로전환기는 쇄정되고 궤도회로가 복구되면 진로 구성 표시가 되고 신호가 현시 되어야 한다.
③ 단락된 궤도를 제외하고 진로는 구분 진로 단위로 진로 선별이 되어야 한다.
④ 궤도회로가 복구되면 일괄 진로 구성이 완료 되어야 한다.

문56 전자연동장치에서 전원부의 전압을 측정하였더니 1계의 전압이 24.0[V], 2계의 전압이 24.3[V]였다 전원부의 부하(전류) 분담은?

① 1계 60[%], 2계 40[%]
② 1계 40[%], 2계 60[%]
③ 1계 100[%], 2계 0[%]
④ 1계 0[%], 2계 100[%]

(해설) 전압이 높은 쪽이 부하를 분담하고 다른 쪽은 STAND-BY 하며, 전압이 같으면 부하 분담이 서로 같다. 현재는 병렬운전의 개념이 도입되고 있다.

문57 다음 연동장치의 회로결선을 컴퓨터에 의하여 처리하는 논리제어 장치는?

① 전기연동장치
② 기계연동장치
③ 전자연동장치
④ 계전연동장치

문58 다음은 서울교통공사 1호선 전자연동장치 로깅 DATA 출력 사항이다 틀린 것은?

① 시간별 상태 출력
② 종류별 상태 출력
③ ATS 장치 상태 출력
④ 장치별 상태 출력

(해설) ATS 장치 상태 출력할 수 없다

문59 전자연동장치의 장점이 아닌 것은?

① 시스템 다중화가 가능하다.
② 이상전압에 강하다.
③ 고장진단과 자동기록이 가능하다.
④ 선로변경에 따른 수정작업이 간편하다.

정답 55. ④ 56. ④ 57. ③ 58. ③ 59. ②

문60 전자연동장치의 기본조건이 아닌 것은?
① 고장 시 수동으로 선로전환기를 전환시킬 수 있어야 한다.
② 시스템의 일부 고장 시에도 전체시스템은 이상이 없어야 한다.
③ 각 장치의 조작은 간단해야 한다.
④ 진로 구성은 자동으로만 가능한 구조이어야 한다.

문61 전자연동장치의 표시제어 기능이 아닌 것은?
① 메시지 검색
② 연동도표 및 연동 DB의 다운로딩
③ 신호설비의 제어
④ 운전 취급 주의표 설정, 취소

해설) 연동도표 및 연동 DB의 다운로딩은 보수자 또는 연동장치부에서 가능하다.

문62 계전연동장치 중 선로전환기 내부 압구를 취급하여 정위로 전환 시켰을 때 나타나는 현상으로 적당한 것은?
① 전환 중 전철 표시 계전기 KR은 반위 상태를 계속 유지한다.
② 전환 완료 후 전철 표시계전기 KR은 정위로 동작한다.
③ 전환 중 반위 전철 표시계전기 RKR은 여자 상태를 계속 유지한다.
④ 전환 완료 후 정위 전철 표시계전기 NKR이 여자한다.

문63 접근쇄정이 열차에 의해 자동 해정되는 시기로 적당한 것은?
① 열차가 접근구간에 진입중일 때
② 열차가 신호기 외방에 정차중일 때
③ 열차가 신호기 내방에 진입했을 때
④ 열차가 신호기 방호구간을 통과했을 때

문64 진로쇄정이 열차에 의해 자동 해정되는 시기로 적당한 때는?
① 열차가 신호기 외방에 정차중일 때
② 열차가 신호기 방호구간을 진입했을 때
③ 열차가 신호기 방호구간을 통과중일 때
④ 열차가 신호기 방호구간을 통과했을 때

정답 60. ④ 61. ② 62. ② 63. ③ 64. ④

문65 선로전환기를 전환하기 위한 제어 조건이 아닌 것은?
① 전철 정자조건
② 전철 선별조건
③ 전철 해정조건
④ 전철 표시조건

문66 전철 제어계전기로 사용하기에 가장 적합한 계전기는?
① 완동계전기
② 무극선조계전기
③ 유극 2위식 자기유지계전기
④ 바이어스계전기

문67 다음 중 진로 선별회로에 꼭 필요한 조건은 어느 것인가?
① 선로전환기 개통방향 확인 조건
② 신호 압구(정자) 취급 조건
③ 진로내의 열차 점유 조건
④ 해당 진로 확보 조건

문68 취급자가 신호를 제어하여 진행신호가 현시되기까지 동작 순서로 가장 적당한 것은?
① 진로설정, 진로개통, 진로조사, 진로확보, 신호제어
② 진로설정, 진로조사, 진로개통, 진로확보, 신호제어
③ 진로설정, 진로개통, 진로확보, 진로조사, 신호제어
④ 진로조사, 진로설정, 진로개통, 진로확보, 신호제어

문69 다음 중 진로 정자식의 특징을 가장 잘 나타내 주는 것은?
① 각 개별 진로마다 1개의 정자를 설치하여 제어한다.
② 진로를 조사 할 필요성이 없다.
③ 진로선별 방식보다 경제적으로 유리하다.
④ 선로와 유사한 망상회로를 사용하여 오취급 우려가 적다.

문70 코일에 전원이 인가되면 일정시간 경과 후 동작(여자)하고 전원이 차단되면 즉시 낙하하는 특성을 갖고 있는 계전기는?
① 자기유지계전기
② 완동계전기
③ 완방계전기
④ 바이어스계전기

정답 65. ④ 66. ③ 67. ② 68. ① 69. ① 70. ②

문71 계전기 코일에 흐르는 전류의 방향에 따라 정위(N) 또는 반위(R) 측으로 동작하며, 무전류 때는 중립에 위치하여 어느 쪽도 구성되지 않는 특성이 있는 계전기는?
① 무극선조계전기
② 3위식 유극계전기
③ 자기유지계전기
④ 바이어스계전기

문72 다음은 신호관제에서 현장 선로전환기 전환 불능을 수보하였다. 다음 사항 중 가장 먼저 점검해야 할 일은?
① 기계실 WR회로 점검
② 기계실 LS회로점검
③ 기계실 궤도낙하점검
④ 기계실 KR회로 점검

(해설) 전철제어계전기가 정자를 방향으로 동작 되었으면 현장 장애이고 전철 제어 계전기가 동작하지 않았을 시는 실내 장애로 구분 되므로 WR 동작 상태를 먼저 점검한다.

문73 진로구분쇄정 구간을 열차가 통과한 후의 설명 중 틀린 것은?
① 진로가 해정된다.
② 궤도회로가 낙하된다.
③ 선로전환기가 해정된다.
④ 선로전환기를 전환할 수 있다.

(해설) 쇄정과 해정은 열차운전에 직접적인 영향을 주는 신호기와 선로전환기의 제어에 대한 것이며 궤도회로와는 관계가 없다.

문74 접근쇄정 구간 내에 열차가 없을 때 해당 신호를 취소 하였다, 옳은 것은?
① 신호만 정지로 된다.
② 신호는 정지가 되고 동시에 진로도 해정된다.
③ 일정 시소 동작 후 해당진로가 해정된다.
④ 신호는 정지가 되고 일정 시소 동작 후 진로가 해정된다.

(해설) 접근쇄정 구간 내에 열차가 없을 때 신호를 취소할 경우 신호는 정지로 복귀하고 진로는 해정된다.

문75 운전취급실에 표시되는 열차점유표시와 관계없는 조건은?
① 접근쇄정 조건
② 궤도회로 조건
③ 진로쇄정 조건
④ 선로전환기 정/반위 표시 조건

정답 71. ② 72. ① 73. ② 74. ② 75. ①

문76 운전취급실로부터 출발신호 현시 불능 이라는 장애통보를 받고 LCC를 확인한 결과 진로구성등은 정상적으로 점등되었다, 이때 신호기계실에서 가장 먼저 확인해야 할 회로는?
① 접근쇄정 회로
② 진로조사 회로
③ 신호제어 회로
④ 진로쇄정 회로

[해설] 진로구성등은 진로쇄정계전기(TLSR)의 낙하조건으로 점등된다. 따라서 전철쇄정계전기(WLR)의 낙하와 신호제어계전기(HR)의 여자조건을 확인하여야 한다.

문77 진로구분쇄정이란?
① 진로별로 구분해서 쇄정한다.
② 궤도회로를 열차가 통과 후 당해 궤도회로를 해정하여 선로전환기를 전환할 수 있도록 한다.
③ 선로전환기별로 구분해서 해정 한다.
④ 신호기와 선로전환기를 구분하여 쇄정한다.

문78 다음 중 선로전환기 전환 도중 표시계전기 상태는?
① 여자된다.
② 무여자된다.
③ 표시와 관계없다.
④ 유극계전기이므로 전환할 방향으로 여자된다.

문79 연동도표를 제조할 때 반드시 기재하지 않아도 되는 것은?
① 소속선로명
② 배선약도
③ 연동장치의 종류
④ 선로의 등급

문80 연동도표에서 신호제어 및 철사쇄정란 기재사항 중 선로전환기에 기재할 사항은?
① 정위 개통방향
② 반위 개통방향
③ 철사쇄정 궤도회로명
④ 진로쇄정 및 신호제어 순서

정답 76. ③ 77. ② 78. ② 79. ④ 80. ③

문 81 연동도표 작성 요령 중 틀린 것은?
① 선로전환기의 번호는 기점 측이 21호부터 시작 된다.
② 선로전환기의 번호는 종점 측이 61호부터 시작 된다.
③ (2T), (3T) 와 같은 것은 진로구분 쇄정을 표시한다.
④ 장내신호기와 출발신호기간 선로전환기가 없을 때 궤도를 분할하지 않음

문 82 열차가 신호기 또는 입환표지 등의 진행신호 현시에 의하여 그 진로에 진입하였을 때 관계 선로전환기를 포함하는 모든 궤도회로를 통과 시까지 열차에 의하여 그 선로전환기를 전환할 수 없도록 하는 쇄정 방식은?
① 철사쇄정 ② 진로쇄정
③ 보류쇄정 ④ 접근쇄정

문 83 전자연동장치의 연동기준에 대한 설명이다. ( )에 적당한 말은?

> ( )가 설정된 진로는 열차 통과 중 또는 통과 후에도 진로의 쇄정 상태에는 변함이 없고 열차가 신호제어구간을 통과한 후 신호기는 자동으로 진행을 현시되며 신호취소가 되지 않아야 한다.

① TTB ② LCP
③ LDP ④ LOB

(해설) TTB 취급은 해당신호기의 TTB 표시등을 두 번 클릭하면 동작되고 TTB의 설정은 진행신호가 현시된 상태에서 설정된다.

문 84 전자연동장치의 CPU모듈 역할 중 잘못된 것은?
① 연동 DB다운로딩 및 계간 동기처리
② 자기진단 기능
③ 연동 DB에 의한 입/출력 연산
④ 선로전환기 출력값을 현장에 출력

(해설) 선로전환기 출력값은 전용 모듈인 PDO 모듈이 수행한다

문 85 전자연동장치의 표준 통신방식은?
① RS-232 ② RS-422
③ RS-485 ④ RS-432

정답 81. ② 82. ② 83. ① 84. ④ 85. ②

> **해설** 통신분배기와 모듈간은 RS-422, 통신분배기와 열차번호이동, 원격제어 간, 유지보수 간은 RS232 방식

문86 전기연동장치의 제어방식중 진로선별식에 해당되는 것은?
① 신호압구의 취급으로 진로상의 선로전환기를 동시에 전환시켜 진로를 구성하는 방식
② 선로전환기를 개별 압구로 전환하고 신호압구의 취급에 의하여 진로 구성하는 방식
③ 선로전환기는 현장에서 수동으로 취급하고 신호압구의 취급에 의하여 진로를 구성하는 방식
④ 진로를 신호압구와 진로선별압구의 취급으로 진로상의 선로전환기를 동시에 전환하여 진로를 구성하는 방식

문87 전기연동장치에서 선로전환기의 전환을 지시하는 회로는?
① 진로선별회로
② 진로조사회로
③ 신호제어회로
④ 진로정자반응 계전기회로

> **해설** 선로전환기의 전환은 진로선별회로에 설치한 전철선별계전기에 의하여 이루어진다.

문88 21PNR은 계전기의 기호이다. 여기에서 P는 무엇을 의미하는가?
① 신호기명칭
② 선로전환기 번호
③ 진로방향
④ 선로전환기(Point)

문89 연동장치에서 해당 진로상의 각 선로전환기가 정해진 방향으로 개통되어 있는가를 조사하는 회로는?
① 진로선별계전기회로
② 진로조사계전기회로
③ 전철제어계전기회로
④ 진로쇄정계전기회로

정답 86. ④ 87. ① 88. ④ 89. ②

문 90 계전연동장치에 사용되는 21WLR 계전기의 명칭은?
① 선로전환기 21호의 전철표시계전기
② 선로전환기 21호의 정위 전철 표시반응계전기
③ 선로전환기 21호의 쇄정하는 전철쇄정계전기
④ 선로전환기 21호의 제어하는 전철제어계전기

문 91 정격전류 120[mA]의 무극선조계전기의 낙하 전류는 얼마 [mA] 이상인가?
① 36
② 72
③ 96
④ 120

해설 낙하 전류는 정격값의 0.3배 이상이어야 하므로 낙하전류 = 120×0.3=36[mA]

문 92 계전연동장치의 조작반에 설치된 전철정자에는 몇 회선이 필요한가?
① 3
② 4
③ 5
④ 6

문 93 진로조사계전기의 설치 목적은?
① 궤도계전기 여자
② 선로전환기 불일치 점검
③ 신호현시 상태 감시
④ 선로전환기 개통방향 점검

해설 진로조사회로는 진로가 설정되어 진행신호를 현시하기 전에 선로전환기가 정당한 방향으로 개통되었는지를 확인하는 회로이다.

문 94 진로조사계전기 회로의 설명 중 틀린 것은?
① 진로의 출발점에 상당하는 부분의 회로에 진로조사계전기 설치
② 진로의 도착점에 상당하는 부분의 회로에 진로조사계전기 설치
③ 동일 지점에 신호기와 입환표지가 있을 때 이에 상당한 진로조사계전기 2개를 병렬로 설치
④ 압구반응 계전기의 여자접점으로 전원을 공급

정답 90. ③ 91. ① 92. ③ 93. ④ 94. ②

문95 진로조사 회로에 대한 설명 중 틀린 것은?
① 정위 전철표시계전기 정·반위 접점이 들어간다.
② 반위 전철선별계전기 낙하 접점이 들어간다.
③ 정위 전철선별계전기 여자 접점이 들어간다.
④ 도착점 압구 여자접점이 삽입된다.

(해설) 진로조사회로에서 전철선별계전기 여자 접점은 진로의 선별에 따라 정위 또는 반위 전철선별계전기가 정확하게 동작된 것을 나타낸다.

문96 제2종 연동기 중 갑호연동기를 도식기호로 표시하고자 한다. 옳은 것은?
① ⊕갑
② △갑
③ ▽갑
④ ⊖갑

문97 접근쇄정 연동계전기는?
① 직류 무극 선조계전기
② 직류 단속계전기
③ 삽입형직류 완방계전기
④ 직류자기유지계전기

문98 진로선별식 연동장치에 대한 설명 중 옳은 것은?
① 각 진로마다 한 개씩의 정자가 있다.
② 큰 역구내의 경우 이 방식이 편리하다.
③ 설비가 복잡하므로 오취급의 원인이 된다.
④ 관계 선로전환기를 선별하여 단독 전환 후 신호를 현시한다.

(해설) ①항은 진로정자식, ③, ④항은 단독전자식

문99 무극선조계전기의 C접점 수는?
① 4
② 8
③ 12
④ 16

(해설) NR4 N4 R4 이므로 C접점은 12개이다.

정답 95. ② 96. ① 97. ③ 98. ② 99. ③

문100 직류 무극선조계전기의 접점 수는?
① N4R4
② NR4
③ NR6
④ NR2

문101 계전연동장치의 전철 제어회로에 다음과 같은 계전기의 접점들이 삽입되어 있다. 옳은 것은?
① NR, RR, TPR, TLSR, WLR
② NR, RR, WLR, TLSR, TRSR, HR
③ NR, RR, TPR, TLSR, TRSR, ZR
④ NR, RR, WR, TPR, HR, CR

문102 조건부 쇄정의 설명 중 9호 리버가 반위 시에만 11호 리버가 정위로 쇄정되는 경우의 표시는?
① [11, 단⑨]
② (11, 단⑨)
③ {11, 단⑨}
④ ((11, 단⑨))

문103 진로선별식 계전연동장치의 진로조사계전기 회로는 다음 중 어느 회로로 구성되나?
① 망상회로
② 직렬회로
③ 병렬회로
④ 직, 병렬회로

문104 다음 계전기 중에서 가장 널리 사용되는 일반적인 직류계전기로서 보통 복수의(N) 접점과 반위(R) 접점을 갖는 계전기는?
① 선조계전기
② 완동계전기
③ 완방계전기
④ 시소계전기

문105 계전기의 동작부를 구조상 분류하면 다음과 같다. 틀린 것은?
① 코일, 전자석, 계철
② 전자석, 계철, 접극자
③ 접극자, 코일, 전자석
④ 코일, 접점, 전자석

정답 100. ② 101. ① 102. ② 103. ① 104. ① 105. ④

문106 연동도표의 표시방법 중 (21 단 4[A])가 의미하는 내용은?
① 4[A]가 정위, 반위에 관계없이 21호를 정위로 쇄정
② 4[A]가 반위일 때 한하여 21호를 정위로 쇄정
③ 4[A]가 Y 이상 현시 시 21호를 정위로 쇄정
④ 4[A]가 정위일 때 한하여 21호를 정위로 쇄정

문107 궤도계전기를 현장에 설치하고 실내에는 반응계전기를 설치하고자 한다. 가장 안전한 결선방법은 어느 것인가? (단, 실선은 기구함 및 옥내배선, 점선은 옥외배선이다.)

① B24 —TR⋯⋯⋯⋯[TP]
  C24 —TR⋯⋯⋯⋯

② B24 —TR⋯⋯⋯⋯[TP]— C24
  C24 —

③ B24 —TR⋯⋯⋯⋯[TP]TR— C24

④ B24 —TR⋯⋯⋯⋯[TP]— C24

문108 전기연동장치의 전철제어회로에 관한 설명 중 틀린 것은?
① 전철제어계전기는 전철쇄정계전기의 무여자로 쇄정한다.
② 전철제어계전기는 전철쇄정계전기의 여자로 동작한다.
③ 전철제어계전기는 전철쇄정계전기의 여자로 쇄정한다.
④ 전철제어계전기는 유극이며 전철쇄정계전기는 무극이다.

문109 정위로 되어 있을 때 여자전류를 끊더라도 그 때까지의 상태를 유지하고 반위로 여자전류를 흘리면 A 접점이 ON으로 되어 그 후 여자전류를 끊더라도 그 상태를 유지하는 계전기는?
① 완동계전기
② 자기유지계전기
③ 완방계전기
④ 시소계전기

문110 연동도표의 표시방법 중 (51. 단 4[A])가 의미하는 내용은?
① 51호 선로전환기는 4[A] 신호기에 의해 정위로 전환
② 51호 선로전환기는 4[A] 신호기에 의해 반위로 전환
③ 51호 선로전환기는 반위로 전환하되 4[A] 신호기 취급 시는 정위로 전환
④ 51호 선로전환기는 정위로 전환하되 4[A] 신호기 취급 시는 반위로 전환

정답 106. ④ 107. ① 108. ③ 109. ② 110. ④

문 111 궤도회로에 삽입형 바이어스 궤도계전기를 설치하도록 표시하고자 한다. 배선도용 도식기호로 옳은 것은?

① ▊TR▕   ② ▕TR▊
③ ▕TR▕   ④ ▊TR▕

문 112 WLR 계전기는 어떤 계전기를 쇄정해 주는가?
① 전철제어계전기
② 전철선별계전기
③ 궤도계전기
④ 진로조사계전기

문 113 계전연동장치에서 진로선별회로의 각 계전기의 설치 방법으로 옳지 않은 것은?
① 진로선별계전기 CR은 정위 배향 부분에 설치한다.
② 정위 전철선별계전기 NR은 CR과 반대 방향에 설치한다.
③ 반위 전철선별계전기 RR은 선로전환기가 단동인 경우는 NR과 반대 측의 회로에 설치한다.
④ 반위 전철선별계전기 RR은 선로전환기가 쌍동의 경우는 어느 쪽도 좋으나 좌행과 우행, 양 회로의 부하가 균형이 되도록 설치할 필요가 있다.

문 114 궤도 반응계전기의 여자접점의 조건이 필요 없는 회로는?
① 진로쇄정회로
② 전철제어회로
③ 신호제어회로
④ 진로조사계전기

문 115 다음 중 연동장치 결선도를 작성하기 위해 가장 먼저 작성 하는 것은?
① 궤도 회로도
② 전선로도
③ 선로 평면도
④ 연동도표

문 116 여자전류의 흐르는 방향에 따라 동작하는 계전기는?
① 무극계전기
② 유극계전기
③ 선조계전기
④ 연동계전기

정답 111. ① 112. ① 113. ② 114. ④ 115. ④ 116. ②

해설 〈직류계전기〉
여자전류의 유, 무로써 단순히 동작하는 무극계전기와 여자전류의 극성에 따라서 +, −, 무전류의 3위식으로 동작하는 유극계전기가 있다.

문 117 접전 수 : NR_2/NR_2 이고 정격전류:125[mA] 선륜저항이 4[Ω], 사용전압이 0.5[V]인 계전기는?

① 직류 단속계전기　　　　　② 직류 궤도 연동계전기
③ 직류 유극 선조계전기　　　④ 직류 무극 궤도계전기

해설
· 직류 단속계전기 접점수 : NR_2
· 직류 유극 선조계전기 접점수 : NR_4/N_4R_4
· 직류 무극 궤도계전기 접점수 : NR_6

문 118 5현시 자동폐색 유니트의 계전기 명칭이 바르게 짝지어진 것은?

① geu : Y램프 현시반응계전기　② FP : Y신호제어계전기
③ rhu : R램프 부심검지계전기　④ BL1 : 궤도계전기

문 119 진로선별식 전기연동장치에서 신호제어회로의 구비조건으로 틀린 것은?

① TR 여자 접점　　　　② ASR 무여자 접점
③ TLSR 여자 접점　　　④ WLR 무여자 접점

문 120 전자연동장치를 중앙 레벨(Central level), 현장레벨(Local level), 선로변 레벨(Trackside level)로 구분할 때 현장 레벨에 속하는 것은?

① 역 정보처리장치　　② 전기선로전환기
③ 전기통신 모듈　　　④ 쇄정 취소 스위치

해설 11장 고속철도 요약편

문 121 정격전압이 24[V]인 삽입형 유극선조계전기의 최소 동작 전압은 얼마 [V] 이하인가?

① 3.6　　　　② 7.2
③ 14.4　　　④ 21.6

해설 최소 동작 전압은 정격값의 0.9배 이하이어야 하므로
24 × 0.9 = 21.6[V] 이다.

정답 117. ②　118. ①　119. ③　120. ③　121. ④

문122 신호용 계전기의 종류에서 직류계전기의 종류에 해당되는 것은?
① 유극계전기   ② 1원형계전기
③ 2원형계전기   ④ 3원형계전기

문123 신호용 계전기의 규격에서 접점수가 NR2인 계전기는?
① 직류무극 궤도계전기   ② 삽입형 자기유지계전기
③ 삽입형 직류완방계전기 ④ 직류단속계전기

문124 전기 선로전환기의 전환을 직접 제어하는 계전기는?
① WR   ② HR
③ ZR   ④ TR

문125 신호 현시할 때 해당 진로상의 선로전환기 개통여부를 확인하는 계전기는?
① PR   ② ASR
③ ZR   ④ TPR

(해설)
- PR : 도착점 반응계전기
- ASR : 접근 및 진로쇄정계전기
- ZR : 진로조사계전기
- TPR : 궤도반응계전기

문126 정격 24[V], 저항 300[Ω]인 선조계전기의 최소동작전류[mA]는 얼마 이상인가?
① 36   ② 72
③ 96   ④ 120

(해설) 정격전류 $I = V/R = 24/300 = 0.08[A]$
※ 최소동작전류는 정격값의 0.9배 이상
최소동작전류 $0.08 \times 0.9 = 0.072 = 72[mA]$

문127 TPR(궤도반응계전기)의 종별은?
① 자기유지   ② 궤도
③ 무극선조   ④ 유극선조

(해설) TPR(궤도반응계전기)은 무극선조 계전기를 사용

정답 122. ① 123. ④ 124. ① 125. ③ 126. ② 127. ③

문128 연동검사의 시행기준이 아닌 것은?
① 전원회로는 케이블의 표피전류를 측정한다.
② 궤도회로는 궤도상에서 단락한다.
③ 신호등은 현장에서 현시상태를 확인한다.
④ 선로전환기 밀착 및 개통방향을 확인한다.

문129 연동도표에서 소속선명 및 역명 또는 신호소명, 배선약도, 연동장치의 종별, 그리고 연동표를 기재하도록 되어있다. 다음 중 연동도표의 기재사항이 아닌 것은?
① 출발점 및 도착점의 취급버튼
② 접근 또 보류쇄정
③ 신호기 명칭
④ 전원공급 장치의 종류

문130 다음 중 연동도표의 기재사항 중 맞는 것은?
① 선로배선은 선로형태와 신호설비의 실제위치와 동일하게 축적으로 표시한다.
② 선별기점은 좌측이다.
③ 궤도회로명은 ○ 안에 기재한다.
④ 선로양단에 인접 역명을 기재한다.

문131 진로선별식 전기연동장치에서 전철선별계전기의 설치에 대한 설명으로 틀린 것은?
① 2개의 선로전환기가 서로 배향 쪽으로 인접하고 있어 전철선별계전기를 같이 쓰고 있을 때는 제어 조건에 양쪽의 진로선별계전기의 여자조건을 삽입한다.
② 선로전환기가 쌍동일 때는 좌행 회로 또는 우행 회로 어느 쪽이라도 좋으니 좌행과 우행 양 진로의 부하 전류가 균형이 되도록 설치한다.
③ 정위전철선별계전기는 진로선별계전기와 병렬로 설치한다.
④ 일반적으로 연동도표의 오른쪽이 상행일 때는 좌행 회로에, 왼쪽이 상행일 때는 우행회로에 설치한다.

문132 다음 계전기에서 결선도용 기호의 명칭은?

① 삽입형 완방완동
② 삽입형 바이어스
③ 거치형 완방완동
④ 거치형 완방

문133 전기연동장치의 진로조사계전기 회로에 삽입하지 않는 계전기는?
① 전철선별계전기
② 정자 및 압구반응계전기
③ 전철표시계전기
④ 전철제어계전기

문134 전기연동장치에서 전철선별계전기(NR)의 역할은?
① 진로조사계전기를 동작시킨다.
② 신호제어계전기를 동작시킨다.
③ 전철표시계전기를 동작시킨다.
④ 선로전환기의 전환방향을 결정한다.

해설) 전철선별계전기(NR)는 도착점계전기의 여자조건에 따라 도착점이 가까운 곳으로부터 순차적으로 시발점 쪽을 향하여 일정한 순서로 여자하도록 되어 있다.

문135 전기연동장치에서 계전기실내 전철표시계전기(KR)은?
① 자기유지 계전기이다.
② 무극선조 계전기이다
③ 유극 2위식 계전기이다.
④ 유극 3위식 계전기이다

해설) 전철쇄정계전기(WLR)는 무극선조 계전기, 전철제어계전기(WR)은 자기유지 계전기

문136 계전기실에서 현장 선로전환기까지의 원거리 전압강하 및 동작의 확실성을 확보하기 위하여 설치한 계전기는?
① 전철표시계전기(KR)
② 전철제어반응계전기(WPR)
③ 전철쇄정계전기(WLR)
④ 회로제어기

문137 다음 중 유극 계전기의 45° 접점은?

① ② ③ ④

문138 선로전환기를 전환할 경우에만 여자하고 평상시에는 무여자 상태가 되어 선로전환기를 쇄정하는 계전기는?
① 전철쇄정계전기
② 전철표시계전기
③ 전철제어계전기
④ 전철표시반응계전기

정답 133. ④ 134. ④ 135. ④ 136. ② 137. ② 138. ①

문 139 다음 계전기류의 최소 동작 전압과 전류에 관한 설명 중 옳은 것은?
① 정격값의 1.2배 이하   ② 정격값의 1.0배 이하
③ 정격값의 0.9배 이하   ④ 정격값의 0.3배 이상

해설) 최소 동작 전압과 전류는 정격값의 0.9배 이하

문 140 신호용 계전기 종류에서 직류 유극선조계전기의 접점수는?
① NR4/N2R2   ② NR2/NR2
③ NR4/N4R4   ④ NR6

해설) ①은 직류자기유지계전기, ②는 직류궤도연동계전기 ④는 직류완방계전기

문 141 삽입형 무극 및 유극 계전기의 접점수는?
① N2R2   ② N4R4
③ NR4N4R4   ④ NR4N2R2

해설) 삽입형 무극 및 유극 계전기의 접점수는 동작·낙하 4개, 동작 4개, 낙하 4개

문 142 출발신호기와 입환신호기를 소정의 위치에 설비할 수 없는 경우 열차 및 차량 정지표지에서 출발신호기와 입환신호기까지의 궤도회로 내에 열차가 점유하고 있을 때 취급버튼을 정위로 쇄정하는 것을 무슨 쇄정이라 하는가?
① 폐로쇄정   ② 철사쇄정
③ 시간쇄정   ④ 접근쇄정

문 143 그림에서 진로조사계전기의 21RZR 의 제어조건으로 옳은 것은?

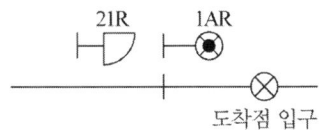

① 21RR 여자, 1ARZR 무여자, APR 여자
② 21RR 여자, 1ARZR 여자, APR 여자
③ 21RR 무여자, 1ARZR 여자, APR 무여자
④ 21RR 무여자, 1ARZR 여자, APR 여자

정답 139. ③ 140. ③ 141. ③ 142. ① 143. ①

문 144 진로상의 선로전환기를 어느 방향으로 전환할 것인지를 결정하는 설정된 진로가 다른 진로에 사용되지 않도록 쇄정하는 계전기는?

① 전철표시계전기　　　　② 전철선별계전기
③ 전철쇄정계전기　　　　④ 진로조사계전기

문 145 접근쇄정회로에 대한 설명으로 옳지 않는 것은?

① 자동구간의 장내신호기 설비
② 접근쇄정의 해정시분 장내신호기 90초
③ 접근쇄정의 해정시분 출발 신호기 20~30초
④ 자동구간의 정거장에서 통과열차가 있는 선로의 출발신호기에 설치

(해설) 접근쇄정의 해정은 다음 각 호와 같이 한다
1. 접근궤도회로에 열차가 없을 경우에는 즉시 해정
2. 열차가 있을 경우 그 신호기 내방에 진입하였을 때 또는 해당 신호기에 정지신호를 현시하고 나서 정해진 시분 경과 후
3. 접근쇄정의 해정시분은 다음과 같이 설정한다
   - 장내신호기 90초±10[%]
   - 출발 신호기 및 입환신호기 30초±10[%]

문 146 연동도표에서 접근 및 보류쇄정에 대한 설명으로 옳지 않는 것은?

① 접근궤도가 있으면 접근쇄정
② 접근궤도가 없으면 보류쇄정
③ 장내신호기의 시소 시간은 30초
④ 출발신호기의 시소 시간은 30초

문 147 접근쇄정에 대한 설명으로 옳지 않는 것은?

① 접근궤도회로는 신호기 외방에 열차제동거리와 여유거리를 더한 거리 이상으로 한다.
② 접근궤도회로에 열차가 없을 경우에는 즉시 해정한다.
③ 접근쇄정의 해정시분은 장내신호기 90초±10[%], 출발 신호기 및 입환신호기 30초 ±10[%]로 한다.
④ 본선의 궤도회로는 출발신호기 또는 입환표지의 접근궤도회로로 사용할 수 없다.

정답 144. ③ 145. ③ 146. ③ 147. ④

문148 다음 계전기 중에서 가장 널리 사용되는 일반적인 직류 계전기로서 보통 복수의 정위(N) 접점과 반위(R) 접점을 갖는 계전기는?
① 선조계전기　② 완동계전기
③ 완방계전기　④ 시소계전기

문149 역 구내 입환 또는 후속열차 취급을 원활히 하기 위하여 열차가 일정구간을 통과하였을 경우 순차적으로 그 구간 내의 선로전환기, 궤도회로를 해정하는 것은?
① 철사쇄정　② 접근쇄정
③ 폐로쇄정　④ 진로구분쇄정

문150 접근쇄정계전기 회로에서 열차에 의하여 진로가 자동 해정 되도록 작용하는 것은?
① 시소계전기의 낙하 접점
② 진로조사계전기의 낙하 접점
③ 접근계전기의 낙하 접점
④ 장내 내방 첫 번째 궤도회로의 낙하 접점

(해설) 열차가 장내신호기에 진입하면 접근쇄정은 궤도회로의 낙하에 의하여 자동으로 해정된다.

문151 장애원인과 연관성이 옳지 않은 것은?
① 진로구성등 현시장애 - NK 낙하접점 불량
② 진로해정불능 장애 - ASR 여자 불능
③ 선로전환기 전환불능 장애 - 제어계전기 불량
④ 취급버튼을 누를 때만 진로 현시 - 자기유지 회로 불량

(해설) 진로구성등은 TRS, TLS 낙하접점을 사용한다

문152 단선구간 상·하 장내신호기에 진행신호를 동시에 현시할 수 없도록 하는 쇄정은?
① 편쇄정　② 정위쇄정
③ 정·반위쇄정　④ 반위쇄정

정답　148. ①　149. ④　150. ④　151. ①　152. ②

문 153. 자기차동형으로 영구자석 1개와 코일 2개를 갖고 있으며, 코일은 직렬로 접속되어 인가전압의 극성을 바꾸면 정위 또는 반위로 작동하는 계전기는?

① 무극선조계전기
② 유극자기유지계전기
③ 시소계전기
④ 완방계전기

문 154. 시소계전기의 시소 허용한도는 별도로 정해진 것을 제외 하고는 몇 [%] 이내로 하여야 하는가?

① ±50[%]
② ±40[%]
③ ±30[%]
④ ±10[%]

문 155. 다음 결선도용 기호가 나타내는 계전기의 명칭은?

① 거치형 자기유지계전기
② 거치형 유극계전기
③ 삽입형 자기유지계전기
④ 삽입형 유극계전기(3위)

문 156. 전기 연동 장치에서 신호 취급 시 선로전환기는 전환되고 접근쇄정 계전기가 무여자되지 않을 때 점검을 제일 먼저 하여야 할 계전기는?

① WLR
② ASR
③ ZR
④ WR

(해설) 접근쇄정 계전기회로에서 ZR이 여자하면 ASR이 무여자 된다.

문 157. 신호전구 단심 또는 이상동작으로 신호정지 시 동작하는 신호기 고장 경보제어 계전기는?

① CSSB
② S
③ PFR
④ SFR

(해설)
1. S : 신호기 고장 경보취소 취급버튼
2. PFR : 선로전환기 고장 경보 제어계전기
3. CSSB : 주신호 취소 공통취급버튼 계전기

문 158 연동도표상에 기재하지 않아도 되는 것은?
① 소속 선로명 및 정차장명   ② 열차 종류 및 등급
③ 배선 약도   ④ 작성 연월일

문 159 선로전환기가 있는 궤도회로를 열차가 점유하고 있을 때 그 선로전환기를 전환 할수 없도록 하는 쇄정은?
① 표시쇄정   ② 진로쇄정
③ 접근쇄정   ④ 철사쇄정

문 160 그림에서 장내신호기 1A에 의해 5T에 열차를 도착시킬 때 전기연동장치의 동작 또는 확인에 대한 설명 1), 2) 다음에 오는 동작 또는 확인사항으로 다음 중 그 순서가 가장 빠른 것은?

[동작 또는 확인]
1) 1[A] → 5DN 신호를 취급한다.
2) 하행 5번선으로 마주보는 진로가 취급되지 않은 것을 확인한다.

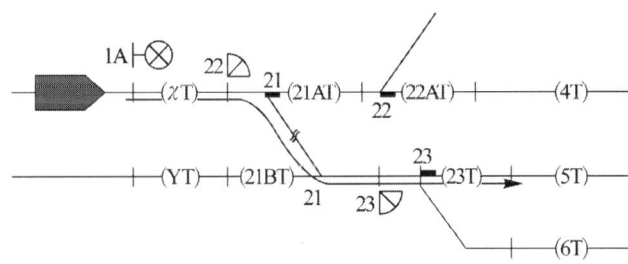

① 선로전환기 21호를 반위, 23호를 정위로 전환한다.
② 하행 4번 선으로 진로가 개통된 것을 확인한다.
③ 선로전환기 21, 23호를 쇄정한다.
④ 1[A]에 진행을 지시하는 신호를 현시한다.

문 161 시간쇄정설비에 대한 설명으로 가장 거리가 먼 것은?
① 갑과 을의 취급버튼 상호간에 쇄정하는 갑의 취급버튼을 정위로 복귀하여도 을의 취급버튼은 일정시간이 경과할 때까지 해정되지 않는 것을 말한다.
② 진로내의 선로전환기로 진로쇄정을 설비할 수 없는 선로전환기에 설비한다.
③ 진로내의 선로전환기가 열차 도착 전 해정될 수 있는 선로전환기에 설비한다.
④ 과주여유 거리 밖의 선로전환기에 설비한다.

정답 158. ② 159. ④ 160. ① 161. ④

문162 계전기의 규격에서 정격전류가 170[mA]이고 접점수가 NR6인 계전기는?
① 삽입형 직류 완방계전기   ② 삽입형 직류 유극3위계전기
③ 직류 단속계전기   ④ 직류 유극궤도계전기

문163 다음은 연동장치 결선도를 작성할 때 일반적인 원칙들이다. 옳지 않은 것은?
① 진로조사회로는 망상회로로 하고 병렬이 곤란한 회로는 직렬조건을 삽입한다.
② 진로선별회로는 망상회로로 하고 좌행 및 우행 회로로 구분한다.
③ 신호제어회로는 병렬회로로 하고 주신호와 입환신호 회로를 결합한다.
④ 선로전환기의 단동 취급 시에는 취급버튼 2개를 동시에 누르는 것으로 한다.

(해설) 신호제어회로는 직렬회로로 하고 주신호와 입환신호 회로를 분리한다.

문164 가장 널리 사용되는 일반적인 직류계전기로서 보통 복수의 정위(N)접점과 반위(R)접점을 갖는 계전기는?
① 자기유지계전기   ② 시소계전기
③ 완동계전기   ④ 선조계전기

문165 다음의 각 계전기에 따른 용도가 틀린 것은?
① 과전류계전기 : 기기·회로의 단락 또는 과부하 보호용
② 과전압계전기 : 회로의 부족 전압 보호용
③ 비율차동계전기 : 변압기의 내부고장 보호용
④ 역상계전기 : 기기·회로의 지락 보호용

문166 다음 계전기 기호의 명칭은?

① 거치형 완동계전기   ② 거치형 완방계전기
③ 삽입형 자기유지 계전기 ④ 삽입형 완방계전기

정답 162. ① 163. ③ 164. ④ 165. ④ 166. ①

문 167 진로구분쇄정 구간을 열차가 통과 한 후의 설명 중 옳지 않은 것은?

① 진로가 해정된다.
② 궤도회로가 해정된다.
③ 선로전환기가 해정된다.
④ 선로전환기를 전환시킬 수 있다

(해설) 쇄정과 해정은 열차 운전에 직접적인 영향을 주는 신호기와 선로전환기의 통제에 대한 것이며 궤도회로는 무관하다.

문 168 제1종 진로선별식 계전연동장치에서 동작순서가 옳은 것은?

① 1RR → 1RZR → 1RNP → 1RHR
② 1RASR → 1RZR→1RHR → 1RNP →1RZR
③ 1RZR → 1RP→ 1RSR → 1RZR → 1RHR
④ 1RR → 1RZR → 1RASR → WLR → 1RHR

(해설) 진로선별 → 진로조사 → 접근쇄정 → 전철쇄정 → 신호제어
신호정자 1RR을 반위로 하면 진로선별회로의 정위 배향에 CR을 동작시키고 압구 반응 계전기를 여자하여 전철선별계전기(NR, RR)가 여자하면 전철제어회로에 따라 선로전환기가 전환된다. 해당 진로의 선로전환기의 개통 방향을 조사하여 진로 조사 계전기(ZR)가 여자한다, 접근 쇄정 계전기(ASR)가 무여자 되고, 진로쇄정 계전기(TRSR, TLSR)가 무여자 되며, 전철제어회로의 전철쇄정계전기(WLR)가 무여자 되어 신호제어계전기(HR)는 여자 되므로 신호가 현시된다.

문 169 전기연동장치에서 동작순서가 옳은 것은?

① KR → ZR → WR → HR
② WLR → WR → KR → ASR
③ WLR → ASR → ZR → HR
④ KR → ASR → ZR → HR

(해설) 압구조사 → 진로선별→ 진로조사→ 전철제어→ 진로쇄정→ 신호제어

문 170 전기연동장치 신호취급 시 계전기의 동작순서가 옳은 것은?

① WLR → ASR → TLSR → ZR
② ZR → ASR → TLSR → WLR
③ WLR → TLSR → ASR → ZR
④ ZR → ASR → WLR → TLSR

(해설) ZR여자 → ASR 낙하 → TLSR 낙하 → WLR 낙하

정답 167. ② 168. ④ 169. ② 170. ②

문171 제1종 진로선별식 계전연동장치에서 진로조사계전기 회로에 전철선별계전기 조건을 삽입하는 이유 중 옳은 것은?

① 진로를 선별하기 위하여 ② 부정 동작 방지
③ 선로전환기 전환을 위하여 ④ 신호제어를 하기 위하여

(해설) 진로조사계전기 회로에 전철선별계전기(NR, RR)의 여자 조건을 삽입하는 이유는 전철선별계전기와 전철표시계전기의 일치를 도모.

문172 접근쇄정 구간의 설명 중 옳은 것은?

① 이 구간에 열차가 진입하면 시소시간 경과 후 진입할 수 있다.
② 이 구간에 열차가 진입하면 진로는 해정된다.
③ 이 구간에 열차가 없으면 진로는 즉시 해정된다.
④ 이 구간에 열차가 없으면 시소가 동작 한다.

(해설) 접근쇄정 구간에 열차가 없으면 진로는 즉시 해정되며 접근쇄정 구간이 없는 곳에서는 보류쇄정을 이용 한다.

문173 진로선별식 계전연동장치에서 전철쇄정계전기를 무여자시키는 계전기로 옳은 것은?

① ASR 여자 조건 ② WR 동작 조건
③ TLSR 무여자 조건 ④ HR 여자 조건

(해설) 전철제어 회로에서 궤도반응계전기 여자 조건, 진로쇄정계전기 여자 조건을 통해 전철 정자 조건과 전철선별계전기의 조건에 따라 전철쇄정계전기가 여자 되며 전철제어계전기를 여자시킨다. 또한 진로조사계전기가 여자함으로 접근 쇄정계전기는 무여자 되고 진로쇄정계전기도 무여자 된다. 따라서 전철쇄정계전기는 무여자 된다.

문174 전철표시계전기 NKR의 동작 조건 중 옳은 것은?

① WR 90°, KR 90°, RKR 무여자 조건
② WR 90°, KR 90°, RKR 여자 조건
③ WR 90°, KR 45°, NKR 무여자 조건
④ WR 90°, KR 90°, NKR 여자 조건

(해설)
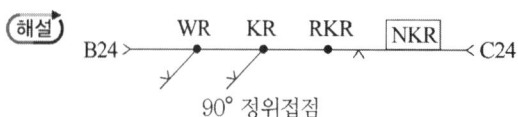

175 다음 중 진로선별 회로에서 동작 하지 않는 계전기는?

① CR
② RR
③ NR
④ HR

해설) 1. CR : 진로 선별 계전기
2. RR : 반위 전철 선별 계전기
3. NR : 정위 전철 선별 계전기
4. HR : 신호 제어 계전기

176 현장 선로전환기가 전환 완료시 동작하는 계전기는?

① CR
② KR
③ WL
④ WR

해설) 현장 선로전환기가 전환 완료시 회로제어기의 접점에 의하여 정위 또는 반위 동작에 의한 극성의 전환으로 실내 KR이 동작(90° 또는 45°)하게 됨.

177 전기연동장치에서 선로전환기 동작과 관계없는 것은?

① ZR 동작
② CR 동작
③ TR 동작
④ WLR 동작

해설) ZR(진로조사 계전기)는 선로전환기 동작 후 진로를 조사하는 계전기이다.

178 전기연동장치에서 신호현시에도 여자되어 있는 계전기는?

① ZR
② ASR
③ TLSR
④ TRSR

해설) 쇄정계전기인 ASR(접근쇄정계전기), TRSR(우행진로 구분쇄정기), TLSR(좌행진로 구분쇄정기)는 평상시 여자되어 있다가 신호현시를 위한 조건으로 모두 낙하하게 된다.

179 다음 중 전철제어 회로에서 동작 하는 계전기는?

① TR
② WLR
③ ZR
④ HR

해설) 전철쇄정계전기(WLR)의 여자로 전철제어계전기(WR)가 동작한다.

정답 175. ④ 176. ② 177. ① 178. ① 179. ②

문180 다음 중 신호제어 회로 조건이 아닌 것은?
① TPR
② WR
③ KR
④ TRSR

(해설) 신호 제어 회로의 조건에는
① 진로 선별이 이루어질 조건으로 착점 압구 반응계전기(PR)의 여자 조건
② 진로의 열차 또는 차량이 없음을 확인하기 위하여 TPR의 여자 조건
③ ZR의 여자 조건
④ 접근 쇄정 완료 조건으로 ASR 무여자 조건
⑤ 전철기 쇄정 완료 조건으로 WLR 무여자 조건
⑥ 진로 쇄정 완료 조건으로 TLSR, TRSR의 무여자 조건
⑦ 대향 진로가 설정되지 않는 조건으로 TLSR, TRSR의 여자 조건
⑧ 진로의 개통 방향을 표시하기 위하여 NKR, RKR의 여자 조건 등 필요

문181 다음 중 신호제어 회로 구비조건이 아닌 것은?
① 진로 취급버튼을 반위로 조작할 수 있는 조건
② 배향 진로의 정위를 조사하는 조건
③ 진로쇄정 완료 조건
④ 접근쇄정 완료 조건

문182 진로 선별식 계전 연동장치에서 전철 선별 계전기의 주된 역할은?
① 전철표시계전기를 동작시킨다.
② 신호제어계전기를 동작시킨다.
③ WLR 및 WR을 여자 또는 동작 시킨다.
④ TRSR을 여자하기 위하여

(해설) WLR을 여자시키며 WLR의 여자 접점에 따라 WR을 동작시킨다.

문183 계전기의 접점 저항과 동작에 관한 설명 중 옳지 않은 것은?
① 탄소와 탄소의 접점 저항은 0.5[Ω] 이하일 것
② 유극계전기의 유극 접점은 무여자 될 때 잘 접촉하여야 한다.
③ 최소동작 전류는 정격값의 0.9배 이하일 것
④ 낙하 전류는 정격값의 0.3배 이상일 것

(해설) 탄소와 탄소의 접점 저항은 1[Ω] 이하일 것.

정답 180. ② 181. ② 182. ③ 183. ①

문184 정자 취급소가 다른 신호소와의 연쇄 관계를 무슨 쇄정이라고 하나?
① 철사쇄정   ② 조사쇄정
③ 표시쇄정   ④ 편쇄정

문185 다음 중 접근쇄정 보조계전기는?
① ZR   ② MSLR
③ TRSR   ④ ASR

[해설] 1. ZR : 조사계전기
2. TRSR : 우행 진로쇄정계전기
3. ASR : 접근쇄정계전기

문186 접근 쇄정을 거는 조건에 해당 되는 계전기의 상태는?
① ASR 여자 조건   ② RASR 여자 조건
③ ZR 무여자 조건   ④ HR 무여자 조건

[해설] HR은 표시쇄정 조건, ASR, RASR은 접근 쇄정을 푸는 조건

문187 접근쇄정 해정보조계전기에 완방 계전기를 사용하는 이유 중 옳은 것은?
① 계전기의 접점을 감소히기 위하여
② 회로 구성의 안전을 위하여
③ 한시 해정기를 동작하기 위하여
④ ASR의 동작을 확실히 하기 위하여

[해설] 접근쇄정 해정 보조계전기에 완방계전기를 사용하는 이유는 ASR의 동작을 확실히 하기 위함이고, 전원을 차단하여도 어느 시간만큼 여자하는 계전기이다.

문188 접근쇄정계전기 회로에서 열차에 의하여 진로가 자동 해정 되도록 작용하는 조건 중 옳은 것은?
① 장내신호기 내방 첫째 궤도계전기 무여자 접점
② ASR의 무여자 접점
③ TENR의 무여자 접점
④ ZR의 여자 접점

정답 184. ② 185. ② 186. ③ 187. ④ 188. ①

> **[해설]** 접근쇄정 계전기 회로에서 장내신호기 내방 첫째 궤도회로에 열차가 진입하면 HR과 ZR이 무여자 되어 TPR의 무여자 조건에 따라 ASR이 여자한다.

문189 계전 연동장치에서 전철제어 회로와 관계가 없는 계전기는?
① TPR
② WR
③ NKR, RKR
④ WLR

> **[해설]** NKR 및 RKR은 WR의 동작에 의하여 전동기가 동작하고 선로전환기 전환 후 여자하는 계전기이다.

문190 진로선별회로의 우행 회로는 전원이 어느 쪽에서 유입하는가?
① 우측에서 좌측으로
② 좌측에서 우측으로
③ 반위 측에서 정위 측으로
④ 정위 측에서 반위 측으로

> **[해설]** 전원(+)은 우행 회로의 경우 좌측에서, 좌행 회로의 경우 우측에서 유입

문191 진로선별계전기의 설치 위치는?
① 정위 대향
② 정위 배향
③ 반위 대향
④ 반위 배향

> **[해설]** 회로의 분기점을 선로전환기로 보고 열차의 진행 방향을 전류의 흐르는 방향으로 보아 정위 배향으로 되는 개소에 설치한다.

문192 반위 전철선별계전기의 설치 방법 중 옳은 것은?
① 좌행 회로에만 설치한다.
② 우행 회로에만 설치한다.
③ 특별한 설치 방법을 정하여 설치한다.
④ 좌행, 우행 회로에 부하의 평형을 유지 하도록 설치

> **[해설]** 선로전환기가 단동일 경우는 NP의 반대 측에 설치하나 쌍동일 경우 어느 쪽이나 설치가 가능하며 양 진로의 부하가 균형이 되도록 설치한다.

문193 전철선별계전기 동작 순서의 설명 중 옳은 것은?

① 열차의 진입 지점부터 도착점으로
② 열차의 도착 지점부터 진입점으로
③ 입환신호기 설치된 방향부터
④ 어느 방향이건 무관하다.

해설 도착점에 가까운 것부터 순차적으로 시점 쪽을 향하여 일정한 순서로 동작.

문194 진로조사계전기의 설치 목적 중 옳은 것은?

① 신호 현시 상태를 감시하기 위하여
② 궤도계전기를 여자시키기 위하여
③ 선로전환기의 불일치를 점검하기 위하여
④ 진로내의 선로전환기 개통 방향을 점검하기 위하여

해설 진로가 설정되어 신호기에 진행신호를 현시하기 위해서는 진로의 선로전환기가 정확하게 개통 되어 있는지를 재점검 한다.

문195 진로조사계전기 회로는 다음 중 어느 회로로 구성되나?

① 직렬 회로
② 병렬 회로
③ 망상 회로
④ 직병렬 회로

해설 진로선별 회로와 진로조사 회로는 구내의 선로 배선 상태와 같은 망상 회로로 되어 있다.

문196 TRSR의 문자기호가 옳은 것은?

① 좌행 진로쇄정 계전기
② 궤도 반응쇄정계전기
③ 우행 진로쇄정 계전기
④ 궤도 반응계전기

해설 ①은 TLSR, ②는 TPSR, ④는 TPR

문197 다음 중 신호제어 계전기(HR)가 동작하면 동작하는 계전기는?

① GR
② CR
③ PR
④ UR

해설 HR 여자 조건에 따라 현장 신호기의 GR이 동작하여 신호 현시가 된다.

정답 193. ② 194. ④ 195. ③ 196. ③ 197. ①

📝198 계전연동장치에서 신호 취급시 선로전환기는 전환되고 접근쇄정계전기가 무여자되지 않을 때 점검을 제일 먼저 해야 할 계전기는?
① ZR
② HR
③ WR
④ NR 또는 RR

해설) 접근쇄정계전기 회로에서 ZR이 여자하면 ASR이 무여자가 되고 신호가 현시 되면 HR이 여자된다.

📝199 현장 입환신호기는 진행 신호가 현시 되어 있으나 조작판에는 신호 현시 반위 표시등이 점등 되지 않을 때 점검을 제일 먼저 해야 할 계전기는?
① ZR
② TRST
③ ASR
④ HR

해설)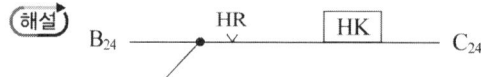

📝200 진로선별회로에 대한 설명으로 틀린 것은?
① 진로선별회로에 반위전철 선별 계전기는 우행, 좌행 회로의 부하 전류를 고려하여 설치한다.
② 진로선별회로에서 정자 반위로 하면 제일 먼저 동작하는 계전기는 정위 배향에 있는 CR가 동작한다.
③ 정위 배향에 진로선별회로를 설치하고 또한 회로가 집합하는 부분에도 진로선별 계전기를 설치한다.
④ 진로선별회로는 우행회로와 좌행회로가 있으며 전부 병렬 회로로 구성 되어 있다.

해설) 진로선별회로는 망상 회로 사용

📝201 전철제어회로 동작 조건이 아닌 것은?
① TRSR 또는 TLSR 여자 접점
② TR 또는 TPR의 여자 접점
③ NR 또는 RR의 여자 접점
④ ZR의 여자 접점

해설) 선로전환기 전환과 ZR은 무관하다.

문 202 다음 중 폐로쇄정에 대한 설명으로 맞는 것은?

① 신호 취급소를 달리하는 정자 상호 간에 대한 쇄정이다.
② 신호기가 진행 신호를 현시하여 그 신호기의 외방 일정 구간에 열차가 진입 하였을 때 선로전환기를 전환하지 못하도록 하는 쇄정
③ 한 쪽을 반위로 함으로서 다른 쪽을 정위 또는 반위의 위치에 쇄정 하는 것.
④ 신호기의 진로에 관계가 있는 궤도회로 내에 열차가 있을 때는 열차에 의하여 정자를 반위로 쇄정

해설 ① 조사쇄정, ② 접근쇄정, ③ 정, 반위 쇄정

문 203 다음 중 전철쇄정계전기에 대한 설명으로 옳지 않은 것은?

① WLR은 TR 여자 접점에 의하여 제어된다.
② WLR 여자 조건은 TRSL, TLSR 무여자일 때이다.
③ WR은 WLR의 여자 접점에 의하여 동작 한다.
④ WR은 WLR의 무여자시 쇄정 된다.

해설 WLR 여자 조건은 TRSL, TLSR 여자 접점으로 구성

문 204 다음 중 표시쇄정에 대한 설명으로 옳지 않은 것은?

① 진행신호가 현시 되면 신호 정자는 반위이다.
② 정지 신호때만 선로전환기가 해정 되므로 안전하다.
③ 탁상 전기 정자에는 표시 쇄정 조건이 필요 없다.
④ 부정 신호를 예지할 수 있으므로 사고의 미연 방지를 도모 할 수 있다.

해설 탁상 전기 정자에는 신호기에 정지신호가 현시 되지 않는 한 정자가 반위에서 정위로 되지 않도록 표시 쇄정 조건에 HR의 무여자접점 또는 NP의 여자 접점을 삽입 하여 사용한다.

문 205 다음 중 진로선별회로에서 전철선별계전기가 여자할 수 있는 조건 중 옳은 것은?

① 압구 반응 계전기 무여자 접점
② 신호 정자 반위 접점과 압구 반응 계전기 여자 접점
③ 도착점 압구 반응 계전기 여자 접점과 신호 정자 반위 접점
④ 신호 정자 반위 접점

해설 취급자의 진로 선택에 따라 신호 정자와 도착점 압구를 취급하면 전철선별 계전기는 여자 된다.

정답 202. ④ 203. ② 204. ③ 205. ③

문 206 다음은 신호관제에서 현장 신호 현시 불능을 수보하였다. 다음 사항 중 가장 먼저 점검해야 하는 계전기는?
① HR
② WLR
③ ASR
④ ZR

(해설) HR이 여자 되면 실내 조건은 이상이 없고 HR이 무여자 되면 실내 조건이 불량함을 알 수 있어 장애를 빨리 보수 할 수 있다.

문 207 전철표시계전기가 90°로 동작하였을 때 여자하는 계전기로 옳은 것은?
① WLR
② ZR
③ NKR
④ ZR

(해설) 45°로 동작하면 RKR이 여자한다.

문 208 다음 연동장치의 연쇄기준에 관한 설명 중 옳은 것은?
① 궤도회로 상호간 연쇄
② 신호기와 건널목경보기 간 연쇄
③ 신호기와 선로전환기의 연쇄
④ 선로전환기와 진로선별계전기간 연쇄

문 209 다음은 신호정자의 표시쇄정에 대한 설명이다. 옳지 않은 것은?
① 신호정자를 반위로 하였을 때 신호 현시가 되지 않아도 위험하지 않으므로 표시 쇄정은 하지 않는다.
② 신호제어계전기의 낙하 접점으로 신호 정자의 정위 표시점을 쇄정하는 방법을 사용한다.
③ 신호정자를 정위로 복귀하였을 때 신호기의 현시가 진행을 지시하면 위험하므로 표시쇄정을 한다.
④ 만일 신호제어계전기가 동작 하였다면 신호정자를 정위 표시점에서 정지 정위로 되지 못하게 한다.

(해설) 신호정자의 표시쇄정 방법은 신호제어계전기의 낙하 접점으로 신호 정자의 정위 표시점을 해정하는 방법을 사용하므로 반드시 신호제어계전기가 낙하(이 경우 신호는 정지) 되어야만 정자를 정위로 할 수 있다.

정답 206. ① 207. ③ 208. ③ 209. ②

문210 다음은 철사 쇄정에 대한 설명이다. 옳지 않은 것은?

① 열차가 통과 중 선로전환기를 전환할 수 없도록 철사 간을 설치한다.
② 선로전환기가 있는 방호구간에 궤도회로를 설치하고 궤도 계전기가 낙하 중일 때는 전환할 수 없도록 한다.
③ 진행신호에 의해 진로에 진입하였을 때 열차에 의해 궤도회로를 통과할 때까지 선로전환기를 전환하지 못하도록 쇄정한다.
④ 선로전환기를 포함한 궤도회로 내에 열차가 있을 때 열차에 의해 선로전환기를 전환하지 못하도록 쇄정 한다.

(해설) ③은 진로쇄정에 관한 설명이다.

문211 착선 변경 시에 진로 해정으로 인한 열차 사고를 방지하기 위하여 일정한 시간을 경과하여 진로를 해정하는 쇄정 방법은?

① 철사쇄정
② 조사쇄정
③ 보류쇄정
④ 진로쇄정

(해설) 장내신호기의 경우 90~120초 정도의 시소를 두어 진로 내의 선로전환기를 전환하지 못하도록 한다.

문212 전철 제어 회로에서 TPR(궤도 반응 계전기)이 낙하되면?

① 전철제어계전기가 낙하한다.
② 전철쇄정계전기가 여자된다.
③ 선로전환기가 전환되지 않는다.
④ 선로전환기가 전환된다.

(해설) 궤도회로에 열차 점유 상태이므로 선로전환기는 전환할 수 없다.

문213 진로 조사 계전기 회로의 도착점에 설치하는 것은?

① 전철선별 계전기
② 진로선별 계전기
③ 조사계전기
④ 전원

(해설) 출발점에는 조사계전기를 설치하며 도착점으로부터 전원이 시작된다.

정답 210. ③ 211. ③ 212. ③ 213. ④

214 다음 중 관계 선로전환기가 쇄정 되어 있어야 할 경우는?

① HR 여자　　　　　　　② NKR 여자
③ WLR 여자　　　　　　④ TR 여자

(해설) 신호가 현시 되어 있을 경우(HR 여자)에는 관계 진로의 선로전환기는 열차안전을 위해 쇄정 되어야 한다.

215 전철제어계전기의 전원이 차단되면?

① 영도 접점을 유지한다.　　② 반대 방향으로 동작된다.
③ 동작된 방향으로 지속한다.　④ WR 낙하

(해설) 영구 자석의 힘에 의하여 동작된 방향으로 계속 여자 상태를 지속한다.

정답 214. ① 215. ③

철 / 도 / 신 / 호 / 문 / 제 / 해 / 설

Chapter  06

건널목 보안장치

6장 건널목 보안장치

6.1 건널목 보안장치의 개요

건널목 보안장치(safety equipment of railway crossing)는 철도와 도로가 평면 교차하는 곳에 설치하여 열차가 건널목을 통과하기 일정 시간 전에 열차의 접근을 알려주어 통행하는 모든 차량과 보행자를 정지하게 함으로써 건널목의 사고를 사전에 방지하기 위한 설비를 말한다.

6.2 건널목 보안설비

건널목에는 종별에 따라 표 6.1과 같은 설비를 설치한다.

표 6.1 건널목 종류에 따른 설비구성

구분 단선복선별	종별	건널목경보기	전동차단기	열차진행방향표시등	고장표시장치	고장감시장치	전동차단기 수동취급장치 및 사용안내문	경광등	출구측차단간검지기	지장물검지장치	정시간제어기	원격감시장치	신호정보분석장치	조명장치	비상신고통화장치
단선구간	1종	○	○		○	△	○		△	△	△	△	△	△	△
	2종	○			○	△				△	△	△	△		
	3종														
복선구간	1종	○	○	△	○	△	○	△	△	△	△	△	△	△	△
	2종	○		△	○	△			△	△	△	△	△		
	3종														

주 1) ○표는 반드시 설치해야 하는 것.
주 2) △표는 현장 여건에 따라 생략할 수 있는 것.

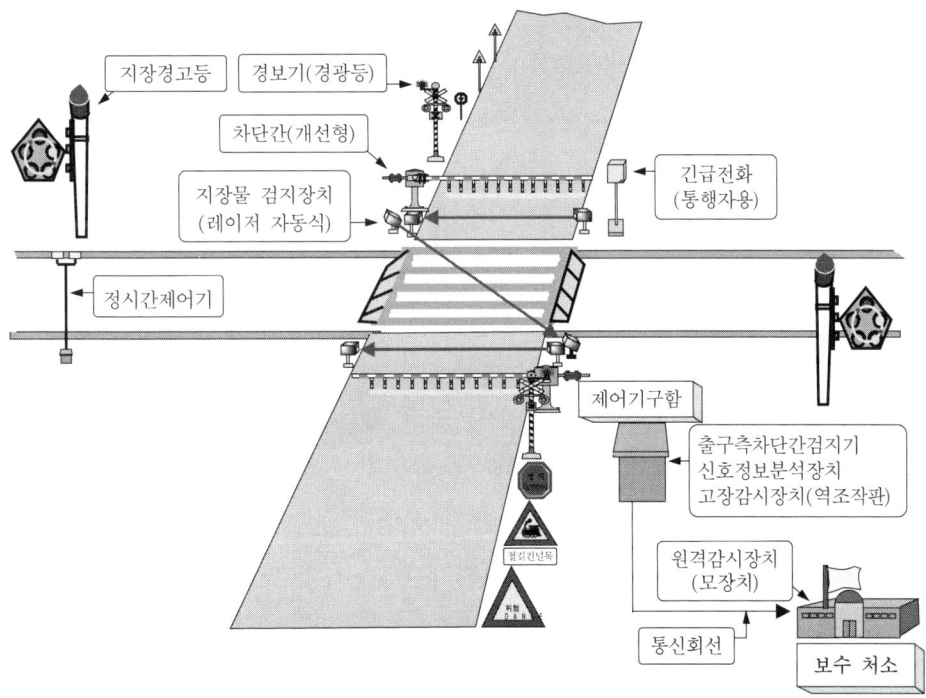

그림 6.1 건널목 보안장치

6.2.1 건널목 경보기

건널목 경보기는 열차가 건널목에 접근하는 것을 건널목 통행자나 차량에게 알려주는 설비이다.

건널목 경보시분은 구간최고속도를 감안하여 30[sec]를 기준으로 하고 최소 20[sec] 이상으로 한다. 단, 차단기가 설치된 건널목은 차단봉이 하강된 후 열차의 앞부분이 건널목에 도달할 때까지 15[sec] 이상을 확보하여야 하며 건널목 경보기는 다음에 의하여 설치 관리한다.

- 경보기 설치위치는 도로 우측 차량진행 방향이며(부득이한 경우 좌측) 내측 궤도중심에서 2.8[M]의 위치(전동차단기를 병설할 경우 3.5[M])
- 경보종의 타종 수는 기당 매분 70~100회
- 경보종 코일의 전류는 정격값의 ±10[%] 이내
- 경보음량은 경보기 1[M] 전방에서 60~130[dB]
- 경보등의 확인거리는 특수한 경우 이외에는 45[M] 이상
- 경보등의 단자전압은 정격 값의 0.8~0.9배

- 경보등의 점멸회수는 등당 50±10[회/min](현수형, 가교형 경보등은 경보 시 계속 점등)
- 건널목경보장치는 열차가 건널목을 통과한 후에는 즉시 경보가 정지되도록 설비한다.
- 잠바선단에서 0.06[Ω]의 단락선으로 단락시켰을 때 2420형(201형)의 계전기는 낙하되고 2440형(401형)의 계전기는 여자하여야 한다.

6.2.2 전동차단기

전동차단기는 다음에 의하여 설치 관리한다.
- 전동차단기 설치위치는 도로 우측에 궤도중심으로부터 차단봉까지 2.8[M]의 위치.
- 전동차단기는 도로전체를 차단하고 차단봉이 하강된 상태에서 차량이 건널목내로 진입할 수 없도록 한다.(중앙차선이 없고 건널목 상에서 교행가능 건널목의 차단봉 길이를 2[M]까지 축소 조정할 수 있다.)
- 건널목을 차단하였을 때 차단봉의 높이는 도로면에서 차단봉 중심까지 일반형은 800±100[mm], 장대형은 1,000±100[mm]
- 건널목을 차단하기 위하여 차단봉이 하강하는 시점은 양단에 설치된 차단기의 간격 및 도로의 차단 형태에 따라 정하되 경보가 시작한 후 3[sec] 이상으로 한다.
- 전동차단기는 열차가 건널목을 통과하는 즉시 차단봉이 상승하도록 한다.
- 전동차단기는 다음의 각 호에 의하여 설치 관리한다.
  ㉮ 제어전압은 정격값의 0.9~1.2배로 한다.
  ㉯ 정지할 때에는 차단봉에 충격이 가지 않게 회로제어기를 조정한다.
  ㉰ 차단봉이 내려오기(올라가기)시작하여 작동이 완료되어 정지할 때까지 시간은 정격전압에서 다음 값 이하로 한다.
  － 하강시간 : 8[sec]±2[sec]
  － 상승시간 : 12[sec] 이하
  ㉱ 전동기의 클러치 조정은 차단봉 교체 시 시행하여야 하며, 전동기의 슬립전류는 5[A] 이하로 한다.
  ㉲ 차단봉은 전원이 없을 때에는 자체 무게에 의하여 10[sec] 이내에 하강하여 수평을 유지하여야 한다. 다만, 장대형 전동차단기 차단봉은 작동된 상태를 유지한다.
  ㉳ 장대형 전동차단기는 다음 각 호에 의하여 설치 관리한다.
    ① 기기의 조정범위는 다음에 의한다.
    - 차단봉의 길이 : 14[M] 이하

- 정격전압 : DC 24[V]
- 기동전류 : 70[A] 이하

② 와이어 턴버클 각 부분의 너트는 이완되지 않도록 하여야 하며, 와이어는 느슨함이 없도록 조정한다.

6.2.3 고장감시장치

고장감시장치는 건널목 보안장치를 집중 감시하고자 할 때 장치의 기능을 검지할 수 있도록 고장검지장치를 각 건널목에 설치하고 이를 집중하여 감시하는 고장감시장치를 역 또는 보수 처소에 설치하는 설비이다

건널목 보안장치의 고장 발생에 따른 검지 내용은 다음과 같다.

① 경보종 배선의 단선 및 제어카드 발진 회로 고장(경보종 고장)
② 경보 등의 배선 단선(경보등 단선)
③ 열차가 건널목 구간을 진입하여 건널목 제어 유니트의 제어계전기(APR, BPR, ASR, BSR) 낙하 시 경보제어계전기(R1)가 낙하하지 않을 때(무경보)
④ 궤도회로 장애로 경보선택계전기(SLR, CSR) 또는 제어자(2420) 장애로 제어회로 복귀계전기(CSR)가 설정 시간(3분)이 지나도록 복귀(낙하)하지 않을 때(계속 경보)
⑤ 경보 장치 작동 후 15초 이내에 전동차단기가 하강하지 아니하거나 경보 종료 후 15초 이내에 차단기가 상승하지 아니할 때 (차단 간 6° 이상 84° 이하에서 15초 이상 경과 시 검지)(차단 간 고장)
⑥ 경보장치 제어전원이 DC 11[V](12[V]용), DC 22[V](24[V]용) 이하 시(저전압)
⑦ 경보제어계전기(R1)가 설정시간(5~20분, 5단계) 이상 낙하되었을 때
⑧ AC 입력전원 정전 시(정전)
⑨ 지장물 검지장치 발진부 고장 및 제어회선 단선 시(지장물 검지 장치 고장)

6.2.4 지장물 검지장치

1 레이저식

건널목 지장물 검지장치는 자동차 등이 고장으로 건널목 보판 위에 정차하여 있을 경우 레이저(laser) 광선에 의하여 이를 검지한 후 건널목에 접근하고 있는 열차의 기관사에게

알려주어 열차를 정지하도록 함으로써 사고를 방지하기 위한 설비이다.

건널목 가까이에 발광기와 수광기를 40[m] 이하 간격으로 설치하여 건널목내의 장애물을 검지할 수 있도록 레이저 광선을 방사한다.

열차가 건널목에 접근하여 경보개시구간에 진입하면 발광기가 동작하여 장애물 검지 가능 상태로 된다.

그리고 건널목지장경고등은 건널목 주변의 선로상태, 지형조건 등에 따라 선구 최고속도를 기준으로 건널목 경계지점외방까지의 최소 제동거리를 확보할 수 있는 지점에 설치

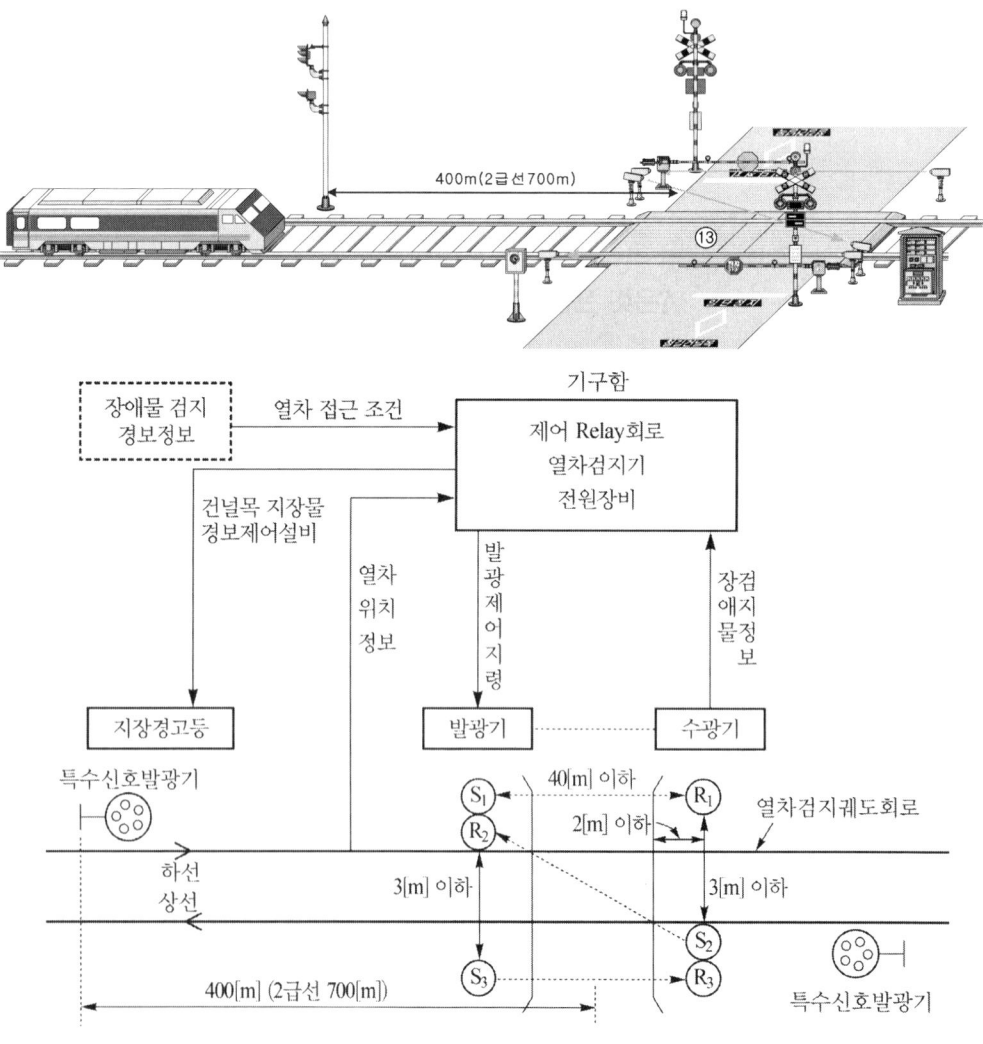

그림 6.2 지장물 검지장치 구성도

하고 그 외방 400[m] 위치에서 건널목지장경고 등의 확인이 가능하게 설비한다. 다만, 확인 거리 미달 또는 지형조건 등에 따라 건널목지장경고 등의 설치 위치를 조정하거나 중계기를 설치할 수 있다.

또한 발광기, 수광기, 반사기의 광선 중심축까지의 표준은 지상에서 745 [mm]로 하고 발광기의 광신 확산각도는 3° 이하로 하며, 수광기는 일출 또는 일몰시에 5° 이내에 직사광선이 들어가지 않도록 한다.

6.2.5 출구 측 차단 간 검지기

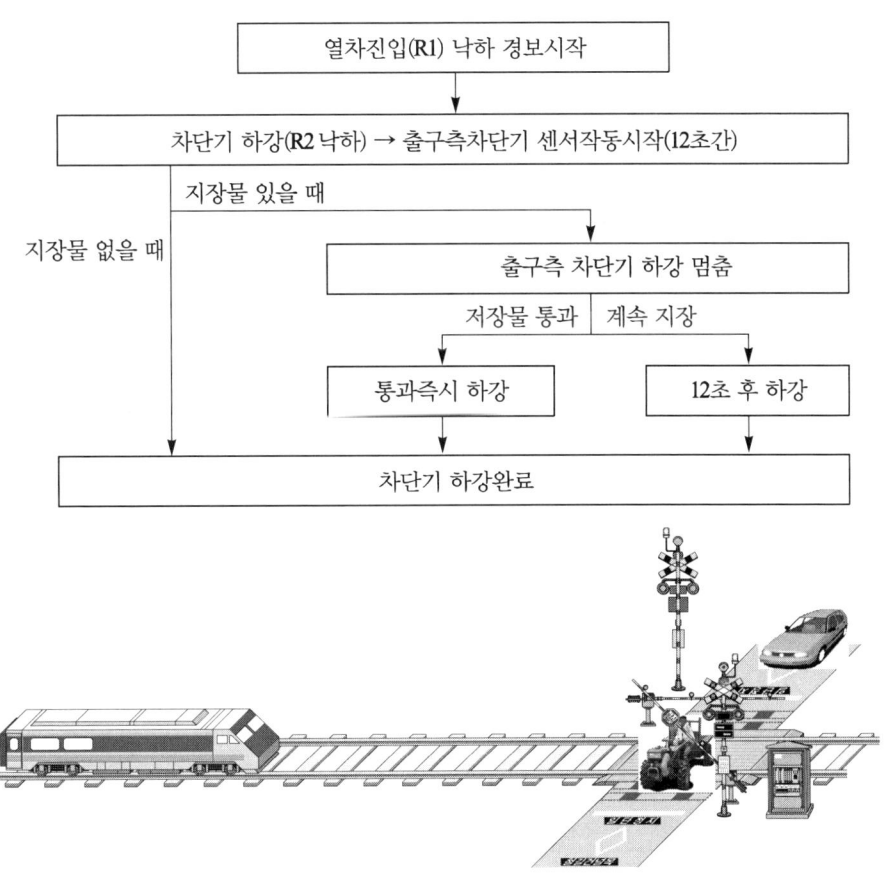

그림 6.3 출구 측 차단 간 검지기

출구 측 차단 간 검지기는 경보장치가 작동 중이고 차단기가 하강 직전에 차량 등이 진입하여 출구 측 차단기 하강으로 건널목을 통과하지 못하고 정차하고 있을 때 마이크로프로세서에 의해 자동차의 운전 방향을 검지하여 출구측 차단기의 하강을 일시 정지시켜 차량이 건널목을 통과할 수 있도록 하고 있다.

그리고 차량이 통과하게 되면 정지되었던 차단기는 하강하게 되는 설비이며 도로가 완전히 차단되는 개소로 차량이 상호 교행이 불가능한 건널목에 설치한다.

6.3 건널목 보안장치의 제어

건널목 보안장치의 제어방법은 단선과 복선구간에 따라 다르고 전철, 비전철과 자동, 비자동구간에 따라 제어방식도 다르다.

복선구간의 열차운행방식은 동일 선로를 동일 방향으로 열차가 운행하므로 제어가 간단하나, 단선구간은 동일 선로에 서로 다른 방향으로 열차가 통과하게 되므로 복선구간의 제어방식보다 복잡하다.

건널목 제어방법으로는 궤도회로를 이용한 연속제어법과 건널목 제어자를 이용한 점제어법으로 구분하여 사용하고 있다. 건널목 제어장치를 제어방법에 따라 분류하면 표 6.2와 같다.

표 6.2 궤도회로식과 제어자식의 사용개소 비교

종별 제어구간	자 동	비 자 동	
		전 철	비전철
역 구 내	궤도회로식, 필요에 따라 제어자식	제어자식	궤도회로식
역 사 이	기설 궤도회로를 사용할 경우에는 반드시 궤도회로식, 사용하지 않을 경우에는 제어자식	제어자식	궤도회로식
역에 근접한 곳	궤도회로식, 필요에 따라 제어자식	제어자식	궤도회로식

6.4 건널목 경보시간과 제어거리

6.4.1 경보시간

경보 시간을 필요 이상으로 길게 해서는 안 된다. 적절한 경보 시간을 설정하기 위해서는 열차의 종류를 고려해야 하는데, 우리나라에서는 30[sec]를 기준으로 하고 있으며 특별한 경우라 하더라도 20[sec] 미만으로 할 수 없도록 규정되어 있다.

동일 구간을 운행할 경우라 하더라도 열차의 종류에 따라 최고 경보시간과 최저경보 시간 사이에는 큰 차이가 있으므로 경보시간을 적절히 조정해야 하며 경보 시간의 적정화를 위해 다음과 같은 방법들이 사용되고 있다.

6.4.2 건널목 정시간 제어기

1 정시간 제어기법

건널목 정시간 제어기는 건널목 제어 구간에 있어 열차가 진입하는 경보 개시 시점(2420 제어자 설치지점)에 차륜 검지기 S#1과 S#2의 2조를 1.5~3[m] 간격으로 설치하여 열차의 진입을 검지함과 동시에 이들 두 검지기를 열차(차륜)가 통과할 때 발생하는 펄스 간의 시간을 CPU가 측정하여 열차의 속도를 연산한다.

이때 고속열차의 경우 즉시 건널목의 경보계전기 R의 동작전원을 차단하여 경보를 개시하고, 저속열차의 경우는 열차가 건널목에 도달하는 시간을 감안하여 경보 시간이 40[초]가 되도록 경보계전기 R의 전원을 차단하여 경보를 개시하도록 하는 것이다.

① 열차의 속도계산[V] : $3.6L_1/T$
② 열차의 건널목 도달시간[T] : $3.6L_2/V$

고속열차가 130[km/h]인 경우 : 1,000[m]÷130[km/h]×3.6≒27[초]
(즉시 경보)

저속열차가 60[km/h]인 경우 : 1,000[m]÷60[km/h]×3.6≒ 60[초]
(20초 후 경보, 정시간 40초로 설정 시)

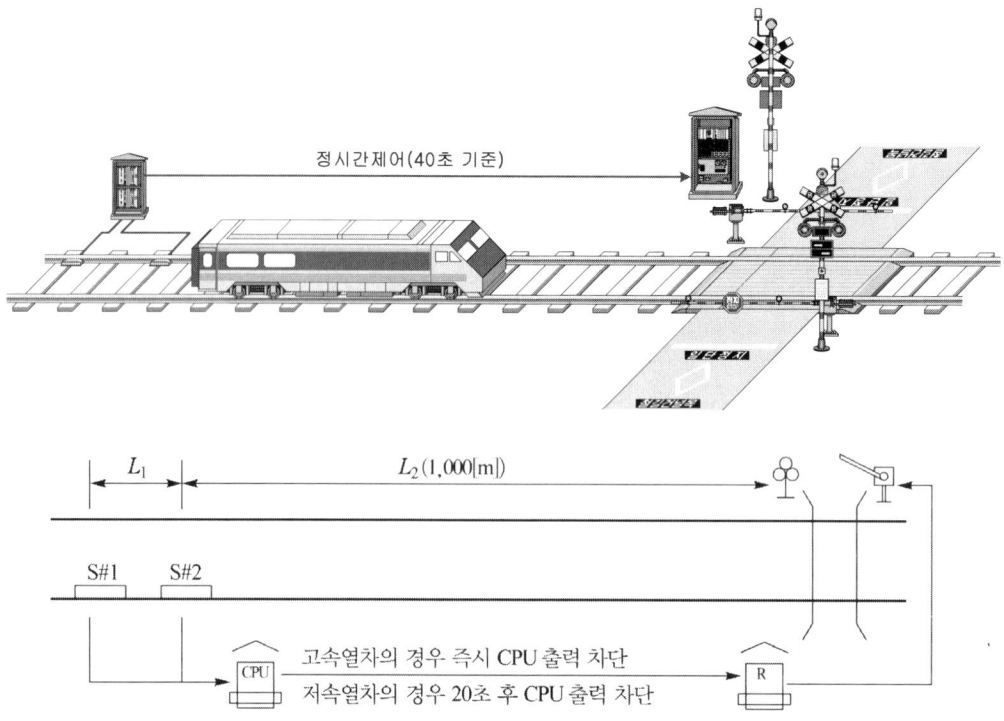

그림 6.4 정시간 제어기

1) **열차의 검지**

비접촉식 자기근접센서를 차륜검지기로 응용하여 인접한 두 위치의 통과열차의 차륜을 검지하고 이를 이용하여 속도를 계산하여 건널목 제어유니트로 정시간 경보신호를 출력한다.

2) **차륜검지와 저속열차 처리**

보선용 핸드카나 금속 공구 등으로 인한 경보를 방지하기 위하여 차륜이 2개 이상 검지될 경우에만 정시간 경보를 출력한다.

열차의 속도를 분석한 결과 45[km/h] 이하인 저속열차의 경우에는 열차의 가속성을 대비하여 45[km/h]로 처리한다.

3) **열차의 속도변화 적용**

최초 차륜 검지 시 속도 및 경보시점을 계산하여 경보개시 시점까지 기다리는 중 다음 차륜이 검지되면 그 차륜에 대한 속도를 분석하여 최초의 경보개시 시간을 바꾸어 동작되도록 한다.

6.4.3 경보시간과 제어거리의 산출

1 경보시간 계산

건널목의 경보시간은 건널목을 통행하는 보행자와 모든 차량을 기준으로 계산한다. 경보시간이 너무 짧을 경우에는 예기하지 않은 열차의 진입으로 사고가 발생하게 되므로 통행인이나 차량 등이 건널목을 충분히 횡단할 수 있는 시간을 고려해야 한다.

지금 건널목을 횡단하는 데 소요되는 시간을 T[sec]라 하면 다음 식과 같이 된다.

$$T = \frac{2L_1 + L_2(n-1) + L_3}{V} + t \, [\text{sec}] \tag{6-1}$$

여기서, L_1 : 바깥쪽 궤도의 중심에서 통행인의 정지위치까지의 거리[m]
L_2 : 복선 이상인 때의 선로간격[m]
L_3 : 자동차의 길이[m]
n : 선로의 수
t : 안전확인에 요하는 시간[sec]
V : 건널목 횡단속도[m/sec]

2 경보제어거리 계산

경보제어구간의 길이를 구하려면 산출된 경보시간에 그 구간을 운행하는 열차의 최고속도를 곱하면 된다.

경보제어구간의 길이를 L[m]이라 하면 다음과 같이 된다.

$$L = T \times V_{\max} \tag{6-2}$$

여기서, T : 건널목 경보시간[sec]
$V_{\max}$: 열차최고속도[m/sec]

어느 구간에 운행되는 열차의 최고속도가 108[km/h]이고 경보시간을 30[sec]라 하면 제어구간의 길이 L은 다음과 같이 계산할 수가 있다.

$$L = 30[\text{sec}] \times 108[\text{km/h}] = 900[\text{m}]$$

이 구간을 저속열차가 36[km/h]로 주행할 경우의 경보시간은

900[m] ÷ 36[km/h] = 90[sec]

가 되어 최고속도 운행열차와의 경보시간의 차이는 60[sec]가 된다. 이와 같이 경보제어 시간이 문제가 되므로 정시간 경보장치가 필요하다.

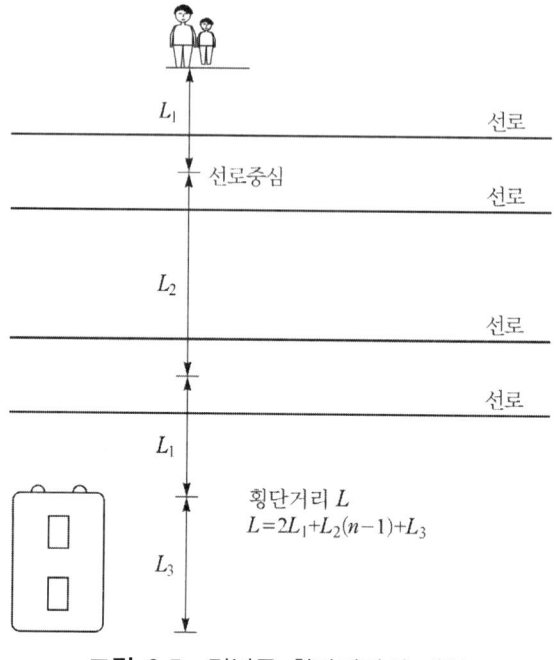

그림 6.5 건널목 횡단거리의 계산

서술형 출제예상문제

문제 1 건널목 경보장치의 정시간 경보장치에 대하여 3종류로 나누어 간단히 설명하라.

답

1. 시소계전기를 사용하는 방법
   시소계전기를 사용하여 고속 열차와 저속 열차를 선별하고 경보시점을 고속 지점과 저속 지점으로 나누어 경보시간의 장단의 차를 축소하도록 하는 방법이 잇다.

2. 콘덴서 충방전과 자기증폭기를 사용하는 방법
   이 방법은 콘덴서의 충방전과 자기 증폭기를 사용해서 열차속도를 검지하고 경보시분의 균일화를 세운 방법이다. 전동차, 여객열차, 화물열차 등 열차속도가 서로 다른 장소에 유용하게 사용할 수 있으며, 고속열차와 저속열차의 경보시분 격차를 최소한으로 줄일 수 있는 방식이라 하겠다. 그러나 열차가 도중에서 속도에 변화가 있으면 오차가 생기므로 주의를 요한다.

3. 정시 경보 패턴법
   콘덴서의 충방전과 자기 증폭기를 사용한 방법은 일정의 지점(시동점)에서 열차의 속도를 검지하고 경보시간의 조절을 행하는 방법으로 가속의 경우에 경보시간이 부족한 결점이 있지만 이 방법은 경보시간이 일정하게 되도록 정확을 기하기 위하여 연속 또는 여러 지점의 속도를 조사하는 패턴을 만들어 이 패턴을 넘는 경우에 경보를 발령하는 방식으로 열차가 가속해도 만족한 경보를 얻는다.

문제 2 다음 건널목 설비의 의의를 설명하라.
① 건널목 쇄정장치　　② 건널목 지장 검지장치　　③ 건널목 경보기

① 건널목 쇄정장치는 열차의 접근에 의해 수동조작의 차단기를 쇄정하는 장치이다.
② 건널목 지장검지장치는 건널목을 방호할 필요가 있을 때 특수신호기 발광기, 신호염 관, 방호스위치 등을 이용하여 열차 또는 차량에 대하여 정지신호를 현시하는 장치
③ 건널목 경보기는 상호 점멸하는 2개의 적색등과 음향기에 의해 건널목 통행자에게 열 차 또는 차량의 통과를 경보하는 장치

문제 3
건널목 경보장치의 제어에 건널목 제어자를 사용하는 이유에 대하여 설명하라.

궤도회로식에 있어서는 자동폐색구간처럼 궤도회로의 길이가 건널목제어구간의 길이가 서로 다른 구간이나, 건널목이 2, 3개소씩 중첩된 구간, 전철구간 등에는 사용이 곤란하므로 이러한 구간에는 어느 곳이나 자유로이 사용이 가능한 건널목 제어자 방식이 이용되고 있다. 건널목 제어자는 20[kHz], 40[kHz]의 고주파를 레일에 통하게 한 것으로서 재래의 각종 궤도회로에 병용할 수 있으며 높은 고주파를 이용하고 있으므로 근거리에서 감쇄되며 그 제어거리는 약 20m 전후로 하고 있다. 건널목 제어자는 발진부, 여파부, 입출력변성기, 계전기 및 단자반으로 구성되며, 본체 이면에는 출력을 10단계로 조정할 수 있는 가변인덕턴스가 있다.

문제 4
건널목 경보장치의 경보시간에 대하여 설명하라.

건널목의 경보시간은 건널목을 통행하는 보행자와 차량을 기준으로 산출하며 경보시간이 너무 짧을 경우 예기치 않은 열차의 진입으로 사고를 유발시키게 되므로 통행인이나 차량 등이 건널목을 충분히 횡단할 수 있는 시간을 고려하여야 한다. 건널목을 횡단하는 데 소요되는 시간을 T[sec]라 하면 그 식은 다음과 같다.

$$T = \frac{2L_1 + L_2(n-1) + L_3}{V} + t \text{[sec]}$$

여기서, L_1 : 외측궤도 중심에서 통행인의 정지위치까지 거리[m]
L_2 : 복선이상인 때의 선로 간격[m]
L_3 : 자동차의 길이[m]
n : 선로수
t : 안전 확인에 요하는 시간[sec]
V : 건널목 횡단속도[m/sec]

가 된다.

문제 5. 복선구간의 건널목 경보장치에서 특히 주의할 사항은 무엇인가?

 선로의 차단공사 등으로 열차의 역행운전 시에 경보장치는 동작하지 않으므로 특히 주의하여야 하며 사전에 관계처와 연락하여 필요한 조치를 취하여야 한다.

문제 6. 건널목 고장감시장치 각 카드의 동작을 설명하시오.

 1. 무경보 차단간 고장검지 카드
   1) 무경보 검지 : 제어구간에 열차진입으로 APR, BPR이 낙하되고 R_1이 낙하하지 않으면 (경보발생치 않으면) CXR이 낙하, 고장표시 한다. CXR은 스스로 복귀되지 않으므로 PB-S/W를 눌러 복구해야 한다.
   2) 차단간 고장검지 : 정상상태에서 좌, 우 차단 간이 85°~90° 사이에 있지 않거나 R_1이 낙하 후 차단간이 0°~5° 접점을 구성하지 않으면 약 30초 후 DNR이 낙하하여 고장을 표시한다.

2. 계속정보 검지
   경보 시작 후 카드에 부착된 선택스위치의 선택시간(0, 5, 10, 15, 20, 25, 35, 40분)이 경과하면 RL_2가 낙하하여 고장표시 한다.

3. 경보종 및 경보등 단선 검지 카드

1) **경보종 고장검지** : 경보종 카드 발진감시계전기 WB0는 평상시 여자하고 있다가 카드 고장 시 낙하하여 고장표시하고 경보종 단선검지 계전기 WB1, WB2는 경보종 권선이 단선될 때 고장표시 한다.
2) **경보등 단선검지** : 좌, 우 4개의 경보등을 단선검지하여 한 개라도 단선이 되면 WL1, WL2계전기가 낙하하여 고장표시한다.

4. 전원카드

IC를 이용한 Series Regulator로 12V, 24V 입력전원을 받아 10V±5%의 일정전원을 출력한다.

5. 송신카드

각 검지카드의 검지계전기 중 한 개도 낙하하면 카드 내 Se가 낙하하여 장애임을 모장치에 표시하게 한다.

문제 7
건널목 경보장치를 설치하고자 경보제어거리를 산출하려고 한다. 제어거리의 최고치와 최소치를 구하시오.(단 최고속도 150[km/h], 평균속도 100[km/h], 최저속도 60[km/h]이다.)

답 경보제어구간의 길이를 L[m]라 하면

$$L = T \times V_{max} [m]$$

이다. 여기서 T는 경보시간, V는 선별 열차최고속도이고, 경보시간의 기준은 신호설비 보수규정상 30초를 기준으로 하고 20초 이내로는 할 수 없으므로

- 최고치 = 30초 × 150[km/h] = 1250[m]
- 최소치 = 20초 × 150[km/h] = 833[m]

문제 8

건널목경보제어거리를 최고속도 135[km/h], 기준속도 [100km/h], 최저속도 [60km/h]에 대하여 기준치와 최소치를 구하시오.

답) 경보제어구간을 $L[m]$라 하면

$$L = T \times V_{\max} [m]$$

여기서, T=경보시간, $V_{\max}$=선별열차최고속도이고 경보시간의 기준은 신호보수규정상 30초이며 20초 이내로 할 수 없으므로

- 기준치 = 30초×135km/h = 30×135 / 3.6 = 1125[m]
- 최소치 = 20초×135km/h = 20×135 / 3.6 = 750[m]

문제 9

건널목 경보시간 및 제어거리에 대하여 기술하시오.

답)
1. 건널목의 경보시간은 건널목을 통행하는 보행자와 모든 차량을 기준으로 계산한다. 경보시간이 너무 짧은 경우에는 예기치 않은 열차의 진입으로 사고가 발생하게 되므로 통행인이나 차량 등이 건널목을 충분히 횡단 할 수 있는 시간을 고려해야 한다. 건널목을 횡단하는 데 소용되는 시간을 $T[sec]$라 하면

$$T = 2L_1 + L_2(n-1) + L_3 / V) + t [sec]$$

여기서, L_1 : 바깥쪽 궤도의 중심에서 통행인의 정지위치까지의 거리[m]

L_2 : 복선 이상인 때의 선로 간격[m]

L_3 : 자동차의 길이[m]

n : 선로의 수

t : 안전 확인에 요하는 시간[sec]

V : 건널목 횡단 속도[m/sec]

2. 경보제어구간의 길이를 $L[\text{m}]$라 하면

$$L = T \times V_{\max} [\text{m}]$$

여기서, T는 경보시간, $V_{\max}$는 선별열차최고속도이다.

3. 경보시간의 기준은 신호설비 보수규정상 30초 기준이며 20초 이내로 할 수 없다. 단, 차단기가 설치되어 있는 개소에는 차단기 하강 후 열차가 진입할 때까지 15초 이상을 확보하여야 한다.

문제 10. 건널목의 종류에는 어떠한 것들이 있는지 예를 들고 설명하시오.

답) 건널목은 설비의 유무, 방호능력의 정도 및 건널목의 위험도에 따라 다음과 같이 분류한다.
- 제1종 건널목 : 차단기를 설치하고 그 차단기를 주야간 계속해서 작동 시키는 건널목
- 제2종 건널목 : 경보기와 건널목 교통안전 표지만을 설치하는 건널목
- 제3종 건널목 : 건널목 교통안전 표지만 설치하는 건널목

문제 11. 건널목 보안설비의 조정범위에 대하여 설명하시오.

답)
1. 경보종의 타종수 : 매 분(140 ± 10)회
2. 경보등의 인식거리 : (45)[m] 이상
3. 경보등 단자전압 : 정격값의 (0.8~0.9)배
4. 경보종 코일전류 : 정격값의 (0.9~1.1)배
5. 경보등의 점멸회수 : 매분(50±10)회
6. 건널목 경보시분 : 기준 (30)초, 최저 (20)초
7. 경보음량(1m 전방기준) : (80~130)(폰
8. 발진주파수 : 201형 (20 ± 2)kHz이내, 401형 (40±2)kHz 이내
9. 전동차단기 제어전압 : 정격값의(0.9~1.2)배
10. 암의 개폐에 요하는 시간 : 하강시간(8±2)초, 상승시간(12)초 이하

문제 12 어느 선구에 운행되는 열차의 선별 최고속도가 108[km/h], 평균속도는 72[km/h], 선별 최고속도가 36[km/h]이다. 이 선구에 건널목 경보장치를 설치하고자 경보제어거리를 산출하려 한다. 경보제어거리의 기준치와 최소치는 얼마인가?

답) 1. 경보제어구간의 길이를 L[m]이라 하면

$$L = T \times V_{\max} \, [\text{m}]$$

여기서, T는 경보시간, $V_{\max}$는 선별열차 최고속도이다.

2. 경보시간의 기준은 신호보안장치 보수 규정상 30초이며 20초 이내로 할 수 없으므로

- 기준치는 30초 × 108[km/h] = 900[m]
- 최소치 $L_{\min}$ = 20초 × 108[km/h] = 600[m]

문제 13 궤도회로식의 단선구간 건널목 제어에 궤도 연동계전기를 이용하는 이유에 대하여 설명하라.

답) 단선 구간에서는 동일 선로를 상하열차가 운전하므로 열차가 건널목을 통과하여 대향열차의 제어 구간에 진입하여도 경보를 계속하게 되므로 이러한 경우 궤도연동계전기를 사용하면 효과적으로 제어할 수 있다. 궤도연동계전기는 독립된 무극궤도계전기 2개로 구성되며 궤도계전기의 접극자 사이에 연동자를 설치하여 2개의 접극자의 동작을 연동자에 의해 제약받도록 되어 있다. 다시 말해서 한 쪽의 접극자가 낙하하면 다른 쪽의 접극자가 완전히 낙하되지 않으므로 반위 접점이 구성되지 않는 것이다. 이러한 기계적 연동관계를 이용하여 단선구간의 건널목 제어회로에 많이 사용된다.

출제예상문제

문1 전동차단기의 동작 전원이 정전되었을 때에는 차단기가 열린 위치에서 중력에 의해 약 몇 초 이내에 수평위치까지 닫혀져야 되는가?

① 5초 ② 8초
③ 10초 ④ 12초

해설 차단봉은 전원이 없을 때는 자체무게에 의하여 10초 이내에 하강하여 수평을 유지한다. 다만 장대형은 동작된 상태를 유지한다.

문2 건널목 지장물 검지장치의 제어기기인 발광기와 수광기의 시설 및 관리에 관한 설명으로 옳지 않은 것은?

① 수광기는 일출 또는 일몰시에 5°이내에 직사광선이 들어가지 않도록 한다.
② 발광기와 수광기 간의 거리는 60[m] 이하로 한다.
③ 발광기와 수광기의 설치위치는 건널목 종단에서 2[m]이하로 한다.
④ 발광기와 수광기의 광선 중심축까지의 지면상 높이는 745[mm]로 한다.

해설
1. 발광기에서 수광기 간의 거리 : 40[m]이하
2. 수광기는 일출 또는 일몰시에 5° 이내에 직사광선이 들어가지 않도록 한다.
3. 발광기의 광선 확산 각도 : 3° 이하
4. 발광기, 수광기 반사기의 광선 중심축까지 높이의 표준 : 지상에서 745[mm]
5. 건널목 경계지점 외방 400m 위치에서 지장 경고등의 확인이 가능하여야 한다.

문3 건널목 지장물 검지장치의 제어기기인 발광기와 수광기의 광선 중심축과 지면상 높이는 몇 [mm]인가?

① 345 ② 545
③ 745 ④ 945

해설 발광기, 수광기 반사기의 광선 중심축까지 높이의 표준 : 지상에서 745[mm]

정답 1. ③ 2. ② 3. ③

문 4 건널목 지장경고등의 확인거리는 몇 [m]인가?

① 400　　　　　　　　　② 500
③ 700　　　　　　　　　④ 900

해설 건널목 경계지점 외방 400m 위치에서 지장경고등의 확인이 가능하여야 한다.

문 5 건널목 지장물 검지장치(레이저식)에서 사용되는 레이저에 관한 특징 및 장점 설명으로 옳지 않은 것은?

① 외부 빛에 대한 영향이 없다.
② 전파, 자계, 전계의 영향이 매우 적다.
③ 빛의 점도가 매우 높다.
④ 진동 또는 지형 변화에 영향이 없다.

문 6 건널목 제어기 2420형에 사용하는 대역여파기(BPF)의 주파수 통과대역[kHz]은?

① 18~22　　　　　　　② 36~44
③ 180~220　　　　　　④ 360~440

해설 〈건널목 제어기(자)〉
1. 201(2420)형
   - 회로구성방법 : 폐전로식
   - 사용주파수 : 20[kHz]±2[kHz]
   - 제어구간 길이 : 15~30[m]
   - 용도 : 경보시점용
2. 401(2440)형
   - 회로구성방법 : 개전로식
   - 사용주파수 : 40[kHz]±2[kHz]
   - 제어구간 길이 : 20[m]
   - 용도 : 경보종점용

문 7 건널목 제어자의 제어구간의 길이로 옳은 것은?

① 2440 제어자는 20[m] 이상, 2420 제어자는 30~45[m] 범위
② 2420 제어자는 20[m] 이상, 2440 제어자는 30~45[m] 범위
③ 2440 제어자는 20[m] 이상, 2420 제어자는 15~30[m] 범위
④ 2420 제어자는 20[m] 이상, 2440 제어자는 15~30[m] 범위

정답 4. ①　5. ④　6. ①　7. ③

문8 건널목 제어자방식에서 제어구간 내에 설치해서는 안 되는 것은?
① 지상자 ② 본드선
③ 잠바선 ④ 궤조절연

해설) 제어자방식에서 제어구간 내에 궤조절연이 들어가면 회로가 단선

문9 열차최고속도 100[km/h]의 선로구간에서 열차 속도가 80[km/h]로 운행할 때 실제 경보시간은?
① 약 30초 ② 약 35초
③ 약 38초 ④ 약 40초

해설) 건널목 경보시분은 30초 이므로 $T = 30[\sec]$
$$L = TV = 30[\sec] \times \frac{100 \times 10^3[m]}{3600[\sec]} = 833.33[m]$$
$$T = \frac{L}{V} = \frac{833.33[m]}{\frac{80 \times 10^3[m]}{3,600[\sec]}} = 37.5[\sec]$$

문10 건널목 경보시간이 30[sec], 열차최고속도가 108[km/h]인 건널목의 경보제어 구간의 길이[m]는?
① 800 ② 850
③ 900 ④ 950

해설) $L = TV = 30[\sec] \times \frac{108 \times 10^3[m]}{3,600[\sec]} = 900[m]$

문11 건널목용 전동차단기에 사용하는 직류직권 전동기의 관성을 흡수하는 제동방법으로 사용하는 것은?
① 전자석 제동 ② 플러깅 제동
③ 회생제동 ④ 마찰 연축기

문12 어느 구간에 운행되는 여객열차의 최고속도가 108[km/h], 경보시간이 30초이며 이 구간에 36[km/h]의 화물열차가 운행되고 있다면, 건널목 정시간 경보제어를 위한 두 열차 간 경보시간의 차이는 몇 초인가?
① 60 ② 70
③ 80 ④ 90

정답 8. ④ 9. ③ 10. ③ 11. ① 12. ①

해설) 건널목 경보시분은 30초 이므로 $T=30[\sec]$

$L = TV = 30[\sec] \times \dfrac{108 \times 10^3 [m]}{3,600[\sec]} = 900$

$T = L/V = 900/(36,000/3,600) = 90[\sec]$

∴ $90 - 30 = 60$(초)

문13 단선제어자방식 건널목 경보제어 회로에 대한 설명 중 틀린 것은?

① 2420 구간에 열차가 있으면 경보한다.
② 2440 구간에 열차가 있으면 SR이 복귀된다.
③ 2440 구간에 열차가 있으면 경보하지 않는다.
④ 2420 구간에 잠파선이 단선되면 계속 경보한다.

해설) 단선과 복선을 막론하고 2420 구간에 열차 점유 시 경보는 시작되며, 열차가 2440 구간 점유시 SR은 복귀하나 2440 여자하므로 계속 경보한다.

문14 복선제어자방식 건널목에서 열차 통과 후 경보가 계속될 경우에 해당되지 않는 것은?

① 2420 제어자 계속 여자
② SR의 자기유지 접점 불량
③ 2440 잠파선 단선
④ 2420 잠파선 단선.

해설) 2420 제어자는 평상시 계속 여자

문15 철도건널목 경보기는 일반적으로 도로의 우측에 설치하여야 하며 경보등의 확인거리는 특수한 경우 이외에는 45[m] 이상을 확보하며, 직립형 경보등은 등당 1분에 몇 회 정도 점멸하여야 하는가?

① 30±10회
② 40±10회
③ 50±10회
④ 60±10회

해설) 〈건널목 경보기〉
1. 경보종의 타종 수 : 기당 매분 70~100회
2. 경보 음량 : 경보기 1m 전방에서 60~130[dB]
3. 경보등의 확인거리 : 45m 이상(특수한 경우 제외)
4. 경보등의 단자 전압 : 정격값(DC24V)의 0.8~0.9배 (LED형 : 정격전압±20[%])
5. 경보등 점멸 횟수 : 분당 50±10회
6. 건널목 경보 시분 : 30초(최소 20초 이상)

정답 13. ③ 14. ① 15. ③

문16 철도교통량이 45인 어느 건널목의 도로교통량이 15,700 이라면 몇 종 건널목을 설치하는 것이 타당한가?
① 제1종
② 제2종
③ 제3종
④ 제4종

문17 건널목 전동차단기를 설치하고자 한다. 다음 중 설치위치로 옳은 것은?
① 도로 좌측에 궤도 중심으로부터 차단봉까지 1.8[m] 위치
② 도로 우측에 궤도 중심으로부터 차단봉까지 1.8[m] 위치
③ 도로 좌측에 궤도 중심으로부터 차단봉까지 2.8[m] 위치
④ 도로 우측에 궤도 중심으로부터 차단봉까지 2.8[m] 위치

문18 건널목을 차단했을 경우 일반형 전동차단기의 차단봉 높이로 옳은 것은?
① 도로 면에서 차단봉 중심까지 800±100[mm]
② 도로 면에서 차단봉 중심까지 1,000±100[mm]
③ 레일 면에서 차단봉 중심까지 800±100[mm]
④ 레일 면에서 차단봉 중심까지 1,000±100[mm]

(해설) 건널목을 차단했을 경우 도로면에서 일반형 전동차단기의 차단봉 높이는 800±100[mm], 장대형 전동차단기의 차단봉 높이는 1,000±100[mm]

문19 건널목 경보기에서 경보기와 제어 유니트의 절연저항은 전기회로와 대지 간 최소 몇 [MΩ] 이상이어야 하는가?
① 1
② 2
③ 3
④ 4

문20 전동차단기에서 특성에 관한 내용으로 옳은것은?
① 슬립 전류는 5[A] 이하
② 운전 전류는 5.5[A] 이하
③ 기동 전류는 8.5[A] 이하
④ 정격 전압은 DC 12[V]이하

(해설) 〈전동차단기의 특성〉
- **정격 전압** : DC 24[V]
- **기동 전류** : 4.5[A] 이하
- **운전 전류** : 3.6[A] 이하
- **슬립 전류** : 5[A] 이하

정답 16. ① 17. ④ 18. ① 19. ① 20. ①

문 21 단선 궤도회로식 건널목 경보장치에서 경보구간에 열차가 없을 때 (평상시)여자되어 있는 계전기가 아닌 것은?

① SLR
② R1
③ APR
④ BPR

(해설) 단선 궤도회로식에서는 평상시 APR, BPR, R1, R3, R2 계전기는 여자상태이며, SLR, CSR 계전기는 무여자상태이다.

문 22 건널목 보안장치의 시공에 관한 사항 중 옳지 않은 것은?

① 건널목 경보기는 내측 궤도중심에서 2.8[m] 위치에 설치한다.
② 전동차단기를 병설할 경우 경보기는 내측 궤도중심에서 4[m] 위치에 설치한다.
③ 경보등의 확인거리는 특수한 경우 이외에는 45[m] 이상으로 한다
④ 경보종 음량 측정은 경보종 전면의 1[m] 떨어진 위치에서 한다.

(해설) 전동차단기를 병설할 경우 경보기는 내측 궤도중심에서 3.5[m] 위치에 설치한다.

문 23 철도건널목 제어유니트의 R1, R2, R3 계전기는 열차접근 시 어떤 순서로 낙하하는가?

① R1, R2, R3
② R3, R2, R1
③ R2, R1, R3
④ R1, R3, R2

(해설) 열차가 제어구간에 진입하면 R1 낙하로 경보종이 울리고, R3가 낙하하고 R2가 낙하하여 차단기 하강 시작

문 24 열차 최고속도가 150[km/h]로 운행하는 선구에 건널목 경보시간을 30초로 할 때 적정한 경보제어거리는?

① 850[m]
② 1,000[m]
③ 1,250[m]
④ 1,450[m]

(해설) $L = TV = 30[\sec] \times \dfrac{150 \times 10^3 [\text{m}]}{3,600[\sec]} = 1,250[\text{m}]$

문 25 건널목경보기 2440형의 발진주파수 범위는?

① 20[kHz] ± [kHz] 이내
② 25[kHz] ± 4[kHz] 이내
③ 40[kHz] ± 2[kHz] 이내
④ 45[kHz] ± 4[kHz] 이내

정답 21. ① 22. ② 23. ④ 24. ③ 25. ③

해설 〈건널목 제어기(자)〉
1. 201(2420)형
   - 회로구성방법 : 폐전로식
   - 사용주파수 : 20[kHz]±2[kHz]
   - 제어구간 길이 : 15~30[m]
   - 용도 : 경보시점용
2. 401(2440)형
   - 회로구성방법 : 개전로식
   - 사용주파수 : 40[kHz]±2[kHz]
   - 제어구간 길이 : 20[m]
   - 용도 : 경보종점용

문 26 건널목 경보종 카드회로에서 좌, 우측종 중에서 한쪽 만 타종 할 경우 점검해야 할 회로는?

① 정전압회로
② SCR 제어콘덴서회로
③ SCR회로
④ 트리거 발생회로

해설 SCR은 주전원용 단락콘덴서로 SCR의 상호동작에 따라 충, 방전하면서 타종을 제어한다.

문 27 제어자식 건널목 종점에 사용하는 궤도회로로 차축을 통하여 궤도계전기를 제어하고, 경제성이 높은 궤도회로는?

① 폐전로식 궤도회로
② 개전로식 궤도회로
③ 2위식 궤도회로
④ 3위식 궤도회로

문 28 철도건널목 고장감시장치의 고장검지카드 계전기 중 장애복구 후 스스로 복귀하지 못하는 계전기는?

① DNR
② RL1
③ CXR
④ WB0

해설 장애복구 시 CXR(무경보검지계전기)은 푸시버튼을 눌러야 복귀된다.

문 29 철도건널목 순회점검 결과이다. 조정을 필요로 하는 것은?

① 경보등의 단자전압 19.5[V]
② 전동차단기 차단 후 15초 경보
③ 경보종 타종 수 150회
④ 잠파선단에서 0.06[Ω] 단락 시 2440 여자

해설 경보종 타종수는 기당 매분 70~100회

정답 26. ② 27. ② 28. ③ 29. ③

30 철도건널목 고장감시장치에서 무경보검지 계전기는?

① DNR
② RL1
③ CXR
④ WL1/WL2

해설
- DNR – 차단간 검지계전기,
- RL1 – 저전압고장 검지계전기
- WL1/WL2 – 경보등 고장 검지계전기

31 철도건널목 장치에서 정시간 경보를 위해 필요한 계전기는?

① 연동계전기
② 단속계전기
③ 시소계전기
④ 선조계전기

해설 건널목 정시간 제어기는 정시간제어법, 시소계전기법, 콘덴서 충, 방전법 있다

32 건널목 정시간제어기는 열차의 차륜이 몇 개 이상 검지 시 신호를 출력하나?

① 1개
② 2개
③ 3개
④ 4개

해설 열차의 차륜이 2개 이상 검지 시 정시간 경보신호를 출력 한다.

33 정시간제어기 차륜검지 시 검지신호가 몇 [V] 이상이면 차륜으로 검지하나?

① 5
② 2
③ 3
④ 4

해설 차륜검지기 동작범위는 3~4[V]이며, 3.5[V]로 조정한다. 이때 3[V] 이하이면 고장으로 4[V] 이상이면 열차검지로 동작한다.

34 건널목 정시간제어기의 주요기능이 아닌 것은?

① 열차속도 변화적용
② 열차의 검지
③ 차륜검지와 저속열차 처리
④ 저전압 검지

해설 저전압검지는 고장감시장치 기능

정답 30. ③ 31. ③ 32. ② 33. ④ 34. ④

문 35 철도건널목에서 궤도의 일부를 주파수 회로로 구성하여 열차를 검지하는 기기는?

① 제어기　　　　　　　② 제어자
③ 차단기　　　　　　　④ 경보기

문 36 철도건널목 고장감시장치의 평상시 경보종, 등 고장검지카드에서 동작 되어 있는 계전기가 아닌 것은?

① RL1　　　　　　　　② WL1
③ WB1　　　　　　　　④ WB0

[해설] RL1은 저전압고장 검지계전기로 축전지의 전압을 감시하기 위한 것으로 규정치인 22[V] 이하로 되면 저전압임을 표시한다.

문 37 건널목 경보 제어방식에 관한 설명 중 옳지 않은 것은?

① 장내신호기에 인접한 건널목은 통과열차와 출발선에서 발차하는 열차 및 입환열차에 대하여 제어 되도록 회로를 구성한다.
② 역구내 제어조건은 수동제어로 하고 불가피한 경우에 한하여 자동제어로 한다
③ 건널목의 제어는 궤도회로 방식으로 한다. 다만 불가피한 경우에는 점제어방식으로 한다.
④ 수동제어방식은 궤도회로를 건널목 폭 보다 좌, 우 25[m]이상 크게 한다.

[해설] 역 구내 제어조건은 자동제어로 하고 불가피한 경우에 한하여 수동제어로 한다

문 38 철도건널목 신호분석장치의 저장정보 및 출력내용이 아닌 것은?

① 경보제어시간 및 경보시간 정보　② 수동으로 차단기 조작시간 정보
③ 지장물검지장치 작동정보　　　　④ 제어구간 궤도회로 송, 착전 전압정보

[해설] 〈철도건널목 정보분석장치(신호분석장치)〉
1. 정보의 표시기능
   건널목의 상태표시, 수동취급정보, 계전기의 상태표시, 고장검지계전기의 상태 표시, 통신상태표시
2. 저장정보 및 출력내용
   동작정보, 고장정보, 경보제어시간 및 경보시간정보, 최단 및 최장 경보제어 시간경보, 차단기 작동시간경보, 보수작업시간정보, 수동으로 차단기 조작 시간정보, 지장물 검지장치 작동정보, 정보 인쇄기능, 고장통계 및 출력기능, 1계 2계 작동 정보기능

정답 35. ②　36. ①　37. ②　38. ④

문 39 철도건널목 신호정보분석장치의 고장 시 점검사항이 아닌 것은?

① 저장된 정보가 이상하여 입력보드에 연결된 케이블이 정상인가 확인
② 특정 계전기 신호가 변하지 않아 해당 계전기를 점검하여 불량인가 확인
③ 기록정보가 틀려서 주제어장치가 정상적으로 작동하는지 RESET 확인
④ LCD 보드의 시간이 달라서 전원보드 내부의 스위치를 RESET 확인

[해설] LCD보드의 시간이 다르면 노트북 시간을 재설정하여 정보를 전송한다

문 40 건널목경보기 경보 음량은 경보기 1[m] 전방에서 얼마이어야 하는가?

① 20~80[dB]
② 40~100[dB]
③ 60~130[dB]
④ 100~180[dB]

[해설] 문 15번 참조

문 41 철도건널목 전동차단기에 대한 설명 중 맞는 것은?

① 제어전압은 정격전압의 0.9~1.2배일 것
② 차단봉의 하강시간은 15초일 것
③ 동작할 때는 적당히 제동할 것
④ 슬립전류는 10[A] 이하일 것

[해설] 〈전동차단기〉
1. 전동차단기 설치위치 : 도로 우측
2. 제어전압 : 정격값(DC 24[V])의 0.9 ~ 1.2배
3. 궤도중심에서 차단간까지 거리 : 2.8[m]
4. 차단봉이 하강하는 시점 : 경보 시작 후 3초 이상
5. 차단봉 하강시간 : 8±2초
6. 차단봉 상승시간 : 12초 이하

문 42 건널목 경보기에서 경보종 코일의 전류는 정격값의 몇 [%] 이내이어야 하는가?

① ±5
② ±10
③ ±15
④ ±20

[해설] 경보종 코일의 전류 : 정격값의 ±10[%] 이내

정답 39. ④ 40. ③ 41. ① 42. ②

문43 전동차단기의 전동기로 가장 많이 사용되는 것은?
① 직류 직권전동기 ② 3상 유도전동기
③ 콘덴서 기동형 유도전동기 ④ 분권전동기

해설) 전동차단기는 직류직권전동기(DC24[V])를 사용한다.

문44 장대형 전동차단기 회로제어기의 정위 및 반위 접점을 100[mA]의 전류를 통하였을 때, 접점 단자의 전압강하는 몇 [mV] 이하여야 하는가?
① 1[mV] ② 3[mV]
③ 5[mV] ④ 7[mV]

문45 전동차단기는 건널목 제어거리에 따라 차단시간을 정하는 것으로 하되 건널목경보기가 경보를 개시하고부터 몇 초 경과 후에 차단기가 하강하도록 설비하는가?
① 1초 이상 ② 2초 이상
③ 3초 이상 ④ 4초 이상

해설) 문 41번 참조

문46 전동차단기에서 전동기의 클러치 조정은 차단봉 교체 시 시행하여야 하며 전동기의 슬립전류는 몇 [A]이하로 하여야 하는가?
① 5[A] ② 6[A]
③ 7[A] ④ 8[A]

해설) 문 20번 참조

문47 철도건널목 전동차단기 설치 시 조정에 해당되지 않는 사항은?
① 차단봉의 설치 방향
② Holding Device의 설치 방향
③ 회로 제어기의 접점 동작위치
④ 열차 도착 시까지의 Waiting Time 조정

정답 43. ① 44. ③ 45. ③ 46. ① 47. ④

48 철도건널목 지장물검지장치 중 발광기에서 수광기 간의 거리는 몇 [m] 이하인가?

① 40[m]　　② 50[m]　　③ 60[m]　　④ 70[m]

해설) 문 2번 참조

49 전동차단기의 회로제어기의 접점 수는?

① 2개　　② 4개　　③ 5개　　④ 6개

해설) 〈전동차단기의 회로제어기 접점 수〉
1. 수평 조정 : 1개
2. 수직 조정 : 1개
3. 속도 제어 : 2개
4. 각도 검지 : 2개　　∴ 총 6개이다.

50 건널목 지장물검지장치의 설명으로 옳은 것은?

① 발광기에서 수광기 간의 거리는 50[m] 이하로 한다.
② 발광기의 빔 확산 각도는 5° 이하로 한다.
③ 건널목 경계지점 외방 400[m] 위치에서 지장경고등의 확인이 가능하여야 한다.
④ 수광기는 일출시에 10° 이내에 직사광선이 들어가지 않도록 한다.

해설) 문 2번 참조

51 건널목 정시간제어기는 시점을 통과한 열차의 가속에 대비하여 검지속도가 45[km/h] 이하일 경우에는 몇 [km/h]로 처리할 수 있어야 하는가?

① 25[km/h]　　② 35[km/h]
③ 45[km/h]　　④ 55[km/h]

해설) 정시간 제어기는 시점을 통과한 열차의 가속에 대비하여 검지속도가 45[km/h] 이하일 경우에는 45[km/h]로 처리할 수 있어야 한다.

52 건널목 전동차단기의 전동기에 대한 설명으로 틀린 것은?

① 정격 전압은 DC 24[V]용으로 사용한다.
② 전동기의 기동 전류는 4.5[A] 이하이다.
③ 전동기의 운전 전류는 3.6[A] 이하이다.
④ 전동기의 활(slip)전류는 7[A] 이하이다.

해설) 문 20번 참조

정답　48. ①　49. ④　50. ③　51. ③　52. ④

문53 건널목 경보기의 조정이 잘못된 것은?
① 경보종의 타종 수는 기당 매 분 70~100회
② 경보등의 단자전압은 정격값의 0.8~0.9배
③ 경보등의 점멸횟수는 분당 50±10회
④ 경보기와 제어 유니트의 절연저항은 전기회로와 대지 간 2[MΩ] 이상

해설 문 15번 참조
*경보기와 제어 유니트의 절연저항은 전기회로와 대지 간 1[MΩ] 이상

문54 단선 궤도회로식 건널목경보장치에서 경보구간에 열차가 없을 때 (평상시)의 각종 계전기의 동작상태는?
① SLR 여자, CSR 무여자, R1 여자, R2 여자
② SLR 무여자, CSR 여자, R1 여자, R3 여자
③ SLR 무여자, CSR 무여자, R1 여자, R2 여자
④ SLR 무여자, CSR 무여자, R1 여자, R3 무여자

해설 단선 궤도회로식에서는 평상시 APR, BPR, R1, R3, R2 계전기는 여자상태이며, SLR, CSR 계전기는 무여자 상태이다.

문55 건널목경보기 2440형의 발진주파수 범위는?
① 20[kHz] ± 2[kHz] 이내   ② 20[kHz] ± 4[kHz] 이내
③ 40[kHz] ± 2[kHz] 이내   ④ 40[kHz] ± 4[kHz] 이내

해설 문 6번 참조

문56 건널목 경보 시분을 30초로 할 때 120[km/h] 속도의 열차에 대한 경보제어거리는 몇 [m]인가?
① 600   ② 800
③ 1,000 ④ 1,200

문57 철도 건널목 경보장치의 경보등의 확인거리는 특수한 경우 이외는 몇[m] 이상인가?
① 35[m]   ② 45[m]
③ 55[m]   ④ 65[m]

해설 문 15번 참조

정답 53. ④ 54. ③ 55. ③ 56. ③ 57. ②

문 58 장대형 전동차단기의 조정범위에서 정격전압은?
① DC 10[V]   ② DC 12[V]
③ DC 24[V]   ④ DC 36[V]

해설 전동차단기의 제어전압은 정격값(DC 24[V])의 0.9배~1.2배로 한다.
$24 \times 0.9 = 21.6[V]$, $24 \times 1.2 = 28.8[V]$
∴ 제어범위는 21.6[V]~28.8[V]

문 59 전동차단기 전자석에 전류가 흐르지 않을 때 전자석 브레이크와 아마추어와의 이격거리는 몇 [mm]인가?
① 1~1.5[mm]   ② 1.5~2[mm]
③ 2~2.5[mm]   ④ 2.5~3[mm]

문 60 건널목 전동차단기의 구성요소로 틀린 것은?
① 직류 직권전동기   ② 감속치차 장치
③ 마찰연축기   ④ 고장 검지부

문 61 시간신호와 청각신호를 모두 갖춘 것은?
① 출발신호기   ② 건널목경보장치
③ 열차집중제어장치   ④ 통표폐색기

문 62 열차 최고속도가 80[km/h]인 구간의 건널목 경보제어거리는 약 몇 [m]인가? (단, 건널목 경보시간은 30초로 한다.)
① 587   ② 627
③ 667   ④ 707

해설 $L = TV = 30[\sec] \times \dfrac{80 \times 10^3[m]}{3,600[\sec]} = 666.67[m]$

정답 58. ③ 59. ① 60. ④ 61. ② 62. ③

문 63 건널목 전동차단기에 대한 설명으로 거리가 먼 것은?

① 제어 전압은 정격값의 0.9~1.2배로 설정한다.
② 궤도 중심에서 차단 간까지 3.9[m]가 되도록 설치한다.
③ 가공전선등과 차단봉 간의 이격거리는 교류귀전선(교류전차선로 가압부분을 포함)의 경우 2[m] 이상으로 한다.
④ 전동차단기는 열차가 건널목을 통과하는 즉시 차단봉이 상승하도록 한다.

해설 문 41번 참조

문 64 건널목 제어자 2440형의 출력조정용 가변인덕턴스의 탭(Tap)은 몇 단계로 되어 있는가?

① 20　　　　　　② 15
③ 10　　　　　　④ 5

문 65 건널목 경보장치에 건널목 제어기를 사용하는 목적이나 이유가 아닌 것은?

① 건널목이 중첩된 곳에 사용
② 신호 케이블의 소요가 적으므로
③ 건널목 제어장이 서로 다를 때
④ 전철 구간 등 별도 궤도회로 구성이 곤란한 곳에 사용

해설 제어기를 이용한 건널목 점제어 방식은 궤도회로 방식보다 보완도는 적으나 자동폐색구간처럼 건널목제어장이 서로 다르거나 2, 3중으로 건널목이 중첩된 곳, 전철 구간 등 별도의 궤도회로 구성이 곤란한 곳에 많이 사용된다.
궤도회로방식은 착전 궤도를 건널목 유니트 방향에 두면 케이블 길이가 적어지나(10m 이하) 제어기를 사용하는 개소는 시점까지(건널목 유니트에서 보통 800[m] 이상) 케이블을 포설해야 하므로 케이블 소요가 많다.

문 66 건널목 경보장치에 건널목 제어자를 사용하는 이유로 가장 옳은 것은?

① 점제어 방식으로 안전하다.
② 신호 케이블의 소요가 적다.
③ 설치비가 적게 든다.
④ 전철 구간 등 별도 궤도회로 구성이 곤란한 곳에 사용

정답 63. ②　64. ③　65. ②　66. ④

문67 건널목 정시간 제어기에서 열차속도 130[km/h], 제어거리 1,200[m]일 때 경보시점부터 건널목에 열차도달시간은 약 얼마인가?

① 약 27초　　② 약 33초
③ 약 38초　　④ 약 40초

해설) $T = \dfrac{L}{V} = \dfrac{1,200[\text{m}]}{\dfrac{130 \times 10^3[\text{m}]}{3,600[\text{sec}]}} = 33.23[\text{sec}]$

문68 건널목 경보기는 일반적으로 도로의 우측에 설치하여야 하며 경보등의 확인거리는 특수한 경우 이외에는 45m이상을 확보하고 직립형 경보등은 등당 1분에 몇 회 점멸하여야 하는지 가장 적당한 것은?

① 30 ± 10회　　② 40 ± 20회
③ 50 ± 10회　　④ 60 ± 20회

해설) 문 15번 참조

문69 건널목 전동차단기의 동작 제어전압 범위로 옳은 것은?

① 정격값의 0.8~1.1배로 한다.　　② 정격값의 0.9~1.2배로 한다.
③ 정격값의 1.0~1.3배로 한다.　　④ 정격값의 0.1~1.4배로 한다.

해설) 문 41번 참조

문70 건널목에 사용하는 전동차단기의 상승과 하강을 제어하는 방법은?

① 전동차단기용 전동기의 전기자 권선 극성 변화
② 전동차단기용 전동기의 계자 권선 극성 변화
③ 전동차단기용 전동기의 전기자 권선 콘덴서 극성 변화
④ 전동차단기용 전동기의 계자 권선 콘덴서 극성 변화

문71 일정 구간의 열차운행 최고 속도가 180[km/h], 경보시간을 30초라 가정하면 이 구간 건널목의 경보제어거리는 몇 [m]인가?

① 1,100[m]　　② 1,500[m]
③ 3,600[m]　　④ 5,400[m]

해설) $L = TV = 30[\text{sec}] \times \dfrac{180 \times 10^3[\text{m}]}{3,600[\text{sec}]} = 1,500[\text{m}]$

정답　67. ②　68. ③　69. ②　70. ①　71. ②

문 72 철도 건널목경보장치의 건널목 제어자 2420(201)형에 대한 설명 중 옳은 것은?
① 제어구간의 길이는 50[m] 이상이다.
② 발진주파수는 20[kHz] ± 2[kHz]이내이다.
③ 접속선 취부 간격은 5[m]이다.
④ 개전로식이다.

(해설) 문 6번 참조

문 73 전동 차단기의 계전기 및 전자석에 저항을 설치하는 목적은?
① 서지(surge)의 방지
② 전압강하로 정격전압 유지
③ 온도특성의 보상
④ 정격토크 유지

(해설) 계전기 및 전자석에 직렬로 저항을 삽입해 이상전압(surge)을 이 저항에 분담하게 하여 기기를 보호한다.

문 74 장대형 전동 차단기의 기동전류는 몇 [A] 이하가 되도록 하여야 하는가?
① 40[A]
② 50[A]
③ 60[A]
④ 70[A]

(해설) 〈장대형 차단기〉
1. 차단봉 길이 : 14[m] 이하
2. 정격전압 : DC 24[V]
3. 기동전류 : 70[A] 이하

문 75 건널목 경보기의 경보종 타종수의 범위는 기당 어떻게 되는가?
① 매분 50~80회
② 매분 60~90회
③ 매분 70~100회
④ 매분 80~120회

(해설) 문 15번 참조

문 76 철도 건널목 경보시간이 30[sec], 열차최고속도가 108[km/h]이고, 저속도 열차의 속도가 36[km/h]일 때 건널목 경보제어 구간의 길이[m]는?
① 408
② 690
③ 900
④ 1,060

(해설) $L = TV = 30[\sec] \times \dfrac{108 \times 10^3 [\mathrm{m}]}{3,600 [\sec]} = 900 [\mathrm{m}]$

정답 72. ② 73. ① 74. ④ 75. ③ 76. ③

77 단선제어자방식(SC)에서 열차가 ADC를 지나 CDC(건널목개소) 통과 직후 계전기 동작 상태는?

① APR 낙하 → CPR 낙하 → CSR 낙하 → SR 여자 → R1 여자
② APR 낙하 → CPR 낙하 → CSR 여자 → SR 여자 → R1 여자
③ APR 여자 → CPR 낙하 → CSR 여자 → SR 여자 → R1 여자
④ APR 여자 → CPR 여자 → CSR 여자 → SR 여자 → R1 여자

(해설) CSR여자와 먼저 여자되어 있던 SLR의 여자로 SR이 여자하며 자기접점으로 자기유지 하게 된다. 열차가 건널목을 통과하면 CDC는 낙하하여 CPR이 낙하하고 R1이 여자되어 경보가 끝나게 된다.

78 다음 중 단선제어자방식(SC)에서 열차가 경보 개시점을 지나 2420과 2440 중간을 점유할 때 옳은 것은?

① SR 낙하　　　　② 2440 여자
③ R1 여자　　　　④ 2420 낙하

(해설) 2420 지점을 점유할 때 SR은 낙하되어 2440 지점을 점유할 때 여자한다.

79 다음 중 복선제어자방식(DC)에서 경보시점 ADC를 통과 CDC지점을 점유할 때 옳지 않은 것은?

① MSA 낙하　　　　② MSA 여자
③ ASR 여자　　　　④ R2, R3 낙하

(해설) CDC 여자, ASR 여자, MSA 낙하로 방향표시등 소등, R1, R2, R3 계속 경보

80 복선제어자방식(DC)에서 최초의 건널목 경보를 하는 조건은?

① 2420 낙하　　　　② 2420 여자
③ 2440 여자　　　　④ 2440 낙하

(해설) 열차가 ADC지점에 진입하면 ADC가 낙하한다. 이에 따라 ASR낙하로 경보제어 계전기인 R낙하로 경보가 시작된다.

정답　77. ③　78. ①　79. ②　80. ①

문 81 단선궤도회로방식(ST)에서 열차가 AT점유 시 계전기의 동작과정은?

① APR 낙하 → SLR 낙하, R1 낙하 → R2 낙하
② APR 낙하 → SLR 여자, R1 여자 → R2 낙하
③ APR 낙하 → SLR 여자, R1 낙하 → R2 낙하
④ APR 낙하 → CSR 여자, R1 여 자→ R2 낙하

해설 열차가 ATR 지점에 진입하면 APR이 낙하한다. 이에 따라 R1낙하로 경보가 시작된다. 일정 시간 후 R3, R2가 낙하하여 차단기가 하강하며 APR 낙하 시 CSR 낙하조건으로 SLR이 여자한다.

문 82 건널목 경보기의 경보시간 T와 제어거리 L 및 열차속도 V와는 어떠한 관계식이 성립되는가?

① $T = V \cdot L$
② $T = \dfrac{V}{L}$
③ $T = \dfrac{L}{V}$
④ $T = \dfrac{1}{V \cdot L}$

문 83 철도 건널목 전동차단기 기초 위에 고정되어 있는 차단기의 높이는 기초 위 면에서 몇[mm]인가?

① 700
② 800
③ 900
④ 600

해설 건널목을 차단했을 경우 도로면에서 일반형 전동차단기의 차단봉 높이는 800±100[mm], 장대형 전동차단기의 차단봉 높이는 1,000±100[mm]

문 84 건널목제어자를 처음 설치할 때 특히 유의하여 살펴야 하는 사항은?

① 전압
② 주파수
③ 극성
④ 전류

문 85 건널목 단선 궤도회로방식(ST)에서 사용하지 않는 계전기는?

① CSR
② SLR
③ SR
④ R1

해설 SR 계전기는 단선 제어자방식(SC)에서 사용한다.

정답 81. ③ 82. ③ 83. ② 84. ③ 85. ③

문86 건널목 전동차단기를 시설하고자 한다. 건널목의 양측에 궤조 중심으로부터 몇 m 위치에 설치하여야 하는가?
① 1.8
② 2.8
③ 3.8
④ 4.8

문87 건널목 전동차단기에 사용하는 전동기로서 가장 많이 사용하는 전동기는?
① 직류직권전동기
② 직류분권전동기
③ 직류가동복권전동기
④ 직류차동복권전동기

문88 장대형 전동차단기에서 기기의 정격 전압은?
① AC 25[V]
② DC 24[V]
③ AC 250[V]
④ DC 100[V]

문89 건널목 경보장치의 경보제어방법 중 자동신호구간에서는 어떤 방식을 사용하는 것을 원칙으로 하는가?
① 신호현시방식
② 궤도회로식
③ 점제어식
④ 속도조사식

문90 건널목 제어자 2420형 및 2440형 중 틀린 것은?
① 2420형 주파수는 20[kHz] ± 2[kHz] 이내이다.
② 2440형 주파수는 40kHz ± 2[kHz] 이내이다.
③ 온도특성을 보호하기 위하여 저항을 사용한다.
④ 2420형은 폐전로식이고, 2440형은 개전로식이다.

문91 건널목 제어자의 특징 중 옳지 것은?
① 차량의 중량에 따른 오동작의 우려가 없다.
② 점제어 방식이므로 설치, 보수가 간편하다.
③ 온도특성을 보상하기 위하여 저항을 사용한다.
④ 2420형은 폐전로식이고, 2440형은 개전로식이다.

(해설) 건널목 제어자 사용 온도가 −20[℃]~+60[℃]의 범위 내에서는 지장이 없으며, 온도특성을 보상하기 위하여 다이오드를 사용

정답 86. ② 87. ① 88. ② 89. ② 90. ③ 91. ③

문92 건널목 경보기에서 경보종 코일의 전류는 정격값의 몇 [%] 이내여야 하는가?
① ±5
② ±10
③ ±15
④ ±20

문93 궤도회로 구성에 있어서 건널목의 2440형 제어기는 다음 중 어느 방식으로 구성하는가?
① 폐전로식
② 개전로식
③ 직렬식
④ 병렬식

해설 건널목 2420 제어기는 폐전로식으로 구성

문94 건널목 전원으로 사용되는 부동충전방식의 특징 설명으로 옳지 않은 것은?
① 단시간 교류전원 고장에 대해서 양호하다.
② 충전 중의 전류가 일정하게 조정이 안 되는 경우에 사용한다.
③ 축전지 전해액의 동결 우려가 적다.
④ 충전전류가 적기 때문에 온도상승도 적고 가스의 발생도 적다.

문95 건널목 구간에 운행되는 여객열차의 최고속도가 126[km/h], 경보시간이 30초이며, 이 구간에 54[km/h]의 화물열차가 운행되고 있다면, 건널목 정시간 경보제어를 위한 두 열차 간 경보시간의 차이는 몇 초인가?
① 20
② 30
③ 40
④ 0

해설 건널목 경보시분은 30초이므로 $L = 30 \times 126,000/3,600 = 1,050$[m]
$1,050/(54,000/3,600) = 70$[sec] ∴ $70 - 30 = 40$(초)

문96 건널목 단선 궤도회로방식(ST)의 전동차단기 설치개소에서 사용하지 않는 계전기는?
① CSR, SLR
② SR, CPR
③ APR, BPR
④ R1, APR

해설 SR과 CPR(CDC 반응계전기)은 제어자(SC)에서 사용한다.

정답 92. ② 93. ② 94. ② 95. ③ 96. ②

문97 철도 건널목을 횡단하는 데 소요되는 시간을 산출하고자 한다. 바깥쪽 궤도중심에서 통행인의 정지위치까지의 거리 5[m], 복선의 선로간격 4[m], 자동차의 길이 12[m], 안전 확인에 필요한 시간 3초, 건널목 횡단속도 1.5[m/s]라고 하면 건널목 횡단 소요시간은 몇 초인가?

① 17.66 ② 18.66
③ 19.33 ④ 20.33

해설)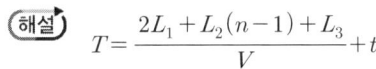
$$T = \frac{2L_1 + L_2(n-1) + L_3}{V} + t$$

문98 건널목 경보기에서 경보등이 점등되지 않는 경우는?
① 잠바선 단선 ② 경보등 퓨즈 단선
③ 레일 절손 ④ 반도체 점멸회로 고장

해설) 경보기는 안전 측 동작을 원칙으로 하므로 기기 고장 시에는 점등한다. 그러나 전원의 고장 또는 퓨즈 단선 시에는 점등되지 않는다.

문99 철도건널목 지장물 검지장치 중 발광기에서 수광기 간의 거리는 몇 [m] 이하인가?
① 40 이하 ② 50 이하
③ 60 이하 ④ 70 이하

문100 열차 최고속도가 72[km/h]인 구간의 건널목 경보제어거리는 약 몇 [m]인가? 단, 건널목 경보시간은 30초로 한다.
① 550 ② 600
③ 650 ④ 700

문101 다음 중 전동차단기의 설치관리에 관한 사항으로 옳지 않은 것은?
① 정지할 때에는 차단봉에 충격을 주지 않게 회로제어기를 조정한다.
② 전동기의 클러치 조정은 차단봉 교체 시 시행한다.
③ 윤활유는 기아의 중간부분까지 닿을 정도로 유지한다.
④ 차단봉은 전원이 없을 때는 자체무게에 의하여 하강하여 수직을 유지하도록 한다.

정답 97. ④ 98. ② 99. ① 100. ② 101. ④

문 102 건널목 경보장치의 경보제어에서 단선과 복선구간에 대한 설명 중 맞는 것은?

① 복선구간 제어가 복잡하다.
② 단선구간 제어가 복잡하다.
③ 단선은 동일방향, 복선은 다른 방향 제어
④ 단선, 복선 전부 같다.

문 103 열차 최고속도가 150[km/h]로 운행하는 선구에 건널목 경보시간을 30초로 할 때 적정한 경보제어거리는?

① 850[m]　　　　　　② 1,000[m]
③ 1,250[m]　　　　　④ 1,450[m]

문 104 건널목 경보기를 보수하려고 한다. 잘못된 것은?

① 2420형 발진주파수는 20[kHz] ± 2[kHz] 이내이다.
② 2440형 발진주파수는 40[kHz] ± 2[kHz] 이내이다.
③ 경보등의 확인거리는 특수한 경우 이외에는 40[m] 이하로 한다.
④ 2420형은 폐전로식이고, 2440형은 개전로식이다.

문 105 건널목 경보 불량이란 어느 것을 의미하나?

① 전원 퓨즈가 단선되어 경보가 되지 않는 것.
② 궤도계전기 불량으로 낙하접점이 구성되지 않는 것.
③ 열차가 접근하여도 경보하지 않는 것.
④ 접근 열차가 없는데 경보하는 것.

[해설] 〈건널목 경보 불량이란?〉
경보하지 않아도 좋은 때에 경보를 했을 때 또는 불완전한 경보를 하였을 경우를 말한다.

문 106 궤도회로 구성에 있어서 건널목의 2420형 제어기의 회로구성은 다음 중 어느 방식으로 하는가?

① 폐전로식　　　　　② 개전로식
③ 직렬식　　　　　　④ 병렬식

[해설] 건널목 2440형 제어기는 개전로식으로 구성

정답 102. ②　103. ③　104. ③　105. ④　106. ①

문 107 다음 중 건널목 전동차단기에 대한 설명으로 옳은 것은?
① 제어전압은 정격값의 0.9~1.2배 이다.
② 하강시간은 12초 이하 이다.
③ 상승시간은 8±2초 이하 이다.
④ 정격전압은 교류 24[V]이다.

문 108 건널목 전동차단기에 대한 설명 중 옳지 않은 것은?
① 차단봉이 올라가기 시작하여 동작이 완료되어 정지할 때까지 8초±10초로 한다.
② 전동차단기 제어전압은 정격값의 0.9~1.2배로 한다.
③ 차단봉이 하강하는 시점은 경보가 시작한 후 3초 이상으로 한다.
④ 일반형 전동차단기의 차단봉은 전원이 없을 때에는 자체 무게에 의하여 10초 이내에 하강하여 수평을 유지하여야 한다.

문 109 다음 중 전동차단기의 설치관리에 관한 사항으로 옳지 않은 것은?
① 정지할 때에는 차단봉에 충격을 주지 않게 회로제어기를 조정한다.
② 제어전압은 정격값의 0.9~1.2배로 한다.
③ 윤활유는 기아의 중간부분까지 닿을 정도로 유지한다.
④ 차단봉은 전원이 없을 때는 자체 무게에 의하여 5초 이내에 하강하여 수평을 유지하여야 한다.

(해설) 차단봉은 전원이 없을 때는 자체무게에 의하여 10초 이내에 하강하여 수평을 유지하여야 한다. 다만 장대형은 동작된 상태를 유지한다.

문 110 건널목 전동차단기에 대한 설명 중 옳지 않은 것은?
① 제어 전압은 정격값의 0.9~1.2배로 설정한다.
② 궤도 중심에서 차단 간까지 3.8[m]가 되도록 설치한다.
③ 차단봉 하강시간은 8초±2초가 되도록 설정한다.
④ 차단봉 상승시간은 12초 이하가 되도록 설정한다.

정답 107. ① 108. ① 109. ④ 110. ②

문111 건널목 지장물검지장치의 설명으로 옳은 것은?

① 발광기와 수광기 간의 거리는 50[m] 이하로 한다.
② 발광기의 빔 확산 각도는 5° 이하로 한다.
③ 건널목 경계지점 외방 400[m] 위치에서 지장 경고등의 확인이 가능하여야 한다.
④ 수광기는 일출 시에 10° 이내에 직사광선이 들어가지 않도록 한다.

문112 건널목 지장물검지장치의 설명으로 옳지 않은 것은?

① 고장표시등은 정상 시에는 점등되고 고장 시에는 소등
② 지장경고등 동작 중에 고장표시등은 소등
③ 경부선에서 지장 경고등의 설치위치는 외방 700[m]이다.
④ 지장 경고등의 설치위치가 주체신호기 위치와 동일하거나 근접한 외방에 위치할 경우에는 그 신호기 하위에 설치할 수 있다.

해설 지장경고등 동작 중에 고장표시등은 점등

문113 건널목경보기 및 전동차단기 설치에 관한 사항으로 옳은 것은?

① 전동차단기는 레일내측에서 차단 간까지 2.8[m]로 한다.
② 전동차단기 기초는 도로면에서 0.8[m]로 한다
③ 경보기는 전동차단기를 병설할 경우 궤도중심에서 3.5[m]로 한다.
④ 건널목을 차단했을 때 장대형 차단기의 높이는 도로면에서 800±100[mm]

해설 전동차단기는 도로 우측에서 설치하되 궤도중심에서 차단 간까지는 2.8[m]로 한다.

문114 다음 전동차단기 설명 중 옳은 것은?

① 열차가 전동차단기 구간을 점유하게 되면 제어 유니트 R2 계전기 낙하로 CR2 낙하, 따라서 CR1 계전기가 낙하하여 브레이크 제동이 풀어지며 차단봉 하강.
② 열차가 전동차단기 구간을 점유하게 되면 제어 유니트 R1 계전기 낙하로 CR1 낙하, 따라서 CR2 계전기가 낙하하여 브레이크 제동이 풀어지며 차단봉 하강.
③ 열차가 전동차단기 구간을 점유하게 되면 제어 유니트 R2 계전기 낙하로 CR1 낙하, 따라서 CR2 계전기가 낙하하여 브레이크 제동이 풀어지며 차단봉 하강.
④ 열차가 전동차단기 구간을 점유하게 되면 제어 유니트 R1계전기 낙하로 CR2 낙하, 따라서 CR1 계전기가 낙하하여 브레이크 제동이 풀어지며 차단봉 하강.

정답 111. ③ 112. ② 113. ③ 114. ③

철/도/신/호/문/제/해/설

Chapter  07

종합열차운행관리시스템

7장 종합열차운행관리시스템(TTC/CTC)

7.1 열차운행관리시스템의 개요

CTC(centralized traffic control system) 장치는 피제어 구간을 운행하는 열차에 대한 신호 및 운전취급을 한 곳에서 원격제어하는 열차집중제어장치로서 열차운행상황을 집중 감시하여 열차운전지시를 신속, 정확하게 처리 하는 장치를 말한다.

7.1.1 열차운행관리시스템의 구성

선구 내를 주행하는 열차를 열차 다이아대로 주행시키고 보다 효과적으로 열차를 관리하기 위하여 열차운행관리시스템이 필요하게 되었다. 열차운행관리시스템의 계층구조는 그림 7.1과 같다.

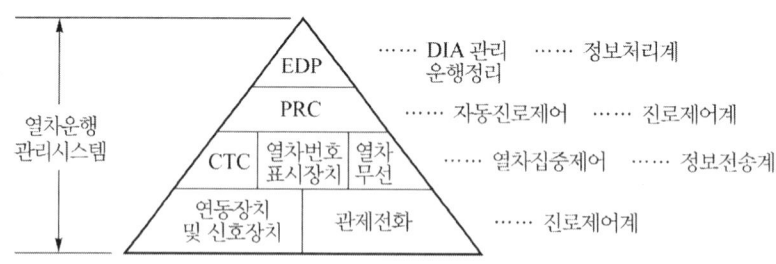

그림 7.1 열차운행관리시스템 계층 구성도

열차운행관리시스템을 종합해서 분류한 경우는 그림 7.1에서 볼 수 있듯이 CTC를 정보전송계, PRC(programmed route control)를 진로제어계, EDP(electronic data processing)를 정보처리계로 분류하고 이들을 총칭해서 열차운행관리시스템이라 한다. 진로제어기능을 처리하는 진로제어계로 기능을 분담시키며 시스템 구축이 용이하도록 구성하고 있다.

더욱이 LAN(local area network)의 발전으로 정보의 대량전송과 고속화가 이루어지고 중앙처리장치, 단말장치의 네트워크 결합이 이루어져 중앙의 기능 분산이 가능해지고 비교적 저렴한 범용 마이크로컴퓨터로 각 기능을 분산시킨 시스템 구성으로 발전하고 있다.

7.1.2 열차운행관리시스템의 기능

운행관리시스템의 주된 기능은 다음과 같다.

① 열차운행상황의 감시
② 진로제어
③ 여객안내제어
④ 운행이상 시의 처리 제안
⑥ 각 기기의 상황감시
⑦ 각 현장으로의 운행상황 표시

7.2 열차집중제어장치(CTC)

7.2.1 CTC의 개요

열차집중제어장치(Centralized Traffic Control)는 종합 관제실의 관제사가 CTC권역 내의 모든 열차운행 상황과 신호설비의 작동 상태를 실시간으로 집중 감시하고 운행 진로상의 신호기와 선로전환기를 원격제어하면서 열차의 운전 정리를 효율적으로 할 수 있는 장치를 말한다.

7.2.2 CTC의 효과

① 열차운전정리의 신속 정확화
② 열차운행상황에 관한 정보수집의 자동화

③ 선로용량의 증대 및 안전도 향상
④ 신호보안장치의 고장파악 용이 및 보수의 성력화
⑤ 경영 합리화

7.2.3 CTC의 주요기능

1) 열차운행계획 관리

열차 스케줄을 입력으로 받아서 관리 및 운용하고, 열차운행 변경 시 운행계획의 수정 및 편집을 수행한다. 열차집중제어장치에서 기본적으로 수행하여야 하는 기능은 다음과 같다.

① 열차운행계획 작성에 필요한 기본 정보관리
② 열차운행계획 작성 및 전송
③ 열차운행계획 출력기능
④ 운영관리 기능

2) 신호설비의 감시제어

현장에 있는 신호기, 궤도회로, 선로전환기 등의 신호설비에 대한 상태변화 및 고장여부를 원격 통신망을 통하여 감시하고 표시한다. 또 진로제어정보를 원격 통신장치를 통하여 전송하여 현장의 신호설비를 제어하는 기능이다.

즉, 현장 신호설비와의 인터페이스를 통하여 원격감시를 통한 신호설비 상태파악과 신호설비 제어를 수행한다.

3) 열차진로의 자동제어

열차의 운행계획과 열차번호, 시간, 진행 경로 등 다양한 항목을 점검하고 가능성을 타진하여 열차가 운영자의 개입 없이도 지정된 경로를 주행할 수 있도록 하는 기능이다.

즉, 계획된 열차의 출발, 도착시간과 실제열차의 운행상황이 다르게 될 경우 기본적으로 몇 개의 규칙을 두어 운전정리를 한다. 또 운영자에게 정보를 제공하여 콘솔을 통해 운전정리를 할 수 있도록 한다.

4) 열차운행상황 표시

열차 이동을 검지하여 열차위치와 열차번호를 식별하여 표시제어반 등에 표시한다.

표시제어반에 표시된 내용은 다음과 같다.

① 열차번호, 열차의 점유상태
② 진로상태
③ 신호기, 선로전환기 동작상태, 고장여부

7.3 자동진로제어장치(PRC)

PRC(programmed route control)는 그림 7.2처럼 운행관리 시스템에 있어서 EDP와 CTC에 접속되며 운행관리시스템 중에서 열차의 진로를 자동제어하는 중요한 위치에 있다.

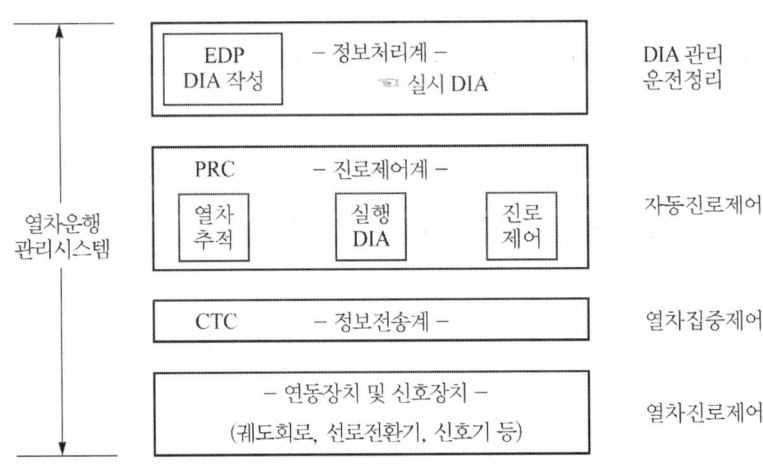

그림 7.2 PRC 위치설정

1 EDP

EDP(정보처리장치)는 PRC가 자동진로제어하는 선구의 기본적인 DIA로서 매일 행해지는 DIA 변경을 반영한 실시간 DIA를 작성하고 당일분의 실시간 DIA를 PRC로 보낸다.

2 PRC

PRC는 EDP로부터의 실시간 DIA를 기본으로 CTC로부터 입력된 대상 선구내 열차의 운행상황 정보에 의해 각 열차의 출발시각과 진로 등을 판단하고 CTC를 통해서 해당열차의 진로를 제어한다.

또한 PRC에서 사용하는 DIA는 EDP에서 작성하고 편집하는데 비교적 작은 규모의 시스템에서는 PRC로 DIA를 작성하는 것도 있다.

③ CTC

PRC가 진로 제어하는 데 필요한 열차의 운행상황정보 즉 신호의 현시, 궤도회로의 정보(열차 위치) 등을 각 역의 연동장치로부터 수집하고 PRC로 보낸다.

PRC가 출력하는 진로의 제어 정보를 해당 역까지 전송하고 연동장치로 보낸다.

④ 연동장치

연동장치는 신호기의 현시상태와 궤도회로(열차가 궤도를 단락하면 "열차 있음") 상태 등을 CTC로 전송할 뿐만 아니라 PRC 장치로부터 진로제어 정보를 CTC장치를 통해 입력받아 선로 전환기와 신호기를 제어한다. 즉 진로 구성을 한다.

7.4 열차운행 종합제어장치(TTC)

7.4.1 시스템의 개요

열차운행종합제어장치를 TTC라고 하며 Total Traffic Control의 약자이다. TTC는 전구간의 열차 운행상황을 일괄 집중감시하면서 총괄적으로 운행을 제어하는 설비로서 소수의 운영요원의 열차 운행 감시 및 직접적인 원격 통제를 함으로써 열차의 운행 효율을 향상시킨다. 즉 열차 운행종합제어 장치는 철도의 수송효율을 향상시키고 운영개선을 목적으로 사용되고 있다.

TTC는 사전에 프로그램 되어 있는 업무 절차에 따라 자동적으로 전 노선으로 현장으로부터 열차 운행 정보 및 설비 정보를 수집하여, 열차 운행스케줄에 근거한 열차 운행 제어 지령을 내리는 운행제어컴퓨터(TCC: Traffic Control Computer)와 현장의 데이터를 계속적으로 집중 수집하여 분석하고 TCC 및 대형 표시반(LDP: Large Display Panel)에 수집, 분석한 결과를 감시자에게 시각적으로 보여주며, 필요시 감시자의 원격수동제어로 열차의 운행제어를 효율적으로 관리할 수 있는 열차집중제어장치(CTC : Centralized Traffic Control) 및 기타 부대 관제설비로 이루어진다.

1 운전방식

열차운행종합제어 장치의 운전방식은 중앙에서의 자동제어모드(TTC MODE), 관제 조작자의 조작에 의존하는 중앙의 수동제어모드(CTC MODE), 현장 역조작자가 조작하는 LOCAL MODE로 구분할 수 있다. 또한 LOCAL MODE에서의 회차역에는 현장 운전모드가 있으며 LOCAL 수동, LOCAL 자동모드가 있어 현장 자체 설비에 의한, 자동 진로 설정이 가능하다.

1) TTC MODE (중앙 자동)
2) CTC MODE (중앙 수동)
3) LOCAL MODE (현장 수동 또는 현장 자동)

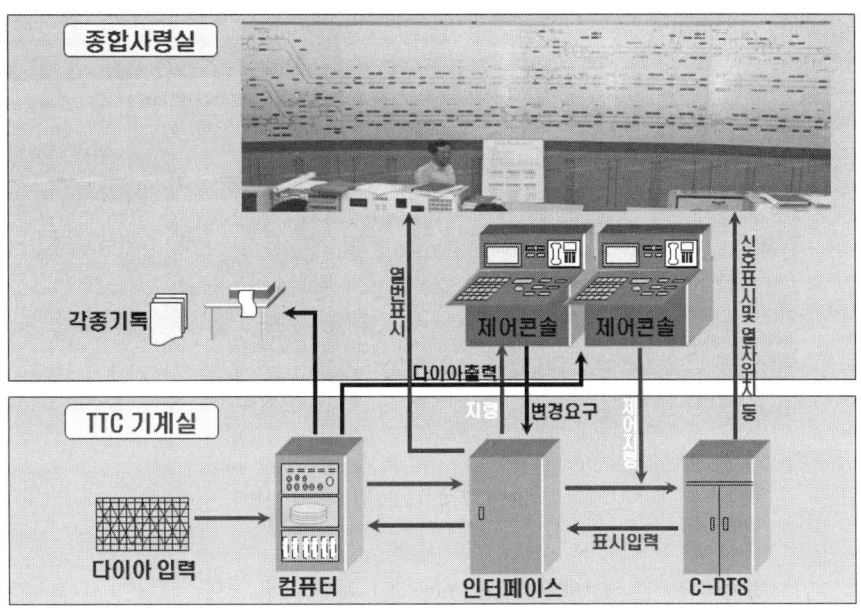

그림 7.3 관제설비의 구성도

2 시스템 구성

1) 열차제어용 주 컴퓨터(TCC)
2) 운행관리용 컴퓨터(MSC)
3) 정보전송 장치(DTS)

TCC → DTS → IFC(현장) → DTS → TTC

4) 콘솔장치(Console)
   ① Operator Console
   ② Supervisor console
   ③ Maintenance Console
   ④ Programmer Console
   ⑤ 대형표시반 장치(LDP)

대형표시반(Large Display Panel)과 MMI화면에는 운행하는 열차와 열차번호가 함께 표시되고, 각 표시장치에는 회차역과 연동장치 역에 열차의 출발정보, 입·출고 정보 및 신호설비 상태를 표시하여 열차운행감시 및 관리 업무에 필요한 정보를 보여준다.

그림 7.4 LDP(대형표시반)

프로그래머 콘솔 프로그램은 Windows-NT 운영체계 상에서 C/C++ 언어를 사용하여 개발되었으며, 각종 I/O 드라이버(LAN, 시리얼 등)를 제어한다.
이는 역간 정보(도착/출발 진로, 주행시간, 정차시간 등)와 Headway 등의 기본정보를 활용하여 열차운행스케줄을 작성한다. 이는 역간의 정보와 역 정보 등과 같이 기본적인 정보만을 입력한 후 화면상 그래프를 활용하여 수동 또는 자동으로 작성하고, 플로터로 출력하여 확인 후 열차제어용 컴퓨터에 전송한다. 한편, 현장 송.수신정보를 이용한 열차운행 시뮬레이션 기능을 제공한다.

7.4.2 시스템의 기능

1 TCC(열차제어용 주컴퓨터)

1) 열차운행 스케줄 관리
2) 열차번호 관리
3) 진로제어
4) 열차추적
5) Traffic Regulation
6) 시스템 감시
7) 이력관리

2 MSC(운행관리용 컴퓨터)

1) 열차운행계획작성
2) 기본정보 조회
3) 운행계획 조회
4) 통계처리

3 CDTS(정보전송장치)

CDTS(Central Data Transmission System)는 현장 신호설비로부터 상태정보를 수신하여 상위 설비인 열차제어용 주 컴퓨터에 정보를 전송하는 설비다. 이는 이중계로 구성되었으며 상위 설비와는 이중 LAN으로 연결되어 정보를 송/수신 한다. 또한, 상위설비로부터 제어정보를 수신하여 현장신호설비로 정보를 송신한다.

서술형 출제예상문제

문제 1 CTC 장치와 RC 장치에 대해서 설명하라.

답 CTC는 담당구간 내의 전 열차의 위치를 집중 감시하면서 각 역의 열차진로를 중앙에서 집중 제어하는 장치로 Centralized Traffic Control의 약자이다. 제어방식은 계전기를 사용하는 방법과 트랜지스터, 다이오드 등을 사용하는 전자회로 방식이 있으며 이중 전자회로 방식이 표준이다. CTC는 단선구간의 경비절약과 수송력 증강 및 경영합리화에 기여하고 있으며, RC와 다른 점은 집중제어소에 운전취급 요원이 상주하여 운전관제 업무를 관리하고 있다. RC는 Remote Control의 약자로 목적, 방식 등은 CTC와 같지만 CTC와 다른 점은 집중제어소에서 지령 업무를 관리하지 않는 점이다.

문제 2 C.T.C 장치를 설치하기 위한 피제어 구간 각 역과 관제실의 기본 설비는 무엇인가?

답
① CDTS, LDTS
② LAN 설비
③ 데이터 전송망(광통신망)
④ I/F(Interface) 설비

문제 3. 고속철도 열차집중제어장치(CTC) 설비에 대하여 설명하시오.

답

1. 개요
열차집중제어장치(CTC)는 고속열차가 운행되는 전구간의 열차운행 상황을 일괄감시하고 현장 신호설비를 자동 및 수동으로 제어하고 열차운행상황 자동 기록 및 여객안내설비 등에 열차운행정보를 제공하고 기존선 CTC 및 전철 전력 원격감시시스템(SCADA)등과 인터페이스 한다.

2. 구성
(1) 주컴퓨터(MTC)

열차를 실시간 감시하고 제어할 수 있는 멀티유저 장치로 이중계로 구성되며 시스템 감시용 모니터와 프린터를 갖추고 있으며 기능은 다음과 같다.
- 자동 진로 제어
- 열차운행 실적 기록
- 열차 이동상황 감시 및 기록
- 운영자 명령 수행
- 이례사항 기록
- 고장 허용성 확보(무중단 운용)

(2) 통신용 컴퓨터(TTC)

현장 데이터를 실시간으로 수집하고 다른 시스템과 직렬통신을 하여 이중화된 근거리 통신망 (LAN)에 접속한다.
- 현장 데이터 수집 (궤도회로, 진로, 신호기, 안전설비 등)
- 열차운행 실적 기록
- 열차제어설비(ATC, LXL)에 정보 전송
- 기타 외부 시스템과 통신

(3) 개발용 컴퓨터(DC)
- 개발용 소프트웨어 내장
- 프로그램의 개발 및 변경
- 데이터 준비(파라메터링)
- 오프라인 및 온라인 테스트
- 주컴퓨터의 백업용으로 사용가능

(4) 운용자 콘솔(OP)
  - 열차 운전 정리 가능
  - 키보드 조작으로 수동제어 명령기능
(5) 유지보수용 콘솔(MP)
  - 장비고장 이력 표시
  - 안전정보 통계 보고서 작성
(6) 주변장치
  프린터, 플로터, 하드카피어, 레이저프린터 등이 있다.

문제 4

경부고속철도 열차집중제어장치(CTC)를 구현하기 위해 수행하는 업무(TASK)를 기능별로 나누어 설명하시오.

답

1. 신호(Signaling) 기능
   아래와 같은 특성을 제공하기 위해 CTC는 FEPOL과 연결된다.
   - 신호설비의 상태변화 감시
   - 진로제어 요청(자동, 수동)
   - SCADA를 통한 전차선(Catenary)부 감시
   - 기존 CTC에 신호정보 제공

2. 열차운행 표시(Train Desriber) 기능
   - 열차의 이동 및 검지
   - 열차의 위치 및 열차번호 표시정보
   궤도회로와 분기기의 상태정보로부터 열차의 위치 및 이동이 확인되며, 열차운행표시장치 고속철도의 위치정보를 수신하며 기존 CTC에서 정보를 수신한다.

3. 열차운행계획(Train Scheduling) 기능
   - 열차운행계획수립(열차번호, 진로구간, 정차시간등)
   - 자동진로제어 및 자동열번부여를 위한 정보 제공

4. 운전정리(Regulation) 기능
   - 계획열차 자동진로 설정 및 열차충돌 검지
   - 열차계획의 조정 및 열차번호 관리

- 승객 행선안내(TIDS) 및 기타 운용 데이터 처리
- 열차의 운행 거리
- 운전정리

5. 운영 및 유지보수(Operation and Maintenance) 기능
   - 기간, 경보, 감시장치, 데이터 처리
   - 외부시스템 및 오프라인(Off-Line) 관리 등

문제 5

경부고속철도와 기존철도를 크게 ATC, 연동장치, CTC장치로 구분해서 비교 설명하시오.

답

	경부고속철도	기존철도
ATC장치		
・제어방식	연속적 열차제어	불연속식 열차제어
・제동곡선	곡선	계단식
・궤도회로	AF궤도(UM71C)	유, 무 절연AF궤도
・차상전송	실행, 명령, 예고속도	실행속도
・차상표시	최고, 실행, 예고속도	최고, 실행속도
연동장치(IXL)		
・제어방식	전자식	전기계전기식
・현장제어	통신회선, data송수신	계전기접점, 현장직접연결
・안전성	H/Soft 중복처리	유, 무 절연AF궤도
・분기기	본선 : 가동노즈	고정 노즈
・전철기	3상 380V	단상 105/210V
CTC장치		
・제어방식	CTC 제어원칙	현장제어원칙
・통신처리	별도 통신컴퓨터	주 컴퓨터 처리
・안전설비	기상, 차측 발열감시	안전설비 없음
・전 차선 감시	전차선 전압감시	전차선 감시 안함
・기타기능	기존 CTC와 정보교환	

문제 6

열차집중제어장치(CTC)의 주 컴퓨터 설계시 고려사항으로 FT 기종과 Dual 기종을 상호 비교하고 장단점에 대하여 기술하라.

답

구 분		FT	Dual
정 의		시스템의 내, 외부 장애 시 시스템을 정지하지 않고 데이터를 보호하며 H/W적인 예비계 확보	동일한 컴퓨터 2대를 사용하여 동작 중인 컴퓨터의 업무를 인계 받아 처리
구현방법		H/W를 2중화함으로서 동일업무를 동시에 처리	2개 이상의 시스템을 LAN, 또는 FDDI로 연결
기능	정상 동작 시	동일업무 실시간 동시처리	시스템 상호점검
	장애 발생 시	이상발생부분은 업무처리 기능제외 (다중처리방식)	주 시스템에서 예비시스템으로 기능 전이
구 조		단일 시스템으로 내부버스에 의한 처리	시스템 상호간 정보교환으로 상호 감시
장 점		무장애에 의한 안전도 향상	처리속도가 빠름
단 점		H/W구조적으로 2중화를 구현하고 있어 평상시 50% 대기 상태	장애복구(Fail-over)를 위해 가용한 공간을 비워두어야 함

문제 7

열차집중제어장치(CTC)의 내부 통신망으로 LAN을 구성하고자 한다. LAN 구성 시의 고려사항에 대하여 기술하라.

답 LAN(Local Area Network) 구성 시에는 시스템의 중요도와 정보처리속도, 시스템이 구성 목적에 맞게 구성하여야 하며 설계 시에는 다음 사항을 고려하여야 한다.

1) 액세스 제어방법
   예측되는 정보량과 허용 가능한 지연시간 트래픽 형태
2) 제어
   네트워크 서비스를 모니터 할 수 있는 하드웨어와 소프트웨어를 고려하여야 하고 데이터의 수집, 시험방법, 고정진단, 회복, 구성조정 등의 기능을 갖도록 하여야 한다.

3) 비용
    통신망 응용측면에서 도입비, 보수비, 개발비를 고려
4) 문서화
    이용자 설명서, 인터페이스 사양, 시험방법, 유지보수 설명서
5) 설치환경
    장비의 설치를 위한 공간의 배치, 주변환경을 고려
6) 확장성
    응용장비의 추가 설치를 위한 확정성의 고려
7) 트래픽의 종류
    정보의 종류(데이터, 음성, 비디오, 이미지)를 고려
8) **프로토콜**
    에러의 보정, 데이터의 순서유지능력 혼잡제어 등을 고려

문제 8. 열차집중제어장치(CTC)와 타 시스템과의 Interface를 구성하려고 한다. Interface 고려사항과 구성도에 대하여 기술하라.

답

1. Interface 고려사항
   열차집중제어장치(CTC)는 열차를 직접제어 하므로 외부 통신망에 의한 CTC 시스템 접속 시 시스템의 혼란을 초래할 우려가 있으므로 장치를 보호하기 위한 잠금장치가 필요

2. 구성도

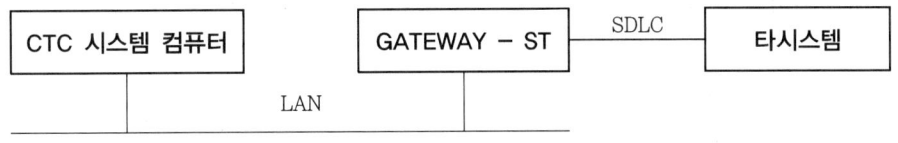

출제예상문제

문1 열차집중제어장치(C.T.C)의 효과에 해당되지 않는 것은?
① 선로용량 증대 및 안전도 향상
② 열차운전 정리의 신속 및 정확화
③ 신호보안장치의 고장 파악 용이
④ 폐색구간이 필요 없고 여객 안내 자동화

해설 〈CTC의 효과〉
1. 열차운전 정리의 신속 및 정확화
2. 선로용량 증대 및 안전도 향상
3. 신호보안장치의 고장 파악 용이 및 보수의 성력화
4. 열차운행상황에 관한 정보수집의 자동화
5. 경영합리화

문2 열차집중제어장치(C.T.C)에 대한 설명으로 거리가 먼 것은?
① 현장설비에 대한 제어, 감시 및 표시기능
② 자동 진로설정과 수동 진로설정으로 구분
③ 전차선 장비 및 상태를 감시
④ 열차검지, 선행열차와 후속열차 사이의 거리유지, 진로연동 속도 및 속도제한

해설 ③은 SCADA(전철전력원격제어장치)의 기능이다.

문3 열차집중제어장치(C.T.C)의 주요기능으로 거리가 먼 것은?
① 신호설비에 대한 제어, 감시 및 표시기능
② 열차의 진로 자동 제어
③ 열차운행 계획 관리
④ 수송수요 예측 관리

해설 〈CTC의 주요기능〉
1. 열차운행 계획 관리
2. 신호설비에 대한 제어, 감시
3. 열차의 진로 자동 제어
4. 열차운행상황 표시

정답 1. ④ 2. ③ 3. ④

문4 C.T.C의 주파수분할 다중화방식의 설명 중 옳지 않은 것은?

① 피제어 기기마다 다른 주파수를 사용한다.
② 시간에 관계없이 여러 기기를 동시에 제어할 수 있다.
③ 시분할 방식에 비하여 설비가 간단하다.
④ 정보교환이 매우 빠르다.

문5 C.T.C의 시분할 다중화방식의 구비조건 중 중요하지 않은 것은?

① 제어소와 피제어소 간에 동기화 되어야 한다.
② 동시에 다중 조작 할 수 있어야 한다.
③ 각 군마다 군부호가 있어야 한다.
④ 한 군의 주사기간이 짧아야 한다.

(해설) C.T.C는 1개의 관제실에서 각 역을 제어하므로 동시 다중 조작할 필요성이 없으며, 한 역의 제어가 끝나면 다음 역을 취급하게 된다.

문6 데이터 전송방식의 주파수분할 다중화방식의 특징은?

① 한 전송로를 일정한 시간으로 나누어 사용한다.
② 표본화 속도가 커야 한다.
③ 통신망 형태는 멀티 포인트 방법을 사용한다.
④ 송·수신 간의 동기를 맞추는 동기방식을 필요로 한다.

(해설) 주파수분할 다중화방식(FDM) : 하나의 전송로 대역폭을 몇 개의 대역폭(채널)으로 분할하여 많은 단말장치들이 동시에 이용할 수 있도록 한 방식이다. 전송에 필요한 통신망 형태는 멀티 포인트 방법을 이용하며 polling/section을 이용하여 송·수신 동작을 한다

문7 시분할 다중화 방식에 맞지 않는 것은?

① 정보 수를 늘리는 데 용이하다.
② 시설 규모가 작다.
③ 주파수 분할에 비해 경제적이다.
④ 2개 이상의 정보 송·수신에 시간차가 없다.

정답 4. ② 5. ② 6. ③ 7. ④

문8 시분할 다중화 방식에 대해 맞게 설명한 것은?
　① 1개의 실회선에 중첩할 수 있는 회선수가 매우 적다.
　② 정보수가 많아지고, 필요한 주파수 대역이 넓어지면, 전송손실이 증가하고 혼변조가 발생하는 등의 기술적인 문제가 생긴다.
　③ 주파수 분할에 비해 경제적이다.
　④ 연속적인 정보를 보낼 수 있으며, 전송 지연이 적다.

문9 열차집중제어장치에서 열차번호와 연계하여 열차의 이동을 추적하는 장치는?
　① 폐색장치　　　　　　　　② 연동장치
　③ 궤도회로장치　　　　　　④ 신호기장치

문10 열차집중제어장치의 정보송신 과정에서 표시정보의 최초 송신은 어디에서 어디로 하는가?
　① 역에서 역으로　　　　　　② 역에서 관제센터로
　③ 관제센터에서 역으로　　　④ 관제센터에서 조작반으로

문11 열차집중제어장치를 신설 할 경우 갖추어야 할 기본설비 및 기능에 대한 설명으로 적당하지 않는 것은?
　① 운영 데이터는 최소 24시간 이상 보관하여 필요 시 프로그램에 의한 재현 또는 프린터로 출력할 수 있어야 한다.
　② 신호기는 3초 이내, 선로전환기는 8초 이내에 현장 제어표시가 이루어지도록 한다.
　③ 주컴퓨터는 2중계로 구성하고 계 절체 시 정보지연 및 현장정보의 손실이 발생되지 않도록 한다.
　④ 네트워크는 2중계로 구성하고 고장 시에도 주컴퓨터 밑 주변기기는 계 절체 없이 정상 기능을 유지하여야 한다.

　(해설) 신호기는 4초 이내, 선로전환기는 10초 이내에 현장 제어표시가 이루어지도록 한다.

정답 8. ③ 9. ③ 10. ② 11. ②

문12 열차집중제어장치를 신설할 경우 갖추어야 할 기본설비에 대한 설명으로 적당하지 않는 것은?
① 운영데이터는 최소 12시간 이상 보관하여 필요 시 출력할 수 있어야 한다.
② 신호기는 4초 이내, 선로전환기는 10초 이내에 현장제어표시가 이루어지도록 한다.
③ 주컴퓨터는 2중계로 구성하여야 한다.
④ 계 절체 시 정보지연 및 현장정보의 손실이 발생되지 않도록 한다.

(해설) 운영데이터는 최소 24시간 이상 보관하여 필요 시 프로그램에 의한 재현 또는 프린터로 출력할 수 있어야 한다.

문13 CTC 장치에서 현장 역의 각종 데이터를 수집해서 중앙으로 정보를 전송해 주는 장치는?
① SSC
② PRC
③ CDTS
④ LDTS

문14 정보통신에서 정확하고 신뢰성 있는 정보를 송수신하기 위해 정해 놓은 규약, 규정을 무엇이라 하는가?
① Program
② Process
③ Protocol
④ Communication

문15 CTC 장치에서 현장역과 관제실간의 정보 전송을 하는 장치는?
① L/S
② MPS
③ LDP
④ DTS

문16 CTC 관제설비는 다음의 고장검지검출 기능을 가져야 한다 맞지 않는 것은?
① 전원장치의 고장
② ATS의 고장
③ CTC 계열의 고장
④ 현장신호설비 고장

문17 데이터 전송속도로 매초당 송신되거나 수신된 비트수를 나타내는 단위는?
① BPS
② CPS
③ BAUD
④ HZ

(해설) BPS(bit/second), CPS(character/second),
BAUD : 신호변조속도로 전자적인 상태의 변화가 1초에 1번 일어나는 것을 의미

정답 12. ① 13. ④ 14. ③ 15. ④ 16. ② 17. ①

문18 컴퓨터에서 정보표현하는 단위를 설명한 것이다 옳지 않은 것은?
① Bit - 0과 1을 나타내는 정보표현의 최소 단위
② Byte - 한 개의 문자를 표현할 수 있는 단위
③ Word - 8 byte가 모여 이루어진 데이터 단위
④ Record - 관련된 필드가 모여 하나의 레코드를 구성

해설 Word-바이트의 모임으로 크게 half 워드(2byte), full 워드(4byte), double 워드(8byte)로 구성

문19 데이터 전송에서 이용되는 모뎀(MODEM)의 기능과 관계없는 사항은?
① 디지털 신호를 아날로그 신호로 변환한다.
② 아날로그 신호를 디지털 신호로 변환한다.
③ 아날로그 신호를 아날로그 신호로 변환한다.
④ 변조와 복조를 수행한다.

해설 디지털 신호를 아날로그 신호로 변환(변조)하여 전송하고, 전송되어 온 아날로그 신호를 디지털 신호로 변환(복조)하는 기기이다.

문20 CTC 장치의 제어정보 송신 순서가 옳은 것은?
① 역부호 → 운영부호 → 변환부호 → 인정부호
② 인정부호 → 역부호 → 변환부호 → 운영부호
③ 역부호 → 변환부호 → 운영부호 → 인정부호
④ 운영부호 → 역부호 → 변환부호 → 인정부호

해설 관제실에서 역 부호를 각역으로 송신하면 해당역의 수신부가 선택되어 관제실에서 운용부호의 송수신을 검토한 것이 동일할 때는 변환부호가 된다. 이후 해당 역에서 인정부호를 관제실로 송신함으로써 제어정보의 송신과정이 완료된다.

문21 열차집중제어장치(CTC)의 데이터 교환 방식 중 시간분할 다중화 방식의 설명으로 맞지 않은 것은?
① 신호들을 겹치지 않게 하기 위하여 표본화속도가 커야 한다.
② 비트 삽입식과 문자 삽입식이 있다.
③ 송·수신 간에 비동기 방식이 주로 사용된다.
④ 통신의 형태는 PTP(Point-to-Point) 시스템 등을 이용한다.

정답 18. ③ 19. ③ 20. ① 21. ③

해설 〈데이터 교환방식〉

1) 주파수분할 다중화(FDM)방식
   일정한 폭을 가진 통신선로의 주파수 대역폭을 몇 개의 작은 대역폭으로 나누어 여러 대의 저속도 장치를 동시에 이용하는 것.
   ① 간섭파의 영향에 강하며 누화가 많이 발생하며 광대역 전송이 가능하다.
   ② 별도의 모뎀이 필요 없다.(왜냐하면 FSK를 이용하기 때문이다.)
   ③ 다중화 되는 채널수에 비례하여 전송매체의 대역폭이 증가한다.
   ④ 비동기식만 가능하다. 즉 동기를 필요로 하지 않는다.
   ⑤ 진폭 감쇠현상이 발생한다.(진폭등화를 이용해서 보상한다.)
   ⑥ FDM 방식의 또 하나의 장점은 장거리 전송로에 소요되는 재생 증폭기가 각 부 채널별로 필요하지 않고 전체 채널 하나에만 필요하다는 사실이다.

2) 시간분할 다중화(TDM)방식
   한 전송로에 데이터 전송시간을 일정한 시간 폭으로 나누어 각 부 채널에 차례로 분배하여 몇 개의 저속채널을 한 개의 고속채널로 나누어 이용한다.
   ① 한 전송로를 일정한 시간 폭으로 나누어 사용한다.
   ② 신호들을 겹치지 않게 하기 위해서는 표본화 속도가 커야 한다.
   ③ 비트 삽입식과 문자 삽입식이 있다.
   ④ 송·수신간의 동기를 맞추는 동기방식을 필요로 한다.
   ⑤ 통신망 형태는 PTP(Point-to-Point) 시스템을 이용한다.
   ⑥ 장거리 전화통신에 이용한다.

22 신호제어정보를 중앙에서 현장, 현장에서 중앙으로 전송하는 장치는?
① CTC 장치　　　② DTS 장치
③ MSC 장치　　　④ LDP 장치

23 전철화 DC 바이어스 구간에서 궤도 송전측 및 착전측에 쵸크를 설치하는 목적은?
① 과전압 유도 시 양 레일을 연결시킴으로써 기기 및 인명 피해를 방지
② 직류 바이어스 궤도계전기의 안전동작 전압 유지
③ 각 기기가 주파수의 영향을 받지 않도록 유도리액턴스 역할
④ 열차 점유 시 유도되는 유기전압 또는 전차전류에 의한 유도전압 방지

24 CTC용 통신회선에는 어느 파형이 흐르는가?
① 구형파　　　② 반송파
③ 정현파　　　④ 삼각파

정답　22. ②　23. ④　24. ②

문25 CTC 장치의 이점이 아닌 것은?
① 선로용량 증가
② 운전 능률 향상
③ 보안도 향상
④ 고장구간 축소

문26 CTC 장치에 대한 설명이다. 옳지 않은 것은?
① 피제어 역의 연동장치는 전자(전기) 연동장치이어야 한다.
② CTC 구간의 폐색장치는 자동폐색장치이어야 한다.
③ 단선구간의 대향으로 되는 출발신호기의 상호 간의 연쇄는 운전방향 신호 버튼을 설비하여 시행한다.
④ CTC 장치에 사용하는 컴퓨터 장치는 Hot Stand-by 로 한다.

문27 CTC 장치의 제어방법은?
① 시분할 방식
② 반송파 증폭 방식
③ 주파수분할 방식
④ 원격제어는 시분할, 피제어 역 주파수 분할

해설 〈시분할 방식〉
많은 정보를 송신 할 경우 송·수신을 동기시켜 1개의 전송로를 시간적으로 분할하여 필요한 시간만 송신 측 조건과 수신 측 조건을 접속시켜 주는 방식

문28 근거리 통신망(LAN)을 구성할 때 토폴로지에 대한 설명으로 틀린 것은?
① 버스형 - CSMA/CD 엑세스 방식이다.
② 링형 - 루프 내의 장치 고장으로 시스템이 다운된다.
③ 루프형 - 루프 제어장치의 고장으로 시스템이 다운된다.
④ 스타형 - 중앙장치가 고장 나더라도 시스템은 정상 동작한다.

문29 CTC의 효과에 해당되지 않는 것은?
① 선로용량 증대 및 운행속도 향상
② 열차운전 정리의 신속 및 정확화
③ 폐색구간이 필요 없고 여객안내 자동화
④ 인력절감 가능

문30 운행관리 시스템에서 EDP와 CTC에 접속되며 열차의 진로를 자동제어하는 장치는?
① DCE
② PRC
③ ATO
④ TWC

문31 CTC 장치의 중 기능으로 볼 수 없는 것은?
① 정속도 운행 자동 제어
② 신호설비의 감시 제어
③ 열차 진로의 자동 제어
④ 열차 운행 상황 표시

문32 CTC 운전모드 중 제어권한이 현장 역의 역조작판에 있어 취급자가 직접 제어를 조작하는 모드는?
① Local 모드
② Center 모드
③ Auto 모드
④ LD 모드

문33 CTC 컴퓨터 키보드에 의하여 제어하는 방식은?
① 역조작판(Local) 모드
② 콘솔제어(CCM) 모드
③ 자동제어(Auto)모드
④ 제어판(LDM) 모드

문34 CTC 장치의 운전모드 중 관제실에 설치된 LDP에 의하여 제어하는 방식은?
① 역조작판(Local) 모드
② 콘솔제어(CCM) 모드
③ 자동제어(Auto)모드
④ 제어판(LDM) 모드

문35 입환 기타 사유로 관제사가 취급하기 곤란한 경우 역장이 취급하는 방식은?
① 역조작판(Local) 모드
② 콘솔제어(CCM) 모드
③ 자동제어(Auto)모드
④ 제어판(LDM) 모드

문36 열차운행관리시스템에서 정보처리장치인 EDP로부터 실시 DIA를 기본으로 CTC로부터 입력된 대상 선구내 열차의 운행정보에 의해 각 열차의 출발시각과 진로 등을 판단하고 CTC를 통해서 해당 열차의 진로를 제어하는 장치는?
① DTE
② DCE
③ PRC
④ TTC

정답 30. ② 31. ① 32. ① 33. ② 34. ④ 35. ① 36. ③

문37. CTC 장치의 현장역과 사령실간의 정보전송을 위한 DTS에 사용하는 데이터 전송방식은?

① Half Duplex
② Synchronous
③ Multiplex
④ Simplex

해설 〈반이중(Half Duplx) 통신방식〉
양쪽 방향으로 정보의 전송이 가능 하지만 어떤 순간에는 정보의 전송이 한 쪽 방향으로만 가능한 방식

문38. 데이터 전송방식중 하나의 전송경로를 제공하여 어느 방향으로든지 사용될 수 있으나 동시에 양쪽 방향으로는 사용될 수 없는 것은?

① 반이중 방식(Half Duplex)
② 단방향 통신(Simplex)
③ 양방향 통신(Multiplex)
④ 전이중 방식(Full Duplex)

문39. 데이터 전송방식과 관계가 가장 먼 것은?

① 반이중 방식(Half Duplex)
② 단방향 통신(Simplex)
③ 다중처리 방식(Multi process)
④ 전이중 방식(Full Duplex)

해설 〈다중처리(Multi process) 방식〉
2개 이상의 처리기를 사용하여 프로그램을 동시에 수행시킴으로써 시간을 단축하거나 단위시간당 처리율을 높이는 방식이다.

문40. CTC 장치에서 LDTS와 CDTS 간의 데이터 전송방식은?

① 반이중 방식
② 단방향 통신
③ 양방향 통신
④ 전이중 방식

문41. CTC 장치에서 LDTS와 CDTS 간의 데이터 전송속도(BPS)는?

① 1,200
② 2,400
③ 4,800
④ 9,600

문42. CTC의 효과에 해당되지 않는 것은?

① 선로용량 증대의 효과
② 열차운전 정리의 신속 및 정확화
③ 폐색구간이 필요 없고 여객안내 자동화
④ 신호보안자치의 고장 파악 용이

정답 37. ① 38. ① 39. ③ 40. ① 41. ① 42. ③

문 43 CTC 장치에서 LDTS의 주요 구성 요소가 아닌 것은?
① CPU 모듈　　　　　　② 출력 모듈
③ LAN　　　　　　　　④ 입력 모듈

문 44 CTC를 설치하는 선구의 기본 폐색장치인 것은?
① 자동폐색장치　　　　② 차상신호장치
③ 연동폐색장치　　　　④ 통표폐색장치

문 45 CTC의 취급에 있어 CTC로 전환 시 LOCAL에서 모든 정자는?
① 정위　　　　　　　　② 정, 반위 무관
③ 반위　　　　　　　　④ 신호기 정위, 선로전환기 반위

문 46 CTC 장치의 구성 및 기능에 대한 설명으로 틀린 것은?
① 피제어 역의 연동장치는 전기 또는 전자연동장치를 설치한다.
② 역간 폐색방식은 자동폐색장치를 설치한다.
③ 단선구간의 대향으로 되는 출발신호기 상호간의 연쇄는 반위쇄정이다.
④ CTC 장치에 사용하는 컴퓨터장치는 Hot Stand by로 한다.

(해설) 관제사는 여러 개 역을 제어하게 되어 주의가 산만하므로 안전도를 높이기 위해 피제어 역의 모든 정자는 반드시 정위로 확보되어야 CTC로 전환 가능.

문 47 자동진로제어장치(PRC)의 진로 제어 구조로 볼 수 없는 것은?
① 열차 추적　　　　　　② DIA 관리
③ 고장구간 판정　　　　④ 진로 제어

문 48 CTC 장치의 관제실 설비가 아닌 것은?
① 열차번호 장치　　　　② 열차시간 기록장치
③ 역 조작판　　　　　　④ 관제사 조작판

(해설) 역 조작판은 피제어역 설비

정답 43. ③　44. ①　45. ①　46. ③　47. ③　48. ③

문49 한 선구에서 둘 이상의 선구로 분기되는 지점을 향하여 운행 중인 열차가 정해진 행선지와 다른 방향으로 진입할 우려가 있는 곳에 설치하는 것은?
① 자동진로 설정장치
② 열차번호 처리장치
③ 자동폐색신호기
④ 열차번호인식기

문50 CTC 장치의 제어 및 표시정보의 송수신과정으로 옳은 것은?
① CDTS → LDTS → LDP → MPS → 연동장치
② LDTS → CDTS → MPS → LDP → 연동장치
③ LDP → MPS → CDTS → LDTS → 연동장치
④ MPS → CDTS → LDTS → 연동장치

(해설) LDP(표시 판넬) → 주컴퓨터 → MPS → CDTS → LDTS → 연동장치 → 현장설비

문51 CTC의 효과로 적당하지 않은 것은?
① 열차운행의 자동화 및 선로용량의 증대
② 열차운전 정리의 신속 정확화
③ 신호보안장치의 고장 감소
④ 열차운행의 보안도 향상

문52 원격제어구간에 사용하는 ERC의 시스템 기본 구성도로 맞는 것은?
① 논리부 → 전송부 → 입출력부 → 회선부
② 전송부 → 회선부 → 입출력부 → 논리부
③ 회선부 → 전송부 → 논리부 → 입출력부
④ 입·출력부 → 논리부 → 전송부 → 회선부

문53 CTC 정보의 흐름에 따른 분류가 아닌 것은?
① 운행계획
② 제어정보
③ 감시정보
④ 전력감시

정답 49. ④ 50. ③ 51. ③ 52. ④ 53. ④

문54 다음 중 열차종합제어장치(TTC)의 데이터 전송장치 운용 방식이 아닌 것은?
① CTC 방식 ② TWC 방식
③ TTC 방식 ④ Local 방식

문55 다음 중 아날로그 변조 방식이 아닌 것은?
① 위상 변조 ② 진폭 변조
③ 전력 변조 ④ 주파수 변조

문56 다음 중 열차집중제어장치(CTC)의 장점에 해당되지 않는 것은?
① 보안도 향상 ② 고장 구간 축소
③ 선로용량 증가 ④ 운전 능률 향상

문57 데이터 전송방법 중 병렬전송에 대한 설명으로 틀린 것은?
① 단말기 구성이 직렬보다 단순하다.
② 전송속도가 빠르다.
③ 상거리 전송에 이용된다.
④ 전체 비용이 높아진다.

(해설) 단거리 전송에 적합

문58 신호원격장치에 대한 설비기준으로 틀린 것은?
① 궤도회로 경계표지는 현장 궤도회로 1개 이상을 묶어서도 사용할 수 있다.
② 궤도회로 경계표지 사이는 1,000~1,500[m] 이내로 하여야 한다.
③ 궤도회로 경계표지는 출발역에서 도착역 쪽으로 장내신호기 다음 표지를 1로 하고 이하 순차적으로 표시한다.
④ 제어역과 피제어 역 양 역 간 궤도회로는 조작판에 동일하게 표시한다.

(해설) 궤도회로 경계표지는 도착역에서 출발역 쪽으로 장내 신호기 다음 표지를 1로 하고 이하 순차적으로 표시한다.

정답 54. ② 55. ③ 56. ② 57. ③ 58. ③

문 59 열차집중제어장치 설비의 제작 원칙으로 틀린 것은?

① 각 기기는 회로기판, 모듈단위의 추가 혹은 교체에 따라 성능 향상이 가능한 구조이어야 한다.
② 각 기기는 낙뢰 및 서지전압 등 이상 전압으로부터 보호 할 수 있는 설비를 하여야 한다.
③ 각 기기는 자기진단 기능이 있어야 하며 고장 상태를 세분화 하지 않고 자동으로 표시하는 기능이 있어야 한다.
④ C.T.C 장비는 무순단 2중계로 정상 가동 상태가 지속적으로 유지되는 방식이어야 한다.

해설 고장 상태를 세분화 하여야 한다.

문 60 전력관리 시스템 등 다른 서버 시스템과도 연결하여 열차의 운행을 관리하는 시스템은?
① CTC
② PRC
③ TTC
④ EDP

문 61 열차가 측선(무궤도구간)으로 통과하였을 때의 열차번호 이동은?
① 이동이 불가능하다.
② 취소시킨 후 다시 조제하여야 한다.
③ 자동 이동 된다.
④ 수동 이동하여야 된다.

해설 열차번호표시는 스케줄에 의해 본선 또는 부본선으로 열차가 이동하였을 경우 자동 이동 가능

정답 59. ③ 60. ③ 61. ④

철/도/신/호/문/제/해/설

Chapter 08

열차자동정지장치

8장 열차자동정지장치

8.1 열차자동정지장치의 개요

ATS장치는 기관사가 정지신호를 무시하고 운행할 경우나 정해진 속도보다 빠르게 운행하는 경우 기관사에게 제동장치를 조작하도록 표시등과 경보벨로 주의를 환기시키며, 일정 시간 동안 조작하지 않으면 자동으로 열차를 안전하게 정지시키는 장치이다.

8.1.1 ATS 동작방식과 제한속도

1 동작방식

ATS장치는 전철이나 비전철 구간 모든 개소에 사용되며 3현시사용의 경우 지상 장치는 정지신호에서만 동작하고 차상장치는 단변주 방식에 의하여 동작한다. 4,5현시용은 5가지 신호에 따라 동작하는 다변주 방식에 의하여 차상장치가 동작한다. 차상장치의 동작방식은 **표 8.1**과 같다.

표 8.1 차상장치의 동작 방식

종 류	차상장치 동작방식
3현시	점제어, 단변주(105[kHz] → 130[kHz])
4현시	속도조사식, 다변주(78[kHz] → 5종류)
5현시	속도조사식, 다변주(78[kHz] → 5종류)

2 제한 속도

표 8.2는 ATS 장치 종류별 지상장치의 공진 주파수와 차상장치의 제한 속도를 나타낸 것이다.

표 8.2 지상장치의 공진 주파수와 차상장치의 제한 속도

구 분		진행(G)	감속(YG)	주의(Y)	경계(YY)	정지(R1)	절대정지(R0)
3현시 디젤 기관차용	공진주파수[kHz]	·	·	·	·	·	130
	제한속도[km/h]	Free	·	·	·	·	정지
	조사속도[km/h]	·	·	·	·	·	·
4현시 전동차용	공진주파수[kHz]	98		106	·	122	130
	제한속도[km/h]	Free	65	45		0(15)	0
	조사속도[km/h]	·	65상당	45상당		0(15)상당	0
5현시 디젤 기관차용	공진주파수[kHz]	98	106	114	122	·	130
	제한속도[km/h]	Free	105	65	25	·	0
	조사속도[km/h]	·	105상당	65상당	25상당	·	·
5현시 전동차용	공진주파수[kHz]	98		106	114	·	130
	제한속도[km/h]	Free		45	25	·	0(15)
	조사속도[km/h]	·		45상당	25상당	·	0(15)상당

8.2 점제어식 ATS

정지신호에서만 동작하는 점제어식(지상장치 : ATS-S1형, 차상장치 : 3현시) ATS는 3현시 신호로 운행되는 구간에서 정지신호를 무시하고 계속 진행하는 열차를 정지시키는 설비이며 신호기의 위치와 동작과정은 다음과 같다.

열차가 진행 또는 주의신호를 현시하는 지점까지는 운전실에 설비한 백색등이 점등되어 정상운행이 가능하지만 신호기가 정지현시일 때 열차가 지상자를 통과하면 적색등이 점등되고 벨이 울려서 기관사에게 경보를 전달한다.

이때 기관사가 5초 이내(EL은 3초 이내)에 확인 조작을 하면 적색등은 소등되고 경보도 정지되어 다시 백색등이 점등되지만 확인조작을 하지 않으면 5초(EL은 3초 이내)가 지난 다음 비상제동이 작용하여 열차는 신호기 앞에서 정지하게 된다.

일단 비상제동이 작용하면 복귀조작을 한 다음 제동밸브에 의하여 천천히 정상상태로 복귀한다.

8.2.1 점제어식 ATS의 구성

지상신호기의 현시에 따라 지상정보(R신호: 130[kHz])를 차상으로 보내주는 지상장치와 지상으로부터 정보를 수신하여 동작하는 차상장치로 구성되며 **그림 8.1**은 3현시 ATS 장치의 구성도를 나타낸 것으로 지상정보에 대한 ATS 수신기의 열차 최고 응동속도는 130[km/h]로 되어 있다.

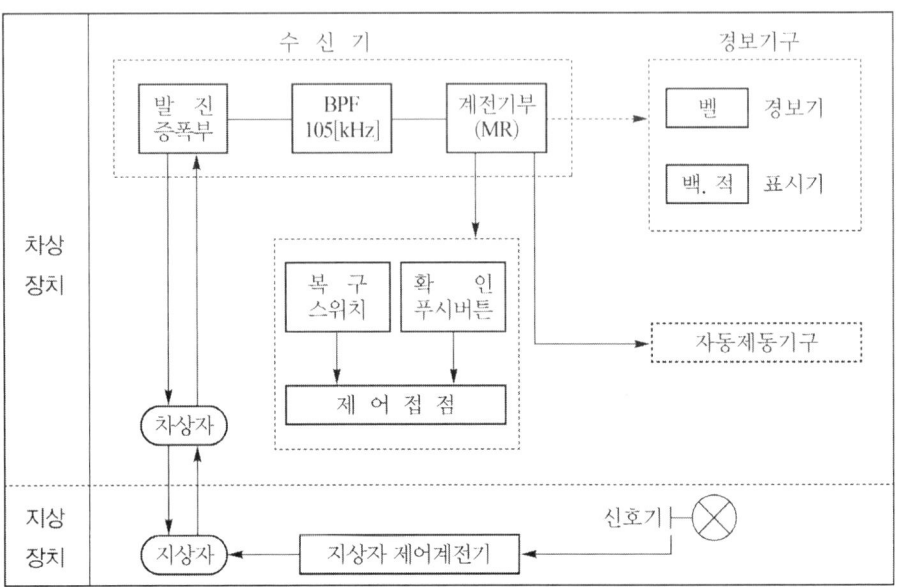

그림 8.1 3현시 ATS 장치의 구성도

8.2.2 점제어식 ATS의 성능

1 지상장치

① 공진 주파수 : 130[kHz]
② Q(선택도) : 50~190
③ 제어케이블 : 5[m]
④ 지상자 제어 계전기 : DC 10[V], 0.12[A], 접점수 N2
                        DC 24[V], 0.05[A], 접점수 N2

② 차상장치

① 열차응동 최고속도 : 130[km/h]
② 전원전압 : DC 18[V]
③ 수신기 소비전력 : 7[W]
④ 발진주파수 : 105[kHz]
⑤ 변주주파수 : 130[kHz]
⑥ 응동시간 : 11[ms]
⑦ 차량좌우 진동한계 : 좌우 50[mm](직선부)
　　　　　　　　　　　좌우 110[mm](곡선부)
⑧ 차상자 결합도 : 80±10[mV]
⑨ 비상제동 여유시간 : 약 5[sec]
⑩ 차상자 접속함~수신기 사이 : 5~10[m]의 4심 실드(차폐) 케이블로 접속

8.2.3 지상자와 신호기 간의 제어거리

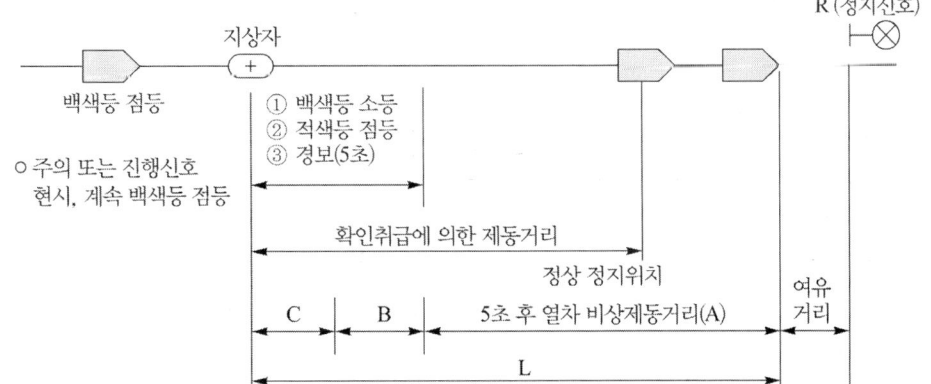

※ 신호기와 지상자간의 거리 = 차상자가 지상자 위를 통과하여 경보 시까지 주행거리(C)
　　　　　　　　　　　　　　+ 5초간 경보 시 열차주행거리(B) + 열차비상제동거리(A) + 여유거리

그림 8.2 ATS에 의한 열차정지

표 8.3 지상자에서 비상정지위치까지의 거리 계산식

열차종별	A	B	C	계(L = A+B+C)
전동차	$\dfrac{0.7V^2}{20} + \dfrac{V}{3.6}$	$5\dfrac{V}{3.6}$	$\dfrac{V}{3.6}$	$\dfrac{0.7V^2}{20} + \dfrac{7V}{3.6}$
여객열차	$\dfrac{V^2}{20} + 2\dfrac{V}{3.6}$	$5\dfrac{V}{3.6}$	$\dfrac{V}{3.6}$	$\dfrac{V^2}{20} + \dfrac{8V}{3.6}$
화물열차	$\dfrac{V^2}{15} + 5\dfrac{V}{3.6}$	$5\dfrac{V}{3.6}$	$\dfrac{V}{3.6}$	$\dfrac{V^2}{15} + \dfrac{11V}{3.6}$

여기서, L : 신호기에서 경보지점까지의 거리[m]
　　　　A : 비상제동거리[m]
　　　　B : 경보가 울리기 시작하여 비상제동이 작용하기까지의 주행거리[m]
　　　　C : 차상자가 지상자 위를 통과하여 경보가 울릴 때까지의 주행거리[m]
　　　　V : 폐색구간의 계획운전속도의 최대값[km/h]

지상자는 경보개시지점 직전에 설치하는데, 신호기 외방으로부터 지상자 설치지점까지의 거리는 표 8.3의 계산식에 의해서 산출되며 열차제동거리와 여유거리를 합한 거리의 1.2배 범위로 한다.

지상자와 신호기간의 거리가 짧을 경우에는 정차하여야 할 신호기를 통과하게 되어 사고가 발생할 우려가 있으며 간격을 길게 설치하면 너무 앞에서 열차가 정차하게 되는 비효율적인 면이 있다.

8.3 차상 속도조사식 ATS

4현시 속도조사식 ATS 장치는 다변주 점제어방식으로 수도권 전동차 운행구간에 사용하고 있으며 국철 구간에서는 R, Y, YG, G현시, 지하철구간에서는 R, YY, Y, G현시를 사용하고 있다.

8.3.1 차상 속도조사식 ATS의 구성

열차의 속도를 조사하여 신호기가 지시하는 제한속도 이상으로 열차가 운행하는 지를 판단하고 제한속도를 일정시간 초과하는 열차에 대하여 ATS가 동작하는 차상 속도조사식 (지상장치 : ATS-S2형, 차상장치 : 4, 5현시 겸용사용 가능)의 구성은 그림 8.3과 같다.

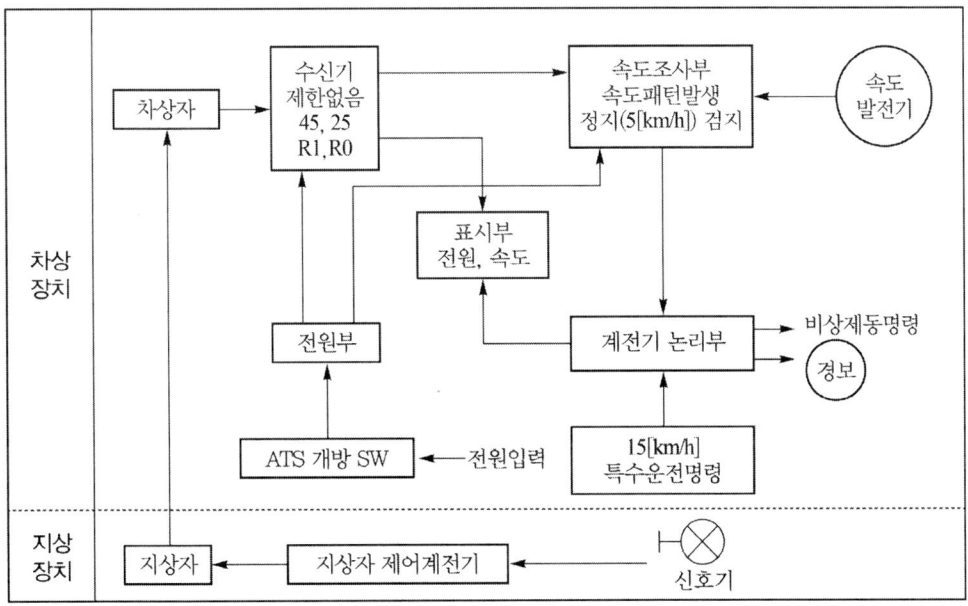

그림 8.3 속도조사식 ATS의 구성

1 지상장치

(1) 지상자의 성능

① 방식 : 점 제어 다현 시 주파수 변조방식
② 전기적 특성코일 : L = 310±10[μH]
　　　　　　　　　　콘덴서 C = 약 0.005[μF]
③ 선택주파수 및 조사속도단계 5주파
　　　　　　　　　　: G, YG(Free)　　98[kHz]
　　　　　　　　　　　Y(45[km/h])　　106[kHz]
　　　　　　　　　　　YY(25[km/h])　 114[kHz]
　　　　　　　　　　　R1(0[km/h])　　122[kHz]
　　　　　　　　　　　R0(0[km/h])　　130[kHz]
④ 열차응동최고속도 : 130[km/h]
⑤ 지상자와 차상자의 간격 : 140[mm]～260[mm]
　　좌우변위 범위 : ±70[mm] 이하
⑥ 차상자 결합도 : 표준 80[mV]
　　범　위 : 70[mV]～90[mV]

(2) 지상자 취부

지상자는 열차운행 진행방향으로 궤도중심에서 우측으로 설치하며 궤도중심에서 지상자의 중심과의 거리를 300[mm]에서 ±10[mm] 이내로 하고 높이는 레일보다 밑으로 레일윗면과 지상자의 윗면간 거리를 20[mm] 이상 50[mm] 이하 범위로 한다.

취부방식은 취부금구로서 우측레일에 하고 지상자의 콘덴서가 있는 부분과 케이블 인입구에 보호물을 설치하였으며 인입 케이블은 트라후나 전선관에 수용한다.

1) 지상자 공진주파수와 선택도(Q)

그림 8.4와 같이 지상자에 흐르는 전류는 차상자로부터 전자결합에 의하여 코일 L에는 전류 I_L이 흐르고 콘덴서 C에는 전류 I_C가 흐르며 값이 같을 때 LC 회로에는 최대전류 I_{MAX}(a점)가 흐른다. 이때의 주파수를 공진 주파수라 하며 다음과 같이 구한다.

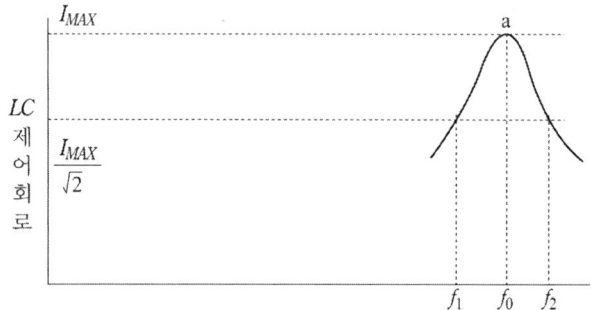

그림 8.4 공진회로의 전류

$$\text{지상자 공진주파수 } f_0 = \frac{1}{2\pi\sqrt{LC}} \tag{8.1}$$

단, 차상 속도조사식은 신호현시에 따라 표 8-4, 표 8-5와 같으며, 주파수의 허용범위는 ±2[kHz] 이내로 한다.

표 8-4 4현시 ATS 공진주파수 및 속도제어

신 호 현 시		R0	R1	Y	YG	G
전기동차용	공진주파수[kHz]	130	122	106	98	
	ATS 속도제어[km/h]	0	15	45	FREE	

표 8-5 5현시 ATS 공진주파수 및 속도제어

신 호 현 시		R	YY	Y	YG	G
디 젤 기 관 차용	공진주파수[kHz]	130	122	114	106	98
	ATS 속도제어[km/h]	0	25	65	105	FREE
전기동차용	공진주파수[kHz]	130	114	106	98	
	ATS 속도제어[km/h]	0	25	45	FREE	

공진회로의 선택도(Q값)는 지상자 제어계전기 접점을 개방한 상태에서 다음 값을 유지한다.

표 8-6 공진회로의 선택도(Q값)

구 분	공진주파수	Q
점제어식	130[kHz]	50~190
속도조사식	각 공진주파수	70 이상

회로의 저항 r을 증가시키면 a점이 내려가서 전류는 감소한다. 따라서 저항 r이 작을수록 좋다. 이것을 선택도(Q)라 하는데 다음 식으로 나타낸다.

$$Q = \frac{\omega L}{r} = \frac{1}{r}\sqrt{\frac{L}{C}} = \frac{f_0}{f_2 - f_1} \tag{8-2}$$

2) 지상자 제어계전기

표 8-7

신호 현시	제어계전기 동작	콘덴서 용량의 총합
R0	모든 계전기 낙하	C
R1	R1CR 동작	C+R1C
YY	R1CR, YYCR 동작	C+R1C+YYC
Y	R1CR, YYCR, YCR 동작	C+R1C+YYC+YC
YG,G	R1CR YYCR, YCR, GCR 동작	C+R1C+YYC+YC+GC

2 차상장치

차상장치는 지상으로부터 다양한 정보(130, 122, 114, 106, 98[kHz])를 받는 차상자, 정보를 해석하여 경보기와 제동장치의 회로를 제어하는 수신기, 속도조사부, 계전기논리부, 운전실내에 설치된 경보기, 표시기, 전원부 및 기타 부속품 그리고 전동차의 실제속도를 감지하는 속도발전기 등으로 구성되어 있다.

차상자는 차체 하부의 차량중심으로부터 우측으로 300[mm]의 위치에 차상자 중심이 오도록 설치하고 지상자로부터 정보를 받아 수신기에 전달한다.

표 8-8 신호현시와 공진주파수

신호현시	G/YG(Free)	Y	YY	R1	R0
공진주파수[kHz]	98	106	114	122	130
계전기	FPR 동작	45PR 동작	25PR 동작	0PR 동작	전 PR 동작

8.3.2 차상 속도조사식 ATS의 성능

① 열차 최고속도 : 130[km/h]
② 주파수 변주 : 5주파수
③ 신호현시와 주파수
  G(free) : 98[kHz]
  Y(45[km/h]) : 106[kHz]
  YY(25[km/h]) : 114[kHz]
  R_1(0[km/h]) : 122[kHz]
  R_0(0[km/h]) : 130[kHz]
④ 차상자와 지상자 간의 거리 : 70~260[mm]
⑤ 차량좌우 진동한계 : 70[mm] 이하
⑥ 차상자 결합도 : 80±10[mV]
⑦ 4심 실드케이블 길이 : 7.5±2.5[m]
⑧ 응동하는 지상자 특징 : 각 공진주파수±2[kHz]
⑨ 선택도(Q) : 70 이상
⑩ 동작온도 : -10~40[℃]

8.4 절연구간 예고장치

8.4.1 절연구간 예고장치의 제원

① 사용 주파수 : 68[kHz]±68[Hz] 이하
② 출력 : 10[W] 이하
③ 출력 임피던스 : 10[Ω] 이하
④ 송신 파형 : 정현파
⑤ 왜율 : −30[dB] 이하
⑥ 주파수 안정도 : $±10^{-3}$ 이하
⑦ 입력 전원전압 : AC 110[V]±10[V](60[Hz]) 이하
⑧ 송신기와 지상자의 거리 : 20[m] 이하
⑨ 지상자 : 310[μH]±10[%]

서술형 출제예상문제

문제 1
다음 용어를 설명하라.
(1) A.T.S　　　　(2) A.T.C　　　　(3) A.T.O

답
(1) 열차 자동 정지장치(Automatic Train Stop)
  열차 자동 정지장치는 위험구역에 열차가 접근하면 경보를 표시하고 그 구역에 진입하면 열차에 자동적으로 제동을 체결 정지하게 하는 장치이다.

(2) 열차 자동 제어장치(Automatic Train Control)
  열차 자동 제어장치는 열차 속도를 제한하는 구역에 있어서 제한속도 이상이 되면 자동적으로 제동이 작용하여 감속하고 열차 속도를 제어하는 장치이다.

(3) 열차 자동 운전장치(Automatic Train Operation)
  열차 자동 운전장치는 열차속도가 저하되면 자동적으로 속도를 가속하고 일정속도 이상이 되면 자동적으로 제동이 작용하여 항상 일정속도의 열차운전을 하는 장치이다.

문제 2
다음 ( ) 속에 적당한 말을 기입하라.
ATS-S형에 있어서 지상자의 설치 위치는 다음에 의한다.
(1) 레일 이음매부에서 (①)m 이상 띄워 취부한다.
(2) (①), (②) 및 분기기를 설치한 구간을 피한다.
(3) 탈선 방지 궤도 부설 구간에서는 소정의 위치에서 (①)[mm]의 범위 내에 지상자 표준 취부 위치에서 (②)에 취부한다.

답
(1) ① 2
(2) ① 건널목, ② 레일 이음매부
(3) ① 10, ② 궤도 중심

문제 3. ATS-S형에서 열차가 지상자 위를 통과할 때 기관실의 경보와 취급에 대해 설명하시오.

답)
① 적색등이 점등하고 벨이 울리며 경보를 발한다.
② 경보 후 5초가 경과하면 자동적으로 제동이 작동하게 된다.
③ 5초 이내에 제동 핸들을 정하여진 위치에 이동하고 확인 버튼을 누르면 제동은 작동하지 않는다.

문제 4. ATS-S형 지상자의 취부위치에 대해서 설명하라.

답)
① 선로중심으로부터 지상자 중심과의 간격은 열차 진행방향에서 좌측 300±10[mm]이내 유지.
② 레일면과 하방지상자 상면과의 간격은 50~80[mm]
③ 지상자 하면과의 간격 50[mm] 이상 되도록 설치하여야 하며 설치에 따른 주의사항으로는
   a. 지상자 만을 설치할 경우 리드선은 절단하지 않아야 하며,
   b. 레일 이음메 부에서 3본 이내의 침목을 피하고,
   c. 건널목, 드라후거더, 분기부 등은 피하여 설치한다.

문제 5. 다변주식 ATS차상장치와 ATP차상장치의 구성상 개념적인 공통점과 차이점을 논술하시오.

답)
1. 개요
다변주식 ATS 장치와 ATP(Automatic Train Protect) 장치는 열차를 운전하는 기관사가 지상에서 전달하는 주행속도 지시(신호현시)를 초과하여 열차를 운전할 경우 약 3초간 경보조치한 후 기관사가 계속 위반시 자동적으로 제동장치를 작동시켜서 열차는 정

지시키는 장치. 두 장치가 모두 지상자를 통하여 지상의 정보를 전달받으며 열차를 자동으로 정차시킨다는 같은 개념의 Hardware를 가지고 있으나, Software상에서 ATS 장치는 절대 안전장치(Fail Safe)가 아닌 기관사의 보조장치인 반면 ATP 장치는 절대 안전장치로서 그 자체가 주체가 되고 기관사가 보조가 되는 것이 다른 점이다.

2. 두 장치의 구성상 공통점

ATS 및 ATP장치는 기관사가 지시속도를 초과하여 운전하는 경우 이를 지상자를 통하여 검지, 자동적으로 열차를 정지시키기 위해서는 공통적으로 다음과 같은 기능의 장치들이 요구된다.

① 지상신호를 차상으로 송신하는 장치 - 지상자(Transponder)
② 지상으로부터 송신되는 속도지시를 수신하는 장치 - 수신안테나
③ 수신된 신호의 복조화 장치 - 수신기, Decoder
④ 자신의 실제 주행속도를 검지하는 장치 - 타코메타, Speed sensor
⑤ 지시속도와 자신의 속도를 비교, 지시속도초과시의 처리장치-속도조사부, CPU
⑥ 차량의 제동장치를 구동하기 위한 인터페이스 장치 - 계전기부
⑦ 기관사에게 상황을 알려주는 장치 - 표시 장치

상세한 규격은 다르지만 이상의 7가지 기능을 하는 장치들을 공통적으로 가지고 있다.

3. 두 장치의 차이점

두 장치의 차이점은 Hardware상 처리장치에 속하는 ATS의 속도조사부와 ATP의 CPU 차이 이다. ATP의 경우 CPU의 프로그램에 의하여서 지상자의 설치위치를 파악하고 열차가 그 위치에 도달하였음에도 지상자로부터 신호가 없는 경우 열차를 정지, 감속 시키는 안전 측으로 동작하지만 ATS 장치의 경우 지상자가 유실되거나 결합도 (Q)가 현저히 저하하여 차상자와 지상자간에 응동이 없으면 무동작 상태를 유지하여 대단히 위험하게 된다는 점이다.

문제 6 ATS 지상자 설치위치를 계산하시오. 단, 여객열차와 화물이 혼용되는 선구로서 여객열차 최고속도 120[km/h], 화물열차 최고속도 80[km/h]

 지상자 설치위치는 경보 개시점에 설치하는데 신호기로부터 경보개시점(L)은 아래 계산식에 의해 산출되며 설치지점은 $L \sim 1.2L$의 범위로 한다.

여객열차 $L = (\dfrac{V^2}{20} + 2 \times \dfrac{V}{3.6}) + (5 \times \dfrac{V}{3.6}) + (\dfrac{V}{3.6})$

$\underbrace{\phantom{(\dfrac{V^2}{20} + 2 \times \dfrac{V}{3.6})}}_{A} \underbrace{\phantom{(5 \times \dfrac{V}{3.6})}}_{B} \underbrace{\phantom{(\dfrac{V}{3.6})}}_{C}$

$= (\dfrac{120^2}{20} + 2 \times \dfrac{120}{3.6}) + (5 \times \dfrac{120}{3.6}) + (\dfrac{120}{3.6}) ≒ 987[\text{m}]$

화물열차 $L = (\dfrac{V^2}{15} + 5 \times \dfrac{V}{3.6}) + (5 \times \dfrac{V}{3.6}) + (\dfrac{V}{3.6})$

$= (\dfrac{80^2}{15} + 5 \times \dfrac{80}{3.6}) + (5 \times \dfrac{80}{3.6}) + (\dfrac{80}{3.6}) ≒ 671[\text{m}]$

여기서, L : 신호기에서 경보지점까지의 거리[m]
　　　　A : 비상제동거리[m]
　　　　B : 경보개시 후 비상제동이 작동하기까지 주행거리[m]
　　　　C : 차상자가 지상자위를 통과한 후 경보가 울릴 때 까지 주행거리[m]
　　　　V : 폐색구간의 운행속도의 최대값[km/h]

∴ 설치지점은 $L \sim 1.2L$이므로 신호기 전방 987~1,184[m] 지점이 된다.

문제 7. ATS지상자의 구조와 설치위치에 대하여 설명하시오.

답
- 지상자는 0.18[mm]선 30본의 평각 구리선에 폴리에틸렌 피복전선을 직사각형으로 18번 감아 여기에 콘덴서와 리드선을 접속한 다음 유리섬유와 폴리에스테르로 성형한 것이다.
  코일의 값은 0.3[mH], 콘덴서의 값은 $0.005[\mu\text{F}]$로 130[kHz]의 주파수에 공진되도록 되어 있다.
- 지상자는 경보개시 지점에 설치해야 한다.
  신호기로부터 경보개시 지점까지의 거리는 경보지점 계산식에 의하여 산출된 값이 L[m]라 하면 설치지점을 $L \sim 1.2L$의 범위로 한다.

> **보충**
>
> ATS-S형을 사용하는 구간의 여객열차, 화물열차, 전동차의 경보지점 L[m]의 산출은 다음과 같다.
>
> - 여객열차의 경우 $L = \underbrace{\left\{\dfrac{V^2}{20} + 2 \times \dfrac{V}{3.6}\right\}}_{A} + \underbrace{5 \times \dfrac{V}{3.6}}_{B} + \underbrace{\dfrac{V}{3.6}}_{C}$ [m]
>
> - 화물열차의 경우 $L = \underbrace{\left\{\dfrac{V^2}{15} + 5 \times \dfrac{V}{3.6}\right\}}_{A} + \underbrace{5 \times \dfrac{V}{3.6}}_{B} + \underbrace{\dfrac{V}{3.6}}_{C}$ [m]
>
> - 전동차의 경우 $L = \underbrace{\left\{\dfrac{V^2}{20} + 0.7 \times \dfrac{V}{3.6}\right\}}_{A} + \underbrace{5 \times \dfrac{V}{3.6}}_{B} + \underbrace{\dfrac{V}{3.6}}_{C}$ [m]
>
> 여기서, L : 신호기에서 경보지점까지의 거리[m]
> A : 비상제동거리[m]
> B : 경보개시 후 비상제동이 작동하기까지 주행거리 [m]
> C : 차상자가 지상자위를 통과한 후 경보가 울릴 때 까지 주행거리[m]
> V : 폐색구간의 운행속도의 최대값[km/h]

문제 8

수도권 전동차 운행구간에서의 지상자 제어계전기 상태와 지상자 공진 주파수와의 관계를 다음도표에 완성 하시오.

답

	신호제어	G	Y	YY	R1	R0
제어 계전기	GCR	여 자	무 여 자	무 여 자	무 여 자	무 여 자
	YCR	여 자	여 자	무 여 자	무 여 자	무 여 자
	TTCR	여 자	여 자	여 자	무 여 자	무 여 자
	R1CR	여 자	여 자	여 자	여 자	무 여 자
공진주파수[kHz]		98	106	114	122	130

문제 9. 다음 차상 조사식 ATS장치의 특성에 대하여 설명하시오.

답)
1. 방식(속도조사식 다현시 변조방식)
2. 열차응동 최고속도 (130)[km/h]
3. 선택 주파수 (5)개 주파수
4. 조사속도 단계(경부선 기준)

신호현시		R	YY	Y	YG	G
5현시	공진주파수(kHz)	130	122	114	106	98
	속도제어(km/h)	0	25	65	105	FREE

5. 각 공진주파수별 오차 허용범위 (± 2)[kHz] 이내
6. 차상자와 지상자의 간격 (140~200)[mm]
7. 차상자와 지상자의 좌우변위 범위 (± 70)[mm] 이하
8. 차상자 결합도 표준 (80 ± 10)[mV]

문제 10. 속도 조사식 지상자의 설치에 대하여 설명하시오

답)
1. 궤도중심에서 300 ± 10[mm] 오른쪽에 설치한다.
2. 궤조면에서 아래쪽으로 20~50[mm] 범위 이내로 한다.
3. 궤조절연에서 2[mm] 이상 되는 위치에 설치한다.
4. 2개의 지상자를 접근하여 설치하는 경우 지상자 상호간의 중심 간격은 최소 2[m] 이상의 간격을 둔다.
5. 레일 이음매부에서 3본 이내의 침목을 피한다.
6. 지상자 하면과 자갈과의 간격 50[mm] 이상
7. 가드레일과의 간격 400[mm] 이상
   건널목, 트라후거더, 분기부 설치구간은 피한다.

출제예상문제

문1 관계 신호기가 진행신호를 현시할 때 열차용 ATS가 오경보인 경우는 주로 어떤 경우에 발생하는가?
① CR접점의 용착
② CR접점 접촉 불량
③ Q의 저하
④ 공진주파수의 저하

문2 ATS 지상자의 동작불량(무경보)의 장애원인이 아닌 것은?
① CR 접점의 용착
② 제어 회선 단선
③ Q의 저하
④ 지상자 취부 위치 불량

(해설) 제어 회선 단선은 지상자 동작 조건이다.

문3 ATS 지상자 제어계전기의 절연저항은 1,000[V] 절연저항계로 측정 했을 때 도체와 대지간이 몇 [MΩ] 이상이어야 하나?
① 1
② 2
③ 3
④ 4

(해설) 도체와 대지 간이 2[MΩ]

문4 ATS 지상자의 계속동작(오경보)의 장애원인이 아닌 것은?
① 전원 전압 저하
② CR접점 접촉 불량
③ Q의 저하
④ 지상자 리드선 단선

(해설) 지상자 Q치 저하는 무경보 조건이다.

문5 ATS-S 지상자의 선택도 Q를 식으로 나타낸 것은?
① $Q = \dfrac{1}{R}\sqrt{\dfrac{L}{C}}$
② $Q = R\sqrt{\dfrac{L}{C}}$
③ $Q = R\sqrt{\dfrac{C}{L}}$
④ $Q = \dfrac{1}{R}\sqrt{\dfrac{C}{L}}$

정답 1.② 2.② 3.② 4.③ 5.①

해설 〈ATS-S(ATS-S1, 점제어식) 지상자〉

1. 공진주파수 $f_c = \dfrac{1}{2\pi\sqrt{LC}} = 130[\text{kHz}]$

   오차범위 $125 \sim 131[\text{kHz}]$, $L = 300[\mu\text{H}]$, $C = 0.005[\mu\text{F}]$

2. 선택도 $Q = \dfrac{1}{R}\sqrt{\dfrac{L}{C}} = 50 \sim 190$

문6 4현시 구간의 전기동차용 A.T.S 장치에서 Y일 때 공진주파수 [kHz]는?

① 130　　　　② 122
③ 106　　　　④ 98

해설 〈4현시 ATS 공진주파수[kHz]〉

	R0	R1	Y	YG	G
전기동차용	130	122	106	98	98
디젤기관차용	130	122	114	106	98

문7 4현시 구간의 전기동차용 A.T.S장치에서 YG 또는 G일때 공진주파수[kHz]는?

① 130　　　　② 122
③ 106　　　　④ 98

문8 5현시 구간의 디젤기관차용 A.T.S 장치에서 Y일때 공진주파수[kHz]는?

① 130　　　　② 122
③ 114　　　　④ 106

문9 전차선 절연구간 예고지상장치에 대한 설명 중 잘못된 것은?

① 송신기와 지상자의 간격은 20[m] 이내
② 취부위치는 점제어식 자동열차정지장치에 준하여 설치
③ 송신 주파수 범위는 68[kHz] ± 68[Hz]
④ 입력 측 전원전압은 AC 110 ± 10[V](60[Hz]) 이하

해설 〈전차선 절연구간 예고지상장치〉

1. 송신기와 지상자의 간격은 20[m] 이내
2. 고장 표시반은 송신기 1, 2계 상태를 상시 감시할 수 있도록 설비
3. 취부 위치는 속도 조사식에 준하여 설치
4. 특성의 조정 범위는 다음과 같다.
   1) 송신 주파수 : 68[kHz]±68[Hz]
   2) 전원 전압 : 입력 측 AC 110±10[V](60[Hz]) 이하, 출력 측 DC 15/24[V]±0.2[%]

정답　6. ③　7. ④　8. ③　9. ②

문10 제어계전기의 접점저항은 몇 [MΩ] 이하이어야 하는가?
① 60[MΩ] ② 80[MΩ]
③ 100[MΩ] ④ 120[MΩ]

해설) 〈지상자 제어계전기(점제어식)〉
• 입력전압 : (종전) DC 10[V]±5[%] or (현재) DC 24[V]±10[%]
• 접점저항 : 100[MΩ] 이하

문11 ATS 지상자에 사용되는 코일과 콘덴서의 결선방식은?
① 직렬 ② 병렬
③ 직, 병렬 ④ 코일과 상관없이 결선

문12 ATS 지상자 공진주파수 및 Q값 측정기의 확인버튼을 눌렀을 때 적색등이 점등할 경우 축전지의 전압은 DC 몇[V] 인가?
① 11 이하 ② 12 이상
③ 24 이상 ④ 48 이하

해설) Q값 측정기의 정격전압은 DC 12[V]로 11[V] 이하가 되면 적색등이 점등

문13 지상자 제어계전기의 정격전압은 DC 몇 [V]인가?
① 6 ② 12
③ 24 ④ 48

해설) 〈지상자 제어계전기(점제어식)〉
• 입력전압 : (종전) DC 10[V]±5[%] or (현재) DC 24[V]±10[%]

문14 ATS 차상장치에서 차폐 케이블을 사용하는 장소로 옳은 것은?
① 주계전기 → 경보기 ② 발진기 → 여파기
③ 차상자 → 발진기 ④ 여파기 → 주계전기

해설) 차상자 → 발진기 간에는 노이즈의 영향

정답 10. ③ 11. ② 12. ① 13. ③ 14. ③

문15 5현시용 ATS 장치의 열차 최고응동속도는?

(단, 직선부의 최대속도이며, BPM 보드의 검지주파수 검지시간은 9.6[ms]이고 지상자 응동 최소거리는 400[mm]이다.)

① 약 140[km/h] ② 약 150[km/h]
③ 약 160[km/h] ④ 약 170[km/h]

해설 〈5현시용 ATS의 정격치에 의한 최대속도 계산〉
1. 직선부의 최대속도
   1) BPM 보드의 검지주파수 검지시간(S) = 9.6[ms]
   2) 지상자 응동 최소거리(L) = 400[mm]
   3) 열차의 최대속도 $V = \dfrac{400 \times 10^{-3}[m]}{9.6 \times 10^{-3}[\sec]} = 41.67[m/s]$
      [km/h]로 환산하면 $41.67 \times 3.6 = 150[km/h]$
2. 곡선부의 최대속도
   1) BPM 보드의 검지주파수 검지시간(S) = 9.6[ms]
   2) 지상자 응동 최소거리(L) = 305.55[mm]
   3) 열차의 최대속도 $V = \dfrac{305.55 \times 10^{-3}[m]}{9.6 \times 10^{-3}[\sec]} = 31.83[m/s]$
      [km/h]로 환산하면 $31.83 \times 3.6 = 114.58[km/h]$

문16 여객열차의 계획운전속도의 최대값이 120[km/h]일 때 ATS지상자 설치지점으로 적당한 것은 신호기로부터 몇 [m] 지점에 설치하는 것이 맞는가?

① 900[m] ② 1,100[m]
③ 1,300[m] ④ 1,500[m]

해설 〈신호기와 지상자 간의 거리〉

열차 종별	신호기와 지상자 간의 거리(l)
전동차	$\dfrac{0.7 V^2}{20} + \dfrac{7 V}{3.6}$
여객열차	$\dfrac{V^2}{20} + \dfrac{8 V}{3.6}$
화물열차	$\dfrac{V^2}{15} + \dfrac{11 V}{3.6}$

여객열차이므로
$l = \dfrac{0.7 V^2}{20} + \dfrac{8 V}{3.6} = \dfrac{120^2}{20} + \dfrac{8 \times 120}{3.6} = 986.67[m]$
여유거리(20[%])까지 고려하면
$986.67 \times 1.2 = 1184[m] \fallingdotseq 1,100[m]$

정답 15. ② 16. ②

문 17 최고속도 70[km/h]인 전동열차 운행 시 ATS 지상자와 신호기간의 적정한 제어거리 [m]는?

① 약 220   ② 약 250   ③ 약 280   ④ 약 310

해설 〈신호기와 지상자 간의 거리〉

열차 종별	신호기와 지상자 간의 거리(l)
전동차	$\dfrac{0.7V^2}{20} + \dfrac{7V}{3.6}$
여객열차	$\dfrac{V^2}{20} + \dfrac{8V}{3.6}$
화물열차	$\dfrac{V^2}{15} + \dfrac{11V}{3.6}$

전동열차이므로 $l = \dfrac{0.7V^2}{20} + \dfrac{7V}{3.6} = \dfrac{0.7 \times 70^2}{20} + \dfrac{7 \times 70}{3.6} = 307.61 ≒ 310[m]$

문 18 최고속도 72[km/h]인 여객열차 운행 시 ATS 지상자와 신호기간의 적정한 제어거리 [m]는?

① 약 310   ② 약 400   ③ 약 420   ④ 약 450

해설 〈신호기와 지상자 간의 거리〉

열차 종별	신호기와 지상자 간의 거리(l)
전동차	$\dfrac{0.7V^2}{20} + \dfrac{7V}{3.6}$
여객열차	$\dfrac{V^2}{20} + \dfrac{8V}{3.6}$
화물열차	$\dfrac{V^2}{15} + \dfrac{11V}{3.6}$

여객열차이므로 $72^2/20 + 8 \times 72/36 = 420$

문 19 ATS 지상자의 설치에 대한 설명으로 거리가 먼 것은?

① 지상자만을 설치할 경우에는 리드선이 붙은 상태로 단락되지 않도록 처리한다.
② 점제어식 지상자의 설치거리는 신호기 바깥쪽으로 부터 열차 제동거리의 1.2배 범위로 한다.
③ 지상자 밑면과 자갈과의 간격은 20[mm] 이상으로 한다.
④ 가드레일과의 간격은 400[mm] 이상으로 한다.

정답 17. ④ 18. ③ 19. ③

해설) 〈ATS 지상자 설치 위치〉
1. 궤간 중심으로부터 지상자 중심선과의 간격
   1) ATS-S1형(점제어식) : 좌측 300[mm]±10[mm] 이내
   2) ATS-S2형(속도조사식) : 우측 300[mm]±10[mm] 이내
2. 레일 상면으로부터 지상자 상면까지의 높이
   1) ATS-S1형 : 50~80[mm]
   2) ATS-S2형 : 20~50[mm]
3. 지상자 밑면과 자갈과의 간격 : 50[mm] 이상
4. 가드레일과의 간격 : 400[mm] 이상
5. 지상자만을 설치할 경우에는 단락되지 않도록 처리
6. 레일 이음매부에서 3본 이내의 침목은 피한다.

문20 속도조사식 ATS 장치의 지상자의 설치위치는 신호기 외방 몇 [m]를 기준으로 하는가?

① 10   ② 20   ③ 30   ④ 40

해설) ATS 지상자 설치 위치 속도조사식은 신호기 외방 20(m)를 기준

문21 ATS 지상자의 취부위치에 대한 설명으로 거리가 먼 것은?

① 레일 면에서 지상자면까지 속도조사용은 20~50[mm]이다
② 궤도 중심에서 점제어식 좌측, 속도조사식은 우측 300[mm]
③ 지상자 밑면과 자갈과의 간격은 80[mm]이상으로 한다.
④ 가드레일과의 간격은 400[mm] 이상으로 한다.

문22 점제어식 ATS 차상장치의 경보상황에 대한 설명 중 틀린 것은?

① 경보 후 5초 이내 기관사가 확인 조작하면 백색등이 점등
② 경보 후 5초 이상 경과하면 비상 제동이 체결된다.
③ 평상시 정상인 경우 백색표시등은 소등이다.
④ 열차가 경보상태에 있는 지상자를 통과 시 벨이 울린다.

해설) 평상시 정상인 경우 백색표시등은 점등상태이다

문23 점제어식 ATS 장치의 특징 중 옳지 않은 것은?

① 지상자의 공진주파수는 130[kHz]이다.
② 차상자의 발진주파수는 98[kHz]이다.
③ 제어계전기의 전압은 DC 24[V]이다.
④ 선택도 Q값은 50~190 범위이다.

정답 20. ② 21. ③ 22. ③ 23. ②

해설) 차상자의 발진주파수는 105[kHz]이다

문24 점제어식 ATS 장치에서 정지신호를 현시할 경우 차상자가 지상자를 통과하면 차상장치에서 제일 먼저 동작하는 계전기는?
① UR
② MR
③ MPR
④ ACR

해설) MR 무여자

문25 점 제어식 지상장치(ATS)에 대한 설명으로 맞는 것은?
① 궤간 중심으로부터 우측으로 300[mm] ± 10[mm] 이내 설치
② 지상자의 높이는 레일 면에서 20~50[mm]에 설치
③ 설치거리는 신호기 바깥쪽으로부터 열차제동거리의 1.2배 범위
④ 공진주파수는 136~145[kHz]

해설) 〈ATS 지상자 설치 위치〉
1. 궤간 중심으로부터 지상자 중심선과의 간격
   1) ATS-S1형(점제어식) : 좌측 300[mm]±10[mm] 이내
   2) ATS-S2형(속도조사식) : 우측 300[mm]±10[mm] 이내
2. 레일 상면으로부터 지상자 상면까지의 높이
   1) ATS-S1형 : 50~80[mm]
   2) ATS-S2형 : 20~50[mm]
3. 지상자 밑면과 자갈과의 간격 : 50[mm] 이상(ATS-S1형)
4. 가드레일과의 간격 : 400[mm] 이상
5. 지상자만을 설치할 경우에는 단락되지 않도록 처리
6. 레일 이음매부에서 3본 이내의 침목은 피한다.

〈ATS-S(ATS-S1, 점제어식) 지상자〉
1. 공진주파수 $f_c = \dfrac{1}{2\pi\sqrt{LC}} = 130$[kHz]
   오차범위 125~131[kHz], $L=300[\mu H]$, $C=0.005[\mu F]$
2. 선택도 $Q = \dfrac{1}{R}\sqrt{\dfrac{L}{C}} = 50 \sim 190$

문26 다음은 ATS 장치에 관한 일반사항이다. 잘못된 것은?
① 차상자의 상시 발진주파수는 78[kHz]이다.
② 속도조사 단계는 5단계이다.
③ 지상자 제어계전기 정격은 DC24[V] 500[mA]이고, 접점은 N2이다.
④ 지상자의 좌, 우편의 범위는 70[mm]이상이다.

정답 24. ② 25. ③ 26. ④

27 다음 ATS 장치에 관한 설명 중 옳지 않은 것은?
① ATS 장치는 자동열차정지장치를 말한다.
② ATS 장치는 열차의 충돌 및 추돌방지를 위하여 설치한다.
③ ATS 장치는 궤도회로 조건만을 이용한다.
④ ATS 장치는 점 제어 방식이며 지상의 신호기 상태를 차상에 전달한다.

28 다음 ATS 장치에 관한 내용 중 올바르게 설명한 것은?
① 정지신호 구간에서는 15[km/H] 이하의 속도로 운전한다.
② 지상자를 통과하면 다음 지상자를 통과할 때까지 조사속도를 기억한다.
③ 지상자를 다수 설치하므로 연속적으로 속도를 조사 할 수 없다.
④ 지상자와 차상자의 간격은 140[mm]~200[mm]이하로 한다.

29 다음은 HR 계전기가 무여자 되었을 때 ATS의 동작에 관한 설명이다. 올바르게 설명한 것은?
① 차상자의 발진주파수는 변주한다.
② 지상자와 차상자는 공진을 하지 않는다.
③ 지상자의 공진주파수는 78[kHz]이다.
④ 경보회로는 경보를 하지 않는다.

(해설) HR 계전기가 무여자 상태는 정지신호 현시를 의미

30 장내신호기의 신호제어계전기가 무여자 되었을 때 점제어식 ATS의 동작에 관한 설명이다. 올바르게 설명 한 것은?
① 차상자의 발진주파수는 130[kHz]로 변환한다.
② 지상자와 차상자는 공진을 하지 않는다.
③ 지상자의 공진주파수는 105[kHz]이다.
④ 경보회로는 경보를 하지 않는다.

31 1호선 속도조사용 ATS 수신기에서 열차속도를 조사하는 시간은?
① 500[ms] ± 20[ms]　　② 50[ms] ± 20[ms]
③ 250[ms] ± 20[ms]　　④ 25[ms] ± 20[ms]

정답　27. ③　28. ②　29. ①　30. ①　31. ①

문32 다음 중 5현시 폐색구간에서 지상자제어계전기가 모두 동작 하였다. 주파수 값으로 옳은 것은?
① 106[kHz] ② 122[kHz]
③ 98[kHz]   ④ 114[kHz]

문33 ATS 장치의 응동 특성에서 지상자의 Q가 커지면 주파수의 응동 범위는?
① 좁아진다.   ② 넓어진다.
③ 변동이 없다.   ④ 적어졌다 커졌다 한다.

문34 ATS 지상자와 차상자와의 간격은 ?
① 140[mm]~200[mm]   ② 140[mm]~260[mm]
③ 140[mm]~240[mm]   ④ 100[mm]~200[mm]

문35 다음 ATS 차상장치의 동작 순서로 옳은 것은?
① 차상자 → 발진 및 증폭 → BPF → 정류부
② 차상자 → BPF → 발진 및 증폭 → 정류부
③ 차상자 → BPF → 정류부 → 발진 및 증폭
④ 차상자 → 발진 및 증폭 → 정류부 → BPF

문36 점 제어식 ATS 장치의 동작계통 순서로 옳은 것은?
① 지상자 → 발진 및 증폭 → 차상자 → BPF → 계전기부
② 지상자 → BPF → 발진 및 증폭 → 차상자 → 계전기부
③ 지상자 → 차상자 → BPF → 발진 및 증폭 → 계전기부
④ 지상자 → 차상자 → 발진 및 증폭 → BPF → 계전기부

문37 다음은 두 지점 간을 지상자로 속도조사를 할 경우 두 지상자 간의 거리 산출 공식으로 올바른 것은?
① $L = \dfrac{3.6}{V \cdot T} + C$ ② $L = \dfrac{3.6\,T}{V} + C$
③ $L = \dfrac{VT}{C} + 3.6$ ④ $L = \dfrac{V \cdot T}{3.6} + C$

정답 32. ③ 33. ① 34. ② 35. ① 36. ④ 37. ④

해설) L : 지상자간의 거리, V : 조사속도[km/h]
T : 주행시분(초), C : 지상자의 응동범위[m]

문38 점제어식 ATS 차상장치에서 발생하는 발진주파수[kHz]는?

① 98 ② 114
③ 105 ④ 130

해설) 평상시 수신기는 차상자와 조합하여 105[kK[Hz]의 상시 발진회로 구성

문39 ATS-S1형(열차용)에서 지상자가 공진작용을 할 때의 신호현시는?

① 진행 ② 감속
③ 주의 ④ 정지

문40 2개의 지상자를 이용하여 속도 조사를 하고자 한다. Y신호를 현시하고 있는 지점에 조사속도 50[km/h]이고 응동 법위 320[mm], 주행시간이 0.5[sec]라면 2개의 지상자 간의 거리는 몇 [m]인가?

① 6.26 ② 7.26
③ 8.26 ④ 9.26

문41 어느 선구에서 운행되는 여객열차의 최고속도가 130[km/h]일 때 ATS-S (점제어식)형 지상자의 설치 위치 [m]는?

① 20 ② 1,130
③ 1,361 ④ 1,372

문42 ATS 동작의 주체가 되는 시설 또는 설비는 어느 것인가?

① 궤도회로 장치 ② 입환표지
③ 장내, 폐색 신호기 ④ 전자연동장치

문43 출발신호기 대용으로 열차정지표지를 설치할 경우 속도조사식 자상자는 열차정지표지를 기준으로 어디에 설치하나?

① 외방 20[m] ② 내방 20[m]
③ 외방 30[m] ④ 내방 30[m]

정답 38. ③ 39. ④ 40. ② 41. ③ 42. ③ 43. ②

해설) 속도조사식 지상자는 신호기 외방 20(m)를 기준으로 한다. 출발신호기 대용으로 열차정지표지를 설치할 경우 열차정지표지 내방 20(m)에 설치한다.

문44 ATS 지상자에서 코일의 감은 횟수는?
① 12   ② 18
③ 24   ④ 36

해설) 지상자는 0.18[mm]의 동선을 30가닥으로 꼬아 장방형으로 18회 감은 공심 코일과 콘덴서 0.005(F)의 직렬공진 회로로 구성

문45 점제어식 ATS 장치 중 지상자 제어계전기(CR)에 대한 설명 중 틀린 것은?
① 진행현시 때 여자   ② 주의현시 때 무여자
③ DC 24[V]로 동작   ④ PGS 접점을 사용

해설) 정지현시 때 무여자

문46 ATS 장치의 지상자 제어계전기(CR)에 대한 특성 중 틀린 것은?
① 고유저항 : 480[Ω]   ② 접점저항 : 200[MΩ]
③ 정격 : DC 24[V], 0.05[A]   ④ 접점 수 : N_2

해설) 접점저항은 100[MΩ] 이하

문47 점제어식 ATS 지상장치에 대한 설명 중 틀린 것은?
① 지상자 리드선은 전선관으로 방호한다.
② 제어회로 구성 시 반드시 양선제어로 한다.
③ 연속제어 방식으로 보안도가 높다.
④ 지상자 제어계전기는 병렬접속 할 수 없다.

해설) 연속제어 방식은 속도조사식

문48 점제어식 ATS장치 효과에 대한 설명 중 틀린 것은?
① 신호모진으로 인한 사고 방지   ② 열차과속으로 인한 사고 방지
③ 기상조건으로 인한 사고 방지   ④ 신체결함으로 인한 사고 방지

해설) 점제어식에서 속도 검지 불가

정답 44. ② 45. ② 46. ② 47. ③ 48. ②

문49 점제어식 ATS 차상장치의 구성요소에 속하지 않는 것은?
① 송신기 ② 수신기
③ 경보기 ④ 확인버튼

문50 점제어식 ATS 장치 중 지상자 공진주파수[kHz]의 범위는?
① 120~124 ② 125~131
③ 131~135 ④ 136~139

(해설) 점제어 지상자 공진주파수 125~131[kHz]

문51 ATS 지상자는 레일 이음매부에서 몇 본 이내의 침목을 피하는가?
① 1 ② 2
③ 3 ④ 4

(해설) 레일 이음매부에서 3본 이내의 침목을 피한다.

문52 ATS 지상자는 레일 이음매부에서 몇 [m] 이상 이격하여 설치하는가?
① 1 ② 2
③ 3 ④ 4

(해설) 레일이음매부에서 2[m] 이상 이격 설치한다.

문53 속도조사식 ATS 장치 중 지상자 공진주파수[kHz]의 허용범위는?
① ±1 ② ±2
③ ±3 ④ ±4

(해설) 공진주파수 허용범위 ±2[kHz]이다.

문54 전동차용 4현시 속도조사식의 공진주파수[kHz]는?
① 130-122-114-106 ② 130-122-106-98
③ 130-122-114-98 ④ 130-114-106-98

(해설) R0-130, R1-122, Y-106, YG, G-98

정답 49. ① 50. ② 51. ③ 52. ② 53. ② 54. ②

문 55 디젤 기관차용 5현시 속도조사식의 신호현시별 공진주파수[kHz]와 제한속도[km/h]가 옳지 않은 것은?

① YY : 122-25
② Y : 114-65
③ YG : 106-95
④ G : 98-FREE

해설 YG : 106-105

문 56 100[km/h]의 여객열차의 안전을 위하여 ATS를 설치하려고 한다. 설치위치[m]로 맞는 것은?

① 신호기 외방 866[m] 지점
② 신호기 내방 866[m] 지점
③ 신호기 외방 566[m] 지점
④ 신호기 내방 566[m] 지점

문 57 전차선 절연구간 예고장치의 송신기와 지상자간의 간격은 몇 [m] 이내인가?

① 10
② 20
③ 30
④ 40

해설 〈절연구간 예고장치의 제원〉
① 사용 주파수 : 68[kHz]±68[Hz] 이하
② 출력 : 10[W] 이하
③ 출력 임피던스 : 10[Ω] 이하
④ 송신 파형 : 정현파
⑤ 왜율 : -30[dB] 이하
⑥ 주파수 안정도 : ±10^{-3} 이하
⑦ 입력 전원전압 : AC 110[V]±10[V](60[Hz]) 이하
⑧ 송신기와 지상자의 거리 : 20[m] 이하
⑨ 지상자 : 310[μH]±10[%]

문 58 ATS 지상자를 설치할 때 가드레일과의 간격은 몇 [mm] 이상 이격하여야 하는가?

① 100
② 200
③ 300
④ 400

문 59 전동차의 속도가 50[km/h]일 때 지상자 제어거리는 약 몇 [m]인가?

① 85
② 185
③ 285
④ 385

정답 55. ③ 56. ① 57. ② 58. ④ 59. ②

문60 속도조사식 ATS에 대한 설명으로 틀린 것은?

① 지상자에 흐르는 전류는 차상자와 전자결합에 의해 코일에 흐르는 전류 I와 콘덴서에 흐르는 전류 I_c가 같을 때 최대전류가 흐른다.
② 130[kHz] 공진주파수를 제외한 5개의 주파수 변조는 제어계전기의 접점과 병렬로 연결된 콘덴서에 의해 변조된다.
③ 회로구성 시 저항 R을 증가시키면 최대전류가 감소하므로 저항 R은 적을수록 좋다.
④ 선택도 Q의 양부를 판정하는 것은 정상적으로 공진할 때 최대전류의 몇 [%]인지를 나타낸 것으로 선택도 Q = 공진주파수(f_u) ÷ 주파수폭($f_2 - f_1$)이다.

문61 ATS 장치에 대한 설명으로 틀린 것은?

① 점제어식의 공진주파수는 125~131[kHz]이다.
② Q 값은 점제어식은 50~190, 속도조사식은 70 이상이다
③ 속도조사부의 취부위치는 궤간 중심에서 우측 300±10[mm] 이내
④ 제어계전기의 접점 저항은 200[MΩ] 이하

(해설) 제어계전기의 접점 저항 기준치는 100[MΩ] 이하이다.

문62 ATS 장치 설명 중 옳지 않은 것은?

① 지상자에서 주파수를 발생한다.
② 직렬공진회로를 이용한다.
③ 변주작용을 이용한다.
④ 응동 최고속도는 130[km/h]이다.

(해설) 지상자는 차상자의 발진 주파수를 변주시키는 역할을 한다.

문63 ATS 지상장치의 정밀검사 항목과 거리가 먼 것은?

① 각 부의 접속 및 단자 이완
② 주파수 및 Q값 측정
③ 지상자 취부위치 및 균열
④ 제어계전기의 단자전압 측정

(해설) 정밀검사 항목은 ①, ②, ③이다

정답 60. ② 61. ④ 62. ① 63. ④

문 64 속도조사부 ATS의 속도발전기 발생주파수 산출식이 옳은 것은? (단, f는 발생주파수, V는 열차속도[kM/H], Z는 발전기의 극수, D는 차륜의 직경[mm]이다.)

① $f = \dfrac{1,000}{3.6\pi} \times \dfrac{V \cdot Z}{D}$ ② $f = \dfrac{3.6\pi}{1,000} \times \dfrac{V \cdot Z}{D}$

③ $f = \dfrac{1,000}{3.6\pi} \times \dfrac{V \cdot D}{Z}$ ④ $f = \dfrac{1,000}{3.6\pi} \times \dfrac{Z}{V \cdot D}$

(해설) fF는 V와 Z에 비례하고 D에 반비례한다.

문 65 열차자동정지장치의 설치 및 구비조건으로 틀린 것은?
① 점 제어식은 정지신호를 현시하고 있을 때 공진회로를 구성한다.
② 점 제어식 지상자의 설치거리는 신호기 내방으로 열차제동거리와 여유거리를 합한 거리의 1.2배 범위에 설치한다.
③ 속도조사식 지상자는 신호기 외방 20[m]를 기준으로 한다.
④ 출발신호기를 소정의 위치에 설치할 수 없어 그 위치에 열차정지표지를 설치할 경우에는 열차 정지표지의 내방 20[m]위치에 설치한다.

문 66 진행신호 현시일 때 ATS-S1형의 차상자 발진수파수[kHz]는?
① 78   ② 98
③ 105 ④ 130

(해설) 지상자 공진 주파수가 아닌 차상자 발진 주파수 문제임

문 67 차상자가 응동하기 위한 수평거리는 최소 얼마가 필요한가?
(단, 응동시간은 11[ms]이고 열차 응동 최고속도는 130[km/h]이다.)
① 약 100[mm]   ② 약 200[mm]
③ 약 300[mm]   ④ 약 400[mm]

(해설) 130[km/h]×11[ms] = (130×1,000×1,000)/3,600×(11/1,000) = 400[mm]

문 68 최고 속도 108[km/h]를 달리는 여객열차의 지상자 제어거리는 최소 약 몇 [m] 이상인가?
① 486   ② 532
③ 584   ④ 823

정답 64. ① 65. ② 66. ③ 67. ④ 68. ④

문69 속도조사식 열차자동정지장치의 지상자의 취부위치에 대한 다음 기준 중 틀린 것은?

① 궤간 중심으로부터 지상자 중심선과의 간격은 열차 진행방향으로 보아 일반적인 경우 우측 300[mm]±10[mm] 이내로 유지한다.
② 레일 상면으로부터 지상자 상면까지의 높이는 50~80[mm] 범위로 한다.
③ 지상자 밑면과 자갈과의 간격은 50[mm] 이상 유지한다.
④ 레일 이음매부에서 3본 이내의 침목을 피한다.

(해설) 레일 상면으로부터 지상자 상면까지의 높이는 20~50[mm]범위로 한다.

문70 열차자동정지장치의 설치위치 중 틀린 것은?

① 탈선 방지 구간에서는 소정의 위치에서 10[mm]의 범위 내로 지상자 표준 설치위치보다 레일 중심에서 이동하여 설치할 수 있다.
② 교량의 가드레일 및 안전레일과 탈선방지가드 부설 구간에는 설치할 수 없다.
③ 건널목 및 분기기를 피한다.
④ 레일 이음매부에서 2[m] 이상 이격하여 설치한다.

(해설) 교량의 가드레일 및 안전레일과 탈선방지가드 부설 구간에는 지상자에 지장이 없도록 설치할 수 있다

문71 열차 자동정지장치에서 지상자 제어계전기 접점을 개방한 상태에서 공진회로의 선택도 Q값의 유지 범위로 옳은 것은?

① 점 제어식 : 공진주파수 130[kHz]에서 30~80
  속도제어식 : 공진주파수에서 40 이상
② 점 제어식 : 공진주파수 130[kHz]에서 90~120
  속도제어식 : 공진주파수에서 50 이상
③ 점 제어식 : 공진주파수 130[kHz]에서 100~180
  속도제어식 : 공진주파수에서 60 이상
④ 점 제어식 : 공진주파수 130[kHz]에서 50~190
  속도제어식 : 공진주파수에서 70 이상

문72 속도조사식 ATS 장치에서 지상자 제어계전기 접점을 개방한 상태에서 공진회로의 선택도 Q값의 유지 범위로 옳은 것은?

① 60 이상　　② 70 이상
③ 80 이상　　④ 90 이상

정답 69. ②　70. ②　71. ④　72. ②

문 73 ATS-S 지상자가 공진작용을 할 때의 전류의 크기는?
① 임피던스 $Z = R$이 되어 최대치가 된다.
② 임피던스 $Z = R$이 되어 최소치가 된다.
③ $C = R$이 되어 최대치가 된다.
④ $C = L$이 되어 최소치가 된다.

문 74 ATS 지상자의 공진회로 구성은 어떤 회로의 조합인가?
① R-C
② L-C
③ R-L
④ R-L-C

문 75 우리나라 비전철 구간의 5현시 구간에 사용하고 있는 ATS장치는 일반적으로 어떤방식으로 하고 있는가?
① 단변주방식
② 다변주방식
③ 복합변주방식
④ 혼합변주방식

문 76 최고속도 160[km/h]로 운행하는 여객열차 운행구간에서 점제어식 ATS 지상자는 신호기에서 약 몇 [m] 전방에 설치하여야 하는가?
① 1,100
② 1,448
③ 1,962
④ 2,634

문 77 속도조사식 ATS-S 지상자 설치에 대한 설명으로 옳지 않은 것은?
① 가드레일과의 간격은 400[mm] 이상으로 한다.
② 지상자 밑면과 자갈과의 간격은 20[mm] 이상이 되도록 한다.
③ 열차 진행방향으로 보아 궤간 중심으로부터 지상자 중심선과의 간격은 우측으로 300±10[mm] 이내이다.
④ 레일 상면으로부터 지상자 상면까지의 높이는 20~50[mm]의 범위에 설치한다.

정답 73. ① 74. ② 75. ② 76. ③ 77. ②

문78 ATS 지상자 설치위치에 대한 설명으로 옳지 않은 것은?
① 레일 상면으로부터 지상자 상면까지의 높이는 점제어식은 70~90[mm]의 범위에 설치한다.
② 점제어식은 열차 진행방향으로 보아 궤간 중심으로부터 지상자 중심선과의 간격은 좌측으로 300±10[mm] 이내이다.
③ 속도조사식은 열차 진행방향으로 보아 궤간 중심으로부터 지상자 중심선과의 간격은 우측으로 300±10[mm] 이내이다.
④ 레일 상면으로부터 지상자 상면까지의 높이는 속도조사식은 20~50[mm]의 범위에 설치한다.

(해설) 레일 상면으로부터 지상자 상면까지의 높이는 점제어식은 50~80[mm], 속도조사식은 20~50[mm]의 범위에 설치한다.

문79 지상자는 경보개시 지점에 설치하는 데 여객열차에 해당하는 지상자 제어거리로서 신호기로부터 경보개시 지점을 산출하는 계산식은?

① $\dfrac{V_2}{20} + \dfrac{8V}{3.6}$
② $\dfrac{V^2}{15} + \dfrac{11V}{3.6}$
③ $\dfrac{V^2}{3.6} + \dfrac{8V}{20}$
④ $\dfrac{V^2}{8} + \dfrac{20V}{3.6}$

문80 ATS의 동작 주체가 되는 시설 또는 설비로 다음 중 가장 적합한 것은?
① 선로전환기장치
② 입환표지
③ 장내,폐색 신호기
④ 전자연동장치

문81 점 제어식 ATS 장치 동작상태 중 진행신호 시 올바른 설명은?
① 지상자와 차상자 결합
② 대역여파기(B.P.F) 통과
③ 지상자 제어계전기 낙하
④ 지상자 130[kHz] 공진회로 구성

(해설) 정지현시 때 130[kHz] 공진회로로 대역여파기 통과 못함

정답 78. ① 79. ① 80. ③ 81. ②

문82 점 제어식 ATS지상장치에 대한 설명 중 옳지 않은 것은?

① 공진회로 Q값은 50~190 범위
② 정지신호 현시 때 제어계전기 낙하
③ 지상의 신호기정보를 차상에 전달
④ 지상자 105[kHz] 공진회로 구성

(해설) 정지현시 때 130[KHZ] 공진회로 구성

문83 ATS 장치 지상자의 선택도 Q치가 크면 주파수 폭은?

① 작아진다. ② 커진다.
③ 변동 없다. ④ 변동이 생긴다.

(해설) **지상자의 선택도**
선택도 Q = 공진주파수(f_u) ÷ 주파수폭($f_2 - f_1$)이다.
Q가 클수록 범위($f_2 - f_1$) 간격은 작아진다. 따라서 Q는 저항이 작고 주파수 대역폭($f_2 - f_1$)이 작아질 때 커진다.

문84 ATS 장치 지상자 리드선을 잘못 설비한 것은?

① 여분의 리드선을 레일 밖으로 빼낸다.
② 리드선을 전선관 내에 수용한다.
③ 리드선의 길이가 짧아 동종의 케이블로 3[m] 접속한다
④ 제어계전기가 필요 없어 리드선 끝에 방수형 단말방호관을 설치하였다.

(해설) 리드선은 Q치의 변화 때문에 중간접속을 하여서는 안 된다.

문85 아날로그 ATS 장치의 열차 응동 최고속도[km/h]는?

① 106 ② 114
③ 122 ④ 130

(해설) 아날로그 ATS장치의 열차 응동 속도는 주위 조건이 나쁜 경우라도 차상자가 응동하는 수평거리는 400[mm]가 필요. MR 낙하 최소시간은 11[m/sec]
속도 = 거리 / 시간에서 계산한다.

정답 82. ④ 83. ① 84. ③ 85. ④

문 86 전차선 절연구간 예고장치의 설명중 틀린 것은?

① 송신주파수 68[kHz] ± 68[Hz]
② 입력전압 DC 48[V] ± 10[V]
③ 출력전압 DC 15/24[V] ± 0.2[%]
④ 고장표시반은 송신기 1,2계 상태를 감시할 수 있어야 한다.

해설 입력전압 AC 110[V] ± 10[V]

문 87 다음 중 전동차의 ATS 지상자 제어거리 산출 공식 중 경보가 울리고 나서 비상제동이 걸릴 때까지 주행하는 거리를 나타내는 것은? (단. 속도는 V[km/h]이다)

① $\dfrac{V}{3.6}$ ② $\dfrac{7V}{3.6}$
③ $\dfrac{5 \times V}{3.6}$ ④ $\dfrac{V^2}{20}$

문 88 여객열차의 ATS 지상자 제어거리 산출 공식 중 지상자를 통과하고 나서 경보가 울릴 때까지 주행하는 거리를 나타내는 것은? (단. 속도 V[km/h]이다)

① $\dfrac{V}{3.6}$ ② $\dfrac{7V}{3.6}$
③ $\dfrac{5 \times V}{3.6}$ ④ $\dfrac{V^2}{20}$

문 89 ATS 지상자 제어계전기와 신호기간 제어케이블이 단선 시 제어되는 신호는?

① G ② YG
③ Y ④ R

해설 제어 케이블이 단선 시 제어계전기에 전원공급 중단으로 정지가 제어 된다.

문 90 점 제어식 ATS 지상장치가 신호기 진행현시 시 계속 공진을 할 때 점검사항이 아닌 것은?

① CR 계전기 접점 융착 점검 ② CR 계전기 신호 현시 시 여자상태 점검
③ CR 계전기 동작 전압 측정 ④ 계전기실에서 CR BOX까지 회선 점검

해설 CR 계전기 접점 융착 시 ATS 단락

정답 86. ② 87. ③ 88. ① 89. ④ 90. ①

문91 열차를 부본선에 진입시키고자 장내신호를 취급하였을 때 ATS 및 중계신호기(1RA)의 현시에 맞는 것은?

① ATS-경보, 중계신호기-진행
② ATS-무경보, 중계신호기-제한
③ ATS-경보, 중계신호기-주의
④ ATS-무경보, 중계신호기-진행

(해설) 부본선의 경우 장내신호기는 주의현시로 ATS는 무경보

철/도/신/호/문/제/해/설

Chapter  09

차상신호

9장 차상신호

9.1 ATC 장치

9.1.1 개요

열차자동제어장치(Automatic Train Control)는 지상 궤도회로로부터 송신된 운전정보를 수신 해독하여 직접 열차 운행속도를 제한한다. ATC 차상장치는 열차운행에 지장을 주는 궤도의 지장물, 전방 운행 차량 등으로부터 열차를 보호하며 기관사의 부주의나 착오에도 불구하고 열차를 안전하게 감속 또는 정지하게 하여 열차 충돌 등 중대사고를 철저히 방지하고 있다.

9.1.2 AF 궤도회로의 구조

1 구성

AF 궤도회로 장치는 ATC(자동열차 제어장치)의 지상설비로서 궤도에 열차유무를 검지하고 차상에 속도제어 신호를 전송하는 기능을 수행한다.

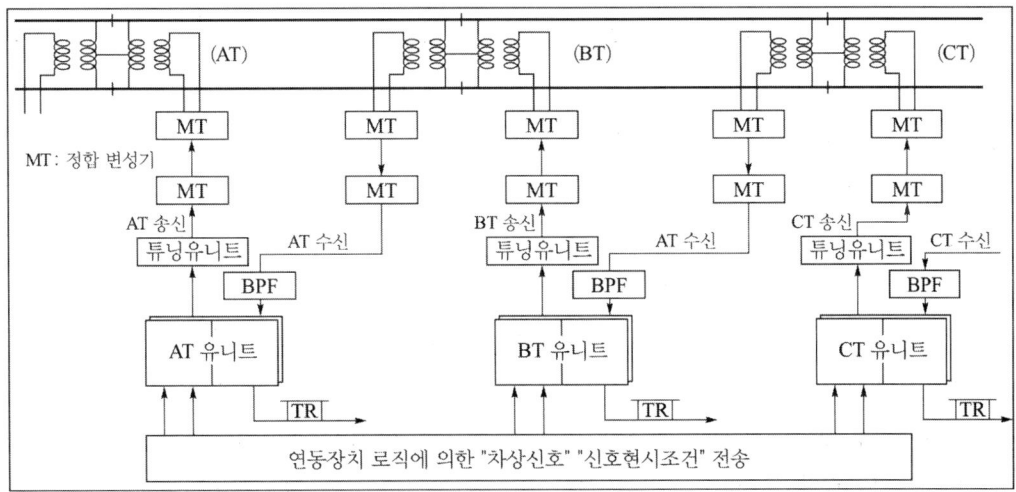

(a) AF AC전철용

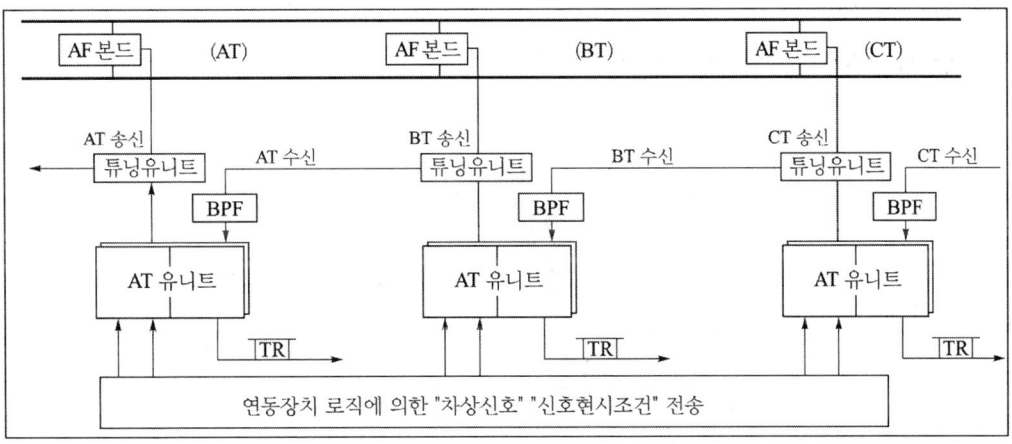

(b) AF DC전철용

그림 9.1 SYSTEM 구성 개요도

2 시스템의 구성

1) 신호기계실

신호계전기실에는 AF궤도회로를 위하여 AF 전원랙과, AF랙으로 되어 있으며 전원랙은 DC-24[V]공급을 위한 정류기들은 자동 정전압 유지 및 과전압, 과전류 보호회로가 내장되어 안정된 DC전압을 공급한다.

9.1.3 AF궤도회로장치의 기능

1 열차검지(TD : Train Detection)

궤도회로 구간 내에 열차가 진입하면, 차축에 의한 궤도회로 단락으로 수신 신호가 격감하여 궤도계전기를 낙하시킨다. 이러한 현상은 반드시 차량뿐만 아니라 레일 절손, 절연 파손 등에 의해서도 궤도계전기를 낙하시킨다.

무절연 구간의 궤도회로에 열차가 진입할 때 경계지점 이전의 일정 구간에서 미리 궤도회로가 낙하하는데 이런 현상을 Pre-Shunt(사전단락)라 하고, 열차가 궤도 회로를 벗어날 때 일정 구간에서는 계속 낙하상태를 유지하는 현상을 Post-Shunt(사후단락)라하며, 이 구간의 설계 최대치는 12.2[m]로 되어 있으나 현장 궤도회로 실태에 따라 다르다.

예를 들면 그림 9.2와 같이 계전기 측으로부터 ATC 신호는 열차 검지용의 신호전류로서 동작하지만 일단 열차가 진입하여 궤도계전기(TR)가 낙하한 후에는 연동조건이 만족할 시에 ATC 신호로서 동작하게 된다.

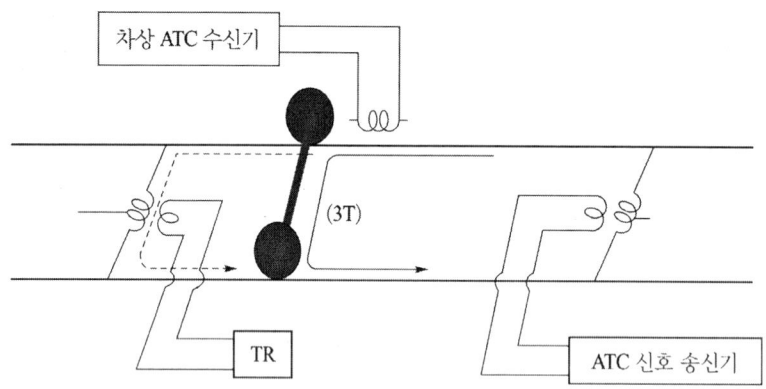

그림 9.2 ATC 장치의 무절연구간 송/수신용 열차 검지 궤도 회로

2 차상 신호 전송

열차 방향이 정상 운행 방향이라고 할 때 차상신호는 궤도회로 면에서 열차 선두를 향하는 임피던스 본드를 통하여 송신되어야 한다.

차상신호는 열차가 해당 궤도회로를 점유하고 있을 동안에만 열차 선차의 첫번째 차축 전면에 있는 Pick-Up 코일을 통하여 차상 장치로 전달된다.

1) 차상신호 발진

OSC 모듈에서 990[Hz]가 발생하여 TRANSMITTER 모듈에서 해당 궤도 회로로 송신한다.

2) 차상신호 현시

ATC의 경우 신호현시에 상응하는 신호가 궤도회로를 경유하여 차상장치로 전달되기 때문에 기관사가 신호기를 보지 않더라도 운전실의 신호현시가 최고속도로 표시되어 운전하는 것이 차상신호의 형태이다.

다음은 각 운전모드별로 구분한 것이다.

① 기지 모드(Yard Mode)

차량기지 또는 유치선에서 연속적인 지시속도를 제공할 수 없을 때 운전하기 위한 것으로 최대 25[km/h]로 속도를 제한한다.

② 수동 모드(Manual Mode)

지상의 궤도 회로로부터 연속적으로 정상적인 지시 속도를 받아 운전하는 방식을 말한다.

③ 일단 정지 후 진행 모드(Stop and Proceed Mode)

정상적인 지시 속도를 받아 운전하던 열차가 지시 속도를 수신할 수 없어 속도를 초과했을 때 동작되며 일단 정지 후 15[km/h]이내 운전을 허용하는 방식이다.

정상 운행 중인 ATC 차량은 비상 제동이 발생하지 않는다. 다만, 비상 제동은 정상 열차가 운행 중에 과속 상황이 발생히여 자동으로 싱용 제동이 작동할 때 일성 시간 내에 제동률이 2.4[km/h/s] 이하일 때만 발생한다.

9.2 열차자동방호장치

9.2.1 열차자동방호장치의 개요

ATP(Automatic Train Protection) 시스템은 운행승인에 대한 정보를 송신하고 선로에서 열차로 제한속도를 전송하며 만약 열차가 유효정보를 받지 못하면 자동으로 제동이 체결되는 원인이 된다. 선로변 신호기 시스템 영역에서 ATP 시스템의 작동은 선로변 신호기의 추가적인 작동이며, 주목적은 정지신호를 피하기 위함이다.

9.2.2 ATP 시스템의 특징 및 구조

① 열차 이동 감시
② 기관사에게 운행정보 통보 및 감시
③ 기관사에게 위험 상황 경고
④ 필요 시 강제 제동
⑤ Fail-safe(안전 측 동작 원리)구현

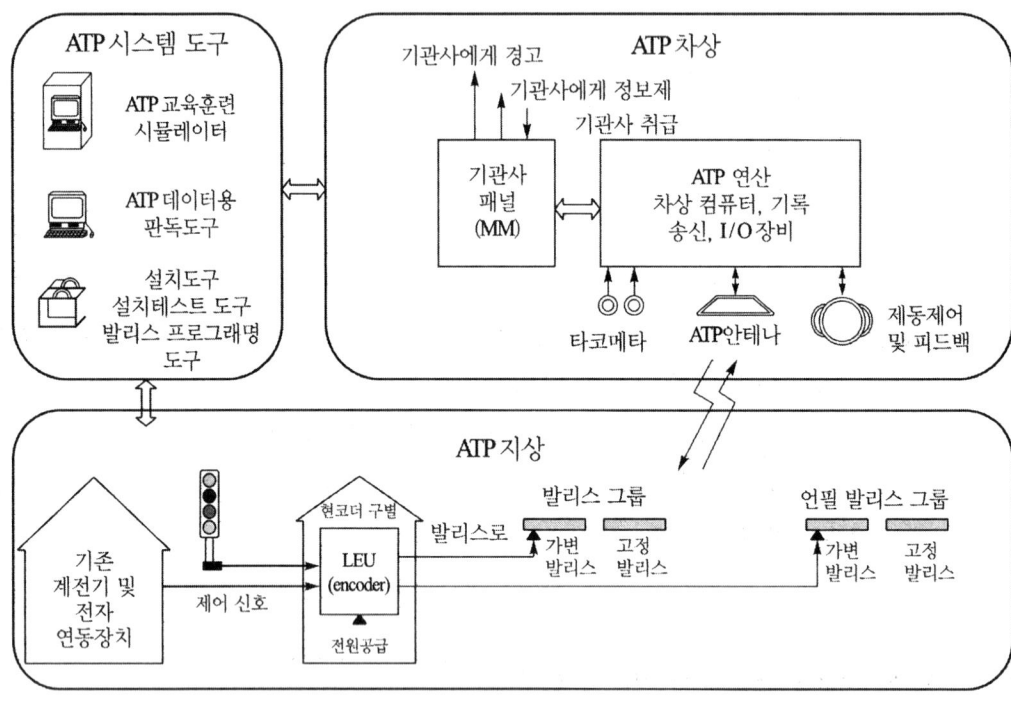

그림 9.3 ATP 시스템 전체 개요도

9.2.3 차상설비의 구성

차상설비는 지상의 발리스가 보내온 텔레그램 정보를 받아 이를 해독하여 열차가 필요한 조치를 취하도록 하는 것이다. 지상에서 전달되는 정보는 신호현시에 따른 진행 허용 거리, 허용 거리까지 운행하는데 필요한 최고 허용 속도, 곡선이나 구배 등의 정보와 이에 따르는 속도 제한, 그 밖의 여러 가지 필요한 정보를 차상으로 전송하며, 차상에서는 이들 정보를 읽고 현재 차량의 속도, 속도와 시간에 의해 계산된 위치 및 거리 등을 가지고 열차가 주행해야 할 허용 속도를 감시하고 필요하면 기관사에게 경보와 주의를 주며 경고가 받아들여지지 않으면 자동으로 제동을 가하여 열차를 안전하게 운행하도록 하는 장치이다.

이들 기능을 수행하기 위하여 차상에는 다음과 같은 장비들이 설치된다.

① VCU : Vehicle Control Unit
② COMC : Communication Controller
③ DX : Digital input/output unit
④ VDX : Vital Digital input/output unit
⑤ BTM : Balise Transmission Module
⑥ CAU : Compact Antenna Unit
⑦ SDU : Speed and Distance Unit
⑧ MMI : Man Machine Interface
⑨ RU/JRU :Recording Unit/Juridical Recording Unit
⑩ Tachometer
⑪ Doppler Rader
⑫ STM : Specific transmission Module

9.2.4 지상설비의 구성

지상설비는 지상신호기의 현시 정보, 건널목 제어기의 동작 정보 등을 차상설비가 인식할 수 있는 텔레그램(전문) 형식으로 차상에 전달하는 설비로서 다음과 같은 장비들로 구성된다. (그림 9.4 참조)

① LEU
② Balise
③ 기구함
④ 정류기

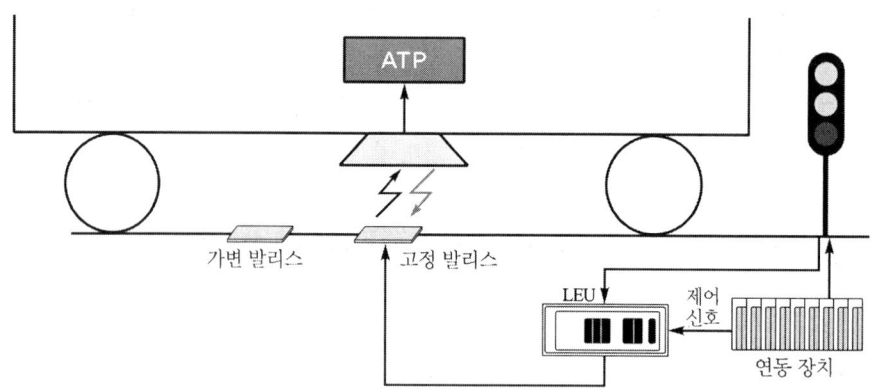

그림 9.4 지상설비 구성

9.2.5 인필 발리스의 역할

발리스 그룹 중에 인필 발리스(Infill Balise)가 있다. 이 발리스는 구조가 다른 것은 아니고 목표 속도를 감시하는데 있어 열차의 운영 효율을 향상시키기 위한 것이다.

발리스는 점 제어 방식이다. 따라서 발리스를 통과한 후 다음 발리스까지 열차가 운행 중에 있을 때 다음 발리스의 관련 신호가 바뀌어도 열차는 알 수가 없다. 아래 **그림 9.5**에서 S_1의 발리스를 통과할 때 S_2 신호가 정지라면 MA는 S_2까지 주어지고 열차는 S_2 앞에서 정지하여야 한다. 열차는 S_2의 발리스 후방에서 정지하는 프로파일을 따라 운행하도록 제어 될 것이다. 그런데 신호기 S_2의 전방의 상황이 변하여 S_2가 진행 현시로 바뀌고 MA가 전방으로 연장되어도 열차는 알 수가 없으므로 일단 S_2 후방에서 정지한 다음 다시 출발하게 된다. 이 때 S_1과 S_2 사이에 중간 신호기가 있다면 중간 신호기에 신호가 바뀌었다는 정보가 전달되어 열차는 정지하지 않고 오히려 가속하여 다음 정지 위치까지 진행할 수가 있으므로 열차 운용 효율을 올릴 수 있는 것이다.

그림 9.5와 그림 9.6을 비교하면 중간에 인필 발리스를 설치함으로써 신호기를 추가로 설치한 것보다 열차 운행 효율을 더 높일 수 있음을 볼 수 있다.

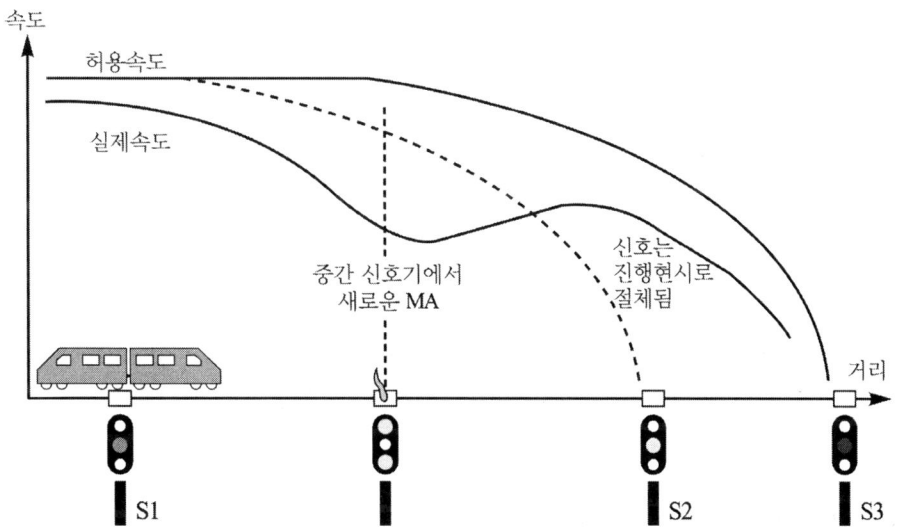

그림 9.5 목표속도 감시(인필발리스 없음)

이와 같은 중간 신호기와 같은 역할을 하는 발리스를 인필발리스라고 한다.

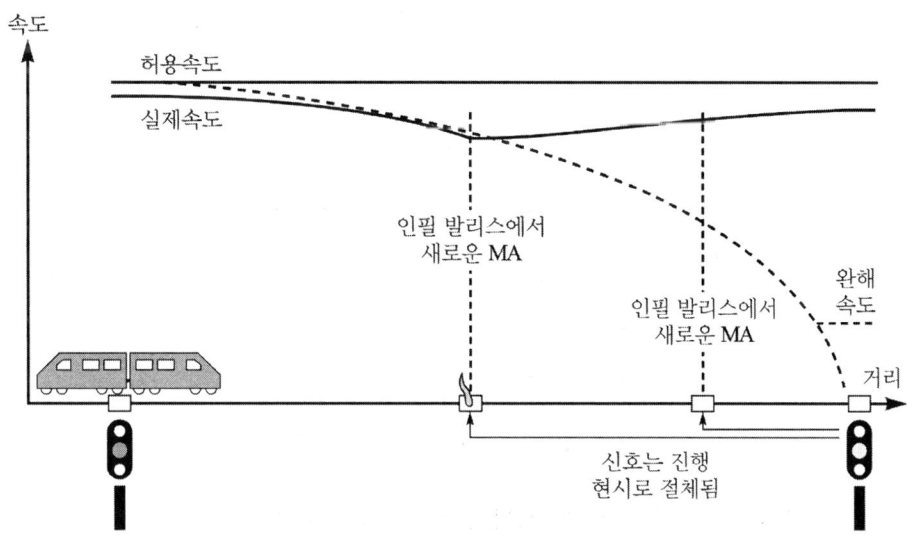

그림 9.6 목표속도 감시(인필 발리스)

9.3 ATO 장치

9.3.1 ATO 장치의 개요

열차자동운전장치(Automatic Train Operation)란 열차가 정거장을 출발하여 다음 정거장에 정차할 때까지 가속, 감속 및 정거장에 도착할 때 정위치에 정차하는 일을 자동적으로 수행하게 하며 ATC의 기능도 함께하고 있다. 열차에 출발신호가 지시되면 자동적으로 가속되고 주행구간의 규정속도에 이르면 다시 타력운전으로 열차를 운행하게 한다.

9.3.2 ATO 장치의 기능

자동운행 중 ATC에 의해 속도제한을 받을 경우에는 자동적으로 비상제동이 동작되며, 속도제한이 해제되면 다시 속도가 가속된다. 또 열차속도가 제한속도 이하로 떨어지면 제동을 풀어준다. 그림 9.7과 같이 정거장에 접근한 열차는 제동 개시점을 통과한 다음 정차패턴에 따라 속도조사를 하여 제동기를 가감하면서 B역 정거장의 정위치에 자동적으로 정차하게 된다.

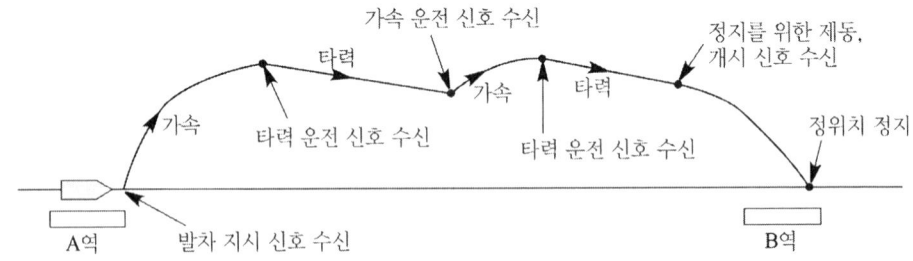

그림 9.7 ATO의 속도제어 곡선

ATO 장치는 다음과 같은 여러 가지 기능을 가지고 있다.

① 정속도 운행제어

역과 역 사이에 있어서 ATC 신호의 허용 운행속도 지시에 따라 지정된 속도로 열차가 주행하도록 제어한다. 또 ATO 장치의 내부에 지정된 속도와 같은 기준속도를 발생시키고 열차의 실제속도와 기준속도와의 차이점을 검출한 다음 속도의 차이에 비례한 역행 또는 제동 노치(notch)수를 차량의 제어부에 제공하여 기준속도와 실제 열차속도와의 차이가 없도록 열차를 제어한다.

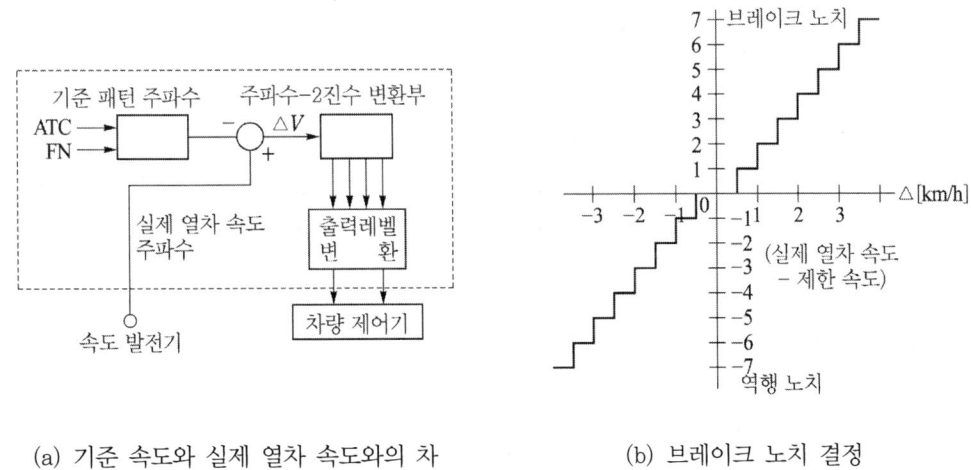

(a) 기준 속도와 실제 열차 속도와의 차   (b) 브레이크 노치 결정

그림 9.8 정속도 운행제어

2 감속제어

정거장 사이의 곡선 또는 구배로 인하여 ATC 신호가 감속을 필요로 하는 구간에 있어서는 ATC 속도 변화점 전방에서 감속을 하도록 알려주는 감속용 지상자(지상자 P_5)또는 루프 코일을 설치한다.

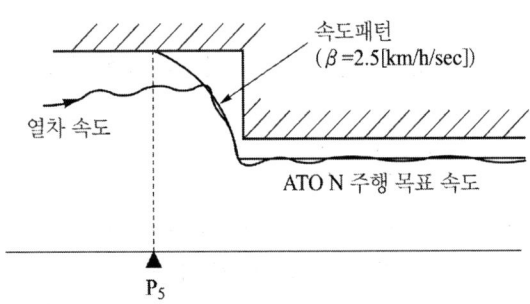

그림 9.9 감속제어

③ 정위치 정지제어

정거장에 정차할 때에는 정해진 위치에 정차할 수 있도록 그림 9.7과 같이 정위치 패턴에 따라 속도제어를 한다. 정지패턴은 레일간에 설치된 지상자(제 1지상자에서 제 4지상자) 및 루프코일의 정보를 차상에서 검지하여 열차의 위치를 검출하고 정지지점까지의 거리와 속도와의 기준 패턴이 발생한다.

이와 같은 정위치 정차를 위한 지상설비는 시스템 공급자의 특성에 따라 지상자 또는 루프 코일(loop coil)로 구분된다.

그림 9.10에서 P_1 지상자 지점에서는 비교적 큰 감속도 패턴이 발생한다. 그러나 P_1 점은 정차 위치로부터 상당히 떨어진 위치에 있으므로 P_2 지상자 위치에서 거리보정을 하며 다시 정거장의 홈에 진입하여 P_3 지상자에 의하여 정지위치까지의 거리를 다시 수정하여 P_4 지상자에 의해 정지목표지점에 정차하게 된다.

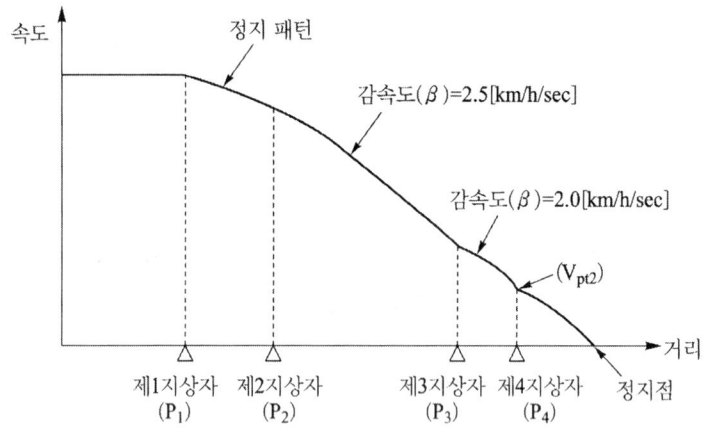

그림 9.10 정위치 정지패턴에 의한 속도제어

④ 출입문 자동 개·폐 및 정차시간 표시등

출입문 개·폐 기능은 열차정보송신장치(TWC)를 통하여 정위치 정차정보를 받으면 기계실에서 개·폐 정보를 발생하여 차상에 전송하게 된다.

정차시간 표시등(dwell light)은 기관사에게 출발시간을 예고하여 주는데 정시운행에 도움을 주는 기능을 하고 출발시각 일정시간 전에 정치시간 표시등이 점멸하면 기관사는 출발조작을 한다.

5 열차정보송신장치(TWC)

열차정보송신장치(train to wayside communication)는 차량과 현장설비간의 양방향 통신을 하는 정보교환장치로 이 시스템은 차상설비와 현장설비의 2개의 시스템으로 분리되며 차량과 현장설비의 정보교환은 현장에서는 정거장의 특정한 위치에 지상 TWC 루프코일을 설치하고 차량에서는 차량의 하부에 루프안테나를 설치하여 무선으로 정보통신을 하는 장치이다.

9.4 Distance To Go 시스템

9.4.1 DTG 시스템이란?

MBS 방식은 궤도회로를 사용하지 않고 Loop coil 또는 RF(Radio Frequency)를 사용하겠지만 Distance to go 방식은 여전히 고정폐색과 마찬가지로 궤도회로를 사용하여 선행열차의 위치를 검지하고 있으며, 이는 선행열차 위치검지의 기본단위가 [궤도회로 길이]로 이루어진다는 것을 의미한다.

이 방식은 궤도회로를 사용하고 있지만 ATC 장치처럼 신호기계실에서 레일을 통하여 열차의 주행속도를 송신하는 것이 아니고, 선행열차의 위치정보 만을 송신한다.

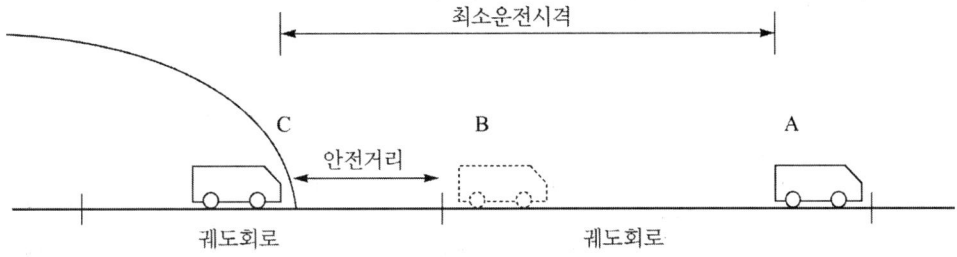

그림 9.11 Distance to go 방식과 궤도회로의 길이

또한 기존의 ATC가 지상으로부터 수신한 속도 Code에 의하여 각 구간마다 해당속도로 감속하는 다단계 제동방식이었으나 본 DTG 방식은 일단(一段) 제동방식이다. 고정폐색의 다단계제동방식(Speed Step방식)에 비하여 최소운전시격이 단축되는 것을 아래 그림을 통하여 알 수 있다.

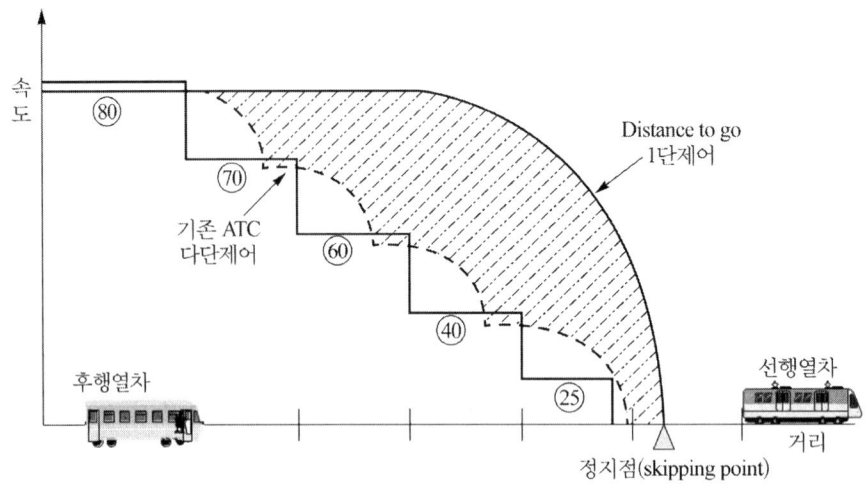

그림 9.12 다단계제동방식과 1단 제어방식

9.4.2 DTG의 운영

DTG ATP는 속도단계별 시스템보다 여러 가지 장점을 가지고 있다.

아래 그림에서 알 수 있듯이 선로용량을 증가시킬 수 있고, 제동거리는 주기적인 단계 변화를 유지할 필요가 없으므로 궤도회로 숫자를 감소시킬 수 있다.

폐색은 열차에 의해 점유되는 공간이며 더 이상 과주여유구간으로 사용되지 않는다. DTG는 수동운전과 자동운전에 사용할 수 있다.

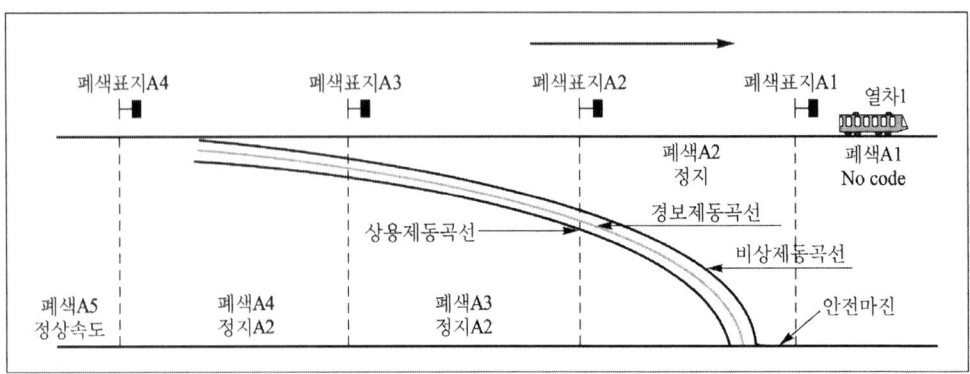

그림 9.13 DTG에서의 상용, 경보, 비상제동곡선

9.5 통신기반 열차제어(CBTC)

9.5.1 CBTC의 특성

통신기술을 이용한 새로운 열차제어방식에 대한 개발 및 적용이 철도 선진국을 중심으로 활발하게 이루어지고 있으며, 이 결과 궤도회로에 의존하지 않고 무선통신을 이용한 CBTC(Communication-based Train Control) 시스템을 개발하거나 개발 중에 있고, 이를 이용해 이동폐색(moving block)시스템 또한 구현하고 있다.

9.5.2 완전한 CBTC 구성요소

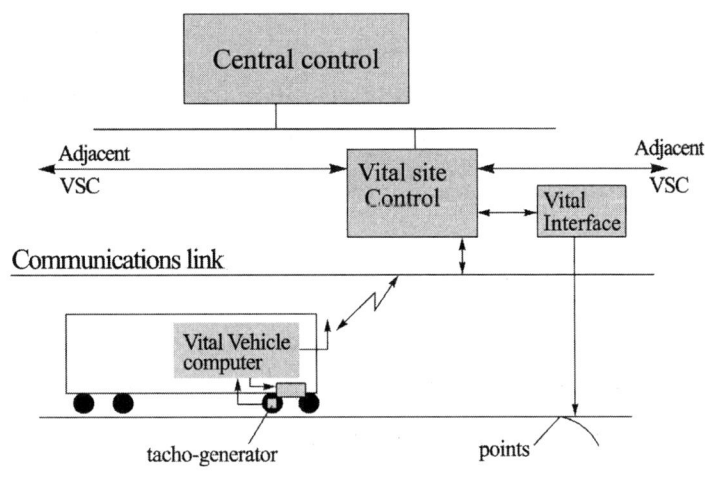

그림 9.14 통신기반 신호시스템의 구성

전통적인 열차제어 시스템과는 달리 CBTC 시스템은 정밀 분석된 열차 위치를 보고할 수 있는 현장 구성요소와 열차 간에 연속적으로 최적화되는 네트워크 제어를 위한 통신에 의존한다.

9.5.3 MBS방식

이동폐색(Moving Block System)의 특징은 열차 자신이 자신의 정확한 주행위치를 검지하여 속도제어에 적용할 뿐만이 아니라 이 정보를 후속열차로 송신한다는 것이다. (열차 간 직접 통신-인터페이스 하는 것이 아니고 지상의 신호기계실을 중계로 하여 전달한다)
열차 자신의 정보를 지상으로(후속열차) 송신하거나, 지상의 정보를 수신하기 위하여서 무선 주파수를 사용한다.

① 유도무선방식
② RF(Radio Frequency) 무선방식

9.5.4 열차제어(철도신호)와 열차검지

1 궤도회로 방식

열차제어(신호)장치에 있어서 가장 기본이 되는 것은 열차의 주행위치를 검지하는 것이다. 이른바 "열차검지"(Train Detection)는 궤도회로가 주 역할을 하였고, 여기에 부가하여 차축검지기(Axle Counter)가 있으며 고무타이어(고무차륜) 열차는 궤도회로를 사용할 수 없는 관계로 Loop Coil 방식 등을 사용한다.

2 Distance to Go 방식

궤도회로를 사용한 방식은 열차의 검지 단위길이, 즉 세그먼트(Segment)가 궤도회로의 길이(송전단과 착전단 간 길이)로서 고정폐색이 되고 만다. 이를 개선한 것이 Distance to Go 방식이며, 이 방식은 궤도회로 내에서 다시 더욱 정밀한 위치를 검지하는 방식이다. 이 정밀 위치를 검지하기 위하여 열차는 타코미터(Tachometer: 속도거리계)와 레이더(도플러 센서)속도계를 사용하여 측정된 Data와 열차 내의 Data base의 내용과 비교하여 정확한 위치를 검지한다. 이 때 차륜의 미끄럼(Slip) 등으로 일어나는 오차를 보정하기 위하여 지상(Rail)에는 거리보정용 트랜스 폰더(발리스)가 설치된다.

이렇게 측정된(정밀) 위치정보로써 Distance to Go의 제동곡선이 연산되고 이에 따라서 열차는 정지하게 된다.

이 정보(정밀위치)를 열차자신(선행열차)만이 사용하면 Distance to Go 방식이고, 후속 열차로 전달하면 이동폐색방식(Moving Block System)이 되는 것이다.

④ CBTC 방식

CBTC에 있어서 열차의 주행위치를 검지하는 방식은 미국의 경우, Commercial Radio Network 방식과 EPLRS(Enhanced Position Location Reporting System)의 두 가지 방식으로 추진되고 있다. 이 외에 인공위성(GPS: Global Positioning System satellite)을 이용하는 방식이 있으나, 이 방식은 열차의 안전운행(폐색장치)을 위한 것보다는 열차운행관리(TMS : Train Management System)측면에서 개발되고 있어 설명을 생략한다.

④ 차내 장치

열차에는 기존의 차내 ATC 장치와 CBTC용 VAATC 무선송수신기 VRS(Vehicle Radio System)가 탑재된다.

차내용 무선송수신장치인 VRS는 앞에서 말한 바와 같이 선두차량과 후미 차량에 각각 설치되어 열차위치를 검출할 수 있는 전파를 송출한다.

서술형 출제예상문제

문제 1. 경부고속철도에 이용되는 ATC차상장치의 구성요소에 대해 논하라.

답 ATC 차상장치는 지상의 신호장치로부터 신호정보를 수신하여 열차를 제어하는 자동열차제어장치(ATC장치)로서 열차를 안전하고 효율적으로 운전할 수 있는 TVM430 장치, ATS 장치로 구성된다. 주요 구성요소는 다음과 같다.

(1) ATS장치
ATS장치는 기존선 및 측선에 사용되는 장치로서 열차의 실제속도와 제한명령속도를 수신 비교감시하여 열차의 실제속도가 제한명령속도를 초과시 운전자에게 경보하여 적절할 조치가 없는 경우 비상제동명령을 자동실행

(2) TVM430장치
차상장치는 궤도로부터 신호정보를 수신하여 처리하고 차상장치에 현시하는 역할을 담당하며, 열차의 속도를 감시하고 차상설비운용 및 유지보수하기 위한 정보를 제공한다.

(3) 신호보안장치
- 운전자 감시장치 : 운전자의 졸음 등 운전상태를 감시하기위한 장치
- 속도제한장치(TSL) : 고속선과 기존 선에서 작동하는 TVM430과 ATS장치의 동작상태를 감시한다.
- 속도감시장치 : 열차의 실제속도를 계산하기 위한 장치로 스피드 센서에서 신호로 감시된 속도를 OBCS, ATC, 속도지시계등에 전송한다.
- 사고기록장치 : 열차의 운행사고 발생시 원인분석을 위해 기관사번호, 차량번호, 운행시간, 열차속도, 열차상태 및 기관사 조치사항을 기록한다.
- 차상열차제어감시장치(OBCS) : 보조장치(출입문, 냉난방, 조명, 행선표시, 여객정보 안내장치)제어기능, 운전보조기능, 유지보수보조기능, 열차무선장치와 인터페이스 기능을 수행한다.

- 방송장치 : 승무원과 종합관제실 및 기지국과의 통화를 하기 위한 열차무선장치를 설치한다.

문제 2. 열차자동운전장치(ATO)의 기능과 구성설비를 설명하시오.

답

1. 기능

열차자동운전장치(Automatic Train Operation)는 열차가 정차장을 발차하여 다음 정차장에 정차할 때까지 가속, 감속 및 정위치 정차 등을 자동적으로 수행하는 장치이며 다음과 같은 기능을 갖고 있다.

(1) 역간 자동 주행기능

ATC선로에 의해 주어지는 속도제한치 보다 3~5km/h 아래의 속도로 자동운전하고 감속 및 제동 완해 주행한다.

(2) 정위치 정차기능

열차가 역구내에 진입하면서 지상의 궤간에 설치한 ATO지상자와 통신하여 열차 속도를 감속시키며 자동으로 정차한다.

(3) 출입문 자동 개폐기능

열차가 역 구내의 정위치에 정차하면 차상에서는 열치운행에 필요한 정보를 지상 장치로 보내고 지상에서는 차상장치에서 보낸 Zero속도와 정위치 정차정보의 AND조건으로 ATC Code를 Door Open 또는 Door Close 신호로 전환하여 차상으로 송신하여 Door의 자동개폐가 이루어진다.

(4) 기기고장 기록기능

주회로 또는 Brake장치 등의 기기 고장 발생 시 열차의 운전상태 정보(열차속도, ATO 역행, 가선전압 상태 등)를 자동적으로 기록장치의 Memory에 기록하여 보관하는 기능을 한다.

(5) 자동 안내방송 기능

전방에서 수집된 역Code, 방송Code에 의해 IC음원장치를 가동하여 자동안내방송을 한다.

(6) 진동 방지 기능

정차 중 진동방지를 위해 Brake 동작을 지령한다.

(7) 운행 Pattern 전송기능

열차가 정거장에 진입 시 TWC 수신기에 의하여 열차번호, 행선지 등을 지상설비를 통하여 사령실로 송신하면 사령실의 운행관리시스템에서는 계획된 Dia와 열차의 도착시간을 비교하여 이에 따른 Pattern(지연, 회복, 정상운전)을 열차에 전송함으로써 원활한 열차운전을 기대 할 수 있다.

(8) 무인 운전기능

승객을 실은 전동차의 경우 승객의 심리적 문제를 고려하여 1인 승무 운전을 실시하고 다만 운전 효율 향상을 위하여 상시회차역에서는 무인 회차운전을 지원하도록 한다.

(9) 자동출발기능

자동문 Close 정보와 Dwell Time 정보에 따른 자동출발 기능을 수행한다(일부 ATO 장치에서는 기관사의 출발확인 압구 취급에 의해 열차가 출발한다).

2. 구성

(1) 지상장치
- 마이크로 컴퓨터
- TWC(Track to wayside Communication)
- Maker Coil

(2) 차상장치
- 마이크로 컴퓨터
- ATO 수신기
- TWC 수신기
- Interface 장치

문제 3

경부고속철도 ATC 장치의 개요 및 구성을 간략히 나열하고 지상장치와 차상장치의 주된 기능을 설명하시오.

답) 1. 개요

지상에서 차상으로의 신호전송 방법은 코드화된 신호정보를 AF궤도회로를 통해 차상으로 전송하는 방법으로 10~30Hz의 변조주파수를 사용하며 다음과 같은 정보를 궤도회로를 통해 차상으로 전달한다.
- 열차 제동곡선(Control Curve) 생성에 필요한 속도정보
- 폐색구간의 길이

- 폐색의 구배정보(Profile)
- 열차가 운행 중인 네트웍(시스템) 주소

2. 구성
- 시스템 주소(3bit 사용) : 현재 주행중인 구간의 어드레스를 표시한다.
- 속도율(8bit 사용) : 열차제동곡선 생성에 필요한 속도정보를 전송한다.
- 목표거리(6bit 사용) : 폐색구간의 거리정보
- 구배정보(4bit 사용) : 폐색구간의 구배 및 경사를 표시
- 에러감시(6bit 사용) : 앞의 21개 bit의 내용이 정확히 전송되는가를 감시

문제 4

ATC 구간의 폐색구간 설계 시 업무 흐름도를 작성하고, 필요한 요소를 기술하시오.

답

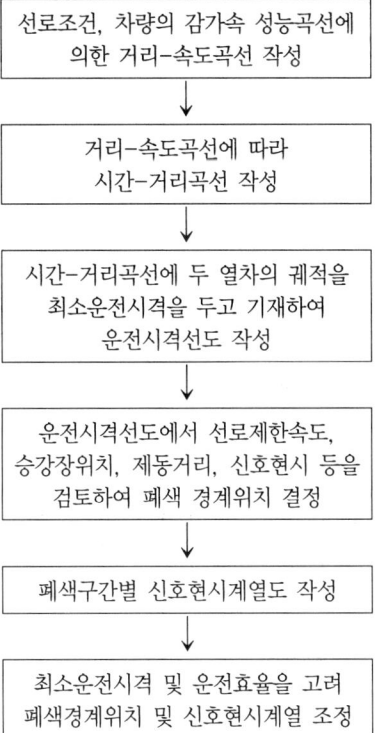

문제 5. 경부고속철도 ATC 장치의 개요 및 구성을 간략히 나열하고 지상장치와 차상장치의 주된 기능을 설명하시오.

답

1. 개요

    선행열차위치, 운행진로, 곡선 반경등 선로의 제반조건에 따라 열차 안전 운행에 적합한 속도 정보와 선로구배, 폐색구간 거리를 차상장치에 전송하여 기관사석에 허용속도를 표시하며 열차의 운행속도가 허용속도 초과시 자동감속제어

2. 구성

    가. 지상장치

    1) 선로변 설비
        - 궤도회로장치
        - 신호전송케이블
        - 불연속 정보전송장치
        - 표지

    2) 실내 설비
        - 논리장치
        - 정보전송장치
        - 계전기 인터페이스
        - 전원장치

    나. 차상장치
    - 수신안테나
    - 차상논리장치
    - 표시장치

3. 기능

    가. 지상장치
    - 궤도회로에 의한 열차 유무 검지
    - 관계되는 인접궤도회로와 신호정보 교환
    - 연동장치로부터 전방진로의 선로조건, 분기기 개통방향등의 신호조건을 파악 열차 진행에 따라 후방속도 신호 순차적으로 자동변환
    - 궤도회로를 통하여 속도신호정보를 차상으로 전송

    나. 차상장치
    - 차상안테나로 지상정보를 수신하여 허용속도를 기관사석에 표시
    - 제동곡선 생성
    - 허용속도와 실제운행속도 비교
    - 속도초과 시 자동으로 제동장치 작동

문제 6

열차자동제어장치(ATC)로 시스템을 설계하려고 한다. 폐색구간 분할을 하기 위한 업무 흐름도를 그리고 기술하시오.

답)

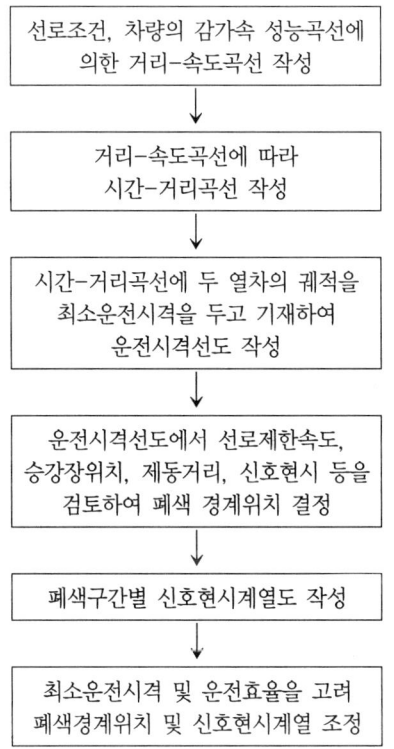

문제 7

GPS(Global Positioning System)에 대해서 기술하시오.

답) GPS(Global Positioning System)는 인공위성을 이용한 범세계적 위치결정 체계로, 정확한 위치를 알고 있는 위성에서 발사한 전파를 수신하여 관측점까지의 소요시간을 관측함으로써 관측점의 위치를 구한다. GPS는 NNSS와 교체된 새로운 항법체계이다. 인공위성의 도플러 관측에 의한 항법체계인 NNSS는 낙도의 위치결정과 개발도상국의 지도작성을 위한 기준점 측량 등에 유효하게 이용되고 있으나, 관측의 소요 시간과 정확도 면에서의 문제점을 보완하기 위해 GPS가 등장하게 되었다. GPS는 1970년대 초반부터 미국정부에 의해 개발된 항법체계이다. 본 취지는 군사적 목적으로 시작되었지만, GPS신호의 일부를 민간인이 사용할 수 있도록 개방되었다.

GPS의 장점을 살펴보면 다음과 같다.

- 정확한 3차원 위치, 고도, 시간정보를 제공함
- 전 세계적으로 하루 24시간 연속적으로 서비스를 제공함
- 수동적이며 무제한의 사용자에게 정보를 제공함
- 어떤 기상조건에서도 사용가능함
- 간섭과 방해에 강함

문제 8   CBS 시스템에 대하여 기술하라

1. CBS 시스템(Communication Based Signaling System)
   데이터 무선통신에 의한 이동폐색신호방식을 의미

2. 시스템 개요
   현장설비와 차량 간에 무선통신을 사용하여 운전정보를 송수신하여 자동으로 선행열차와의 간격을 조정하는 설비로서 지상의 운행제어센터에서 모든 운행정보를 수신하여 열차간 거리, 속도 등을 통제하고 기관차내의 마이크로 프로세서에서 안전거리 자동조정
   - 지상설비와 차상설비와의 통신방식에 따라 루프코일에 의한 방법과 GPS, 인공위성에 의한 방법이 있으며 일부국가에는 실용화 하여 사용 중에 있다.
   - CBS 시스템의 효과로는 폐색구간을 일정하게 분할하지 않고 열차의 제동능력, 선로상태, 운행속도에 따라 열차간 거리가 자동으로 조정되므로 안전도의 향상 및 열차의 운전시격을 줄일 수 있다.

출제예상문제

문1 열차 자동운전장치(ATO)의 기능으로 옳지 않은 것은?
① 정속도 운전 제어 ② 정위치 정지 제어
③ 자동 수송수요 판단 ④ 출입문 자동 개폐

해설 열차자동운전장치(ATO)의 기능
① 정속도 운전 제어
② 정위치 정지 제어
③ 감속제어
④ 출입문 자동 개폐

문2 열차의 운행조건에 따라 차상장치로 정보를 송신하여 열차 또는 차량을 자동으로 제어하는 장치는?
① ATS ② ATC
③ ATO ④ CTC

문3 차상신호방식의 필요성이 아닌 것은?
① 안전성과 신뢰성 확보 ② 열차속도 향상
③ 선로용량 증대 ④ 설비의 자동화

해설 〈차상신호방식의 필요성〉
① 안전성과 신뢰성 확보
② 열차속도 향상
③ 선로용량 증대 등

문4 국철 ATC 구간의 AF 궤도회로에서 차상신호용 주파수[Hz]는 얼마인가?
① 690 ② 790
③ 890 ④ 990

해설 차상신호용 반송주파수는 990[Hz] ± 10[Hz]이다.

정답 1. ③ 2. ② 3. ④ 4. ④

문5 ATC 지상장치에서 AF 궤도회로 송신 출력전압은 송신카드 출력전압 단자에서 측정하여 각 궤도회로의 초기 설정치는 몇 [db] 이내인가?
① ±1
② ±2
③ ±3
④ ±4

문6 ATC 장치의 기능 중 자동적으로 제동이 되어야 할 경우 중 틀린 것은?
① 지시속도를 넘겨 계속 운전할 때
② 25[km/h] 모드에서 YARD 모드 구간 진입할 때
③ 40[km/h] 모드에서 39[km/h]로 운전할 때
④ 차내 "STOP"의 현시가 있을 때

(해설) YARD MODE 구간에서 일단정지 후 25[km/h] 이하로 운전할 경우 제동은 체결 되지 않는다.

문7 열차자동제어장치의 약호에 해당되는 것은?
① ATS
② ATC
③ ABS
④ ARC

문8 국철 ATC 구간의 차량입환 시 열차속도 코드는 얼마인가?
① 25[km/h] 이하
② 45[km/h] 이하
③ 65[km/h] 이하
④ 75[km/h] 이하

(해설) ATC 구간의 차량입환 시 YARD MODE로 3.2[Hz]를 수신 받아 25[km/h]를 현시한다. 신호속도코드는 25~80[km/h]로 한다.

문9 국철 ATC 구간의 송신출력 조정을 위한 궤도회로 단락에 의한 조정방법 중 궤도단락기는 미니본드를 기준으로 몇(m)전방에 설치하는가?
① 2
② 4
③ 6
④ 8

(해설) 궤도단락기는 미니본드를 기준으로 사전단락(pre-shut) 구간 6[m]부분에 접속

정답 5. ② 6. ③ 7. ② 8. ① 9. ③

문10 유럽 각 국의 열차제어시스템이 상호 호환이 가능하도록 표준화한 차상신호시스템은?
① LZB ② ZUB Series
③ KVB ④ ERTMS/ETCS

해설) 〈유럽 열차제어시스템(ERTMS/ETCS, European Railway Traffic Management System/ European Train Control System)〉
유럽에서 신호시스템을 표준화하기 위하여 개발 중인 시스템이다.

문11 열차자동방호장치(ATP)의 정보전송장치 설치조건으로 거리가 먼 것은?
① 열차진행방향에서 가변정보전송장치, 고정정보전송장치 순서로 설치한다.
② 텔레그램 입력 후 습기가 유입되지 않도록 흰색 봉인 플러그를 접속한다.
③ 연속된 2개의 정보전송장치는 3[m] 이상 거리를 두고 설치한다.
④ 침목을 중심으로 가로 방향으로 설치하는 것이 표준이다.

문12 ATC 구간에서 차상신호를 수신하지 못하였을 때 나타나는 현상이 아닌 것은?
① 코드 주파수는 변동이 없다.
② 전방궤도는 정상 동작한다.
③ 궤도계전기는 무여자 하여야 한다.
④ 일단정지 후 15[km/h]로 운행 할 수 있다.

해설) 차상신호는 열차에만 송신하는 신호이고 궤도를 동작하는 신호는 궤도검지(TD)신호이다.

문13 ATC 연속제어는 어느 궤도회로를 기반으로 가능한가?
① AC Track Circuit
② DC Track Circuit
③ AF Track Circuit
④ High Voltage Impulse Track Circuit

해설) ATC(Automatic Train Control)는 AF 궤도회로를 기반으로 한다.

문14 열차자동제어장치(ATC) 기능이 아닌 것은?
① 신호정보전송
② 열차검지
③ 열차운행속도를 제한속도와 비교하여 허용속도 내로 유지
④ 정거장 정위치 정차

정답 10. ④ 11. ② 12. ③ 13. ③ 14. ④

> **[해설]** 〈열차자동제어장치(ATC, Automatic Train Control)〉
> 열차가 현재 점유하고 있는 궤도회로로부터 속도정보(ATC신호)를 열차의 속도, 선행열차와의 간격, 진로의 상태 등에 따라 연속적으로 수신 받아 그 구간을 주행할 수 있는 최대허용속도를 검지하여 열차의 실제속도가 허용속도보다 빠르면 허용속도 이하로 자동으로 감속시키는 장치. 정위치 정차는 ATO(Automatic Train Operation)의 기능이다.

문 15 역과 역 사이에 있어서 ATC 신호의 운행관리 지시에 따라 지정된 속도로 열차가 주행하는 제어는?
① 감속제어
② 정속도 운행제어
③ 정위치 정지제어
④ 출입문 개폐제어

문 16 열차자동방호장치(ATP)에서 연속적으로 두 개의 정보전송장치를 설치하고자할 때 최소이격 거리는?
① 2[m]
② 3[m]
③ 5[m]
④ 7[m]

문 17 국철 ATC 구간의 차상신호 전송조건으로 옳지 않은 것은?
① 비상정지 신호취급이 없을 때
② 폐색구간의 선로전환기 등이 신호현시 조건에 이상이 없을 때
③ 열차가 점유한 궤도와 전방궤도간 최저신호현시가 가능한 안전제동거리가 확보될 때
④ 열차가 전방 궤도회로를 점유했을 때

> **[해설]** 차상신호 전송조건은 열차가 해당 궤도회로를 점유했을 때이다.

문 18 다음은 선행열차와 후속열차 상호간의 위치 및 속도를 무선신호 전송매체에 의하여 파악하고, 차상연산방식을 통하여 직접 열차운행 간격을 조정하는 폐색방식을 무엇이라 하는가?
① 고정폐색방식
② 이동폐색방식
③ 연동폐색
④ 차내신호폐색

정답 15. ② 16. ② 17. ④ 18. ②

문19 ATC 구간에서 정상적인 지시속도를 받아 운전하던 열차가 지시속도를 수신 할 수 없을 때 열차는 일단 정지해야 하며 일단정지 후 15[km/h] 이내 운전을 허용하는 MODE는?
① STOP AND PROCEED MODE   ② MANUAL MODE
③ YARD MODE   ④ EMERGENCY MODE

문20 ATC 구간에서 차내신호 "STOP" 신호의 현시가 있을 때 일단정지 후 15[km/h]신호에 의해 운전하는 방식은?
① 확인운전(정지 및 진입)   ② ATC 운전(수동모드)
③ 야드운전   ④ 지령운전(개방모드)

문21 ATC 구간에서 지상의 궤도회로로부터 연속적으로 정상적인 지시속도를 받아 운전하는 MODE는?
① STOP AND PROCEED MODE   ② MANUAL MODE
③ YARD MODE   ④ EMERGENCY MODE

문22 ATC 구간의 운전방식이 아닌 것은?
① 자동모드   ② 수동모드
③ 개방모드   ④ 야드모드

문23 ATC 구간에서 차 내 신호폐색식에 의하여 운전하는 방식은?
① 확인운전(정지 및 진입)   ② ATC운전(수동모드)
③ 야드운전   ④ 지령운전(개방모드)

문24 ATC 구간에서 열차가 지시속도를 연속적으로 받지 못하거나 기지 및 본선의 유치선 또는 역방향으로 운행 할 때 운전을 허용하는 MODE는?
① STOP AND PROCEED MODE   ② MANUAL MODE
③ YARD MODE   ④ EMERGENCY MODE

정답 19. ① 20. ① 21. ② 22. ① 23. ② 24. ③

문25 ATC 구간 정거장 외에서 차내신호장치가 고장 났을 때 운전하는 방식은?
① 확인운전(정지 및 진입)
② ATC 운전(수동모드)
③ 야드운전
④ 지령운전(개방모드)

문26 YARD MODE 설명 중 틀린 것은?
① 차상신호 주파수는 990[Hz]이다.
② 주행속도는 25[km/h]이다.
③ 연속적인 지시속도를 제공 받아야 한다.
④ 코드 주파수는 3.2[Hz]이다.

(해설) YARD MODE 구간에서 한 번 수신하면 차상장치에서 계속 기억을 하며, 다음 신호를 받기 전까지 그 신호상태를 유지.

문27 ATC 구간의 궤도회로에 전송하는 주파수가 아닌 것은?
① 지시속도 코드   ② 열차검지용
③ 차상신호   ④ 열차속도

(해설) AF 궤도회로를 통하여 차상신호, 지시속도 코드, 열차검지용 주파수가 전송.

문28 다음 서울 메트로 3, 4호선 ATC 구간 폐색경계지점의 차상신호 전송방식을 설명한 것 중 올바르지 않은 것은?
① 무절연구간 궤도의 경계 지점에서 연속적인 지시속도의 수신이 되도록 속도코드 중계회로 사용
② 신호기계실과 기계실사이 경계 궤도회로에서는 속도 코드를 중계하기 위하여 별도의 송신, 수신회로를 사용
③ 사전단락은 전방 궤도로 열차가 진입하려 할 때 일정 구간 전에서 미리 전방 궤도회로가 낙하되는 것
④ 사후단락은 열차가 궤도회로를 벗어날 때 일정 구간까지 후방 궤도회로가 계속 낙하되어 있는 것

정답 25. ④ 26. ③ 27. ④ 28. ①

문 29 다음 서울 메트로 3, 4호선 ATC 구간에서 열차가 시속 60[km/h]로 운행 중 "0" code를 받아 비상제동이 걸렸다면 제동거리[m]는 얼마인가? 단 제동여유거리 : 20[m], 공주시간 : 3초, 비상제동 시 제동률 : 4.5[km/h/s]이다.

① 약 181 ② 약 213
③ 약 270 ④ 약 278

해설) 제동거리 $S = S_1 + S_2 + L = \dfrac{V}{3.6} \times t + \dfrac{v^2}{7.2\beta + L}$

문 30 다음 서울 메트로 3, 4호선 AF 궤도회로 구간 차상신호조건을 설명한 것 중 틀린 것은?
① 비상정지 신호취급이 없을 때
② 열차가 해당 궤도회로를 비 점유했을 때
③ 폐색 및 연동구간에 신호현시조건 만족
④ 열차점유 전방궤도와 안전제동거리확보

문 31 다음 서울 메트로 3,4호선 AF 궤도회로 구간에서 차상 신호기에 무신호 장애가 발생했다. 점검사항이 아닌 것은?
① CAB 발진 PCB에서 CAB 주파수 생성불가 여부
② 송신 PCB에서 CAB 변조 및 증폭회로 고장 여부
③ CAB ENABLE 조건 불량 및 CAB LEVEL 저하 여부
④ 동기정류 PCB에서 궤도계전기 출력전압 불량 여부

문 32 다음 서울 메트로 3, 4호선 AF 궤도회로 구간에서 궤도회로 낙하장애가 발생했다. 점검사항이 아닌 것은?
① 궤도계전기 단자전압 점검 ② 차상신호주파수 점검
③ 코드 비 및 열차검지주파수 점검 ④ 송신출력전압 점검

문 33 ATO 구간에서 운행하는 차량과 현장기기 간에 양방향통신을 하는 것은?
① T.W.C ② T.T.C
③ A.T.C ④ A.W.C

정답 29. ① 30. ② 31. ④ 32. ② 33. ①

해설 T.W.C(Train to Wayside Communication)는 열차정보송신장치로 운행하는 차량과 현장기기간의 양방향통신을 하는 정보교환장치로 차내설비와 현장설비로 구분한다.

문34 다음 신호제어설비 중 열차의 속도를 자동가속 및 자동 감속을 할 수 있는 장치는?
① A.B.S ② A.T.P
③ A.T.O ④ A.T.S

문35 다음 중 열차자동보호장치(ATP)의 장점으로 맞는 것은?
① 열차 간 안전거리를 확보하면서 고밀도 운전이 가능하다.
② 열차 간 운행간격이 길다.
③ 다단계 수동 제동방식이다.
④ Speed Step(속도중심) 제어방식이다.

문36 지상신호방식과 비교할 때, 차상신호방식의 장점이 아닌 것은?
① 신호의 오인을 방지하여 기관사의 부담을 경감할 수 있다.
② 신호현시체계를 다양화 할 수 없으므로 표정속도의 향상이 가능하다.
③ 신호현시의 변화에 대한 응답속도가 빨라 보안도를 향상한다.
④ 선로조건이나 기상조건 등의 주위환경에 영향이 적다.

문37 ATO 장치에서 여러 개의 지상자를 필요로 하는 제어는?
① 정속도 운전 제어 ② 정위치 정지 제어
③ 지상신호 방식   ④ 감속 제어

문38 열차자동운전장치(ATO)의 역할이 아닌 것은?
① 정속도 운전 제어 ② 정위치 정지 제어
③ 지상신호 방식   ④ 감속 제어

문39 ATO 장치에서 역간을 ATC신호에 따라 지정된 속도로 열차가 주행하도록 하는 제어방식은?
① 정속도 운전 제어 ② 정위치 정지 제어
③ 지상신호 방식   ④ 감속 제어

정답 34. ③ 35. ① 36. ② 37. ② 38. ③ 39. ①

문40 **열차자동운전장치(ATO)에 대한 설명으로 맞는 것은?**
① 발차지시가 주어지면 일단은 수동으로 가속된다.
② 무인운전은 불가능 하다.
③ 열차의 속도를 자동으로 가속할 수 없다.
④ 정위치 정지 제어를 한다.

문41 **ATC 장치 장애 발생으로 차단시의 취급방법으로 옳지 않은 것은?**
① ATC 차단장치의 봉인은 관제사의 승인 없이는 뗄 수 없다.
② ATC 차단운전을 한 기관사는 귀착 시 당무팀장에 보고해야 한다.
③ ATC 기능을 보수하였을 때는 차량관리팀장은 재봉인해야 한다.
④ 기관사는 차단 후 관제실에 통보한다.

(해설) 기관사는 기능 고장으로 차단할 경우 반드시 관제사에게 통보하고 승인을 득한 후에 차단한다.

문42 **국철 ATC 구간의 차상신호 레벨 조정에서 ATC 시험기는 미니본드를 기준으로 몇 [m] 전방에 설치하는가?**
① 2   ② 3
③ 4   ④ 6

(해설) 궤도단락기는 미니본드를 기준으로 사전단락(pre-shut)구간 6[m] 부분에 접속하고 그 중간에 ATC 시험기를 설치한다.

문43 **ATC 구간에 설치하는 표지가 아닌 것은?**
① 출발 예고표지   ② 장내 경계표지
③ 출발 경계표지   ④ ATC/ATS 예고표지

(해설) ATC 구간에는 신호기가 없으므로 ②, ③, ④를 구간에 설치한다.

문44 **차상신호방식의 특징 중 틀린 것은?**
① 신호패턴이 차상에 표시되므로 건축한계와 무관하다.
② 안개, 우천 시에도 고속운전이 가능하다.
③ 고밀도 운전에 적합하다.
④ 경제적이다.

(해설) 차상신호방식보다 지상신호방식이 경제적이다.

정답 40. ④ 41. ④ 42. ② 43. ① 44. ④

문 45 ATC 운행 중 과속상황이 발생되어 자동으로 상용제동이 작동되어 일정 시간 내에 제동률이 얼마 이하이면 비상제동이 작용하는가?

① 1.4[km/h/s] ② 2.4[km/h/s]
③ 3.4km/h/s] ④ 4.4[km/h/s]

(해설) 제동률이 2.4[km/h/s] 이하이면 비상제동이 작용하고, 이상이면 상용제동으로 작동한다.

문 46 열차자동방호장치(ATP) 지상장치의 구성요소가 아닌 것은?

① 고정정보전송장치 ② 속도/거리 연산장치
③ 가변정보전송장치 ④ 선로변 제어 유니트

(해설) 속도/거리 연산장치는 차상 설비

문 47 열차자동방호장치(ATP) 발리스의 설명 중 옳지 않은 것은?

① 현장의 운전정보를 차상으로 전송한다.
② CBF는 LEU와 연결 하지 않는다.
③ CBC는 LEU와 연결 하지 않는다.
④ CBC는 LEU의 유효 신호가 없으면 사전 지정된 정보를 송신한다.

(해설) CBC는 LEU와 연결한다.

문 48 열차자동방호장치(ATP) 차상장치의 구성요소가 아닌 것은?

① 차상 안테나 유니트 ② 속도/거리 연산장치
③ 프로그래밍 장치 ④ 차상변환 모듈

(해설) 프로그래밍 장치는 지상 설비

문 49 열차자동방호장치(ATP)에서 현장 정보(데이터)를 열차로 전송하는 장치는?

① 트랜스폰더 ② 루프코일
③ 발리스 ④ 태그

(해설) Beacon이나 Balise를 사용하고 있다.

정답 45. ② 46. ② 47. ③ 48. ③ 49. ③

문50 ATP 지상설비 선로변 제어 유니트(LEU)에는 몇 개의 발리스 드라이브 보드가 수용되는가?
① 2개 ② 4개
③ 6개 ④ 12개

(해설) LEU에는 Balise드라이브보드 4개, 램프검지보드 6개, 전원보드 1개, 마더보드 1개가 수용된다.

문51 열차자동방호장치(ATP)에서 지상에서 차상으로 전송하는 정보가 아닌 것은?
① 제한속도(최대허용/목표속도) ② 목표거리(정지점과의 거리)
③ 열차길이 ④ 구배 등 선로 데이터

(해설) 열차 길이는 차상의 데이터반에 입력하는 정보이다.

문52 열차자동방호장치(ATP)에 대한 설명 중 틀린 것은?
① ATC보다 운행 효율이 높다. ② ATC보다 열차속도 저속이다.
③ ATS보다 선로용량 개선 가능 ④ ATS보다 안전성과 신뢰성의 증대

(해설) 불연속 정보 제어방식으로 ATC보다 운행효율이 떨어진다.

문53 ATP 지상정보전송장치(Balise)에서 차상 안테나(CAU)로의 정보 전송률은?
① 395[kbit/s] ② 452[kbit/s]
③ 564[kbit/s] ④ 895[kbit/s]

(해설) FSK 방식으로 564[kbit/s]로 전송한다.

정답 50. ② 51. ③ 52. ① 53. ③

철/도/신/호/문/제/해/설

Chapter 10

전원장치 및 기타

10장 전원장치 및 기타

10.1 전원장치

10.1.1 개요

신호설비 공급전원은 정전이 될 경우에도 정상적인 열차운행을 위해 상용과 예비전원으로 2중계화 한다. 전원이 정상적일 경우에는 철도 고압배전선로에서 신호용 변압기를 통하여 수전한 상용전원을 사용한다. 정전이나 장애가 발생될 경우에는 자동절체기에 의해 예비전원으로 절체되도록 구성하고 상용전원이 복구되면 다시 환원되는 구조로 한다. 또 수전계통을 2중화 이상으로 할 수 없거나 신호용 배전선로를 상용으로 할 수 없는 경우에는 예비전원장치를 설비 하여야 한다.

자동구간은 단상 2선식의 신호고압배전전선 방식으로 하되 곤란한 경우 정차장은 상용을 저압으로 하고 예비를 발전기로 하며 역간은 정차장에서 저압으로 배전하는 방식으로 한다.

비자동구간은 상용을 저압으로 하고 예비를 발전기로 하는 방식으로 한다.

건널목보안장치의 전원은 직류 24[V] 부동충전식으로 하고 축전지 용량은 정전 시 상당시간 사용에 견딜 수 있도록 한다.

10.1.2 사용전압과 유용제한

1 사용전압

신호설비에 사용하는 전원은 무정전 전원을 원칙으로 단상 교류 220[V]와 직류 24[V]를 표준으로 한다. 연동장치는 동일용량의 정전압정류기 2조와 축전지를 부동충전식으로 구성하여 직류 60[V]와 24[V]를 사용하며, 건널목 보안장치와 ATS 장치는 직류 24[V]를 사용한다. 자동폐색제어 전원은 교류 600[V]를 사용하고, 선로전환기와 폐색장치 및 신호기

장치 등은 교류전원을 사용한다.

신호용 기기류의 단자전압은 교류는 정격치의 0.8배부터 1.2배, 직류는 정격치의 0.9배에서 1.2배 범위로 사용한다.

② 신호전원의 유용제한

신호설비의 전원장치는 열차운행을 위한 중요한 설비로 다른 용도 사용으로 신호설비에 영향을 주거나 열차운행을 지장하는 사고를 방지하기 위하여 신호전원의 유용을 제한하고 있다.

사용 장소 부근에서 저압의 전원을 공급할 필요가 있을 경우에는 공급하는 부하의 전원측은 절연변압기 및 과전류 보호장치를 설비하고 신호전원 전압변동범위는 ±5V 이내, 신호설비 이외의 설비에 공급하는 전력은 변압기 정격용량의 25% 이내이어야 하며 부하를 접속하여도 전원의 파형이 변하지 않도록 하여야 한다.

10.1.3 무정전전원장치

① 특성

전자연동장치와 ATC 장치 및 CTC 장치 등에는 입력전원을 안정시키고 전원공급이 중단될 경우 소프트웨어 데이터를 보호하기 위한 무정전 전원공급장치를 설치하여야 한다.

최근 신호 기기의 컴퓨터화 등으로 입력전원 순시전압 저하현상이 0.02~0.03초 발생할 경우 메모리의 손실과 프로그램의 오동작 및 정보 송수신의 정지상태 등을 초래하게 된다. 따라서 이러한 순시전압의 저하에도 영향을 받지 않도록 무정전전원장치가 필요하며 다음과 같은 운용상의 특성이 있어야 한다.

1) 정상상태

상용 또는 예비전원을 수전 받아 인버터와 정류기는 입력조건의 범위 내에서 입력전원을 부하에 적합한 전원으로 공급하여야 한다. 또 전원과 동시에 축전지를 부동충전하며 정상운전중 상용전원의 동기주파수 지정 범위를 벗어나거나 입력 위상과 바이패스 전원의 위상각이 5°를 벗어나면 해당 표시등이 점등되고 부하용 전원에서 인버터로 절환 되어야 한다. 인버터가 운전 상태에서 내부온도가 65℃ 이상이거나 고장이 발생하는 경우에도 자동으로 바이패스로 절체 되고, 경고등과 경보음이 발생하여야 한다.

2) 정전 시 및 정상복귀

상용 및 예비전원이 정전되면 인버터와 정류기가 축전지로부터 직류전원을 공급받아 인버터로 동작하여 무정전으로 부하에 전력을 공급하며 주어진 방전시간 동안 무정전 상태를 유지하여야 한다.

상용전원이 다시 공급되면 축전지의 방전은 자동으로 멈추고 정상 시 동작과 동일하게 부하에 전력을 공급함과 동시에 방전된 축전지를 규정된 전압까지 부동충전한다.

2 구 성

UPS는 그림 10.1과 같이 1차 전압을 정류기를 거쳐 직류로 변환한 후 직류 필터를 거쳐 완전한 직류로 전환하고 출력을 인버터와 연결한다. 이때 정류기출력은 축전지와 연결하여 축전지를 충전한다.

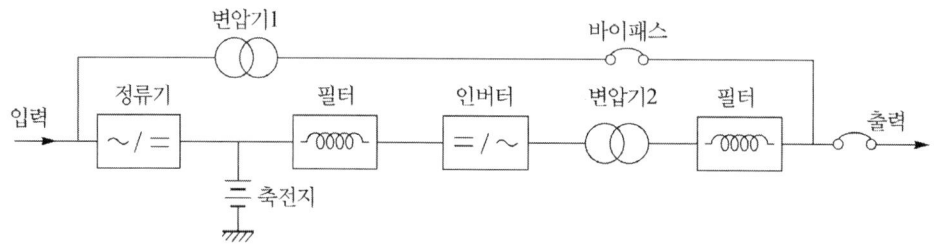

그림 10.1 UPS의 구성도

인버터는 직류를 교류의 정현파로 발생하고 변압기와 필터를 거쳐 부하와 연결한다. 평상시 입력 측의 전원은 정류기 ⇒ 인버터 ⇒ 필터를 거쳐 부하에 양질의 전원을 공급하다가 고장이 발생할 경우 입력전원은 150[μs] 후에 바이패스 회로를 통하여 전원을 부하에 공급한다.

3 용량산정과 축전지 선정

UPS는 사용할 부하의 용량으로 결정되지만 UPS의 특성을 고려하여야 한다.

부하의 용량적산은 부하 전용량을 적산하여 UPS의 정격용량은 적어도 이 값 이상으로 하여야 한다. 또 부하 중 3상 부하가 있으면 UPS도 3상 출력으로 해야 한다. 단상 뿐인 경우는 기본적으로 단상출력 UPS를 채택하면 되지만 바이패스 회로를 사용할 경우는 용량에 따라 상용 측의 부하 언밸런스가 너무 커지기 때문에 문제가 되는 수가 있다. 이 경우에는 UPS도 3상으로 하여 부하가 평형을 이루도록 3분할해서 접속시킨다.

부하가 급변할 때에는 과도적으로 전압변동이 발생한다. UPS 정격용량의 30~50[%] 입력전압의 변동으로 출력측에서는 ±8~10[%]의 변동이 있다. 컴퓨터 부하의 경우 전압 변동률 값이 ±10[%] 이하이므로 부하 기동시의 돌입전류까지 포함해서 50[%]이하가 되도록 UPS 용량을 산정한다.

또, 기동 시의 돌입전류도 포함해서 최대전류가 UPS의 용량을 초과하지 않도록 해야 한다.

UPS용 축전지의 선정은 먼저 신뢰성과 경제성 및 설치장소 등을 고려하여 축전지의 종류를 결정하여야 한다. 높은 신뢰성이 요구되는 대형 UPS 등에서는 고율 방전용 연축전지나 니켈카드뮴 축전지가 사용되고 컴퓨터실 등에 설치되는 소형 UPS에서는 가스발생이 없는 니켈카드뮴 축전지를 설치하고 있다.

축전지의 용량은 UPS의 출력 용량과 정전 유지시간을 얼마로 할 것인가에 따라 결정된다.

10.1.4 정류기

정류기는 교류전력에서 직류전력을 변환하기 위한 기기로서 정류방식에는 반파정류와 전파정류가 있다.

1 단상 반파회로

정류하고자 하는 전압이 단상교류로 (+)반파만을 얻는 회로로 다이오드 등의 정류소자를 사용하여 교류의 (+) 또는 (-)의 반 사이클만 전류를 흘려 부하에 직류를 흘리도록 한 회로이다.

반파 정류회로는 회로가 간단하고 직류분에 비하여 맥동분이 크며 전원전압의 이용률이 나쁘다. 또 출력에 포함된 맥동 주파수는 전원 주파수와 같으며 전원트랜스 2차 측에 한쪽 방향으로만 전류가 흐르므로 철심이 직류자화에 의해 포화된다.

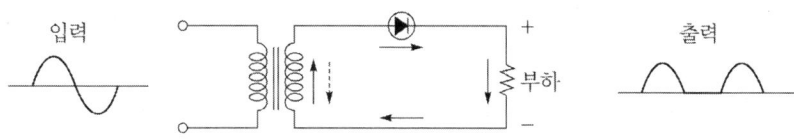

그림 10.2 단상 반파회로

② 단상 전파회로

단상 전파 정류회로는 반파 정류회로 2개를 병렬로 접속한 것으로 교류의 +, - 어느 반 사이클에 대해서도 정류를 한다.

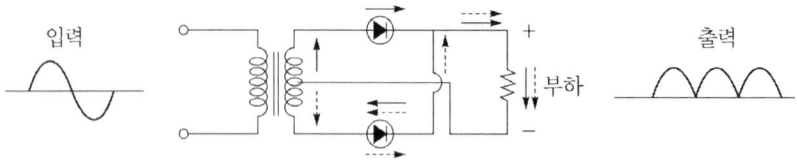

그림 10.3 단상 전파회로

전파 정류회로는 부하 정류전류가 반파정류의 2배로 직류 출력전압이 크고 전원전압의 이용률이 좋으며 전원 트랜스의 직류 자화가 없다. 또 출력에 포함된 맥동 주파수는 전원 주파수의 2배이며 리플은 반파 때보다 낮고 출력전압의 약 2배 전압의 트랜스가 필요하다.

③ 배전압 정류회로

승압용 전원 트랜스를 사용치 않고 직류의 고전압을 얻는 정류방식으로 교류 전원전압의 (+), (-) 각 반파마다 다른 정류기로 정류하여 생긴 직류전압을 직렬로 합성하여 부하에서 큰 전압을 얻는다.

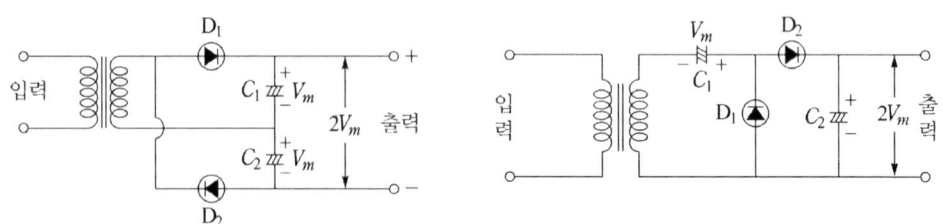

그림 10.4 전파 배전압 정류회로   그림 10.5 반파 배전압 정류회로

배전압 정류회로는 승압 트랜스가 불필요하고 높은 전압이 얻어지나 대전류는 흘릴 수 없다. 또 전압변동률이 다소 나쁘고 맥동 주파수는 전원 주파수의 전파정류형은 2배이다.

④ 3상 반파 정류회로

3상 반파정류는 전원트랜스의 2차 측의 중심점에 부하의 (-) 측을 접속시켜야 하므로 Y-Δ, Δ-Δ의 것은 부적당하여 사용하지 않고, Y-Y, Δ-Y의 형식을 사용한다.

이것은 단상 반파 정류회로를 3조로 접속하여 각 다이오드에 각각 120° 위상차인 전압이 가해져 부하에서 각 상의 전압이 합성된다.

각 순간에 최대의 순방향 전압이 120° 위상차를 두고 걸려있는 다이오드만 동작하고 그것이 차례로 다음으로 넘어가 부하에는 그림 10.8의 실선파형과 같은 정류전압이 공급된다.

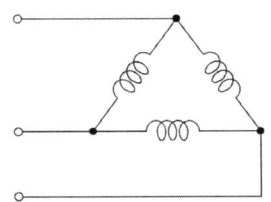 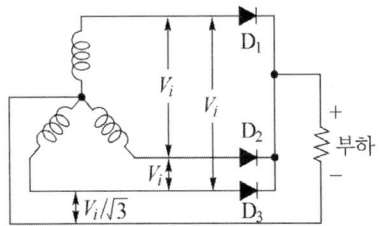

그림10.6 3상 반파 정류회로

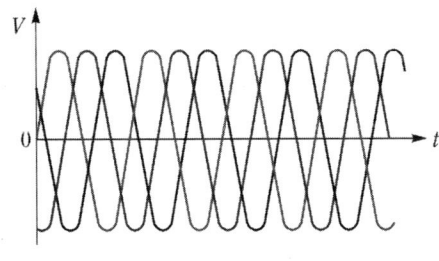 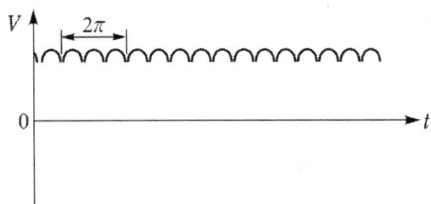

그림 10.7 3상 교류파형   **그림 10.8** 출력파형

3상 반파 정류회로는 각 다이오드에는 120° 위상이 다른 전압에 가해지고 부하 정류전류는 다이오드 1개의 3배 전류를 흐르며 출력전압의 맥동 주파수는 전원 주파수의 3배이다. 또 직류분에 대한 맥동률과 전압 변동율 및 트랜스의 이용률이 좋다.

⑤ 3상 전파 정류회로

그림 10.9와 같이 3상변압기의 2차 측에 다이오드 6개를 단상의 브리지 모양으로 접속한 것으로 다이오드 2개가 동시에 동작하여 부하와 직렬로 동작된다.

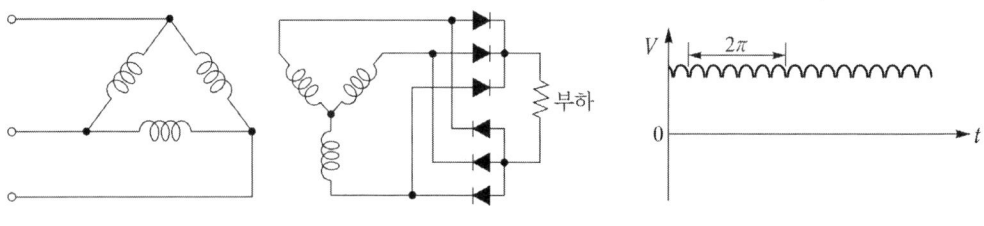

그림10.9 3상 전파 정류회로   그림 10.10 3상 출력파형

정류출력파형은 3상 반파정류의 경우보다 한층 맥동 백분율이 적어져 4[%] 정도이고 효율과 변압기 이용률은 모두 95.5[%]로 대단히 높은 값을 나타낸다. 정류출력 직류전압은 선간전압의 실효값의 약 1.2배 정도이다.

3상 전파 정류회로는 정류전류가 크고 전압 변동률이 적으며 직류분에 대한 맥동분이 적어 맥동률이 좋고 출력 정류전압의 맥동 주파수는 전원 주파수의 6배이다.

10.1.5 축전지

1 전지의 종류

물질이 가지고 있는 에너지를 기계적인 운동을 따르지 않고 화학반응이나 물리적 변화를 이용하여 이들 물질이 반응할 때 방출하는 에너지를 직접 전기에너지로 변환하는 발전장치를 전지라 한다.

소전지는 셀이라고도 부르며 전지로서의 발전에 필요구성 소재를 조합시킨 상태의 반제품을 말한다. 즉 전지를 구성하는 단위전지를 말하는 것으로 전지는 1개 이상의 소전지로 이루어지게 된다.

축전지는 셀과 같은 의미로 사용되는 것으로 1개 이상의 소전지를 사용하여 제품으로 완성시킨 것을 말한다.

전지의 종류를 크게 분류하면 물질의 화학반응을 이용한 화학전지와 물리작용을 이용한 물리전지로 구분할 수 있으며 화학전지는 방전하면 에너지가 없어져 버리는 1차 전지와 충전하여 다시 사용할 수 있는 2차 전지로 나눌 수 있다.

2 축전지의 용어

축전지에 대한 용어는 다음과 같다.

1) 개로전압과 정격전압

개로전압은 양단자간에 외부회로를 구성하지 않은 상태의 양단자간 전압을 말하며 정격전압은 전지에 표시되는 전압으로 연축전지는 2[V], 니켈 카드뮴 축전지는 1.2[V]이다.

2) 종지전압

종지전압은 전지의 시험에서 방전을 종료하는 한도를 가리키는 전압을 말한다. 실용상에 사용한도에 해당한다.

3) 용량과 정격용량

용량이라 함은 규정된 전류 및 주위 온도하에서 방전하여 종지전압이 도달할 때까지에 전지에서 뽑아낼 수 있는 전기량을 말한다. 그 단위는 Ah로 나타내고 정격용량은 전지의 용량을 대표하는 기준치로서 전지에 표시되어 있는 용량을 말한다.

4) 초충전

초충전은 사용현장에 전지를 설치할 때 규정된 시간동안 규정된 전류로 충전하는 것을 말한다.

5) 부동충전 및 균등충전

부동충전은 상용전원이 정전 되었을 때 부하에 전력을 공급하기 위한 최적의 충전상태를 유지하기 위한 충전을 말하며 균등충전은 여러 개의 축전지를 한조로 장기간 사용하는 경우 자기방전, 부분방전등으로 전지간의 충전상태가 불균일할 경우 실시하는 충전으로 보통 6개월 정도에 1회 실시한다.

④ 충전특성

1) 충전법

충전에는 일반적으로 정전류 충전법, 정전압 정전류 충전법, 정전압 충전법 등이 있다.
정전류 충전법은 축전지를 충전 시작부터 끝날 때 까지 일정 전류로 충전하는 방법으로 충전량은 전회의 방전전기량[Ah] 또는 공칭용량의 140[%]이다.

충전전류는 5시간율 전류를 표준으로 한다. 5시간율의 전류로 충전하는 경우 전압은 충전 초기에 약 1.35[V], 충전 말기에 약 1.75[V]이다.

충전의 진행에 따라서 약 1.5[V]까지 전압이 상승한다. 이 동안은 가스 발생도 적고 충전효율도 극히 양호하다. 충전말기가 되면 전압은 급격히 상승하고 물의 전기분해에 의하여 양극에서 산소, 음극에서 수소를 발생한다. 그 후의 충전전류는 거의 물의 전해로 소비되어 충전효율이 떨어진다.

충전시간은 보통충전과 과충전으로 분류하는데 통상적으로 보통충전으로 충분하다. 만약 충전전류를 표준치 이하의 전류로 충전하는 경우는 충전시간을 그만큼 길게 하여 충전량이 충전규정 [Ah]용량의 140[%]가 되도록 한다.

정전압 정전류 충전법은 자동충전 장치에 널리 이용되어지고 있는 방법으로써 충전에서 최대 충전전류를 제한하여 충전기의 부하특성에 의하여 일정전류로 충전한다.

충전이 진행됨에 따라 축전지의 전압이 설정전압까지 상승하면 정전압 충전특성에 따라 충전전류가 급속히 감소한다.

충전에 필요한 전압은 기종에 따라 다르고 1.55[V] ~ 1.70[V/Cell]이다.

충전초기의 최대 전류는 용량의 1/10(10시간율 = 0.1[C])을 표준으로 한다.

2) 정전압 충전법

충전 초기에 큰 전류로 시작하여 축전지 전압의 상승에 따라 충전전류는 급격히 저하한다. 설정전압은 보통 가스가 발생되는 전압을 초과하지 않는 수준으로 설정한다. 이 방식으로 방전량의 70~80[%]를 1~2시간에 급속 충전하는 것도 가능한데 충전초기에 대전류가 흐르기 때문에 대용량의 충전기를 필요로 하고 충전말기에 충전전류가 대단히 작게 되는 단점이 있다.

3) 부동충전

고정용 축전지는 상용전원이 정전되었을 경우와 같은 비상시에 부하에 전력을 공급하기 위해 항상 최적 충전상태로 보존하는 것이 필요하다.

부동충전으로는 항상 충전기와 축전지와 부하를 병렬접속하여 평상시에는 충전기가 주로 부하에 전원을 공급함과 동시에 축전지에도 미세전류로 충전하여 최적 충전상태로 유지한다. 그림 10.11과 같이 정전 시 또는 부하 변동 시에는 축전지에서 전력을 공급하는 방식이다.

부동충전전압은 축전지의 형식에 따라 다르며 부동 충전전압의 설정치가 높고 낮음이 수명에 영향을 미치지 않지만 너무 낮을 경우에는 항상 충전상태를 유지할 수 없어 성능을 발휘하지 못하는 경우가 있다. 반대로 너무 높을 경우에는 전해액 중의 수분이 전해되어 소멸되므로 증류수 보충 빈도를 높이는 결과가 된다.

축전지가 상당히 방전되어진 경우에는 부동 충전만으로 완전 충전하는 데는 시간이 많이 걸리므로 이 상태인 경우에는 회복 충전을 하고 나서 부동충전으로 전환하는 것이 필요하다.

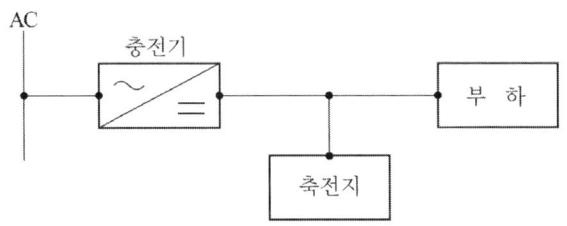

그림 10.11 부동충전

4) 균등 충전

균등 충전은 여러 개의 축전지를 한조로서 장기간 사용하고 있는 경우에 자기방전 등의 부분적인 방전으로 충전상태가 평균치를 벗어남을 없게 하기위한 충전법이다. 균등 충전은 보통 6개월 정도에 1회 실시한다. 균등 충전전압은 부동충전 전압보다 다소 높은 전압으로 일정시간 충전하는 방법으로서 충전기의 출력 전압을 부동충전 설정전압에서 균등전압으로 변경하여 일정시간 충전하고 나서 다시 부동충전 전압으로 변환하는 것이다.

5 방전 특성

충전된 축전지를 어떤 일정전류로 방전하면 단자 전압이 변화한다. 이 관계식은

$$V = E - (IR + V_P)$$

이다. 여기서 V는 단자전압, E는 기전력, I는 방전전류, R은 축전지 내부저항, V_P는 분극 전압이다.

축전지의 방전단자 전압은 축전지 내부의 저항에 의한 전압 강하와 극판의 분극작용(V_P)에 의해 전압이 강하한다. 축전지의 방전성능은 축전지의 내부저항의 크고 작음에 의해 결정되고 축전지를 구성하는 극판의 두께, 활물질의 분극특성, 극판의 간격, 전해액의 농도, 성분, 온도 등에 의해 변화한다.

축전지의 허용 최대 방전전류는 활물질, 극판 등 작용물질의 반응성에만 제한되어진 것이 아니고 접속도체 등의 전도부의 온도 상승에 따른 전조, 카바 등의 열변형, 용단에 의해 제한을 받는다. 이 값은 축전지의 형식에 따라 다르다.

축전지를 외부회로와 단락시키면 대단히 큰 단락전류가 흐른다. 단락전류는 각 형식의 축전지 내부저항과 극판 방전의 분극성에 따라 달라진다.

단락전류는 온도에 따라 다르다. 또 실제의 단락전류는 외부회로의 도선 등의 영향에 의해 적어지게 된다.

⑥ 축전지의 온도

온도는 축전지 성능에 영향을 주는 요인의 하나이다. 충전 시의 전해액의 적정 온도는 20[℃]로부터 25[℃]이다.

일반적으로 셀 속에 있는 전해액은 충전하는 동안 온도가 점차 상승하지만 45[℃]이상의 과도한 고온 상태는 축전지 수명에 영향을 미친다. 따라서 충전 중에 전해액 온도가 허용 한계를 넘지 않도록 주의해야 한다. 축전지는 단시간 동안은 50[℃] 이내의 온도에서 사용되도록 하는 것이 극판의 손상이나 심한 용량 손실이 없는 상용 사용조건이다.

10.1.6 전압 강하

전선로에 부하전류가 흐르면 전압강하가 발생한다. 이 전압강하는 직류회로에서는 저항에 의해서만 발생하지만 교류회로에서는 저항 외에 리액턴스에 의한 전압강하를 고려하고 이것은 전선의 굵기와 신호기기의 합리적인 운용 면에서 매우 중요하다.

저압배선 중의 전압강하는 간선 및 분기회로에서 각각 표준전압의 2[%] 이하로 하는 것으로 한다. 다만 전기사용장소 안에 시설한 변압기에 의하여 공급되는 경우 간선의 전압강하는 3[%] 이하로 할 수 있다. 공급 변압기의 2차 측 단자에서 부하에 이르는 전선의 긍장이 60[m]를 초과할 경우에는 전압 강하율도 크게 하지 않는 한 경제적인 특성이 저하하므로 긍장에 따라 전압 강하율의 표준을 정하고 있다.

표 10.1 장치별 전선로 사용종별

구 분	사 용 개 소	사 용 종 별				
		$0.5mm^2$	$0.75mm^2$	$1.25mm^2$	$2.0mm^2$	$8mm^2$
전기 연동장치	소형계전기 랙 내 일반배선	○	○	○		
	배선반내		○	○	○	
	소형계전기 랙 상호 간		○	○		
	배선반 – 소형계전기 랙			○	○	
	배선반 – 쨋반		○	○		
	제어반 – 배선반		○	○		
	제어반 – 소형계전기랙			○	○	
	전원 및 궤도회로 착전				○	○
	궤도회로 송전				○ 또는	○

구 분	사 용 개 소	사 용 종 별				
		0.5mm²	0.75mm²	1.25mm²	2.0mm²	8mm²
기타 연동장치	일 반 배 선				○	
	전원 및 궤도회로 착전				○	○
	궤도회로 송전				○ 또는 ○	
	소형계전기 사용의 경우	전기연동장치에 준한다				
전원장치	선조 트랜스배선반(케이블)					○ 이상
	배선반 - 전원기기					
	전원기기 - 배선반					
	소형정류기 - 축전지				○ 이상	
기구함 접속함	일 반 배 선			○		
	소형계전기 배선			○		
	소형계전기(F형) 배선		○			
	대형 계전기 배선				○	
	궤도회로 송전				○ 또는 ○	
	궤도회로 착전				○	○
기 타	신호용 코드				○	
	전기선로전환기				○	○
	점검용등 코드			○		
	접지선					○

표 10.2 저압배선의 허용전압강하(전선의 길이 60[m]를 초과하는 경우)

공급변압기의 2차 단자 측. 인입선 접속점에서 최원단의 부하에 이르는 전선 길이(m)	허용 전 압 강 하 [%]	
	사용 장소 안의 전용변압기에서 공급	전기사업자가 저압공급
60 이하	3 이하	2 이하
120 이하	5 이하	4 이하
200 이하	6 이하	5 이하
200 초과	7 이하	6 이하

서술형 출제예상문제

문제 1. 신호용 전원은 무정전 전원을 원칙으로 하는 이유에 대하여 설명하시오.

답) 열차운행은 24시간 쉬지 않고 계속되기 때문에 신호 전원이 정전되면 신호보안 장치의 기능은 마비되며 열차운전은 막대한 지장을 초래케 되며 때에 따라 중대한 사고를 유발하는 수도 있어 신호전원은 가능한 한 2회선 방식으로 하고 있다.

문제 2. 연축전의 고장에 대하여 설명하시오.

답) ① 유산화 현상
충전전류 과대, 규정이상의 방전, 장시간 방치, 불충분한 충전의 반복, 단락을 일으키게 하는 등 양 극상에 백색유산연이 생기게 되는데 이것을 유산화현상이라 한다.

② 극판의 완곡 및 균열
과충전, 충전전류의 과대, 빙결, 일광의 열등에 따라 생기는 것으로서 극판의 단락을 일으키기 쉽다.

③ 활동 물질의 탈락
충전 전류의 과대 과방전, 전해액의 불순 등으로 생기는 것으로서 용량이 감퇴한다.

④ 단락
극판의 완곡, 이격판의 파손, 금속이 막혔을 때 혹은 침전물의 누적 등에 따라 생기는 것으로 전압 비중이 저하하고 가스 발행으로 천천히 온도가 상승한다.

⑤ 국부작용
극판에 불순물을 가지고 있으면 연과 그 불순물과의 사이에 국부전지를 구성하고 외부에 전류를 공급하지 않을 때도 이 불순물과 면의 사이에 단락 전류가 흘러 자기 방전을 하기 때문에 용량은 감소한다. 또 회유산이 불순한 것을 사용할 때 도 국부작용

을 일으켜 용량이 감퇴한다.
⑥ 극판의 부식
전해액에 초산, 염산의 혼입 혹은 전해액의 농도가 클 때도 부식한다.

문제 3. 연축지의 초충전의 방법에 대해서 설명하라.

답
① 전해액은 상온이 된후 전지 내에 주입한다.
② 전해액 주입 후 2시간~12시간 내에 초충전을 개시한다.
③ 전해액은 항상 극판상면 이상 유지한다.
④ 초충전은 소정의 전류(10시간을 전류)로 50시간 행할 것, 가스가 발생하고 단자전압이 2.6V이상 전해액의 비중이 1,240 부근으로 일정하고 개시 후 50시간 경일 때 초충전을 종료한다.
⑤ 초충전을 시작하고 도중에 정지하지 않도록 주의하고 방전은 절대하여서는 안 된다.
⑥ 초충전 시 항상 온도에 주의하고 40℃를 넘을 경우에는 전류를 반감하고 30℃이하가 되도록 소정의 충전을 행할 것.

보충
(가) 회유산을 주입하면 전해액의 온도가 상승한다. 초충전의 개시는 30℃ 이하가 되도록 행한다.
(나) 주입후 장시간 방치하면 극판을 깨뜨린다.(구부린다.)
(다) 주입후 즉시하면 극판에 흡수되는 액면이 저하한다.
(라) 초충전을 완료하면 축전지로서의 기능이 시작된다.

문제 4. 유산화 현상이 발생한 축전지가 일으키는 현상은?

답
① 전해액의 비중은 저하된다.
② 방전중의 전압이 다른 축전지보다 적다.
③ 충전중의 전압이 다른 축전지보다 높다.
④ 충전중의 온도가 다른 축전지보다 높다.

문제 5

알칼리 축전지를 연축전지와 비교하고 알칼리 축전지의 장점에 대하여 설명하라.

답
① 연축전지는 유산연이 되면 회복곤란으로 유산화 현상이 일어나지만 알칼리 전지는 그런 걱정이 없다.
② 극판과 전조가 가반형으로 진동에 강하다.
③ 작용물질의 탈락이 없고 수명이 길다.
④ 큰 방전율의 방전에도 견딘다.
⑤ −40℃~+70℃의 광범위 온도로 사용가능하다.
⑥ 장시간 방치시켜도 연축전지처럼 유산화 현상을 일으키지 않고 열화하지 않는다.

문제 6

다음 (　)안에 알맞은 말을 넣으시오.

음양 2극의 전극을 전해액 중에 넣고 (①)에너지를 (②)에너지로 얻는 장치를 일반 전지라 한다. 이 작용의 가역적인 것을 (③)전지라 한다. 이것을 크게 나누면 (④)전지와 (⑤)전지가 있다. 또, 연축전지는 전극으로 (⑥)판을 사용해 충전한다. 알칼리 전지는 알칼리성의 액을 전해액으로 사용함으로 취급이 용이하고 (⑦)과 과방전에 대해서 그다지 신경 쓸 필요가 없으며 (⑧) 강도가 크고 (⑨)이 긴 특징을 가지고 있다.

답 ① 화학, ② 전기, ③ 2차, ④ 연축, ⑤ 알카리, ⑥ 연, ⑦ 과충전, ⑧ 기계적, ⑨ 수명

문제 7

독립접지란 무엇이며, 시공 방법과 장단점을 비교하고 설명하시오.

답) 1. 독립접지의 정의
   독립접지란 개별적으로 접지공사를 하되 20[m] 이상 떨어져 접지하는 것을 말하며, 접지 시 유기되는 전압[V]은 다음과 같다.

   유기전압 $v = L\dfrac{d(i)}{d(t)} + Rei(t)[V]$

2. 시공방법
   ① 접지봉 사용 시

   깊이 0.75[m] 이상의 지하에 접지봉(8mm×0.9mm 이상 깊이)을 GV 14[mm^2]로 납땜하여 매설해야 한다.

   ② 접지판 사용 시

   깊이 0.75[m] 이상의 지하에 접지판(2mm×1,000×1,000mm)을 GV 14[mm^2]로 납땜 하여 매설해야 한다.

3. 장단점 비교
   ① 장점
      - 다른 접지 전위에 영향을 주지도 받지도 않는다.
      - 선로 NOISE를 피할 수 있다.
   ② 단점
      - 접지 저항값을 구하려면 고가의 시설비가 소요
      - 제한된 면적에서 단독접지 효과를 얻으려면 시공 상의 어려움

문제 8
전철구간에서 신호설비의 뇌해 및 지락으로부터 설비를 보호하기위한 접지 시공 방법에 대하여 기술하시오

답) 접지공사는 전기공작물 규정에 의하는 것 외에 다음과 같다
   - 접지공사의 시공에 대하여는 사전에 각계통간의 협의를 충분히 하고 가설 접지극 매설 케이블 등의 상황을 파악하고 필요에 따라 금속관 탐지기의 사용 또는 시험굴착 등에 따라 그 위치를 확인한 후에 시공할 것.
   - 접지극은 타입식 접지봉을 사용하고 지표면보다 750[mm] 이상 파서 박는다. 더욱이 1개의 접지봉으로 소정의 접지 저항치를 얻을 수 없는 경우는 2개 이상 연결해서 박는

것으로 하고 그래도 불충분한 경우는 접지저항 저감제등을 사용한다.
- 접지극을 박은 장소에는 접지표를 설치한다.
- 접지선은 비닐전선(또는 경동선) 8[mm^2]를 사용하고 접지극 부속을 리드선에 직접접 속(납땜 또는 가열제용법)한다.
- 접지선은 지표상 2[m]까지는 폴리에틸렌 전선관 16[mm]로 보호한다.
- 제 3종접지공사의 접지극은 2개소 이상의 접지에 공용할 수 있다.
- 서로 다른 종별의 접지극은 공용해서는 안 된다.
- 고압용 기기 및 접지극과 신호용 접지와의 이격거리는 5[m] 이상으로 한다.
- 접지극과 건물의 그 밖의 구조물(목조는 제외)과의 이격거리는 1[m] 이상으로 한다.
- 특별고압의 교류전철 지지물과 신호용 접지극과의 이격거리는 5[m] 이상으로 한다.
- 매설 케이블류와 접지극의 이격거리는 1m이상으로 한다. 다만, 지형, 그 밖의 조건에서 부득이한 경우는 0.5[m]까지 단축할 수 있다.
- 접지공사를 시공할 때는 매설케이블의 외피에 외상을 주는 일이 없도록 유의하고 외상을 발견한 경우에는 즉시 절연물에 의한 보강을 행할 것.
- 접지저항치는 특히 지시 있는 것(뇌해대책의 접지 등)외에는 3종 접지 100[Ω] 이하로 한다. 다만 전철구간의 실외설비로서 전원기기를 포함한 주요기기는 50[Ω] 이하로 한다.

접지저항 저감제의 사용
- 접지극을 타입하여 소정의 접지저항을 얻을 수 없는 경우와 위 접지극에서 접지극을 3[m](당초 타입한 접지봉의 길이만큼)떼어 박고 소정의 접지저항을 얻을 수 없는 경우에 있어도 접지저항 저감제를 사용한다.

공사 시공상의 유의
- 보호용 기기의 입력 측 케이블 및 접지선에는 큰 Surge 전류가 흐를 경우가 있으므로 타 회선이나 기기에 유도에 의한 영향을 주지 않도록 다음 사항에 유의 시공한다.
    · 타 회선과 이격시킨다.
    · 주 회선에서 분기하여 보호용 기기에 이르는 회선은 가급적 짧게 한다.
- 특히 뇌에 의한 상습 피해지구에서는 보안기를 2개 병렬로 사용한다.
- 보안기는 계전기 접점과 병렬로 사용하지 말 것
- 보안기 S-24B형을 CR나 FR회로에 설비하는 경우 별 문제가 없으나 타 회로에 사용할 때에는 회로저항이 20[Ω]이상이 되도록 해야 한다.
- 보호용 기기에는 이동방지용을 수립한다.

접지관리도 등의 작성
- C.T.C 시공구간의 신호기기실 접지관리도(평면 약도상에 상호거리 및 위치표시와 설치자, 감독자 설치 연월일, 명칭, 저항치, 극수 명시)
- 기타 뇌해대책 시공개소 접지저항 측정기

문제 9. 케이블을 매설한 경우 설치하는 케이블 매설표의 설치개소는?

답) ① 매설의 시단, 중단, 곡선개소
② 직선부분은 50[m]마다
③ 궤도 횡단개소는 양측
④ 케이블의 접속개소(케이블 접속표)

문제 10. OSI(Open System Interconnection)의 7계층에 대해 기술하시오.

답)
1. 물리계층(Physical Layer)
   물리적 전송매체상의 비 구조적 비트스트림 전송에 관계한다. 물리적 전송매체를 액세스하기 위한 기계적, 전기적, 절차적 특성을 취급한다.
2. 데이터 링크계층(Date Link Layer)
   물리적 링크간의 신뢰성이 있는 정보전송을 제공하며, 필요한 동기화, 오류제어, 흐름제어를 담당하고 데이터의 블록을 전송한다.
3. 네트워크 계층(Network Layer)
   시스템 간을 연결하는 데이터전송과 교환기법으로부터의 독립성을 유지하는 상위계층을 제공하며, 접속의 설정, 유지, 종결의 책임을 진다.
4. 트랜스포트 계층(Transport Layer)
   종점간의 신뢰성이 있고 투명한 데이터 전송 및 오류제어와 흐름제어를 제공한다.
5. 세션 계층(Session Layer)
   응용간의 통신을 위한 제어구조를 제공하며, 서로 연관되는 응용간의 접속을 설정, 유지, 종결 한다.
6. 표현계층(Presentation Layer)
   데이터의 표현상에 존재하는 상이점으로부터 응용프로세스에 독립성을 제공한다.
7. 응용계층(Application Layer)
   사용자에게 OSI 모델로서의 액세스와 분산정보 서비스를 제공한다.

문제 11

Analog 신호를 디지털 신호로 변환하는 과정에 필요한 설계 고려사항들에 대하여 논하시오.

답)

서론

Analog 신호를 디지털신호로 변환하는 것은 디지털 방식에 의한 신호처리시스템을 설계 구현 하는 데 있어서 필수적인 사항으로서 시스템의 처리성능과 구현의 경제성에 직접적으로 관련되는 중요한 기술 요소이다.

본론

Analog신호를 디지털 신호로 변환하는데 필요한 설계변수는 sampling 주파수와 A/D컨버터의 wordlength(bit 수)이다. 샘플링주파수의 선정은 입력신호의 대여폭을 고려하여 aliasing 현상이 없도록 두배 이상 높게 설계하는 것이 기본적인 설계지침이다. 실제적인 신호는 처리에 필요한 대역으로 제한되어 있지 않고 잡음 등 고주파 성분을 포함하고 있는 것이 일반이기 때문에 샘플링 전에 anti-aliasing 필터(일반적으로 RC필터)에 의해 대여폭을 제한시켜 시스템의 처리부분을 절감시켜주는 기술을 적용한다. A/D 컨버터의 wordlength는 양자화 잡음의 양을 결정하여 주는 설계변수로서 응용에 따라 요구되는 신호전력대 양자화 잡음전력의 비에 의해 변수를 설정한다. Bit수를 하나 증가시킬 때 6dB의 개선을 얻는다.

결론

Analog 신호를 Digital 신호로 변환하여주는 과정에 설계 고려사항은 샘플링주파수와 A/D컨버터의 wordlength 결정이다. 이때 이들 값의 결정은 입력신호의 대여폭 특성과 양자화잡음의 양에 대한 시스템의 요구조건에 의해 각각 결정한다.

문제 12

수시기동(Random Transmission)과 스캐닝(Scanning)방식을 설명하고 장, 단점을 기술하시오.

답

1. Scanning 방식

Scanning 방식은 일정주기로 각 정보원(역장치)에 전송로를 할당해서 그 때 마다 현재의 상태를 보고시키는 방식으로 비교적 정보 발생빈도가 높은 정보전송에 적합하다. 따라서 표시정보는 열차의 위치정보와 신호기 정보가 열차주행에 따라 변하기 때문에 발생빈도가 높아 Scanning 방식을 채용한다.

가. Scanning 방식의 장점
- Scanning 방식에서는 다음 주기에서 같은 정보가 반복해서 전송되기 때문에 정보가 빠져도 다음 스캐닝에서 수정된다.
- Scanning 방식에서는 불러냈을 때 대답이 없는 것으로서 상대장치의 고장을 알 수가 있다.

2. 수시기동(Random Transmission)방식

수시기동 방식은 새로운 정보가 발생할 때마다 그 정보원에서 정보를 전송하는 방식으로 정보 발생 빈도가 낮고 잠시라도 오정보 전달을 허락지 않는 정보전달에 적합하다. 제어정보는 CTC센터에서 취급자의 조작이 이루어졌을 때 발생하는 정부이고 또한 신호기, 선로전환기 등을 제어하는 중요한 정보이므로 잘못된 제어는 허락되지 않기 때문에 Code Check를 충분히 할 수 있는 수시 기동방식이 이용된다.

가. 장점
- 필요한 최소의 정보전송 밖에 하지 않으므로 무작위로 발생하는 방해 잡음을 만날 기회가 적다.
- 전송속도를 일정하게 하면 정보가 발생할 때 마다 전송하기 때문에 스캐닝방식보다 단시간에 전달할 수 있다.

나. 단점
- 새로운 정보를 발생했을 때 장치고장으로 정보를 발신할 수 없어도 상대장치에서는 정보 발신장치의 고장을 알 수 없다.
- 동시에 여러 장치에서 정보가 발생했을 때를 고려해서 우선이 되는 장치를 미리 결정해둘 필요가 있다. 또한 높은 장치에서 단시간에 다량의 정보가 발생하면 우선도가 낮은 장치는 오랜 시간동안 정보전달을 할 수 없게 될 수도 있으므로 각 장치가 균등하게 정보를 전송할 수 있도록 고려해야 한다.

문제 13

열차안전운행을 위한 신호설비의 합리적 발전방안을 논하시오.

답)

1. 신호설비의 중요성 제시
    - 철도수송에 있어서 3대 안전설비는 "선로, 차량, 신호"
    - 고밀도/고속도 운전의 대두로 중대사고 미연방지의 필요성
    - 신호설비는 경영개선을 지원 또는 직접수행

2. 기술의 발전동향
    - 최첨단화(전자연동장치)
    - 다중화(2중계, 3중계)
    - Software화
    - 설비의 원격고장감시 시스템 도입

3. 대책
    - 시스템의 기능별 블록화 구성
    - 기술입력의 육성 및 국내 업체 육성
    - 기술의 토착화 (외자재 발주 시 국내 업체참여)

문제 14

Analog 통신 시스템과 대비하여 디지털 통신 시스템의 기본적인 구성요소를 기술하고 차이점에 대하여 논하시오.

답) 디지털 통신 시스템이 Analog 통신 시스템과 구별 되는 기본적인 차이는 신호원을 binary word로 변환하여 전송한다는 점이다. 수신단에서는 waveform 형태로 전송된 신호를 받아 binary 정보를 검출하여 원신호를 복원하게 된다.

디지털통신시스템의 기본적인 구성요소는 source encoder / decoder, channel encoder / decoder, modulator / demodulator로 크게 구분할 수 있다.

구성요소 중 analog 통신 시스템에서는 source encoder / decoder, channel encoder / decoder가 존재하지 않는다.

Source coding은 입력신호에 내재되어 있는 redundancy를 최대로 줄여 전송률을 낮추

기 위한 목적이다.

Channel coding은 채널의 잡음 또는 왜곡에 의해 발생하는 bit error를 수신단에서 검출하여 correction하여 주는 기능을 부여하기위해 redundant bit를 추가 시켜주는 과정이다. 채널의 additive noise 양과 bandwidth에 의해 결정되는 채널의 전송능력(channel capacity)보다 낮은 bit율로 정보를 전송하고자 하는 경우는 error rate를 아무리 작게 설정하더라도 이를 만족시켜주는 채널 코딩 방법이 존재한다는 것이 channel coding 이론이다.

최근의 디지털 하드웨어 기술의 급속한 발전에 힘입어 이러한 source coding, channel coding과 equalization 기술들을 디지털 신호처리에 의해 경제적으로 구현하여 주는 것이 실현 가능해짐에 따라 종래의 analog통신에 비해 성능과 경제성 면에서 우월한 위치를 확보하고 이러한 추세가 확산되는 실정이다.

문제 15. 신교통 시스템(경전철)에 대하여 기술하시오.

답

1. 신교통 시스템의 개요
현대적 최신 기술로 개발된 새로운 특징과 성능을 가진 모든 도시교통 수단임. 종류로서는 AGT, 모노레일, 리니어 모터카 등이 있다.

2. 종류별 규칙
- AGT(Automatic Guideway Trainsit) 궤도형 중형(Middle Size)수송, 차량의 경량화, 고무타이어 사용
- Monorail : 과좌식과 현수형으로 구분됨
- 리니어 모터카 : 리니어의 동작원리, 특징 설명

3. 신교통 시스템의 공통적 특징
- 주행은 전력으로 함
- 차체구조 경량(고무타이어 사용)
- 급곡선, 급구배에 적응
- 자동, 무인 운전
- 최대 수송력 2만명/시간
- 운영경비 절감, 수지개선

문제 16. 신뢰성의 3대 요소를 기술하시오.

답

1. 내구성(Durability)

    시스템이 요구 기간 내에 본래의 기능이 계속적으로 발휘되는 것.
    MTTF(Mean Time To Failure), MTBF(Mean Time Between Failure)로 계산된다.

2. 보전성(Maintainability)
    - 시스템의 유지보수에 의한 고장복구의 용이성
    - 수리시간이 짧고
    - 소장이 사전에 억제되는 것. 고장예고, 모니터 개량 보전

3. 설계 신뢰성(Design Reliability)

    Fail Safe, Fail Proof, Fail Soft에 의한 인간공학적인 설계기법이 적용되어야 함.

문제 17. 디지털 필터의 종류와 설계방식에 대하여 논하시오.

답 디지털 필터는 임펄스응답의 길이가 유한한지 여부에 따라 각각 FIR(finite impulse response), IIR(infinite impulse response) 필터로 구분한다. FIR 필터는 IIR 필터에 비해 상대적으로 구현의 복잡도가 크고 이에 따라 응답특성이 늦다는 단점이 있지만 구현 시 양자화 등에 의해 기인하는 변수오차에 대해서도 언제나 안정성이 보장된다는 사실과 완벽한 형태의 선형위상필터의 설계가 가능하다는 것이 커다란 장점이어서 실제적용에 널리 사용한다. IIR 필터 설계방법은 주어진 주파수 응답특성을 만족하는 analog 필터를 설계한 후 이를 bilinear transform method, impulse invariant method등에 의한 mapping 방식에 의해 설계한다. FIR필터의 설계방식은 주어진 주파수 응답조건으로부터 main lobe 폭과 spectral leakage양을 조정하여주는 windowing 기법과 DFT/IDFT를 복합적으로 적용하여 impulse response를 얻는 방식이 주요한 방법 중의 하나이다. 이외에 frequency sampling 구조에 기초한 설계 기법과 컴퓨터에 의한 수치적인 설계에 의한 최적 필터 설계기법들을 들 수 있다.

문제 18

Axle Counter(비접촉 차륜검지기)란 무엇이며 동작이론과 그 응용을 기술하시오.

답

1. 개요
철도선로 위, 일정 구간의 열차 유무를 확인하는 방법의 하나로서, Rail내 측에 설치 열차의 통과 시 열차 차륜의 후렌지(Flange)에 의해 동작하여, 차륜의 통과 수를 계수하여 열차의 유무를 검지하고, CPU와 결합하여 통과열차의 속도를 지상에서 검지할 수 있는 장치

2. 동작원리
자기(Magnet) 임펄스 발생기와 이를 검지하는 두 요소로 구성된다. 자기 임펄스(Impulse)발생기 구조는 주자석(주자극)과 이와 반대되는 자속을 발생하는 부자석으로 구성된다. 평상시는 주자극에 의해 유극계전기는 일정 방향으로 동작하고 있다가, 열차가 이 자석위를 통과 시, 차륜의 후렌지로 인한 주자극의 분로가 만들어지고, 분로로 인하여 주자극의 자속이 약해지면 상대적으로 부자석의 자속이 강해짐으로 유극계전기는 극성이 전환, 자기 임펄스가 발생한다.

3. 응용의 사례
임펄스 발생 주기, 즉 차륜의 통과 시 발생하는 전기 신호의 주기를 연산하면 열차의 통과와 그 속도, 편성수를 계산할 수 있다. 이러한 현상은 열차(차량)가 선로전환기 통과 시 확실한 철사 쇄정(Detect Locking)에 이용되며 건널목 정시간 제어장치에 이용, 고속 열차와 저속 열차에 대한 건널목 차단시간을 합리적으로 자동제어

문제 19

신호장, 신호소(도시철도의 경우 신호 취급실)의 근무 자격과 담당업무, 근무요령을 기술하시오.

답

1. 근무자격
운전취급자 직무요령 규정에 의거 소속장이 관리역장과 협의 배치

2. 담당업무
   1) 운전취급자 직무요령 제 6조, 제 7조에 의한 열차운전취급
   2) 신호보안장치의 유지보수 및 시공 감독
   3) 업무보고, 운전사령, 신호사령, 기관사등과 보고 및 통고로 비상시 열차운행 조치

문제 20

처리주기가 다른 여러 종류 신호들의 실시간 처리 알고리즘을 단일 마이크로 프로세서에 의해 구현하는데 필수적으로 요구되는 마이크로 프로세서의 소프트웨어/하드웨어 상 기능은 무엇인지 기술하시오.

답 처리주기가 다른 여러 신호들을 실시간 처리하기 위해서는 타이머(timer)기능과 카운터(counter)기능을 같이 사용한 인터럽트(interrupt)처리 루틴에 의한 소프트웨어적 처리기능을 갖추어야 한다.

문제 21

Baseband 데이터 통신에 있어서 채널에 의한 왜곡(distortion) 현상이 무엇인지 설명하고 이를 수신단에서 보상하는 방법에 대하여 기술하시오.

답 왜곡현상이란 파형의 모습이 수신단에서 송신단 파형모습과 달리 찌그러짐 현상이 있는 것을 말한다. 이러한 현상의 원인은 채널의 주파수응답 진폭(magnitude)특성이 송신단 파형의 스펙트럼대역에서 평활하지 않거나 주파수 응답 위상(phase)특성이 선형적이지 않은데서 기인한다. Equalizer를 수신호에 적용함으로서 왜곡현상을 보상하며, equalizer는 개념적으로 채널 특성의 역 필터링(inverse filtering)을 수행하는 것이다.

문제 22

디지털시스템을 구현하는 데 관련되는 장치로서 마이크로프로세서, DSP(digital signal processor), FPGA(field programmable gate array)가 각기 무엇인지 기술하고 기능 및 성능 상 기본적인 차이점이 무엇인지 기술하시오.

답 마이크로프로세서는 memory에 binary word형태로 저장된 인스트럭션을 순차적으로 읽어 들여와 디코딩(decoding)하여 해당 기능을 수행시켜주는 마이크로컴퓨터 시스템의 중앙처리장치(CPU)를 일컫는 일반적인 용어이다. DSP(digital signal processor)는 기본적으로 마이크로프로세서처럼 기억된 인스트럭션을 순차적으로 읽어 수행하여주는 중앙처리장치라는 점에서는 동일하지만, 수치적인 연산을 신속히 처리하여야하는 응용의 경우에 적합하도록 이에 필요한 S/W, H/W적인 기능들을 갖고 있다는 점이 다르다. 이러한 예에는, 프로그램과 데이터를 동시에 이동시켜줄 수 있는 Bus 구조인 Harvard architecture, MAC(multiply and accumulation) 인스트럭션, parallel move등을 들 수 있다. FPGA는 마이크로프로세서나 DSP와는 달리 저장된 인스트럭션을 순차적으로 불러와 수행하는 CPU형태의 장치가 아니고 연결상태를 반복적으로 프로그램하여 줄수 있는 단순한 놀리 Gate들의 array이다. VHDL 등의 언어를 이용하여 작성한 알고리즘을 H/W Gate들의 연결회로로 변환하여 FPGA에 프로그램시켜 줌으로써 알고리즘 구현이 하드웨어적으로 이루어진다는 점이 DSP나 마이그로프로세서와 다르며, 특히 고속처리를 요하는 경우에 유용한 구현 수단이다.

문제 23

결함허용시스템을 구현하기 위한 하드웨어적 방법에는 수동 하드웨어 여분(Passive Hardware Redundancy)과 능동 하드웨어 여분(Active Hardware Redundancy)방법이 있다. 이 두 가지 방법에 대해 설명하고 예를 제시하라.

답 1) 수동 하드웨어 여분

수동하드웨어 여분을 이용한 방법은 다수결 보터를 사용하는 결함 마스킹의 방법이 많이 사용된다. (예 : TMR(Triple Modular Redundancy)

2) 능동 하드웨어 여분

능동하드웨어 여분을 이용한 방법은 결함 검출, 결함의 위치 검출, 결함 복구의 방법을 이용하여 결함 허용 시스템을 구성한다.

예 : 대기 이중계(Standby Sparing), 감시 타이머(Watchdog Timer)

문제 24 컴퓨터 SYSTEM의 성능평가요소를 들고 설명하시오.

답

1) 처리능력(Through Put Time)
   단위시간 내에 처리하는 일의 양
2) 응답시간(Turn-Around Time)
   어떤 일을 처리하기위해 Input 하여 결과를 Output할 때까지의 소요시간
3) 사용 가능도(Availability)
   System을 사용할 필요가 생겼을 때 어느 정도 빨리 사용할 수 있는가
4) 신뢰도(Reliability)
   System이 주어진 문제를 어느 정도 정확히 해결해 주는가

문제 25 신호설비의 양방향 운행제어의 개요에 대해 설명하고 그 목적을 세 가지만 설명하시오.

답

1. 개요

상, 하선 중 한쪽선로의 장애 또는 긴급보수 작업 시행 시 다른 쪽 선로만을 이용하여 상, 하행선 열차를 자동 제어 할 수 있으므로 비상시에도 열차 지장을 최소화

2. 목적

① 복선 이상의 선로에서 레일의 절손, 기관차의 고장 또는 전차선 구간일 경우 전차선로의 보수작업, 급전선 단선사고 등의 중대 사고 발생 시 사고복구를 위해 운행 중단 없이 물동량을 운송하기 위한 목적으로 최소화된 선로작업구간을 설정하면서 열차의 소통을 위해 한 선로의 양방향 운전으로 선로 이용률을 확대하는 것

② 출퇴근 시간에는 인구 밀집지역에서 일시에 한 방향으로 이동한다. 즉, 아침에는 도시로 오후에는 시외(주거지)로, 이러한 경우에 단방향으로만 열차를 운전한다면 비효율적인 방법이 된다. 따라서 도로의 가변차선제 같은 개념을 도입한 것
③ 현대의 철도망은 다양한 종류의 열차(가·감속성능, 종별, 열차장)를 운행시키고 있다. 이때 동일 궤도상에서 고속열차가 저속열차를 추월하기 위해 양방향 운전 기법이 도입되고 있다.

문제 26. PSK(Phase Shift keying) LOOP의 정의, 용도 및 구성에 대해 설명하시오.

답

1. 정의
   - 위상편이변조방식으로, 변조함수에 의해 변조된 파의 순시 위상이 어느 정해진 몇 개의 값 사이를 변화 하도록 되어 있음.
   - 지상과 차상장치사이의 불연속정보의 송신을 가능하도록 함.

2. 용도
   - 사구간 통과 시 차량 내 급전계통 차단기 개폐
   - ATC/ATS 시스템 절체
   - 터널 통과 시 열차 내 기밀장치 작동
   - 절대 정지신호기 열차정지

3. 구성
   주기적인 송신은 궤도에 설치되어 있는 2개의 Half-Loop에 의하여 가능하게 되며 주기적인 변조신호로 송신한다. 이러한 2개의 Half-Loop는 정상 운행방향과 관련하여 좌측 Half-Loop(LL)와 우측 Half-Loop(RL)라 부른다. 이러한 루프 케이블은 매칭 변압기에 연결되며 매칭 변압기는 송신기에 차례로 연결된다.

문제 27. 신호설비에 영향을 미칠 수 있는 노이즈(noise)의 종류와 방지대책에 대하여 논하시오.

답 1. 노이즈(noise)의 종류에는 다음과 같은 외부에서 들어오는 노이즈와 내부에서 발생하는 노이즈가 있다.

　가. 외부노이즈
　　- 정전기 충전(인체에서의 방전)
　　- 접점개폐(접점회로 개폐에 인한 것)
　　- 반도체 스위칭
　　- 전력계통의 개폐(고장시의 과도진동전압)
　　- 천둥 방전(낙뢰방전에 기인하는 것)
　　- 기타, 고주파 방사전자계(트린시버 등)
　나. 내부노이즈
　　- 물성적(열잡음, short잡음, 접촉잡음 등)
　　- 회로적(전원HARM, 반사 크로스토크 등)

2. 노이즈 방지대책
공간에서 방사(放射)한다던가 도체를 전도하여 전자, 통신기기에 침입한다.
방사성 노이즈에 대해서는 정전차폐 또는 전자차폐를 하여야 하며 전도성 노이즈에 대해서는 필터, 차폐트랜스, 서지(surge)흡수장치 등을 설치하는 것으로서 노이즈 방지대책이 가능하다.

문제 28 초전도 자기부상열차의 부상원리를 간단히 설명하시오.

답 1. 자기부상의 원리
　(1) 상하지지의 원리

자극의 이극끼리는 합쳐지고 동극끼리는 반발하는 현상에 따라 자기부상방식은 흡인식(attraction mode)과 반발식(repulsion mode)의 2가지 유형으로 크게 나뉜다. 초전도 자기부상식 철도는 반발식을 채용하고 있다. 이 반발식에도 이극의 영구자석을 이용한 반발식과 전자유도를 이용한 유도반발식이 있는데, 초전도 자기부상식에서는 초전도자석을 이용한 유도반발식 자기부상의 원리를 사용하고 있다. 유도반발식 자기부상시스템은 차량 측에 탑재한 초전도자석과 가이드웨이에 위치한 단락부상코일로 구성된다. 초전도를 이용 대전류를 흘리는 초전도자석을 탑재한 차량이 리니어모터로 추진되어 부상 코일 위로 주행하여오면 부상코일 위치에서의 초전도자석의 자속이 변화하기 때문에 부상 코일에 전압이 유기된다. 이로 인해서 부상코일에서 유도되는 자속은 초전도자석의 자속에 역행되기 때문에 이들 상호자계에 의한 반발력이 작용하여 차량을 부상하게 하는 부상력을 발생한다. 그러므로 이 부상력에 의해 차량은 가이드웨이상에서 상하 지지된다.

(2) 좌우안내의 원리

차량을 부상시켜서 상하의 지지를 유지시키는 것뿐만 아니라 차량을 가이드웨이상의 중앙으로 안내하기 위해서 자석의 흡인력과 반발력을 모두 이용한다. 안내의 경우 어떠한 외력의 영향으로 차량의 위치가 좌우로 변화하는 경우에만 힘을 발생하면 된다. 차량의 중심이 좌우로 미끄러지면 좌우의 안내코일에 쇄교하는 자속은 등가가 이루어지지 않아 차량이 근접한 방향의 코일에는 반발력을 차량이 멀어진 방향의 코일에는 흡인력을 발생하는 전류가 좌우변위에 비례하여 안내코일 폐회로에 유기되어 상호작용에 의하여 차량을 가이드웨이 중앙으로 안내하는 복원력이 발생한다.

29 문제

플레밍의 오른손법칙과 왼손법칙을 설명한 후 식으로 표기하고, 각 법칙은 각각 어떤 기기의 원리로 쓰이며, 그 사유와 각 손가락이 표시하는 것은 무엇인지 비교하시오.

답

1. 플레밍의 오른손 법칙

   자속밀도 $B[\text{wb/m}^2]$와 각 θ의 방향으로 $v[\text{m/sec}]$의 속도로 운동하는 길이 $\ell[\text{m}]$인 직선상도체에 유기되는 유기 기전력에 대한 법칙으로 $e = b l v \sin\theta [V]$이다

2. 플레밍의 왼손 법칙

   전류 $1[A]$가 흐르는 도선 $\ell[\text{m}]$를 자속밀도 $B[\text{wb/m}^2]$에 전류가 자계의 방향의 각도 θ일 때 도선에 작용하는 힘 $F[N]$에 대한 법칙으로 $F = BlI\sin\theta [N]$이다

3. 플레밍의 오른손 법칙과 왼손 법칙의 비교

내 용		오른손 법칙	왼손 법칙
기기의 원리		발전기	전동기
사 유		기계에너지를 전기에너지로 변환	전기에너지를 기계에너지로 변환
손가락	엄지	v 운동방향	F 작용하는 힘
	인지	B 자속밀도	B 자속밀도
	중지	e 유기기전력	I 전류

문제 30 정전계의 쿨롱의 법칙에 대하여 설명하라

답 쿨롱(Coulomb)의 법칙이란 어떤 매질 공간(진공포함)에서 두 대전체 사이에 작용하는 힘을 말하는 것이다. 즉 두 대전체 사이에 작용하는 힘의 크기는 두 전하량의 곱에 비례하고 두 대전체 사이의 거리의 제곱에 반비례하며, 그 힘의 방향은 두 대전체를 연결하는 직선과 일치하고 두 대전체가 같은 종류의 전하를 가지면 척력, 다른 종류의 전하를 가지면 인력이 작용한다. 그러므로 두 대전체가 갖는 전하량을 각 각 Q_1, Q_2 두 대전체 사이에 작용하는 힘을 F라 하면 쿨롱의 법칙은

$$F = \frac{1}{4\pi\epsilon} \frac{Q_1 Q_2}{r^2} \bar{r} \quad (단\ \bar{r} = \frac{r}{|r|},\ r의\ 단위벡터)$$

로 나타난다. 여러 물리량들을 M.K.S 단위계로 표시하면

전하량	Q_1, Q_2	[C]
거리	r	[m]
유전율	ϵ	[F/m]
힘의크기	F	[m]

또, 진공의 유전률은 ϵ_0로 표기하고, ϵ_0의 값은

$$\epsilon_0 = \frac{10^7}{4\pi C^2} = 8.555 \times 10^{-12} ≒ \frac{1}{36\pi} \times 10^{-9} [F/m]$$

단, $C = 3 \times 10^8 [m/sec]$: 빛의 속도

가 된다. 그러면, 진공 중에서 쿨롱의 법칙은

$$F = \frac{1}{4\pi\epsilon_0} \frac{Q_1 Q_2}{r^2} = 9 \times 10^9 \times \frac{Q_1 Q_2}{r^2}$$

단, $\frac{1}{4\pi\epsilon_0} = \frac{1}{4\pi} \times \frac{36\pi}{1} \times 10^9 = 9 \times 10^9 [m/F]$

가 된다.

출제예상문제

1 어느 직류 궤도회로의 송전전압이 1.6[V], 착전전압이 0.9[V]이었다. 계전기의 단자전압을 0.6[V]로 정하고자 하면 몇 [Ω]의 저항을 송전단에 삽입하여야 하는가? (단, 이때의 송전전류는 0.2[A]이다.)

① 1.4 ② 3
③ 3.5 ④ 8

2 원격제어장치와 C.T.C 장치에 공급되는 전원 전압은 특별히 정한 것을 제외하고는 정격전압의 몇 [%] 이내로 하여야 하는가?

① ±5 ② ±7
③ ±9 ④ ±10

해설 〈신호원격제어장치〉
한 역에서 다른 역의 신호 설비를 제어하는 장치이다
1. 제어역과 피제어역 양 역간 궤도회로는 조작판에 동일하게 표시한다.
2. 궤도회로 경계표지번호는 도착역에서 출발역 쪽으로 향하여 장내신호기의 다음 표지를 1로 하고 이하 순차적으로 표시한다.
3. 궤도회로 경계표지는 현장 궤도회로를 1개 이상 묶어 사용할 수 있으며, 궤도회로 경계표지 사이의 거리는 1,000~1,500[m] 이내로 한다.
4. 주 기기의 고장 발생 시 대기 중인 예비기기로 즉시 전환되어 사용에 지장이 없도록 유지한다.
5. 신호원격제어장치와 CTC 장치 전원전압 : ±5[%] 이내

3 정류기로부터 축전지와 부하를 병렬로 접속하여 그 회로 전압을 축전지의 전압보다 약간 높게 유지시켜 사용하는 충전 방식은?

① 부동 충전 ② 균등 충전
③ 초 충전 ④ 세류 충전

해설 ② **균등 충전** : 직렬로 접속된 축전지를 부동 상태로 사용하면 개개의 축전지에 비중이나 전압의 분리가 발생하는데, 이것을 균일화하기 위해 사용하는 충전방법(정전압충전)
③ **초 충전** : 조립한 축전지를 처음으로 충전할 때 사용하는 방법
④ **세류 충전** : 자기가 방전한 만큼만 충전하는 방식. 철도신호에서는 부동충전방식을 사용한다.

정답 1. ③ 2. ① 3. ①

문4 신호용 정류기의 무부하 전압 120[V], 전부하 전압 95[V]일 때의 전압변동률은 몇 [%]인가?
① 21　　② 25
③ 26　　④ 32

문5 신호용 정류기의 정류회로 무부하 전압 260[V], 전부하 전압 250[V]일 때의 전압변동률은 몇 [%]인가?
① 2　　② 4
③ 6　　④ 8

해설) 〈전압변동률 = (무부하전압 − 전부하전압) / 전부하전압 × 100〉
$$\varepsilon = \frac{V_o - V_n}{V_n} \times 100 = \frac{260-250}{250} \times 100 = 4[\%]$$

문6 계전기실, 열차집중제어장치 기계실, 신호원격제어장치 및 건널목 AC 전원에 대한 접지저항은 몇 [Ω] 이하로 하는가?
① 3　　② 10
③ 30　　④ 100

해설) 〈접지저항〉
1. 신호 계전기실, 열차집중제어장치, 컴퓨터실, 신호원격 제어장치, 건널목 AC 전원부 : 10[Ω] 이하 (1종 접지)
2. 전철 구간 실외 설비 중 전원기기 포함 주요 신호기기 : 50[Ω] 이하 (2종접지)
3. 그 외 : 100[Ω] 이하 (3종 접지)

문7 전철구간 실외 설비 중 전원기기를 포함 주요 신호기기에 대한 접지저항은 몇[Ω] 이하로 하는가?
① 3　　② 10
③ 30　　④ 50

문8 직류 직권전동기가 전동차용에 사용되는 이유는?
① 속도가 클 때 토크가 크다.　　② 가변속도이고 토크가 작다.
③ 토크가 클 때 속도가 작다.　　④ 불변속도이고 기동 토크가 크다.

정답 4. ③　5. ②　6. ②　7. ④　8. ③

해설 $T = 9.55 \dfrac{P}{N}[\text{N}\cdot\text{m}] = 0.975 \dfrac{P}{N}[\text{kg}\cdot\text{m}]$

토크(T)는 속도(N)에 반비례한다.

9 신호용 배전반에 사용되는 변압기의 용도가 잘못 제시된 것은?

① BTr : 자동폐색용   ② PTr : 전기선로 전환기용
③ LTr : 진로선별용   ④ ITr : 조작반 표시등용

해설 신호용 변압기

명 칭	용 도
BTr(1, 2)	자동폐색용(상선, 하선)
PTr	전기선로전환기용
TTr	궤도회로용
STr(1, 2)	신호기용(남쪽, 북쪽)
RTr	진로선별등용
ITr	조작판표시등용
LTr	건널목전원용
UTr	시소계전기용
ETr	원격제어용
절연Tr	전자연동장치용

10 신호검측차로 측정할 수 없는 것은?

① AF 궤도회로의 반송파전류   ② 임펄스 궤도회로의 전압
③ ATS장치의 선택도(Q)   ④ 건널목 장치의 조명의 밝기

11 철도신호보안장치의 사고를 방지하기 위해 안전측 동작(Fail-safe)의 원칙을 적용하고 있는데, 이에 해당하지 않는 것은?

① 폐전로 방식으로 회로를 구성
② 회로의 조건을 한선에 넣어 제어회로 구성
③ 제어접점이 낙하하면 전원을 차단함과 동시에 계전기의 양단을 단락하도록 구성
④ 교류 궤도계전기는 정해진 위상 이외의 미류에 대해 오동작 되지 않도록 위상 제어방식으로 구성

정답 9. ③ 10. ④ 11. ②

해설) ⟨Fail-Safe⟩
1. 궤도회로는 폐전로식
2. 전원과 계전기의 위치를 양단으로 하는 방식
3. 양선으로 계전기를 제어하는 방식
4. 단락을 이용하는 방식
5. 위상제어 방식

문12 무정전 전원장치의 정전 시 출력전압 변동범위는 정격전압의 몇 [%] 이내로 유지하는가?
① 7　　　② 10　　　③ 15　　　④ 20

해설) ⟨무정전 전원장치⟩
일반구간 : 출력 전원의 전압 안정도는 ±10[%] 이내
고속선 구간: 출력 전원의 전압 안정도는 ±5[%] 이내

문13 옥내 배선은 P.V.C를 사용하고 계전기군 결선에 있어서는 회로의 부하를 균등하게 하기 위하여 회로별로 몇 [A]를 기준으로 하는가?
① 1　　　② 2　　　③ 5　　　④ 10

해설) 회로별로 2[A]를 초과하지 않도록 매 회로에 2[A] 퓨즈를 추가한다.

문14 최대사용전류가 20(A)인 경우 N.F.B의 용량은 몇 [A] 이상인가?
① 20　　　② 25　　　③ 35　　　④ 40

해설) ⟨N.F.B의 용량 계산식⟩
10×최대사용전류 ≤ 0.8×N.F.B의 용량

문15 연축전지의 방전상태를 표시하는 것은?
① 양극과 음극과의 색이 거의 같다.
② 양극의 색이 갈색이다.
③ 전해액 비중이 1.2이다.
④ 극판의 만곡현상이 생긴다.

해설) 연축전지의 방전 상태에서는 양극과 음극의 색이 연회색으로 변한다.

정답 12. ② 13. ② 14. ② 15. ①

문16 정격 24[V], 저항 180[Ω]의 계전기 낙하 전류[mA]는 얼마 이상인가?

① 29.9 ② 39.9 ③ 49.9 ④ 59.9

해설) 낙하전류 = 정격전류 × 0.3 = $\frac{24}{180}$ × 0.3 = 0.04 = 40[mA]

※ 낙하전류는 정격값의 0.3배 이상

문17 신호용 정류기에서 정류회로의 무부하 전압이 28[V]이고, 전부하 전압이 24[V]일 때 전압변동률은 약 몇 [%]인가?

① 12 ② 14 ③ 17 ④ 19

해설) $\varepsilon = \frac{28-24}{24} \times 100 = 16.6[\%]$

문18 신호용 정류기의 정류회로의 무부하 전압이 210[V] 이고, 전부하 전압이 200[V] 일 때 전압변동률[%]은?

① 4 ② 5 ③ 6 ④ 7

해설) $\varepsilon = \frac{210-200}{200} \times 100 = 5[\%]$

문19 신호용 정류기의 효율시험 시 입력전압을 규정치로 유지하고 출력 측을 조정하여 출력전압과 전류를 정격치로 놓았을 때의 효율[%]의 산출식은?

① 효율 = $\frac{직류전력(출력)}{교류전력(입력)} \times 100[\%]$

② 효율 = $\frac{교류전력(출력)}{직류전력(입력)} \times 100[\%]$

③ 효율 = $\frac{직류전력(입력)}{교류전력(출력)} \times 100[\%]$

④ 효율 = $\frac{교류전력(입력)}{직류전력(출력)} \times 100[\%]$

해설) 정류기는 입력이 교류, 출력이 직류이므로

효율(η) = $\frac{출력}{입력} \times 100 = \frac{직류}{교류} \times 100[\%]$

정답 16. ② 17. ③ 18. ② 19. ①

문20 신호보안장치의 안전 측 동작 원칙으로 적당하지 않은 것은?
① 전원과 계전기 위치를 양단으로 결선한다.
② 궤도회로는 폐전로식으로 한다.
③ 양선으로 계전기를 제어하는 방식이다.
④ 계전기회로는 여자 시 기기를 쇄정하는 방식이다.

해설 Fail-safe(안전 측 동작) 원칙으로서 신호설비에 고장이 발생하는 경우 안전 측으로 동작하도록 시설하는 것을 원칙으로 한다. 또한 '신호설비에 사용하는 계전기회로 및 쇄정 전자석 회로는 무여자일 때 기기를 쇄정하는 방법으로 하는 것을 원칙으로 한다.'라고 정하고 있다.

문21 신호전원이 NET2에서 사용하다가 NET1이 정전 회복되었다면 몇 초 후에 자동 복귀되는가?
① 0.1　　　　　　　　　② 0.3
③ 30　　　　　　　　　 ④ 40

해설 신호용 배전반의 상용전원이 정전되거나 93[V] 또는 187[V] 이하가 되면 0.1초 이내로 비상전원으로 자동전환 된다. 상용전원이 회복되면 40초 후에 다시 상용전원으로 0.1초 이내 자동전환 된다.

문22 어느 구간의 궤도회로에 4[V], 1[A]의 전원을 공급하였을 때 수전 전압의 측정치가 3.95[V]이면 이 궤도회로의 저항[Ω]은?
① 0.01　　　　　　　　 ② 0.03
③ 0.05　　　　　　　　 ④ 0.08

해설 전압이 4[V]에서 3.95[V]로, 즉 0.005[V]의 전압강하가 일어났으므로
전압강하 $e = IR$　$0.05 = 1 \times R$　$\therefore R = 0.05[\Omega]$

문23 신호용 배전반은 계전기실에서 현장까지 연결되는 케이블의 접지저항이 몇(KΩ)이하일 때 접지표시등이 점등되고 경보가 울리는가?
① 10　　　　　　　　　② 20
③ 30　　　　　　　　　④ 40

해설 계전기실에서 현장까지 연결되는 케이블의 접지저항이 20[kΩ] 이하일 경우 접지표시등이 점등되고 접지저항계가 저항치를 지시하며 동시에 경보가 발생

정답　20. ④　21. ④　22. ③　23. ②

문 24 입력전원을 일정하게 안정시키고 전원공급이 중단될 경우 데이터를 보호하기 위한 것은?

① 전자연동장치 ② 정류기
③ 무정전전원장치 ④ 제어계전기

문 25 신호케이블을 매설할 때 전선관을 사용하지 않아도 되는 곳은?

① 터널 내 ② 선로변 평토
③ 교량 상 ④ 건널목 횡단개소

(해설) 선로변 평토에 신호케이블을 매설할 때는 트러프를 사용하거나 직매한다.

문 26 특별히 지정되지 않은 신호기기의 도체 상호 간 및 도체와 외함 사이의 절연저항은?

① 10[Ω] 이하 ② 1[MΩ] 이하
③ 1[kΩ] 이하 ④ 1[MΩ] 이상

(해설) 〈철도신호유지보수세칙〉
특별히 지정되지 않은 신호기기는 도체 상호 간 및 도체와 외함 사이에는 1[MΩ] 이상의 절연저항을 유지하여야 한다.

문 27 회전기의 정격 중에서 전기 철도용 전원 기기에만 적용되는 정격은?

① 공칭 정격 ② 단시간 정격
③ 반복 정격 ④ 연속 정격

문 28 신호기기 총괄표의 기재 사항이 아닌 것은?

① 종별, 형식, 정격
② 제조자명, 제조년원일, 제조번호
③ 구입년도, 설치년원일, 설치장소
④ 검사자, 구매자, 설치자

문 29 신호기용 변압기(STr)의 단위용량이 잘못 제시된 것은?
(단, 신호전구는 50V-25W 기준)

① 신호기 3현시 : 25[VA] ② 신호기 4현시 : 50[VA]
③ 신호기 5현시 : 50[VA] ④ 입환신호기 : 25[VA]

정답 24. ③ 25. ② 26. ④ 27. ① 28. ④ 29. ④

해설 〈신호기용 변압기(STr)〉

부하	단위 용량	비고
신호기 3현시	25[VA]	신호전구 50V-25W 기준
신호기 4현시	50[VA]	신호전구 50V-25W 기준
신호기 5현시	50[VA]	신호전구 50V-25W 기준
입환표지	25[VA]	신호전구 50V-25W 기준
입환신호기	50[VA]	신호전구 50V-25W 기준
진로선별등(등열식)	75[VA]	신호전구 50V-25W 기준
중계신호기	75[VA]	신호전구 50V-25W 기준
출발반응표지	25[VA]	신호전구 50V-25W 기준

문 30 신호케이블 심선상호간이나 심선과 대지 사이에 절연 저항값은 몇 [MΩ] 이상인가?

① 1　　　　　　　　② 2
③ 3　　　　　　　　④ 4

해설 심선 상호 간이나 심선과 대지 사이의 절연 저항값은 1[MΩ] 이상

문 31 신호기기 및 전선로의 절연저항으로 틀린 것은?

① 신호기기 : 도체부분과 기구 사이 10[MΩ] 이상
② 선로전환기 : 코일과 외함 및 도체부분과 사이 5[MΩ] 이상
③ 전기연동기 : 도체부분과 다른 금속부분 사이 1[MΩ] 이상
④ 소형변압기 : 코일상호간 및 도체부분과 금속부분 사이 1[MΩ] 이상

해설 ① 신호기기 : 도체부분과 기구 사이 5[MΩ] 이상.

문 32 삽입형 직류 무극선조계전기의 선륜저항이 140[Ω]일 때 정격전류는 약 몇 [A]인가?

① 0.13[A]　　　　　② 0.17[A]
③ 0.21[A]　　　　　④ 0.25[A]

해설 무극선조계전기의 입력전압은 24[V]이므로
$$I = \frac{V}{R} = \frac{24}{140} = 0.17[A]$$

정답 30. ① 31. ① 32. ②

문33 신호기기의 단자전압과 전류는 특별히 지정되지 않은 경우 정격의 몇 [%]를 유지하여야 하나?

① ±10[%] 이내   ② ±20[%] 이내
③ ±30[%] 이내   ④ ±40[%] 이내

해설 〈철도신호유지보수세칙〉
기기의 단자전압과 전류는 특별히 지정되지 않은 경우 정격의 ±20(%)를 유지하여야 한다.

문34 신호전원장치(입력 110[V])의 배전반 NU1, NU2 계전기 낙하되는 전압([V])은?

① 93   ② 94
③ 95   ④ 96

해설 신호용 배전반의 상용전원이 정전되거나 93[V] 이하가 되면 0.1초 이내에 비상전원으로 자동 전환되고 상용전원이 정상일 때 회복된다.

문35 궤도계전기를 현장에 설치하고 실내에는 반응계전기를 설치하고자 한다. 가장 안전하고 경제적인 결선방법은? (단, 실선은 기구함 및 옥내배선, 점선은 옥외배선이다.)

① B24 —TR----[TP]
   C24 —TR----

② B24 —TR----[TP]—C24
   C24 ┘

③ B24 —TR----[TP]—C24

④ B24 —TR----[TP]—TR—C24

해설 〈Fail-Safe〉
1. 궤도회로는 폐전로식
2. 전원과 계전기의 위치를 양단으로 하는 방식
3. 양선으로 계전기를 제어하는 방식
4. 단락을 이용하는 방식
5. 위상제어 방식
②번은 단락을 이용하는 방식을 이용한 것이며, 나머지는 Fail-safe에 적용되지 않는 결선방법이다.

문36 신호용 축전지에 대한 설명 중 틀린 것은?

① 연축전지의 방전종지전압은 2.25[V]
② 연축전지의 균등충전전압은 2.25~2.40[V]
③ 알칼리축전지의 부동충전전압은 1.47[V]
④ 알칼리축전지의 균등충전전압은 1.7[V]

정답 33. ② 34. ① 35. ① 36. ①

해설) 축전지의 셀당 충방전 전압

구분	연축전지	알칼리축전지	무보수밀폐형
방전종지전압	1.9[V]	1.1[V]	1.8[V]
부동충전전압	2.15~2.17[V]	1.47[V]	2.30~2.35[V]
균등충전전압	2.25~2.40[V]	1.7[V]	2.35~2.40[V]

문37 무보수 밀폐형 연축전지의 방전 종지전압[V]은?
① 1.7[V]　　② 1.8[V]
③ 1.9[V]　　④ 2.0[V]

문38 철도신호유지보수세칙에서 정하는 알칼리 축전지의 방전종지 전압은 몇 [V]로 되어 있는가?
① 1.1　　② 1.8
③ 1.9　　④ 2.0

문39 연축전지의 부동충전 전압[V]은?
① 2.0[V]　　② 2.2[V]
③ 2.4[V]　　④ 2.8[V]

문40 연축전지의 과방전 상태라 함은?
① 1.9[V] 이하　　② 1.9[V] 이상
③ 2.0[V] 이하　　④ 2.0[V] 이상

문41 자동전압조정기가 주파수 조정이 가능한 것은 몇[%] 이내 변동에 일정하여야 하는가?
① 5　　② 10
③ 15　　④ 20

해설) 철도신호지침 209조

정답 37. ②　38. ①　39. ②　40. ①　41. ②

문 42 배선용 차단기 및 퓨즈의 설치방법에 대한 설명 중 잘못된 것은?

① 회로 한 쪽 선에 설치하는 것이 원칙이며 배전반의 전원 측에는 양 선에 설치한다.
② 동일 회선에 동일용량의 것을 직렬로 연결하여야 한다.
③ 설치장소는 분할회로의 시점으로 하고 용량선정은 80[%] 이내로 한다.
④ 설치장소는 화재 및 케이블의 손상 확대 방지에 필요한 장소로 하고 최소한으로 하여야 한다.

(해설) 동일회선에 동일용량의 것을 이중으로 설치 직렬로 연결하면 잦은 장애 발생의 원인이 된다.

문 43 어떤 신호용 전지에 1[Ω]의 부하저항을 접속하면 10[A]의 전류가 흐르고 0.4[Ω]의 부하저항을 접속하면 20[A]의 전류가 흐른다. 이 전지의 내부저항 r[Ω] 및 기전력 E[V]는?

① $r = 0.2[\Omega]$, $E = 12[V]$
② $r = 0.1[\Omega]$, $E = 12[V]$
③ $r = 0.2[\Omega]$, $E = 14[V]$
④ $r = 0.1[\Omega]$, $E = 14[V]$

(해설)
1. 부하저항이 1[Ω]일 때 : $I = \dfrac{V}{R_T}$, $10 = \dfrac{E}{1+r}$ ⇒ 1)
2. 부하저항이 0.4[Ω]일 때 : $I = \dfrac{V}{R_T}$, $20 = \dfrac{E}{0.4+r}$ ⇒ 2)

1)식과 2)식을 연립해서 풀면
$r = 0.2[\Omega]$, $E = 12[V]$

문 44 여자한 궤도 계전기가 0.23[V]에서 낙하하였다. 궤도 계전기의 저항[Ω]은 약 얼마인가? (단, 여자 전류는 0.038[A], 낙하전압은 여자전압의 68[%])

① 9[Ω]
② 10[Ω]
③ 11[Ω]
④ 13[Ω]

(해설) 낙하전압 = 여자전압 × 0.68, 0.23 = 여자전압 × 0.68
여자전압 = $\dfrac{0.23}{0.68} = 0.34[V]$, ∴ $R = \dfrac{V}{I} = \dfrac{0.34}{0.038} = 8.95[\Omega]$

문 45 전철화 구간에 설치된 신호기기 중 제3종 접지를 하지 않아도 좋은 기기는?

① 접속함 및 기구함
② 신호제어계전기(GR)
③ 연동기 및 조작반
④ 건널목 차단기

정답 42. ② 43. ① 44. ① 45. ②

해설) 교류 전철 구간에서의 접지기준은 외부로 노출된 기기 일체를 접지하도록 하고 있다. 그러나 신호기주, 신호기구 등이 접지되므로 신호기구 내부의 신호제어계전기는 별도로 접지가 불필요하다.

46 전원장치에서 교류전원을 직류로 변환시키는 것은?
① 자동전압조정기(AVR)
② 동기절체 스위치(STATIC SWITCH)
③ 축전지(BATTERY)
④ 정류기(RECTIFIER)

47 상용전원과 예비전원사이에 설치하며 평상시 상용전원을 부하측으로 구성하여 주다가 정전발생 시 예비전원으로 연결시켜주는 장치는?
① UPS(Uninterruptible Power Supply)장치
② ATC(Automatic Train Control)장치
③ ATS(Automatic Transfer Switch)장치
④ STATIC SWITCH 장치

48 다음은 축전지 보수 시 유의하여야 할 사항 중 틀린 것은?
① 침전물이 항상 누적되어 있을 것
② 과충전이 되지 않게 할 것
③ 과방전이 되지 않도록 할 것
④ 전해액 비중은 정해진 값에 있게 할 것

해설) 축전지에 침전물이 생기게 되면 음극과 양극이 단락될 우려가 있으므로 보수 시 침전물에 유의하여야 한다.

49 축전지의 초충전은 몇 시간율을 기준으로 하는가?
① 5시간율
② 7시간율
③ 10시간율
④ 20시간율

해설) 초충전 시에는 전해액의 비중과 극성에 유의하여야 하며 10시간율로 충전한다.

정답 46. ④ 47. ③ 48. ① 49. ③

문50 축전지의 자기방전에 대한 설명 중 맞지 않는 것은?
① 1개월에 약 30%이며 3개월이면 과방전으로 사용 불능 상태가 된다.
② 온도가 높으면 커진다.
③ 낡은 축전지는 새 것에 비해 자기방전율이 크다.
④ 전해액의 비중이 낮으면 자기방전율이 커진다.

문51 연축전지가 방전하면 전해액의 비중은 어떻게 되는가?
① 높아진다.
② 낮아진다.
③ 불변이다.
④ 낮아진 후 높아진다.

문52 기계실의 축전지가 오랫동안 방전이 없었고, 셀 당 전압이 불균형 상태일 때 적절한 조치 방법은?
① 부동충전을 시켜준다.
② 균등충전을 시켜준다.
③ 불량 축전지는 분리시킨다.
④ 불량 축전지를 신품 축전지로 즉시 교체한다.

문53 모듈형 고주파 정류기에 대한 설명 중 맞지 않는 것은?
① 소형 경량화
② 운전 중 정류 모듈을 탈, 착이 가능하다.
③ 전체 부하를 모든 정류모듈이 나누어 분담하도록 직렬운전한다.
④ Full Bridge 정류방식이다.

문54 축전지의 온도가 올라가면 비중은?
① 올라간다.
② 내려진다.
③ 변함없다.
④ 일정시간 올라가다가 방전종지전압에 도달하면 내려간다.

정답   50. ④   51. ②   52. ②   53. ③   54. ②

문 55 축전지의 평상 시 충전방식은?
① 부동충전　　　　　② 균등충전
③ 정전류충전　　　　④ 무충전

문 56 사용 중인 신호보안장치의 배선을 점검할 때 사용해서는 안 되는 것은?
① 전압계　　　　　　② 전류계
③ 잠파선　　　　　　④ 회로시험기

문 57 NS형 선로전환기의 전력공급용 변압기(PTR)를 설치하고자한다. 선로전환기 2대를 설치할 경우 변압기의 용량은 약 몇[kVA]인가? (단, 역률은 83[%], 전원은 단상 220[V]이고, 선로전환기의 최대 전류는 4.5[A]라고 한다.)
① 1　　　② 2　　　③ 3　　　④ 4

문 58 접지공사에 대한 설명 중 맞지 않는 것은?
① 3종 접지극은 2개소 이상의 접지에 공용할 수 없다.
② 매설 케이블류와 접지극의 이격거리는 1[m] 이상으로 한다.
③ 접지극은 지표면으로부터 750[mm] 이상 파서 묻는다.
④ 고압용기기 및 접지극과 신호용 접지와의 이격거리는 5[m] 이상으로 한다.

(해설) 제3종 접지공사의 접지극은 2개소 이상의 접지에 공용할 수 있으나 서로 다른 종별의 접지극은 공용해서는 안 된다.

문 59 정류기로부터 축전지와 부하를 병렬로 접속하여 그 회로 전압을 축전지의 전압보다 약간 높게 유지시켜 사용하는 충전방식은?
① 초충전　　　　　　② 균등충전
③ 부동충전　　　　　④ 세류충전

문 60 철도신호 전용 변압기의 고압 측 1선 지락 전류의 값이 150[A]일 때, 일반적인 경우의 접지저항은 몇 [Ω]이하로 유지하여야 하는가? (단, 일반적인 경우라 함은 고압 측과 저압 측의 혼촉 등은 고려하지 않는 것을 말한다.)
① 1　　　② 5　　　③ 10　　　④ 50

정답　55. ①　56. ③　57. ③　58. ①　59. ③　60. ①

61 다음 중 안전 측 동작(fail safe)을 최상으로 고려한 회로는?

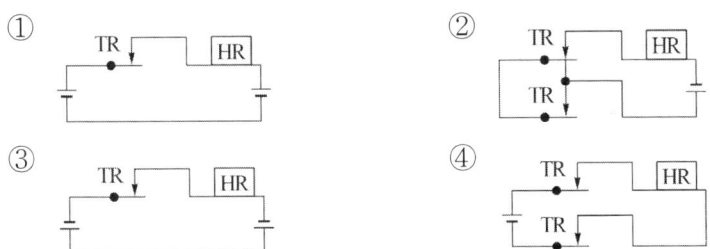

해설) 케이블의 혼선으로 인한 계전기의 오동작 방지를 위하여 전원과 계전기의 분리, 2중 접점의 사용법 등이 안전하다.

62 그림의 곡선은 어느 것에 속하는가?

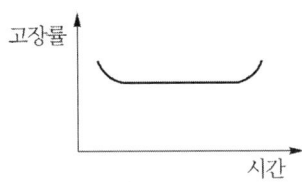

① 유도전압 곡선
② 신뢰성 곡선
③ 전기전철기 부하곡선
④ 고장율 곡선

63 신호용 전원에 관한 설명으로 틀린 것은?
① 열차운행 중 타 분야 설비용 전원의 불안정이 신호장치에 영향을 줄 수 있으므로 독립된 전원을 사용한다.
② 신호장치는 선로상 열차 위치 파악을 기본으로 하여 제어하므로 모든 전원이 차단되어도 최소한의 열차 위치 파악과 진로제어가 이루어지도록 전원을 유지하도록 한다.
③ 신호전원의 차단은 열차운전을 저해하는 등의 예측치 못한 사고를 유발할 수 있다.
④ 신호전원은 24시간 계속 부하로 신호장치의 보수와 공사를 위해서는 보수용 전동기 등을 접지와 상관없이 사용하여도 무방하다.

64 비전철 구간의 직류 신호제어회선은 보통[+]쪽만 사용하고 [−]쪽은 공통으로 사용한다. 그 이유로 옳은 것은?

① 보안도를 높이기 위함이다.
② 저항을 감소시켜 케이블의 굵기를 작게 하기 위함이다.
③ 전원전압을 줄이기 위함이다.
④ 정전용량을 증가시키기 위함이다.

65 신호케이블 매설시 설명 중 맞지 않는 것은?

① 케이블 매설표를 설치하여야 한다.
② 트러프 뚜껑의 상면과 지표면이 수평이 되어야 한다.
③ 케이블의 단말은 반드시 납땜을 하여 처리하여야 한다.
④ 특별한 경우 외에는 지하 60[cm] 깊이로 매설한다.

[해설] 케이블의 단말은 압착단자를 사용한다. 납땜을 해야 하는 단말 처리는 전체적으로 납땜 부분의 크기가 일정하도록 하여야 한다.

66 직류전기철도에 있어서 주전동기인 직권전동기의 속도제어방법에 속하지 않는 것은?

① 저항제어법
② 전기제동법
③ 리액터제어법
④ 직병렬제어법

67 정격전류 12[mA]인 어느 궤도 계전기가 여자되었다가 전압을 점차 내렸더니 0.15[V]에 낙하되었다면 이 궤도 계전기의 선륜저항[Ω]은?
(단, 낙하전압은 정격전압이 0.3배이다.)

① 1.2
② 2.4
③ 4
④ 5

68 신호케이블의 절연저항을 측정하는 계기는?

① 전류계
② 휘트스톤 브리지
③ 메가
④ 오실로스코프

[해설] 신호기기, 전선로 등의 절연저항 측정에는 1,000[V] 이상의 절연저항계(메가)를 사용한다.

정답 64. ② 65. ③ 66. ③ 67. ③ 68. ③

문69 신호 전원에 직류를 사용하는 이유로 옳은 것은?
① 시설비 절약 ② 신호 투시 양호
③ 설비의 기능 유지 ④ 보수 간편

해설 신호제어설비는 열차안전과 직결되는 중요한 설비이므로 정전에 대비하여 그 기능을 확보하기 위하여 부동식 충전이 가능한 직류를 사용하고 있다.

문70 직류전철 구간에서 발생하는 전식을 반도체를 직접 레일과 매설 관측에 접속하여 방식(防蝕)하는 방법은?
① 희생 양극식 ② 선택배류방식
③ 강제배류방식 ④ 정전류배류방식

문71 신호용전원 및 접지관련 내용이다. 설계 및 설치 시에 관한 설명으로 틀린 것은?
① 컴퓨터 시스템의 접지는 전원접지와 분리하고 접지를 공동으로 할 경우에는 접지선 부근에서 접지한다.
② 각종 데이터 통신 케이블 및 공기 조화기 등의 배선과 평행하지 않도록 하고 교차 시 직각 교차를 하도록 한다.
③ 배선은 길이에 의한 전압강하 및 부하의 급격한 변동에 따른 순간적인 전압 변동에 따른 지장이 없도록 충분한 단면적을 확보한다.
④ 접지는 접지봉과 동판을 사용하며 효율이 좋은 3종 접지 50[Ω]으로 한다.

문72 최근 직류 전기차 제어에 많이 채용되는 방법은?
① 저항 제어 ② 직병렬 제어
③ 탭 제어 ④ 초퍼 제어

문73 전차용 주 전동기에 보극을 설치하는 이유는?
① 역회전방지 ② 정류개선
③ 섬락방지 ④ 불꽃방지

정답 69. ③ 70. ② 71. ④ 72. ④ 73. ①

문74 안전 측 동작이라고 볼 수 없는 것은?
① 폐전로식으로 궤도회로 구성
② 궤도회로가 정지신호 시 구성
③ 전원과 피제어 기기의 위치를 양끝으로 설정
④ 양쪽 회선(+, -)을 제어조건으로 설정

문75 신호정보 분석장치의 종류로 볼 수 없는 것은?
① 건널목 경보장치용　　② 자동폐색장치용
③ 궤도회로장치용(AF 및 임펄스)　④ 전환쇄정장치용

문76 신호용 정류기에서 정류회로의 무부하 전압이 28[V]이고, 전부하 전압이 24[V] 일 때 전압변동률은 약 몇 [%] 인가?
① 12[%]　　② 14[%]
③ 17[%]　　④ 19[%]

(해설) $\varepsilon = \dfrac{V_o - V_n}{V_n} \times 100 = \dfrac{28-24}{24} \times 100 = 16.67[\%]$

문77 어느 교류 전철구간의 직류 편궤도 회로의 길이가 650[m], 레일 임피던스가 0.7[Ω/km], 전차선의 귀선전류가 300[A], 레일 상호 간의 유도계수가 1이었다. 레일 간에 발생하는 방해 전압은 몇 [V]인가?
① 69.3　　② 102.5
③ 136.5　　④ 273

문78 궤도용 소형변압기의 손실 중 히스테리시스 손은?
① 누설전류가 증가하면 증가한다.　② 부하에 관계없이 일정하다.
③ 부하의 변동에 따라 변한다.　　④ 궤도회로의 길이에 따라 변한다.

(해설) 변압기 손실중 철손(히스테리시스 손, 와류손)은 부하의 증감에 관계없이 항상 일정하게 발생하는 무부하손이다.

정답　74. ②　75. ④　76. ③　77. ③　78. ②

문79 신호 시설물의 관리를 할 때 금지하지 않아도 되는 사항은?
① 계전기, 회로제어기 등의 접점에 코드 기타 방법으로 접속 하는 일
② 퓨즈 대신 다른 도체로 대용하는 일
③ 취급자가 지정되어 있는 것을 무단히 취급하는 일
④ 사용이 정지된 경우의 계전기를 전도 시키는 일

문80 전자식 원격 제어장치 (ERC)의 논리 부에서 불량 검지회로를 내장하고 시스템의 동작 상태를 LED 로 표시해주는 것은 어느 것인가?
① L1
② L2
③ CPL
④ TGn

문81 50[V]-25[W] 신호기의 전압을 45[V]로 조정하였을 때 흐르는 전류는?
① 0.2[A]
② 0.45[A]
③ 0.9[A]
④ 1.2[A]

(해설) $P = \dfrac{V^2}{R}$, $25 = \dfrac{50^2}{R}$, $R = 100[\Omega]$

$\therefore I = \dfrac{V}{R} = \dfrac{45}{100} = 0.45[A]$

문82 신호설비의 뇌해 대책 중 타당하지 않은 것은?
① 신호설비에는 뇌해 대책을 하여야 한다.
② 보안기는 접지 하여야 한다.
③ 접지극을 다른 설비와 공용해도 무방하다.
④ 지표상 2[m]까지의 접지선은 P.V.C 파이프로 보호

(해설) 접지극을 다른 설비와 공용하게 되면 낙뢰 시 같이 소손하게 된다.

문83 신호설비의 정상기능을 확보하기 위하여 시행하는 일상검사의 종류가 아닌 것은?
① 초기검사
② 순회검사
③ 조정검사
④ 특별검사

(해설) 철도신호지침 제222조

정답 79. ④ 80. ③ 81. ② 82. ③ 83. ③

문 84 정격전압 및 저항이 24[V]-300[Ω]인 선조계전기의 최소동작전류는 몇 [mA] 이상이어야 하는가?

① 24[mA] ② 48[mA]
③ 72[mA] ④ 80[mA]

해설) 정격전류 $I = \dfrac{V}{R} = \dfrac{24}{300} = 0.08[A]$에서
최소 동작전류는 정격값의 0.9배 이상이므로 $0.08 \times 0.9 = 0.072[A] = 72[mA]$

문 85 신호용 배전반의 자동절체 회로가 상용전원에서 예비전원으로 자동 절체되는 시간은 몇 초 이하인가?

① 0.1 ② 0.3
③ 0.5 ④ 0.9

해설) 상용전원이 정전되거나 93[V] 또는 187[V] 이하가 되면 0.1초 이내에 비상전원으로 자동 절체

문 86 다음 중 신호용 무정전 전원장치용으로 현재 가장 많이 사용되는 축전지는?

① 니켈 축전지 ② 연축전지
③ 니켈 카드뮴 축전지 ④ 알칼리축전지

문 87 궤도 반응계전기를 표시하는 기호는?

① geu ② geh
③ BL_1 ④ FP

문 88 다음 중 가공 통신 케이블을 이용할 수 없는 회선은?

① 궤도회로 착전회선 ② 방향정자 회선
③ 통표폐색 회선 ④ C.T.C 제어회선

해설) 궤도회로 착전전압은 0.5[V]로서 전압강하에 특히 유의하여야 하며 회선은 되도록 짧게 배선하여야 한다.

정답 84. ③ 85. ① 86. ③ 87. ③ 88. ①

문89 선로전환기 제어 및 표시회선과 건널목 제어회선에 대한 절연저항의 측정 주기는?

① 월 1회　　　　　　　② 분기 1회
③ 년 1회　　　　　　　④ 2년 1회

해설 신호설비보수규정 별표 1.

문90 철도신호설비의 절연저항에 관한 설명으로 틀린 것은?

① 전원장치는 도체부분과 금속부분과의 사이 3[MΩ] 이상
② 신호기기는 도체부분과 기구와의 사이 5[MΩ] 이상
③ 전선로는 심선 상호간 2[MΩ] 이상
④ 회선의 절연저항은 전원개폐기 및 접속기기를 개방한 상태로 모선과 대지와의 사이 0.1[MΩ] 이상

해설 〈신호설비 유지보수 세칙〉
전선로는 심선 상호 간 및 심선과 대지 사이에 1[MΩ] 이상의 절연저항 유지

문91 철도신호에서 안전측의 제어나 상태에 대한 설명으로 틀린 것은?

① 열차속도에 관해서는 정지시키는것
② 신호기는 정지신호를 출력하는 것
③ 선로전환기는 그 상태를 유지하여 전환하지 않는 것
④ 장치의 조립이 끝나고 시험에서 발견되는 것

문92 신호보안장치는 고장이 발생할 때 안전 측으로 동작하도록 함이 원칙이다. 안전 측 동작으로 옳은 것은?

① 절대신호는 진행으로 쇄정하는 것이 원칙이다.
② 허용신호는 주의로 쇄정하는 것이 원칙이다.
③ 계전기 회로는 무여자로 쇄정하는 것이 원칙이다.
④ 쇄정 전자석 회로는 여자로 쇄정하는 것이 원칙이다.

정답 89. ③　90. ③　91. ④　92. ③

문93 신호회로 결선도에 있어 전원의 문자기호에 대한 표기방법 중 옳지 않은 것은?
① 직류의 (−)는 B, (+)는 C.
② 교류의 급전측은 BX, 귀선 측은 CX
③ (+)는 도면의 좌측, (−)는 도면의 우측
④ 전압의 크기는 숫자로 기호 옆에 표기한다.

해설) 직류의 (+)는 B, (−)는 C

신뢰성과 안정성

문94 철도신호에서 사용하는 하드웨어 결함허용기법으로 거리가 먼 것은?
① Check pointing
② Triple Module Redundancy
③ Watch-dog timer
④ Duplication with Comparison

해설) 〈결함허용〉
시스템의 내부적 또는 외부적인 원인에 의해 시스템에 이상이 발생하였을 때 시스템이 정지하지 않고 데이터의 손실을 방지하고 전체 시스템이 연속적으로 정상동작할 수 있도록 하는 것

〈결함허용기법의 종류〉
1) 하드웨어 결함허용기법
   ① Triple Module Redundancy (TMR)
   ② Duplication with Comparison
   ③ Watch-dog timer
   ④ Stand-by sparing
   ⑤ Self-purging redundancy
2) 소프트웨어 결함허용기법
   ① Check pointing
   ② Recovery block
   ③ Conversation
   ④ Distributed Recovery block
   ⑤ N Self-check programming
   ⑥ N-version programming

정답 93. ① 94. ①

95 신호설비에 결함이 있어 동작 중에 이상이 발생할 때에도 주어진 기능을 정확하게 수행 할 수 있는 시스템은?

① LDM　　　　　　　　　② 결함허용 시스템
③ CCM　　　　　　　　　④ 결함신뢰 시스템

(해설) 결함허용 시스템은 하드웨어나 소프트웨어에 결함이 있더라도 기능상으로 정확한 동작을 수행하도록 목표로 하는 시스템.

96 다음 중 결함요인이 아닌 것은?

① 국부적 결함　　　　　　② 부품의 결점
③ 설계의 잘못　　　　　　④ 외부적인 장애

(해설) 결함의 특성을 지역성으로 분류할 때 총체적 결함과 국부적 결함으로 나눈다.

97 다음 중 신뢰성 관리의 요건이 아닌 것은?

① 설비의 신뢰성 보증 제외
② 환경과 사용조건의 파악
③ 신뢰성에 대한 인식
④ 사용자와 제조사의 신뢰성의 확립

(해설) 설비의 신뢰성 보증은 중요한 요소이다.

98 신호기기의 신뢰성과 사고에 대한 설명으로 잘못된 것은?

① 설비의 신뢰성이 높아도 구성되는 설비의 계통이 작아지면 신뢰성은 낮아진다.
② 대형사고는 여러 개의 원인이 우발적으로 합해져 발생한다.
③ 몇 가지 원인이 겹쳐 대형사고가 발생하나 각 개의 원인들은 보통때는 무시할 수 있는 경미한 것일 경우가 많다.
④ 신뢰성향상 방법으로 결함회피, 결함허용 등의 기법이 사용되고 있다.

(해설) 설비의 계통이 작아지면 신뢰성은 높아지고 계통이 복잡해지면 신뢰성은 낮아진다.

정답　95. ②　96. ①　97. ①　98. ①

문 99 고장과 신뢰도에 대한 설명으로 잘못된 것은?

① 초기고장은 원인을 조속히 발견하여 기간이 짧게 되도록 노력하여야 한다.
② 통제되지 않는 외부환경 등에 의해 일어나는 고장을 초기 고장이라 한다.
③ 고장의 경향에 따라 초기고장, 우발고장, 마모고장으로 분류된다.
④ 고장률 곡선은 보통 우발 고장 기간이 가장 길다

해설 통제되지 않는 외부환경 등에 의해 일어나는 고장을 우발 고장이라 한다.

문 100 철도 신호보안장치의 고장률 산출식은?

① $\dfrac{설비수 \times 24시간}{1개월간 장애건수}$
② $\dfrac{1년간 장애건수}{설비수 \times 24시간 \times 365일}$
③ $\dfrac{1개월간 장애건수}{설비수 \times 24시간}$
④ $\dfrac{설비수 \times 24시간 \times 365일}{1년간 장애건수}$

문 101 신호전구 설비수가 100개일 때 연간 장애수가 50건이라면 고장률은 얼마인가?

① 57×10^{-6}
② 137×10^{-6}
③ 0.5
④ 0.2

해설 고장률 $= \dfrac{1년의 장애 수}{설비 수 \times 24시 \times 365일} = \dfrac{50}{100 \times 24 \times 365}$
$= 5.7 \times 10^{-5} = 57 \times 10^{-6}$

문 102 기기의 가동성은 시스템이 어떤 기간 중 기능을 발휘하고 있는 시간의 비율을 표시한 것이다. 가동성을 나타낸 식으로 옳은 것은? (단, MTBF 는 시스템을 수리해 가면서 사용하는 경우의 평균수명이며, MTTR은 평균 수리시간이다.)

① $\dfrac{MTBF + MTTR}{MTBF}$
② $\dfrac{MTBF + MTTR}{MTTR}$
③ $\dfrac{MTTR}{MTBF + MTTR}$
④ $\dfrac{MTBF}{MTBF + MTTR}$

해설 가용성 $A = \dfrac{동작 가능시간}{동작 가능시간 + 동작 불가능시간} = \dfrac{MTBF}{MTBF + MTTR}$

정답 99. ② 100. ② 101. ① 102. ④

문 103 결함 허용 시스템의 구현에 하드웨어적인 여분을 이용하는 방법으로 능동 하드웨어 여분(Active H/W Redundancy) 중 어느 시스템을 설명한 것이다. 이 시스템은 무엇인가?
① Duplex System
② Cold-standby Sparing System
③ Hot-standby Sparing System
④ Warm-standby Sparing System

문 104 신호전구 설비수가 1,000개일 때 연간 장애건수가 50건이라면 고장률은 약 얼마인가?
① 50×10^{-7}/시간
② 57×10^{-7}/시간
③ 50×10^{7}/시간
④ 57×10^{7}/시간

[해설] 고장률 $= \dfrac{1년의 \ 장애 \ 수}{설비 \ 수 \times 24시 \times 365일} = \dfrac{50}{1000 \times 24 \times 365}$
$= 5.7 \times 10^{-6} = 57 \times 10^{-7}$

정답 103. ③ 104. ②

철 / 도 / 신 / 호 / 문 / 제 / 해 / 설

Chapter

고속철도신호

11장 고속철도신호

11.1 고속철도 ATC 장치

ATC 장치는 레일 또는 루프코일을 정보전송의 매체로 이용하여 속도정보와 열차운행과 관련된 정보를 연속, 불연속으로 전송하기 위한 장치이다. 지상에서 열차운전에 필요한 각종 신호정보를 차상으로 송신하여 열차를 제어하는 ATC(automatic train control) 장치를 사용하며 고속철도에서 사용하는 ATC 장치는 TVM 430 시스템이며 궤도회로는 UM71C를 사용한다.

11.1.1 ATC 장치의 구성

ATC 장치는 크게 지상장치와 차상장치로 분류하며 기본적인 구성은 다음과 같다.

1 ATC 지상설비

1) 정보처리장치(BTR케비넷)
2) 정보송수신장치(BES케비넷)
3) 계전기 인터페이스
4) 궤도회로장치(TC)
5) 불연속 정보전송장치(ITL)

2 ATC 차상장치

1) 수신안테나
2) 정보처리 유니트
3) 표시장치

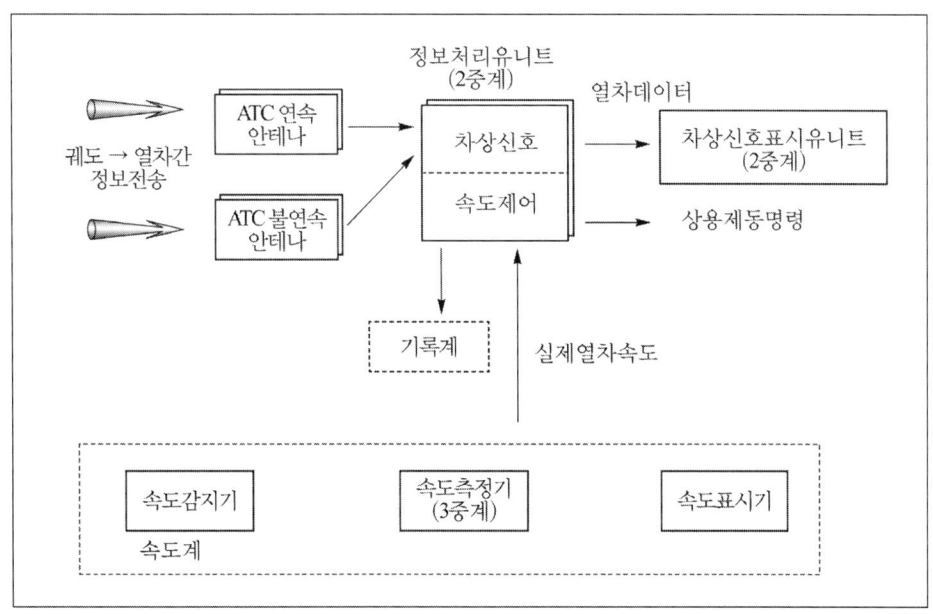

그림 11.1 차상설비구성도

11.1.2 ATC장치의 주요 기능

1 주요 기능

가. 운행정보 생성 및 전송
나. 운행 신호정보 표시와 열차속도 제어
다. 열차 검지
라. 환경조건 감시
마. 열차상태 검지
바. 인력(직원) 및 장비 보호
사. 인접 TVM 센터와 통신
아. 유지보수 지원기능
자. 정거장과 CTC에 운영 및 유지보수 정보 제공

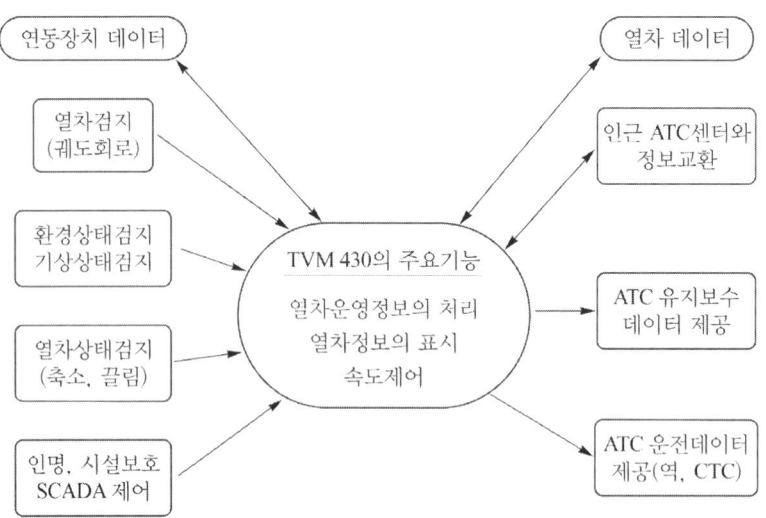

그림11.2 TVM430 주요 기능

11.1.3 TVM 430 차상장치

1 차상설비 구성

ATC 차상설비의 구성부품은 다음과 같다.

- 안테나
- 접속함
- 열차속도감지기
- 차상 ATC 랙(차상 컴퓨터, 속도계, 기록계)
- 차상신호 표시 유니트

11.1.4 TVM 430 정보전송

1 연속정보내용

다음과 같은 정보를 궤도회로를 통하여 차상으로 전달한다.

① 열차제동곡선 생성에 필요한 속도정보(Ve, Vc, Va)
② 폐색구간의 길이
③ 폐색의 구배정보
④ 열차가 운행중인 네트워크

차상 TVM 430설비의 포물선 속도제어 곡선의 연산을 가능하게 하기위해, TVM 430 지상설비는 다음과 같은 정보를 제공해야 한다.

27bit 메시지는 N/P 모드의 5개 워드(words)로 나누어진다.

표 11.1 연속정보 워드

3 bits	8 bits	6 bits	4 bits	6 bits
시스템 주소	속도율	목표 거리	경사도	에러 감시용

1 불연속 정보 전송

열차운행에 필요한 지역적인 특성 또는 운행상황의 변경 등의 정보는 루프 케이블을 통하여 차상으로 전송한다.

① ATC 지역 진출/입 여부
② 양방향 운전을 허용하기 위한 운행방향 변경
③ 터널 진출/입 시 차량 내 기밀장치 동작
④ 절대정지구간 제어
⑤ 전 차선 사구간 정보 제공

11.2 고속철도 궤도회로

11.2.1 실내설비

1 궤도회로 송신기

궤도회로 송신기는 반송주파수(2,040[Hz], 2,400[Hz], 2,760[Hz], 3,120[Hz])별로 4종류가 사용되며, 종류별로 오접속 방지용 Pin이 설치되어 있고 보드 전면에는 반송주파수를 육안으로 확인할 수 있는 LED가 부착되어 있으며, 송신기의 기능은 다음과 같다.

- 신호주파수 변조 기능
- 반송주파수 변조 기능
- 변조신호 증폭 기능

② 궤도회로 수신기

UM71 수신기는 DC 24[V]를 사용하며, 4가지 반송주파수에 따른 4종류의 수신기를 사용하며, 다음과 같은 기능을 가지고 있다. 수신되는 코드신호의 품질과 진폭을 최종 분석하고 신호가 정확할 경우 궤도계전기를 여자시키고, 신호가 부정확할 경우 궤도계전기를 낙하시킨다. 수신기는 2개의 모듈 박스(Module Box)에 조합되어 NS1 계전기 랙에 설치된다.

③ 궤도계전기

UM71 궤도회로장치에 사용되는 궤도계전기는 NS124, 4.0.4 타입이며 다음과 같은 특성이 있다.

- 15℃에서 선륜 저항
- 전원 : DC 24[V]
- 최대 여자전류 : 64[mA]
- 최소 리셋전류 : 20[A]

④ 방향계전기

열차가 진행하는 방향에 따라 궤도회로의 송신기와 수신기의 위치가 변경되어야 한다. 즉, 열차가 임의의 궤도회로 구간에 진입할 경우 반드시 수신기가 설치된 곳으로 진입하여 송신기가 설치된 방향으로 진행하여 운행정보를 수신할 수 있게 된다.

11.2.2 현장설비

1 동조유니트(TU : Tuning Unit)

TU는 BU타입과 BA타입의 2가지를 사용하며, BU타입 TU는 무절연 궤도회로에, BA타입 TU는 유절연 궤도회로에 사용한다.

BU타입 TU는 선로에 직접 연결하고 방수장치가 되어 있으므로 자갈도상에 매설하고 BA타입 TU는 ACI에 연결하여 병렬공진회로를 구성하여 주파수에 동조된다.

TU의 임피던스는 주파수와 관계되어 케패시터(capacitor)에 의해 결정되며, ACI와 동조회로를 구성하여 최대 임피던스 값을 이용하며, TU에는 반송주파수별로 다음과 같은 4가지 타입을 사용한다.

- 2040Hz Unit(V1-F1 : 궤도1, 주파수1)
- 2760Hz Unit(V1-F2 : 궤도1, 주파수2)
- 2400Hz Unit(V2-F1 : 궤도2, 주파수1)
- 3120Hz Unit(V2-F2 : 궤도2, 주파수2)

2 공심유도자(ACI : Air Core Inductor)

1) SVA

유절연 방식 AF궤도회로에 사용되는 SVA 타입 ACI는 BA 타입 TU와 연결되어 LC 공진회로의 Q 값을 개선하는 데 사용되며, 허용전류는 연속 불평형 전류에서 150A(중성점에서는 300A) 이내이고 4분 이내의 불평형 전류에서 150[A](중성점에서는 300A)이내이고 4분 이내의 불평형 전류에서 500[A](중성점에서 1,000[A]) 이내이다.

2) SVAC

무절연 방식 AF 궤도회로에 사용되는 SVAC 타입 ACI는 궤도회로 고조파 성분을 제한하고 전차전류와 관련된 궤도회로의 면역성 레벨을 상승하게 하여 전차선 귀선전류를 재조정하는 데 사용한다.

3 정합변성기(MU : Matching Unit)

MU는 궤도와 UM71 궤도회로장치의 송신기나 수신기 사이의 임피던스 정합에 사용되며,

주파수와는 무관한 설비이다.

MU(=TAD430)는 플라스틱 함체에 내장되어 있으며, 선로변에 설치한다.

4 보상용 콘덴서

선로의 케패시터를 증가시켜 길이의 인덕턴스를 보상하여 전송을 개선시키는 보상용 콘덴서(케패시터)는 선로에 일정한 간격으로 설치하여야 하며, 보상용 콘덴서의 기능은 다음과 같다.

- 궤도회로 길이의 연장.
- 궤도회로에서 열차로의 완벽한 전송을 허용할 수 있는 강력한 레일의 신호전류의 획득.

5 접속 케이블

궤도/역간 접속케이블은 특수하다(쿼드 케이블). 각 케이블의 균등 길이(송신, 또는 수신)은 6750[M]의 이론적인 정수값을 가진다.

6 양극자 블록 장치(DB)

이 장치는 TVM 및 궤도회로에 관련해서 동조 유니트 단락기능 실패의 방해효과를 제한하는 데 사용된다(종적 혼선위험).

동작주파수에 따라서 각각 한 가지 형태의 DB가 있다. 주파수 F1 DB는 F2 주파수에서 회귀하는 직렬 LC 회로로 구성된다.

주파수 F2 DB는 F1주파수에서 회귀하는 LC 회로로 직렬 LC 회로와 콘덴서의 병렬접속으로 구성된다.

DB는 자기궤도회로 주파수에서는 $25[\mu F]$ 콘덴서로써 작용하고 인접궤도회로주파수에서는 단락회로로서 설비된다.

11.3 고속철도 연동장치

11.3.1 전자연동장치의 구성

열차 제어 시스템(TCS)의 하위 시스템인 연동장치(IXL)는 역의 기계실과 연동 기계실(IEC) 그리고 옥외 기구함(OT)에 설치되며 다음과 같이 3가지 레벨로 구분할 수 있다.

① 중앙 레벨 : CL(Central Level)
② 현장 레벨 : LL(Local Level)
③ 선로변 레벨 : TL(Trackside Level)

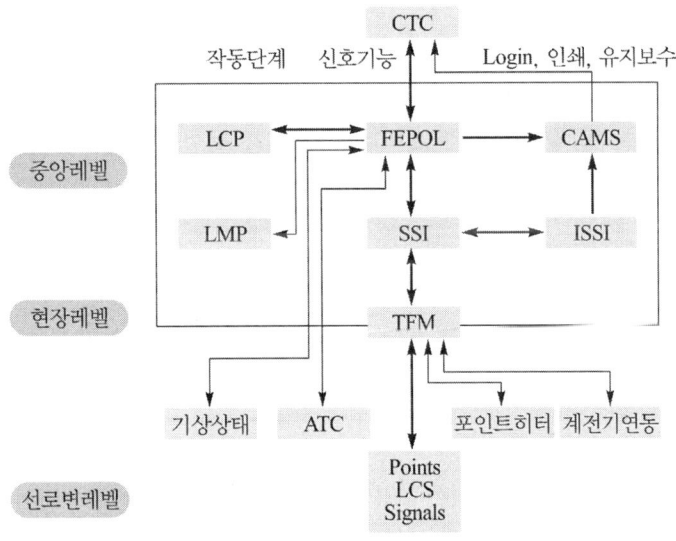

그림 11.3 전자연동장치의 구성도

1 중앙 레벨(CL)

1) 중앙 레벨(CL)의 기능

CL 설비는 안전성을 갖춘 연동논리를 처리하고 CTC와 ATC, 기상검지장치와의 모든 데이터 통신을 수행하며 현장 레벨을 관리한다.

CL 설비는 역의 기계실에만 위치하는데 일반적인 기능을 보면 다음과 같다.

① 역 또는 연동 기계실(IEC)에 있는 ATC(WCE)와의 비활성 통신
② CTC와의 통신 및 관련 데이터 처리
③ 몇 개의 현장 레벨 제어 : 역 기계실 및 연동 기계실의 현장 레벨을 제어한다.
④ 연동장치의 모든 하부 시스템 감시
⑤ 기상 검지 데이터의 수신 및 CTC로 전송

2) 중앙 레벨(CL)의 구성

하나의 중앙 레벨(CL)은 다음의 장비들로 구성되어 있다.

① 두 개의 FEPOL
② 2~3개 정도의 SSI 큐비클
③ 하나의 CAMS
④ 하나의 LCP
⑤ 하나의 LMP(선택사양)
⑥ 통신장비(ODLM, EDLM, LDT)

3) 중앙 레벨(CL)의 세 분류

(1) 운영 레벨

운영 레벨은 LCP(Local Control Panel)를 말하며 신호 장비들의 상태를 현시하는 LMP(Local Mimic Panel)를 갖출 수 있다. 운영 레벨은 사람과 기계의 인터페이스 역할을 한다.

(2) 신호 기능 레벨

LCP에서 취급된 제어 명령은 FEPOL이라는 컴퓨터 모듈에 보내진다. 이 전산 모듈은 신호실의 지리적인 구성에 따라 파라미터링 되며, 진로의 제어를 위하여 SSI 큐비클에 연결된다. SSI 큐비클은 담당 구역 안에서의 열차안전운행에 대한 책임을 진다.

(3) 유지 보수 지원 레벨

컴퓨터 지원 유지 보수 시스템(CAMS)에 의해 운용되는 이 레벨은 다음과 같은 정보들을 기록 보관하며 관리하는 역할을 한다.

② 현장 레벨(LL)

(1) 현장 레벨(LL)의 기능
LL설비는 역 기계실, 연동 기계실(IEC), 옥외 기구함(OT)에 위치하며, 중앙레벨의 제어 하에 있다. 이 레벨이 연동장치의 선로변 설비, ATC, 궤도회로 등과 Fail-Safe 인터페이스를 가능하게 해 준다.

(2) 현장 레벨(LL)의 구성
하나의 현장 레벨(LL)은 다음의 장비들로 구성되어 있다.

① 6개의 TFM 또는 5개의 TFM(LDT 사용시)
② 각종 통신장비

(3) 현장 레벨(LL)의 각 장치별 기본 기능
① TFM : 현장 설비의 입, 출력 정보를 제공한다.
② LDT : 장거리 통신에 사용된다.
③ ODLM : TFM과 SSI간, 그리고 TFM과 다른 TFM과의 통신을 담당한다.
④ EDLM : 같은 기계실 안에 설치된 TFM과의 통신을 담당한다.

③ 선로변 레벨(TL)

1) 선로변 레벨(TL)의 구성
TL 설비는 선로전환기, 입환 신호등, LCS 등과 같이 선로변에 설치된 장비들로 구성되어 있으며 TFM에 의해 감시되고 제어된다.
TL 설비는 각 장치별로 세분화하여 다루어야 하므로 연동장치에서 제외하였다.

11.4 고속철도 분기기

11.4.1 고속철도 분기기 개요

분기부 장치는 선로를 전환하는 장치와 밀착을 확인하여 쇄정을 하는 장치, 그리고 위치 및 쇄정을 확인하는 표시장치 등으로 구분할 수 있다. 분기부는 선로를 전환시키는 것으로 고장 시에는 탈선을 비롯하여 열차운행에 막대한 지장을 주기 때문에 높은 신뢰성을 필요로 한다.

분기부는 8번, 10번, 12번, 15번, 18.5번, 26번, 46번 분기가 사용되는데 기존선과 고속선의 연결 구간에는 26번 분기가 주로 사용되며 고속선 간의 건넘선에는 46번 분기를 사용하여 열차의 운행 속도를 향상시키도록 되어 있다. 8번과 10번 분기는 첨단부만으로 구성되나 18번 이상의 분기에는 첨단부와 함께 크로싱부가 구성된다.

11.4.2 MJ-81 전기선로전환기

MJ81 전기선로전환기는 고속운전을 위한 고번 분기기 및 가동 크로싱부에 적합한 설비로서 교류 3상 또는 단상 전기모터에 의해 구동되고, 원활한 유지보수성을 고려하여 수동조작이 가능하며, 경부고속철도 외 다수의 고속철도 구간에서 적용하여 운용하고 있다.

1 전기적 사양

MJ81 전기 선로 전환기의 전기적 사양은 다음과 같다.

표 11.2 MJ81 전기선로전환기 전기적 특성

구 분	특 성	비 고
공급전원	AC 3Φ 220/380[V] ± 10[%]	
표시전원	DC 24[V]	
동작전류	220[V], 4[A]	
	380[V], 1.5[A]	
모터 소비전력	700[W]	
모터 전환속도	2,850[rpm]	
제어케이블 도체저항	220[V], 10[Ω] 이하	
	380[V], 30[Ω] 이하	

2 기계적 사양

MJ81 전기선로전환기의 기계적 사양은 다음과 같다.

표 11.3 MJ81 전기선로 전환기의 기계적 특성

구 분		특 성	비 고
전환력	정상	200[daN]	
	최대	400[daN]	
선로전환기 동정	첨단부	Vcc=204[mm]	110~260[mm] 조정 가능
	크로싱부	Vpm=181[mm]	
응동 시간		4.2초(260[mm]의 동정에서 200[daN])	
중 량		91[kg]	
몸체 크기		L=700[mm], D=476[mm], H=215[mm]	

③ 환경적 사양

사용온도 : -30[℃]~+70[℃]

11.5 고속철도 안전설비

11.5.1 차축온도 검지장치

고속으로 주행하는 열차의 차축 온도를 일정거리마다 측정하여 차축의 과열로 인한 탈선사고를 사전에 예방하기 위한 장치로서 차축온도검지기(HBD : hot box detector)와 차축온도검지기 전체를 감시하는 차축온도검지기 감시장치(HBS : hot box supervision)로 구성되며 350[km/h]의 속도로 운행하는 모든 열차의 과열된 차축베어링과 차축의 속도 및 수량, 운행방향을 검지할 수 있다.

설치장소는 상하선 평균 30[km] 간격으로 설치하되 하구배와 곡선구간 및 상시제동구간은 가급적 설치하지 않는다.

차축 온도가 80[℃]가 초과할 경우 CTC 관제사가 무선으로 기관사에게 주의경보를 하고 기관사는 인접 역에 정차하여 열차상태를 확인하여야 하며, 90[℃] 이상에서는 위험경보가 통지되어 ATC 장치는 열차에 지장을 주지 않도록 감속 운행하여 인접한 건넘선 개소 또는 역의 측선에 정차 후 기관사는 열차상태 확인하도록 되어 있다.

11.5.2 지장물 검지장치

고속철도를 횡단하는 고가차도나 낙석 또는 토사붕괴가 우려되는 지역 등에 자동차나 낙석 등이 선로에 침입하는 것을 검지하여 사고를 예방하기 위하여 설치한다. 설치장소는 고속철도를 횡단하는 고가도로와 낙석 또는 토사붕괴가 우려되는 개소 및 고속철도와 도로가 인접하여 자동차의 침입이 우려되는 개소이다.

검지선은 병렬 2개선으로 설치되며 지장물 침입 시 단선되는 검지선의 수에 따라 2가지 정보를 CTC에 전송한다.

① 1선단선 : 경보가 전송되어 무선으로 기관사에게 주의운전 유도
② 2선단선 : ATC 장치는 자동적으로 상, 하행선 해당 궤도회로에 정지신호를 전송하여, 진입하는 열차를 정지시키며 기관사는 지장물 확인 후 지장을 주지 않을 경우 복귀스위치를 조작하여 운행 재개

11.5.3 끌림물체 검지장치

운행하는 차량 하부의 부속품이 탈락되어 매달린 상태로 주행하는 차량으로 인하여 궤도 사이에 부설된 각종 시설물의 파손을 방지하기 위하여 일반철도 또는 차량기지에서 고속선으로 열차가 진입하는 인입선에 설치한다.

끌림 검지기 파손 시 ATC 장치는 해당열차에 정지신호 전송 및 CTC에 경보 전송하고 기관사는 열차 정지 후 열차상태를 확인하고 끌림 물체를 제거한 후 운행을 하여야 한다. 또 CTC 관제사에게 보수조치를 통보 한 후 스위치를 조작하여 정지신호를 해제하여야 한다.

11.5.4 기상검지장치

① 강우검지장치
② 풍속검지장치
③ 적설검지장치

11.5.5 레일온도 검지장치

1 설치위치
① 곡선, 양지 및 통풍이 안 되는 구간으로 레일온도 감시가 필요한 장소
② 장대 레일 갱환 및 궤도정비 등 보수작업에 지장이 되지 않는 장소

11.5.6 터널 경보장치

터널 내에 작업하는 보수자의 안전을 위해 작업 시작 전 경보장치의 작동스위치를 ON시키면 열차가 터널에 진입하기 일정시간 전에 경보를 울려 작업자가 대피할 수 있도록 모든 터널에는 터널경보장치를 설치한다.

1 설치위치 및 요령
① 지하구간을 제외한 모든 터널에 설치
② 터널 양쪽 입구에 경보장치 작동스위치를 설치 ON-OFF 할 수 있도록 하고, 동작상태를 나타낼 수 있는 표시램프를 설치하고, 시험용 버튼을 설치하여 경보기의 정상 작동 여부를 확인할 수 있도록 한다.
③ 경보시간은 30초가 확보될 수 있도록 경보제어거리를 2,500[m] 정도로 한다.
④ 경보기의 설치간격은 약 250[m] 정도로 하고 경보기는 터널 벽면에 견고하게 취부하여야 하며, 경보기의 경보음은 터널 내의 보수자가 충분히 인지할 수 있어야 한다.
⑤ 경보장치의 제어는 상, 하선 양 방향 어느 쪽으로 열차가 진입하여도 경보를 발할 수 있어야 하며, 열차가 터널입구에 도착하면 경보가 종료되어야 한다.

11.5.7 보수자 선로횡단장치

보수자 선로횡단장치는 보수자가 지정된 개소에서 선로를 횡단할 경우 접근하는 열차유무를 확인하고 접근열차가 없을 때 한하여 선로를 횡단하도록 하기 위한 장치이다.

1 설치장소

설치장소는 노선 중에서 각 역별로 보수자가 자주 왕래할 것으로 예상되는 개소로 크게 역 부근(station area)과 역외 구간(outside station)으로 나눌 수 있다.

2 시스템 기능

보수자의 선로횡단소요시간은 20초로 선로 횡단개소마다 신호등 기주에 설치된 확인 압구(누름스위치)를 눌러 녹색 신호등이 현시 되면 1회에 1명씩 선로를 신속히 횡단한다. 확인 압구를 눌렀을 때 적색 신호등이 현시 되거나 신호등 점등이 안될 경우에는 선로를 횡단해서는 안 된다.

11.5.8 분기기 히팅 장치

분기기 히팅장치는 강설과 결빙 등의 원인으로 인한 선로전환기의 전환불능 장애를 미연에 방지하여 열차의 안전운행을 확보하는 설비이다.

11.5.9 안전 스위치

궤도변을 순회하는 보수자가 선로의 위험 요소를 발견하였을 때 고속으로 해당구간을 진입하는 열차를 정지 또는 속도를 제한시켜 열차의 안전운행을 확보하기 위한 장치이며 신호계전기실, 역구내, 역간에 약 250~300[m] 간격으로 설치한다.

1 속도제한 판넬(speed limit panel)

보수하고자 하는 궤도 측 인근 선로의 속도를 제한하고자 할 때 보수자는 신호계전기실의 속도제한 판넬에서 관련 궤도의 열차속도를 경우에 따라 170km/h, 또는 90km/h로 속도를 제한하여 열차로부터 작업자를 보호하도록 하는 장치로 천안역 신호계전기실에 설치되어 있다.

2 방호스위치

ATC 방식을 이용하는 모든 선로 변에는 두 가지 종류의 방호스위치가 있다. 두 가지 스위치 모두 열차를 선로보호구역 내에 진입을 하지 못하도록 사각 키를 취급해서 ATC 지상장치를 통하여 정지신호를 발생시킨다.

역 구내에는 건넘선구간 방호스위치(zone for elementary switches), 역간에는 폐색구간 방호스위치(trackside block section protection switches)가 설치되어 있으며 차이는 있지만 동일한 목적과 기능을 수행한다.

11.5.10 지진 감시장치

지진계측설비의 시스템 구성은 선로변의 지진동을 측정하기 위한 지진기록계 및 지진계측센서를 지진동에 취약한 터널입구, 장대교량, 역사 등에 설치하며, 철도교통관제 센터 내에 지진감시시스템을 구축하고, 선로변에 지진기록계로부터 관련정보를 수신하여 지진동을 감시하여 경보를 발령하는 장치이다.

· 고속철도 역사 및 교량의 지진가속도계 설치위치와 개수는 "지진가속도 계측기 설치 및 운영기준(소방 방재청)"에 따른다.

서술형 출제예상문제

문제 1
경부고속철도 전자연동장치의 장치별 기능에 대해 설명하시오.

답

1. 연동장치반(Interlocking Cubicle)
   현장데이터 링크와 TFM을 제어하는 연동장치 반은 전자연동장치의 핵심부분으로 최대 63개의 TFM을 제어할 수 있다.

2. 운용자 장치(Technician's Terminal)
   운용자가 VDU와 Keyboard를 통해서 시스템의 상황을 감시하고 파악하여 모든 상태의 변화를 프린트하거나 자기테이프에 기록유지 할 수 있으며 6개의 연동장치반을 제어할 수 있다.

3. FEPOL
   (Front End Processor for Operational Level) CTC로부터 정보를 수신하여 MIEX 모듈을 통해 연동장치를 제어하고 ATC와 연동장치 등 현장 설비들의 상태를 정보를 수신하여 CTC에 정보를 송신하며 2중계로 구성된다.

4. 장거리 터미널(DLM: Data Link Module)
   표준화된 통신네트워크(Phone Network)에 전자연동장치 네트워크를 연결하는데 사용되며 Long Line Link의 전송 메시지를 표준통신방식인 PCM 전송방식을 사용한다.

5. 현장 데이터 링크
   (TDL : Trackside Data Link) 선로변에 있는 모든 장치는 Trackside Data Link를 통해 제어되며 이 링크는 이용도를 높이기 위해 2중계로 구성되며 각각의 링크는 단심차폐 두선꼬임 케이블을 사용한다.

6. TFM(Trackside Functional Module)
   TFM은 신호기, 선로전환기 등 현장신호설비의 vital 입, 출력을 제공하고 역과 중간건넘선의 ATC 장치와 인터페이스를 담당한다.

문제 2 고속화운전(200[km/h])에서의 폐색구간에 대하여 논하시오.

답) 1. 200[km/h]의 고속도운전에서 열차의 제동거리는 속도에 비례하여 길어짐.
       지상신호기 현시방식은 투시거리 부족으로 기관사에 의한 확인운전은 불가능.

       투시거리 800[m] < 제동거리

2. 차상신호 폐색장치 도입이 절대적으로 필요하다.
   - 차상신호 폐색방식 ATC, Euro Balise의 개요 설명
3. 안전설비가 필요하다.
   - 기관사의 전방주시로 선로 내 지장물 침입에 대응 불가.
4. 주요 지장물 및 안전장치
   - 건널목, 눈사태, 토사유입, 고가도로의 자동차 낙하, 강풍, Hot box, 선로 비틀림 등의 검지장치에 대한 설명.
5. 고속도 운전에서의 열차 폐색은 열차와 열차간의 폐색과 더불어 열차운행에 지장을 주거나 중대사고를 유발하는 조건을 방호하는 공간의 개념, 즉 건축한계의 확보도 폐색의 개념이어야 함.

문제 3 경부고속철도 안전설비 중 강풍검지장치와 끌림검지장치에 대해서 설명하시오.

답) 1. 강풍검지장치
    가. 개요
        선로변의 풍속을 검지하여 강풍발생시 열차 운전속도를 규제하고 감시정보는 역과 CTC 관제실로 전송되어 표시반에 검지상태를 표시한다.
        - 풍속검지기는 5[%] 편차의 풍속[m/s]과 풍향을 표시한다.
        - 동절기 풍속계의 결빙을 방지하기 위하여 자동 온도 검지에 의해 작동되는 히터를 설치한다.

나. 설치
- 하천, 계곡 등 강풍이 우려되는 개소
- 주요 태풍 경로

2. 끌림 검지장치

가. 차량 부속품의 파손 또는 이탈이 발생할 경우 이 물체가 매달린 상태로 열차가 고속으로 주행할 경우 발생할 수 있는 사고 및 시설 물 피해를 예방하기 위하여 설치한다.

나. 운행제한
- 끌림검지기 파손 시 ATC 장치는 해당열차에 정지신호 전송 및 CTC에 경보전송
- 기관사는 열차 정지 후 열차상태 확인 및 끌림 물체 제거
- CTC관제사에게 보수조치 통보 후 스위치를 조작하여 정지신호 해제

다. 설치
- 일반철도 또는 차량기지에서 고속선으로 열차가 진입하는 인입선에 설치한다.
(설계 편람 KRS-13010 안전설비 참고)

문제 4

경부고속철도 전자연동장치(SSI)중 FEPOL과 SSI간 및 FEPOL과 CTC 간의 정보 인터페이스 내용을 쓰시오.

FEPOL과 SSI간의 인터페이스 양방향 직렬 인터페이스가 SSI와 FEPOL 간 인터페이스에 사용된다.

- FEPOL에서 SSI 간 교환정보
  · 진로 해정 및 진로쇄정 정보
  · 진입진로의 정지 또는 진행 표시
  · 반대선 운전요구 정보
  · 전철기 히터등 각종 제어정보 요구

- SSI에서 FEPOL간 교환정보
  SSI의 모든 정보는 FEPOL을 경유하여 CTC에 제공된다.
  · 진로상태 등 열차검지 표시에 필요한 정보

- FEPOL과 CTC 간의 인터페이스

CTC와 FEPOL 간의 인터페이스는 ATC와 SSI양측의 관리를 위해서 관계되는 정보가 상호 교환될 수 있도록 양방향 직렬링크의 멀티포인트가 사용되며, 전송속도는 4,800[bps]이다.

- 진로요구, 속도제한 등 CTC 제어에 필요한 정보
- CTC에서 FEPOL로 질의하는 특별한 그룹의 정보
- 질의된 정보그룹을 CTC에 보내는 응답정보
- 연동장치설비들의 감시에 필요한 운전경보

문제 5. 경부고속철도의 현장 모듈 중 선로전환기모듈(PM)과 유니버설 모듈(UM)에 대해 설명하시오.

1. 선로전환기 모듈(PM : Point Module)

    선로전환기의 모듈은 3상 선로전환기 모터를 작동시킬 수 있도록 되어 있으며, 하나의 선로전환기 모듈은 모듈을 수용하는 프레임의 결선 구성에 따라 최대 4대의 선로전환기를 작동시킬 수 있다. 선로전환기 모듈의 출력 인터페이스는 4개의 회로로 나뉘어져 각각 하나딩 하나의 선로전환기에 할당되어 있다. 선로전환기는 AC220[V]의 델타결선과 AC380[V]의 스타결선으로 2개의 결선체계에 의해 제어되고 코드화된 전압은 모듈에 의해서 Track Controller로 보내지며, 전압의 극이 바뀐 상태를 검지하여 선로전환기 동작위치를 검지할 수 있다. TFM과 선로전환기간 케이블의 최대 길이는 2,000[m]이다.

2. 유니버설 모듈(UM : Universal Module)

    신호기 및 필요한 현장 설비와의 인터페이스를 위하여 사용되며, 8개 DC입력과 8개의 AC110V 60Hz 출력을 가지고 있다. 출력은 주로 신호기의 램프를 동작시키는데 사용되며, TFM UM과 신호기간의 최대 길이는 450m로 제한되어 있다. TFM UM과 신호기 사이의 거리를 증가시키기 위해 인터페이스 계전기가 램프 전원을 공급하는데 사용될 수 있다. 모든 고속철도상의 신호기는 램프전류에 의해서 계전기가 여자되는 소등검지 설비를 사용한다.

문제 6. 고속철도 안전운행에 필요한 제반 검지설비를 열거하라.

답)
- 차축온도지장치
  열차의 차축 발열을 사전에 검지하여 탈선 또는 차량고장으로 인한 대형사고 방지
- 지장물검지장치
  낙석우려, 토사붕괴 등을 사전에 검지
- 끌림물체검지장치
  차량부품의 파손 또는 이탈이 발생 시 이물체가 매달린 상태에서 주행하게 되면 선로변 시설물을 파괴 우려가 있으므로 선로중앙에 설치하여 사고 미연방지
- 기상검지장치
  적설, 강풍, 강우에 대한 기상조건에 대한 경보체계 구축
- 레일온도 검지장치
  레일 온도 급상승으로 인한 레일 장출사고방지
- 터널 경보장치
  터널 내 보수자의 사상사고를 방지하기 위하여 터널진입지점에 설치하여 보수자에게 사전경보 제공

문제 7. 경부고속철도 안전설비 중 차축온도검지장치 및 지장물검지장치에 대하여 설명하고 설비위치 선정기준에 대해 쓰시오.

답)
1. 차축온도검지장치
   고속으로 주행하는 열차의 차축이 과열되어 일정온도 이상으로 과열된 차축에서 방출하는 적외선을 검지하여 관계분야에 경보 또는 열차의 운행을 감속 또는 정지시킴으로써 승객의 안전을 도모하는 장치이다.
   - 설비위치 선정조건
     - 열차가 최고속도로 주행하는 구간
     - 중간기계실에 인접한 장소에 설치
     - 역 또는 보수기지 진입 10[km] 전방에 설치

· 상시제동구간, 하구배 지역, 곡선구간은 배제
· 터널, 교량, 고가 구간 등 보수유지가 어려운 장소는 배제
· 전체 노선에 걸쳐 25~30[km] 간격으로 설치

2. 지장물검지장치

  낙석 또는 토사붕괴가 우려되는 지역이나, 고속철도 위로 통과하는 고가차도에서 지장물(자동차 또는 낙석)이 철도변에 침입할 우려가 있는 개소에 주행하는 열차의 안전운행을 저해할 사태가 발생했을 때 접근하는 열차에 정지신호를 전송하거나 감속운행을 유도하도록 한다.

  - 설비위치 선정조건
    · 도로가 인접한 곳으로서 자동차의 침입이 우려되는 장소
    · 고속철도 위로 횡단하는 고속도로
    · 낙석이 우려되는 산악지역
    · 토사붕괴의 위험성이 있는 지역
    · 터널 입, 출구 낙석이 우려되는 곳

문제 8. 고속철도 폐색분할의 의미와 고려할 사항 및 속도코드의 결정에 대해 설명하시오.

답) 1. 의미

  차상신호 현시에 따라 운행하고 있는 열차는 지상에서 전송되는 ATC 신호에 따라 즉시 운행속도를 변경해야 한다. 속도의 감속을 요하는 폐색 구간 내에 정해진 속도로 감속하지 못하면 과주검지에 의해 강제제동이 발생하거나 중대한 사고의 요인이 될 수 있으므로 폐색구간의 길이는 열차의 제동력과 제동거리를 고려하여 결정한다.

2. 고려사항
  - 열차의 공주거리
  - 속도별 감속력 및 가속력
  - 각 역의 정차시간
  - 선형 및 종단면 조건
  - 종착역의 차량회송방식 및 역의 운전경로

3. 속도코드의 결정

어느 속도단계 V_1에서 다음속도단계 V_2까지 감속시키는 제동거리와 V_2에서 정지까지의 제동거리가 비슷하도록 구간을 분할하는 것이 가장 효율이 높은 폐색 분할이 되므로 속도코드(CODE) 결정 시에는 최고속도로 부터의 제동거리를 감안하여 산출할 수 있다. 이때의 관계식은 다음과 같다.

$$V_2 = \sqrt{\frac{V_1^2}{2} + (V_1 - \sqrt{\frac{V_1^2}{2}}) \times t \times \beta}$$

여기서, V_2 : 단계별 속도[km/h]
V_1 : 역간 열차의 최고 속도[km/h]
t : 공주시분[sec]
β : 열차의 감속도[km/h/s]

문제 9

경부고속철도 열차제어설비(TCS)의 개요와 서브시스템 구성요소 및 이를 구현하기 위한 필수조건으로 어떤 것이 있는지 쓰시오.

답

1. 개요

   고속철도의 열차제어설비는 신속한 인적, 물적 수송시스템의 구축을 위하여 열차운전의 안전성과 운행 효율을 증대시키기 위한 설비를 말하며 이의 주된 기능으로는 진로구성에 관한 명령과 제어, 열차의 간격을 조정하는 기능 안전운행의 확보, 각종 보호기능에 관한 기능을 수행한다.

2. 구성요소
   - **자동열차제어장치(ATC)** : 열차검지, 열차간격, 속도명령, 차상속도 제어 및 각종 안전설비에 대한 기능을 수행한다.
   - **연동장치(LXL)** : 열차집중제어장치(CTC)나 현장제어패널(LCP)에서 요구한 현장신호설비의 제어 및 감시기능을 수행한다.
   - **열차집중제어장치(CTC)** : 사령실에서 현장신호설비 및 열차를 집중 제어 및 감시하는 기능을 수행한다.

3. 필수조건
    - 의존성(Dependability) : 중앙 집중화된 운용 Fail-Safe
    - 안전성(Safety) : Fail-Safe 원칙과 다중화(Redundancy)운용
    - 유용성(Availability) : 사고에 대비한 Back-up기능
    - 신뢰성(Reliablility) : 최신, 최고의 기술 사용
    - 호환성(Coherence) : 기존 철도와의 연계성
    - 유지보수성(Maintainability) : 유지보수의 용이성

문제 10 UM71궤도회로장치의 기능 및 구성요소에 대해 논하시오.

답 1. 기능
   무절연 AF궤도회로(역구내 유절연 AF궤도회로)로 다음과 같은 기능을 수행한다.
    - 열차위치 검지
    - 레일절손 검지
    - 전차선전류 고주파성분 제거
    - 전차선귀선전류의 배제
    - 운행정보 선날

2. 구성
    1) 실내설비
        · 궤도회로송신기 : 반송주파수(2040Hz, 2400Hz, 2760Hz, 3120Hz)별로 4종류가 사용되며, 신호, 반송주파수 변조기능 및 변조신호 증폭기능을 다진다.
        · 궤도회로수신기 : DC24[V]를 사용하며, 수신되는 코드신호의 품질과 진폭을 최종분석하고 신호의 가부에 따라 궤도계전기를 여자, 무여자시킨다.
        · 궤도계전기 : NS124, 4.0.4 Type으로 15℃에서 전류저항을 가지며 최대여자전류는 64[mA], 최소 리셋전류는 20[mA]
        · 거리조정기 : 한 궤도회로의 송신기와 수신기의 케이블의 길이가 동일하게 구성되도록 전류를 감쇄시키기 위하여 사용하며 운행정보전송을 위한 회로의 반전을 용이하게 한다.
    2) 실외 설비
        · 동조 유니트(TU : Turning Unit) : TU의 임피던스는 주파수와 관계되어 케패시터

에 의해 결정되며, ACI와 동조회로를 구성하여 최대 임피던스값을 이용한다.
- 공심유도자(ACI : Air Core Inductor) : LC공진회로의 Q값 개선 및 전차선 귀선 전류 재조정에 사용
- 정합변성기(Matching Unit) : 궤도와 궤도송신기, 수신기사이의 임피던스 정합에 사용
- 보상콘덴서 : 선로의 커패시터를 증가시켜 길이의 인덕턴스를 보상하여 전송을 개선시킴

문제 11. TVM(Transmission Voie Machine : 궤도차량정보 전송장치) 시스템의 개요 및 주요기능에 대해 설명하시오.

답

1. 개요

    궤도와 열차간의 전송시스템을 수행
    - 차내 신호현시 방식
    - 연속적인 지상→차상정보 송신
    - 속도제어 및 불연속정보 송신(지상→차상)
    - 고정폐색시스템

2. 주요기능
    - 연동장치(LXL)와의 궤도점유정보 및 진로제어정보 송·수신
    - 열차 점유정보(궤도회로) 생성
    - 각종 기상정보조건 정보(강풍, 강설, 강우)
    - 열차상태조건 정보(차축온도, 끌림 검지)
    - 인원 및 장비(보수요원) 보호(전차선 작업보호)
    - 인접 TVM 시스템과의 정보전송 기능
    - ATC 보수정보 전송(중앙보수감시장치)
    - ATC 제어 및 보수 DATA를 CTC 및 역에 전송

출제예상문제

1. 고속철도 UM71 궤도회로 장치의 송신기나 수신기 사이의 임피던스 정합에 사용되며 주파수와는 무관한 설비는?

① 동조 유니트(Tuning Unit)
② 공심유도자(Air Core Inductor)
③ 정합변성기(Matching Unit)
④ 보상용 콘덴서(Compensation Condenser)

해설
1. 동조 유니트(TU)
   - TU의 임피던스는 주파수와 관계되어 커패시터에 의해 결정
   - ACI와 동조회로를 구성하며 최대 임피던스 값을 이용
2. 공심유도자(ACI)
   - LC 공진 회로의 Q값 개선
   - 전차선 귀선 전류 재조정에 사용
3. 정합변성기(MU)
   - 궤도와 궤도 송신기, 수신기 사이의 임피던스 정합에 사용
4. 보상용 콘덴서
   - 선로의 커패시터를 증가시켜 궤도 길이의 인덕턴스를 보상하고, 전송을 개선시킴 (100[m] 간격으로 일정하게 설치)

2. 고속철도 열차제어시스템(TCS)에 포함되지 않는 것은?

① CTC
② IXL
③ ATC
④ CBTC

해설 〈고속철도 열차제어설비(Train Control System)의 구성〉
1. 열차자동제어장치(ATC : Automatic Train Control)
2. 전자연동장치(IXL : Interlocking)
3. 열차집중제어장치(CTC : Centralized Traffic Control)

3. 경부고속철도 ATC 속도코드 설정 시 건넘선이나 측선 방향으로의 분기 최대통과 속도 설정으로 거리가 가장 먼 것은?

① 10번 분기 50[km/h]
② 18.5번 분기 90[km/h]
③ 26번 분기 130[km/h]
④ 46번 분기 170[km/h]

정답 1. ③ 2. ④ 3. ①

문 4 경부고속철도구간 UM71 궤도회로장치 구성기기 중 선로변 현장에 설치되는 기기는?

① 궤도회로 송신기
② 궤도회로 수신기
③ 방향계전기
④ 동조유니트

해설 〈UM71 궤도회로의 구성〉
1. 실내설비
   - 궤도회로 송신기   - 궤도회로 수신기
   - 궤도계전기   - 방향계전기
   - 거리조정기
2. 현장설비
   - 동조 유니트(TU) - 공심 유도자(ACI)
   - 정합 변성기(MU) - 보상용 콘덴서
   - 접속케이블   - 양극자 블록장치

문 5 경부고속철도구간에 운용중인 UM71C형 궤도회로에 전기적 절연을 위해 사용되는 주파수가 아닌 것은?

① 2,040[Hz]
② 2,400[Hz]
③ 2,570[Hz]
④ 3,120[Hz]

해설 〈UM71 궤도회로〉
궤도회로는 약 1,500(m) 간격으로 설치하며 사용주파수는 4가지이다.
1. 하선용
   - F1 : 2040(Hz), F3 : 2760(Hz)
2. 상선용
   - F2 : 2400(Hz), F4 : 3120(Hz)

문 6 경부고속철도의 전자연동장치의 구성기기로 옳지 않은 것은?

① 미니현장조작판(LMP)
② 연속정보전송모듈(CEU)
③ 선로변기능모듈(TFM)
④ 컴퓨터지원 유지보수 시스템(CAMS)

해설 〈고속선 전자연동장치의 구성〉
1. 선로변기능모듈(TFM)
2. 컴퓨터지원 유지보수 시스템(CAMS)
3. 연동처리장치(SSI)
4. 역 정보전송장치(FEFOL)
5. 보수자단말기(TT)

정답 4. ④ 5. ③ 6. ②

문7 경부고속철도 열차제어정보를 궤로회로를 통하여 차상으로 전달하는 연속정보내용으로 거리가 가장 먼 것은?

① 폐색구간의 길이
② 열차제동곡선 생성에 필요한 속도정보
③ 폐색의 구배정보
④ 전차선 사구간 위치정보

해설) 〈연속정보전송〉
다음과 같은 정보를 궤도회로를 통하여 차상으로 전달한다.
1. 열차제동곡선 생성에 필요한 속도정보
2. 폐색구간의 길이
3. 폐색의 구배정보
4. 열차가 운행 중인 네트워크

문8 경부고속철도 열차자동제어장치(ATC)에서 루프코일을 통하여 차상장치로의 정보전송 내용이 아닌 것은?

① ATC 지역 진·출입 여부
② 절대정지구간 제어정보
③ 건넘선용 궤도회로 주파수채널 변경정보
④ 폐색구간의 길이

해설) 문 12) 참조

문9 경부고속철도에 설치된 기상검지장치가 아닌 것은?

① 안개검지장치   ② 풍속검지장치
③ 적설검지장치   ④ 강우검지장치

해설) 〈기상검지장치〉
1. 강우검지장치   2. 풍속검지장치   3. 적설검지장치

문10 경부고속철도에서 사용하는 보상콘덴서의 기능으로 맞는 것은?

① 궤도회로 길이 연장   ② 궤도회로 송수신 방향 결정
③ 궤도회로 경계점 설정   ④ 궤도회로 고주파 성분 제거

해설) 선로의 커패시티를 증가시켜 레일의 인덕턴스를 보상하여 전송을 개선시키는 보상용 콘덴서는 선로에 일정한 간격 [100(m)]으로 설치하여야 하며, 보상용 콘덴서의 기능은 다음과 같다.
– 궤도회로 길이의 연장
– 궤도회로에서 열차로의 완벽한 전송을 하도록 레일의 신호전류 획득

정답 7. ④ 8. ④ 9. ① 10. ①

문 11 UM71C형 궤도회로의 보상콘덴서 설치에 대한 설명으로 거리가 먼 것은?

① 분기부를 제외하고는 볼트 취부식으로 한다.
② 보상콘덴서의 용량은 25[μF]으로 한다.
③ 콘덴서를 제 위치에 설치할 수 없을 때는 ±7[m]의 허용범위 안에 설치할 수 있으며, 그 다음 콘덴서는 제 위치에 설치한다.
④ 콘덴서는 분기의 첨단 끝에서 5[m] 이내에 설치할 수 없다.

해설 콘덴서를 제 위치에 설치할 수 없을 때는 ±3[m]의 허용범위 안에 설치할 수 있으며, 그 다음 콘덴서는 제 위치에 설치한다.

문 12 경부고속철도 TVM430 불연속 정보 메시지가 아닌 것은?

① ATC 지역 진·출입 여부
② 열차 유·무 검지
③ 차량 기밀장치 동작/해제
④ 전차선 절연구간 예고/실행

해설 정보전송장치로부터 수신된 불연속정보를 선로에 따라 포설한 루프코일을 통하여 차상장치로 전송하는 내용은 다음과 같다.
1. ATC 지역 진·출입 여부
2. 양방향 운전을 허용하기 위한 운행방향 변경
3. 터널 진·출입 시 차량 내 기밀장치 동작
4. 절대정지구간 제어 및 전차선 절연구간 정보 제공

문 13 경부고속철도에서 사용 중인 TVM430 불연속 정보 메시지가 아닌 것은?

① 무선시스템 및 채널변경정보
② 지장물 검지장치정보
③ 터널진출입정보
④ 전차선 절연구간 예고, 팬터내림정보

문 14 우리나라 고속철도의 ATC 장치의 불연속 정보 전송장치에 관련된 내용이다. 다음 중 전송 내용이 아닌 것은?

① ATC 지역 진·출입 여부
② 양반향 운전을 허용하기 위한 운행방향 변경
③ 터널 진·출입 시 차량 내 기밀장치 동작
④ 전방진로의 선로조건, 분기기 개통방향 정보

해설 문12) 참조

정답 11. ③ 12. ② 13. ① 14. ④

15 경부고속철도 신선 구간에 설치된 UM71-TVM430 궤도회로용 구성기기가 아닌 것은?
① 동조 유니트(BU) ② 공심유도자(SVAC)
③ 임피던스본드 ④ 전자페달(D50)

16 고속철도 신호설비에서 매칭유니트(정합변성기:Matching Unit)가 하는 역할로 옳은 것은?
① 궤도와 UM71 궤도회로장치의 송신기, 수신기 사이의 임피던스를 정합시킨다.
② 궤도와 UM71 궤도회로장치 선로의 인덕턴스 효과를 제한시킨다.
③ 궤도와 UM71 궤도회로장치 선로의 동조회로에 대한 특성계수를 개선시킨다.
④ 궤도와 UM71 궤도회로장치의 송신기, 수신기 사이의 주파수를 높게 해 준다.

(해설) 〈정합변성기(MU)〉
 - 궤도와 궤도 송신기, 수신기 사이의 임피던스 정합에 사용

17 고속철도 신호안전설비 차축온도검지장치에 대한 설명으로 거리가 먼 것은?
① 차축온도검지장치 설치간격은 40[km]로 한다.
② 차축 검지기는 레일의 내측에 설치한다.
③ 차축온도 측정용 센서는 레일의 외측에 설치한다.
④ 전자 랙은 궤도의 방향에 따라 주소를 정확히 설정한다.

(해설) (1) 차축온도검지장치 설치간격은 상, 하선 평균 25~30[km] 간격으로 설치하되 하구배와 곡선구간 및 상시제동구간은 가급적 설치하지 않는다.
 (2) 차축검지기는 다음 각 호에 의해 설치한다.
  ① 레일의 내측에 설치한다.
  ② 레일의 상부에서 검지기 상부까지의 간격은 40±1[mm]로 한다.
  ③ 레일의 측면에서 검지기 측면까지의 간격은 6±1[mm]로 한다.
  ④ 검지기의 중심이 센서의 셔터 중심과 일치 하도록 한다.
 (3) 차축온도 측정용 센서는 다음 각 호에 의해 설치한다.
  ① 레일의 외측에 설치한다.
  ② 레일의 내측에서 센서 중심까지의 간격은 360±3[mm]로 한다.
  ③ 양쪽 센서의 조준점과 레일은 직각이 되어야 한다.
  ④ 센서는 궤도회로의 통과 정보에 의해 동작하도록 하며 셔터가 너무 일찍 또는 늦게 열리지 않도록 한다.
  ⑤ 센서는 신호표지 근처에 설치 할 수 없으며 정상정지 구역 밖에 설치한다.
 (4) 외부 온도 측정용 센서는 PT100(또는 KSC 603 규격 적용)을 사용
 (5) 전자 랙은 궤도의 방향에 따라 주소를 정확히 설정하고 전자 랙 1, 2간의 회선 길이는 10[m]로 한다.

정답 15. ④ 16. ① 17. ①

(6) 각 장비간의 케이블 길이는 다음 각 호에 의한다.
　① 센서와 전자 랙 간 : 30[m] 이하
　② 외기온도 센서와 전자 랙 간 : 8[m] 이하
　③ 차축검지기 보조함(BJ50)과 차축검지기(D50) 간 : 6[m] 이하

문18 고속철도 신호안전설비 차축온도검지장치에 대한 설명으로 옳지 않은 것은?
① 경보의 종류는 위험경보, 단순경보, 검수경보로 구분한다.
② 정상속도로 운행 통과하는 열차의 차축박스 온도상태를 모니터한다.
③ 비정상적인 고온상태의 차축박스를 검지한다.
④ 이례적으로 검지된 연속정보 측정치와 불량차축박스를 식별하며, 모니터한 요소(열차방향, 속도, 온도, 장비의 고장 등)들을 전송한다.

(해설) 신호설비보수규정 제46조 4항 참고.
차축온도가 70[℃]를 초과 할 경우 주의경보를 하고 90[℃] 이상이면 위험경보로 열차가 감속 후 정차.

문19 경부고속철도의 루프케이블을 통한 불연속 정보전송의 사항이 아닌 것은?
① 전차선 사구간 정보　　② 터널 진·출입 정보
③ 폐색구간 내 구배 정보　④ 절대정지 제어 정보

문20 고속철도구간 보수자 선로횡단장치 시소 기준은?
① 10초　　② 20초
③ 30초　　④ 40초

문21 차축온도검지장치에서 차축검지기의 설치에 대한 설명으로 옳은 것은?
① 레일의 외측에 설치한다.
② 검지기의 중심이 센서의 셔터 중심과 일치하도록 한다.
③ 레일의 상부에서 검지기 상부까지의 간격은 60±1[mm]로 한다.
④ 레일의 측면에서 검지기 측면까지의 간격은 10±1[mm]로 한다.

(해설) 문 17) 참조

정답 18. ① 19. ③ 20. ② 21. ②

22 고속철도 신호안전설비 끌림물체검지장치에 대한 설명으로 거리가 먼 것은?
① 차량기지나 기존 선에서 고속선으로 진입하는 개소에 설치한다.
② 검지기의 접속함은 레일 내측으로부터 2.3[m] 이상 이격한다.
③ 검지기는 궤간 사이와 레일 외부 양측에 설치하여 서로 전기적으로 연결한다.
④ 레일 사이에 설치되는 검지기는 레일 밑면으로부터 상부까지는 4~7[mm]를 이격한다.

23 경부고속철도구간 LCP 제어 KEY로 취급할 수 있는 기능이 아닌 것은?
① 진로 제어
② 선로전환기 제어
③ 쇄정 취소
④ 차축온도검지장치 제어

24 고속분기기용(MJ81형) 선로전환기에서 기본레일과 텅레일의 밀착 간격은 최대 몇 [mm] 이하로 유지하여야 하는가?
① 4.5
② 3.0
③ 2.0
④ 1.0

25 경부고속철도에 사용 중인 MJ81형 선로전환기의 전환력으로 맞는 것은?
① 2,000~4,000[N]
② 200~400[N]
③ 2,000~4,000[kgf]
④ 200~400[kgf]

해설) 〈MJ81형 선로전환기 정격 및 제원〉
1. 사용 전원 : 3상 60[Hz] AC 220/380[V]±10[%]
2. 동작 전류 : 220[V](4.0[A]), 380[V](1.5[A])
3. 정격 전류 : 220[V](3.0[A]), 380[V](2.0[A])
4. 전환력 : 200~400[kg], 전환시간 : 5[sec]
5. 구동 방식 : 모터 직접 제어, 마찰 클러치
6. 동정 : 110~260[mm](조절 가능)
7. 분기기 : F18.5~F65

26 고속철도 ATC 장치의 기능이 아닌 것은?
① 속도신호정보를 차상으로 전송
② 진로제어 및 표시
③ 궤도회로에 의한 열차유무 검지
④ 진로의 조건, 개통방향 파악

해설) 진로제어 및 표시는 연동장치에서 수행

정답 22. ④ 23. ④ 24. ④ 25. ④ 26. ②

문27 고속철도 구간에서 터널경보장치의 터널 내 경보기의 가청거리[m]는?

① 100 ② 250
③ 350 ④ 450

문28 국내 고속철도구간에서 하나의 연동장치가 담당할 수 있는 역의 수는?

① 1역 ② 2역
③ 5~6역 ④ 선구 전 구간

(해설) 고속철도 전자연동장치(IXL)는 인접의 5~6개 역을 종합 제어 감시

문29 현재 운영되고 있는 경부고속철도의 열차제어시스템이 아닌 것은?

① 열차집중제어장치(CTC) ② 전자연동장치(IXL)
③ 지능형 열차제어시스템(MBS) ④ 열차자동제어장치(ATC)

문30 고속철도 ATC 지상장치의 구성요소가 아닌 것은?

① 정보전송장치 ② 궤도회로장치
③ 연동처리장치 ④ 논리장치

(해설) 연동처리장치는 프로세서를 처리하는 장치로 진로제어 및 표시

문31 고속철도 신호 현장설비의 분류에 속하지 않는 것은?

① IEC ② LCP
③ InEC ④ Station

(해설)
• IEC(Interlocking Equipment Center) : 연동장치와 ATC를 수용한 연동역
• InEC(Intermedate Equipment Center) : ATC만 수용 기기집중역

문32 고속철도 안전설비의 장애 및 동작정보 중에서 역조작반(LCP)에 의해 감지 되지 않는 것은?

① 불연속정보전송루프 단선 ② 지장물검지선 단선
③ 차축 위험 온도 검지 ④ 끌림물체검지기 절손

(해설) 끌림물체검지기 절손, 지장물검지선 단선, 불연속정보전송루프 단선등의 정보 LCP 검지 가능, 차축 위험 온도 검지, 기상검지, 레일온도 검지 정보는 CTC로만 전송

정답 27. ② 28. ③ 29. ③ 30. ③ 31. ④ 32. ③

문 33 고속철도 역조작반(LCP)의 운용에 있어 마우스로 제어되는 기능이 아닌 것은?
① 아이콘의 활성화 ② 경보확인
③ 진로 설정 ④ 스크롤바 이용

해설) 고속철도 역조작반(LCP)에서 신호 연동논리와 관계되는 제어명령은 키보드에 의해서만 가능하며 마우스는 화면상의 확인에 사용된다.

문 34 고속철도 역조작반(LCP)에서의 선로전환기 표시에 대한 설명으로 적합하지 않은 것은?
① 제어취급에 의해 전환 중에는 어떠한 모양도 나타나지 않는다.
② 불일치가 계속되어 정보를 인식하지 못하면 적색의 마름모꼴로 점멸한다.
③ 불일치가 계속되어 정보를 인식하지 못하면 청색의 마름모꼴로 점멸한다.
④ 평상시에는 노선과 같은 색을 유지한다.

해설) 선로전환기 표시는 불일치 시 적색의 마름모꼴로 점멸하다가 불일치 상태가 계속되어 컴퓨터가 정보를 인식하지 못하면 청색의 마름모꼴로 점멸한다.

문 35 고속선에서 사용하는 FEPOL의 기능이 아닌 것은?
① 원격 제어에서 지역 제어로의 강제 절체
② LCP로 그래픽 기호 전송
③ 현장으로부터 기상 검지 정보 수신
④ TFM의 기능 진단

해설) FEPOL은 역 정보 전송 장치로서 역에서 발생하는 정보를 관제실로 전송하는 기능을 가진다. TFM(선로변 제어 모듈)의 기능 진단은 SSI(전자연동장치)의 진단 모듈(DIA)이 실행한다.

문 36 경부고속철도 열차자동제어장치에서 정보전송장치로부터 수신된 불연속 정보를 선로를 따라 설치한 루프코일을 통하여 차상장치로 전송하는 내용이 아닌 것은?
① 각 궤도회로로부터 열차유무 검지
② 터널 진·출입 시 차량 내 기밀장치 동작
③ 양방향 운전을 허용하기 위한 운행방향 변경
④ 절대정지 구간 제어 및 전차선 절연구간 정보 제공

해설) 문 12) 참조

정답 33. ③ 34. ② 35. ④ 36. ①

문37 경부고속철도에서 사용하는 ATC 설비에 대한 설명으로 맞는 것은?

① ATC 장치의 불연속 정보에는 ATC 지역 폐색의 구배정보가 포함된다.
② ATC 장치의 연속 정보에는 양방향 운전 허용 정보가 포함된다.
③ ATC 장치의 불연속 정보에는 전차선 절연구간 정보가 포함된다.
④ ATC 장치의 연속 정보에는 절대 정지구간 제어가 포함된다.

해설 〈불연속정보전송〉
정보전송장치로부터 수신된 불연속정보를 선로에 따라 포설한 루프코일을 통하여 차상장치로 전송하는 내용은 다음과 같다.
1. ATC 지역 진·출입 여부
2. 양 방향 운전을 허용하기 위한 운행방향 변경
3. 터널 진·출입 시 차량 내 기밀장치 동작
4. 절대정지구간 제어 및 전차선 절연구간 정보 제공

〈연속정보전송〉
다음과 같은 정보를 궤도회로를 통하여 차상으로 전달한다.
1. 열차제동곡선 생성에 필요한 속도정보
2. 폐색구간의 길이
3. 폐색의 구배정보
4. 열차가 운행 중인 네트워크

문38 경부고속철도구간 전자연동장치(SSI)에 대한 설명으로 거리가 먼 것은?

① SSI 큐비클은 연동논리를 처리하는 연동시스템의 중앙연산기로서 역에 위치한다.
② 연동 프로세스장치는 상용, 예비의 2중화로 되어 있다.
③ SSI 큐비클 1개가 담당할 수 있는 최적의 TFM은 40개이다.
④ SSI 큐비클 내 모든 모듈을 진단하고 관리하는 진단모듈을 두고 있다.

해설 SSI의 연동프로세싱은 2 out of 3 방식으로 3중화되어 있으며 사용 중 하나의 장치가 고장 나면 2 out of 2 방식으로 계속 운용되어 시스템의 유용성을 보장하도록 되어 있다.

문39 경부고속철도 레일온도검지장치(RTCP)의 온도별 운전취급 방법으로 거리가 먼 것은?

① 레일온도가 64[℃] 이상일 때 : 운행 중지
② 레일온도가 60[℃] 이상 64[℃] 미만일 때 : 70[km/h] 이하 운전
③ 레일온도가 55[℃] 이상 60[℃] 미만일 때 : 230[km/h] 이하 운전
④ 레일온도가 50[℃] 이상 55[℃] 미만일 때 : 270[km/h] 이하 운전

해설 〈레일 온도 상승에 따른 운전규제〉
1. 레일온도가 64[℃] 이상일 때 : 운행 중지
2. 레일온도가 60[℃] 이상 64[℃] 미만일 때 : 70[km/h] 이하
3. 레일온도가 55[℃] 이상 60[℃] 미만일 때 : 230[km/h] 이하
4. 레일온도가 50[℃] 이상 55[℃] 미만일 때 : 중앙감시장치 계속감시

정답 37. ③ 38. ② 39. ④

문40 고속선의 운전취급실에서 취급된 제어명령의 연동 논리를 처리하는 장치는?
① 역정보전송장치(FEPOL)
② 연동처리장치(SSI)
③ 선로변 기능모듈(TFM)
④ 컴퓨터 지원 유지보수 시스템(CAMS)

해설) 1. 역정보 전송 장치(FEPOL : Front End Processor for Operation Level)
2. 연동처리장치(SSI : Solid State Interlocking)
3. 선로변 기능모듈 (TFM : Trackside Functional Module)
4. 컴퓨터 지원 유지보수 시스템(CAMS : Computer Aided Maintenance System)
※ 고속선에서 신호 연동 논리를 처리하는 것은 연동처리장치이다.

문41 경부고속철도 보수자 선로횡단장치에서 신호등 제어를 위한 보수자 선로횡단 소요시간 적용기준은?
① 15초
② 20초
③ 25초
④ 30초

해설) 보수자의 선로횡단 소요시간은 20초로 선로횡단 개소마다 신호등 기주에 설치된 확인압구(누름스위치)를 눌러 녹색 신호등이 현시되면 1회에 1명씩 선로를 신속히 횡단한다. 확인압구를 눌렀을 때 적색 신호등이 현시되거나 신호등 점등이 안 될 경우에는 선로를 횡단해서는 안 된다.

문42 고속철도 지장물검지장치에 대한 설명으로 거리가 먼 것은?
① 낙석검지용 보조 접속함(SDC)은 검지망의 시점 기주에 설치한다.
② 검지선 간의 간격은 150~300[mm]로 한다.
③ 보호해제버튼(CAPT)은 지장물검지장치 그룹의 시단부에 설치한다.
④ 검지선이 단락되면 계전기가 무여자되어 이상정보가 제공되어야 한다.

문43 경부고속철도구간 전자연동장치에서 1개의 선로전환기모듈(PM)이 최대로 제어할 수 있는 전기 선로전환기 수는?
① 4대
② 7대
③ 10대
④ 12대

해설) 〈선로변 기능 모듈(TFM, Track side Functional Module)〉
연동처리장치에서 네트워크를 통해온 메시지를 최종적으로 연산하여 현장의 장비를 제어한다. 연산방식은 2 out of 3 방식으로 3개의 마이크로프로세서가 서로 연산결과를 비교하여 2개 이상 동일한 경우 출력하고, 연산결과가 일치하지 않으면 퓨즈를 용해시켜 장비 오동작을 방지한다. 경부고속철도에 사용되는 TFM은 선로전환기용과 일반용으로 구분된다.

정답 40. ② 41. ② 42. ③ 43. ①

1. 선로전환기용(TFM-PM)
   - 3상의 선로전환기를 동작 제어 한다.
   - 하나의 선로전환기용 모듈로 최대 4대의 선로전환기를 제어 한다.
   - TFM과 선로전환기 간의 최대거리는 2,000[m]이다.
2. 일반용(TFM-UM)
   - 선로전환기를 제외한 현장 신호기기들과 인터페이스 한다.
   - 출력은 연동취소스위치, 입환 신호등 등의 제어에 사용되며, 입력은 신호등 제어 확인, 연동취소스위치 버튼확인 등에 사용된다. TFM과 신호등까지의 제어거리는 300[m]로 제한된다.

문44 경부고속철도에서 하나의 궤도회로 송신기와 수신기 케이블 길이가 동일하게 구성되도록 전류를 감쇄시키기 위하여 사용되는 것은?

① 감쇄기
② 매칭 유니트
③ 거리 조정기
④ 방향 계전기

해설 〈거리조정기〉
한 궤도회로의 송신기와 수신기 케이블의 길이가 동일하게 구성되도록 전류를 감쇄시키기 위하여 사용되며, 사용되는 케이블의 길이는 0.5[km], 1[km], 2[km], 4[km]이며, 이것은 운행정보전송을 위한 송·수신회로의 전환을 용이하게 한다.

문45 경부고속철도에서 열차의 운행방향에 따라 궤도회로를 조정하는 장치는?

① 거리 계전기
② 방향 계전기
③ 거리 조정기
④ 송신기

해설 〈방향계전기〉
열차가 진행하는 방향에 따라 궤도회로의 송신기와 수신기의 위치가 변경되어야 한다. 즉 열차가 임의의 궤도회로 구간에 진입할 경우 반드시 수신기가 설치된 곳으로 진입하여 송신기가 설치된 방향으로 진행하여 운행정보를 수신할 수 있게 한다.
UM71 궤도회로는 이런 특성을 고려하여 방향계전기를 설치하여 궤도회로의 송신부와 수신부를 절체할 수 있도록 하였으며, 거리 조정기에 의해 송·수신 케이블의 길이가 동일하도록 조정되어 있다.

문46 고속철도에서 풍속·풍향검지장치에 대한 설명으로 거리가 먼 것은?

① 풍속검지장치 검지범위는 0~60[m/s]±5[%]로 한다.
② 풍속·풍향검지장치용 철탑 및 철주의 높이는 5[m]로 한다.
③ 풍향검지장치는 0~360°까지 검지하여야 한다.
④ 풍속계에는 결빙을 방지하기 위해 자동온도검지에 의해 작동되는 히터를 설치해야 한다.

정답 44. ③ 45. ② 46. ②

해설 풍속검지장치는 동절기 풍속계의 결빙을 방지하기 위하여 자동 온도검지에 의해 작동되는 히터를 설치하며, 다음과 같은 설비들로 구성되어 있다.
1. 풍향계 : 0~360° 검지
2. 풍속계 : 0~60[m/s]±5[%]
3. 디지털 풍속 지시계
4. 신호변환기

문47 고속철도 전자연동장치의 기본기능이 아닌 것은?

① 진로설정 상태에서 관계되는 궤도회로가 단락되면 신호는 닫힘 상태(정지)가 된다.
② 운영자가 일정한 제한 조건에서 설정된 진로의 취소를 실시할 수 있다.
③ 한 진로가 설정되어 있다면 그 반대 진로는 설정되지 않는다.
④ 진로설정에 관련된 궤도회로가 단락되어 있을 때는 진로설정이 이루어지지 않는다.

해설 진로설정 상태에서 관계되는 궤도회로가 단락 되면 신호는 개방상태(진행)를 유지하며 ATC의 속도제어.

문48 경부고속철도에 사용하는 UM71C-TVM430 궤도회로를 구성한 기준거리는 몇 [m]인가?

① 1,000
② 1,500
③ 2,000
④ 2,500

해설 〈UM71C 궤도회로〉
궤도회로는 약 1,500[m] 간격으로 설치하며 사용주파수는 4가지이다.
1. 하선용
   - F1 : 2040[Hz], F3 : 2760[Hz]
2. 상선용
   - F2 : 2400[Hz], F4 : 3120[Hz]

문49 경부고속철도 열차제어설비의 CAMS(컴퓨터지원유지보수시스템)의 기능으로 거리가 먼 것은?

① FEPOL을 통해 전해지는 모든 제어의 감시
② 각 연동장치의 상태변화 검지 및 기록유지
③ TVM 430에 의해 생성된 속도코드 감시 및 기록
④ FEPOL과 SSI의 진단모듈에 의해 검지된 고장정보의 수신 및 출력

정답 47. ① 48. ② 49. ③

문 50 경부고속철도 역조작판(LCP) 신호화면 현시 내용이 아닌 것은?

① 신호 마커
② 보호 스위치
③ 방향연동
④ 제어구역 레일검지 온도

문 51 경부고속철도에 설치된 터널경보장치에 대한 내용으로 거리가 먼 것은?

① 터널 양쪽 입구에서 경보장치 작동스위치를 ON-OFF할 수 있다.
② 경보시간은 건널목 최소경보시간과 동일한 20초이다.
③ 경보기의 설치간격은 약 500[m] 정도로 한다.
④ 상, 하선 양방향 제어가 가능하다.

해설 〈터널경보장치 설비구성〉
1. 터널 양쪽 입구에 경보장치 작동스위치를 설치하여 ON-OFF할 수 있도록 하고 동작 상태를 나타낼 수 있는 표시램프를 설치하고, 시험용 버튼을 설치하여 경보기의 정상 작동여부를 확인할 수 있다.
2. 보수자가 30초의 여유를 갖고 대피하기 위하여 최소 2,500[m] 전방 궤도회로에서 주행 열차의 접근이 검지되도록 한다.
3. 상·하선 양방향 어느 쪽으로 열차가 진입하여도 경보를 발생할 수 있어야 한다.

문 52 우리나라 고속철도의 UM71C 무절연 궤도회로의 선로에 사용되는 보상용 콘덴서에 대한 설명으로 맞는 것은?

① 손실이 적고 임피던스가 높으며 동조회로 특성계수를 개선하는데 사용되며, 전차선 전류를 15[A]로 제한시킨다.
② 공심유도자에 연결시켜 주파수를 분할하기 위하여 사용한다.
③ 레일 인덕턴스효과를 제한시키고 신호감쇠 현상을 줄이기 위하여 사용한다.
④ 궤도회로 고조파성분을 제한하고 전차선 귀선전류를 조정하기 위하여 사용한다.

해설 〈보상용 콘덴서〉
보상용 콘덴서는 선로의 커패시터를 증가시켜 레일의 임피던스를 보상하여 전송을 개선하므로 신호 감쇠현상을 줄이게 된다. 따라서 결과적으로 다음과 같은 효과가 있다.
- 궤도회로 길이의 연장
- 궤도회로에서 열차로 완벽한 전송을 하도록 레일의 신호전류 획득

문 53 경부고속철도에 사용 중인 UM71C형 무절연 궤도회로장치를 구성하고 있는 기기가 아닌 것은?

① 전압안정기
② 보상용 콘덴서
③ 동조 유니트
④ 매칭 유니트

정답 50. ④ 51. ② 52. ③ 53. ①

해설) 〈UM71 궤도회로의 구성〉
1. 실내설비
   - 궤도회로 송신기
   - 궤도회로 수신기
   - 궤도계전기
   - 방향계전기
   - 거리조정기
2. 현장설비
   - 동조 유니트(TU)
   - 공심 유도자(ACI)
   - 정합 변성기(MU, 매칭 유니트)
   - 보상용 콘덴서
   - 접속케이블
   - 양극자 블록장치

문54 경부고속선 열차제어시스템(TCS)의 구성요소가 아닌 것은?

① ATO(열차자동운전장치) ② CTC(열차집중제어장치)
③ IXL(전자연동장치) ④ ATC(열차자동제어장치)

해설) 〈고속철도 열차제어설비(Train Control System)의 구조〉
1. 열차자동제어장치(ATC : Automatic Train Control)
2. 전자연동장치(IXL : Interlocking)
3. 열차집중제어장치(CTC : Centralized Traffic Control)

문55 경부고속철도(KTX)에 설치된 전자연동장치(SSI)의 큐비클 내 구성기기가 아닌것은?

① 불연속전송모듈(CEP) ② 진단모듈(DIA)
③ 다중처리모듈(MPM) ④ 조작표시반 처리모듈(PPM)

해설) 연동처리장치의 연동프로세싱은 2 out of 3 방식으로 3중화되어 있으며 사용 중 하나의 장치가 고장 나면 2 out of 2 방식으로 계속 운용되어 시스템의 유용성을 보장하도록 되어 있으며 그 구성 기기는 다음과 같다.
1. 2개의 조작판 처리 모듈(PPM)
2. 3개의 다중처리모듈(MPM)
3. 1개의 진단모듈(DIA)
4. 데이터 링크(EDLM, ODLM, LDT)

문56 경부고속철도 46번 분기기의 ATC 속도코드 설정 시 건넘선 방향으로의 최대통과 속도 [km/h]는?

① 90 ② 130
③ 170 ④ 230

정답 54. ① 55. ① 56. ③

문 57 고속철도라는 용어는 운전속도가 몇 [km/h] 이상인 것을 말하는가?

① 100　　② 200　　③ 250　　④ 300

해설 고속철도 건설촉진법 제2조

문 58 고속철도 CTC의 기능 중 맞지 않는 것은?

① 통신용 컴퓨터는 2대의 주 컴퓨터를 동시에 운용하여 고장 즉시 예비 컴퓨터로 작업을 수행한다.
② 열차운행 계획과 열차운행 거리기록 및 기상통계까지도 수행이 가능하다.
③ 신호설비의 상태 변화 정보는 보통 3.5초 이내에 VDU(비디오 표시 유니트)에 표시된다.
④ 열차운행 정보는 최대 60일분까지 저장할 수 있다.

해설 열차운행 정보는 최대 45일분까지 저장할 수 있다.

문 59 경부고속철도 LCP에서 취급 및 제어할 수 없는 것은?

① 보호구역 설정　　② 전차선급전제어
③ 융설장치제어　　④ 입환제어

해설 전차선급전제어는 SCADA (Supervisory Control and Data Acquisition) 에 의해 할 수 있다.

문 60 고속철도 전자연동장치의 장점이 아닌 것은?

① 적은 비용으로 시스템 다중화가 가능하다.
② 현장설비와의 연결은 다량의 제어 케이블에 의한다.
③ 자기진단 기능을 갖고 있어 고장 원인의 파악이 쉽다.
④ 설비의 소형화로 선로변경에 따른 수정작업이 간편하다.

해설 소량의 제어 케이블에 의한다

문 61 경부고속철도 레일온도검지장치(RTCP)의 온도별 운전취급 방법으로 적당한것은?

① 레일 온도가 74[℃] 이상일 때 : 운행중지
② 레일 온도가 60[℃] 이상 74[℃] 미만일 때 : 70[km/h] 이하 운전
③ 레일 온도가 55[℃] 이상 60[℃] 미만일 때 : 230[km/h] 이하 운전
④ 레일 온도가 50[℃] 이상 55[℃] 미만일 때 : 270[km/h] 이하운전

정답 57. ②　58. ④　59. ②　60. ②　61. ③

해설 〈레일 온도 상승에 따른 운전규제〉
1. 레일 온도가 64[℃] 이상 일 때 : 운행중지
2. 레일 온도가 60[℃]이상 64[℃] 미만 일 때 : 70[km/h] 이하
3. 레일 온도가 55[℃]이상 60[℃] 미만 일 때 : 230[km/h] 이하
4. 레일 온도가 50[℃]이상 55[℃] 미만 일 때 : 중앙감시장치 계속감시

문 62 다음 중 MJ81형 선로전환기에 대한 설명으로 거리가 먼 것은?
① 휘어지거나 손상된 핑거의 재사용은 금한다.
② 텅레일의 밀착 시에 접점조정게이지의 6[mm] 부분은 핑거에 삽입되고 7[mm] 부분은 삽입되지 않아야 한다.
③ 접점이 구성되는 순간에 C헤드와 쇄정장치의 겹치지 않는 부분은 13~26[mm] 이어야 한다.
④ 쇄정장치를 설치할 때에는 텅 레일의 신축을 감안하여야 하며, 20[℃]를 기준으로 했을 때 취부볼트가 이동 여유공간의 좌측에 위치하여야 한다.

문 63 고속철도 신호설비에서 정합변성기(Matching Unit)의 역할로 옳은 것은?
① 궤도와 UM71 궤도회로장치의 송신기나 수신기사이의 임피던스를 정합시킨다.
② 궤도와 UM71 궤도회로장치 선로의 인덕턴스 효과를 제한시킨다.
③ 궤도와 UM71 궤도회로장치 선로의 동조회로에 대한 특성계수를 개선시킨다.
④ 궤도와 UM71 궤도회로장치의 송신기 및 수신기의 전압을 일정하게 보상하고 주파수를 높게 해 준다.

문 64 접근쇄정의 해정시분은 고속철도인 경우 얼마로 설정하는가?
① 3분   ② 5분
③ 7분   ④ 9분

해설 고속선에서의 접근 및 보류 해정의 시소는 3분이다.

문 65 경부고속철도 전자연동장치 구성기기 중 제어명령을 현장설비로 전송하고 현장설비의 표시정보를 연동장치로 전송하는 기능을 하는 것은?
① 조작표시반 처리모듈(PPM)   ② 다중처리모듈(MPM)
③ 진단모듈(DIA)   ④ 데이터 링크모듈(DLM)

정답 62. ④ 63. ① 64. ① 65. ④

문66 다음 중 고속철도신호 안전설비 차축온도검지장치에 대한 설명으로 거리가 먼 것은?
① 차축온도검지장치 설치간격은 30[km]로 한다.
② 차축 검지기는 레일의 내측에 설치한다.
③ 차축온도 측정용 센서는 레일의 내측에 설치한다.
④ 전자 랙은 궤도의 방향에 따라 주소를 정확히 설정한다.

해설) 문 17) 참조

문67 경부고속선 선로변기능모듈(TFM)에 대한 설명으로 맞는 것은?
① 선로전환기, 진입허용표시등, 쇄정해제스위치 등 현장 설비를 직접 제어
② CTC와 LCP의 제어 명령을 연동장치와 ATC 등에 전송하고 현장설비 표시 정보를 CTC와 LCP로 전송
③ 연동장치를 전자식으로 모듈화
④ 관할구역 내의 현장설비를 제어하고 설비의 상태 및 열차의 운행상태 파악

해설) TFM(선로변 기능 모듈)은 현장레벨(LL)에 속하며 SSI 큐비클로부터 제어명령을 받아서 현장의 설비를 직접 제어하고 현장 설비의 상태 표시를 SSI 큐비클로 전송하는 역할을 한다.

문68 경부고속철도 열차제어를 위하여 CTC 및 LCP에서 취급된 제어명령을 SSI를 통해 현장으로 전송하고 제어 확인된 표시정보를 수신하여 CTC나 LCP로 전송하는 기능을 수행하는 기기는?
① TFM
② TVM
③ CAMZ
④ FEPOL

해설) 〈역 정보 전송 장치(FEPOL : Front End Processor for Operation Level)〉
— 취급된 제어명령을 확인하여 전송하고 현장 표시정보를 수신한다.

문69 경부고속철도 무절연 UM71C형 궤도회로장치의 보상콘덴서 설치에 대한 설명으로 거리가 먼 것은?
① F1(2,040, 2,400[Hz])의 경우 60[m] 간격으로 설치한다.
② F2(2,760, 3,120[Hz])의 경우 80[m] 간격으로 설치한다.
③ 분기기 첨단 끝에서 5[m] 이내에 설치한다.
④ 제 위치에 설치할 수 없을 때에는 ±3[m]의 허용범위 안에서 설치할 수 있으며 그 다음 콘덴서는 제 위치에 설치한다.

해설) 콘덴서는 분기의 첨단 끝에서 5[m] 이내에 설치할 수 없다.

정답 66. ③ 67. ① 68. ④ 69. ③

문 70. 경부고속철도에서 사용하는 ATC 장치에서 궤도회로에 흐르는 연속정보에 대한 설명으로 틀린 것은?

① 실행속도
② 폐색구배정보
③ 예고속도
④ 절대정지구간 제어정보

해설 〈연속정보전송〉
다음과 같은 정보를 궤도회로를 통하여 차상으로 전달한다.
1. 열차제동곡선 생성에 필요한 속도정보
2. 폐색구간의 길이
3. 폐색의 구배정보
4. 열차가 운행 중인 네트워크

여기서 「1. 열차제동곡선 생성에 필요한 속도정보」란
1) 실행속도(폐색구간 진입속도)
2) 명령속도(진입한 폐색의 끝에서 지켜야 할 속도)
3) 예고속도(다음 폐색의 끝에서 지켜야 할 속도)를 말한다.

문 71. 보수자 선로 횡단 장치에서 300[km/h]로 운행 중인 고속철도 구간 선로를 횡단하는 보수자가 20초 이내에 횡단하기 위하여 열차검지구간을 약 몇 [m] 정도 확보해야 하는가?

① 약 500
② 약 950
③ 약 1,700
④ 약 3,400

해설 $L = TV = 20[\sec] \times \dfrac{300 \times 10^3 [m]}{3,600[\sec]} = 1,666.67[m] ≒ 1,700[m]$

문 72. 경부고속철도에 설치된 전자연동장치 SSI 중 신호의 기본연동을 관리하는 컴퓨터 모듈은?

① 조작반처리모듈
② 다중처리모듈
③ 진단모듈
④ 선로변기능모듈

해설 〈연동처리장치(SSI, Solid State Interlocking)〉
1. 조작판 처리 모듈(PPM, Panel Processor Module)
   2개로 구성되어 연속적으로 동작하며 정보전송장치와 3개의 다중처리모듈을 연결해 주는 전산모듈.
2. 다중처리모듈(MPM, Multi Processor Module)
   신호의 기본 연동을 관리하는 컴퓨터 모듈.
3. 진단모듈(DIA, Diagnostic Module)
   내부와 외부 네트워크를 감시하여 전송되는 정보의 상태변화와 제어 변경 등을 검지하여 조작판 처리 모듈, 다중처리모듈, 선로변 기능 모듈의 기능을 감시하고 경보를 확인.

정답 70. ④ 71. ③ 72. ②

문 73 경부고속철도 불연속 정보전송용 루프케이블 설치기준으로 틀린 것은?

① 루프케이블의 길이는 4.5[m]와 7[m]가 있다.
② 최고속도 230[km/h]를 초과 할 때에는 7[m] 루프케이블을 설치하여야 한다.
③ 루프케이블 간의 간격은 20[m] 이상이어야 한다.
④ 정방향과 역방향용 루프케이블은 따로 설치하여야 한다.

해설 〈불연속 정보전송장치 (Loop coil)〉
불연속 정보전송장치는 특정구역의 정보전송을 위하여 설치하며, 선로변에 설치된 루프코일을 통하여 차상에 불연속정보를 전송한다.
1. 루프의 길이는 4.5[m]와 7[m]로 하며 선구의 최고속도가 230[km/h]를 초과할 때에는 7[m] 루프를, 최고속도가 230[km/h]이하일 경우에는 4.5[m] 루프를 설치
2. 루프간의 간격 : 20[m] 이상
3. 무절연장치 개소와 첨단에서 크로싱 끝부분까지는 설치할 수 없다.
4. 하나의 루프로 정방향과 역방향 열차에 대한 정보전송을 할 수 있다.
5. 사용되는 반송주파수는 120[kHz]로 하고 62.5[kHz]로 변조하여 두 개의 루프코일로 전송

문 74 경부고속철도에 사용 중인 UM71C형 궤도회로에 사용되는 보상용콘덴서의 기능으로 옳은 것은?

① 궤도회로의 길이 연장
② 궤조절연
③ 정류 개선
④ 잔류전하 방전

문 75 경부고속철도 구간에서 정보전송장치로부터 수신된 불연속정보를 선로에 따라 포설한 루프코일을 통하여 차상장치로 전송하는 내용이 아닌 것은?

① 실제운행 속도와 허용속도의 비교 검토 정보제공
② 양방향 운전을 허용하기 위한 운행방향 변경
③ 터널 진·출입 시 차량 내 기밀장치 동작
④ 절대 정지구간 제어 및 전차선 절연구간 정보 제공

해설 정보전송장치로부터 수신된 불연속정보를 선로에 따라 포설한 루프코일을 통하여 차상장치로 전송하는 내용은 다음과 같다.
1. ATC 지역 진·출입 여부
2. 양방향 운전을 허용하기 위한 운행방향 변경
3. 터널 진·출입 시 차량 내 기밀장치 동작
4. 절대정지구간 제어 및 전차선 절연구간 정보 제공

정답 73. ④ 74. ① 75. ①

문76 고속철도의 열차속도 제어와 관련이 없는 것은?
① 출구 측 차단 간 검지장치   ② 차축온도 검지 장치
③ 폐색구간 방호 스위치   ④ 지장물 검지 장치

문77 고속철도 ATC 차상장치의 기능이 아닌 것은?
① 속도초과 시 자동기록   ② 열차제동곡선 생성
③ 허용속도를 운전실에 표시   ④ 열차운행상황 자동기록

(해설) 〈고속철도 ATC 차상장치〉
1. **수신 안테나** – 열차제어정보 검출
2. **정보처리 유니트** – 실제 운행속도와 허용속도를 비교검토 후 제동제어 및 내부고장을 진단, 기록
3. **표시장치** – 현재의 열차속도 및 허용속도 등을 차상 운전실에 표시

문78 고속철도 TVM430 연속정보전송에서 열차점유를 포함한 총 비트(bit)수는?
① 21   ② 27
③ 31   ④ 37

(해설) TVM430 연속정보전송은 신호변조방식(FM)을 사용한다. 이 변조는 27(bit)로 구성된 저주파로 5개의 워드로 구성 되어 있다. 이곳에 열차검지용 비트가 포함.

문79 고속철도의 인진설비 중 ATC와 직접 연계되지 않는 장치는?
① 끌림검지장치   ② 레일온도검지장치
③ 차축온도검지장치   ④ 지장물검지장치

(해설) 레일온도는 검지된 정보를 보고 관제사가 판단하여 속도 제어

문80 고속철도의 안전설비 중 보수자를 보호하기 위한 장치는?
① 끌림검지장치   ② 터널경보장치
③ 차축온도검지장치   ④ 지장물 검지장치

문81 고속철도의 안전설비 중 기상검지장치의 검지종류가 아닌 것은?
① 강우검지   ② 지진검지
③ 적설검지   ④ 풍속검지

정답 76. ① 77. ④ 78. ② 79. ② 80. ② 81. ②

문82 고속철도의 안전설비 중 동절기에 강설과 결빙으로 인한 선로전환기의 전환불능 장애를 방지하는 장치는?
① 끌림검지장치
② 분기기 히팅장치
③ 차축온도검지장치
④ 지장물검지장치

문83 경부고속철도에서 사용되는 열차제어시스템은?
① LZB
② AWS
③ TVM430
④ RENFE

※ 고속철도 TVM430 시스템에서 열차최대속도 300[km/h], 폐색 길이 1,500[m], 정지 시퀀스에서의 폐색 수 7개, 열차편성 길이 400(m)일 때 다음 물음에 답하시오.
(문 84)~(문 86)

문84 고속철도의 열차 간 운전시격은 얼마인가?
① 1분 51초
② 2분 11초
③ 2분 51초
④ 3분 11초

해설) D = 7×1500+400 = 10,900/83.3 = 131(초)

문85 고속철도의 선택운전시격은 몇 분인가?
① 1
② 2
③ 3
④ 4

문86 고속철도의 시간당 선로용량은?
① 10
② 20
③ 30
④ 40

정답 82. ② 83. ③ 84. ② 85. ③ 86. ②

철/도/신/호/문/제/해/설

Appendix

철도신호기사 실기 문제

부록 1 철도신호기사 실기 문제

[국가기술자격검정 실기(예시)]

○ 시험시간 : 표준시간 : 3시간, 연장시간 : 30분
  (연동도표 및 결선도 작성 : 표준시간 : 30분, 연장시간 : 없음)
  (전철제어회로 결선작업 : 표준시간 : 2시간 30분, 연장시간 : 30분)

1. 요구사항

다음은 어느 역의 선로 배선도의 일부분이다. 이 도면을 보고 다음 작업을 시행하시오.

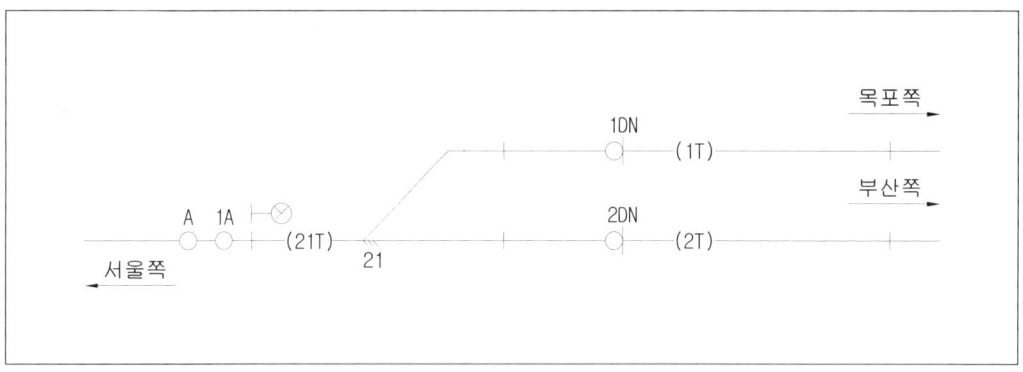

가) 주어진 역에 계전연동장치를 설치하고자 한다. 이 역의 연동도표를 완성하시오.
나) 작성된 연동도표에 따라 전철제어회로를 완성하시오.
다) 연동장치의 전철제어회로를 결선하시오.

2. 수검자 유의사항

○ 주어진 도면과 요구사항을 만족하는 연동도표 및 결선도를 작성하여 시험위원에게 제출하고 채점이 종료되면 시험 문제지를 다시 받아 결선작업을 시행하도록 한다.
○ 답안 작성시 반드시 흑색 또는 청색 필기구(연필류 제외)중 동일한 색의 필기구만을 계속 사용하여야 하며, 기타의 필기구를 사용한 답항은 0점 처리된다.
○ 전원은 인터페이스랙에 있는 직류전원을 사용한다.
○ 연동도표 및 결선도 공란 괄호의 완성은 철도신호보안설비 시공표준도에 맞추어 완성한다.
○ 단자판에 배선을 취부할 때는 터미널을 사용하도록 한다.
○ 계전기랙의 단자반까지 결선하도록 한다.
○ 다음과 같은 경우에는 오작으로 불합격 처리되니 유의하여 작업한다.
  - 작업을 하여야 할 개소들에 대하여 1/3 이상 작업하지 않은 작품
  - 지급재료 이외의 재료를 사용하여 작업한 작품
  - 작품의 외형상 안정성이 결여되거나 조잡하다고 인정되는 작품
  - 동작시험시 계전기 여자조건이 전체의 1/3 이상 동작되지 않은 작품
  - 도면과 요구사항에 의하여 작업하지 않은 작품
  - 주요 계전기가 동작되지 않는 작품
  - 철도신호보안설비 시공표준에 의하여 작업하지 않은 작품
○ 작업이 끝나면 감독위원의 지시에 따라 철거작업을 하되 작업의 성실성 여부가 채점에 반영되니 재료 및 시설 등의 파손이 발생되지 않도록 유의하여 작업한다.
○ 표준시간을 연장하여 시간을 사용한 수검자에 대하여는 연장시간 매 10분까지 마다 5점식 감점하니 시간사용에 유의하도록 한다.

3. 도면

가) 전기(계전)연동장치의 연동도표

명 칭		번호		쇄정	신호제어 및 철사쇄정	진로구분쇄정	보류쇄정
장내 신호기	서울-부산	1AR	2DN				90초
	서울-목포		1DN				
전철기		단동	21				

나) 압구반응회로

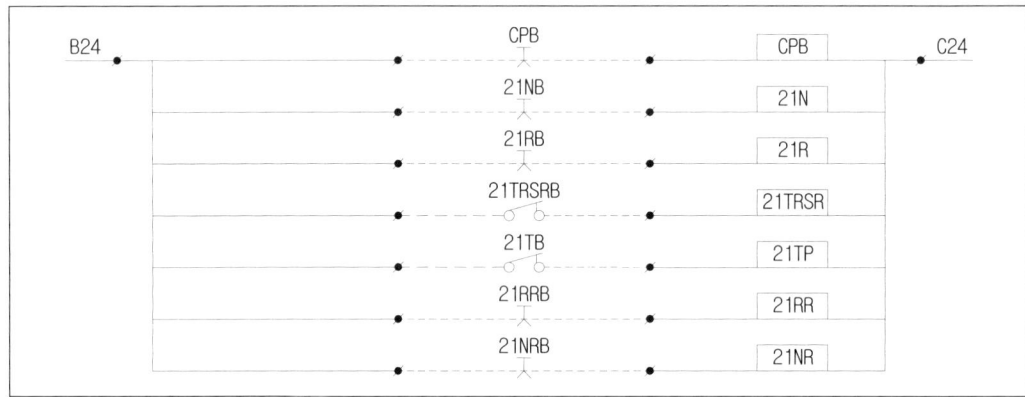

※ "------"는 외부와 연결되는 부분으로 수험생이 결선하지 않는다.

다) 전철제어회로

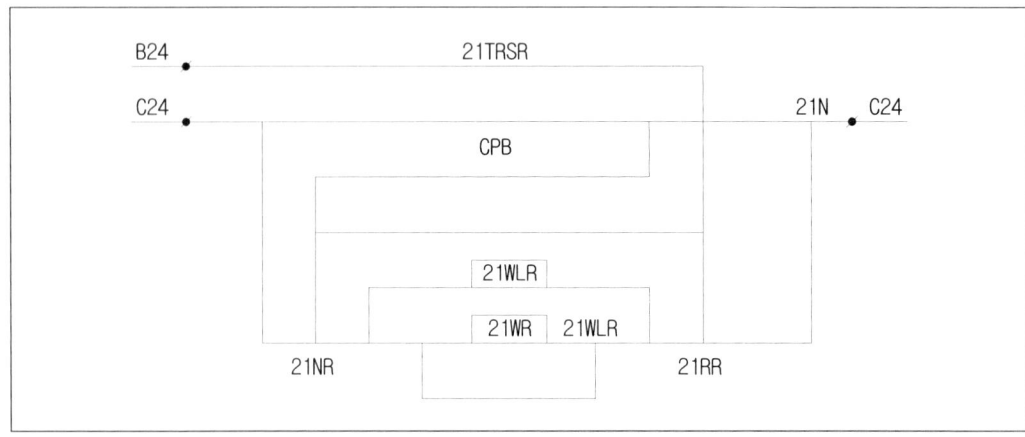

라) 현장제어회로

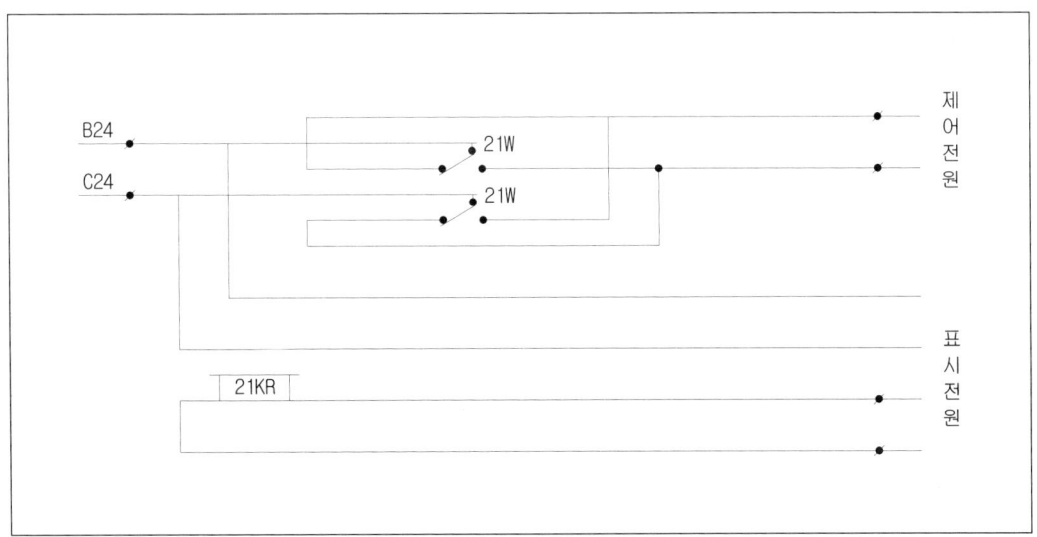

※ 제어전원~선로전환기~표시전원단자간은 수험생이 결선하지 않는다.

마) 진로쇄정 및 압구반응회로

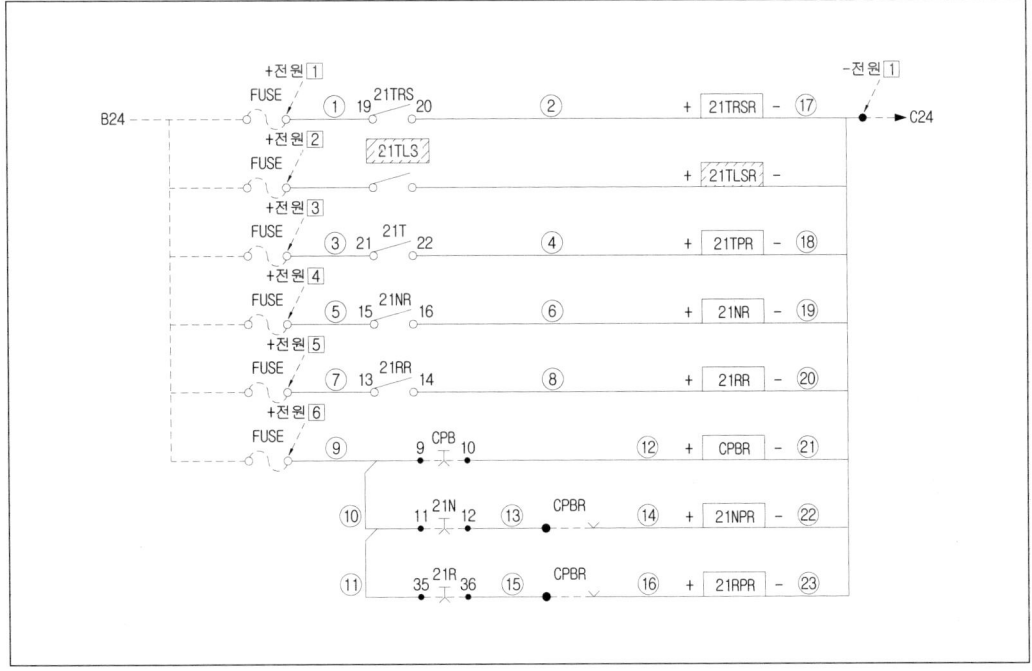

바) 전철제어회로

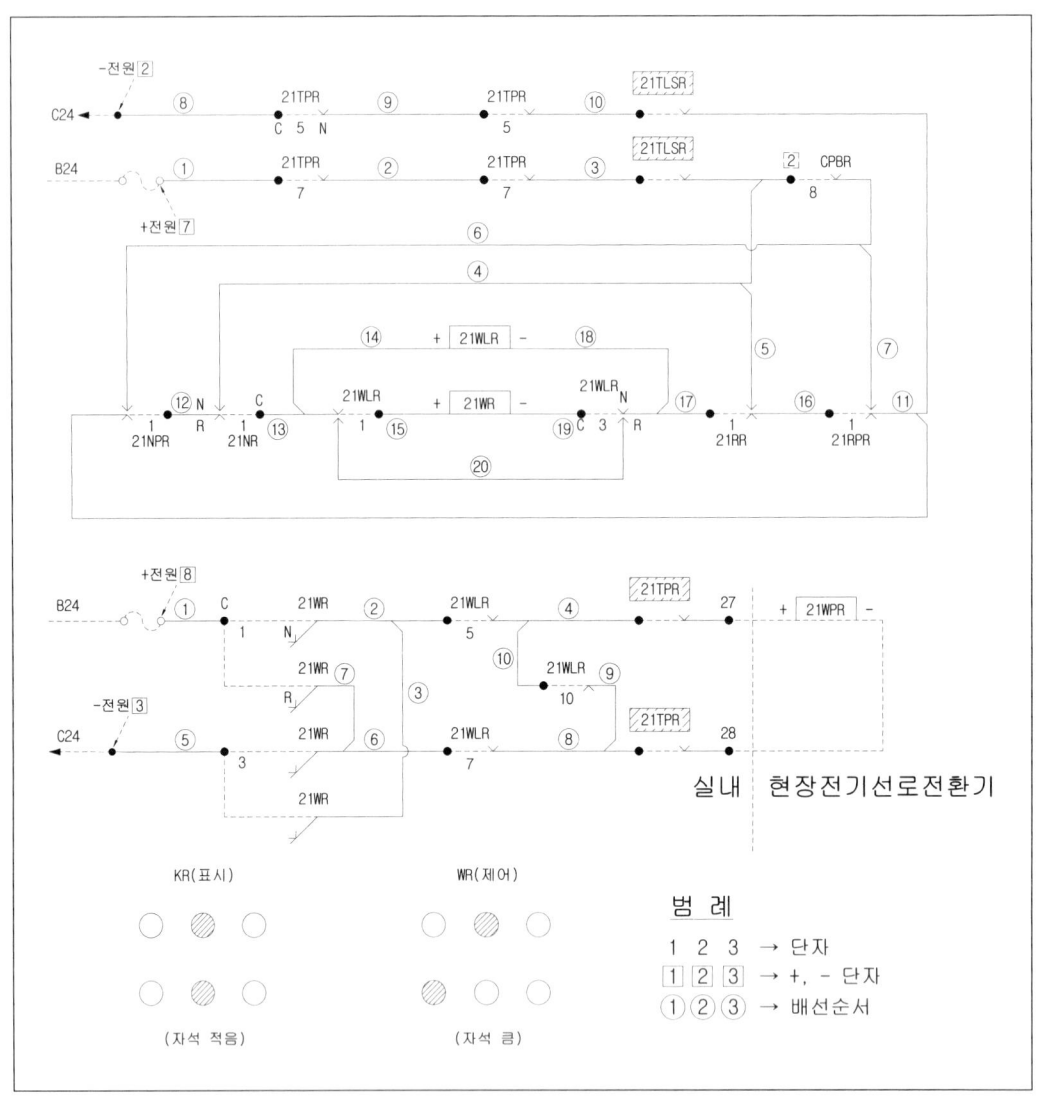

21TLSR
21TRSR
21TPR
UR
2위식
21WR
3위식
21KR
21RR
21NR
21WLR
21RPR
21NPR
CPBR
COIL
전원
R4
N4
NR4
전원
1A압구
1A취소
CSSB
CPS
21N
21RR (1DN)
21NR (2DN)
B10T
21TRS
21T
XT
2T
21WR
21KR
1A-R
1A-G
21R

DN
UP
(1T)
1
1A
(B101T)
(XT)
21
(21T)
(2T)
2

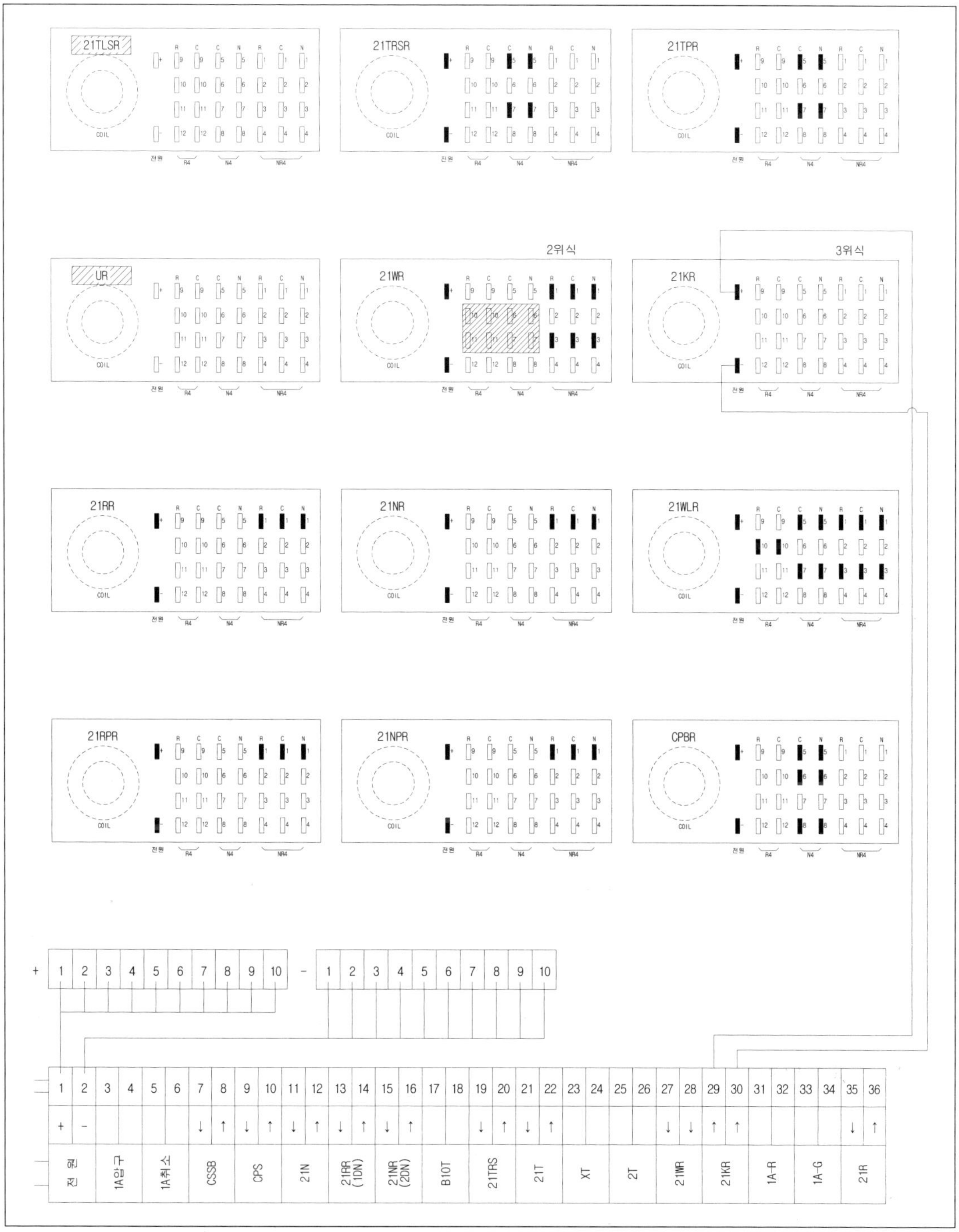

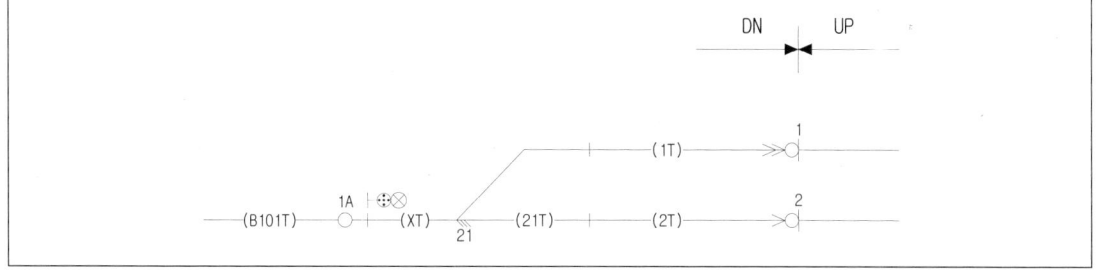

사) 압구반응회로

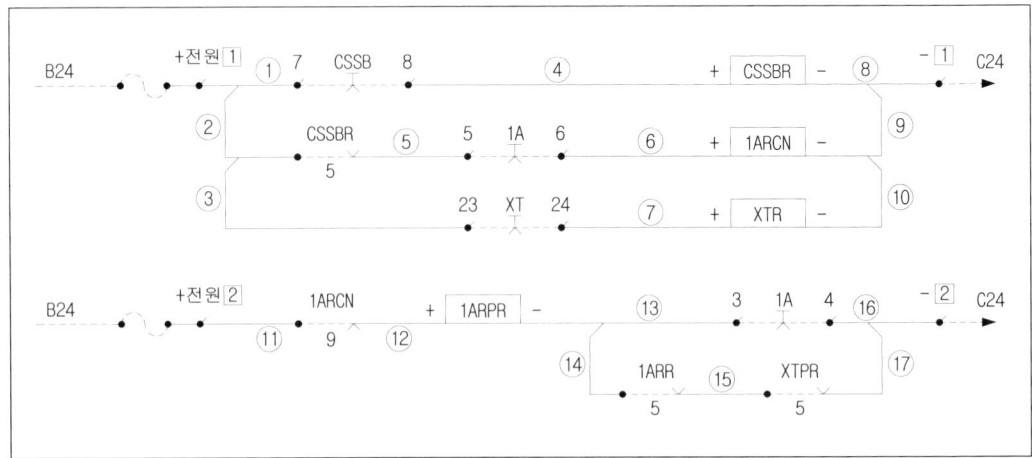

아) 우행선별회로

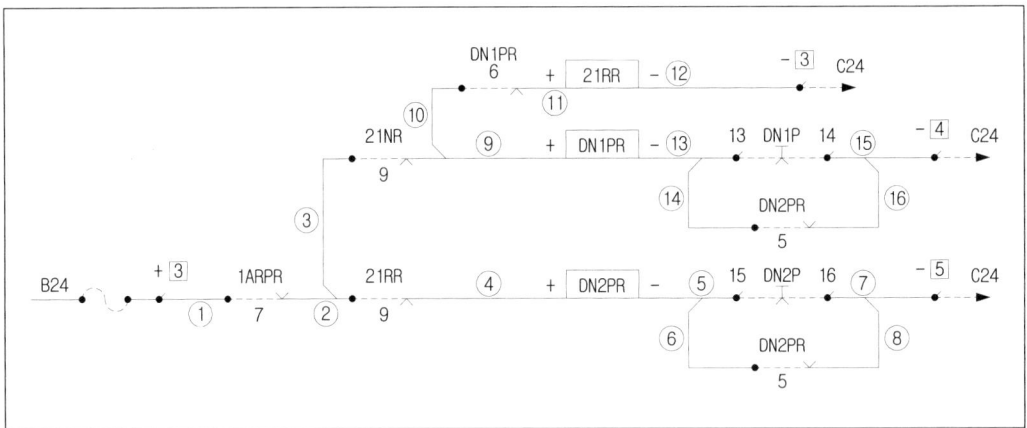

자) 좌행선별회로

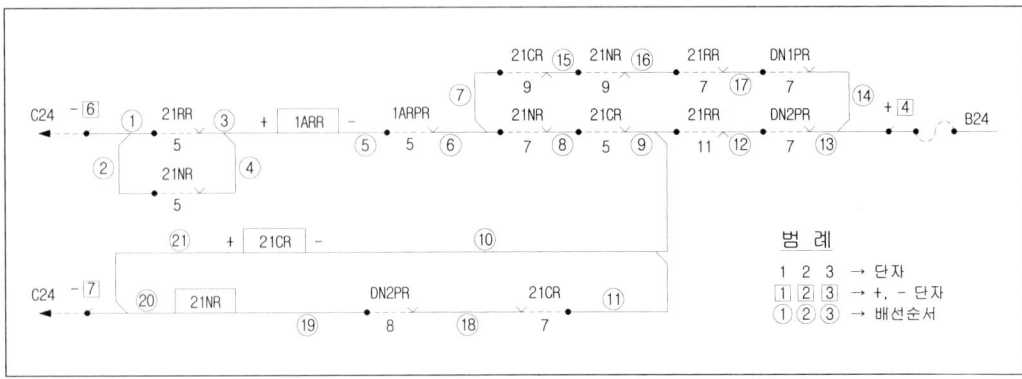

Appendix 1 • 철도신호기사 실기 문제

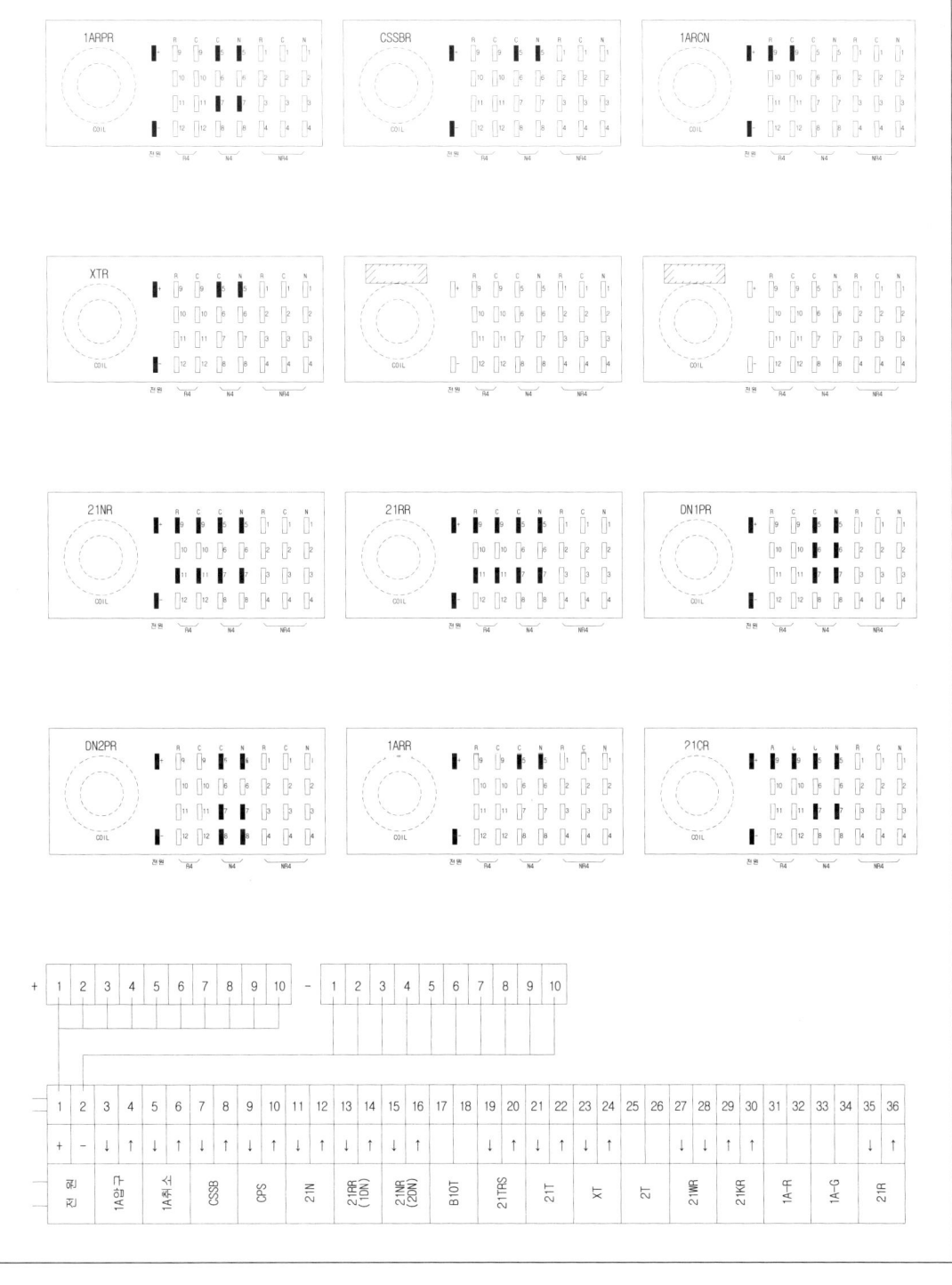

차) 건널목 회로

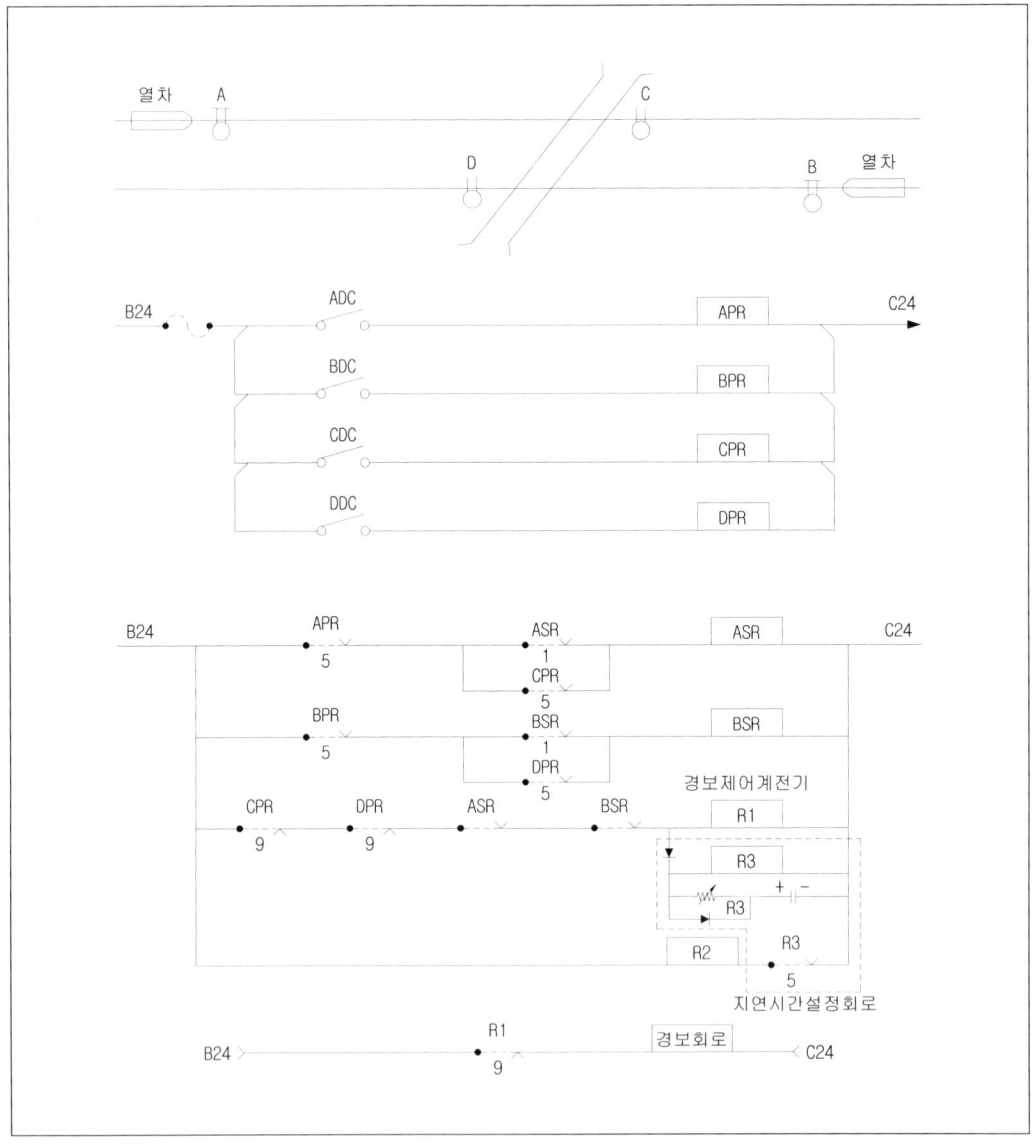

카) 접근쇄정회로

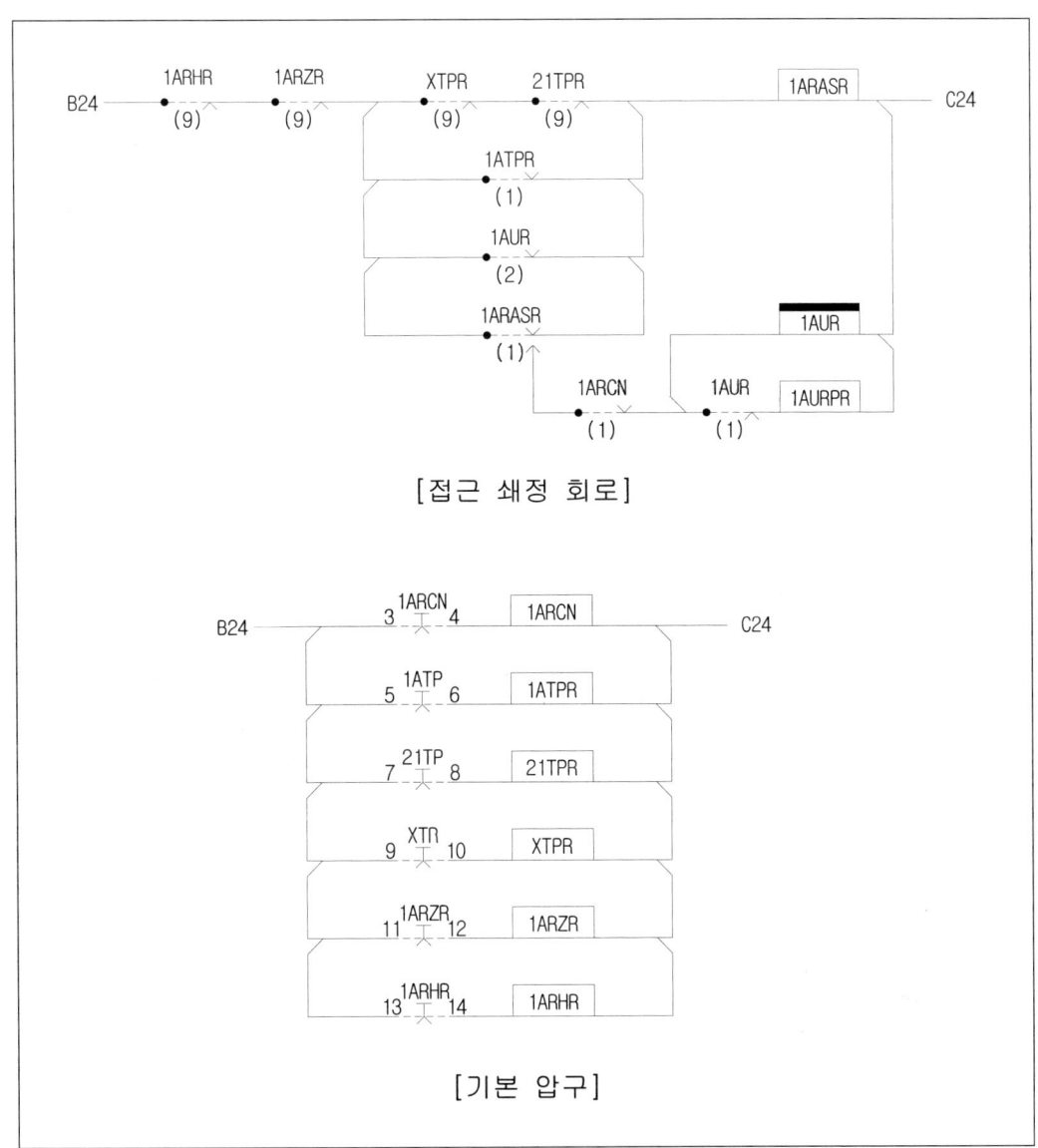

[접근 쇄정 회로]

[기본 압구]

철 / 도 / 신 / 호 / 문 / 제 / 해 / 설

Appendix

철도신호기술사 문제

부록 2 철도신호기술사 문제
[예시]

☑ 국가기술사검정 시험문제 (예시 1)

제1교시

※ 다음 문제 중 10문제를 선택하여 설명하시오.(각 10점)

1. 신호기주에 사용하는 콘크리트주의 길이에 따른 매입깊이에 대하여 설명하시오.
2. 고압임펄스궤도회로의 구성도를 작성하시오.
3. 과주여유거리에 대하여 설명하시오.
4. 진로쇄정에 대하여 설명하시오.
5. 일반철도 구간에서 사용하고 있는 건널목경보기에 대하여 설명하시오.
6. 신호품셈에 있어 열차통행빈도별 할증률에 대하여 복선구간과 단선구간을 구분하여 수치(%)로 표기하시오.
7. 열차다이아(DIA)의 종류에 대하여 설명하시오.
8. 무정전전원장치(UPS)의 용량산정에 대하여 설명하시오.
9. 프로토콜(protocol)의 기능에 대하여 설명하시오.
10. 경량전철 System의 종류와 특징에 대하여 설명하시오.
11. ATO 운전(자동/수동)방법에 대하여 설명하시오.
12. TVM(Transmission Voie(track) Machine)시스템의 주요기능에 대하여 설명하시오.
13. 신호설비의 설계 시 선로전환기 장치의 검사기준을 설명하시오.

제2교시

※ 다음 문제 중 4문제를 선택하여 설명하시오.(각 25점)

1. LED 색등식신호기에 대하여 개요, 특징, 구성, 주요 기능 및 성능으로 구분하여 설명하시오.
2. 정거장에서 2이상의 열차 동시진입 및 동시진출에 대하여 설명하시오.
3. NS-AM형 전기선로전환기에 대하여 개요, 특성, 동작원리, 기능, 성능으로 구분하여 설명하시오.
4. 장내신호기의 접근쇄정 기준에 대하여 설명하시오.
5. 전기선로전환기에 사용하는 근접센서형(PNP) 밀착검지기에 대하여 설명하시오.
6. 연동도표 작성 시 궤도회로의 분할 기준에 대하여 설명하시오.

제3교시

※ 다음 문제 중 4문제를 선택하여 설명하시오.(각 25점)

1. 전기철도에서 전력계통의 이상전압 발생 원인과 대책에 대하여 설명하시오.
2. 고속철도에서 선로전환기의 노스가동분기기 조정 시 주의사항에 대하여 설명하시오.
3. 교류전기철도의 구분장치 설치위치 및 고려사항에 대하여 설명하시오.
4. 전기철도에 사용되는 회생제동의 원리에 대하여 설명하시오.
5. VVVF제어차량 운행 시 신호장치 궤도회로제어주파수에 미치는 영향과 유도장애 방지대책에 대하여 설명하시오.
6. 철도 건널목지장물검지장치의 용어를 정의하고, 구성과 기능에 대하여 설명하시오.

제4교시

※ 다음 문제 중 4문제를 선택하여 설명하시오.(각 25점)

1. 철도신호의 안전성 측면에서 고려하는 안전무결도(무결성)에 대하여 설명하시오.

2. 고속철도 궤도회로장치의 정보전송내용(불연속정보전송 포함)과 궤도회로 주파수 배열에 대하여 설명하시오.

3. 신호설비의 안전성 측면에서 결함허용시스템의 결함과 오류 및 고장과의 상호관계에 대하여 설명하시오.

4. 철도건설에서 신호설비의 설치시에 각종 시험 및 종합시험검사에 대하여 설명하시오.

5. 신호설비 설계 시 시공상 검사기준에 대하여 설명하시오.

6. 철도신호에서 신호전자제어시스템의 H/W, S/W 구조화에 대하여 설명하시오.

☑ 국가기술사검정 시험문제 (예시 2)

제1교시

※ 다음 문제 중 10문제를 선택하여 설명하시오.(각 10점)

1. 모노레일(Mono Rail)에 대하여 설명하시오.

2. 견인정수에 대하여 정의하고 산출방법을 설명하시오.

3. CBS(Communication Based Signaling System)에 대하여 설명하시오.

4. 신호기의 내방과 외방에 대하여 설명하시오.

5. 고무타이어방식 열차운행 구간의 가이드 휠 수축 검지기(Guidance Wheel Deflation Detector)에 대하여 설명하시오.

6. 열차모의시운전(TPS : Train Performance Simulation)에 대하여 설명하시오.

7. 유효장(Effective Length of Track)을 결정하는 방법에 대하여 설명하시오.

8. 자동열차제어시스템 설계 시 고려하여야 하는 슬립(Slip)의 발생원인에 대해서 설명하시오

9. 열차제어측면에서 운전시격을 제약하는 요소 5가지를 기술하고 설명하시오.

10. 열차자동보호장치(ATP : Automatic Train Protection)를 설계할 때, 열차제동과 관련하여 고려할 요소를 설명하시오.

11. 열차저항의 종류 중 출발저항과 주행저항에 대하여 설명하시오.

12. 분기기의 대향·배향 및 정위·반위에 대하여 설명하시오.

13. 철도신호를 정의하고 신호, 전호, 표지에 대하여 설명하시오.

제2교시

※ 다음 문제 중 4문제를 선택하여 설명하시오.(각 25점)

1. 경전철의 종류와 기대효과에 대하여 설명하시오.

2. 철도건널목 제어방식 중 제어자를 사용하는 경우와 궤도회로를 사용하는 경우의 문제점과 대책에 대하여 설명하시오.

3. 열차제어설비를 전기적으로 대지에 접속시켜 인명, 화재 등을 예방하기 위한 접지의 종류와 각각의 장·단점을 설명하시오.

4. 전파를 이용하여 정보를 인식하는 RFID(Radio-Frequency IDentification)에 대하여 설명하시오.

5. 아래 그림과 같은 정거장에서 선행열차가 정거장에 정차하고 후속열차가 정거장을 통과할 경우에 대한 운전시격 계산방법에 대하여 설명하시오.

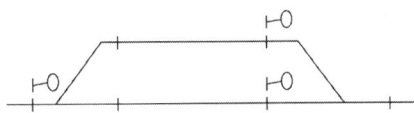

6. FBS(Fixed Block System)과 MBS(Moving Block System)에 대하여 설명하시오.

제3교시

※ 다음 문제 중 4문제를 선택하여 설명하시오.(각 25점)

1. 곡선을 통과하는 열차의 주행최고속도를 계산하는 방법에 대하여 설명하시오.

2. 열차제어측면에서 선로용량을 증대할 수 있는 방안에 대하여 설명하시오.

3. 고정폐색 차상신호방식의 속도코드를 설정하는 방법에 대하여 설명하시오.

4. 최고운전속도가 72[km/h]이고, 가속도가 1[km/h/s], 감속도 4[km/h/s]인 전동차가 A역을 출발하여 B역까지 운행하는데 걸리는 시간을 구하시오. (단, A역과 B역 거리는 2,500[m])

5. 열차제어설비 설치공사를 감리하는 감리원의 임무와 권한에 대하여 설명하시오.

6. 철도에 있어서 수송수요에 영향을 주는 요인과 OD(Origin-Destination) 수송수요 예측방법에 대하여 설명하시오.

제4교시

※ 다음 문제 중 4문제를 선택하여 설명하시오.(각 25점)

1. 자기부상식 열차제어시스템의 분기기 구성을 용도에 따라 4종류로 분류하고 각각을 설명하시오.

2. RF-CBTC 시스템의 정보전달 체계를 그리고 설명하시오.

3. 경부고속선 열차제어시스템(Train Control System)의 구성요소에 대하여 설명하시오.

4. 열차제어의 자동화 필요성과 향후 발전 전망에 대하여 설명하시오.

5. 궤도회로 설치 후, 성능(단락감도)을 확인하기 위하여 실시하는 '궤도회로의 단락저항 측정방법'에 대하여 설명하시오.

6. 복선구간에서 불평형을 방지하기 위한 크로스 본드(Cross Bond)와 궤도회로 사구간을 없애기 위한 점퍼(Jumper)선에 대하여 설명하시오.

☑ 국가기술사검정 시험문제 (예시 3)

제1교시

※ 다음 문제 중 10문제를 선택하여 설명하시오.(각 10점)

1. 운행선에서 고장난 NS-AM형 전기선로전환기의 회로제어기를 교체하는 순서를 설명하시오.

2. TI21 궤도회로(AF 궤도회로) 장치의 구성품목에 대하여 설명하고 복선·복복선에서의 사용주파수 배열도를 그리시오.

3. 신호공사 실시설계 단계에서 연동도표 작성시부터 승인시까지의 흐름도를 그리시오.

4. 전력기술관리법에 의한 감리원의 업무 수행에 대하여 설명하시오.

5. 도시형 자기부상열차에서 LIM(Linear Induction Motor)의 추진원리에 대하여 설명하시오.

6. 연동장치의 전기쇄정 방법에 대하여 설명하시오.

7. 정보를 전송하기 위하여 사용되는 변조(Modulation) 및 복조(Demodulation)에 대하여 설명하시오.

8. 열차제어시스템 구축시 통신분야, 전력분야, PSD(Platform Screen Door) 시스템과의 인터페이스 사항에 대하여 설명하시오.

9. IEEE 802.3(Ethernet) 표준에 적용되고 있는 맨체스터 인코딩(Manchester Encoding) 방식에 대하여 설명하시오.

10. 철도신호용 계전기의 특징 및 장·단점에 대하여 설명하시오.

11. 철도신호시스템 검증을 위한 Verification과 Validation의 차이점에 대하여 설명하시오.

12. 철도안전법에 따른 철도신호장치의 철도용품 형식승인검사 3단계에 대하여 설명하시오.

13. ATS(Automatic Train Stop) 장치와 ATP(Automatic Train Protection) 장치의 공통점과 차이점을 설명하시오.

제2교시

※ 다음 문제 중 4문제를 선택하여 설명하시오.(각 25점)

1. 신호제어계전기(HR) 회로도를 그리고, 계전기 조건별 동작순서를 설명하시오.
2. 열차자동감시장치(ATS : Automatic Train Supervision)의 개요 및 주요기능에 대하여 설명하시오.
3. 자동폐색구간 3현시 신호체계에서 정거장 진입·진출시의 최소운전시격 산출식 및 최소운전시격 단축방안에 대하여 설명하시오.
4. 한국형 국가철도 통합무선망(LTE-R)의 지상 및 차상시스템 구축방안에 대하여 설명하시오.
5. 고속철도 안전설비 중 기상감시설비, 안전스위치 및 지진감시설비에 대하여 설명하시오.
6. 우리나라에서 운용 중인 ETCS 레벨 1 시스템인 ATP(Automatic Train Protection) 장치의 운영레벨과 각 운영레벨간의 전환방법에 대하여 설명하시오.

제3교시

※ 다음 문제 중 4문제를 선택하여 설명하시오.(각 25점)

1. 연동도표의 "신호제어 및 철사쇄정란"에 기재할 사항을 전기·전자연동장치, 연동·자동폐색, 복선의 경우를 모두 포함하여 설명하시오.
2. IEC 62267_1137_CVD에 따른 도시철도차량 열차운전 자동화등급 중 UTO(Unattended Train Operation) 운전을 위한 열차운전 기본기능에 대하여 항목별 구분하여 설명하시오.
3. 철도안전법에서의 철도안전관리체계 기술기준 및 철도안전관리체계 승인절차에 대하여 설명하시오.
4. 전차선로 구분장치의 종류 및 신호기와의 관계를 감안한 설치위치에 대하여 설명하시오.
5. 국내 운용 중인 NS형, MJ81형 및 하이드로스타형 선로전환기의 주요 특성을 비교

설명하시오.

6. 열차제어시스템 소프트웨어 정적분석(Static Analysis) 방법 중 소프트웨어 복잡도(Software Complexity)에 대하여 설명하시오.

제4교시

※ 다음 문제 중 4문제를 선택하여 설명하시오.(각 25점)

1. 궤도의 단계별 시공시 연동도표 작성과 승인에 대한 시공관리 절차 흐름도를 그리고 각각의 업무내용에 대하여 설명하시오.

2. 고속철도 전자연동장치(IXL)의 구성도를 그리고 그 기능을 설명하시오.

3. 철도 RAMS(Reliability, Availability, Maintainability, Safety)에 대하여 설명하고, RAM, Safety, LCC(Life Cycle Cost) 상호간의 관계에 대하여 설명하시오.

4. 시스템을 내・외부 사이버 공격으로부터 보호하기 위한 네트워크 보안설비의 종류, 기능, 설치방법 및 보안정책에 대하여 설명하시오.

5. 철도신호시스템의 위험원(Hazard) 도출을 위한 방법 중 HAZOP(Hazard and Operability Study) 방법에 대하여 설명하시오.

6. 일반철도 구간에서 인필발리스(Infill Balise)의 역할 및 효과에 대하여 설명하시오.

☑ 국가기술사검정 시험문제 (예시 4)

제1교시

※ 다음 문제 중 10문제를 선택하여 설명하시오.(각 10점)

1. NS형 선로전환기의 유도전동기 기동방식에 대하여 설명하시오.

2. 철도신호 연동조건 중 접근쇄정에 대하여 설명하시오.

3. 스크린도어(PSD)설계 및 운영상 요구되는 안전요건에 대하여 설명하시오.

4. ETCS 레벨(Level) 1 시스템의 지상설비 중 선로변제어유니트(LEU)의 구성도 및 주요기능 5가지에 대하여 설명하시오.

5. 정거장에 진입할 때의 최소운전시격에 대하여 설명하시오.

6. 고속철도용 표지의 종류에 대하여 설명하시오.

7. RF-ID Tag를 이용한 열차위치 검지에 대하여 설명하시오.

8. 경전철에 적용되는 제3궤조 급전과 유도무선 급전에 대하여 비교 설명하시오.

9. 모노레일(Mono-Rail)의 개념과 특징을 설명하시오.

10. TCP/IP 계층 구조를 OSI 계층과 비교하여 설명하시오.

11. 전차선 절연구간 예고장치의 설치구성도와 기능에 대하여 설명하시오.

12. 여객열차 120[km/h], 화물열차 60[km/h], 전동차 80[km/h]의 속도로 혼용 운전되고 있는 선구에 대한 ATS-S1형의 지상자 설치위치를 계산하시오.

13. 차축검지기(Axel Counter)의 역할과 동작원리에 대하여 설명하시오.

제2교시

※ 다음 문제 중 4문제를 선택하여 설명하시오.(각 25점)

1. 속도조사식 ATS(ATS-S2형)장치 구성도와 4현시, 5현시 공진주파수 변화에 따른 속도제어 동작원리를 설명하시오.

2. 철도신호기와 전차선 구분 장치의 상호관계에 대하여 설명하시오.

3. 철도건설 중 민간투자사업의 개요와 BTO 및 BTL방식을 비교 설명하시오.

4. 제어자와 궤도회로를 사용하는 철도건널목 제어방식의 문제점과 대책에 대하여 설명하시오.

5. 열차위치검지 방법 중 GPS(Global Positioning System)의 측위오차 발생원인과 DGPS(Differential Global Positioning System)에 대하여 설명하시오.

6. 자기부상열차 위치, 속도, 운행 방향 검지 원리에 대하여 체크인-아웃(Check in out) 및 속도검출 루프방식 사례를 들어 설명하시오. (단, 주파수 수치는 중요하지 않다.)

제3교시

※ 다음 문제 중 4문제를 선택하여 설명하시오.(각 25점)

1. 기존선 철도와 고속철도 혼용에 대한 문제점 및 분야별 대책에 대하여 설명하시오.
2. 무선통신의 핸드오버(Hand over) 또는 핸드오프(Hand off) 종류에 대하여 설명하시오.
3. ERTMS/ETCS 시스템을 단계별로 설명하시오.
4. 철도사업의 기본 추진 절차를 재정사업과 민자사업을 비교하여 설명하시오.
5. 철도 선로용량 종류 및 선로이용률에 대하여 설명하시오.
6. 철도건설 설계 시 본 선의 배선계획 수립에 필요한 주요사항에 대하여 설명하시오.

제4교시

※ 다음 문제 중 4문제를 선택하여 설명하시오.(각 25점)

1. 선로 주변 구조물과 건축한계에 대하여 설명하시오.
2. 열차위치검지 및 선로전환기 철사쇄정을 위한 궤도회로 단락감도에 대하여 설명하시오.
3. 자기부상 시스템의 분기기 구성을 용도에 따라 4종류로 분류하고 각각 설명하시오.
4. 철도운영의 효율 증대를 위한 최소운전시격 단축방안 중에서 신호측면과 일반적인 측면으로 구분하여 설명하시오.
5. 자동(무인)운행 신설노선 건설시 신호시스템 사용개시를 위한 시험의 종류와 시험내용, 방법, 검증에 대하여 설명하시오.
6. 다음 배선 모양에 대하여 궤도분할과 신호기 및 선로전환기, 궤도회로 명칭을 기입하고, 연동도표를 작성하시오. (단, 입환부분 제외한다.)

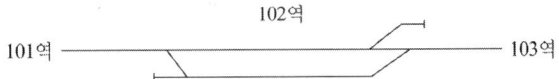

☑ 국가기술사검정 시험문제 (예시 5)

제1교시

※ 다음 문제 중 10문제를 선택하여 설명하시오.(각 10점)

1. 감리업무 수행 시 주요업무 및 세부내용에 대하여 설명하시오.
2. 전기선로전환기 선정 시 고려해야 될 사항을 5가지 이상 제시하시오.
3. ERTMS/ETCS 시스템의 구축효과에 대하여 설명하시오.
4. "철도시설의 기술기준" 제9조에서 정한 철도신호제어설비의 안전성 분석 및 안전대책 검증 시 고려사항을 제시하시오.
5. 철도건널목 경보장치의 제어방법(연속제어식, 점제어식)을 설명하시오.
6. 신호장비 간에 개방형 전송시스템(IEC 62280-2)을 사용하는 경우, 인터페이스의 전송 위협에 대한 방어 조치들을 나열하시오.
7. 트램(TRAM)의 우선신호(Signal Priority)에 대하여 설명하시오.
8. 경부고속철도 터널경보장치 완성품의 KRSA-4014-R0 규격에 의한 시험의 종류를 설명하시오.
9. 열차자동방호장치(ATP)의 발리스 설치위치 및 원칙에 대하여 설명하시오.
10. 도시철도 시설안전기준 중 신호 및 열차제어설비가 안전기본원칙에 적합하도록 설계, 제작 및 설치할 사항을 5가지 이상 제시하시오.
11. 신호시스템의 정보처리 방법 중 Static Buffer와 Dynamic Buffer 방식에 대하여 설명하시오.
12. 국내에 설치된 승강장안전문(PSD)의 동작 신호방식에 따른 분류 3가지에 대하여 설명하시오.
13. 전기철도에서 레일의 전기적 역할에 대하여 설명하시오.

제2교시

※ 다음 문제 중 4문제를 선택하여 설명하시오.(각 25점)

1. 선로용량과 밀접한 관련이 있는 4가지 변수에 대하여 설명하시오.

2. 고속철도구간의 폐색분할에 대한 검증 시행 항목인 인체공학적인 조건 및 안전제약 조건에 대하여 설명하시오.

3. 철도안전법 시행규칙 제76조의3(관제업무종사자의 준수사항)에 규정되어 있는 운전업무종사자, 여객승무원 등에게 제공하여야 할 정보 및 철도사고 등 발생 시의 조치 사항에 대하여 설명하시오.

4. RF-CBTC 열차제어시스템의 흐름도를 그리고 설명하시오.

5. 신호시스템의 안전성을 확보하기 위해 시행하는 Hazard Analysis 중, PHA, SHA, SSHA 및 O&SHA의 분석 목적에 대하여 설명하시오.

6. 트램(TRAM) 신호시스템의 제어기능에 대하여 설명하시오.

제3교시

※ 다음 문제 중 4문제를 선택하여 설명하시오.(각 25점)

1. 한 노선의 신호시스템 개량시 계획수립에 필요한 요구조건 등 검토사항을 설명하시오.

2. ATO(유인운전)를 계획하고 있는 관제실에 구비하여야할 기능 및 설비구성을 설명하시오.

3. 차상과 지상의 Balise 기본 기능에 대하여 설명하고, 지상 Balise의 동작순서를 그림으로 나타내시오.

4. Distance To Go 시스템에서 안전구간 및 위험지점을 설명하시오.

5. 경부고속철도 UM71 궤도회로장치의 기능 및 설비구성을 설명하시오.

6. CBTC 또는 ERTMS 시스템에서 적용하는 MRSP(Most Restrictive Speed Profile) 생성 시 고려사항에 대하여 설명하고, 고려사항을 기반으로 MRSP를 생성하시오.

제4교시

※ 다음 문제 중 4문제를 선택하여 설명하시오.(각 25점)

1. 건축한계의 기본개념 및 곡선구간의 건축한계 적용을 설명하시오.
2. 기존선과 연결되는 고속신선의 신호설비를 신규로 설치한 후, 시행하는 시설물검증시험에 있어서 신호시험의 종류 및 내용을 설명하시오.
3. 레이저 레이더(Light Detection And Ranging, LIDAR)의 기본구성 및 동작원리를 설명하시오.
4. Axle Counter의 기능 및 장단점을 설명하시오.
5. 설계 VE(Value Engineering) 수행시, 설계자가 제시하여야 할 자료 및 검토자가 수행하는 업무절차를 설명하시오.
6. 고속철도에 설치되어 있는 지장물검지장치를 설명하시오.

☑ 국가기술사검정 시험문제 (예시 6)

제1교시

※ 다음 문제 중 10문제를 선택하여 설명하시오.(각 10점)

1. 철도통합무선망(Long Term Evolution-Railway)에 대하여 설명하시오.
2. 국제전기전자협회(IEEE)에서 정의된 CBTC 표준요구사항인 IEEE1474-1,2,3,4에 대하여 설명하시오.
3. 고속철도에서 사용중인 선로변 기능모듈(TFM : Track Function Module)에 대하여 설명하시오.
4. 건널목보안장치의 경보시간과 제어거리 산출방법을 설명하시오.
5. 컴퓨터를 활용한 정보의 송수신을 교환하는 "데이터 통신(Data Communication)"에

대하여 설명하시오.

6. 경부고속철도에 설치된 지진감시시스템의 경보발령 기준에 대하여 설명하시오.

7. ETCS에서 무선으로 전송되는 데이터를 암호화 및 복호화하는 안전전송유니트(Safety Transmission Unit)에 대하여 설명하시오.

8. 열차자동방호장치(ATP)에 사용되는 발리스(Balise)에 대하여 설명하시오.

9. 신호기와 전차선 절연구분장치의 설치위치에 대하여 설명하시오.

10. 궤도회로 사구간 보완회로에 대하여 설명하시오.

11. 무정전전원장치(UPS) 구성 및 특성을 설명하시오.

12. 철도신호제어설비의 결함 극복 방법에 대하여 설명하시오.

13. 아래의 구내 배선도를 대상으로 연동도표를 완성하시오.

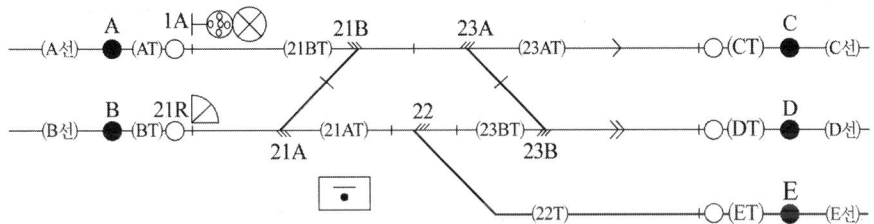

명칭	진로방향	취급버튼		쇄정	신호제어 및 철사쇄정	진로(구분)쇄정	접근 또는 보류쇄정
		출발점	도착점				
장내 신호기	AT→CT	1A	C				
	AT→DT		D				
입환 표지	BT→CT	21R	C				
	BT→DT		D				
	BT→ET		E				

명 칭		번 호	철사쇄정
선로 전환기	쌍동	21	
	단동	22	
	쌍동	23	

제2교시

※ 다음 문제 중 4문제를 선택하여 설명하시오.(각 25점)

1. 열차 안전운행을 보조하는 기상검지장치의 종류와 설치위치, 단계별 운행제한에 대하여 설명하시오.
2. 열차제어시스템의 궁극적인 목표와 Fail-Safe 원칙에 대하여 설명하시오.
3. 전기선로전환기(NS형)의 구성 및 동작원리에 대하여 설명하시오.
4. 전자연동장치의 구성 및 기능을 설명하시오.
5. 유럽열차제어시스템(European Train Control System)의 레벨 1, 2, 3에 대하여 설명하시오.
6. 고장모드 및 영향분석(Failure Mode and Effect Analysis)에 대하여 설명하시오.

제3교시

※ 다음 문제 중 4문제를 선택하여 설명하시오.(각 25점)

1. 근거리무선통신방식인 RFID(Radio-Frequency IDentification) 기술에 대하여 설명하시오.
2. 국제규격 "IEC 62267 : AUGT 안전요구사항"인 자동화등급에 대하여 설명하시오.
3. 고속철도 UM-71 궤도회로장치의 구성 및 특성에 대하여 설명하시오.
4. 열차자동방호장치(ATP) 구성 및 기능을 설명하시오.
5. 철도건설 및 개량시 설계와 시공을 위한 신호분야 조사업무(현지답사)에 대하여 설명하시오.
6. 열차 안전운행을 위한 신호시스템의 시인성 확보와 비상대응을 위한 운전설비 기능 강화 대책을 설명하시오.

제4교시

※ 다음 문제 중 4문제를 선택하여 설명하시오.(각 25점)

1. 열차집중제어장치(CTC)의 주요 구성 및 기능을 설명하시오.

2. 운전시격 단축방안을 설명하시오.

3. 철도신호시스템에 적용하는 RAMS에 대하여 설명하시오.

4. 선로용량(Track Capacity)에 대하여 설명하시오.

5. 해킹 등 외부로부터 내부망 접속 및 정보유출을 막기 위한 방화벽(Fire-Wall) 구성 방법 중 패킷필터링 방식에 대하여 설명하시오.

6. EMI(Electromagnetic Interference)/EMC(Electromagnetic Compatibility) 문제 해결 방안에 대하여 설명하시오.

철 / 도 / 신 / 호 / 문 / 제 / 해 / 설

Appendix

신호제어설비 유지보수 세칙

부록 3 신호제어설비 유지보수 세칙

[제정 2014.05.01. 세칙 제65호] [개정 2015.03.27. 제2015-25호]

제1장 총칙

제1절 일반사항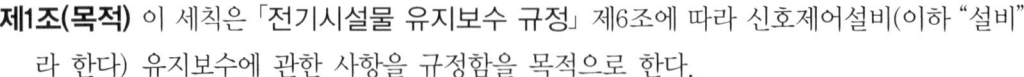

제1조(목적) 이 세칙은 「전기시설물 유지보수 규정」 제6조에 따라 신호제어설비(이하 "설비"라 한다) 유지보수에 관한 사항을 규정함을 목적으로 한다.

제2조(적용범위) 설비의 유지보수에 있어서는 따로 정한 것을 제외하고는 이 세칙을 적용하며, 설비의 유지보수에 필요한 기준은 다음 각 호에 의한다.
1. 「전기시설물 유지보수 규정」
2. 「철도시설의 기술기준」〈개정 2015.03.27.〉
3. 한국철도시설공단「철도 설계지침 및 편람(신호제어편)」
4. 「전기설비 기술기준」
5. 기타 관련규정

제3조(정의)
① 이 세칙에 사용하는 일반용어의 뜻은 다음 각 호와 같다.
1. "**유지보수**"란 기존 설비의 현상유지 및 성능향상을 위한 점검·보수·교체·개량 등 일상적인 활동을 말한다.
2. "**검사**"란 장치의 상태와 작동이 이상이 없는지를 규정대로 확인하는 것을 말한다.
3. "**유지보수담당자**"란 지역본부의 전기처(사업소를 포함한다), 철도교통관제센터의 전기운용부, 고속철도전기사무소에 소속된 직원을 말한다.
4. "**총괄책임자**"란 지역본부장(전기처장), 철도교통관제센터장(전기운용부장), 고속철도전기사무소장을 말한다. 이하 "**지역본부장**"이라 한다.
5. "**작업책임자**"란 현업에서 설비의 보수를 담당하는 단위소속의 책임자[전기사업소장(신호팀장 포함), 신호제어사업소장, 선임전기장, 전기장, 철도교통관제센터의 전기운용부장이 지정한자를 포함]를 말한다.
6. "**보수담당자**"란 현업에서 설비의 보수를 담당하는 자를 말한다.

② 이 세칙에 사용하는 기술용어의 뜻은 다음 각 호와 같다.
1. "**신호제어설비**"란 신호기장치, 선로전환기장치, 궤도회로장치, 폐색장치, 연동장치, 건널목보안장치, 열차자동정지장치(ATS), 열차자동제어장치(ATC), 통합연동시스템(SEI), 열차집중제어장치(CTC), 신호원격제어장치(RC), 열차자동방호장치(ATP), 통신기반열차제어시스템(CBTC), 고속철도신호설비, 고속철도 안전설비 등을 말하며, 열차 또는 차량의 안전운행과 수송능력 향상을 목적으로 설치한 종합적인 시설을 말한다.
〈개정 2015.03.27.〉
2. "**자동구간**"이란 자동폐색장치를 설비한 구간, "**비자동구간**"이란 그 외의 구간을 말하며 연동 및 통표 폐색구간으로 구분한다. 〈개정 2015.03.27.〉
3. "**주신호기**"란 일정한 방호구역을 가지고 있는 신호기를 말하며, "**종속신호기**"라 함은 주신호기가 현시하는 신호의 확인거리를 보충하기 위해 그 외방에 설비하는 신호기를 말한다.
4. "**신호부속기**"란 주신호기에 설치하여 그 신호기의 지시조건을 보완하는 장치를 말한다.
5. "**등열식**"이란 둘 이상의 등을 한 개의 조로 하여 신호를 현시하는 방식을 말한다.
6. "**주체의 신호기**"란 종속신호기 또는 신호부속기 등이 있을 때 그에 대한 주신호기를 말한다. 〈개정 2015.03.27.〉
7. "**색등식**"이란 색에 따라 신호를 현시하는 방식을 말한다.
8. "**과주여유거리**"란 열차 또는 차량이 소정의 정지 위치에 정차하지 못하고 그 위치를 지나칠 경우에 사고를 방지하고자 설비한 구역의 거리를 말한다.
9. "**신호기의 방호구역**"이란 해당 신호기에 의해 열차 또는 차량이 운전할 수 있는 구역을 말한다.
10. "**확인거리**"란 신호기에 접근하는 열차 또는 차량에 승차한 기관사가 어느 일정 지점에서 전방 신호기의 신호 현시상태를 정확히 확인할 수 있는 거리를 말한다.
11. "**상시쇄정**"이란 평상시 장치를 전기 또는 기계적으로 쇄정하여 두는 것을 말한다.
12. "**선로전환장치**"란 선로전환기를 정위 또는 반위로 전환과 쇄정을 하는 장치를 말한다.
13. "**선로전환기 쇄정장치**"란 선로전환기를 정위 또는 반위로 전환한 후 첨단레일이 기본레일에 밀착된 것을 조사하여 이를 그 위치에 쇄정하는 것을 말한다.
14. "**정위**"란 각종 신호용 취급버튼 또는 리버(전자연동장치에서 키보드 또는 마우스를 포함한다. 이하 "**취급버튼**"이라 한다)로 해당 신호설비를 취급하기 전의 상태를 말하며 그 반대인 경우를 "**반위**"라 한다.
15. "**쇄정**"이란 신호기 또는 선로전환기 등 신호설비를 필요에 따라 전기적 또는 기계적으

로 일정한 절차에 의하지 아니하고는 임의로 조작할 수 없도록 하는 것을 말하며 세부적인 용어는 다음과 같다.

 가. "**정위쇄정**"이란 갑과 을의 취급버튼 상호간에서 갑의 취급버튼을 반위로 하였을 때 을의 취급버튼은 정위로 쇄정되고, 반대로 을의 취급버튼을 반위로 하였을 때 갑의 취급버튼은 정위로 쇄정되는 것을 말한다.

 나. "**반위쇄정**"이란 갑과 을의 취급버튼 상호간에서 을의 취급버튼을 반위로 하고 갑의 취급버튼을 반위로 하였을 경우 을의 취급버튼은 반위로 쇄정되고 반대로 을의 취급버튼이 정위에 있을 경우 갑의 취급버튼은 정위로 쇄정되는 것을 말한다.

 다. "**정반위쇄정**"이란 갑과 을의 취급버튼 상호간에 취급버튼을 반위로 한 경우 을의 취급버튼이 정위 또는 반위 어느 위치에서나 그 위치에 쇄정되고 갑의 취급버튼은 을의 취급버튼이 정위 또는 반위 어떠한 경우라도 쇄정되지 않는 것을 말한다.

 라. "**편쇄정**"이란 갑과 을의 취급버튼 상호간에 갑의 취급버튼을 반위로 하였을 때 을의 취급버튼은 정위 또는 반위 중 한쪽에만 쇄정되며 정위에 쇄정되는 것은 반위, 반위에 쇄정되는 것은 정위에서 쇄정되지 않으며 갑의 취급버튼은 을의 취급버튼이 정위 또는 반위 어느 위치에서나 쇄정되지 않는 것을 말하며, 정위로 쇄정되는 것을 정위 편쇄정, 반위로 쇄정되는 것을 반위 편쇄정이라 한다.

 마. "**조건부 쇄정**"이란 갑과 을의 취급버튼 상호간에 갑의 취급버튼을 반위로 하였을 경우 을의 취급버튼은 다른 취급버튼의 어떠한 조건이 충족되었을 때만 쇄정되고 그 조건이 충족되지 않으면 쇄정되지 않는 것을 말한다.

16. "**밀착검지기**"란 선로전환장치에 설치하여 텅레일이 기본레일에 밀착된 것을 확인하는 장치를 말한다.

17. "**진행정위의 신호기**"란 그 신호기의 방호구역에 열차가 없을 때 상시 진행신호를 현시하는 신호기를 말한다.

18. "**정지정위의 신호기**"란 그 신호기의 방호구역에 열차가 없을 때 상시 정지신호를 현시하는 신호기를 말한다.

19. "**방향취급버튼**"이란 열차의 운전방향을 정하기 위해 대향 열차에 대한 폐색구간 양끝의 신호취급소 상호간에 상대적으로 설비하는 취급버튼을 말한다.

20. "**폐색취급버튼**"이란 폐색을 취급하기 위해 신호 취급소 상호 간에 상대적으로 설비하는 취급버튼을 말한다.

21. "**궤도회로**"란 열차의 유무를 검지하거나 연속정보를 차상으로 전송하기 위해 레일을 이용하여 구성한 전기적인 회로를 말한다.
22. "**사구간**"이란 궤도회로의 일부분에 열차가 점유하여도 궤도계전기가 작동되지 않는 구간을 말한다.
23. "**연동장치**"란 신호기, 선로전환기, 궤도회로 등의 제어 또는 조작을 일정한 순서에 따라 상호 쇄정하는 장치를 말한다.
24. "**기기집중역**"이란 ATC 설비 구간에서 선로전환기가 설치되어 있지 않은 역에 ATC 궤도회로 장치만을 설비한 역을 말한다.
25. "**폐색구간**"이란 2 이상의 열차를 동시에 운전시키지 않기 위하여 정한 구간을 말하며, 자동구간에서는 신호기 상호 간, 비자동구간에서는 장내신호기와 인접역 장내신호기간을 말한다.
26. "**신호정보분석장치**"란 설비의 작동상태를 현재 시간으로 기록하고 고장을 판단하여 보수담당자에게 경보로 알려주는 설비를 말한다.
27. "**열차번호인식기**"란 열차의 행선지에 따라 정당한 방향으로 신호를 현시할 수 있도록 열차번호와 행선지를 운전취급자에게 알려주는 설비를 말한다.
28. "**시운전**"이란 장치의 신설이나 개량 시에 사용에 앞서 종합적인 기능을 시험하는 것을 말한다.
29. "**진입허용표시등**"이란 입환신호표지와 절대신호표지에 첨장되어 해당 진로 내로의 진입여부를 지시 하는 신호등을 말한다.
30. "**신호표지**"란 폐색구간의 경계 지점에 설치하는 허용신호표지와 절대신호표지, 입환신호표지 등 설비에 종속된 선로변 표지를 말한다.
31. "**보상콘덴서**"란 궤도회로 주파수 레벨이 감쇄되는 것을 보상하기 위해 레일 사이에 설치하는 콘덴서를 말한다.
32. "**가상선(LF)**"이란 한 선로에서 열차의 운행 방향에 따라 궤도회로 주파수의 송, 수신측이 바뀌게 되는데 궤도회로가 그 방향에 상관없이 항상 일정한 임피던스를 유지하도록 추가하는 전기적인 회로를 말한다.
33. "**안전계전기(NS1)**"란 궤도계전기, 선로전환기 표시계전기 등 열차의 안전운행과 직접 연결되는 정보를 취급하는 계전기를 말한다.
34. "**ATC 유지보수 컴퓨터(LME)**"란 ATC의 유지보수를 지원하는 컴퓨터를 말하며, 통합연동시스템(SEI)에서는 제39호의 기능을 포함한다. 〈개정 2015.03.27.〉
35. "**불연속정보전송장치(ITL)**"란 특정 지점에 설치하여 열차운행에 부가적으로 필요한 정보를 전송하는 장치를 말한다.

36. "역 정보처리장치(FEPOL, CC-RTU)"란 CTC와 LCP의 제어명령을 연동장치와 ATC 등에 전송하고 현장 설비의 표시 정보를 CTC와 LCP로 전송하는 장치를 말한다. 〈개정 2015.03.27.〉
37. "전자연동장치"란 연동장치를 전자식으로 모듈화한 장치를 말한다.
38. "선로변 기능 모듈(TFM)"이란 선로전환기, 진입허용표시등, 쇄정 해제스위치(LCS) 등 현장 설비를 직접 제어하는 모듈을 말한다.
39. "유지보수 컴퓨터 시스템(CAMS)"이란 유지보수 컴퓨터 보조시스템(CAMZ)과 보수자 단말기(TT)로 구성되어 연동장치의 유지보수를 지원하는 시스템을 말한다.
40. "데이터 링크 모듈(DLM)"이란 연동장치의 제어 명령을 현장 설비로 전송하고 현장 설비의 표시 정보를 연동장치로 전송하는 모듈을 말한다.
41. "차축온도검지장치(HBD)"란 운행하는 열차의 차축 온도를 검지하는 장치를 말한다.
42. "터널경보장치(TACB)"란 터널 내의 보수자를 보호하기 위해 열차가 일정구역에 진입 시 경보하는 장치를 말한다.
43. "보수자 선로횡단장치(PSC)"란 특정 지점을 보수자의 선로 횡단 가능 개소로 지정하여 선로 횡단시 열차의 접근 유무를 확인하게 하는 장치를 말한다.
44. "분기기히팅장치"란 동절기에 적설이나 결빙으로 인한 선로전환기의 전환불능을 방지하기 위하여 분기기를 예열하는 장치를 말한다.
45. "레일온도검지장치(RTCP)"란 혹서기에 레일의 장출에 의한 사고를 예방할 목적으로 설치하여 레일의 온도를 검지하는 장치를 말한다.
46. "지장물검지장치(ID)"란 선로 내에 열차의 안전운행을 지장하는 낙석, 토사, 차량 등의 물체가 침범하는 것을 감지하기 위해 설치한 장치를 말한다.
47. "기상검지장치(MD)"란 열차의 안전 운행을 위하여 풍향 및 풍속, 강우량, 적설량을 검지하는 장치를 말한다.
48. "끌림검지장치(DD)"란 고속선의 선로상 설비를 보호하기 위해 기지나 기존선에서 진입하는 열차 또는 차량 하부의 끌림물체를 검지하는 장치를 말한다.
49. "무인기계실 원격감시장치"란 무인 기계실의 출입문에 설치하여 출입자를 감시하고 허가된 자만 출입할 수 있도록 하는 장치를 말한다. 〈개정 2015.03.27.〉
50. "역 조작판 장치(LCP)"란 관할구역 내의 현장 설비를 제어하고 설비의 상태를 확인하며 열차의 운행 상태를 파악하기 위해 각 역에 설치된 장치를 말한다.
51. "방호 스위치(TZEP, CPT)"란 보수자가 선로상 작업 시 신변의 안전을 확보할 목적으로 작업구역의 속도를 정지로 설정할 수 있는 스위치를 말한다.

52. **"쇄정 해제 스위치(LCS)"**란 취급하고자 하는 진로 내의 구분진로가 단락 등의 사유로 쇄정되어 있을 때 현장에서 레일의 이상 없음을 확인한 후 진로설정 가능 정보를 연동장치로 전송할 수 있는 스위치를 말한다.
53. **"속도제한판넬"**이란 신호기계실에 설치되어 일정 구역을 정해진 속도로 제한하는 SLP와 LCP 및 CTC에 설치된 원격속도제어장치(ESLP)를 말한다. 〈개정 2015.03.27.〉
54. **"열차자동방호장치(ATP)"**란 열차운행에 필요한 각종 정보를 발리스를 통해 차상으로 전송하면 차상의 컴퓨터가 열차의 속도를 감시하여 일정속도 이상 초과하여 운행 시 자동으로 감속, 제어하는 장치를 말한다.
55. **"발리스(Balise)"**란 신호현시와 같은 가변정보 또는 선로속도나 구배 등 고정정보를 차상으로 전송하는 장치를 말한다.
56. **"선로변제어유니트(LEU)"**란 신호설비의 상태를 검지하여 조건에 맞는 텔레그램을 발리스(Balise)에 전송하는 장치를 말한다.
57. **"텔레그램"**이란 지상의 각종 정보를 차상에 전달하는 수단으로 하나의 헤더와 다수의 패킷 및 오류검지코드로 구성된 파일을 말한다.
58. **"링킹(Linking)"**이란 발리스의 위치를 확인하는 방법을 말한다.
59. **"가변발리스(CBC)"**란 신호현시의 조건에 의해 제어되는 정보를 제공하는 정보전송장치를 말한다.
60. **"고정발리스(CBF)"**란 선로조건 등의 변화되지 않는 고정된 정보를 제공하는 정보전송장치를 말한다.
61. **"절대신호 표지"**란 신호를 취급하지 않았을 때 닫힘 상태로 열차의 진입을 불허하고 신호를 취급하여 진로가 설정되었을 때 열림(개방) 상태가 되어 열차의 진입을 허용하는 것으로써 역 조작판에서 색에 의해 그 상태를 확인할 수 있는 마커를 말한다. 〈개정 2015.03.27.〉
62. **"열차운전감시반"**이란 운행중인 열차위치를 집중시켜 열차의 운전상태를 감시하는 설비를 말한다.
63. **"진로예고표시기"**란 연결선구간의 장내·출발신호기의 외방에 설치하여 주체신호기의 진로표시기가 현시하는 진로현시상태를 예고하는 장치를 말한다.
64. **"궤도회로기능검지장치(TLDS)"**란 궤도회로의 정보를 실시간으로 표출, 기록하는 장치를 말한다.
65. **"기준정보"**란 설비 유지보수를 위하여 전사적자원관리시스템(KOVIS)에서 관리하는 기능위치, 설비, 자재명세서(BOM), 작업장, 직무리스트, 카탈로그, 측정 포인트, 클래스 등을 말한다.

66. "승강장 비상정지버튼"이란 수도권 전철구간 역구내 승강장에서 승객의 선로추락 등 위급상황 발생 시 승강장을 향하여 진행하는 열차 또는 차량에 대하여 경고등을 현시하고, 비상 정지시킬 수 있는 승강장 안전설비를 말한다.
67. "지진감시시스템"이란 지진이 발생한 경우 지진규모에 따라 선로에 미치는 최대 지반 가속도 값에 따라 열차를 감속 운행하거나 운행을 중지하기 위한 장치를 말한다.
68. "건널목 보안장치"란 레일과 도로가 교차되는 곳에 설치하여 열차의 접근 및 통과에 따른 전동 차단기, 경보등, 경보종 등의 동작을 자동제어하며 부속장치로 정보분석장치, 지장물검지장치, 출구측차단간검지장치 등을 설치하여 건널목에서의 안전을 극대화시키기 위한 장치를 말한다.

제2절 유지보수 계획수립 및 시행

제4조(유지보수 계획)
① 유지보수담당자는 관계부서와 협의하여 연간 유지보수 계획을 수립하고 KOVIS에 등록하여야 한다.
② 연간 유지보수 계획에 의하여 시행한 실적은 KOVIS에 등록하여야 한다.

제5조(기준정보 관리) 유지보수담당자는 설비의 기준정보를 KOVIS에 등록하여 관리하고, 변경사항이 발생하면 신속히 수정하여 항상 현재 설비와 일치하도록 하여야 한다.

제6조(유지보수 기록관리)
① 유지보수담당자는 설비의 유지보수 결과(점검결과, 교체된 설비 등)를 KOVIS에 등록하여 구간별 설비 개량시기를 예측할 수 있도록 하여야 한다.
② 설비의 표준 점검기록부에는 검사항목이 포함되어야 하며, 유지보수 점검방법 표준화 매뉴얼에 등록·관리하여야 한다.

제7조(장애·사고 보고 및 기록유지) 유지보수담당자는 장애·사고가 발생하였을 때는 「철도사고조사 및 피해구상 세칙」 등에 의하여 처리하고, KOVIS에 등록하여야 한다.
〈개정 2015.03.27.〉

제3절 설비의 내용연수

제8조(내용연수 기준) 설비의 내용연수는 한국철도시설공단 「회계규정 시행세칙」 기준을 따른다. 〈개정 2015.03.27.〉

제9조(설비의 교체 및 관리)
① 설비는 내용연수가 경과되지 않도록 관리하여야 하며, 부득이 내용연수가 경과된 설비는 중요도를 감안하여 최우선적으로 교체될 수 있도록 하여야 한다.
② 설비의 교체 후에는 KOVIS에 등록하고 관리하여야 한다.

제4절 유지보수 요령

제10조(유지보수작업 시행상의 주의) 유지보수작업 시행상의 주의사항은 다음 각 호와 같다.
1. 유지보수작업을 할 때에는 열차 또는 차량의 운전에 지장을 주지 않아야 한다. 다만, 지장을 줄 우려가 있을 경우에는 장치의 사용을 중지하거나 운전협의 등 필요한 조치를 하여야 한다.
2. 장치의 기능에 영향을 미치는 작업을 할 때에는 기존선은 역장 또는 역장이 지정한 운전취급자(이하 "**역장**"이라 한다)에게, 고속선은 관제사에게 통보하여야 하며 작업 중에는 역장(고속선은 관제사)과 열차 운행 상태와 작업시행 현황 등 운전정보를 상호 긴밀하게 교환하여야 한다. 또한 운전상 지장을 줄 우려가 있는 경우 작업책임자는 기존선의 경우 역장에게 요구하여 관계자를 입회시킨 후 작업을 하여야 하며, 고속선의 경우 관제사와 긴밀히 협의하여 작업을 하여야 한다.

제11조(유지보수작업 시행 후의 확인)
① 유지보수작업이 완료되면 장치가 정상상태에 있는가를 작업책임자가 1차 확인하고, 역장(고속선은 관제사)에게 작업완료를 통보하여 장치가 정상임을 최종 확인하여야 한다. 특히 역구내 열차운전에 직접적 영향이 있는 작업 완료시에는 역장(고속선은 관제사)과 함께 기능시험을 실시(원격시험포함)하여 정상기능 상태를 확인하여야 하며 신설이나 개량시도 동일하게 적용한다.

② 유인 신호장 및 신호소의 경우에는 담당자가 기능점검을 시행하여야 한다.
〈개정 2015.03.27.〉

제12조(장애의 처리)
① 장치에 장애 또는 그 우려가 있는 경우 즉시 조정, 수리 또는 교체하여야 하며, 장애가 발생하였을 때는 먼저 원인규명 후 신속히 보수하고 보수내용을 별지 제5호 서식에 의하여 기록한다.
② 특히 선로전환기 장애복구 후에는 반드시 역장(고속선은 관제사)과 기능 이상유무를 확인하여야 한다. 다만 복구에 장시간이 소요될 경우 현장 철수 시부터 원복구가 될 때까지는 모터전원 차단, 금지진로 설정 협의 등 안전조치를 취하여야 한다. 부득이 선로전환기 밀착검지기를 직결할 경우에는 역장(고속선은 관제사)과 협의하여 시행하고 조치내용을 별지 제9호, 제10호 서식에 의하여 기록한다.

제13조(지장물이 있을 경우의 처리)
신호기의 신호현시를 방해하는 시설물 기타 이 장치에 영향을 줄 우려성이 있는 경우에는 「전기시설물 유지보수 규정」에서 정한 절차에 따라 지장물을 제거 또는 이설하는 등 필요한 조치를 취하여야 한다.

제14조(잠가야 할 시설물의 열쇠 관리)
① 다음 각 호의 시설물 열쇠는 역장이 보관함에 집중 관리한다.
  1. 신호 계전기실(기기 집중역 제외)
  2. 모자이크방식 조작판
  3. 기타 지정된 시설물
  4. 고속분기용 선로전환기 수동조작레버 취급부(고속선제외)
② 다음 각 호중 제1호부터 제2호까지의 열쇠는 사업소(주재를 포함한다. 이하 같다) 보관함에 집중 관리하며 그 이외의 열쇠는 전기사업소장(신호팀장 포함) 또는 신호제어사업소장이 지정한 자가 책임지고 관리하며 열쇠 지급, 반납 등을 월1회 점검하고 결과를 별지 제2호 서식에 기록 유지하여야 한다. 〈개정 2015.03.27.〉
  1. 기기집중역 신호계전기실
  2. C.T.C. 제어반 및 컴퓨터실
  3. 전기선로전환기 외함
  4. 기구함과 접속함류

5. 입환신호기(입환표지 포함) 및 신호기(부속기류 포함) 외함 〈개정 2015.03.27.〉
6. ATS CR함 및 케이블 헷드 〈개정 2015.03.27.〉

③ 지역본부장은 신호계전기실 출입자를 역장에게 서면 통보하여야 하고 제1항 제1호 및 제2호의 경우 역장은 신분을 확인 후 열쇠를 교부하여야 한다.(다만, 고속선 신호계전기실은 제외한다).

④ 제1항 제3호 내지 제4호의 경우는 역장이 단독해정 사용할 수 있으며 열쇠 사용시에는 그 사유를 별지 제1호 서식 혹은 역 운영시스템에 의거 기록 유지하여야 한다.

⑤ 전자연동장치 표시제어부(고속선 LCP 제외) 열쇠는 역장과 사업소장이 각각 관리하되 해정할 경우 상호간 통보 후 해정하여야 한다.

⑥ 전자식열쇠 설치개소를 제외한 신호계전기실을 쇄정할 때에는 보수담당자 입회하에 역장이 쇄정, 봉인 날인하여야 한다. 신호장의 경우는 운전취급 담당자가 관리하며 단독으로 쇄정 및 봉인하고 날인하여야 한다.

⑦ 전기선로전환기(고속분기용 선로전환기 제외, 차상선로전환기 포함) 수동 취급부의 쇄정 방법이나 열쇠의 보관에 관하여는 해당 역장이 정하여 시행한다.

제15조(전자식 열쇠) 전자식열쇠는 다음 각 호에 의하여 관리한다.
1. 신호계전기실 출입문에는 전자식열쇠를 설치하고 비상용 열쇠는 제14조 제1항에 따라 관리하여야 한다. 다만, 무인역은 전기사업소장(신호팀장 포함) 또는 신호제어사업소장이, 고속선은 신호제어사업소장이 제3호에 따라 관리하여야 한다.
2. 전자식 열쇠는 관리자용은 사업소장이, 그 외는 출입지정자가 관리하며 분실, 훼손 등이 되지 않도록 관리하여야 하며, 근무시간외에는 열쇠보관함에 집중 관리하여야 한다. 〈개정 2015.03.27.〉
3. 출입자는 출입전·후 역장(고속선은 신호제어사업소장)에게 통보 후 신호계전기실에 출입하고, 출입 개폐기록은 운영프로그램으로 대체한다. 다만, 운용프로그램이 설치되지 않은 역은 열쇠보관함 개폐기록부에 기록 유지하여야 한다.
4. 지역본부장은 매 반기 전자식 열쇠시스템 개폐기록을 출력 또는 저장장치에 저장하여 1년간 보관하여야 한다.
5. 전자식 열쇠시스템의 공급전원이 정전되거나 시스템 및 개폐장치의 고장이 발생 할 경우 비상열쇠로 제1호 또는 제14조 제3호의 절차에 따라 개폐하여야 한다.

제16조(자물쇠 적용) 사업소장이 관리하는 자물쇠는 특별히 정하여진 것을 제외하고 다음 각 호와 같다.

1. 무인정거장 선로전환기 수동취급부 : S-2
2. 그 외 잠가야 할 시설물 : S-1

제17조(금지사항)

① 다음 각 호의 사항은 어떠한 경우라도 금지하여야 한다.
1. 사용 중인 계전기, 회로제어기, 전자카드 등의 접점과 부품에 코드선이나 기타의 방법으로 접속하여 회로를 구성하는 일
2. 배선용차단기 또는 퓨즈에 정격재료가 아닌 다른 도체로 대용하는 일.
3. 책임자의 승인 없이 장치의 변경(결선변경을 포함한다)을 하는 일. 다만, 승인을 득할 시간적 여유가 없을 때에는 관계처와 협의하여 시행한 후 최단 시일 내에 승인을 얻도록 한다.
4. 지정된 종별의 계전기 이외의 것으로 대용하는 일.
5. 취급자가 정하여져 있는 것을 허락 없이 취급하는 일.
6. 가청주파수(AF) 궤도회로의 정하여진 주파수나 지시속도 코드비를 변경하는 일.

② 다음의 각 호는 그 기기의 사용을 중지한 경우 외에는 하여서는 안 된다.
1. 계전기를 인위적으로 작동시키는 일.
2. 계전기 또는 기타의 전기기를 정당한 조건 없이 타 전원으로 작동시키는 일.
3. 기계 신호기를 리버에 의하지 않고 작동시키는 일.
4. 계전기의 봉인을 임의로 개봉하는 일.
5. 선로전환기를 임의로 전환하는 일.
6. 소정의 취급에 의하지 않고 통표를 인출하는 일.

제18조(표준 계측기의 관리)
계기와 계측기류 중 제19조 제1항의 계측기는 지역본부(사무소)별로 표준계기를 1대 이상 관리하여야 한다. 〈개정 2015.03.27.〉

제19조(계측기의 검ㆍ교정)

① 지역본부장(사무소장)은 표준계기와 주요계기를 주기적으로 국가공인기관에 의뢰하여 정밀도를 교정, 관리하여야 한다. 〈개정 2015.03.27.〉
1. 표준계기 : ATS지상자 시험기, ATC지상장치 시험기, AF궤도회로 측정기, 오실로스코프, 주파수측정기, 멀티테스터, 광멀티메타, 온도측정기 〈개정 2015.03.27.〉
2. 주요계기 : HBD 열원발생기, 레일온도검지센서, 유압측정센서(유압측정기 포함) 〈개정 2015.03.27.〉

② 지역본부장은 제1항의 표준계기를 활용하여 소속별 보유하고 있는 계기의 오차를 보정하여야 한다.
③ 지역본부장(사무소장)은 ATP시험기의 경우 분기 1회 이상 표준발리스 입력정보와 CRC값의 표출상태를 비교하여 정상작동 상태를 확인하여야 한다. 〈개정 2015.03.27.〉
④ 계측기의 교정주기는 다음과 같다. 〈개정 2015.03.27.〉

교정주기	품 목
2년 1회	ATS지상자 시험기, ATC지상장치 시험기, AF궤도회로 측정기
3년 1회	유압측정센서(유압측정기 포함), 레일온도검지장치, HBD 열원발생기, 온도측정기
5년 1회	주파수측정기, 오실로스코프, 멀티테스터, 광멀티메타

* 단, 일반철도 ATC-AF 장치측정용 오실로스코프는 2년 1회

제20조(검측설비의 운용 및 관리) 전기검측설비에 의한 점검방법, 운용, 관리 등에 관한 세부사항은 전기검측설비운용요령에 의한다.

제21조(보수용 공용 기구의 비치 및 긴급작업휴대품)
① 보수용 공용기구는 목록표를 작성하여 기록을 유지하고 책임자를 지정·관리하여야 한다.
② 장애 기타 긴급작업을 위한 휴대품을 항시 준비하여 신속히 대처할 수 있도록 하여야 한다.

제22조(예비기기의 정비) 예비기기는 항상 사용할 수 있도록 정비하여 보관하여야 한다.

제23조(도표류 및 기록부의 정리)
① 지역본부는 다음 각 호의 도표류와 기록부를 KOVIS에 등록 관리하고, 제1호 내지 제8호의 도표를 비치하여야 한다.
  1. 연동도표
  2. 궤도회로도(전철구간에서는 전차선귀선도 포함)
  3. 건널목대장
  4. 연동장치 및 건널목보안장치 결선도
  5. 장애(사고)기록부
  6. 관구도(신호평면도)
  7. ATP PLAN
  8. ATP 텔레그램 및 관리대장
  9. 전선로도

10. 시설물대장
   11. 기타 다른 규정에서 지역본부에서 비치토록 명기한 대장류
② 사업소와 주재에는 동조 제1항 각 호 이외에 다음 도표류와 기록부를 관리하여야 한다.
   1. 신호단자 배선도(신호계전기실 및 현장)
   2. 신호 전원계통도
   3. 기타 보수에 필요한 도표류와 기록부
③ 도표류는 변경사항이 발생하면 신속히 수정하여 항상 현재 설비와 일치하도록 하여야 한다.

제24조(작업안전사항 준수) 작업책임자는 작업 시 다음 각 호를 철저히 준수하여야 한다.
   1. 작업 시에는 항상 관련 규정에 의한 작업 규율을 지킨다.
   2. 선로순회 시 항상 열차에 주의하고 복선구간 순회 시 열차진입 방향으로 통행하며 지적 확인환호응답을 한다.
   3. 타 분야의 설비에 영향을 줄 우려가 있는 작업을 할 때에는 관계직원의 입회하에 시행한다.
   4. 안전 수칙을 준수한다.
   5. 고장우려가 있는 장치는 예방조치를 하고 적절한 조치를 취하여야 한다.
   6. 불량인 모듈이나 전자보드의 재사용은 전문수리기관의 수리 및 시험 검증 후에만 가능하며 작업 전에 작업목표를 정확히 하고 그 순서와 방법 등을 계획하여 작업능률과 안전의 향상을 도모해야 한다.

제25조(계전기의 봉인) 계전기 사용중지 후 이를 분리 보수하기 위하여 봉인을 해체하고자 할 경우에는 다음 각 호에 의한다.
   1. 지역본부장 또는 지역본부장이 지정한 자의 승인을 받아 해체하며, 보수 후 사업소장, 신호팀장 또는 선임전기장 책임 하에 임시 가봉인 또는 직접 계전기를 납봉 후 별지 제8호 서식에 의거 기록 유지한다.
   2. 폐색용 주파수카드, 폐색제어유니트 계전기(그룹형)부 유니트와 건널목제어유니트 전자카드 및 계전기(그룹형)부 유니트는 봉인을 하지 않는다.

제26조(장치의 유지 및 조정) 장치의 각부는 정확하게 작동할 수 있도록 조정하고 다음 각 호에 의하여 유지하여야 한다.
   1. 장치는 항상 청결히 하고 설치류 등에 의한 피해방지에 노력한다.

2. 가동부분에는 적합한 윤활유를 도포하여 기기의 작동을 원활하게 하고 마모를 방지한다.
3. 접속단자와 볼트류는 풀림이 없도록 하고 접속불량을 방지한다.
4. 고정핀은 적당하게 벌려 부분품의 탈락을 예방하며 풀림이 우려되는 개소에는 발견이 쉽도록 표시한다.
5. 개폐기류의 접촉부는 완전하게 접촉되도록 한다.

제27조(기기의 단자 전압과 전류) 기기의 단자전압과 전류는 특별히 정하는 것을 제외하고는 정격 값의 ±20[%] 이내로 유지한다.

제28조(절연저항) ① 일반선구간의 기기, 전선로 등은 1,000[V]급(다만 전자연동장치 및 통신케이블은 500[V]급) 이상의 절연저항계로 측정하여 다음 각 호의 정격치를 유지하여야 한다.
  1. 신호기기 : 도체부분과 기구와의 사이 5[MΩ] 이상
  2. 전기선로전환기 : 코일과 바깥상자 및 도체 부분과의 사이 5[MΩ]이상
  3. 전기연동기, 조작판 : 도체부분과 다른 금속 부분과의 사이 1[MΩ] 이상
  4. 소형변압기 : 코일상호간 및 도체부분과 금속과의 사이 1[MΩ] 이상
  5. 전선로와 배선
     가. 회선의 절연저항 : 전원계폐기 및 접속기기를 개방한 상태로써 모선과 대지와의 사이 : 0.1[MΩ] 이상
     나. 심선 상호간 및 심선과 대지와의 사이 1[MΩ]이상
  6. 전원장치 : 도체부분과 금속부분과의 사이 3[MΩ] 이상
  7. 각 항에 포함되지 않은 각종 신호기기, 도체 상호간, 도체부분과 외함과의 사이 1[MΩ] 이상
② 고속선 구간의 기기, 전선로 등은 500[V]급 절연저항계로 측정하여 10[MΩ] 이상이어야 한다.
③ 고속선 구간의 ZCO3 케이블은 절연저항을 측정하여야 하며, 필요 시 기타의 장치도 측정할 수 있다.
④ 절연저항은 회선상호간 및 대지 간을 측정하며, 신호계전기실(단말랙)에서 현장 신호제어설비까지의 전원 및 제어·표시회선 등 신호제어설비에 사용하는 모든 신호제어케이블을 그 대상으로 한다.
⑤ 회선의 장애 발생 시 및 교체 시에는 반드시 절연저항을 측정하여야 한다.

제29조(접지저항)

① 단독접지 구간의 접지저항 정격치는 다음 각 호의 값 이하로 유지하여야 한다.
  1. 계전기실, 열차집중제어장치 기계실, 신호원격제어장치 및 건널목의 AC 전원 : 10[Ω] 이하
  2. 전철구간의 실외설비로서 전원기기를 포함한 주요 신호기기 : 50[Ω] 이하
  3. 이 외의 중요 신호기기 : 100[Ω]이하
② 공용접지 구간은 접지선의 단선유무 및 각종 단자접속 상태를 확인하여야 한다.

제30조(설비의 각부에 이상이 있을 때의 조치)
설비의 각 부 균열, 손상, 부식 등에 항상 유의하고, 기능에 영향을 미칠 우려가 있을 때에는 즉시 교체 또는 수리한다. 다만, 손상이 경미하고 당분간 사용할 수 있다고 인정될 때에는 그 부분을 적당한 방법으로 표시하고 관리한다.

제31조(설비의 유지)
외부에 노출되어 있는 설비는 다음 각 호의 기준에 따라 유지, 관리하여야 한다.
  1. 기초, 방호물 등은 흔들림, 경사, 침하 또는 부식되지 않도록 한다.
  2. 뚜껑, 개폐문 등은 완전하게 밀착되어 빗물, 눈, 먼지 등의 침입을 방지하도록 한다.
  3. 정류기 등의 거치기기는 흔들림 또는 움직이거나 넘어지지 않도록 한다.
  4. 신호기, 기구함 등 필요한 개소에는 기호와 번호를 선명하게 표기한다.
  5. 설비의 필요한 부분에는 방청용 페인트를 도포하여 부식을 방지한다.
  6. 적설, 동결 등으로 인하여 설비의 기능에 영향을 미치지 않도록 한다.
  7. 침수 우려가 있는 개소에 대하여는 예방대책을 강구한다.

제5절 장치의 일시중지 및 사용

제32조(사용을 일시 중지하는 경우의 조치)
설비를 일시 사용중지 할 때에는 다음 각 호의 조치를 취하여야 한다.
  1. 사고 또는 장애 등으로 부득이한 경우를 제외하고는 소정의 승인을 득한 후에 사용을 중지한다.
  2. 신호기의 사용을 중지할 때에는 백색으로 ×형 사용중지표를 부착하거나, 전기신호기의 경우는 신호기를 소등하여 신호기의 방향이 측면을 향하도록 한다. 다만, 전기신호기의

신설로 장치를 시험하는 경우에는 ×형 사용중지표를 부착하고 방향을 정상으로 하여 점등하는 것으로 한다.
3. 건널목경보장치의 사용을 중지할 때에는 경보기주 또는 차단봉에 「철도시설의 기술기준」에 따른 고장표지(가로 600[mm], 세로400[mm])를 장치 전면에 게시하고 야간에는 전등으로 조명한다. 또한 신설 또는 이설 등으로 사용개시 이전의 장치도 이와 같다. 다만, 고장표시등을 점등할 경우에는 고장표지를 생략할 수 있다. 〈개정 2015.03.27.〉
4. 선로전환기류의 사용을 중지할 때에는 역장에게 선로전환기의 쇄정을 요구하여 쇄정하고 관계가 있는 진로도 사용중지 한다.
5. 연동장치 취급버튼의 사용을 중지 할 때에는 그 취급버튼에 의하여 직접관계를 갖고 장치에 영향을 줄 수 있는 설비도 사용을 중지한다. 이 경우 취급버튼에 커버를 씌우거나 테이프를 붙여서 취급할 수 없도록 조치한다.
6. 역 구내 폐쇄, 선로사용중지 등으로 더 이상 설비를 사용하지 않을 때에는 즉시 철거하여야 한다.

제33조(사용을 개시하는 경우)

① 사용을 개시할 때에는 장치가 이상이 없음을 확인하며, 역 구내에 있어서는 역장(고속선은 관제사)에게 취급에 지장이 없고 작동에 이상이 없음을 확인 받아야 한다. 다만, 유인신호장 및 신호소는 운전취급 담당자에게, 무인신호장 및 신호소는 제어역장에게 작동에 이상이 없음을 확인 받아야 한다.
② 설비의 신설 또는 전면적인 개량 후 설비를 사용개시 하였을 때 해당 보수담당자는 기능이 안정될 때까지 일정기간 관리하여야 한다.

제2장 설비별 유지보수 기준

제1절 신호기장치

제34조(신호등과 표지등) 신호등과 표지등은 다음 각 호의 정격치를 유지하도록 조정하여야 한다.
1. 투시는 항상 양호하도록 유지한다.
2. 전구의 단자전압은 정격 값의 0.8~0.9배

3. LED등의 단자전압은 정격 값의 0.9~1.1배
4. 고속선 진입허용표시등의 확인거리는 100[m]이상
5. 장치의 기능을 나타내는 각종 표시등은 항상 정상작동하여야 한다.
6. 표지는 항상 청결을 유지해야 하며 일그러짐이 없어야 한다.

제35조(신호전구의 사용기간) 신호전구의 사용기간은 다음 각 호와 같다.
1. 단심형 : 불량 검출 때까지
2. 쌍심형 및 LED형
   가. 검지장치에 의하여 불량표시를 할 때까지

제36조(시소계전기) 시소계전기의 시소 허용한도는 별도로 정해진 것을 제외 하고는 ±10[%] 이내로 한다.

제2절 선로전환기장치

제37조(선로전환기의 유지관리)
① 일반 선로전환기(NS형, NS-AM형을 말한다.) 밀착은 기본레일이 움직이지 않는 상태에서 1mm를 벌리는데 정위, 반위를 균등하게 100kg을 기준으로 한다.
② 고속분기용 선로전환기 MJ81는 다음 각 호에 따른다.
  1. 기본레일과 텅레일의 밀착 간격은 1[mm] 이하로 유지해야 한다. 다만, 최초 설치 시에는 0.5[mm] 이하로 한다.
  2. 기본레일과 텅레일의 밀착 간격이 제1호의 기준 값을 초과했을 때는 조정 철편을 삽입하여 조정할 수 있다. 다만, 삽입하는 조정철편의 두께는 2.5[mm]×6개 또는 한쪽에 7.5[mm]가 넘지 않도록 한다.
  3. 간격 간에 설치된 각 기계식 밀착검지기의 접점은 기본레일과 텅레일이 6[mm]이내 이격 시에 2개의 접점이 모두 구성되고, 7[mm] 이격 시에는 2개의 접점 중 반드시 하나의 접점이 구성되지 않아야 하며, 8[mm] 이상 이격 시 2개의 접점이 모두 낙하되어야 한다. 또한 2중계 밀착검지기의 접점은 기본레일고 텅레일이 6[mm]이내 이격 시에 접점이 모두 구성되고 8[mm] 이상 이격 시에 접점이 모두 낙하되어야 한다.
  〈개정 2015.03.27.〉
③ 고속분기용 선로전환기 Hydrostar는 다음 각 호에 따른다.

1. 첨단부 선단쇄정장치에 있어서 기본레일과 텅레일의 밀착 간격은 1[mm] 이하로 유지하여야 한다. 또한, 크로씽부 선단쇄정장치에 있어서 윙레일과 노스가동레일의 밀착간격은 2[mm] 이하로 유지하여야 한다.
2. 첨단부 밀착검지기에 있어서 밀착검지기의 접점은 기본레일과 텅레일이 5[mm] 이내 이격 시에 표시회로가 구성되고, 6[mm] 이상 이격 시에는 표시회로가 구성되지 않아야 하고, 크로싱부 밀착검지기에 있어서 밀착검지기의 접점은 윙레일과 노스가동레일이 2[mm] 이내 이격 시에 표시회로가 구성되고 3[mm] 이상 이격 시에는 표시회로가 구성되지 않아야 한다.
3. 텅레일에 설치된 밀착검지기의 정지 핀에서 가이딩 피스 간의 거리는 3±1[mm]를 유지하여야 한다. 다만, 마지막 IE2010의 경우는 15±1[mm]로 유지한다.
〈개정 2015.03.27.〉

제38조(선로전환기 전환과 쇄정장치)

① 일반 선로전환기 전환과 쇄정장치는 기본 레일의 유동이 없는 상태에서 텅레일의 연결 간 붙인 부분과 기본레일과의 사이에 두께 5[mm]의 철편을 넣어서 전환하였을 때 전기선로전환기(밀착검지기를 포함한다.)에 있어서는 정위 또는 반위를 표시하는 접점이 구성되지 않아야 한다.
② 고속분기용 선로전환기 MJ81는 다음 각 호에 따른다.
1. 쇄정장치의 취부볼트와 C 크램프 간에 있는 코니컬 와샤의 간격은 1[mm]로 한다.
2. 텅레일 밀착 시에 접점조정게이지(6-7[mm])의 6[mm] 부분은 핑거에 삽입되어야 하고 7[mm] 부분은 삽입되지 않아야 한다.
3. 접점이 구성되는 순간에 'C' 헤드와 쇄정장치의 겹치지 않는 부분은 13~26[mm]이어야 한다.
4. 휘어지거나 손상된 핑거의 재사용은 금한다.
5. 선로전환기 전환 제어 시 클램프 내 롤러가 쇄정에서 해제될 때부터 표시 확인이 되지 않아야 하며, 축이 완전 이동하여 롤러가 반고정시 전환표시가 확인되어야 한다. 또한 롤러가 반고정 되면 제어전원이 차단되어야 한다.
6. 쇄정장치를 설치할 때는 텅레일의 신축을 감안하여야 하며 20[℃]를 기준으로 했을 때 취부볼트가 이동 여유공간의 중심에 위치하여야 한다.
③ 고속분기용 선로전환기 Hydrostar는 다음 각 호에 따른다.
1. 첨단부 선단쇄정장치에 있어서 기본레일과 텅레일 사이에 1[mm] 철편을 넣었을 때 쇄정 표시부에 쇄정이 표시되어야 하고, 2[mm] 철편을 넣었을 때 쇄정이 표시되지 않아야

한다. 중앙쇄정장치의 경우 2[mm] 철편 삽입 시 쇄정, 3[mm] 철편 삽입 시 쇄정이 표시되지 않아야 한다. 크로씽부의 경우에는 3[mm] 철편을 넣었을 때 쇄정표시부에 쇄정이 표시되어야 하고, 4[mm] 철편을 넣었을 때 쇄정이 표시되지 않아야 한다. 〈개정 2015.03.27.〉

2. 쇄정표시부는 첨단부 선단쇄정장치와 중앙쇄정장치의 경우 텅레일이 개방된 쪽에 쇄정이 표시되어야 하며, 크로씽의 경우에는 텅레일이 밀착된 쪽에 쇄정이 표시되어야 한다.

제39조(밀착조절간) 밀착조절간은 브라켓트와 통나사 6각 너트부와의 사이에 3[mm] 이상의 조정범위를 갖도록 하여야 한다.

제40조(전기선로전환기)

① NS형 전기선로전환기의 유지보수 및 관리는 다음 각 호에 의한다.
  1. 전동기의 슬립 전류는 마찰 연축기가 미끄러지기 시작하여 1분 이상 경과한 뒤 측정하였을 때 8.5[A] 이하를 유지하여야 한다. 다만, 작동전류의 1.2배 이하가 되지 않도록 한다.
  2. 작동 시분은 6초 이하이어야 한다.
  3. 쇄정자와 쇄정간 홈과의 간격은 좌우 균등하게 하고 합한 치수가 4[mm] 이하로 하고 쇄정자와 쇄정간 홈의 모서리는 둥글게 마모되기 전에 보수하여야 한다.
  4. 마찰클러치는 봄, 가을 연 2회 조정한다. 다만, 밀봉형 및 전자클러치는 불량발생시 조정한다. 〈개정 2015.03.27.〉
  5. 수동핸들부는 투입하였을 때에는 완전하게 접속되고, 개방하였을 때는 진동 등으로 접속되지 않아야 한다.

② NS-AM형 전기선로전환기의 유지보수 및 관리는 다음 각 호에 따른다.
  1. 전동기의 슬립 전류는 마찰 연축기가 미끄러지기 시작하여 1분 이상 경과한 뒤 측정하였을 때 15[A]이하로 한다. 다만, 작동전류의 1.2배 이하로 되지 않도록 한다.
  2. 작동 시분은 7초 이하이어야 한다.
  3. 전환종료 시 역회전이 생기지 않아야 한다.
  4. 기타 사항은 NS형 전기선로전환기에 준한다.

③ 고속분기용 선로전환기 MJ81의 유지보수 및 관리는 다음 각 호에 따른다.
  1. 전환시간은 5초 이하이어야 한다.
  2. 수동/자동 제어 레버를 "자동"위치로 했을 때는 모터로만 제어되고 수동 작동레버에 의한 전환이 이루어지지 않아야 하며, "수동"위치로 했을 때는 모터 전원 공급 회로가 차단되고 수동 작동레버에 의한 전환이 이루어져야 한다.

3. 수동/자동 제어 레버가 "자동" 위치에 있을 때 그 잠금장치는 "잠금"에 있어야 한다.
4. 텅레일 전환에 따른 분기기의 전환력은 400[daN]을 초과하지 않아야 한다.
5. 힐핀의 재사용은 금하며 기어 및 마찰개소에는 적정한 주유를 하여야 한다.
〈개정 2015.03.27.〉

④ 고속분기기용 선로전환기 Hydrostar는 다음 각 호에 따른다.
1. 전환시간은 6초 이하여야 한다. 다만, 크로싱의 홀딩다운디바이스 해정시간은 2초 이하여야 한다. 〈개정 2015.03.27.〉
2. 수동/자동 제어 레버를 어느 위치에 두더라도 모터에 의해 제어되고, "좌" 또는 "우" 위치로 했을 때만 수동 작동레버에 의한 전환이 이루어져야 한다. 다만, 이 경우라도 모터에 의해 제어될 경우 수동으로의 전환은 이루어지지 않아야 한다.
3. 선로전환기 동작장치의 유압 압력은 20[℃]에서 2[bar]를 유지하여야 하고, 온도에 관계없이 최대압력은 4[bar]를 넘지 않도록 하여야 한다.
4. 선로전환기 동작장치의 유압 압력이 0.5[bar] 이하로 떨어졌을 때 모터전원은 차단되어야 한다.

제41조(차상선로전환장치) 차상선로전환장치의 관리는 다음 각 호에 따른다.
1. 차상선로전환기는 해당 궤도회로 구간 내에 차량이 있을 때에는 작동하지 않도록 설비하고, 전환 시분은 2초 이내로 하여야 한다.
2. 전동기의 슬립전류는 마찰연축기가 미끄러지기 시작하여 1분 이상 경과한 후 측정하였을 때 AC 220[V]용은 6.5[A], AC 105[V]용은 13.5[A] 이하이어야 한다. 다만, 작동전류의 1.2배 이하로 하여서는 안 된다.
3. 차상선로전환기내 롤러는 스토퍼의 단면에 완전히 밀착하여야 하며, 단자판은 기름 등이 묻지 않도록 청결하여야 한다.

제42조(전철표지) 전철 표지는 다음 각 호에 따라 조정한다.
1. 축의 회전 각도는 선로전환기의 정, 반위간 90° 이며, 허용한도는 ±5[°] 이내로 한다.
2. 크랭크는 선로전환기의 텅레일 전동정의 $\frac{1}{2}$ 위치에서 접속간과 직각을 기준으로 한다.

제43조(선로전환기 부분 합동작업) 다음 각 호로 인하여 선로전환기(가동크로싱을 포함한다. 이하 같다)기능에 영향을 줄 우려가 있을 때에는 관계부서와 합동 작업을 하여야 한다.
1. 궤간, 수준, 면(고저)맞춤, 줄맞춤과 유간

2. 텅레일(가동레일 포함)의 동정과 복진
3. 타이바 연결판과 이에 부속하는 볼트류
4. 텅레일과 기본레일과의 밀착
5. 침목의 배열 및 상태

제3절 궤도회로장치

제44조(궤도단락감도)
① 궤도단락감도는 그 궤도회로를 통과하는 열차에 대하여 다음 값을 확보하여야 한다.
　1. 임피던스본드 및 AF(무절연 AF 궤도회로 제외) 사용구간 : 맑은 날 0.06[Ω] 이상
　2. 기타 구간 : 맑은 날 0.1[Ω] 이상
② 단락감도의 측정위치는 다음 각 호와 같다.
　1. 직류궤도회로는 송전단의 레일 위
　2. 교류궤도회로는 착전단의 레일 위
　3. 병렬궤도회로는 병렬부분의 끝 레일 위

제45조(주파수) UM71C형 궤도회로에 사용하는 주파수는 2,040[Hz], 2,400[Hz], 2,760[Hz], 3,120[Hz]이며, 허용범위는 ±10[Hz]로 한다.

제46조(궤도회로 전압) UM71C형 궤도회로의 전압은 양단에 있는 동조유니트(BU)에서부터 1[m] 지점에서 선택전압계(VS-190K, VS-4K)를 이용하여 측정하며 DC 0.8[V]~5[V]이어야 한다.

제47조(가상선의 길이) UM71C형 궤도회로의 가상선(LF) 길이 조정은 조정 셀에 의하며, 회로의 총 길이가 6.5[km]~7[km]가 되도록 한다.

제48조(계전기의 단자전압) 계전기의 단자전압 조정범위는 각 호와 같다.
　1. 무절연 AF궤도회로의 궤도계전기 단자전압은 맑은 날 정격 값의 0.9~1.1배, 그 외 궤도계전기의 단자전압은 정격 값의 1.1~1.3배가 되도록 조정하여야 한다.
　2. 제1호의 범위 외로 조정할 경우에는 궤도회로 특성에 의하되 기록 유지한다.
　3. 무절연 AF궤도회로의 열차감지 주파수는 송신부 전면출력 단자에서 측정 시 공칭주파

수의 ±17[Hz] 이내이어야 한다. 다만 TD 주파수는 F1/1699, F2/2296, F3/1996, F4/2593, F5/1549, F6/2146, F7/1848, F8/2445[Hz]를 유지하여야 한다.

제49조(고속선 AF궤도회로)
① 궤도회로에서 각 주파수에 대한 보상 콘덴서의 임피던스 값은 다음과 같으며, 그 값을 계산하기 위한 전압, 전류는 선택전압계(VS-190K, VS-4K 등)를 이용하여 콘덴서 설치 지점에서 측정한다.

주파수(Hz)	임피던스 값	
	최소	최대
2,040	2.837	3.467
2,400	2.411	2.947
2,760	2.097	2.563
3,120	1.855	2.267

② 궤도회로의 수신기 작동 전압은 0.2[V], 낙하전압은 0.16[V]로 하며, 그 값의 측정은 대역필터 전단(R1, R2 단자)에서 한다.
③ 궤도회로의 궤도계전기는 NS1-24.4.0.4형식을 사용하며 작동전류는 64[mA], 낙하전류는 20[mA]로 한다.

제50조(레일절연 삽입개소와 선로관계설비에 대한 유의)
레일절연 삽입개소에 대해서는 다음 각 호에 유의하고 정정 또는 교체 등의 보수작업이 필요할 때에는 전기사업소장(신호팀장 포함) 또는 신호제어사업소장과 시설사업소장은 상호 통보하고 반드시 합동작업을 하여야 한다.
1. 레일의 마모 및 끝닳음 제거
2. 레일 이음매의 간격과 이음매 처짐
3. 자갈의 다지기(1, 2종 기계작업 포함)
4. 침목과 스파이크 및 스크류 볼트의 위치 조정
5. 절연물 탈락 또는 단락 우려 시

제4절 연동장치 및 폐색장치

제51조(일반철도 전자연동장치)
① 연동논리부의 정전유지 기능은 항상 설정된 상태로 운영하여야 한다.
② 모듈 및 케이블 커넥터는 서브랙에서 탈락되지 않도록 잠금장치를 사용하여 완전하게 접속하여야 한다.
③ 각종 모듈 교체 및 점검 시 램(RAM), 롬(ROM) 및 주요 반도체 부품이 소켓에 완전하게 접속되도록 한다.
④ 먼지 및 이물질 등의 침입을 방지하고 자기성 물체로부터 격리시켜 보호하여야 한다.
⑤ 광 통신부 광 전송모듈의 조정은 다음 각 호에 의하여 유지한다.
　1. 광출력 정격 및 조정범위 : -18[dB](최대 -14[dB], 최소 -22[dB])
　2. 수신감도 : -14[dB]~-22[dB]
⑥ 표시제어부는 항상 청결을 유지하여야 하고, 예비컴퓨터는 평상시 전원을 차단하여 운용하되 주기적으로 기능을 확인하여야 한다.
⑦ 표시제어부 산업용컴퓨터는 주기적으로 하드디스크 오류검사 및 용량, 바이러스 점검을 하여 항상 정상기능을 유지하여야 한다.
⑧ 소프트웨어 설치나 개수 시 변경된 내용을 저장매체에 저장·보관하여야 한다.
〈개정 2015.03.27.〉

제52조(고속철도전자연동장치)
① 모듈의 전원 전압은 AC 110[V]이며, 허용범위는 AC 94V~122[V]로 한다.
② 어떠한 경우라도 기능이 다른 모듈의 EPROM을 서로 교체해서는 안 된다.
〈개정 2015.03.27.〉
③ 다중처리모듈(MPM)의 교체 시에는 먼저 보수자 단말기(TT)를 통하여 해당 모듈의 작동을 정지시켜야 한다.
④ 6시간 이상 전원이 차단되었다가 복귀 시에는 시스템을 재가동하여 절차에 따른 기능을 확인하여야 한다.
⑤ 모듈의 회로차단기 차단버튼을 눌렀을 때 전원이 차단되고, 복구버튼을 눌렀을 때 전원이 공급되어야 한다.

제53조(고속철도 통합연동시스템)
① 모듈의 전원 전압은 DC24V이며 허용범위는 21.6[V]~26.4[V]로 한다.

② 각 어플리케이션 보드(CCS, CLAP, CLIP)의 EPROM 및 프로그램 가능한 코딩플러그(BCH_xxx)의 교체, 수정 시에는 반드시 유지보수 컴퓨터(LME)를 통하여 프로그램을 입력 후에 교체, 수정하여야 한다.
③ 시스템이 신설되거나 파라미터가 변경될 경우에는 ②항의 프로그램을 저장매체에 저장·보관하여야 한다.
④ 시스템이 재가동되는 경우 절차에 따른 기능을 확인하여야 한다. 〈개정 2015.03.27.〉

제54조(역 정보처리장치 전원전압)
① 역 정보처리장치(FEPOL, CC-RTU) 및 E1 유니트 전원모듈의 전원전압은 다음 각 호와 같다. 〈개정 2015.03.27.〉
　1. DC+24[V](허용범위 : +21.6[V]~+26.4[V])
　2. DC+5.1[V](허용범위 : +4.9[V]~+5.3[V])

제55조(선로변 기능 모듈)
① 선로변 기능 모듈(TFM)의 전원전압 기준은 DC 48V이며 허용범위는 DC 40~60V로 한다.
② 사용 중인 선로변 기능 모듈(TFM) 설정보드의 설정값은 어떠한 경우라도 변경시켜서는 안 된다.
③ 선로변 기능 모듈(TFM) 설정보드의 교체 시에는 먼저 설정 값을 철거품과 동일하게 하여야 한다.

제56조(데이터 링크 모듈)
① 데이터 링크 모듈(ODLM, EDLM)의 전원전압 기준은 DC 48[V]이며, 허용범위는 DC 40[V]~60[V]로 한다.
② 광통신 모듈(ODLM)의 수신레벨은 -10~-20[dB]이어야 한다.

제57조(정보정상수신표시) 정보정상수신표시는 좌, 우를 교대로 점멸하며 항상 정상으로 작동하여야 한다.

제58조(경보 기능) 장치의 이상 시에 발생하는 경보 기능은 항상 정상 작동하여야 한다.

제59조(미인식 표시) 설비의 상태를 알 수 없을 때는 청색으로 점멸하여 미인식 상태임을 표시하여야 한다.

제60조(역 정보처리장치)

① 역 정보처리장치(FEPOL, CC-RTU)의 전원공급 랙은 1, 2계 모두 정상 작동하여야 한다. 〈개정 2015.03.27.〉
② 정보처리 랙의 각 보드는 랙에 완전하게 접속되어야 한다.
③ LC/RC 절체 버튼은 CTC 사령자와 LCP 운용자의 요청이 있을 때에만 취급한다.
④ 방열팬 유니트 전면 3개의 LED 중 1개라도 적색으로 점등되거나 소등되면 방열팬 유니트를 교체하여야 한다(단, 20℃ 이하는 예외).

제61조(유지보수 컴퓨터 시스템)

① 보수자 단말기(TT)를 통해 장치의 기능을 제한하는 제어명령을 실행할 때는 사전에 운전취급자와 충분한 협의를 하여야 한다.
② 유지보수 컴퓨터의 입출력 장치와 기록 장치는 항상 정상 상태를 유지하여야 한다.

제62조(폐색회선의 유류) 연동폐색 회선의 유류는 2[mA] 이하로 한다.

제5절 건널목보안장치

제63조(건널목경보기) 건널목경보기는 다음 각 호의 정격치를 유지, 관리하여야 한다.
1. 경보종의 타종 수는 기당 매분 70~100회
2. 경보종 코일의 전류는 정격 값의 ±10[%]이내
3. 경보 음량은 경보기 1[m] 전방에서 60~130[dB]
4. 경보등의 확인거리는 특수한 경우 이외에는 45[m] 이상
5. 경보등의 단자전압은 정격값의 0.8~0.9 배
6. 경보등의 점멸회수는 등 당 50±10회/[min]
7. 건널목 경보장치는 열차가 건널목을 통과한 후에는 즉시 경보가 정지되도록 설비한다. (단 완방회로 구성 시에는 예외로 한다.)
8. 잠바선단에서 0.06[Ω]의 단락선으로 단락시켰을 때 2420형(201형)의 계전기는 낙하되고 2440형(401형)의 계전기는 여자하여야 한다.
9. 발진주파수는 다음과 같다.
    가. 2420 (201)형 20[kHz]±2[kHz] 이내
    나. 2440 (401)형 40[kHz]±2[kHz] 이내

10. 경보기와 제어 유니트의 절연저항은 전기회로와 대지 간 1[MΩ] 이상

제64조(전동차단기)

① 전동차단기는 다음 각 호에 따라 관리하여야 한다.
　1. 제어전압은 정격 값의 0.9~1.2배로 한다.
　2. 정지할 때에는 차단봉에 충격을 주지 않게 회로제어기를 조정한다.
　3. 차단봉이 내려오기(올라가기)시작하여 작동이 완료되어 정지할 때까지 시간은 정격전압에서 다음과 같다.
　　가. 하강시간 : 일반형 4초~10초, 장대형 5초~12초 〈개정 2015.03.27.〉
　　나. 상승시간 : 12초 이하
　4. 전동기의 클러치 조정은 차단봉 교체 시 시행하여야 하며 전동기의 슬립 전류는 5A 이하로 한다.
　5. 윤활유는 대기어와 소기어가 맞물리는 부분이 잠길 정도로 유지하여야 한다.
　6. 차단봉은 전원이 없을 때에는 자체 무게에 의하여 10초 이내에 하강하여 수평을 유지하여야 한다. 다만, 장대형전동차단기 차단봉은 작동되어진 상태를 유지한다.
　7. 장대형전동차단기는 다음 각 목에 의하여 관리한다.
　　가. 기기의 조정범위는 다음에 의한다.
　　　1) 차단봉의 길이 : 14[m] 이하
　　　2) 정격전압 : DC 24[V]
　　　3) 기동전류 : 70[A] 이하
　　나. 와이어턴버클 각 부분의 너트는 이완되지 않도록 하여야 하며, 와이어는 적정한 장력을 유지하도록 조정한다.
　　다. 작동이 원활하도록 내부 스프링과 부싱에는 그리스를 주유하여야 한다.

제6절　열차자동정지장치

제65조(공진주파수) 공진주파수의 검사는 지상자 시험기에 따라 시행하며 공진주파수 범위는 다음 각 호와 같다.
　1. 점제어식은 지상자 제어계전기의 접점을 개방한 상태에서 125[kHz]~131[kHz] 범위로 한다.

2. 속도조사식 및 KTX 응동용은 신호현시에 따라 다음과 같이 하며 주파수의 허용범위는 ±2[kHz] 이내로 한다.

   가. 4 현시용

신 호 현 시		R0	R1	Y	YG	G
전기동차용	공진주파수[kHz]	130	122	106	98	
	ATS속도제어[km/h]	0	15	45	FREE	

   단, 114[kHz] 공진 시 ATS 속도제어는 25[km/h]

   나. 5 현시용

신 호 현 시		R	YY	Y	YG	G
디젤 기관차용	공진주파수[kHz]	130	122	114	106	98
	ATS속도제어[km/h]	0	25	65	105	FREE
전기동차용	공진주파수[kHz]	130	114	106	98	
	ATS속도제어[km/h]	0	25	45	FREE	
전기동차용 (경춘선)	공진주파수[kHz]	130	114	90	98	
	ATS속도제어[km/h]	0	25	65	FREE	

   다. KTX 응동용

신 호 현 시		R	Y	G
KTX용	공진주파수[kHz]	130	98	
	ATS속도제어[km/h]	0	FREE	

제66조(공진회로의 선택도) 공진회로의 선택도(Q값)는 지상자 제어계전기 접점을 개방한 상태에서 다음 값을 유지한다.

구분	공진주파수	Q
점제어식	130	50-190
속도조사식	각 공진주파수	70이상

제67조(제어계전기) 제어계전기의 기준치는 다음 각 호에 의한다.
1. 접점저항은 100[mΩ] 이하
2. 전원전압의 입력단자 전압은 점제어식은 DC 10[V]±5[%] 또는 DC 24[V]±10[%], 속도조사식은 DC 24[V]±10[%] 이내로 한다.

제68조(전차선 절연구간 예고지상장치)

① 지상자는 속도조사식에 의하되 송신기의 출력주파수를 차상장치로 전송하여야 한다.
  1. 송신기와 지상자 간격은 20[m] 이내로 설치한다.
  2. 지상자 설치위치는 ATS 지상자 설치와 동일하게 한다.
② 고장표시반 또는 조작판에 송신기 1, 2계의 운용, 동작상태 및 고장감시 기능을 가져야 하며, 상태표시 보드는 다음과 같이 표시하여야 한다.
  1. 1계, 2계 정상동작 : 녹색 LED 점등
  2. 운용 중인 계 : 녹색 LED 점등
  3. 고장 발생 시 : 적색 LED 점멸(고장 복구 시 까지)
③ 고장표시반 전원보드는 입력 DC 24[V] 출력은 DC 24±0.2[%], 15V±0.2[%], 12V±0.2[%]
④ 제어부 송신보드는 이중계로 구성하여 1계 고장 시 2계로 절체 되어 송신이 중단되지 않도록 한다.
⑤ 제어부 송신보드는 68[kHz]로 주파수를 발진 증폭하여 지상자로 출력한다.
  1. 출력주파수 : 68[kHz]±68[Hz]
⑥ 제어부 상태표시보드는 송신보드의 1, 2계의 운용, 동작상태 및 고장감시기능을 가져야 하며 다음과 같이 표시한다.
  1. 1계, 2계 정상동작 : 녹색 LED 점등
  2. 운용중인 계 : 녹색 LED 점등
  3. 고장 발생 시 : 적색 LED 점멸
⑦ 제어부 전원보드는 2중계로 구성하여 병렬운전을 하여야 하며 절연트랜스의 2차 측 전원(AC 220[V]±10[%], 60[Hz])을 입력받아 출력은 DC 24[V]±0.2[%] 이어야 한다.
⑧ 제어부 전원보드는 노이즈를 제어하기 위하여 입력단에 노이즈 여과회로를 설치하여야 한다.

제7절 열차자동제어장치

제69조(ATC 지상장치) 일반선 구간의 ATC 지상장치는 다음 각 호의 기준을 유지하여야 한다.
  1. 전원전압은 입력 AC 110/220V±10[%] 60[Hz], 출력 DC 24[V]±0.2[%] 범위 이내일 것.
  2. AF 궤도회로 송신 출력전압은 송신카드 전면판 출력전압(Vo) 단자에서 측정하여 각 궤도회로의 초기 설정치 ±2[dB] 이내일 것.
  3. AF 궤도회로 송신출력 전류는 송신 링크단자에서 측정하여 각 궤도회로의 초기설정 값

±2[dB]이내 일 것.
4. AF궤도회로 수신입력은 대역여파기(BPF)출력단자에서 측정하여 +6[dB]~-2[dB] 이내 일 것.
5. AF 궤도회로 수신계전기의 단자전압은 수신카드의 출력 트랜지스터 단자에서 측정하여 정격(DC 7.5[V])의 0.9~1.2배 이내 일 것.
6. 열차검지주파수는 송신카드 전면판 출력전압(Vo)단자에서 측정하여 TD±10[Hz] 이내일 것. 다만, TD=1590, 2670, 3870, 5190[Hz].
7. 속도제어 주파수는 송신카드 전면판 출력전압(Vo)단자에서 측정하여 C±2[%] 이내일 것. 다만, C=3.2(Yard Mode, 25[km/h]), 5.0(25[km/h]), 6.6(40[km/h]), 8.6(60[km/h]), 10.8(70[km/h]), 13.6(80[km/h]), 16.8(Yard Cancel)
8. 신호파형의 단속비(Mark Space)는 송신카드 전면판 출력전압(Vo)단자에서 파형을 측정하여 M:S=1:1±0.15 이내로 한다.
9. AF 궤도회로의 수전단 레일을 단락하고 단락점에서 송신측으로 1m지점의 레일전류가 60~500[mA]를 유지하여야 한다.
10. 소정의 현시 변화와 같은 신호코드(code)가 송신되는 것을 각 송신카드의 표시등에서 확인 할 것.

제70조(신호속도코드)
① 열차자동제어장치 구간의 신호속도코드는 차량 및 선로의 조건에 따라 25~80[km/h]로 하며, 차량 입환 시에는 야드모드(25[km/h] 이하)로 한다.
② 분당선, 일산선, 과천선의 열차자동제어장치 구간에 적용된 정차역 통과방지를 위한 도착 본선의 궤도회로 점유시간별 속도코드 송출시간은 다음과 같다.

구 분	도착선 궤도회로 점유		
	6초 후	14초 후	30초 후
속도코드	40km/h	25km/h	운행속도

제71조(임시속도코드)
① 열차자동제어구간에서 열차운행 간격을 조정하거나 서행할 필요가 있을 경우 조작판에 임시속도코드 취급버튼을 설치할 수 있다.
② 임시속도코드 취급버튼을 취급하면 그 구간에 "STOP" 또는 25[km/h] 이하의 속도코드가 송신되도록 한다.

제72조(ATC 루프코일) ATC 루프코일의 전류는 250[mA] 이상이어야 한다. (다만 출력파형은 단속파형임)

제73조(보드 교체) 고속선 구간에서 보드의 교체 시에는 ATC 유지보수 컴퓨터(LME)를 통하여 불량 보드를 확인하고 교체 후에는 다시 ATC 유지보수 컴퓨터(LME)를 통하여 정상 여부를 확인하여야 한다.

제74조(처리랙)
① 처리랙(PTR)의 절체 시는 정보인식 시간이(약 10초) 필요하므로 관계 구역 내의 열차 상황을 파악하여 운행에 지장이 없도록 하여야 한다.
② 절체 스위치는 작업 시를 제외하고 자동 절체를 위하여 'AUTO' 위치에 있어야 한다.
③ 폐색랙(PC)이 2개 이상 비정상 작동 시에는 자동 절체가 이루어져야 한다.

제75조(ATC 유지보수 컴퓨터) ATC 유지보수 컴퓨터(LME)의 입·출력 장치는 항상 정상으로 작동하여야 한다.

제76조(불연속 정보 전송장치)
① 루프 케이블은 손상이 없어야 하며 정확한 위치에 고정되어 있어야 한다.
② 불연속정보전송보드(CEP)에서 정합변성기(Tad125)까지의 회선길이는 7[km] 이내로 한다.

제77조(장비차량용 ATC차상 및 시험장치) 고속선에서 운행되는 장비차량용 차상장치 및 시험장치에 관한 운용 및 유지보수 등에 관한 세부사항은 고속선 장비차량용 ATC 차상장치 및 시험장치 운용요령에 의한다.

제8절 열차자동방호장치

제78조(발리스) 발리스의 전송정보 입력 및 점검은 ATP 지상장치 시험기를 사용하여 다음 각 호를 확인하여야 한다.
1. 국가번호, 고유번호, 그룹 내 위치 및 현시별 이동권한 또는 구배 등 선로정보
2. 가변발리스(CBC)의 현시별 CRC 값
3. 고정발리스(CBF)의 CRC 값

4. 텔레그램 입력 후 습기가 유입되지 않도록 검정색 봉인 플러그를 접속하여야 한다.

제79조(텔레그램) 각 장치별 텔레그램은 정보 인출지 또는 정보 저장매체로 보관하여야 하며 ATP지상설비 관리대장에 의거 관리하여야 한다.

구 분	보관대상	보관기간	보관자
텔레그램	최종 버전 텔레그램 및 직전 버전 텔레그램	텔레그램 변경 시까지	전기처장 및 전기사무소장

제80조(선로변제어유니트)

① 선로변제어유니트의 정류기 부하전압 변동률은 24[V]±5[%]로 한다.
② 신호검지보드는 사용전압에 따라 다음 각 호에 따라 지정된 보드를 사용해야 하여야 한다.
  1. 신호등 현시상태 검지방식
     가. 저전압보드(사용전압 : 12V~36V)
     나. 고전압보드(사용전압 : 24V~115V)
     다. 초고전압보드(사용전압 : 110V~250V)
  2. 계전기 접점 검지방식 : 24V
③ 선로변 제어유니트의 마더보드 및 발리스 드라이브 보드에는 고유한 텔레그램이 입력되어 있어야 한다.

제81조(선로 임시 속도제한)

① 서행 발리스를 설치할 경우 다음 각 호의 사항을 적용하여야 한다.
  1. 입력정보 : 서행운전 거리정보, 서행속도정보, 서행구간 거리정보, 임시속도제한 아이콘 정보
  2. 텔레그램에는 고유한 임시 속도제한 번호를 부여하여야 한다.
  3. 텔레그램 검증 : 프로그래밍 장비를 이용하여 설치순서(#1,#2)에 맞는 입력정보 확인
② 서행 발리스의 정보 입력 및 보관은 전기처장(사무소장)이 시행하고, 임시신호기 및 서행 발리스의 설치와 철거는 시행 소속장이 시행하여야 한다.

제9절 전원장치 및 전선로

제82조(정류기) 정류기는 다음 각 호에 따른다.
1. 부동 또는 균등 충전 시 소정의 출력 전압범위를 유지한다.
2. 정전 회복 후 축전지의 충전 시 과대 전류가 흐르지 않도록 한다.
3. 출력전압 변동률은 정격전압의 ±3[%] 이내를 유지한다.

제83조(축전지) 축전지는 다음 각 호에 의하여 유지한다.
1. 연축전지 및 알칼리축전지, 니켈카드뮴전지, 니켈수소전지의 전해액은 항상 지정된 높이를 유지하여야 한다. 〈개정 2015.03.27.〉
2. 무보수 밀폐형은 외부에 누액 등이 없도록 청결을 유지한다.
3. 축전지는 과충전 또는 과방전이 되지 않아야 한다.
4. 전해액은 반드시 증류수를 사용하여야 하며 불순물을 혼입시켜서는 안된다.
5. 부동충전 전압은 정하여진 전압을 유지하고, 때때로 균등충전을 실시하여 셀당 전압을 일정하게 유지한다.
6. 충전 및 방전전압은 다음에 의한다.

구 분	연축전지	알칼리축전지	무보수밀폐형
방전종지전압	1.9[V]	1.1[V]	1.8[V]
부동충전전압	2.15~2.17[V]	1.47[V]	2.30~2.35[V]
균등충전전압	2.25~2.40[V]	1.7[V]	2.35~2.40[V]

구 분	니켈카드뮴전지			
	초고율	고율	중율	저율
방전종지전압	1.0[V]	1.06[V]	1.06[V]	1.0[V]
부동충전전압	1.40[V]-1.42[V]	1.40V-1.42[V]	1.40[V]-1.45[V]	1.40[V]-1.45[V]
균등충전전압	1.52[V]-1.57[V]	1.55V-1.65[V]	1.55[V]-1.65[V]	1.55[V]-1.70[V]

구 분	니켈수소전지			
	초고율	고율	중율	저율
방전종지전압	1.0[V]	1.05[V]	1.0[V]	1.0[V]
부동충전전압	1.35[V]-1.37[V]	1.35[V]-1.37[V]	1.36[V]-1.38[V]	1.36[V]-1.38[V]
균등충전전압	1.42[V]-1.44[V]	1.44[V]-1.46[V]	1.46[V]-1.48[V]	1.48[V]-1.50[V]

제84조(무정전전원장치) 출력전원의 전압안정도는 ±10[%](고속선구간 ±[5%]) 이내로 유지하여야 한다.

제85조(전선로) 전선로는 꼬임이 없이 가지런히 배열하고 부식 또는 손상의 염려가 없어야 한다.

제86조(트로프) 트로프는 비틀림이나 파손된 것이 없도록 하고, 설치류 등이 들어가지 못하도록 유지, 관리하여야 한다.

제87조(전선로표시) 전선로의 매설개소에는 해당 표시를 선명하게 유지하여야 한다.
〈개정 2015.03.27.〉

제88조(회선명등의 표시) 배선은 가지런히 유지하고 전선 단말에는 회선명, 기기명 등을 기입한 표찰을 선명하게 유지하여야 한다.

제89조(접속개소 표시) 접속개소에는 트로프 뚜껑, 트레이 및 공동구에 적색페인트로 "J"자로 표시 또는 콘크리트 매설표를 설치하여야 한다.

제10절 신호정보분석장치

제90조(신호정보분석장치 자료) 장애 및 사고분석자료는 다음에 따라 정보 인출지 또는 정보 저장매체로 보관한다. 〈개정 2015.03.27.〉

구 분		인출시기	보관기간	보관자
분석자료	장애내용	매분기 다음 월	3년	지역본부장
	사고원인	현장조사 완료 후 또는 신속히		

제91조(신호정보분석장치의 활용)
① 검지장치의 정보를 분석한 결과 특별한 원인 없이 동일사유의 고장이 월 3회 이상 연속적으로 발생하였을 때 해당 설비를 교체할 수 있다.
② 매 분기 정보를 분석하여 작성된 고장통계는 별도서식에 의하여 작업책임자가 관리한다.

제92조(기능유지) 신호정보분석장치는 다음 각 호와 같이 유지, 관리하여야 한다.
1. 검지장치에서 출력되는 정보가 해당 설비 작동상태와 일치하는지 점검하여야 하며 별지 제6호 서식에 따라 기록 및 유지한다.
2. 분석장치가 고장경보를 하였을 때 보수자는 해당 설비를 신속하게 점검 보수하여야 한다.

제93조(열차번호인식기) 열차번호 표시창은 확인이 용이하도록 선명하여야 하며, 입력키는 항상 작동이 원활하도록 유지한다.

제11절 안전설비

제94조(차축온도검지장치) 차축온도검지장치는 다음 각 호의 정격치를 유지하여야 한다.
1. 센서의 오염계수는 60[%] 이상이어야 한다.
2. 센서 작동의 확인은 열원의 온도를 70[℃]로 하여 실시하며 그 반응 값이 70[℃]±3[℃]이어야 한다.
3. 차축검지기(D50)의 전압은 DC 8[V]~9[V], 전류는 출력신호의 진폭은 AC 290[mV]~370[mV]로 한다.
4. 차축검지기 보조함(BJ50)의 전원단자전압(L+, L-)은 열차가 없는 상태에서 AC 300[mV], 차축검지기(D50)가 차축을 검지한 상태에서 0[V]이어야 한다.
5. 심플알람온도(SSC), 평균편차온도(SEM)보다 높거나, "이전 차축온도검지장치(HBD) + 온도상승 임계값(SET)"보다 높은 차축이 있을 경우 단순경보를, 90[℃] 이상일 때 위험경보를 표출하여야 한다.

제95조(지장물검지장치) 지장물검지장치는 다음 각 호의 정격치를 유지하여야 한다.
1. 지장물검지 해제 버튼의 전원은 DC 23.76[V]~24.24[V]로 한다.
2. 검지선은 2개선으로 하며 1선 단선 시에는 역 조작판 장치(LCP)에 경보가 표시되고 2선 단선 시에는 해당 구간에 속도정지 제어(RRR)가 이루어져야 한다.
3. 지장물검지 해제 버튼을 눌렀을 때부터 검지망을 완전 복구할 때까지의 속도는 170[km/h]로 한다.
4. 검지선은 지나치게 쳐지지 않아야 한다.

제96조(기상검지장치)

① 각종 검지장치의 전원은 다음 각 호와 같다.
   1. 풍속검지장치 : DC 9.5[V]~15.5[V]
   2. 풍향·풍속검지장치 : DC 10[V]~15[V]
   3. 적설량검지장치 : DC 9[V]~16[V](단, 대기온도 센서는 DC 7[V]~35[V])
   4. 데이터 수집장치의 DPS50 입력 : AC 12~50[V]

② 기상검지장치 로그데이터는 매월 점검하고 다음에 따라 정보저장매체로 보관하여야 한다.

구 분	점검주기	보관기간	보관자
기상검지장치 로그파일	매월 말일	5년	전기운용부장

③ 적설량검지장치의 운영기간은 10월부터 다음해 4월까지로 하고, 5월부터 9월까지는 휴지기간으로 하며, 휴지기간 중 적설검지센서는 기능을 중지한다. 단, 적설기간 변동 시 이를 변경할 수 있다.

제97조(끌림검지장치)

① 끌림물체검지기와 경보해제 버튼의 전원은 DC 23.76[V]~24.24[V]로 한다.
② 끌림물체검지기가 파손되었을 때의 속도제어는 정지로 한다.

제98조(고속ATC 불연속정보전송장치)
범용전송랙(PEU) 콘넥터에서의 출력전압은 DC 15[V]~40[V]이어야 하며, 전류의 최대치는 750[mA]로 한다.

제99조(보수자 선로횡단장치)

① 보수자 선로횡단장치(PSC)의 신호등은 평상시에는 소등 상태를 유지하고 취급버튼을 눌렀을 때 제어구간에 열차가 없으면 녹색등, 있으면 적색등이 현시되어야 한다.
② 취급버튼을 눌렀을 때 신호등의 점등 시간은 20초 이상으로 한다.

제100조(터널경보장치)

① 경보장치는 평상시에는 작동하지 않아야 하며, '점검자 있음(ON)' 상태에서 열차접근 시에는 경보기와 경보등이 작동하고, 열차가 터널입구에 도착하면 경보기가, 열차가 터널을 통과하면 경보등이 그 작동을 멈추어야 한다. 다만, 경보등은 열차 운행방향 선로쪽만 점등되어야 한다.
② 보수자가 보수를 위해 터널에 진입할 때는 진입하기 전에 운전취급자와 작업에 대한 협의를

하고 속도제한판넬(SLP), 방호스위치 등을 통해 해당 구역의 속도를 170km/h 이하로 제한하여야 한다.
③ 보수자는 터널에 진입하기 전에 테스트 버튼을 눌러 경보장치의 작동을 확인해야 하며, '시스템 정상' 표시등을 확인하고, '점검자 있음(ON)'을 눌러 표시등의 점등을 확인해야 한다.
④ '점검자 있음(ON)' 상태에서 장애가 발생하면 모든 경보등이 작동하여야 한다.
⑤ '시스템 정상' 표시등은 기계실과의 통신상태, 자체 시스템 상태, 동일 터널의 타 슬레이브 장치 상태, 기계실 마스터 장치 상태 등을 검지하여 모두 정상일 때 점등되어야 한다.
⑥ 보수자는 보수를 마치고 터널에서 나온 경우 운전취급자와 협의한 후 장치를 정상 상태로 복귀하여야 하며, 이와 관련된 속도제한스위치도 복귀하여야 한다.

제101조(분기기히팅장치)
① 분기기 히터그룹 제어함(GCP)의 절체 스위치는 현장에서의 취급 시를 제외하고는 원격 위치로 해야 한다.
② 현장 제어 패널에서 여러 개를 현장 취급 시에는 일시적인 과부하 발생을 방지하기 위해 시간을 두고 순차적으로 작동시켜야 한다.
③ 열선은 침목이나 레일 등에 고정되어 있어야 하며 외부적으로 심한 손상이 없어야 한다.
④ 분기기 히팅장치의 운영기간은 10월부터 다음해 4월까지로 하고, 5월부터 9월까지는 휴지기간으로 하며, 휴지기간 중 분기기 히팅장치 제어함 전원을 차단하고 기능을 중지한다. 단, 적설기간 변동 시 이를 변경할 수 있다.
⑤ 분기기 히팅장치 현장제어함 점검 및 예열기능시험은 휴지기간 종료 후 2개월 안에 완료하여야 한다. 단, 지역별 특성을 반영하여 변경 할 수 있다. 〈개정 2015.03.27.〉

제102조(레일온도검지장치)
① 기능시험을 위하여 인위적인 가열을 할 때에는 온도 검지기나 케이블 등에 손상이 없도록 주의해야 한다.
② 레일에 부착된 온도검지기는 움직임이 없어야 한다.

제103조(무인 기계실 원격감시장치)
① 항상 실시간으로 감시하고 감시되어야 한다. 〈개정 2015.03.27.〉
② 출입자 기록, 항온 항습 장치 상태, 화재 경보에 대한 이상 발생 시 경보를 표시하여야 한다.

제104조(안전계전기의 전원전압) 정격 DC 24[V]의 계전기의 작동전압은 DC 22.5[V]~28.8[V]로 한다.

제105조(안전계전기 교체 시 주의사항) 안전계전기의 교체 시에는 사용 용도에 맞는 특성을 확인하여 적합한 것을 사용해야 한다.

제106조(승강장 비상정지버튼)
① 비상정지버튼 작동 시에는 해당 승강장의 비상버튼 및 역감시반의 경보벨이 작동하고, 적색 표시등이 점등되며, 승강장 비상정지 경고등이 약 1초 간격으로 점멸되도록 한다.
② 비상정지버튼의 작동상태는 복귀(해제) 시까지 유지되어야 하며, 역 감시반 및 해당 승강장의 복귀버튼을 통하여 역 전체 또는 승강장별 부분 복귀(해제)가 가능하여야 한다.
③ 기존 신호장치와 인터페이스 회로는 아래와 같이 구성함을 원칙으로 하되, 지역본부장 승인을 득하여 변경할 수 있다.

구분	신호계전기실이 있는 경우	신호계전기실이 없는 경우
ATS 구간	홈 궤도회로 송신기 전원회로 개폐 홈 전방 궤도회로 송신기 전원회로 개폐	홈 궤도회로 송신기 전원회로 개폐 홈 전방 궤도회로 수신기 RX+회로 개폐
ATC 구간	홈 궤도회로 송신기 TX+회로 개폐	홈 궤도회로 송신기 송신기 TX+회로 개폐

④ 지상에서 열차 또는 차량으로 전송되는 비상정지신호는 ATS 구간의 경우 점제어식 지상자에 의한 주파수 신호를 전송하고, ATC 구간은 해당구간의 신호속도코드를 차단하여 비상정지하도록 한다.
⑤ 역별 버튼 간 연동그룹 설정은 역 연동검사 시 역장(대매소 포함) 입회하에 기능을 확인하여야 하며, 역장(대매소 포함)의 변경 요구 없이 임의로 변경할 수 없다.
⑥ 점검 시는 사전안전 조치 후 체크리스트에 따라 시행하고, 점검 후에는 장치의 정상상태를 역 운용자와 합동으로 확인하여야 한다.

제12절 방호 스위치

제107조(전원전압) 정격 DC 20[V] 계전기의 작동전압은 DC 22.5[V]~28.8[V]로 한다.

제108조(취부 상태) 각종 방호 스위치는 항상 취급하기 좋은 위치에 견고하게 부착되어 있어야 한다.

제13절 검사

제109조(검사의 종별) 장치의 정상기능을 확보하기 위하여 시행하는 것으로서 다음 각 호와 같이 분류한다.
1. 일상검사
   가. 순회검사 : 장치의 기능을 정상으로 확보하기 위하여 소정의 주기에 따라 담당구역을 순회할 때 시행하는 검사를 말한다.
   나. 정밀검사 : 순회검사로는 장치의 정상적인 기능을 확보하기 어려울 경우 또는 그 외의 경우로서 세밀한 계획표에 따라 시행하는 검사를 말하며, 단독 또는 합동으로 시행하되 필요시 외부 전문인력의 지원을 받을 수 있다.
   다. 특별검사 : 사고 또는 장애가 발생한 장치에 대하여 시행하는 검사로서 동종의 사고 및 장애를 예방하고자 정밀검사에 준하여 시행한다.
   라. 초기검사 : 장치의 신설 또는 교체 시 시행하는 검사로서 장치의 성능 및 시설상태 등을 종합적으로 검사하는 것을 말한다.
2. 연동검사 : 장치의 종합적인 기능을 확인하기 위하여 행하는 검사로서 소정의 주기에 따라서 행하는 경우와 설비의 신설, 개량(결선변경포함)으로 사용 개시하는 경우에 행하는 검사를 말한다.

제110조(검사의 시행) 검사는 다음 각 호와 같이 시행하며, 부득이한 경우 변경승인을 얻은 후 시행한다.
1. 일상검사
   가. 순회검사 : 작업책임자가 작성한 계획표에 의하며, 보수담당자가 시행
   나. 기   타 : 작업책임자가 작성한 계획표에 따라 지정한 자가 시행
2. 연동검사
   가. 연동검사 책임검사자를 지정하여 운용한다.
   나. 총괄책임자가 작성한 계획표에 따라 연동검사 책임검사자가 시행한다.

제111조(일상검사항목과 검사주기)
① 순회검사의 주요검사 항목과 검사주기는 별표 1 및 별표 2에 따른다.
② 제1항 주요검사항목 중 신호정보분석장치, TLDS, 전기기술지원시스템, 종합검측차, KTX 36호 등으로 검사가 가능한 항목은 확인한 시간을 기준으로 이를 검사한 것으로 할 수 있다.

③ 예비설비가 있는 장치는 매월 절체시험 및 교대운영 하여 정상기능을 확보하여야 한다. 단, 예비설비로 절체 된 후 자동복귀 기능이 없는 설비는 절체기능 시험 후 주계로 운영하여야 한다.

제112조(연동검사의 시행) 연동검사는 다음 각 호와 같이 시행한다.
1. 연동검사는 역장 또는 역장이 지정한 자 입회하에 시행하여야 한다.
2. 신설 연동장치는 관련 운전관계자 입회하에 시행하여야 한다.

제113조(연동검사회수와 검사항목) 다음 각 호의 검사는 2년에 1회 이상 시행하며 검사항목은 다음 각 호와 같다. 다만 고속선 전자연동장치는 초기 설치시나 장치의 변경 시에만 시행한다.
1. 건축한계 : 모든 설비
2. 종합적 기능과 연동조건의 검사 : 신호기장치, 선로전환기장치, 궤도회로 장치, 폐색장치, 연동장치, 건널목보안장치, 열차자동정지장치, 열차자동제어장치, 열차집중제어장치, 열차자동방호장치, 신호원격제어장치 안전설비, 승강장 비상정지버튼, 각종 보호 스위치등 기타

제114조(연동검사의 방법)
① 연동검사의 방법은 다음 각 호와 같이 시행하는 것을 원칙으로 한다.
1. 궤도회로는 궤도상에서 단락한다.
2. 신호등은 현장에서 현시상태를 확인한다.
3. 선로전환기 밀착 및 개통방향은 현장에서 확인한다.
4. 보호 스위치는 현장에서 작동시킨다.
② 연동장치에 있어서 조건의 검사는 연동도표에 의거 연쇄의 표준을 확인하여야 하며, 검사기준은 별표 3 및 별표 4에 따른다.

제115조(연동검사성적의 기록과 보고) 연동검사의 결과는 연동도표 및 따로 정한 서식에 따라 기록하고 지역본부장은 분기별로 결과를 사장에게 보고한다.

제116조(무인정거장의 연동검사 시행) 무인정거장의 연동검사 시 인접 관리역장이 지정한 직원이 운전취급을 담당하고, 인접역이 무인정거장일 경우 폐색시험은 관제사가 시행한다.

제117조(검사결과 불량품 조치)
① 검사 시행결과 불량품은 즉시 수리 또는 교체하여야 한다.
② 부품을 수리하여 기능을 유지할 수 있다고 판단되는 기기(계전기 제외)는 현지에서 조치하고 수리가 불가능한 것은 교체하여야 한다.
③ 발생된 불량품은 지역본부에 수리 의뢰하여야 한다.
④ 지역본부장은 불량품 중 수리 불가능한 것에 대하여는 관계규정에 따라 폐기처분하여야 한다.

부칙 〈세칙 제65호, 2014. 05. 01〉

제1조(시행일) 이 세칙은 2014년 05월 01일부터 시행한다.

제2조(다른 사규의 폐지) 이 세칙 시행으로 「신호제어설비 유지보수 지침」은 폐지한다.

부칙 〈제2015-25호, 2015. 03. 27.〉

이 세칙은 2015년 03월 30일 부터 시행한다.

[별표 1] 〈개정 2015.03.27.〉

일반철도 일상검사의 중요항목 및 주기

검사항목		검사주기	
		순회	정밀
1. 신호기장치	가. 인식거리 및 렌즈 투시상태 (도보)	월1회	-
	나. 신호현시계열(※)	-	2년1회
	다. 신호기 등압	-	연2회
	라. 신호기주의 건식상태	-	연1회
	라. 신호철선의 정비 　1) 철선의 이완 및 철선지주의 정비 　2) 크랭크의 동작, 신호리버 간 쇄정	주1회 -	- 월1회
	마. 기타 부속장치류의 동작	월1회	-
2. 선로전환기장치 (차상 및 고속분기용 선로전환기 포함)	가. 현 개통방향의 밀착상태와 쇄정상태 　1) KTX운행 연결선 구간 　2) KTX운행 구간 　3) 기타 구간	2일1회 주2회 주1회	-
	나. 할핀, 죠핀 및 볼트류 　1) KTX운행 연결선 구간 　2) KTX운행 구간 　3) 기타 구간	2일1회 주2회 주1회	-
	다. 각부의 접속 및 동작시험	주1회	-
	라. 전동기 동작전압, 전류	-	연2회
	마. 취부위치의 적정성	-	연1회
	바. 마찰연축기 조정 및 기내급유	-	연2회
	사. 간류 절연물의 점검	주1회	2년1회
	아. 수동전환핸들 및 개통방향 표시등	주1회	-
	자. 조작리버 및 리버표시등의 동작	주1회	-
	차. 레일스위치의 접점구성	주1회	-
	카. 밀착검지기 그 외 부속장치류의 동작	-	월1회
	타. 밀착, 쇄정 및 주유상태 점검, 조정	-	월1회
	파. 자동/수동 제어레버 작동상태 　1) 일반철도 및 KTX운행 구간 　2) KTX운행 연결선 구간	-	연2회 연4회
	하. 토크 및 전환력 측정	-	연1회
	거. 기내 단자 이완 유무	-	연1회

검 사 항 목		검사주기	
		순회	정밀
3. 궤도회로 장치	가. 송, 착전 전압 및 주파수 측정	–	월1회
	나. 궤조절연 볼트, 너트 및 본드, 잠바선 류	월1회	–
	다. 궤조절연 상태 및 이물질 부착	–	월1회
	라. 구성기기의 동작 및 부속장치류	월1회	–
	마. 임펄스 궤도회로의 정·부펄스의 양부	–	2년1회
4. 폐색장치	가. 연동폐색장치 및 통표폐색장치의 기능	월2회	–
	나. 역간 폐색설비의 기능(※)	월2회	–
	다. 폐색장치의 주파수 및 레벨 측정	–	연1회
	라. 국부회로와 송, 수신회로 동작 전류 점검	–	연1회
	마. 각 부의 이완, 손상, 마모	연2회	–
	바. 착오해정 유무	–	연1회
	사. 기타 부속장치류	월1회	–
5. 연동장치	가. 조작판(표시제어부, 유지보수부)의 표시 및 제어 기능	월2회	–
	나. 기계실내 분선반, 단자류의 배선 정비	–	분기1회
	다. 각종 랙 및 기기의 취부상태	–	분기1회
	라. 전자연동장치 1,2계간 절체시험	–	월1회
	마. 광 변환카드의 광출력 정격 값 측정	–	분기1회
	바. 하드디스크 드라이브	–	연1회
	사. CD-ROM	–	연1회
	아. 플로피 디스크 드라이브	–	삭제
	자. 모니터	–	연1회
	차. 취급버튼의 탄성(눌림)상태	–	연1회
	카. 기타 부속장치류	월1회	–
	타. 계전기 동작 및 취부상태	–	분기1회
6. 건널목보안장치	가. 기기의 동작 및 기능 1) 경보종, 경보등, 차단기(※) 2) 단자의 접속, 이완	 월2회 월2회	 – –
	나. 각 부의 부식 및 손상	–	연1회
	다. 경보종 타종수와 경보등 점멸 횟수	–	연2회
	라. 경보시분(※) 및 경보등의 인식거리	–	연1회
	마. 기타 부속장치류	월1회	–

검사 항목		검사주기	
		순회	정밀
7. ATS 지상장치	가. 주파수 및 Q치 측정(※)	-	연2회
	나. 지상자 취부위치 및 균열	-	분기1회
	다. 각 부의 접속 및 단자이완	-	분기1회
	라. 승강장 비상정지버튼 동작시험	-	반기1회
8. CTC, RC장치	가. 정보 송, 수신 상태(RC)	주1회	-
	나. CTC 시스템실 전산환경 점검	일일	-
	다. DSU장치 통신상태 및 기능점검	일일	-
	라. DLP프로젝터 표시상태 및 UHP램프 사용시간 점검	월1회	-
	마. 네트워크장비 인터페이스, 모듈기능 및 연결상태	주1회	-
	바. 유지보수 및 시스템콘솔 기능점검	주1회	-
	사. 서버별 각종모듈 동작상태 점검	주1회	-
	아. 시스템별 log, space, actibity 상태	주1회	-
	자. 네트워크 방화벽 관리상태 및 기능	주1회	-
	차. Wall Controller 주/부계절체 기능 및 부속기기	-	월1회
	카. CTC 지원장비 및 A/V시스템 기능점검	-	월1회
	타. 각종 운용자콘솔 및 주변기기 기능	-	월1회
	파. CTC설비 각종 부속장치류 점검	-	월1회
9. 전원장치	가. 전원장치의 정격전압과 전류의 측정(※)	월2회	-
	나. 전압, 전류 계기류의 지시값(※)	월1회	-
	다. 개폐기류의 기능과 과열	월1회	-
	라. 축전지 충방전 전압, 전류 및 전해액 비중측정 무보수축전지는 비중측정 제외	-	연2회
	마. 자동절체기의 기능	-	분기1회
	바. 보안기기와 접지저항 측정	-	연1회
	사. 기타 부속장치류	월1회	-
10. 전선로	가. 접속개소 및 끝부분의 정비	-	연1회
	나. 트러프, 전선관의 정비	-	연1회
	다. 절연저항의 측정 1) 선로전환기 제어·표시, 건널목 제어, 연결선 구간 제어·전원선	-	연1회
	2) 1)항을 제외한 기타회선	-	2년1회
	라. 기타 부속장치류	월1회	-

검 사 항 목		검사주기	
		순회	정밀
11. 계전기	가. 계전기 취부개소의 쨱 접속 및 단자이완	–	월1회
	나. 신호계전기실내 주제어전원단 인입전압, 전류측정	–	월1회
	다. 궤도계전기의 착전단 전압	–	월1회
12. 기구함, 접속함	가. 단자이완 및 배선정리	월1회	–
	나. 부식손상 및 주변정비	월1회	–
13. 신호정보 분석장치	가. 각부의 취부, 접속상태	월1회	–
	나. 장치별 동작상태 및 정보 송, 수신 상태	–	월1회
	다. 1,2계간 동작시험	월1회	–
	라. 기타 부속장치류	월1회	–
14. ATC. 장치	가. 궤도회로 송, 수신전압 전류 측정(※)	–	월1회
	나. 열차검지주파수 및 속도제어주파수 측정	–	월1회
	다. 기타 부속장치류	월1회	–
	라. 1, 2계간 절체시험	월1회	–
15. 분기기 히팅장치	가. 취부 상태 및 손상 여부	월1회	–
	나. 현장 제어함 점검	–	연1회
	다. 예열 기능 시험	–	연1회
16. ATP 장치	가. 발리스 취부 및 균열상태	월1회	–
	나. 선로변 제어유니트 동작 상태	월1회	–
	다. 각부의 정격전압 측정	월1회	–
	라. 각종 보드 및 단자 접속 상태	–	분기1회
	마. 기타 부속장치 류	–	분기1회
	바. 소프트웨어(텔레그램) 점검	–	연1회

※ 표시 : 제111조 제2항 관련 항목

[별표 2] 〈개정 2015.03.27.〉

고속철도 순회검사의 중요항목 및 주기

장치명	검 사 항 목	일일검사	주별검사	월별검사	분기검사	반년검사	연간검사	비고
1. 연동장치	가. 각 장비의 LED 작동 상태		○					
	나. FEPOL, CC-RTU의 전원공급장치 상태		○					
	다. FEPOL, CC-RTU의 환풍기 상태		○					
	라. TT, CAMZ의 모니터, 키보드, 마우스, 프린터 상태		○					
	마. LCP의 정보수신표시 및 경보검지장치 상태, 1, 2계 절체시험			○				
	바. FEPOL, CC-RTU의 경보 표시등 점등 시험				○			
	사. TFM 모듈, EDLM, ODLM, LDT의 작동 상태			○				
	아. SSI의 회로차단기 작동 상태				○			
	자. FEPOL, CC-RTU의 보드, 콘넥터, 단자 접속 상태				○			
	차. SSI, BAP, BIP의 콘넥터, 단자 접속 상태					○		
	카. FEPOL, CC-RTU, TFM 1, 2계 절체시험			○				
2. 선로전환장치	가. 각종 볼트, 너트의 이완 유무 및 절연물상태			○				
	나. 밀착, 쇄정 및 주유 상태			○				
	다. 자동/수동 제어 레버 작동 상태					○		
	라. 토크 및 전환력 측정						○	
	마. 기내 단자 이완 여부						○	
	바. 선단쇄정장치 및 중앙쇄정장치 밀착, 쇄정상태 1) 육안검사 2) 정밀검사			○		○		
	사. 유압압축기 유압 측정					○		
	아. 각종 보호덮개 잠금 상태			○				
	자. 유압상태 및 유압관로 상태			○				
3. 궤도회로장치	가. 궤도회로 전압, 전류 측정					○		
	나. Tad430 내부 단자 상태					○		
	다. 쟘바, 본드류 및 절연 상태					○		
	라. 수신기 전압 측정						○	
4. 진입허용 표시등 및 허용표지	가. 진입허용표시등의 전압 및 접속 상태					○		
	나. 표지류 청결 및 부착 상태					○		
	다. 각종 금구류 부착 상태						○	
	라. 표지류 도색 상태						○	
	마. 진입허용표시등의 확인거리						○	

장치명	검사항목	검사주기						비고
		일일검사	주별검사	월별검사	분기검사	반년검사	연간검사	
5. 열차자동 제어장치	가. 각 장비의 LED 작동 상태		○					
	나. LME의 키보드, 마우스, 모니터 상태		○					
	다. 각 장비의 환풍기 상태		○					
	라. LME의 메시지 저장 상태			○				
	마. 1, 2계 절체시험 및 스위치 작동 상태			○				
	바. 각 장치의 보드, 콘넥터, 단자 접속 상태					○		
	사. ITL 루프 케이블의 위치 및 손상 여부 점검						○	
	아. ITL 출력 전압 측정						○	
	자. Tad125 내부 단자 상태						○	
6. 차축온도 검지장치 (자장치)	가. 각부 취부 상태 및 손상 여부					○		
	나. 각부 전압, 전류 측정					○		
	다. 전자랙 LED 작동 상태					○		
	라. 센서의 반응값 확인						○	
	마. 센서 오염계수 측정						○	
7. 차축온도 검지장치 (모장치)	가. 각 카드류 취부상태 및 작동 상태					○		
	나. 전자랙 각 LED 작동 상태		○					
	다. 정보 송수신 상태		○					
	라. 1, 2계 절체 시험					○		
	마. 메시지 저장 상태		○					
8. 보수자 선로 횡단장치	가. 기계실 내 MASTER 상태		○					
	나. 신호등 및 취급버튼 작동 상태					○		
	다. 신호등 점등시간 확인					○		
	라. 각종 단자, 배선 상태					○		
	마. 각부 전압 측정					○		
	바. 제어조건 검사						○	
9. 터널경보장치 및 작업표시등	가. 기계실 내 MASTER 상태		○					
	나. 취급버튼 및 경보장치 작동 상태					○		
	다. 정보 전송 상태					○		
	라. 각부 전압 측정					○		
	마. 제어조건 검사						○	
10. 지장물 검지장치	가. 검지선의 설치 상태					○		
	나. 각종 단자, 배선 상태					○		
	다. 해제 버튼의 기능					○		
	라. 각부 전압, 전류 측정					○		
	마. 검지선 단선 시 제어속도 확인						○	

장 치 명	검 사 항 목	검 사 주 기						비고
		일일검사	주별검사	월별검사	분기검사	반년검사	연간검사	
11. 끌림 검지장치	가. 검지기 취부 상태					○		
	나. 해제 버튼의 기능					○		
	다. 각종 단자, 배선 상태					○		
	라. 각부 전압, 전류 측정					○		
	마. 검지기 파손 시 제어속도 확인						○	
12. 레일온도 검지장치 (모장치)	가. 키보드, 마우스, 모니터 상태	○						
	나. 현장설비와 통신 상태	○						
	다. 메시지 저장상태			○				
	라. UPS 기능점검					○		
	마. PLC LED 작동 상태			○				
	바. 콘넥터, 단자 접속 상태					○		
13. 레일온도 검지장치 (자장치)	가. 온도검지기 취부 상태					○		
	나. 현장 제어함 온도 표시 상태					○		
	다. 각부 전압 측정					○		
	라. 온도 검지 반응 시험						○	
14. 기상검지장치	가. 각종 장치의 주변 상태					○		
	나. 각종 장치의 취부 상태 및 손상 여부					○		
	다. 각종 단자, 배선 상태					○		
	라. 각부 전압, 전류 측정					○		
	마. 기상장비 기능점검					○		
	바. 기상데이터 수집장치 기능점검		○					
15. 분기기 히팅장치	가. 취부 상태 및 손상 여부			○				
	나. 현장 제어함 점검					○		
	다. 예열 기능 시험					○		
16. 열차집중 제어장치	가. 조작 표시부 확인	○						
	나. 정보 송,수신 상태	○						
	다. 각종 장비의 기능	○						
	라. 각부 전압, 전류 측정					○		
17. 전원장치	가. 각종 전압, 전류 측정			○				
	나. 각종 표시등 상태			○				
	다. 지시계기의 상태 및 지시값			○				
	라. 축전지 충, 방전 전압, 전류 측정					○		
	마. 개폐기류의 기능 및 과열 여부					○		
	바. 각종 단자의 상태				○			
	사. 축전지 전해액의 비중 및 높이					○		
	아. 접지저항 측정						○	

장치명	검사항목	검사주기						비고
		일일검사	주별검사	월별검사	분기검사	반년검사	연간검사	
18. 전선로	가. 끝부분 접속 점검					○		
	나. 트러프와 전선관의 정비					○		
	다. 기타 부속장치 점검					○		
	라. 절연저항 측정							2년 1회
19. 방호스위치	가. 계전기 전압 측정					○		
	나. 스위치 취부 상태					○		
	다. 스위치 취급 시 제한 속도 상태						○	
20. 안전계전기	가. 입력 전압 측정					○		
	나. 취부 상태 점검					○		
	다. 회선 접속 상태					○		
21. 무인중간기계실 원격감시장치	가. 데이터 저장 기능 점검	○						
	나. 경보 기능 시험					○		
22. 선로변 지진계측설비	가. 계측설비 외관 상태					○		
	나. 계측설비 Cable 연결 상태					○		
	다. 센서 보정 및 작동 상태1				○			
	라. 기록계 보정, 설정치 및 작동 상태				○			
	마. 전송계 통신, 설정치 및 작동 상태				○			
	바. 전송계 자료 전송 및 백업 상태				○			
	사. 전원장치 작동 상태				○			
	아. 네트워크 장비 작동 상태				○			
23. 선로변 지진감시장치	가. 키보드, 마우스, 모니터 상태	○						
	나. 현장설비와 통신 상태	○						
	다. 메시지 분석	○						
	라. 디스크 가용 상태 확인	○						
	마. 자료기록 및 저장 상태				○			
	바. DB운용 및 SW 작동 상태				○			
	사. 전원장치 및 경보 상태				○			
24. ATC원격 복구장치 (기계실)	가. 사령설비와 통신 상태	○						
	나. 각 장비 LED 작동 상태	○						
	다. 계전기, 콘넥터, 단자 접속 상태					○		
	라. 전원장치 점검					○		
25. ATC 원격복구장치 (센터)	가. 키보드, 마우스, 모니터 상태	○						
	나. 각 기계실설비와 통신 상태	○						
	다. 각 장비 LED 작동 상태	○						
	라. 계전기, 콘넥터, 단자 접속 상태					○		
	마. 원격제어시험						○	
	바. PC1,2계 절체시험						○	
	사. 통신절체기 절체시험						○	

장치명	검사항목	검사주기						비고
		일일검사	주별검사	월별검사	분기검사	반년검사	연간검사	
26. ATC 속도 원격제어장치 (기계실)	가. 사령설비와 통신 상태		○					
	나. 각 장비 LED 작동 상태		○					
	다. 계전기, 콘넥터, 단자 접속 상태					○		
	라. 전원장치 점검					○		
27. ATC 속도 원격제어장치 (센터)	가. 키보드, 마우스, 모니터 상태		○					
	나. 현장설비와 통신 상태		○					
	다. 메시지 저장상태			○				
	라. PC1,2계 절체시험						○	
	마. 수동절체기 작동상태 점검						○	
	바. 원격제어시험						○	
28. ATC 시험장치 (고속차량용 출발선 시험장치)	가. 키보드, 마우스, 모니터 상태			○				
	나. 현장설비와 통신 상태			○				
	다. 메시지 분석			○				
	라. 주파수 정확성 시험			○				
	마. 콘넥터, 단자 접속 상태					○		
	바. 전원장치 작동 상태					○		
	사. Fan 작동 상태			○				
	아. 루프케이블의 위치 및 손상여부 점검						○	
29. 보수자 판넬 장치 (LMP)	가. LMP 키보드, 마우스, 모니터 상태		○					
	나. 정보 송수신 및 각종 표시 상태		○					
	다. Fan 작동상태		○					
	라. 각종 콘넥터, 단자 접속 상태		○					
30. 신호설비 감시장치류 (*주1)	가. 키보드, 마우스, 모니터 상태		○					
	나. 정보 송수신 상태		○					
	다. 각 장비 LED, FAN 작동상태			○				
	라. 메시지 저장 상태			○				
	마. 각종 콘넥타, 단자 접속 상태					○		
	바. 전원장치 작동상태					○		

*(주1) 신호설비 감시장치류 : 전기설비 기술지원시스템, 신호설비집중감시장치(SIMS), 통합유지보수지원시스템(TIMS), 신호유지보수 콘솔(SRME), 궤도회로기능감시장치(TLDS), 분기기 원격감시장치

[적용 해설]

- 호남고속철도에 도입된 통합연동시스템(SEI) 점검주기 추가
- 각종 감시장치류 점검내용 및 주기통일

[별표 3]

연동장치 조건의 검사기준

① 전기(전자)식 연동장치(이하 "**연동장치**"라 한다)에 있어서 조건의 검사는 다음 각 호에 의하여 시행한다.
   1. 상호쇄정의 검사는 다음 사항을 확인한다.
      가. 진로에 관계가 있는 선로전환기를 각각 취급버튼에 의하여 진로를 지장하는 방향으로 전환한 후 신호기용취급버튼을 조작하였을 때 그 선로전환기는 관계 진로로 전환되어야 하며 관계신호기는 진행을 지시하여야 한다.
      나. 신호용취급버튼을 취급하여 신호기에 진행을 지시하는 신호를 현시한 후에는 다음에 적합하여야 하고, 이때 신호현시에는 변화가 없어야 한다.
         1) 진로에 관계가 있는 선로전환기를 취급하여도 그 선로전환기는 전환되지 않아야 한다.
         2) 진로를 지장하는 진로의 신호용취급버튼을 취급하여도 진로를 지장하는 신호기에 진행을 지시하는 신호가 현시되지 않아야 한다.
         3) 해당신호기가 현시된 후 다른 신호기의 출발점이 동일하거나 맞은편에서 진입하는 진로가 해당신호기와 동일한 경우에는 신호용 취급버튼을 취급하여도 신호가 현시되지 않아야 한나.
   2. 철사쇄정의 검사는 철사쇄정 구간의 궤도회로를 각각 단락했을 때 선로전환기용취급버튼을 취급하여도 선로전환기는 전환되지 않아야 한다.
   3. 폐로쇄정의 검사는 폐로쇄정구간의 궤도회로를 각각 단락한 후 신호용취급버튼을 취급하여도 관계신호기에 진행을 지시하는 신호가 현시되지 않아야 한다.
   4. 진로쇄정의 검사는 신호용 취급버튼을 취급하여 신호기에 진행을 지시하는 신호를 현시한 후 신호기 내방의 궤도회로를 진로에 따라 순차적으로 단락했을 때 그 궤도회로를 포함하는 구간으로부터 내방구간의 선로전환기는 전환되지 않아야 하며, 맞은편 신호기의 신호용 취급버튼을 취급하여도 이 신호기에 진행을 지시하는 신호가 현시되지 않음을 확인한다.
   5. 접근쇄정의 검사는 신호용취급버튼을 취급하여 신호기에 진행을 지시하는 신호를 현시한 후 접근쇄정 구간에 열차가 진입하였을 때해당 신호를 취소하면 시소계전기에 의해서 정하여진 시간이 경과하기 전에는 진로는 해정되지 않아야 하며 신호현시는 정지상태로 유지되어야 한다. 이때 동일한 진로의 맞은편 신호용취급버튼을 취급하였을 때 관

계진로가 해정되지 않는 한 진행을 지시하는 신호가 현시되어서는 안 된다.
6. 보류쇄정의 검사에 있어서는 신호용 취급버튼을 취급하여 신호기에 진행을 지시하는 신호를 현시한 후 해당 신호를 취소하면 시소계전기에 의해서 정하여진 시간이 경과하기 전에는 진로는 해정되지 않아야 하며 신호현시는 정지상태로 유지되어야 한다. 이때 동일한 진로의 맞은편 신호용 취급버튼을 취급하였을 때 관계진로가 해정되지 않는 한 진행을 지시하는 신호가 현시되어서는 안 된다.
7. 신호제어의 검사는 다음 사항을 확인한다.
   가. 주신호기(유도신호기 제외, 입환표지 포함)에 진행을 지시하는 신호를 현시한후 신호제어에 관계있는 궤도회도를 단락했을 때 신호기가 정지신호를 현시한다.
   나. 유도신호기
   "가"에 준해서 점등되지 않는 것을 확인하는 외에 관계 장내신호기의 도착점 궤도회로를 단락한 후 신호용 취급버튼을 취급하여 유도신호가 현시되는 것을 확인한다. 유도신호를 현시한 상태에서 단락한 궤도회로를 회복했을 때 유도신호는 소등이 되고 장내신호기는 진행을 지시하는 신호를 현시한다. 또 일단 장내신호기에 진행을 지시하는 신호를 현 시한 후에는 그 신호현시가 변화되지 않음을 확인한다.
   다. 종속신호기
   원방신호기는 주체의 신호기가 정지 신호를 현시할때는 주의 신호를, 주의 또는 진행 신호를 현시하고 있을 때는 진행신호를 현시하며 통과신호기는 주체의 신호기가 정지신호를 현시할 때는 정지신호를 주체의 신호기가 진행신호를 현시할 때는 진행신호를 현시하고, 중계신호기는 주체의 신호기가 정지신호를 현시할 때는 정지중계를, 주체의 신호기가 제한신호(경계, 주의, 감속신호)를 현시할 때는 제한중계를, 주체의 신호기가 진행신호를 현시할 때는 진행중계를 현시하여야 하고, 중계신호기 내방 궤도회로를 단락하였을 때는 정지중계를 현시한다. 다만, 주체의 신호기가 장내신호기로서 주본선 이외의 선로로 개통되어 경계, 주의 또는 감속신호를 현시할 경우 원방신호기는 주의신호를, 중계신호기는 제한중계를 현시한다.
   라. 주신호기(입환신호기 포함)에 첨장된 진로표시기 또는 선별등은 주신호기가 현시되고 관계진로를 정확히 표시하는지 확인하여야 한다. 또한 무유도등은 입환신호기 설정 진로로 현시된 후 점등 되는가를 확인한다.
   마. 5현시의 경우는 내방의 신호기가 정지신호를 현시하고 있을 때 이 신호기는 경계신호를, 다음 외방 순서에 따라 주의, 감속, 진행신호를 4현시의 경우는 내방의 신호기가 정지(R0)일 때 당해 신호기는 허용정지(R1)를, 다음 외방 순서로 주의, 감속, 진행을, 3현시의 경우는 내방의 신호기가 정지신호를 현시하고 있을 때 이 신호기

는 주의신호를, 또 내방의 신호기가 주의 또는 진행을 현시하고 있을 때 이 신호기는 진행신호 순서로 현시되는가를 확인한다. 또한 열차가 접근구간에 있을 때 관계진로 해정 후 소정의 시소시간과 3현시, 4현시, 5현시 공히 신호현시 계열을 확인한다.
8. 동일지점으로 도착하는 진로가 2개 이상 있는 신호기에 있어서는 신호를 취급하였을 때 다음 사항을 확인한다.
   가. 먼저 설정한 진로에 신호가 현시된 후에는 다른 진로를 취급하여도 변화가 없어야 한다.
   나. 동시에 2개의 진로가 설정되지 않아야 한다.
9. 구내 폐색신호기등 반자동 신호기의 취급에 따라 제어되는 신호기에 진행을 지시하는 신호를 현시한 후 반자동의 신호를 취소하면 폐색신호기는 정지를 현시하고 반자동의 신호기를 취급하여 진행 신호를 현시한 후 반자동신호기 내방의 궤도회로를 단락하면 폐색신호기는 진행의 신호현시가 변하지 않아야 하며, 폐색신호기 내방의 궤도회로를 단락하여 정지신호가 현시되는가를 확인한다.
10. 동력선로전환기에 대한 표시계전기 회로에 관해서는 다음의 경우에 회로를 구성치 않음을 확인한다.
    가. 표시계전기의 전원을 차단한 경우
    나. 동일한 선로전환기용취급버튼으로 취급되는 선로전환기의 현재 위치와 전철제어계전기의 지시위치가 일치하지 않는 경우
    다. 동일한 선로전환기용 취급버튼으로 취급되는 쌍동 이상으로 이루어진 것에 있어 전철제어계전기와 선로전환기의 위치가 일치하지 않을 때
    라. 첨단이 붙은 쪽의 밀착검지기 접점이 구성되지 않을 때
11. 제어반의 각 표시등은 모든 진로와 상태에 대하여 정당한 표시를 하는가를 확인한다.

② 기계 연동장치

기계 연동장치에 있어서의 조건의 검사는 리버 상호쇄정에 있어서는 다음 각 호의 사항을 확인한다.
1. 정위쇄정에서는 그 리버를 반위로 했을 때 상대방의 리버를 정위로 쇄정하고 상대방의 리버가 반위로 있을 때는 그 리버를 반위로 할 수 없어야 한다.
2. 반위쇄정에서는 그 리버를 반위로 했을 때 상대방의 리버를 반위로 쇄정하고 상대방 리버가 정위일 때 그 리버를 반위로 할 수 없어야 한다.
3. 정반위쇄정에서는 그 리버를 반위로 했을 때 상대방의 리버가 정위 또는 반위의 어느쪽에 있으나 그 상태대로의 위치에서 쇄정되어야 한다.

4. 편쇄정에서는 그 리버를 반위로 했을 때 상대방의 리버를 정위 또는 반위로 쇄정하고 상대방의 리버에 의해서는 그 리버를 쇄정되지 않아야 한다
5. 조건부 쇄정에서는 그 조건이 부가되었을 때에 한해서 만이 "1" 내지 "4"까지에 적합하여야 한다.
6. 진로에 관계가 있는 다른 리버를 각각 진로를 지장하는 위치로 전환해서 취급하여도 관계신호기에 진행을 지시하는 신호가 현시되지 않아야 한다. 따라서 먼저 전환한 리버를 진로를 지장하지 않는 위치로 전환 했을 때 진행을 지시하는 신호를 현시한다.
7. 신호리버를 취급하여 관계 신호기에 진행을 지시하는 신호현시를 하였을 때 다음에 적합하고 이 경우 신호현시에 변화가 없어야 한다.
    가. 이 진로에 관계가 있는 전철리버는 해정되지 말아야 한다.
    나. 이 진로를 지장하는 진로의 신호리버를 취급하여도 관계 신호기에 진행을 지시하는 신호가 현시되지 않아야 한다.

[별표 4] 〈개정 2015.03.27.〉

고속철도 연동장치 조건의 검사 기준

연동장치 조건의 검사는 다음 각 호에 의하여 시행한다.

1. 상호쇄정의 검사는 다음 사항을 확인한다.
    가. 진로에 관계있는 선로전환기를 진로 지장 방향으로 전환한 후 진로를 설정하였을 때 그 선로전환기는 관계 진로의 방향으로 전환되어야 하며 해당 신호 마커는 개방되어야 한다.
    나. 신호 마커가 개방된 후에는 다음 사항에 적합하여야 하고 이 때 그 신호 마커는 변화가 없어야 한다.
        1) 해당 진로에 관계가 있는 선로전환기를 취급하여도 전환되지 않아야 한다.
        2) 해당 진로에 관계가 있는 진로를 취급하여도 진로 설정이 되지 않아야 하며 신호 마커의 개방이 이루어지지 않아야 한다.
2. 철사쇄정의 검사는 철사쇄정 구간의 궤도회로를 단락했을 때 그 구간 내의 선로전환기를 취급하여도 전환되지 않아야 한다.
3. 진로쇄정의 검사는 신호를 취급하여 신호마커를 개방한 후 그 신호 마커 내방의 궤도회로를 순차적으로 단락했을 때 그 궤도회로를 포함하는 구간으로부터 내방 구간의 선로전환기는 전환되지 않아야 하며, 해당 신호 마커에 상대되는 신호를 취급하여도 신호 마커가 개방되지 않아야 한다.
4. 접근쇄정의 검사는 신호를 취급하여 신호 마커를 개방한 후 접근 구역의 궤도회로를 단락하였을 때 신호 마커를 닫고 관련 진로를 해정 시 정하여진 시간이(3분) 경과될 때까지 진로가 해정되지 않아야 한다. 이 때 동일한 진로에 상대되는 다른 신호를 취급하여도 신호 마커가 개방되지 않아야 한다.
5. 보류쇄정의 검사는 신호를 취급하여 신호 마커를 개방한 후 그 신호 마커를 닫고 관련 진로를 해정 시 정하여진 시간이(3분) 경과될 때까지 진로가 해정되지 않아야 한다. 이 때 동일한 진로에 상대되는 다른 신호를 취급하여도 신호 마커가 개방되지 않아야 한다.
6. 신호제어의 검사는 다음사항을 확인한다.
    가. 신호 마커를 개방하고 그 신호제어에 관계있는 궤도회로를 단락했을 때 그 신호 마커는 닫음 상태로 변화되어야 하고, ATC에 의해 속도코드가 정지 또는 제한으로 변경되어야 한다.

나. 신호 마커를 개방하고 게이트를 닫은 후에 관계 구분진로를 순차적으로 단락, 해정 시켜도 구분진로는 해정되지 않아야 한다.

다. 기본 보호 구역이나 전차선 보호 구역을 설정하고 관계되는 진로를 취급했을 때 진로는 설정되고 신호 마커는 개방되지 않아야 한다.

라. 설정하고자 하는 진로의 궤도회로를 단락시키고 쇄정 해제 스위치(LCS)를 작동하였을 때 선로전환기는 전환 가능하고 진로의 설정과 신호 마커의 개방도 이루어져야 한다.

마. 연속진로 설정을 취급하고 관계 궤도회로를 순차적으로 단락, 해정 시키면 즉시 진로가 재설정되어야 한다.

바. 금지진로를 취급하고 진로를 취급하면 진로설정과 신호 마커의 개방은 이루어지지 않아야 한다.

사. 보수자 단말기에 의해 "연동장치 멈춤"을 취급하였을 때 해당 연동장치와 관계 있는 구역의 모든 신호는 취급되지 않고 규제 상태를 유지해야 한다.

아. 속도제한스위치를 제한 위치로 하였을 때는 신호를 취급하여도 그 제한 속도 이상의 속도가 현시되지 않아야 한다.

자. 고속선으로 진입하는 신호기를 현시한 후 끌림검지장치의 회로를 차단하였을 때 신호기는 정지를 현시하고 ATC 속도제어도 정지로 되어야 한다.

차. 신호 마커가 개방된 상태에서 지장물검지장치의 2개 회로를 차단하였을 때 ATC 속도제어는 정지로 설정되어야 하며 확인버튼을 누르면 170Km 속도제어가 설정되어야 한다.

7. 선로전환기는 다음의 경우에 표시회로가 구성되지 않아야 한다.

가. 표시회로의 전원을 차단한 경우

나. 전환하고자 하는 명령의 위치와 현재의 위치가 동일하지 않은 경우

다. 밀착검지기의 접점이 구성되지 않은 경우

라. 수동키 스위치함을 열어 수동키를 인출한 경우

8. 역 조작판(LCP)의 각 진로, 신호 마커, 궤도회로, 선로전환기, 보호 구역설정 등의 표시가 정상으로 이루어지는가를 확인하여야 한다.

[별표 5]

일반철도 신호와 시설과의 업무분장

- 일반분기기

종 별	신호	시설	비 고
레일 간격간		○	절연은 신호
분기부상부(깔판)	○		NS형은 시설
전철감마기 및 동취부볼트	○		
탈선선로전환기 표지	○		
차막이 표지		○	
임시 신호기		○	
통표 쇄정기	○		
텅레일 복진		○	
연결간, 연결판 및 통볼트 (붓싱 포함)		○	절연은 신호
히루 부분 (볼트 포함)		○	첨단레일 히루볼트 조정 : 신호(재료준비 및 입회 : 시설)
전철표지	○		
첨단간(기역쇠 포함)	○		
밀착조절간(암쇠 포함)	○		
추병선로전환기 보수(분기기 포함)		○	반발 및 밀착 포함
침목의 이음 및 동볼트		○	침목준비 시설
전환에 따른 반발 및 밀착조정	○		레일 및 상판에 따른 반발은 시설

- 탄성분기기

종 별	신 호	시 설	비 고
연결간, 연결판 및 동볼트(붓싱포함)		○	절연은 신호
전기 선로전환기	○		
첨단간(기역쇠 포함)	○		
밀착조절간(암쇠 포함)	○		
접속간	○		
크랭크(깔판 포함)	○		
신호철관	○		
철관도차	○		
그 외	○	○	일반분기기 업무분장 적용

- 접착식 절연레일

종 별	세부내용	신호	시설	비 고
보수업무	절연 불량 검출	○		절연 불량개소 검출, 시설에 통보
	절연 상태 점검	○		
	절연레일 준비		○	평상시 절연상태 측정, 점검
	절연레일 갱환		○	보수용 절연레일의 수급계획 작성과 재료준비, 시공
	끝달림 보수		○	절연 불량 시 갱환과 계획 정비(갱환시 신호입회)레일형 절연부의 끝달림 정비와 보수
개량업무	소요예산 확보	○	○	사업주관처
	절연레일 재료 수급		○	수급계획서 작성, 재고관리
	절연레일 소요량 산출	○		수량산출 및 위치통보
	시설물 설비		○	현장설비(설비시 신호입회)
	설비의 준공	○	○	사업시기 및 준공기간 상호 협의

[별표 6]

고속철도 분기기(MJ81형)의 업무 한계

범례 ○ : 주보수자 ▲ : 협조보수자

NO	품목별 Items	유지·보수 시설	유지·보수 신호	비 고
1	밀착검지 및 쇄정장치 (Checking the contact of Tongue rail & Locking device)			
	- 밀착쇄정기　　Clamp Locking (VCC, VPM)	▲	○	
	- 밀착검지기　　Point detector (Paulve)	▲	○	
	- 감지기함　　　Detector Box		○	
	- 접속함　　　　Connection Box		○	
	- 연결케이블　　Connection Cable		○	
2	선로전환기　Point Machine			
	- 선로전환기　　Point machine		○	
	- 지지상판(깔판) Plate Support	▲	○	
	- 연결판　　　　Closs Link Plate		○	
	- 침목절연　　　Sleeper Isolator	○	▲	절연은 신호
	- 전철기 제어봉 MJ Control rod		○	
	- 전철기함　　　Point Box		○	
	- 케이블　　　　Cable		○	
3	연결장치　　Interlocking device			
	- 간격간　　　　Spacing Bar	○	▲	절연은 신호
	- 접속간(간격간 역할부분) Connecting Bar	○	▲	절연은 신호
	- 봉과 크랭크　Rod & Crank System	▲	○	
	- 지지상판　　　Supporting Plate	▲	○	
4	히팅장치　　Heating device			
	- 열선　　　　　Heating element		○	
	- 열선 콘넥터　Heating Cable Connector	▲	○	
	- 클립　　　　　Clip	▲	○	
	- 열선고정구　　Holding Block	▲	○	
	- 고정스프링　　Pastning Spring	▲	○	
	- 연결케이블　　Connection Cable		○	
	- 접속단자함　　SDCP, SVM		○	
5	절연장치　　Insulation device			
	- 접착식 절연레일　Glued Insulated Rail	○	▲	절연은 신호
	- 이음매판　　　Rail-joint plate	○	▲	절연은 신호
	- 절연편　　　　Insulated Plate	▲	○	
	- 절연원통　　　Insulated Bush	▲	○	
	- 볼트　　　　　Bolt	○	▲	
6	전환에 따른 반발 및 밀착력 조정	▲	○	
7	레일 및 상판에 따른 반발 조정	○	▲	

[별표 7]

고속철도 분기기(Hydrostar형)의 업무 한계

범례 ○ : 주보수자 ▲ : 협조보수자

NO	품목별 Items	유지·보수 시설	유지·보수 신호	비 고
1	밀착검지 및 쇄정장치　Checking the contact of Tongue rail & Locking device			
	－ 설정쇄정장치(선단,중앙)　(Tip, Center) setting & locking unit	▲	○	
	－ 밀착검지기　IE2010, EPD	▲	○	
	－ 연결로드　Connection rod	▲	○	
	－ 접속함　Connection Box		○	
	－ 연결케이블　Connection Cable		○	
	－ 실린더함체　Cylinder bearer	▲	○	
	－ 밀착검지기플레이트　IE2010 bearing plate	▲	○	
2	선로전환기　Point Machine			
	－ 선로전환기　Driving unit		○	
	－ 전철기함　Point Box		○	
	－ 케이블　Cable		○	
3	크로싱부 가동레일 고정장치　Holding down device			
	－ HDD 플레이트　Holding down device plate	○	▲	
	－ HDD 유압발생장치　Holding down device operating unit	○	▲	
	－ HDD 유압호스　Holding down device hydraulic lines	○	▲	
4	유압호스　Hydraulic lines			
	－ 유압파이프　Hydraulic pipe		○	
	－ 유압호스　Hydraulic lines		○	
	－ 유압호스덮개　Hydraulic lines cover		○	
5	히팅장치　Heating device			
	－ 열선　Heating element		○	
	－ 열선 콘넥터　Heating Cable Connector	▲	○	
	－ 클립　Clip	▲	○	
	－ 열선고정구　Holding Block	▲	○	
	－ 고정스프링　Pastning Spring	▲	○	
	－ 연결케이블　Connection Cable		○	
	－ 접속단자함　SVM		○	
6	절연장치　Insulation device			
	－ 접착식 절연레일　Glued Insulated Rail	○	▲	절연은 신호
	－ 텅밀착부 절연　Isolated tongue attachment	▲	○	
	－ 절연편　Isolated bearer	▲	○	
	－ 절연원통　Isolated bush	▲	○	
7	HDD 수동전환용 전동공구 및 전원함			
	－ HDD 전원함　Holding down device power cubicle		전력	
	－ HDD 전동공구　Holding down device power tool	○	▲	
8	전환에 따른 반발 및 밀착력 조정	▲	○	
9	레일 및 상판에 따른 반발 조정	○	▲	

[별표 8] 〈개정 2015.03.27.〉

약 어 해 설

약 어	원 어	해 설
ABS	Automatic Block System	열차자동폐색장치
AF	Audio Frequency	가청주파수
AM	Absolute Stop Marker(NP)	절대정지표지
ATC	automatic train control system	자동 열차제어장치
ATO	Automatic Train Operation	열차자동운전장치
ATP	Automatic Train Protection	열차자동방호장치
ATS	automatic train stop	열차자동정지장치
BES	Input/Output Rack	입출력 랙
BOM	Bill Of Material	자재설명서
BTR	Baie de Traitement	처리랙
BTS	Bid Tabulation Summaries	프로세싱 랙
CAMS	computer aided maintenance system	유지보수컴퓨터 시스템
CAMZ	computer aided maintenance sub-system	유지보수컴퓨터 보조시스템
CAPT	Cancellation Protection	보호 해제 버튼
CBTC	Communications Based Train Control	통신기반열차제어시스템
CCTV	Closed Circuit Television	무인기계실 원격감시 장치
CEP	Intermittent transmission board	불연속정보 전송보드
CES	Safety input board	안전입력보드
CEU	Continuous transmission board	궤도회로 연속전송 보느
CMP	central mimic panel	종합 상황판(PLC 포함)
CMS	Centralized Maintenance System	중앙 유지보수 시스템
CPT	trackside block section protection switches	폐색구간 방호 스위치
CTC	centralized traffic control system	열차 집중 제어 장치
DD	dragging detector	끌림 검지장치
DLM	data link module	데이터 링크 모듈
EDLM	electrical data link module	전기 통신 모듈
FEPOL	front end processor for operating level	역정보처리장치
GCP	Group Control Panel	분기기 히터그룹 제어함
HBD	Hot Box Detector	차축온도검지장치
HBS	hot Box Supervision	차축온도감시장치
HDD	Holding Down Device	크로싱부 가동레일 고정장치
ID	Intrusion Detector	지장물 검지장치
IEC	Interlocking Equipment Center	연동장치역(연동기계실)
InEC	intermediate equipment center	중간 기계실(ATC)

약 어 해 설

약 어	원 어	해 설
ITL	Intermittent Transmission Loop (WCE)	불연속정보전송장치
IXL	interlocking(equipment)	연동장치
KOVIS	Korail Vision & Innovation System	전사적자원관리 시스템
LCP	local control panel	역조작반
LCS	locking cancellation switch	쇄정해제 스위치
LF	Fictive line	가상선
LME	local maintenance equipment	현장유지보수장비
MD	meteorological detectors	기상검지장치
MPM	Multi Processor Module	다중처리모듈
MTC	Main Traffic Computer	주 운행 컴퓨터
NS1	Safety relays	안전계전기
ODLM	optical data link module	광 통신모듈
OT	outdoor cubicle	옥외연동기구함
PC	Panier de Cantonnement	폐색랙
PHCB	Point Heater Control Box	분기기 히타 전원함
PEU	Universal transmission rack	범용 전송 랙
PKS	point key switch	선로전환기 수동 스위치
PPM	Panel Processor Module	조작표시반 처리 모듈
PSC	Pedestrian Staff Crossing	보수자 선로횡단장치
PTR	Processing rack	처리랙
RC	remote control	원격제어
RTCP	Rail Temperature Control Panel	레일온도검지장치
SLP	Speed Limit Panel	속도제한판넬
SSI	solid state interlocking	전자 연동장치
TLDS	Track Circuit Level Detection System	궤도회로기능검지장치
TACB	Tunnel Alam Control Box	터널경보장치
TFM	trackside function module	선로변기능 모듈
TTC	Traffic Telemetry Computer	운행 원격 측정 컴퓨터
TVM	Transmission Voie Machine	선로-차상 전송장치
TT	technician's terminal	보수자 단말기
TZEP	trackside zone for elementary protection	역구내 방호스위치
ZEP	Zone for Elementary Protection	역구내방호구역
WCE	wayside computerized equipment	선로변 컴퓨터장치
BAP	Application cabinet	정보처리 캐비닛
BIP	Signalling Room Interface Cabinet	중앙인터페이스 캐비닛

약 어 해 설

약 어	원 어	해 설
BIV	Wayside Interface Cabinet	궤도인터페이스 캐비닛
CAIV	Wayside Interface Power Supply Board	궤도전원보드
CALS	Power Supply Board	VEM버스전원보드
CAP	Application Board	정보처리보드
CAS	Safety Power Supply Board	안전전원보드
CCIP	Signalling Room Interface Board	중앙인터페이스보드
CCS	Computation Standard Board	표준평가보드
CEC	Continuous Transmission Board	연속정보전송보드
CEN	Non Vital Input Board	필수입력보드
CEP	Intermittent Transmission Board	불연속정보송신보드
CES	Safety Input Board	안전입력보드
CGL	Link interface board	링크관리보드
CIC	Centralized Command Board	CTC통신보드
CIT	TVM Interface Board	TVM인터페이스보드
CKD1	Dynamic Controller Board	동적제어기보드
CLF	Fictitious Line Board	가상선로보드
CLAP	Application Link Board	응용링크보드
CLIP	Signalling Room Link Interface Board	중앙인터페이스연결보드
CME	Memory Exchange Board	메모리교환보드
CORZ	Orientation Board	방향세전기보드
CRR	Re-read Receiver Board	연속정보수신보드
CSD	Calculateur Sécurité Disponible	안전처리보드
CSN	Non Vital Output Board	필수출력보드
CSS	Safety Output Board	안전출력보드
CSTC	Short Delayed Output Board	단기지연안전출력보드
CVO	Voting Board	보팅보드
DPIV	Wayside Interface Double Rack	이중궤도인터페이스랙
PAP	Application Rack	정보처리랙
PEP	Intermittent Transmission Rack	불연속정보송신랙
PIP	Center Interface Rack	중앙인터페이스랙
SEI	Integrated Train Control System	통합연동시스템
SRME	Signalling Room Maintenance Equipment	신호유지보수 콘솔

[별지 제1호 서식]

열쇠보관함개폐기록부

연월일	인 출				반 납		비고
	개폐시간	사 유	사용자인	확인자인	확인자인	개폐 시간	

비고 : 인출 및 반납란의 확인자란에는 보관함 관리자로 한다.

[별지 제2호 서식]

열쇠보관함개폐기록부

지 급				반 납			비고
연월일	지 급 사 유	사용자(인)	확인자(인)	연월일	사용자(인)	확인자(인)	

* 비고 : 확인자는 열쇠보관함 관리자로 한다.

년월일	수 량				관 리 상 태	확인자(인)	비고
	계	지급	예비	분실			

* 비고 : 확인자는 열쇠 보관함 관리자로 한다.

[별지 제3호 서식]

연동검사기록부

① 연월일	② 설비 개소	③ 장치 종별	④ 검사 결과	⑤ 비고	검사 및 확인자				
					⑥ 검사자	⑦ 사업소장	⑧ 처(소)장	⑨ 역 장	⑩ 입회자

[별지 제4호 서식]

건널목 연동검사기록부

① 연월일	② 건널목명	③ 건널목종별	④ 검사결과	⑤ 비고	검사 및 확인자	
					⑥ 검사자	⑦ 사업소장 또는 처(소)장

[별지 제5호 서식]

신호장애기록부

소속 :

월 일		장소	장애 종별	장애 통보			시 간		원인 및 조치	관계 열차	결 재
날 씨				통보자	수보자	시간	발생복구 연 시간				

[별지 제6호 서식]

신호정보분석장치 점검기록부
(　　　　) 장치용

일련번호	- 호	설치년월일	． ． ．		종합점검일		． ． ．

월일	점 검 내 용								특기사항	점검자	확인자
	각부의 취부접속	신호정보 입력	정보전송	전원공급	1.2 계간 작동시험	시간조정	기타				

[별지 제7호 서식]

신호정보분석장치(장치용) 고장통계 보고
(/4 분기)

○ 고장현황

월 별 \ 고장내용								
( )월	건수							
	연시간							
( )월	건수							
	연시간							
계								

○ 원인 및 조치현황

구 분	고장내용	고장발생		조 치		미조치	
		건수	원인	건수	내용	건수	사유 및 조치계획

주) 1. 직접원인이라 함은 장치 자체의 결함이나 고장에 의한 것을 말한다.
    2. 간접원인이라 함은 장치 자체 이외의 외부요인에 의한 것을 말한다.

[별지 제8호 서식]

계전기 봉인관리 기록부

승인번호	승인자	역명	계전기명	개봉사유	개 봉		임시가봉인		봉 인		확인자	소속장
					일시	성명	일시	성명	일시	성명		

[별지 제9호 서식]

신호제어설비 승인사항 기록부 (관제용)

승인번호	승인일시	복구일시	역명	설비명	승인 및 안전조치사항	승인요구자/복구자		승인자 (신호사령)	통보자 (관제사)	확인자
						소 속	성 명			

※ S1콘솔 1000호, S2콘솔 2000호, S3콘솔 3000호, S4콘솔 4000호, KS콘솔 5000호

[별지 제10호 서식]

신호제어설비 승인사항 기록부 (현업용)

승인번호	승인일시	복구일시	역명	설비명	승인 및 안전조치사항	승인요구자/복구자		승인자 (신호사령)	확인자
						소 속	성 명		

[별지 제11호 서식]

ATP 지상설비 관리대장

발리스 ID			구 간			명 칭			위 치						
번호	관리 항목											변경일	변경사유	점검자	확인자
	발리스(1)		발리스(2)		LEU										
	버전	CRC	버전	CRC	버전	CRC (G)	CRC (YG)	CRC (Y)	CRC (YY)	CRC (R)	CRC (…)				

참고문헌 reference

1. 한봉석, 박재영, 최중한 철도신호, 동일출판사, 2014
2. 한국철도공사, 일반신호기술실무, 2012
3. 한국철도공사, 신호업무자료, 2016
4. 한국철도시설공단, 철도설계편람(신호편), 2014
5. 한국철도공사인재개발원, 고속신호기술실무, 2012

저자약력 profile

■ **한봉석(韓奉錫)**
- 철도청(현 철도공사) 근무(공업부이사관으로 퇴임)
  철도청 신호과장, 전기기술단장, 용산역세권개발단장 역임
  (녹조근정훈장, 홍조근정훈장 수상)
- 철도신호기술사 회장
- 경인기술 회장
- 현 한국철도신호기술협회장

국가기술자격시험/철도운영기관 입사시험 대비

철도신호 문제해설

발 행 / 2024년 2월 28일	판 권 소 유

저 자 / 한 봉 석
감 수 / 조 용 관
펴 낸 이 / 정 창 희
펴 낸 곳 / 동일출판사
주 소 / 서울시 강서구 곰달래로31길7 (2층)
전 화 / 02) 2608-8250
팩 스 / 02) 2608-8265
등록번호 / 제109-90-92166호

ISBN 978-89-381-1128-9 13560
값 / 30,000원

이 책은 저작권법에 의해 저작권이 보호됩니다.
동일출판사 발행인의 승인자료 없이 무단 전재하거나 복제하는 행위는 저작권법 제136조에 의해 5년 이하의 징역 또는 5,000만원 이하의 벌금에 처하거나 이를 병과(併科)할 수 있습니다.